高等教育工程管理和工程造价专业系列教材

建筑结构

JIANZHU JIEGOU

■ 主　编／朱浪涛　王子健

■ 副主编／强　跃　陈小英　潘　颖　刘　水

■ 参　编／李　翀　吴同情　吴雁江　刘亚丽

卜长明　文　佳

重庆大学出版社

内容提要

本教材为高等教育工程管理和工程造价专业系列教材，根据工程管理专业指导委员会对该专业建筑结构课程教学内容的基本要求编写，对工程管理类专业需要掌握的混凝土结构和砌体结构的基本知识做了较为系统的讲解。教材内容结合工程建设实际，依据行业现行相关规范、标准，语言通俗易懂，难度适中。

本书共14章，主要内容包括：绪论、混凝土结构材料及其力学性能、混凝土结构设计的一般原则和方法、混凝土受弯构件正截面承载力计算、混凝土受弯构件斜截面承载力计算、混凝土轴心受力构件承载力、混凝土偏心受力构件承载力、混凝土受扭构件承载力、混凝土构件正常使用极限状态验算、预应力混凝土构件、混凝土梁板结构设计、混凝土单层工业厂房设计、混凝土多高层房屋结构设计、砌体结构设计。

本教材适用于应用型大学工程管理、工程造价专业教学，也可作为土木工程及其他相关专业的学习教材，对从事土木工程设计、施工、管理等相关工作的技术人员也有一定的参考价值。

图书在版编目(CIP)数据

建筑结构/朱浪涛，王子健主编.--重庆：重庆大学出版社，2020.8

高等教育工程管理和工程造价专业系列教材

ISBN 978-7-5689-1702-5

Ⅰ.①建… Ⅱ.①朱… ②王… Ⅲ.①建筑结构—结构设计—高等学校—教材 Ⅳ.①TU318

中国版本图书馆CIP数据核字(2019)第180770号

高等教育工程管理和工程造价专业系列教材

建筑结构

主 编 朱浪涛 王子健

副主编 强 跃 陈小英 潘 颖 刘 水

责任编辑：王 婷 蒋曜州 版式设计：王 婷

责任校对：邬小梅 责任印制：张 策

*

重庆大学出版社出版发行

出版人：饶帮华

社址：重庆市沙坪坝区大学城西路21号

邮编：401331

电话：(023) 88617190 88617185(中小学)

传真：(023) 88617186 88617166

网址：http://www.cqup.com.cn

邮箱：fxk@cqup.com.cn (营销中心)

全国新华书店经销

中雅(重庆)彩色印刷有限公司印刷

*

开本：787mm×1092mm 1/16 印张：26 字数：652千

2020年8月第1版 2020年8月第1次印刷

印数：1—3 000

ISBN 978-7-5689-1702-5 定价：59.00元

前　言

本教材是为应用型大学工程管理和工程造价等工程管理类专业及土木工程相关专业编写的建筑工程结构教材。

根据高等学校土建学科教学指导委员会和工程管理专业指导委员会编制的《全国高等学校土建类专业本科教育培养目标和培养方案及主干课程教学基本要求》(以下简称《教学基本要求》),结构课程是工程管理类专业技术平台的基本要求。针对工管类学生,结构课程“难讲全、难讲懂、难应用”是教学的共同认识。工程管理专业指导委员会于2015年底公布了新的工程管理专业《教学基本要求》,对工程管理专业结构课程的学习提出了新的要求,学时从88学时降至64学时,但教学内容并没有发生实质性的改变。虽然学时压缩,但实际工程建设状况不会因为学时的压缩而改变,教学的基本要求不能降低。同时,新的工程建设状况不断发展变化,工程结构教学必须顺应工程建设发展的现状。这就对工程管理类专业结构课程的教学工作提出了更大的挑战。“如何组织教学内容、组织怎样的教学内容”才能在有限的时间内,使学生获得最实用的工程结构训练,这是一个极其现实的问题,特别是针对毕业生直接从事工程实际建设的应用型本科大学,尤其需要对该问题进行仔细研究和探索。

在此背景下,本教材编写组在习近平新时代中国特色社会主义思想指导下,按照工程管理专业指导委员会的基本要求,结合应用型教学的实际状况和工程建设具体实践,对应用型大学的工程管理类专业的结构课程教学进行了大量的探索,并在此基础上确定了本教材编写的基本导向和框架。本教材编写力争实现:教材内容体系简洁完备;实用结构原理化繁为简,语言通俗易懂;内容着眼工程实际运用。

本教材的编写主要由重庆科技学院组织。重庆科技学院是全国应用技术大学(学院)联盟副理事长单位,多年来致力于高级应用型本科人才的培养,积累了丰富的应用型本科教学经验，是全国应用型大学建设的先行者。本教材由重庆科技学院建筑工程学院朱浪涛、王子健担任主编，重庆三峡学院强跃、重庆科技学院陈小英、潘颖及西南石油大学刘水担任副主编。同时，具有丰富一线设计、施工经验的业内专家也参与了这次编写。本教材编写组邀请重庆大学建筑设计研究院高级工程师吴雁江、上海水石建筑规划设计有限公司教授级高级工程师李翀参与编写。各章的具体编写人为：朱浪涛、李翀（第1、9章），吴同情（第2章），强跃、李翀（第3、14章），潘颖、刘水（第4、11章），陈小英、吴雁江（第5、13章），刘亚丽（长江师范学院，第6、7章），卜长明（第8章），王子健、文佳（第10、12章）。

在本教材编写过程中，重庆科技学院黄林青教授，重庆大学简斌教授，重庆建工集团教授级高级工程师于海祥对本书的编写提出了宝贵意见。本书编写过程中，研究生刘运房、张佳宁，助教杨红对本教材插图绘制、文字及例题、习题的校对做了大量工作，在此对他们一并致以诚挚的谢意。

由于编者水平有限，书中难免有不足之处，欢迎读者批评指正。

编　者

2019年8月

目　录

1 绪论

【学习目标】

(1)了解建筑结构的基本概念和基本组成。

(2)了解常用的建筑结构体系及其各自的受力特点。

(3)了解建筑结构按材料的分类及工程运用。

(4)理解钢筋混凝土结构的基本概念和工作原理。

(5)理解本课程的学习特点和方法。

【本章概述】

本章主要讲述建筑工程结构的一般概念,按结构体系的分类和按材料的分类以及各种结构的受力特点和工程运用概况,并提出学习本课程知识的建议,为学生提供学习参考。

1.1 建筑结构的概念

建筑结构是指一个能够维持建筑物形状,支承和传递建筑物在使用和施工过程中的荷载及其他作用的体系。建筑结构的基本组成部分称为结构构件,建筑结构是由构件组成的体系。

结构构件按所处位置不同可以分为:水平构件(如常见的水平梁、板),竖向构件(如常见的墙、柱),斜向构件(如斜撑、斜杆等),如图 1.1 所示。除此之外,还有一些特殊的构件,如大跨度结构中的悬索、薄膜等。

建筑结构是建筑物的骨架,其传力路线应清晰、明确,力求使传递途径简单。一般建筑物

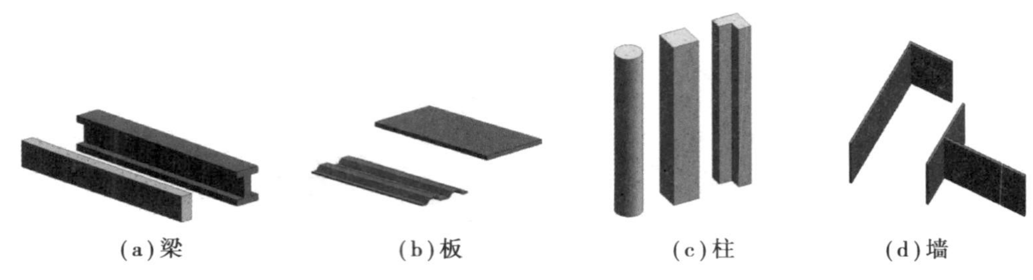

图 1.1　常见结构构件

的传力途径为:荷载→水平构件(梁、板)→竖向构件(墙、柱)或斜向构件(斜杆)→基础(单个构件或结构体系)→地基。

建筑结构事关工程项目的安全性,是工程实体赖以存在的物质基础,在建筑物的总体投资中占有非常大的比重。因此,建筑结构必须满足其必需的基本性能——平衡、稳定、适用、经济,并进一步达到美观的要求。

1.2　建筑结构的分类

1.2.1　按结构体系的分类

基本构件通过一定方式的组合连接,就形成了能够维持建筑物形状和传递荷载的结构体系。建筑工程中,结构体系繁多,下面对建筑工程中常用的结构体系进行介绍。

1)梁板结构

梁板结构是最简单的一类结构体系,由梁和板组成。工程中常见的楼(屋)盖结构、楼梯等是典型的梁板结构,如图 1.2 所示。

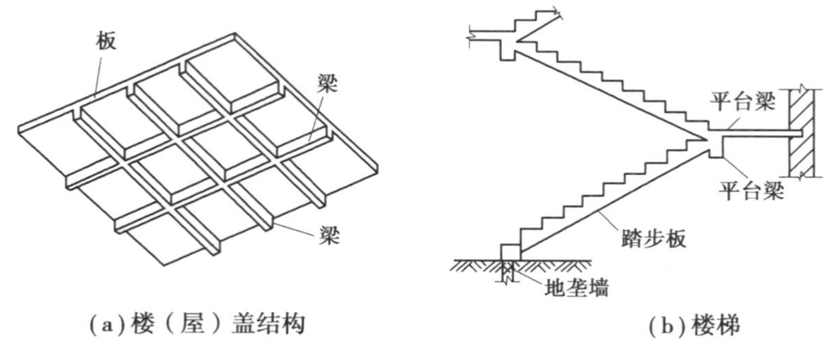

图 1.2　梁板结构

2)框架结构

框架结构为水平构件(梁)和竖向构件(柱)通过刚性连接组成的体系,柱脚与基础往往固接,如图 1.3 所示。

框架结构建筑平面布置灵活,施工简便,可以形成较大的使用空间,适应性强,在多层和高层建筑中应用较广泛。但因其侧向刚度较小,在水平荷载或水平地震作用下,侧向变形较

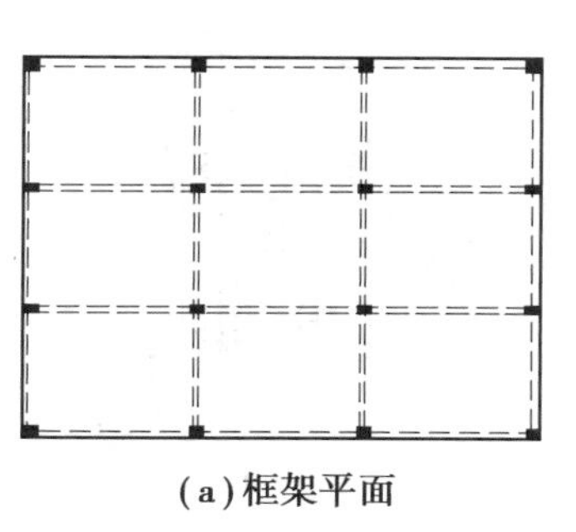

(a)框架平面

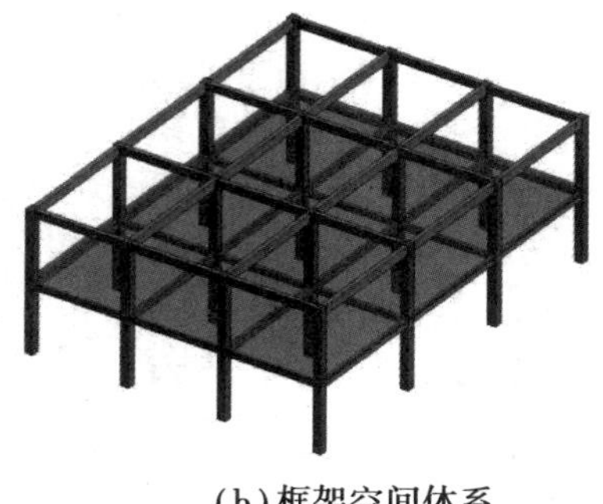

(b)框架空间体系

图 1.3 框架结构

大,因此限制了其适用高度。

3)排架结构

排架结构由排架柱和屋面横梁(或屋架)构成平面排架,其屋面横梁或屋架在柱顶处铰接,柱脚与基础顶面固接,如图 1.4 所示。各榀平面排架由屋盖及其支撑系统、柱间支撑连接形成空间结构,保证结构构件在安装和使用阶段的稳定性和安全性。该种结构体系常用在单层工业厂房中。

4)板柱结构

板柱结构直接将结构板支承在竖向构件(柱)上形成空间结构,如图 1.5 所示,常设边框梁。常用的板柱结构有无梁楼盖结构、整体预应力板柱结构、大跨空心楼盖等。板柱结构不但板底平整、外形美观、管线穿行方便,而且由于其内部不设梁,从而模板简单,施工速度快,施工成本低,在同样层高的情况下可有效增加建筑物的净空,同样净高情况下可降低建筑层高,进而具有降低地下工程的土方开挖量等优点。在现代大型停车库、仓库、商场等使用环境中,板柱结构优势明显,得到了广泛的应用。

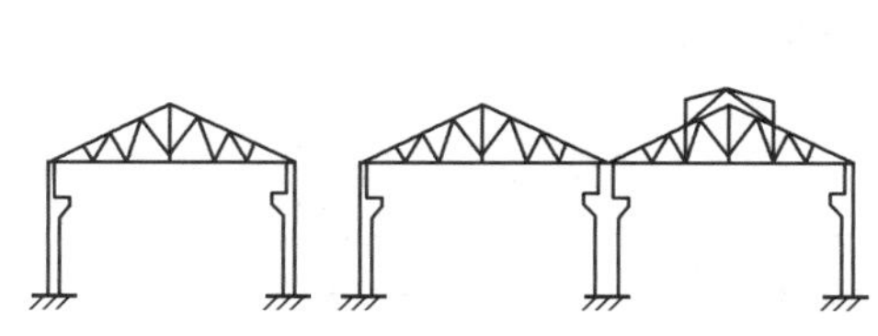

图 1.4 平面排架结构

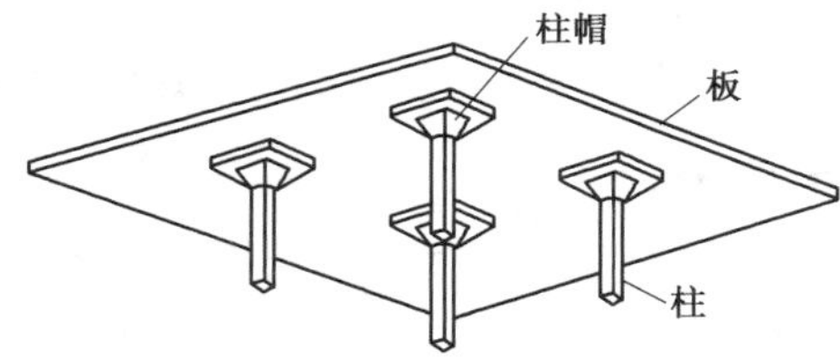

图 1.5 板柱结构

5)剪力墙结构

剪力墙是截面长度大于其宽度 4 倍以上的竖向结构构件。主要由剪力墙作为竖向构件形成的结构体系,称为剪力墙结构,剪力墙承担竖向荷载、抵抗水平作用,如图 1.6 所示。由于在同样截面面积的前提下,将构件的截面宽度减小,相应增加截面高度可有效增加结构在结构高度方向的抗侧刚度,故相对于柱而言,墙体具有更大的抗侧刚度,能较好抵抗水平荷载作用下的变形。剪力墙的空间整体性强,侧向刚度大,侧移小,有利于抗震,故又称为抗震墙。剪力墙结构的适用范围很大,常见于十几层到三十几层的高层建筑,对于更高的高层建筑也同样适用。但受剪力墙空间布置的限制,难以形成较大的使用空间。

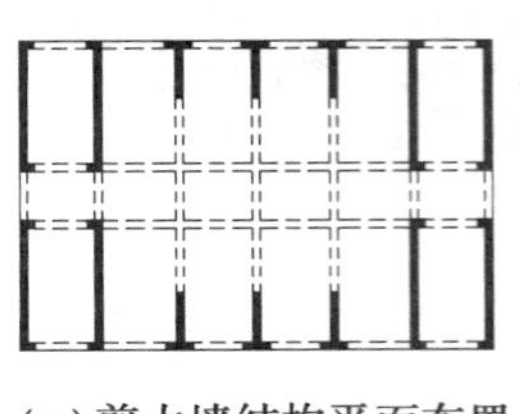

(a)剪力墙结构平面布置

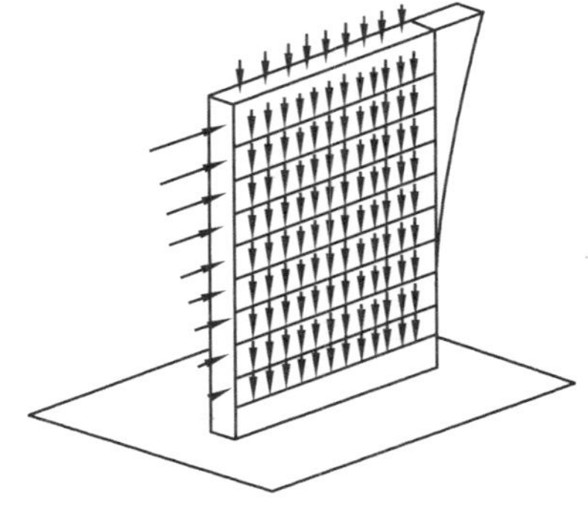

(b)剪力墙结构受力状态

图 1.6　剪力墙结构

6)框架-剪力墙

在框架结构中增设部分剪力墙,形成的结构体系称为框架-剪力墙结构,如图 1.7 所示。它同时兼具框架结构和剪力墙结构的特点,既能提供较灵活的空间布置,也能提供较大的抗侧刚度,因此被广泛运用于现代公共建筑中。

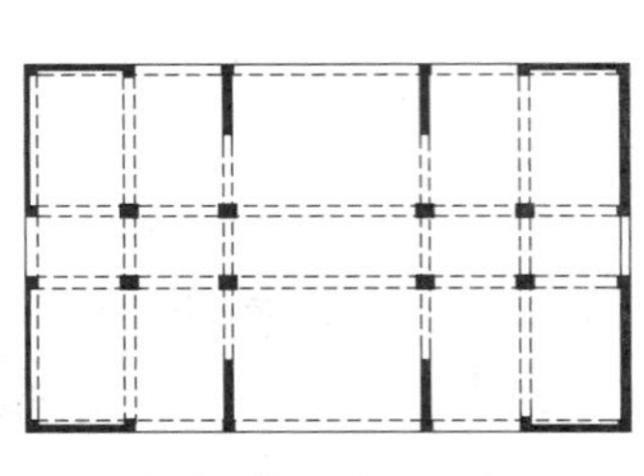

(a)框架-剪力墙平面布置

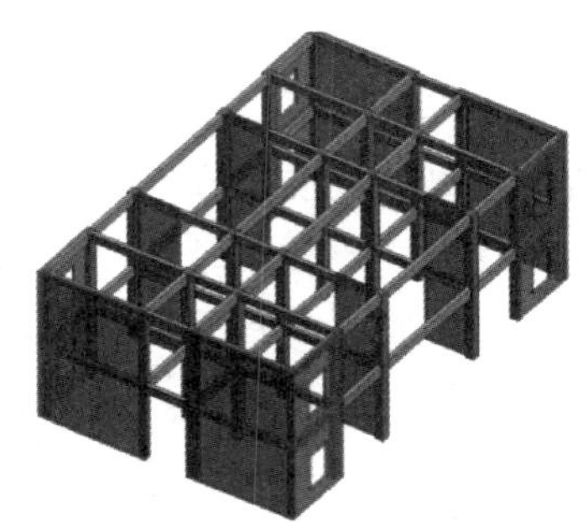

(b)框架-剪力墙空间布置

图 1.7　框架-剪力墙结构

7)筒体结构

筒体结构是一种空间筒状结构,它整体性强、空间刚度大,适用于修建超高层建筑。筒体的形成有三种方式,即由剪力墙围成实腹筒、由密柱深梁围成框筒、由桁架围成桁架筒。框架和实腹筒组成框架-核心筒体系,实腹筒和框筒组成筒中筒体系,框筒和桁架筒组成束筒体系。筒体结构运用可参阅相应的高层建筑教材及资料。

8)其他结构形式(空间结构、杆系结构)

除上述常见的结构体系外,在一些建筑物中还有可能用到一些其他的空间结构,如大跨度网架结构、悬索结构、薄膜结构,限于本书篇幅,这里不作详细讲述,可参考相应的资料。

1.2.2　按材料分类

现代工程建设中,常用的材料有钢材、混凝土、木材、砖石、砂浆等。工程结构根据其所用的材料可分为金属结构(主要是钢结构,铝合金结构也有发展及运用)、混凝土结构、砌体结构、木结构,以及由这些结构组合形成的组合结构等。

1)钢结构

(1)钢结构的基本概念

钢结构建(构)筑物的梁柱、屋架等主要承重构件用钢材制作,墙体则是用砌体材料或其他材料制成。钢结构分普通钢结构(简称钢结构)、冷弯薄壁型钢结构和铝合金结构等三大类,以普通钢结构用途最广。

(2)钢结构的特点

钢结构的主要优点有:

①自重轻。钢材的容重虽然较大,但与其他建筑材料相比,其强度却高很多,因此当承受相同荷载时,耗费材料较少,总体结构自重较小,这也为其跨越较大跨度创造了条件。

②材质均匀。钢材非常接近各向同性体,在一定的应力幅度内几乎是完全弹性的。这些性能与力学计算中的假定比较符合,所以钢结构的计算结果较符合其实际的受力情况。

③塑性和韧性好。塑性好使钢结构一般不会因为偶然超载或局部超载而突然断裂破坏;韧性好则使钢结构对动力荷载的适应性较强。

④制造简便,易于采用工业化生产,结构拼装操作简便,施工安装周期短。大量的钢结构构件都在专业化的金属结构制造厂中制造,加工精度高,构件质量可靠。此外,钢结构也易于拆卸、加固或改造,钢材可循环利用,环境污染小。

钢结构的主要缺点有:

①防火性能差。钢材耐热但不耐高温,随着温度的升高,其强度降低,当周围存在辐射热,温度在 150 ℃以上时,就应采取遮挡措施。一旦发生火灾,结构温度达到 500 ℃以上时,钢材的弹性模量、抗拉强度和屈服点将同时迅速降低,使钢结构丧失抵抗外力作用的能力,此时钢结构就可能全部瞬时崩溃。因此,在某些有特殊防火要求的建筑中采用钢结构时,必须用耐火材料予以围护。

②耐腐蚀性差。钢材在潮湿环境中(特别是处于有腐蚀介质的环境中)容易锈蚀,因此,必须做好防腐处理,并在使用期间定期进行维护。

③成本较高。在现在的市场条件下,钢材相比于其他工程材料,单位工程量的成本要高一些;另外,由于钢结构需定期进行维护,这也在一定程度上增加了使用成本。

(3)钢结构的工程运用

目前,钢结构主要应用在跨度大、承受荷载大、结构高度大的结构工程中。大跨结构,如飞机库、车站、大会堂、剧场、体育场馆和展览馆等大跨建筑物的屋盖结构;承受荷载大的结构,如重型车间的承重骨架,桥梁结构、建筑机械等的承重骨架;结构高度大的结构,如超高层的公共建筑、桥塔等。由于钢结构具有施工速度快、便于周转的特点,这也使得钢结构的使用范围逐渐扩大。

2)混凝土结构

(1)混凝土结构的基本概念

以水泥、水、骨料(含碎石、砂等)为主要原料,也可加入外加剂和矿物掺合料等材料,经拌和、成型、养护等工艺制作的,硬化后具有较高强度的工程材料,称为混凝土。以混凝土为主要材料建造的结构,称为混凝土结构。

在实际应用中,根据钢筋的配置情况,混凝土结构可分为素混凝土结构、钢筋混凝土结构和预应力混凝土结构三大类。

①素混凝土。无筋或不配置受力钢筋的混凝土,称为素混凝土。因为混凝土的抗拉强度很低、容易开裂,所以素混凝土结构或构件的应用范围受到限制。素混凝土通常用作以受压为主的构件,如柱、墩、基础、受压路面等;也可用于卧置于地基上的构件,如重力式挡土墙、重力式水坝等。

②钢筋混凝土。钢筋混凝土是由钢筋和混凝土这两种性质截然不同的材料构成的一种复合结构材料。混凝土具有较高的抗压强度,钢筋的抗拉和抗压性能均较好,但价格较高,钢筋混凝土则可以充分利用两种材料的优点。

图 1.8 绘制了两根截面尺寸、混凝土强度、跨度完全一样的简支梁。不同之处在于,图(a)所示的试件没有配置钢筋,为素混凝土梁,而图(b)所示的试件在其受拉区外侧配置了一定数量的钢筋。

图 1.8 混凝土梁受力性能示意图

通过对两个试件进行实验加载可知,试件(a)在较小的荷载作用下就开裂,一旦裂缝产生,裂缝立即贯通整个构件而导致构件脆断,梁的承载力很低,破坏突然。试件(b)与试件(a)的开裂荷载基本相同,但试件(b)开裂后,其受力特点与试件(a)截然不同。当钢筋混凝土梁开裂后,由于钢筋和混凝土很好地黏结在一起,在裂缝截面处,原来由混凝土承担的拉力转而由钢筋承担,裂缝并不会立即贯通整个截面,只是开展到一定的高度,此时构件尚未破坏,可继续加载。随着加载的持续,新的混凝土裂缝陆续产生,原有裂缝的高度会继续增加,裂缝宽度不断加大。当混凝土构件的钢筋数量配置比较合适时,加载到一定程度,受拉钢筋屈服,随后荷载还可继续增加,直至受压区的混凝土压碎。此过程构件裂缝开展较充分,变形明显。这些现象表明,配置在受拉区的钢筋明显地加强了混凝土梁的受拉区强度;受压区的混凝土最终压碎,表明混凝土抗压强度也得到了较好的发挥,两种材料相互配合,使构件获得较高的承载力。同时,混凝土受压的经济成本相对钢筋而言也较低。因此,整个构件合理利用了钢筋受拉强度高、混凝土受压强度高且受压较经济的特点,用材合理且经济性较好。

③预应力混凝土。普通钢筋混凝土梁在受力过程中往往带有裂缝工作,甚至裂缝开展较宽。裂缝的存在不仅影响观感,同时也为空气中的水分和气体的侵蚀提供了通道,导致钢筋过快锈蚀。随着裂缝的不断开展,混凝土构件的变形会逐渐增加,刚度也逐渐降低。

为了防止裂缝较早开展,可以利用混凝土抗压强度高的特点,在构件受外荷载前给混凝土预先施加压力,这个预压力用以全部或部分抵消外力引起的拉应力,使构件在工作时仍然承受压应力或较小的拉应力,这样就用混凝土抗压能力强的优点克服了混凝土抗拉能力差的弱点,如图 1.9 所示。通过这样的处理,可以保证在使用过程中结构构件不出现裂缝或减小裂缝宽度,从而增加刚度,减小变形。这使得混凝土结构可以用于一些特殊的环境,如使用上要求有较高密闭性或耐久性的结构,如水池、核反应堆等;受到侵蚀性介质作用的工业厂房及海洋、港口工程等建筑物。由于变形的减小,也使得混凝土结构能用于大跨度结构的建造,如大跨度屋盖、桥梁等。

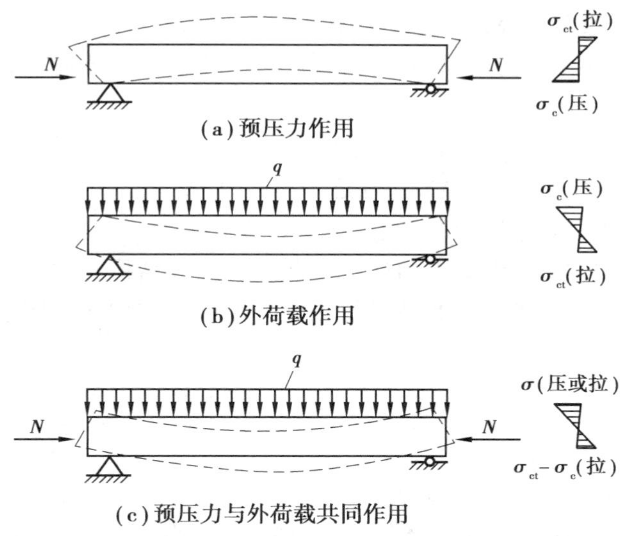

图 1.9 预应力混凝土简支梁受力性能示意图

(2)混凝土结构的特点

混凝土结构的优点有:

①耐久性好。混凝土强度是随龄期增长的,钢筋被混凝土保护就不易锈蚀,所以只要保护层厚度适当,混凝土结构的耐久性就能得到可靠的保证。适当选用水泥品种及外加剂,增大保护层厚度,也能满足侵蚀性环境下的工程要求。

②耐火性好。比起容易燃烧的木结构和导热快且抗高温性能较差的钢结构,混凝土结构的耐火性是较好的。因为混凝土是不良热导体,遭受火灾时,混凝土起隔热作用,能使钢筋不致达到或不至于很快达到降低其强度的温度。对承受高温作用的结构,还可应用耐热混凝土。

③取材方便。在混凝土结构的组成材料中,用量较大的石子和砂往往容易就地取材,这可降低材料的运输成本,为降低工程结构的造价提供了有利的条件。

④使用费用低。相对于钢、木结构而言,混凝土结构在正常使用期间所需的维修较少,因此使用期间的费用较低。

⑤节约钢材,降低结构造价。因产生单位抗力采用混凝土材料比钢材更经济,因此混凝土结构采用混凝土受压,可达到节约钢材、降低造价的效果。

⑥可模性、整体性好。因为新拌和未凝固的混凝土是可塑的,故可以按照不同模板的尺寸和形状浇筑成设计所需要的构件形状;且现浇混凝土可实现相互连接的结构构件一起浇筑,其整体性也较好,有利于结构整体共同工作。

混凝土结构的缺点有:

①抗裂性差。普通混凝土结构的抗裂性较差,在正常使用时往往带裂缝工作。

②自重大。普通钢筋混凝土结构自重比钢结构大,而自重过大对于大跨度结构、高层建筑结构的抗震都是不利的。

③建造费工、费时。现浇结构模板需耗用较多的木材，施工会受到季节气候条件的限制，补强修复较困难，建设周期较长。

④隔热、隔声性能较差。混凝土导热系数较大，故保温性能较差。混凝土结构与砌体结构隔音性能相当，但混凝土结构可以用较薄构件承重，这样就可能造成其隔音效果不如较厚的砌体结构。

上述缺点在一定条件下限制了混凝土结构的应用范围，不过随着人们对于混凝土结构的认识和研究不断深入，这些缺点已经或正在逐步得到改善。

(3)混凝土结构的工程运用

钢筋混凝土结构和预应力混凝土结构是目前最常用的结构形式，广泛应用于建筑结构、桥梁结构、水工结构、岩土工程结构和特种结构中。混凝土结构在房屋建筑中的运用是本书的讲解重点。

3)砌体结构

(1)砌体结构的基本概念

砌体是由块材(砖、砌块、石材)和砂浆通过砌筑组成的一种复合建筑材料，由砌体建造的结构称为砌体结构。根据使用块材的不同，分为砖砌体、砌块砌体和石砌体。几千年来，由于其物理力学性能良好、易于取材、生产和施工简便、造价低廉等优点被广泛运用，至今仍是主导的建筑材料。

(2)砌体结构的特点

砌体结构的主要优点有：

①取材容易，造价低廉。砌体的组成原料(如砖、石、砌块、砂浆等)大都来源广泛，易就地取材，这就降低了运输费用，节约工程成本。

②砌体结构性能优良。砌体材料具有良好的耐火性和较好的耐久性；砖墙和砌块墙体的隔热和保温性能较好，既是较好的承重结构，也是较好的围护结构。

③施工成本较低。砌体砌筑时往往不需要使用大量模板和特殊的施工设备，施工成本较低；其对施工季节的适应性也较好，在寒冷地区，冬季可用冻结法砌筑，不需要使用特殊的保温措施。

砌体结构的缺点有：

①自重大，材料消耗大。与钢和混凝土相比，砌体的强度较低，因此构件的截面尺寸较大，材料用量多，自重大。

②劳动强度大。砌体的砌筑基本上采用手工方式，施工劳动量大。

③整体性差。由于砌体是通过砌筑的方式组成整体，其整体性取决于砂浆与块材的黏结强度，而砂浆和块材的黏结强度不高，这就导致了砌体的抗拉和抗剪强度都较低，整体性差，抗震性能较差，在使用上受到一定限制。

(3)砌体结构的工程运用

砌体结构的受压能力较强，但受弯、受拉、受剪能力较弱，因此砌体主要用于承受压力的构件，如房屋的基础、内外墙、柱等都可用砌体结构建造。无筋砌体房屋一般可建5~7层，配筋砌块剪力墙结构房屋可建8~18层，甚至更高。在石材丰富的地区，可用毛石或料石建造房屋。

砌体结构在围护结构中也应用广泛。新型的空心砖、混凝土砌块具有良好的保温隔热功能,是较好的节能围护材料;随着墙体材料改革的深入发展,大型板材、轻质高强砌块、工业废料砖、混凝土空心墙板、配筋砌体等也不断涌现,大大拓宽了砌体结构的应用范围。

4)木结构

(1)木结构的概念

木结构用木材制成。木材是一种取材容易、加工简便的结构材料,作为一种天然的建材,它既古老又现代,一直具有较强的生命力。

(2)木结构的特点

木结构自重较轻,便于运输、装拆,能多次使用,故广泛地用于房屋建筑中,也用于桥梁和塔架的建设。木材受拉和受剪皆是脆性破坏,其强度受木节、斜纹及裂缝等天然缺陷的影响很大,但在受压和受弯时具有一定的塑性。木材处于潮湿状态时,易受木腐菌侵蚀而腐朽;在空气温度、湿度较高的地区,白蚁、蛀虫、家天牛等对木材危害颇大。木材易着火燃烧,耐火性能较差。因此木结构应采取防腐、防虫、防火措施,以保证其耐久性。

(3)木结构的工程运用

木材是一种可再生的天然资源,人类使用木材已有悠久的历史。在对木材的防腐、防虫、防火处理措施日臻完善的条件下,充分发挥木材自重轻、制作方便的优点,做到次材优用,小材大用,提高木材的利用率,可扩大木结构的运用范围。

现代木结构除继续用于一般建筑外,在大跨度建筑屋盖结构、桥梁结构等方面也有一定的前景。

另外,近代胶合木结构的出现,扩大了木结构的应用范围,现代预应力木结构的研究和设计也正在不断推进,这些新型木结构将大力推动木结构的发展。

5)组合结构

同一截面或各杆件由两种或两种以上材料制作而成的结构称为组合结构。具体而言,可采用多种结构材料进行组合,常见的有:钢与混凝土组合结构,组合砌体结构,钢木组合结构等。

目前,发展和应用较快的是钢与混凝土组合结构。钢与混凝土组合结构是采用型钢或钢板焊(或冷压)成钢骨架,再在其四周或内部浇灌混凝土,使混凝土与型钢形成整体共同受力的组合结构。常用的有:压型钢板与混凝土组合楼板、钢与混凝土组合梁、钢与混凝土组合柱、钢管混凝土结构等几大类,如图 1.10 所示。

钢与混凝土组合结构性能优良,能充分发挥两种材料的优点。例如被广泛地应用到高轴压力构件中的钢管混凝土结构,在轴向压力下,混凝土受到周围钢管的约束,形成三向压力,抗压强度得到较大提高,同时混凝土填充钢管也提高了钢管的稳定性,更有利于发挥钢材的强度。现浇混凝土结构往往需满堂红脚手架和满铺模板,而采用组合结构柱、型钢混凝土组合梁和压型钢板与混凝土组合楼板等,其钢骨自身强度和刚度较高,可大大减少模板和支撑的使用量,有较好的技术经济效益。组合结构有节约钢材、提高混凝土利用系数、降低造价、抗震性能好、施工方便等优点,所以在各国建设中得到迅速推广。

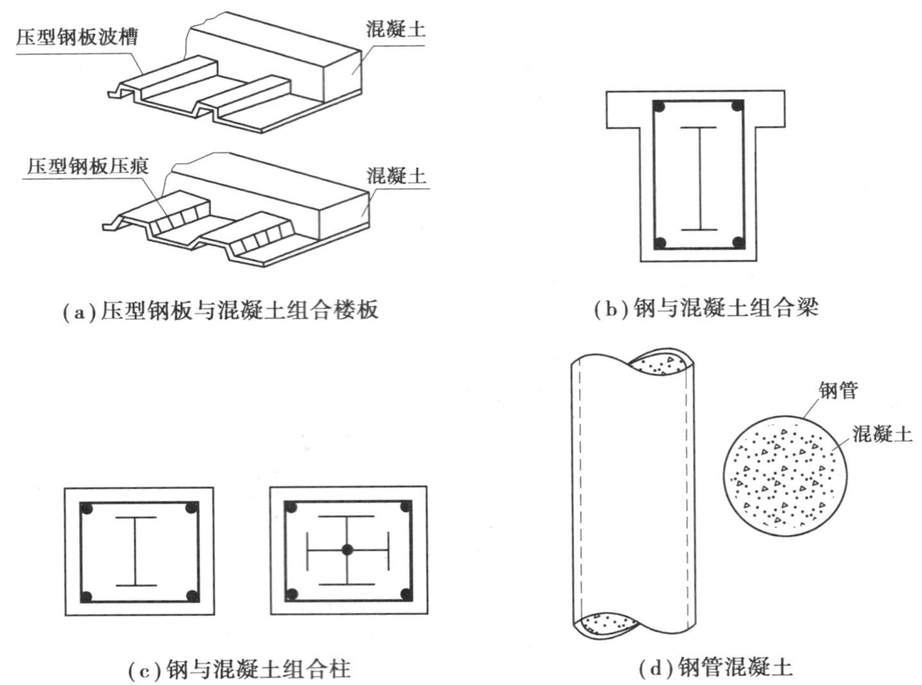

(a)压型钢板与混凝土组合楼板

(b)钢与混凝土组合梁

(c)钢与混凝土组合柱

(d)钢管混凝土

图 1.10　钢与混凝土组合结构

1.3　本课程的学习内容和学习要点

1.3.1　本课程的学习内容

按照专业指导委员会对工程管理类专业结构课程的学习要求,并考虑到篇幅,本书主要讲解混凝土结构和砌体结构。混凝土结构是讲解的重点,分为两部分:第一部分是结构设计的原理、基本设计方法和混凝土构件的设计,含必要的结构材料性能;第二部分是常用混凝土结构的设计要点。通过这两部分的学习,也能够为学习其他类型的结构打下基础。

1.3.2　课程的特点和学习要点

目前,混凝土结构和砌体结构是我国建筑结构中采用最多的结构形式,这些知识的学习将对学生建立建筑结构的基本概念起到基础性的作用。对于工程管理专业及其他建筑工程相关专业的毕业生,不管将来从事施工技术、项目管理、科学研究还是成本控制等相关工作,都时刻与工程结构紧密接触,只有具备了较为完整的结构基础知识,才能正确理解各类结构的受力性能和设计要求,从而才能在制订技术政策、理解设计意图、审议设计方案、确定施工工艺等方面做出正确的判断。

本课程的学习以"高等数学""工程力学""房屋建筑学""建筑材料"等知识为基础,在工程管理专业和其他建筑工程相关专业的知识体系中起着一定技术支撑的作用,是核心课程之一。

和其他课程相比,本课程具有下述几个特点:

①以材料性能为基础,多种材料组合运用。建筑结构采用的建筑材料较多,材料性能复杂,掌握起来有一定的困难。这要求学生在学习过程中,重视对各种基本材料性能的学习。

②试验研究具有基础性。由于各种建筑结构及其材料性能的复杂性,单纯进行理论研究尚有困难,采用试验研究是本课程的基础手段,计算公式一般是建立在试验分析的基础之上的,有许多属于经验公式或半理论、半经验公式。因此,在课程学习中应重视试验学习。

③解答的多样性。通过建筑材料的不同组合,结构的功能要求都可满足,所以解决问题途径不再单一。如一栋房屋的结构,可以采用多种结构布置,多种结构材料均能实现使用功能的要求,没有对错之分,只有合理性之别。这时就需要注意培养综合分析问题的能力,通过优化方案,以获得较高的技术经济效益。

④工程运用性强,需理论联系实际,学以致用。学习本课程不单是要懂得一些理论,更重要的是实践和运用。这里的运用包括三个方面:课后多做练习,能理解理论并熟练运用;多参加实践锻炼,做到课本知识和工程实际的融会贯通;重视相关规范、标准的学习。本课程的内容是遵照我国有关的国家标准、规范编写的。规范体现了国家的技术经济政策、技术措施和设计方法,反映了我国在建筑结构学科领域所达到的科学技术水平,并且总结了建筑结构工程实践的经验,是进行建筑结构设计、施工的依据,必须加以遵守。只有正确理解规范条款的意义,不盲目乱套,才能正确地加以应用。

思考题

1.1 工程结构由哪些基本构件组成?

1.2 按照结构受力和构造的不同,工程结构可以分为哪些类别?各自的使用范围如何?

1.3 按照材料不同,工程结构可以分为哪些类别?各类结构的优缺点是什么?

1.4 钢筋混凝土和素混凝土结构构件在受力性能和承载力方面有什么区别?什么是预应力混凝土结构?

混凝土结构材料及其力学性能

【学习目标】

(1)掌握混凝土在单向应力作用下的强度,理解混凝土在复合应力下的强度。

(2)理解混凝土在受力和非受力状况下的变形。

(3)理解混凝土的弹性模量、变形模量的确定。

(4)熟悉钢筋的品种和级别;掌握钢筋的强度和变形指标;理解工程结构对钢筋性能的要求及选用原则。

(5)理解钢筋与混凝土的黏结机理,掌握钢筋锚固和连接的基本构造要求。

【本章概述】

钢筋和混凝土的物理力学性能以及它们共同工作的特性,直接影响混凝土构件和结构的性能,是混凝土结构构件计算理论和设计方法的基础。本章主要介绍混凝土结构材料——钢筋和混凝土在不同条件下强度和变形的特点,以及钢筋和混凝土结合在一起工作的特性。

2.1 混凝土的强度

混凝土是由水泥、石子(粗骨料)、砂(细骨料)、水,以及根据需要掺入的外加剂、矿物拌合料等组分按一定比例拌制而成的复合材料。其强度和变形性能不仅与组成材料的质量和配合比有关,还与混凝土的硬化条件、龄期、受力情况以及测定其强度时所采用试件的形状尺寸、试验方法和加载速度等有着密切的关系。

2.1.1 混凝土单向受力强度

1)混凝土立方体抗压强度和混凝土的强度等级

由于混凝土抗压强度受到诸多方面的影响,因此必须有统一标准的强度测定方法和相应的强度评定标准。我国把立方体强度值作为混凝土强度的基本指标,并将立方体抗压强度作为评定混凝土等级的标准。

我国现行《混凝土结构设计规范》(GB 50010,以下简称"规范")规定,以边长为 150 mm 的立方体,在(20±3) ℃的温度和相对湿度在 90%以上的潮湿空气中养护 28 d,按照标准试验方法测得的具有 95%保证率的立方体抗压强度极限值为立方体抗压强度标准值,并以此作为混凝土强度等级,用符号 $f_{cu,k}$ 表示,下标 cu 表示立方体,k 表示标准值,单位为 N/mm^2。例如,C30 表示立方体抗压强度标准值为 30 N/mm^2,即 $f_{cu,k}=30$ N/mm^2。由于这种试件的强度比较稳定,制作与试验比较方便,因此"规范"把它作为在统一试验方法下度量混凝土强度的基本指标。

"规范"将混凝土划分为 14 个强度等级,即 C15、C20、C25、C30、C35、C40、C45、C50、C55、C60、C65、C70、C75 和 C80。其中 C50 以下为普通混凝土,C50 及以上为高强度混凝土。

"规范"规定,钢筋混凝土结构的混凝土强度等级不应低于 C20,素混凝土结构的强度等级不应低于 C15;预应力混凝土结构的混凝土强度等级不宜低于 C40,且不应低于 C30;采用强度等级 400 MPa 及以上的钢筋时,混凝土强度等级不应低于 C25;承受重复荷载的钢筋混凝土构件,混凝土强度等级不应低于 C30。同时,还应根据建筑物所处的环境条件确定混凝土的最低强度等级,以保证建筑物的耐久性。

混凝土立方体抗压强度与试块表面的约束条件、尺寸大小、龄期及养护情况等有关。混凝土立方体试件在试验机上单轴受压时,纵向被压缩,横向要膨胀,由于混凝土试件的刚度比压力机垫板的刚度要小很多,因此混凝土的横向变形大于钢板的横向变形。这样试件受压时,其横向变形受到垫板承压面上的摩擦阻力约束作用,垫板就像"箍"一样把试件上、下端箍住,导致混凝土试件形成两个对顶的角锥形破坏面,如图 2.1(a)所示,测得的抗压强度比没有约束的情况要高。如果在试件上、下表面涂一些润滑剂,试件与压力机垫板间的摩擦力将大大减小,其横向变形几乎不受约束,受压时没有"套箍作用"的影响,试件将沿着平行于力的作用方向产生几条裂缝而破坏,测得的抗压强度就低,如图 2.1(b)所示。我国规定的标准试验方法是不涂润滑剂的。

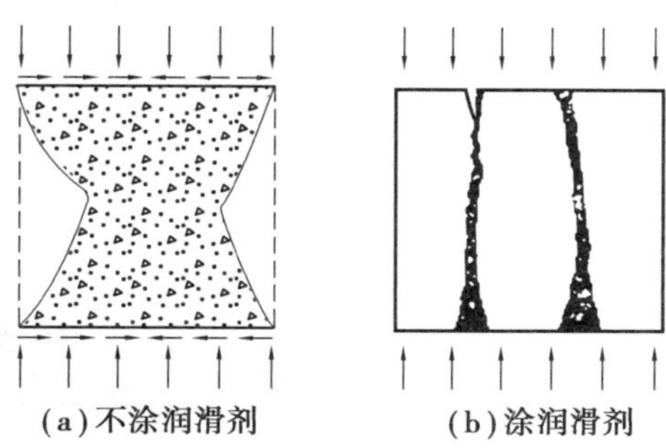

(a)不涂润滑剂　　(b)涂润滑剂

图 2.1 混凝土立方体试块的破坏

加载速度过快,混凝土试件内部微型裂缝难以充分扩展,塑性变形受到一定抑制,故测得的强度越高;反之,加载速度慢,测定的强度就有相应的降低。通常规定加载速度为:混凝土强度等级低于 C30 时,取 0.3~0.5 MPa/s;混凝土强度大于等于 C30 小于 C60 时,取 0.5~0.8 MPa/s;混凝土强度大于等于 C60,取 0.8~1.0 MPa/s。

试验表明,混凝土立方体试块尺寸越大,实测破坏强度越低,反之则越高,这种现象称为尺寸效应。一般认为,这是混凝土内部缺陷和试件承压面摩擦力影响等因素造成的,试件尺寸大,内部缺陷相对较多,端部摩擦力影响相对较小,故强度较低。由于试件的尺寸效应,当采用边长为 200 mm 或边长为 100 mm 的立方体试件时,必须将其抗压强度实测值乘以换算系数转换成标准试件(150 mm 边长的立方体)的立方体抗压强度标准值,其换算关系为:

$$f_{cu,k}(150) = 0.95f_{cu,k}(100) \tag{2.1}$$

$$f_{cu,k}(150) = 1.05f_{cu,k}(200) \tag{2.2}$$

混凝土立方体抗压强度还与养护条件和龄期有关。在一定的温度和湿度下,混凝土的强度开始增长较快,后来逐渐减慢,这一过程可以持续几年。

2)混凝土轴心抗压强度

一般情况下,实际工程中混凝土构件的长度要比其截面尺寸大很多,接近棱柱体而不是立方体,因此棱柱体试件的抗压强度更能反映混凝土构件的实际受力状态。

棱柱体试件与立方体试件的制作条件相同,试件上、下表面不涂润滑剂。棱柱体的抗压试验及试件破坏情况,如图 2.2 所示。由于棱柱体试件的高度越大,试验机压板与试件之间的摩擦力对试件高度中部的横向变形约束影响越小,所以棱柱体试件的抗压强度都比立方体抗压强度值小,并且棱柱体试件高宽比越大,强度越小。但是,当高宽比达到一定值后,这种影响就不明显了。在确定棱柱体试件尺寸时,一方面要考虑到试件具有足够的高度以不受试验机压板与试件承压面间摩擦力的影响,在试件的中间区段形成纯压状态;同时也要考虑到避免试件过高,在破坏前产生较大的附加偏心而降低抗压强度。根据试验资料,一般认为试件高宽比为 2~3 时,可以基本消除上述两种因素影响。

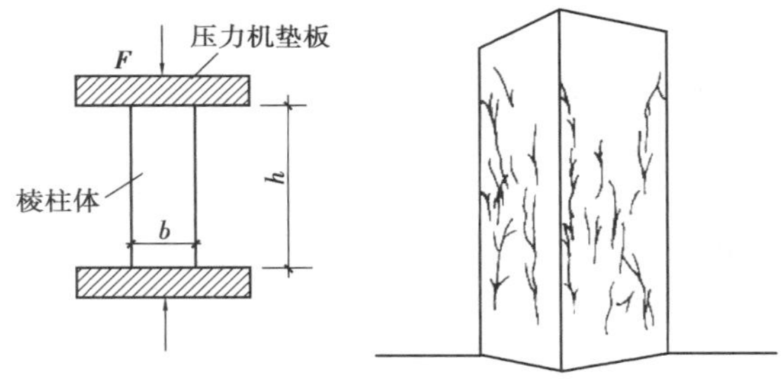

图 2.2 混凝土棱柱体抗压试验及破坏情况

我国现行《普通混凝土力学性能试验方法标准》(GB/T 50081)规定,以 150 mm×150 mm×300 mm 的棱柱体作为混凝土轴心抗压强度试验的标准试件。

"规范"规定,标准棱柱体试件试验测得的具有 95%保证率的抗压强度为混凝土轴心抗压强度标准值,用符号 f_{ck} 表示,下标 c 表示受压,k 表示标准值。立方体试件和棱柱体试件测定的同一批混凝土的强度不一样,但是两者是从不同的角度测定混凝土的强度,因此两者存在内在联系。考虑实际结构构件制作、养护和受力情况等方面与试件的差别,实际构件强度与试件强度之间将存在差异,根据我国所做的混凝土棱柱体与立方体抗压强度对比试验的结果,"规范"基于安全取偏低值,轴心抗压强度标准值与立方体抗压强度标准值的关系按下式确定:

$$f_{ck} = 0.88\alpha_{c1}\alpha_{c2}f_{cu,k} \tag{2.3}$$

式中 0.88——考虑实际构件与试件混凝土强度之间的差异而取用的折减系数;

α_{c1}——棱柱体抗压强度与立方体抗压强度之比,对混凝土强度等级为 C50 及以下的

取 $\alpha_{c1}=0.76$，对 C80 取 $\alpha_{c1}=0.82$，中间按线性规律变化插值；

α_{c2}——高强度混凝土的脆性折减系数，对 C40 及以下取 $\alpha_{c2}=1.00$，对 C80 取 $\alpha_{c2}=0.87$，中间按线性规律变化插值。

3）混凝土轴心抗拉强度

混凝土轴心抗拉强度也是混凝土的基本力学指标之一，其标准值用 f_{tk} 表示，下标 t 表示受拉，k 表示标准值。在实际工程中，混凝土构件的抗开裂、抗剪、抗扭、抗冲切等的承载力均与混凝土的抗拉强度有关。混凝土的抗拉强度比抗压强度小得多，一般只有抗压强度的1/20～1/10，且不与混凝土强度等级成正比。混凝土的强度等级越高，抗拉强度与抗压强度的比值越低。

混凝土抗拉强度的测定方法通常有直接拉伸测试法和间接测试法两种。直接拉伸测试法如图 2.3(a)所示，对 100 mm×100 mm×500 mm 的柱体，在其中心线两端埋设 150 mm 的变形钢筋，用试验机夹住两端伸出的钢筋使试件受拉。破坏时试件中部产生横向裂缝，其平均应力即为混凝土的轴心抗拉强度。由于混凝土内部的不均匀性、安装试件的偏差等原因，用直接拉伸法准确测定混凝土的抗拉强度是很困难的。因此，国内外多采用立方体或圆柱体试件的劈裂试验来间接测试混凝土的轴心抗拉强度，如图 2.3(b)所示。

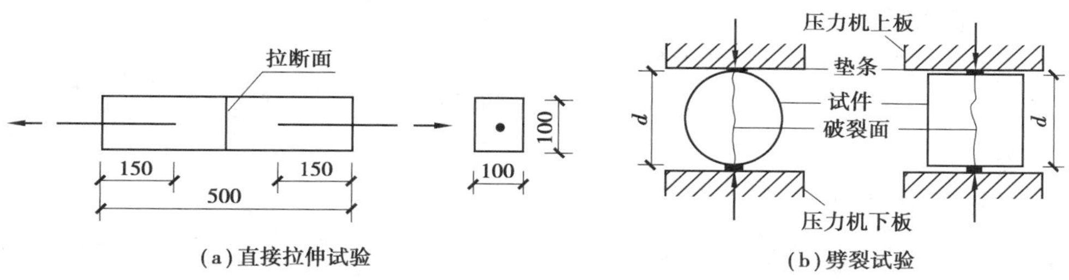

图 2.3　混凝土抗拉试验

在劈裂实验中，对立方体或圆柱体试件施加线荷载，试件破坏时在破裂面上产生与该面垂直且基本均匀分布的拉应力，根据弹性理论，劈裂抗拉强度可按式(2.4)计算：

$$f_t=\frac{2F}{\pi dl} \tag{2.4}$$

式中　F——劈裂破坏荷载；

d——圆柱体直径或立方体边长；

l——圆柱体长度或立方体边长。

混凝土抗拉强度和混凝土的立方体抗压强度同样存在内在联系。我国“规范”在实验研究的基础上，采用的混凝土轴心抗拉强度标准值 f_{tk} 与立方体抗压强度标准值 $f_{cu,k}$ 之间的换算关系为：

$$f_{tk}=0.88\times0.395f_{cu,k}^{0.55}(1-1.645\delta)^{0.45}\times\alpha_{c2} \tag{2.5}$$

式中，δ 为变异系数；系数 0.88 的意义和 α_{c2} 的取值与式(2.3)中的相同；系数 0.395 和0.55为轴心抗压强度与立方体抗压强度间的折减系数。

“规范”给出的混凝土抗压、抗拉强度标准值和设计值分别见本书附表 2.1 和附表 2.2，强度设计值的取值详见本书第 3 章相关内容。

2.1.2 复合应力状态下混凝土的强度

在实际工程中,混凝土一般处于复杂应力状态,如梁柱节点区、牛腿、深梁等,通常受到轴力、弯矩、剪力及扭矩的不同组合作用。研究混凝土在复杂应力状态下的强度问题,对于合理地分析混凝土结构或构件的受力性能有着重要意义。

1)双向应力状态下混凝土的强度

双轴应力状态下的试验采用正方形试件,沿板平面内两对边分别作用法向应力 σ_1 和 σ_2,沿板厚方向 $\sigma_3=0$,板处于平面应力状态。根据不同的 σ_1/σ_2 比值下试验得到的混凝土强度,经整理后可得,如图 2.4 所示的混凝土双向应力状态下的强度包络曲线。该曲线由 4 条连续封闭曲线构成,由图中可以看出:第一象限为双向受拉状态,无论两个方向的应力比值 σ_1/σ_2 如何变化,混凝土的抗拉强度均接近于单轴受拉强度;第二、四象限为拉-压应力状态,在任意应力比下、混凝土的强度均小于单轴受力强度;第三象限为双向受压状态,混凝土的强度大于单轴受压强度,最大可达 $1.25f_c$ 左右。图中的 f_t 和 f_c 为混凝土单轴受拉和受压强度。

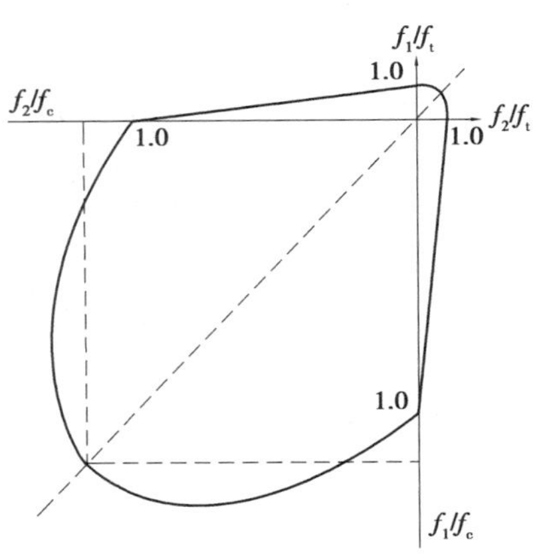

图 2.4 混凝土双向应力状态下的强度包络曲线

2)混凝土的三轴受压强度

比较典型的三向受压强度试验是通过用液体静压力对混凝土圆柱体施加侧向(径向)压应力之后再给圆柱体施加轴向压力直至破坏,并量测其轴向应变的变化,如图 2.5 所示。

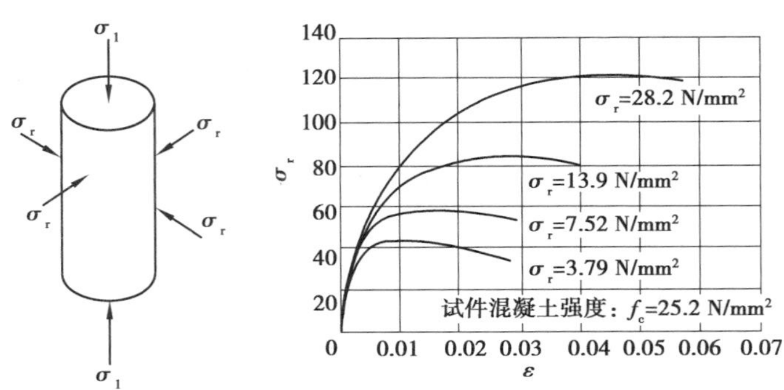

图 2.5 混凝土圆柱体三向受压试验的轴向应力-应变曲线

由于侧向压力阻止了混凝土圆柱体在轴向压力作用下侧向变形的产生和内部微裂缝的发展,从而使混凝土沿圆柱体轴向的抗压强度相应提高。根据对试验数据的分析,三轴受压混凝土纵向抗压强度为:

$$f_{c1}=f'_c+4\alpha\sigma_r \tag{2.6}$$

式中 f_{c1}——混凝土三轴受压沿圆柱体纵轴的轴心抗压强度;

f'_c——混凝土圆柱体单轴抗压强度;

σ_r——侧向压应力；

α——试验系数，当混凝土强度等级不超过C50时取1.0，当混凝土强度等级为C80时取0.85，其间按线性内插法确定。

工程上，螺旋箍筋柱和钢管混凝土柱是混凝土三向受压的典型运用。螺旋箍筋柱通过设置密排螺旋筋或箍筋来约束混凝土，改善钢筋混凝土构件的受力性能。在混凝土轴向压力很小时，螺旋筋或箍筋几乎不受力，此时混凝土基本上不受约束；当混凝土应力达到临界应力时，混凝土内部裂缝引起体积膨胀使螺旋筋或箍筋受拉，反过来，螺旋筋或箍筋约束了混凝土，形成与液压约束相似的条件，从而提高被约束混凝土的强度和变形能力，其提高的幅度与螺旋筋或箍筋的数量有关。而钢管混凝土柱则是在钢管内浇灌混凝土，通过钢管壁约束混凝土的侧向变形，在大大提高混凝土轴向承载力的同时，也增强了钢管壁的稳定性。

3）混凝土在剪压或剪拉应力状态作用下的复合强度

构件截面同时作用剪应力和压应力（或拉应力）的剪压（或剪拉）复合应力状态，在工程中较为常见，通常采用空心薄壁圆柱体进行这种应力状态试验。试验时，先施加纵向压力（或拉力），然后再施加扭矩至构件破坏，其加载构件及试验结果，如图2.6所示。

由图可知，在剪拉应力状态下，随着拉应力绝对值的增加，混凝土抗剪强度降低，当拉应力约为$0.1\sigma_0$（$\sigma_0=f_c$）时，混凝土受拉开裂，抗剪强度降低到零。在剪压状态下，随着压应力的增大，混凝土的抗剪强度逐渐增大，并在压应力达到某一数值时，抗剪强度达到最大值。此后，由于混凝土内部微裂缝的发展，抗剪强度随压应力增大反而减小，当压应力达到混凝土轴心抗压强度时，抗剪强度为零。

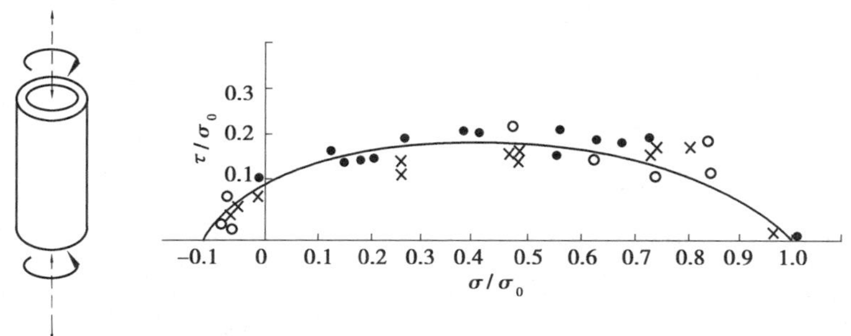

图2.6 剪压和剪拉试验及试验曲线

2.2 混凝土的变形

混凝土的变形可分为两类：一类是混凝土的受力变形，包括单调短期加载、多次重复加载及荷载长期作用下的变形等；另一类是混凝土由于收缩或温度变化产生的体积变形。

2.2.1 混凝土在单调短期荷载下的变形性能

1）混凝土轴心受压时的应力-应变关系

在单调短期荷载作用下，轴心受压混凝土的应力-应变关系是混凝土材料最基本的性能，是研究和分析混凝土构件的承载力、变形、延性以及受力全过程的重要依据。

一般用标准棱柱体或圆柱体测定混凝土受压时的应力-应变曲线。图 2.7 为普通混凝土轴心受压时典型的应力-应变曲线，其中，f_c^0 的上角标 0 表示实测值。图中各个特征阶段的特点如下：

当荷载较小时，即当 $\sigma \leqslant 0.3 f_c^0$（图中 Oa 段）时，混凝土表现出理想的弹性性质，即应力-应变关系接近于直线，卸掉荷载后，应变将重新恢复到零，在这个阶段内，存在于混凝土内部的初始微裂缝没有发展。随着荷载增加，当应力为$(0.3 \sim 0.8) f_c^0$（图 ab 段）时，混凝土表现出越来越明显的塑性，即与应力增长速度相比，应变增长速度越来越快，此时应力-应变关系偏离直线。此阶段中混凝土内部微裂缝虽有所发展，但是仍处于稳定状态（荷载不增加，裂缝不继续发展）。随着荷载进一步增加，当应力为$(0.8 \sim 1.0) f_c^0$（图 bc 段）时，应变增长速度进一步加快，应力-应变曲线的斜率急剧减小，混凝土内部微裂缝进入非稳定（荷载不增加，裂缝仍继续发展）发展阶段。当应力到达 c 点时，混凝土发挥出受压时的最大承载力，即轴心抗压强度 f_c^0（极限强度），相应的应变值 ε_0 称为峰值应变。此时混凝土内部微裂缝已延伸扩展成若干通缝。Oc 段通常称为应力-应变曲线的上升段。

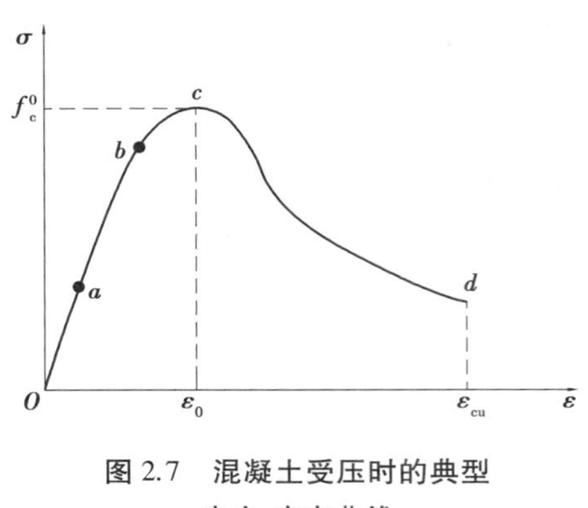

图 2.7　混凝土受压时的典型应力-应变曲线

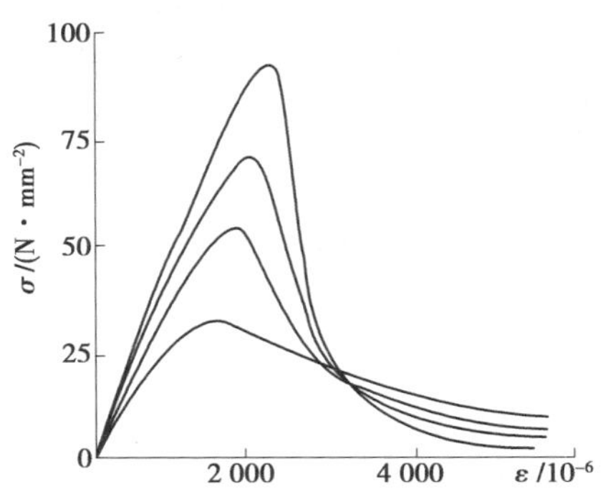

图 2.8　不同强度混凝土受压的应力-应变曲线比较图

超过 c 点以后，试件的承载力随应变增长逐渐减小。cd 段称为应力-应变曲线的下降段。下降段只有在试验机本身具有足够的刚度，或采取一定措施吸收下降段开始后由于试验机刚度不足而回弹所释放出的能量才能测到。否则，由于试件达到峰值应力后的卸载作用，试验机释放加载过程中积累的应变能会对试件继续加载，而使试件立即破坏。

混凝土轴心受压时，应力-应变曲线的性状受混凝土强度、加载速度等因素的影响。图2.8为不同强度等级混凝土的应力-应变曲线。由图可见，高强度混凝土在 $\sigma \leqslant (0.75 \sim 0.90) f_c^0$ 之前，应力-应变关系一直为直线，线性的范围随混凝土强度的提高而增大；高强度混凝土的峰值应变 ε_0 随混凝土强度的提高有增大趋势，可达 0.002 5，甚至更多；达到峰值应力以后，高强混凝土的应力-应变曲线骤然下跌，表现出很高的脆性，强度越高，下跌越陡。图 2.9 为加载速度不同对应力-应变曲线性状的影响。随加载应变速度的降低，应力峰值 f_c^0 略有降低，但相应的峰值应变 ε_0 增大，并且下降段曲线较平缓。

混凝土在荷载作用下的应力-应变关系是非线性的，由应力-应变曲线可以确定混凝土的极限强度 f_c^0、相应的峰值应变 ε_0 以及极限压应变 ε_{cu}。所谓极限压应变，是指混凝土试件可能达到的最大应变值，包括弹性应变和塑性应变。极限压应变越大，混凝土的变形能力越好。而混凝土的变形能力一般用延性表示，它是指混凝土试件在承载能力没有显著下降的情况下承受变形的能力。对于均匀受压的混凝土构件，如轴心受压构件，其应力达到f_c^0时，混凝土就不能承受更大的荷载，故峰值应变ε_0就成为构件承载能力的计算依据。ε_0随混凝土强度等级不同，在0.001 5～0.002 5变动，结构计算时取$\varepsilon_0=0.002$（普通混凝土）或$\varepsilon_0=0.002\sim0.002\ 15$（高强混凝土）。对于非均匀受压的混凝土构件，如受弯构件和偏心受压构件的受压区，混凝土所受的压应力是不均匀的。当受压区最外层纤维达到最大压应力f_c^0后，附近应力较小的内层纤维协助外层纤维受压，对外层纤维起卸载作用，直至最外层纤维达到极限压应变ε_{cu}，截面才破坏。此时极限压应变值为0.002～0.006，有的甚至达到0.008，结构计算时取$\varepsilon_{cu}=0.003\ 3$（普通混凝土），或$\varepsilon_{cu}=0.003\ 3\sim0.003$（高强混凝土）。

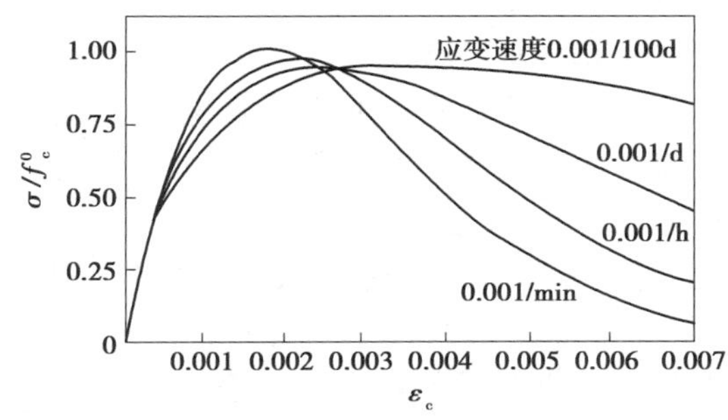

图 2.9 加载应变速度不同时混凝土应力-应变曲线

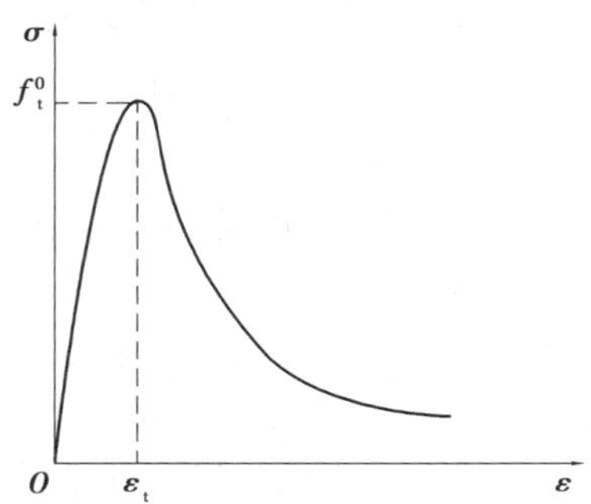

图 2.10 混凝土轴心受拉时的典型应力-应变曲线

2）混凝土轴心受拉时的应力-应变关系

混凝土轴心受拉时的应力-应变关系与轴心受压相类似，如图2.10所示。当拉应力$\sigma\leqslant0.5f_t^0$时，应力-应变曲线关系接近于直线；当σ约为$0.8f_t^0$时，应力-应变关系明显偏离直线，反映了混凝土受拉时塑性变形的发展。当采用等应变速率时，也可测得应力-应变曲线的下降段。试件断裂时的极限拉应变很小，通常在$(0.5\sim2.7)\times10^{-4}$范围内变动，计算时一般取$\varepsilon_t=1.5\times10^{-4}$。

2.2.2 混凝土在重复加载下的变形性能

混凝土在荷载重复作用下引起的破坏称为疲劳破坏。混凝土受压棱柱体在重复荷载作用下的应力-应变关系曲线如图2.11所示，图2.11（a）为混凝土受压棱柱体试件在一次加载、卸荷时的应力-应变曲线。当加载至A点后卸载，加载应力-应变曲线为OA，卸载应力-应变曲线为AB。加载至A点时总应变为ε，其中一部分（OB）在卸载过程中不能恢复，即塑性应变ε_p。但在塑性应变中有一小部分（BB'）在卸载后经过一定时间后才恢复，称为弹性后效ε_{ae}。最后保留在试件中的不能恢复的变形（$B'O$）称为残余应变ε_{cr}。这样，混凝土在一次加载、卸载下的应力-应变曲线为$OABB'$，形成一个环状。

混凝土受压棱柱体试件在多次重复荷载作用下的应力-应变曲线如图2.11（b）所示，图中表示3种不同水平的应力重复作用时的应力-应变曲线。由图可见，当每次加载的最大压应力值（图中的σ_1和σ_2）不超过某个限值时，每次加载、卸载过程都将有一部分塑性变形不能恢复，形成塑性变形的积累。但随着循环次数的增加，累积塑性变形不再增加，加卸载应力-应变曲线呈直线变化，且大致与第一次加载原点切线平行，继续重复加卸载，混凝土仍保持弹

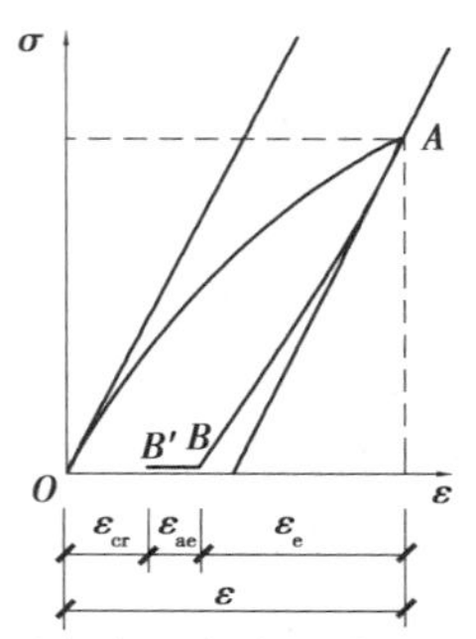

(a)混凝土一次加载、卸载的应力-应变曲线

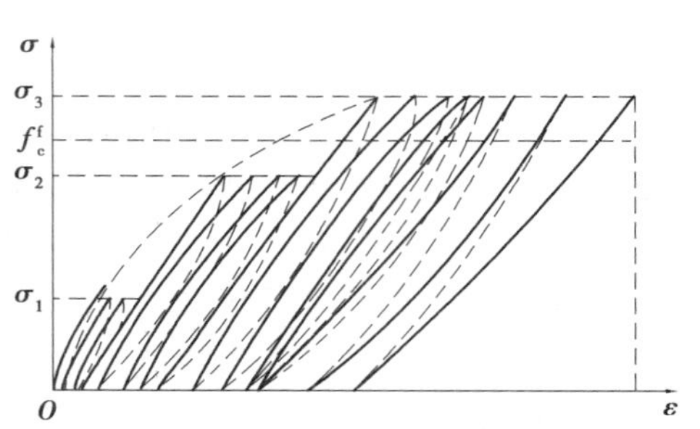

(b)混凝土多次重复加载、卸载的应力-应变曲线

图 2.11　重复加载下混凝土应力-应变曲线

性性质。当加载时的最大压应力 σ_3 超过某一限值时，随着荷载重复次数增加，应力-应变曲线也一度呈直线变化，但是继续加载将引起混凝土内部裂缝不断开展，加载应力-应变曲线转向相反方向弯曲，应力-应变曲线斜率不断减小，重复次数达到一定值后，混凝土试件因严重开裂或变形过大而破坏，这种现象称为混凝土的疲劳破坏。疲劳现象大量存在于工程结构中，如钢筋混凝土吊车梁受到重复荷载的作用，钢筋混凝土道桥受到车辆振动的影响，以及港口海岸的混凝土结构受到波浪冲击损伤等，都属于疲劳破坏现象。

混凝土的疲劳强度用疲劳试验测定。疲劳试验采用 100 mm×100 mm×300 mm 或 150 mm×150 mm×450 mm 的棱柱体，把能使棱柱体试件承受 200 万次或其以上循环荷载而发生破坏的压应力值称为混凝土的疲劳抗压强度，用符号 f_c^f 表示。

2.2.3　混凝土的弹性模量、泊松比和剪变模量

1)混凝土弹性模量

弹性模量为材料在线弹性范围内工作时的应力与应变之间的关系，即 $E=\sigma/\varepsilon$。混凝土是一种弹塑性材料，其应力-应变关系为曲线，但当其应力较小时，也具有线弹性性质，可以用弹性模量表示应力与应变之间的关系。一般将混凝土应力-应变曲线在原点 O 处的切线的斜率(如图 2.12 所示)作为混凝土的弹性模量，也称为初始弹性模量，简称弹性模量，即：

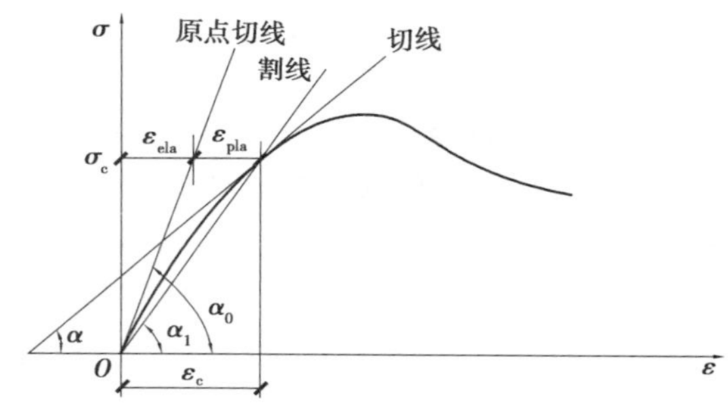

图 2.12　混凝土变形模量的表示方法

$$E_c = \tan \alpha_0 \tag{2.7}$$

式中　α_0——混凝土应力-应变曲线在原点处的切线与横坐标的夹角。

直接在混凝土一次加载应力-应变曲线上作原点的切线，找出 α_0 值是不易测定的，通常采用多次重复加载、卸载后的应力-应变曲线的斜率来确定 E_c。我国有关规范规定，混凝土的弹性模量测试方法为：采用棱柱体试件，取加载应力上限为 $0.5f_c$，反复加卸载 5~10 次后，测得应力-应变曲线基本趋于直线，其斜率即为混凝土的弹性模量 E_c。

应力较大时，混凝土进入弹塑性阶段，此时应采用切线模量来反映混凝土变形性能。即在应力-应变曲线上任一点处作一切线，求其斜率，如图 2.12 所示。但是切线模量不易测定，

计算也较为复杂,在实际操作上常采用原点与某点连线(割线)的斜率作为混凝土的变形模量,即割线模量,如图 2.12 所示。

混凝土受拉应力-应变曲线形状与受压时相似,曲线在原点所得对应的切线斜率也与受压时基本一致,所以受拉计算时的弹性模量取与受压弹性模量相同。

为了工程运用方便,我国"规范"给出了各强度等级混凝土的弹性模量,详见本书附表 2.3。

2)混凝土泊松比 ν_c 和剪变模量 G_c

泊松比是试件在一次短期加载情况下的横向应变与纵向应变之比。"规范"规定,混凝土的泊松比 $\nu_c=0.2$。

由弹性理论可知,剪变模量 G_c 与弹性模量 E_c 的关系式为:

$$G_c=\frac{E_c}{2(1+\nu_c)} \tag{2.8}$$

取 $\nu_c=0.2$,由式(2.8)可得 $G_c=0.417E_c$。据此,"规范"取 $G_c=0.4E_c$。

2.2.4 混凝土在荷载长期作用下的变形性能(徐变)

1)混凝土徐变

混凝土在不变的应力长期持续作用下,变形随时间而徐徐增长的现象称为混凝土的徐变。徐变将对混凝土构件的变形、承载力及预应力混凝土等都造成较大的影响。普通混凝土棱柱体试件徐变试验曲线如图 2.13 所示,试件应力 $\sigma=0.5f_c^0$ 并保持不变。由图 2.13 可知,混凝土总的应变由两部分组成,即 $\varepsilon=\varepsilon_e+\varepsilon_{cr}$,其中 ε_e 为加载过程已发生的瞬时应变;ε_{cr} 为荷载保持作用下逐渐完成的徐变应变。

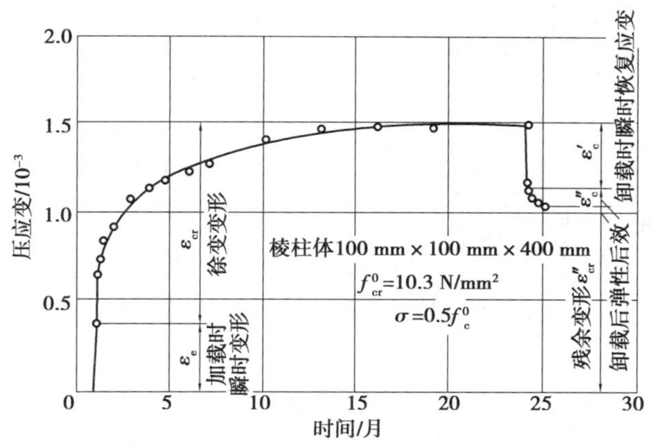

图 2.13 混凝土的徐变

图 2.13 表明,混凝土徐变开始增长较快,以后逐渐减慢,经长期作用后逐渐趋于稳定。通常前四个月增长较快,半年可完成总徐变量的 70%~80%,此后,徐变的增长速度逐渐减慢,2~3年后趋于稳定。图中还显示了加载两年后卸载时应变的变化情况,其中 ε_c' 为卸载时瞬时恢复的应变,ε_c'' 称为卸载后的弹性后效,是在卸载后经过一段时间(20 d 左右)又恢复的一部分徐变,其值约为总徐变变形的 1/12;另外在试件中尚残存了很大一部分不可恢复的应变称为残余应变 ε_{cr}''。

2)影响混凝土徐变的因素

试验表明,影响混凝土徐变的因素有很多,如应力水平、混凝土材料组成和外部环境条件等。

(1)应力水平的影响

在不同应力水平下普通混凝土的徐变曲线,如图 2.14 所示。由图可知,当混凝土应力较小时(如 $\sigma \leqslant 0.5f_c^0$),应力差相等条件下徐变曲线间距相等,徐变与应力成正比,称为线性徐变。线性徐变在加载初期增长较快,后期增长较慢,徐变曲线的渐近线与时间坐标轴平行,具有收敛性;当混凝土压应力增大,处于$(0.5\sim0.8)f_c^0$ 时,徐变不再与应力成正比,但徐变-时间曲线仍然收敛,收敛性随应力增长而变差,称为非线性徐变;当 $\sigma>0.8f_c^0$ 时,混凝土内部的微裂缝进入非稳定态发展,非线性徐变剧增而徐变-时间曲线变为发散型,在压应力小于混凝土强度时,因徐变而最终导致混凝土破坏。因此,一般普通混凝土在荷载长期作用下的抗压强度取为$(0.75\sim0.8)f_c$,以确保徐变作用下结构安全。研究表明,高强混凝土的徐变比普通混凝土小很多,所以高强混凝土的长期抗压强度取为$(0.8\sim0.85)f_c$,高于普通混凝土的取值水平。

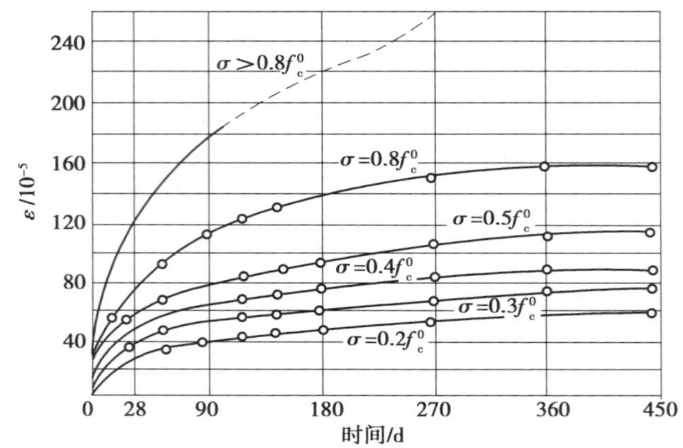

图 2.14 压应力与普通混凝土徐变的关系

(2)其他因素对混凝土徐变的影响

试验表明,混凝土的组成成分对徐变的影响也很大。水灰比越大,残留游离水越多,徐变越大。混凝土中水泥用量越大,徐变越大。采用坚硬、弹性模量大的骨料,骨料所占体积比越大,徐变越小。

混凝土的制作、养护方法也会对徐变产生影响。养护温度越高、湿度越大,可使水泥水化作用越充分,徐变越小。混凝土受荷载作用时,所处环境也对徐变产生影响:在高温、干燥条件下产生的徐变比低温、潮湿时明显增大。另外,混凝土构件的形状、尺寸对徐变也有影响:构件尺寸较大,其表面积相对较小,构件内水分不易丢失,故徐变较小。

3)徐变对工程结构的影响

徐变作用的存在将对混凝土构件的受力产生较大的影响,应引起重视。对于钢筋混凝土轴心受压构件,混凝土在荷载长期作用下产生徐变而导致变形增加,而钢筋受压无徐变,由于混凝土和钢筋之间存在较强的黏结作用使得钢筋和混凝土变形一致,这样混凝土的徐变将导致钢筋的压应变增加,使钢筋内力增大。由于作用在构件上的外力并未增加,而钢筋内力增加,由力的平衡知,混凝土所受到的压力相应减小,这就引起了钢筋和混凝土的内力重分布。如果在配筋率较高、徐变较大的情况下卸载,钢筋的反弹作用就有可能引起混凝土受拉开裂,对混凝土的工作造成一定的影响,这也是受压构件配筋率不能过高的原因。

同样,徐变也使受弯和偏心受压构件的受压区变形加大而使受弯构件挠度增加,使偏心受压构件的附加偏心距增大而导致构件承载力降低;徐变还会使预应力混凝土构件产生预应力损失等。因此,在工程运用中应仔细考虑其影响。

2.2.5　混凝土的收缩与膨胀

1)混凝土收缩和膨胀的概念

混凝土在空气中凝结硬化时体积会收缩,在水中凝结硬化时会膨胀。前者称为混凝土的收缩,后者称为混凝土的膨胀。混凝土的收缩和膨胀是与荷载无关的体积变化现象。混凝土的收缩变形由两部分组成:①混凝土在硬结过程中,水分蒸发,使体积缩小。这是个物理蒸发过程,通常称为干缩。②混凝土中水和水泥的水化作用,使混凝土体积减小,通常称为凝缩。

图 2.15 所示为混凝土自由收缩的实验曲线,可见收缩变形也是随时间而增长的。结硬初期收缩变形发展很快,以后逐渐减慢,整个收缩过程可持续两年左右。蒸汽养护时,由于高温高湿条件能加速混凝土的凝结和硬化过程,减少混凝土中水分的蒸发,因此混凝土的收缩值要比常温养护时小。一般情况下,混凝土的最终收缩应变为$(2\sim5)\times10^{-4}$。

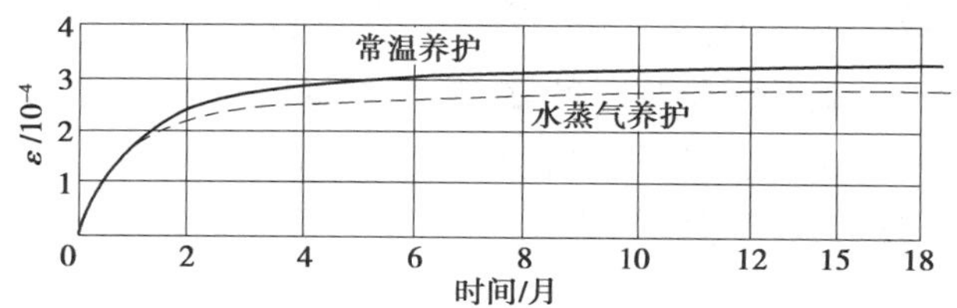

图 2.15　混凝土的收缩试验曲线

2)影响混凝土收缩的因素

研究表明,影响混凝土收缩的主要因素包括:

①混凝土的组成材料成分。水泥用量越大、等级越高,水灰比越大,则收缩越大;骨料级配越好,弹性模量越大,则收缩越小。

②外部环境因素。凝结硬化过程以及使用过程中,环境湿度越大,收缩越小;若在环境湿度大的同时提高养护温度,收缩将减小;但是在干燥环境中,养护温度升高反而使收缩加大。

③施工质量。混凝土施工质量好,振捣越密实,收缩越小。

④构件的体积与表面积比值。该比值越大,收缩越小。

3)混凝土收缩的工程影响

混凝土收缩将对混凝土结构产生重要影响,当混凝土的收缩受到制约不能自由发生时,会产生收缩裂缝,这是混凝土结构中裂缝形成的主要原因。在钢筋混凝土构件中,钢筋因混凝土收缩受到压应力,而混凝土则受到拉应力,当混凝土收缩较大、构件截面配筋又较多时,混凝土构件将产生收缩裂缝。混凝土收缩也会使预应力混凝土构件产生预应力损失。混凝土硬化膨胀比收缩小得多,且对构件往往产生有利影响,所以一般在设计时不考虑混凝土膨胀的影响。

另外,温度作用也会造成混凝土的变形,形成"温度应力"。对于一般混凝土构件,因为混凝土的线膨胀系数与钢筋材料的线膨胀系数接近,所以温度变形比较协调;但是对于大体积混凝土、烟囱、水池等结构,在设计时应考虑温度应力对结构性能的影响。

2.3 钢筋的物理力学性能

2.3.1 钢筋的分类及选用

1)钢筋的分类

(1)按化学成分的分类

混凝土结构中使用的钢筋按化学成分可分为碳素钢和普通低合金钢两大类。碳素钢除含有铁元素外,还有少量的碳、锰、硅、硫、磷等元素。增加钢筋中的碳含量可以提高其屈服强度和抗拉强度,但钢筋的塑性、冲击韧性、腐蚀稳定性随之降低,可焊性和冷弯性能变差。根据碳素钢中碳含量不同可将钢材分为:低碳钢(碳含量低于 0.25%);中碳钢(碳含量 0.25%~0.6%);高碳钢(碳含量 0.6%~1.4%)。

普通低合金钢是在碳素钢中加入少量锰、硅、钛、钒等合金元素(一般不超过 3%),以达到提高钢材强度、改善塑性等目的。钢材中的硫、磷是有害元素,应严格控制其含量。随着含磷量的增加,钢材的塑性和冲击韧性会明显降低,钢材的可焊性降低。硫可使钢材的焊接性能恶化,冲击韧性、疲劳强度和腐蚀稳定性降低。

(2)按外形分

钢筋按照表面是否光滑,分为光面钢筋和带肋钢筋。带肋钢筋又称变形钢筋,我国生产的带肋钢筋多为月牙纹。我国生产的代表性的钢筋外形如图 2.16 所示。

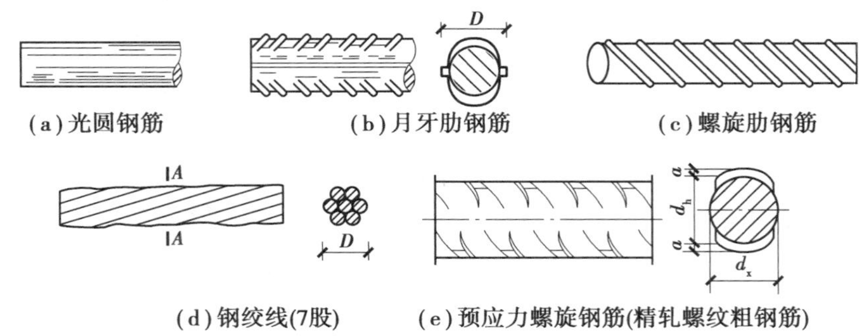

图 2.16 常用的钢筋和钢绞线的外形

(3)按生产工艺分类

按照钢筋的生产加工工艺不同,我国"规范"中将钢筋混凝土结构和预应力混凝土结构中的钢筋(或钢丝)分为热轧钢筋、细晶粒热轧带肋钢筋、余热处理带肋钢筋及各种冷加工钢筋。

普通热轧钢筋是由低碳钢、普通低合金钢在轧钢厂经高温轧制成型并自然冷却的成品钢筋,是我国混凝土结构中最常用的钢筋品种。细晶粒热轧带肋钢筋采用控温轧制工艺,使钢筋组织晶粒细化、强度提高,从而在不增加钢筋中合金含量基础上大幅度提高了钢材性能。余热处理带肋钢筋是由热轧钢筋经高温淬水、余热处理后提高强度的产品,其资源消耗低、生产成本较低。

冷加工钢筋是在常温下将某些热轧钢筋(称为母材)经冷拉、冷拔、冷轧或冷扭等工艺进行再加工而得到的光面或变形钢筋,有冷拉钢筋、冷拔钢丝、冷轧带肋钢筋和冷轧扭钢筋等。钢筋经冷加工后强度提高,但塑性(伸长率等)明显降低,因此冷加工钢筋主要用于对延性要求不高的板类构件,或作为非受力构造钢筋。由于冷加工钢筋的性能受母材和冷加工工艺影响较大,“规范”中未列入冷加工钢筋,工程应用时可按相关的冷加工钢筋技术标准执行。

2)钢筋的工程选用

目前,我国混凝土结构中使用的国产普通钢筋分为 4 个强度等级(300 MPa、335 MPa、400 MPa和 500 MPa),共 7 个牌号。具体包括普通热轧钢筋:HPB300(工程符号为Φ)、HRB335(Φ)、HRB400(Φ)、HRB500(Φ);细晶粒热轧带肋钢筋:HRBF400(Φ^{F})、HRBF500(Φ^{F});余热处理带肋钢筋:RRB400(Φ^{R})。符号 HPB 是 Hot Rolled Plain Steel Bars(热轧光面钢筋)的简称;HRB 是 Hot Rolled Ribbed Steel Bars(热轧带肋钢筋)的简称。

在工程中具体选用时,纵向受力的主导钢筋应优先选用 HRB400 和 HRB500,尤其在梁、柱和斜撑等构件中;HRB500 级高强钢筋用于高层建筑的柱、大跨度与重荷载梁的纵向钢筋有明显的经济效益。HPB300 主要用于小规格梁、柱的箍筋及其他混凝土构件的构造钢筋,其直径限制在 6~14 mm,不再采用直径较大的该种钢筋,如受力过大,则应选用高强度钢筋代替;目前“规范”保留了 14 mm 及以下直径的 HRB335 级钢筋,主要用于中小跨度楼板配筋、剪力墙分布钢筋及箍筋。但基于减少钢筋用量、节约资源、实现钢筋的高效利用、提高钢筋质量的均质性以及降低成本的目标,HRB335 是即将被淘汰的钢筋品种,目前多个地方的建设管理部门已限制了该种钢筋在相应地区的使用。

中强度预应力钢丝、消除应力钢丝、钢绞线和预应力螺纹钢筋是用于预应力混凝土结构的预应力钢筋。其中,中强度预应力钢丝的抗拉强度为 800~1 270 N/mm²,外形有光面(Φ^{PM})和螺旋肋(Φ^{HM})两种;消除应力钢丝的抗拉强度为 1 470~1 860 N/mm²,外形有光面(Φ^{P})和螺旋肋(Φ^{H})两种;钢绞线(Φ^{S})抗拉强度为 1 570~1 960 N/mm²,由多根高强钢丝扭结而成,常用的有 1×7(7 股)和 1×3(3 股)等;预应力螺纹钢筋(符号Φ^{T})又称精轧螺纹粗钢筋,抗拉强度为 980~1 230 N/mm²,是用于预应力混凝土结构的大直径高强度钢筋,这种钢筋在轧制过程时沿钢筋纵向全部轧有规律性的螺纹肋条,可用螺丝套筒连接和螺帽锚固,不需要再加工螺丝,也不需要焊接。

各种钢筋的直径规格、强度指标见附表 2.4 至附表 2.7。

2.3.2　钢筋的强度和变形

1)钢筋的应力-应变关系及强度指标

根据钢筋单向受拉时的应力-应变曲线特点的不同,可分为有明显流幅和无明显流幅两类，习惯上也分别称为软钢和硬钢。通过对钢筋进行单调加载拉伸试验，可以得到钢筋的应力-应变曲线，如图 2.17、图 2.18 所示。

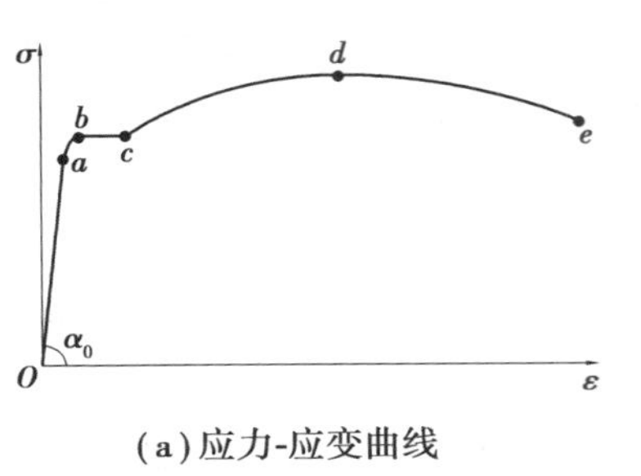

(a)应力-应变曲线　(b)钢筋“颈缩”

图 2.17　有明显流幅钢筋的应力-应变关系

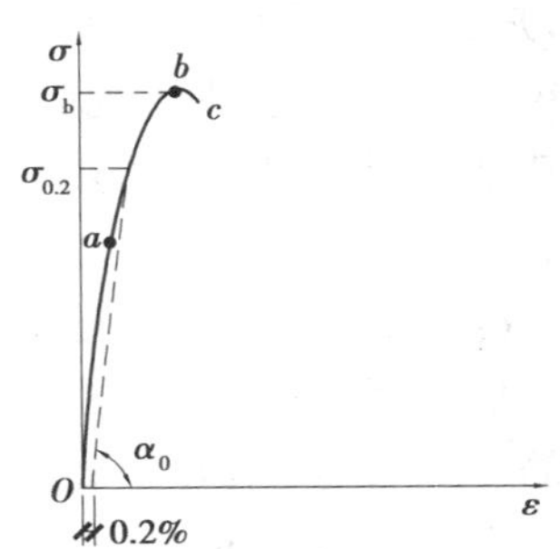

图 2.18　无明显流幅钢筋的应力-应变关系

(1)有明显流幅的钢筋

有明显流幅钢筋的拉伸试验的典型应力-应变关系曲线，如图 2.17(a)所示。该曲线有如下特性：曲线可分弹性段(*Ob*)、屈服段(*bc*)、强化段(*cd*)、破坏段(*de*)。各阶段的特点在《材料力学》教材中已有详细的描述，此处不再赘述。

有明显流幅钢筋有两个强度指标：一是 *b* 点对应的屈服强度，它是混凝土构件计算的强度限值，因为当构件某一截面的钢筋应力达到屈服强度后，将在荷载基本不变的情况下产生持续的塑性变形，使构件的变形和裂缝宽度显著增大以致无法使用，因此一般结构计算中不考虑钢筋的强化段而取屈服强度作为设计强度的依据；另一个强度指标是 *d* 点对应的极限强度，一般情况下作为材料的实际破坏强度。钢筋的强屈比(极限抗拉强度与屈服强度的比值)表示结构的可靠性潜力，在抗震结构中考虑到受拉钢筋可能进入强化阶段，要求强屈比不小于 1.25。

(2)无明显流幅的钢筋

无明显流幅的钢筋(如热处理钢筋、各类钢丝和钢绞丝)，通常称为硬钢，其典型应力-应变曲线如图 2.18 所示。各阶段的特点详见《材料力学》教材。

对无明显流幅的钢筋，在工程设计中一般取残余变形为 0.2%时所对应的应力 $\sigma_{0.2}$ 作为强度设计指标，称为条件屈服强度。“规范”规定，对于无明显流幅的钢筋如预应力钢丝、钢绞线等，条件屈服强度取极限抗拉强度的 85%($\sigma_{0.2}=0.85\sigma_b$)。

(3)钢筋的弹性模量

根据钢筋拉伸试验所得应力-应变曲线($\sigma-\varepsilon$ 曲线)的弹性段斜率可确定钢筋的弹性模量。因为钢筋弹性阶段受拉和受压性能一致，故同一钢筋的受压弹性模量和受拉弹性模量相同。各类钢筋的弹性模量见附表 2.8。从附表 2.4 至附表 2.8 中可以看出，钢筋的强度相差较大，但钢筋的弹性模量均在 $2.0\times10^5\ \text{N/mm}^2$ 左右，差别不大；而由钢筋应力和应变的关系式 $\sigma=\varepsilon E_s$ 可知，要获得较高的强度，势必钢筋的应变 ε 将相应增大，这就给混凝土结构抗裂带来了不利影响，这也就限制了高强钢筋在普通混凝土结构中的运用。

2)钢筋的变形能力

钢筋除了要有足够的强度外，还应具有一定的塑性变形能力，钢筋的延伸率和冷弯性能是反映钢筋塑性变形性能的主要指标。

(1)钢筋的延伸率

钢筋的延伸率是指钢筋试件上标距为 $10d$ 或 $5d$(d 为钢筋直径)范围内的极限伸长率,也称断后伸长率,记为 δ_{10}或 δ_5,可按下式计算:

$$\delta = \frac{l - l_0}{l_0} \times 100\% \tag{2.9}$$

式中 δ——断后伸长率(%);

l——钢筋包含颈缩区的量测标距拉断后长度;

l_0——试件拉伸前的标距长度。

钢筋的延伸率越大,说明钢筋的塑性性能和变形能力越好。钢筋变形能力一般用延性表示。在钢筋的应力-应变曲线上,屈服点到极限应变点间的应变值反映了延性的大小。延伸率仅能反映钢筋残余变形的大小,其中还包含了断口颈缩区域的局部变形。延伸率一方面会使不同量测标距长度所得的结果不一致,即对同一钢筋,当量测标距长度取值较小时,所得的延伸率值较大,而当量测标距长度取值较大时,则所得的延伸率值较小;另一方面,延伸率忽略了钢筋的弹性变形,不能反映钢筋受力时的总体变形能力;此外量测钢筋拉断后的标距长度时,需将拉断的两段钢筋对合后再量测,也容易产生人为误差。为此,近年来国际上已采用钢筋最大力下的总伸长率(均匀伸长率)δ_{gt}来表示钢筋的变形能力。

如图 2.19 所示,钢筋在达到最大应力 σ_b 时的变形包括塑性变形和弹性变形两部分,最大力下的总伸长率(均匀伸长率)δ_{gt}可表示如下:

$$\delta_{gt} = \left(\frac{L - L_0}{L_0} + \frac{\sigma_b}{E_s}\right) \times 100\% \tag{2.10}$$

式中 L_0——试验前的原始标距(不包含颈缩区);

L——试验后量测标距之间的距离;

σ_b——钢筋的最大拉应力(即极限抗拉强度);

E_s——钢筋的弹性模量。

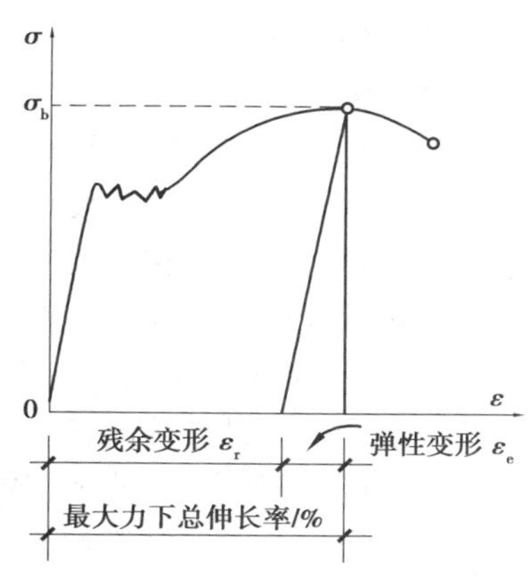

图 2.19 钢筋最大力下的总伸长率

式(2.10)括号中的第一项反映了钢筋的塑性残余变形,第二项反映了钢筋在最大拉应力下的弹性变形。钢筋最大力下的总伸长率 δ_{gt}既能反映钢筋的残余变形,又能反映钢筋的弹性变形,量测结果受原始标距 L_0的影响较小,也不产生人为误差。因此,"规范"采用 δ_{gt}来评定钢筋的塑性性能,并要求各种钢筋最大力下的总伸长率 δ_{gt}值不应小于附表 2.9 所规定的数值。

(2)钢筋的冷弯性能

钢筋的冷弯性能是检验钢筋韧性、内部质量和可加工性的有效参考指标,是将直径为 d 的钢筋绕直径为 D 的弯芯进行弯折(如图 2.20 所示),在达到规定冷弯角度 α 时,要求钢筋不发生裂纹、断裂或起层现象。冷弯性能也是评价钢筋塑性的指标,弯芯的直径 D 越小,弯折角 α 越大,说明钢筋的塑性越好。

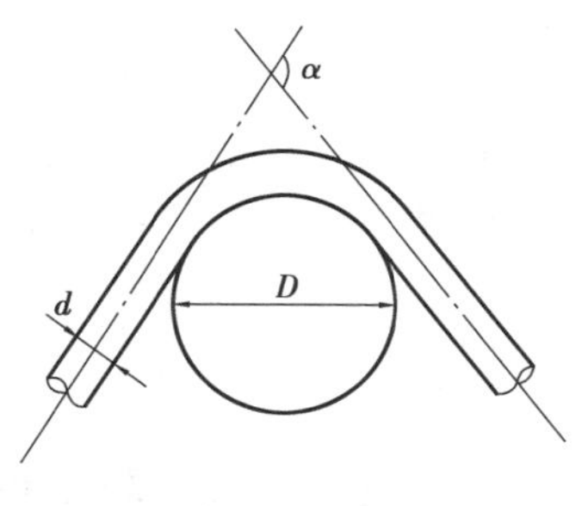

图 2.20 钢筋的冷弯

在工程运用中,均需对采购的钢材进行材性检测。有明显屈服点的钢筋,其检验指标为屈服强度、极限抗拉强度、伸长率和冷弯性能四项。对无明显屈服点的钢筋,其检验指标则为极限抗拉强度、伸长率和冷弯性能三项。对在混凝土结构中应用的热轧钢筋和预应力筋,其具体性能要求见有关国家标准,如现行《钢筋混凝土用钢》(GB/T 1499.2)、《预应力混凝土用钢丝》(GB/T 5223)等。

3)钢筋的疲劳

钢筋的疲劳是指钢筋在承受重复、周期性的动荷载作用下,经过一定次数后,从塑性破坏变为脆性破坏的现象。吊车梁、桥面板、轨枕等承受重复荷载的混凝土构件,在正常使用期间会由于疲劳而发生破坏。钢筋的疲劳强度与一次循环应力中最大应力 σ^{f}_{max} 和最小应力 σ^{f}_{min} 的差值 $\Delta\sigma^{f}$ 有关,$\Delta\sigma^{f}=\sigma^{f}_{max}-\sigma^{f}_{min}$ 称为疲劳应力幅。钢筋的疲劳强度是指在某一定的应力幅内,经受一定次数(我国规定为200万次)循环荷载后发生疲劳破坏的最大应力值。

通常认为,在外力作用下钢筋发生疲劳断裂的原因是由于钢筋内部和外表面的缺陷引起应力集中,钢筋中晶粒发生滑移,产生疲劳裂纹,最后断裂。影响钢筋疲劳强度的因素很多,如疲劳应力幅、最小应力值的大小、钢筋外表面几何形状、钢筋直径、钢筋强度和试验方法等。具体的疲劳强度指标详见“规范”相关内容。

2.3.3 钢筋混凝土结构对钢筋性能的要求

钢筋混凝土结构对钢筋性能的要求主要包括以下几点:

①适当的强屈比。强屈比是指钢筋的极限抗拉强度与屈服强度之比,它在一定程度上代表了材料的强度储备。强屈比大,表明材料的强度储备大。但强屈比过大,使钢筋强度的有效利用率降低,所以钢筋应具有适当的强屈比。

②良好的塑性。在结构设计中,要求钢筋具备足够的变形能力,使结构在承载能力极限状态下有明显的预兆。在施工中,钢筋应制作成型,并需要具有一定的冷弯能力。

③可焊性能好。要求钢筋在一定工艺条件下具有良好的焊接性能,焊接后不产生裂纹或过大的变形,保证焊接接头具有良好的受力性能。

④与混凝土的黏结性能好。黏结力是钢筋与混凝土共同工作的基础,钢筋的表面形状是影响黏结力的重要因素。冷加工钢筋和预应力钢筋易受到腐蚀而影响与混凝土的黏结性能;环氧树脂涂层钢筋或镀锌钢丝的黏结力会有所降低。

⑤耐久性和耐火性强。钢筋应具有较强的耐久性和耐火性能。环氧树脂涂层钢筋或镀锌钢丝可以提高钢筋的耐久性。在结构设计时,应注意设置必要的混凝土保护层厚度,以满足耐久及耐火极限的要求。另外,钢筋品种不一样,其耐火性能也不一样,热轧钢筋耐火性能最好,冷拉钢筋次之,预应力钢筋最差。

2.4 钢筋与混凝土的黏结

2.4.1 黏结应力及分类

钢筋和混凝土能形成整体、共同作用是因为钢筋和混凝土之间存在黏结应力(简称黏结力)。根据受力性质的不同,钢筋与混凝土之间的黏结应力可分为裂缝附近的局部黏结应力和钢筋端部的锚固黏结应力两种,如图 2.21 所示。

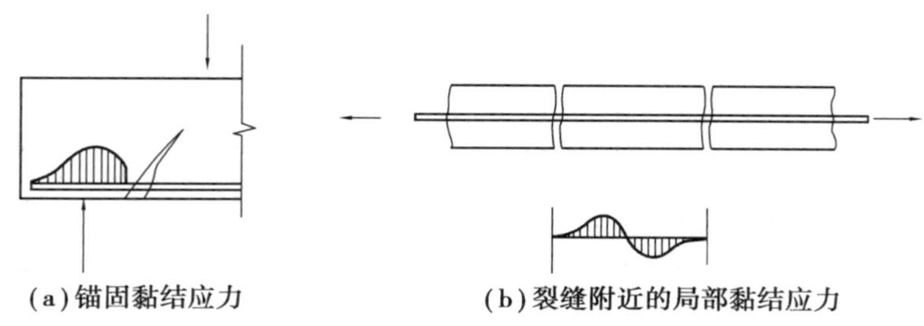

(a)锚固黏结应力　　(b)裂缝附近的局部黏结应力

图 2.21　钢筋和混凝土之间黏结应力示意图

(1)锚固黏结应力

这种情况下钢筋的端头应力为零,在经过一定的黏结距离(称锚固长度)后,钢筋的应力应能达到其设计强度(屈服强度)。如果钢筋因黏结锚固能力不足而发生滑动,将使钢筋强度不能充分利用,导致构件抗裂性能和承载能力的下降,甚至提前失效,产生黏结破坏。简支梁支座处的钢筋端部、悬臂梁的外伸段等属此类锚固黏结。

(2)裂缝附近的局部黏结应力

如受弯构件跨间某截面开裂后,在开裂面上的混凝土退出工作,使钢筋拉应力增大;但裂缝间截面上的混凝土仍承受一定拉力,钢筋应力减少,由此引起钢筋应力沿纵向发生变化,使钢筋表面有相应的黏结应力分布。这种情况下,黏结应力的存在使混凝土内钢筋的平均应变或总变形小于钢筋单独受力时的相应变形,有利于减少裂缝宽度和增大构件刚度。因此,这类黏结应力的大小反映了混凝土参与受力的程度。

由此可见,当钢筋混凝土构件因内力变化、混凝土开裂或构造要求等引起钢筋应力沿长度变化时,必须由周围混凝土提供必要的黏结应力。否则,钢筋和混凝土将发生相对滑移,使构件或节点出现裂缝和变形,改变内力(应力)分布,甚至提前发生破坏。因此,钢筋与混凝土的黏结问题在工程中应受到足够的重视。只有较准确地确定了钢筋与混凝土间的黏结应力分布和黏结强度,才能从构造上合理地确定钢筋的锚固长度和搭接长度。

2.4.2　黏结试验

黏结应力的测定通常有两种方法:一种是拔出试验,即把钢筋的一端埋在混凝土内,另一端施加拉力将钢筋拔出,测出其拉力,如图 2.22(a)所示;另一种是梁式试验,可以考虑弯矩的影响,如图 2.22(b)所示。黏结应力沿钢筋呈曲线分布,最大黏结应力产生在离端头某一距离处。钢筋埋入混凝土的长度越长,则拔出力越大,但如果太长,靠近钢筋端头处的黏结应力就会很小,甚至等于零。由此可见,为了保证钢筋在混凝土中有可靠的锚固,钢筋应有足够的锚固长度,但也不必太长。

2.4.3　黏结机理分析

钢筋和混凝土的黏结力主要由三部分组成:

第一部分是钢筋和混凝土接触面上的化学胶结力。它来源于浇筑时水泥浆体向钢筋表面氧化层的渗透和养护过程中水泥晶体的生长和硬化,从而使水泥胶体和钢筋表面产生吸附胶着作用。化学胶结力只能在钢筋和混凝土界面处于原生状态时才起作用,一旦发生滑移,

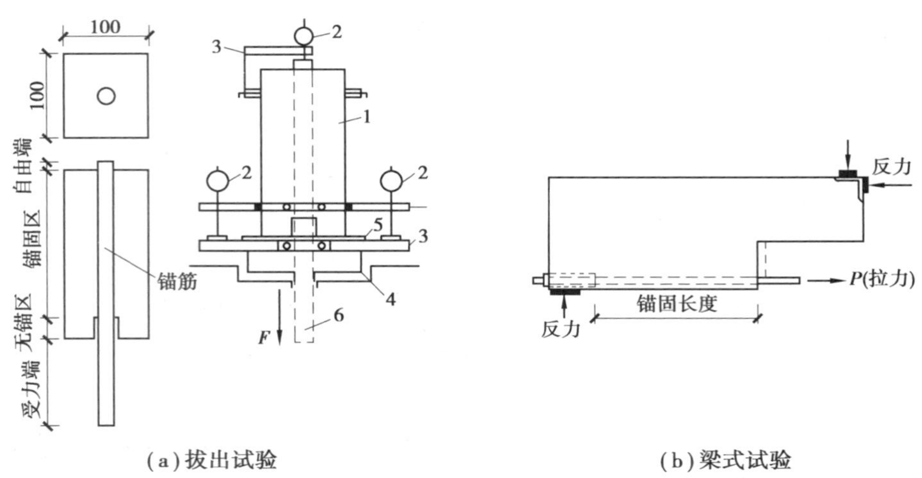

(a) 拔出试验　　(b) 梁式试验

图 2.22　黏结应力测试方法

1—试件;2—百分表;3—仪表架;4—加载架;5—垫块;6—锚筋

它就会失去作用。

第二部分是钢筋与混凝土之间的摩阻力。由于混凝土凝结时收缩,使钢筋和混凝土接触面上产生了压应力,这种压应力越大,接触面的粗糙程度越大,摩阻力就越大。

第三部分是钢筋表面凹凸不平与混凝土之间产生的机械咬合作用力(咬合力)。对于光面钢筋,这种咬合力来自钢筋表面的粗糙不平;对于变形钢筋,咬合力是由于变形钢筋肋间嵌入混凝土而产生的,虽然也存在胶结力和摩阻力,但变形钢筋的黏结能力主要来自钢筋表面凸出的肋与混凝土的机械咬合作用。图 2.23 所示为变形钢筋与混凝土的相互作用,钢筋横肋对混凝土的挤压就像一个楔,会产生很大的机械咬合力,从而提高了变形钢筋的黏结能力。斜向挤压力不仅产生沿钢筋表面的轴向分力,而且产生沿钢筋径向分力。当荷载增加时,因斜向挤压作用,肋顶前方的混凝土将发生斜向开裂形成内裂缝,而径向分力将使钢筋周围的混凝土产生环向拉应力,形成径向裂缝。

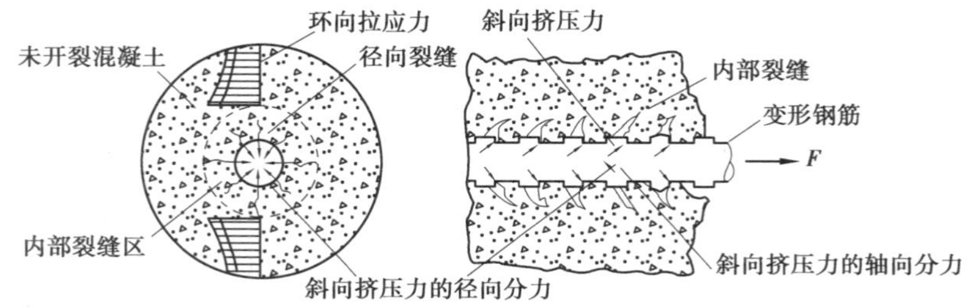

图 2.23　变形钢筋与混凝土的相互作用

2.4.4　影响黏结强度的主要因素

影响钢筋与混凝土黏结强度的因素很多,主要有如下几方面:

(1) 钢筋表面形状

试验表明,变形钢筋的黏结力比光面钢筋高出 2~3 倍,因此变形钢筋所需的锚固长度比光面钢筋要短。而光面的锚固端头则需要做弯钩,以提高黏结强度。

(2)混凝土强度

混凝土强度提高,可使钢筋与混凝土之间的化学胶结力、机械咬合力都有所提高,同时延迟了劈裂裂缝的出现。黏结强度大致与混凝土的抗拉强度成线性关系。

(3)保护层厚度和钢筋间距

混凝土保护层厚度对光圆钢筋的黏结强度影响不明显,对变形钢筋则影响显著。增大混凝土保护层厚度,可提高钢筋外围混凝土抗劈裂破坏能力,保证黏结强度的充分发挥。保持一定的钢筋净间距,可以提高钢筋外围混凝土的抗劈裂能力,从而提高黏结强度。

(4)浇筑混凝土时钢筋所处位置

混凝土浇筑后有下沉及泌水现象,对于处于水平位置的钢筋及直接位于其下面的混凝土,由于水分、气泡的溢出及混凝土下沉,使得混凝土并不与钢筋紧密接触,而形成间隙层,削弱了二者的黏结作用,从而使水平位置钢筋的黏结强度比竖向钢筋有所降低。

(5)横向钢筋

横向钢筋(如梁中的箍筋)可以延缓径向劈裂的发展或限制裂缝的宽度,从而提高黏结强度。在较大直径钢筋的锚固区或钢筋搭接长度范围内,以及当一排并列的钢筋根数较多时,均应设置一定数量的附加箍筋,以防止保护层的劈裂崩塌。

(6)侧向压力

当钢筋的锚固区作用有侧向压应力时,可增强钢筋与混凝土之间的摩阻作用,提高黏结强度。因此,在直接支承的支座处,如梁的简支端,考虑支座压力的有利影响,伸入支座的钢筋锚固长度可适当减小。

2.4.5　钢筋的锚固和搭接

钢筋的锚固是指利用钢筋在混凝土中的埋置段(或增加机械措施),将钢筋所受的力传给混凝土,使钢筋锚固于混凝土中不至滑动。钢筋的搭接是指通过混凝土中两根钢筋的连接接头,将一根钢筋的力通过混凝土传给另一根钢筋。钢筋的锚固、搭接,实质上是不同条件下的“黏结”问题。

1)钢筋的锚固长度

为了保证钢筋与混凝土之间的可靠黏结,钢筋必须有一定的锚固长度。“规范”规定,将纵向受拉钢筋强度充分利用所需的锚固长度作为钢筋的基本锚固长度 l_{ab},它与钢筋强度、混凝土强度、钢筋直径及外形有关,按下式计算:

$$l_{ab} = \alpha \frac{f_y}{f_t} d \tag{2.11}$$

或者

$$l_{ab} = \alpha \frac{f_{py}}{f_t} d \tag{2.12}$$

式中　f_y,f_{py}——普通钢筋、预应力筋的抗拉强度设计值;

f_t——混凝土轴心抗拉强度设计值,当混凝土强度等级超过 C60 时,按 C60 取值;

d——锚固钢筋的直径;

α——锚固钢筋的外形系数,按表 2.1 取值。

表 2.1 锚固钢筋的外形系数

钢筋类型	光圆钢筋	带肋钢筋	螺旋肋钢丝	三股钢绞线	七股钢绞线
α	0.16	0.14	0.13	0.16	0.17

注:光圆钢筋末端应做弯钩 180°,弯钩平直段长度不应小于 $3d$,但作受压钢筋时可不做弯钩。

一般情况下,受拉钢筋的锚固长度可取基本锚固长度。考虑各种影响钢筋与混凝土黏结锚固强度的因素,以及采用的埋置方式和构造措施时,锚固长度应按下列公式计算:

$$l_a = \xi_a l_{ab} \tag{2.13}$$

式中 l_a——受拉钢筋的锚固长度,经修正的锚固长度不应小于基本锚固长度的 60%且不小于 200 mm;

ξ_a——锚固长度修正系数,按下面规定取用,当多于一项时,可以连乘计算,但不应小于 0.6;对预应力筋,可取 1.0。

纵向受拉带肋钢筋的锚固长度修正系数 ξ_a 应根据钢筋锚固条件按下列规定取用:

①当带肋钢筋的公称直径大于 25 mm 时取 1.10。

②对环氧树脂涂层钢筋取 1.25。

③对施工过程中易受扰动(如滑模施工)的钢筋取 1.10。

④当纵向受力钢筋的实际配筋面积大于其设计面积时,修正系数取设计计算面积与实际配筋面积的比值,但对有抗震设防要求及直接承受动力荷载的结构构件,不应考虑此项修正。

⑤锚固区钢筋的保护层厚度为 $3d$ 时,修正系数可取 0.80;保护层厚度为 $5d$ 时,修正系数可取 0.70,中间按线性内插取值(此处 d 为锚固钢筋的直径)。

⑥当纵向受拉普通钢筋末端采用弯钩或机械锚固措施时,包括弯钩或锚固端头在内的锚固长度(投影长度)可取基本锚固长度 l_{ab} 的 60%。钢筋弯钩和机械锚固的形式和技术要求应符合图 2.24 以及表 2.2 的规定。

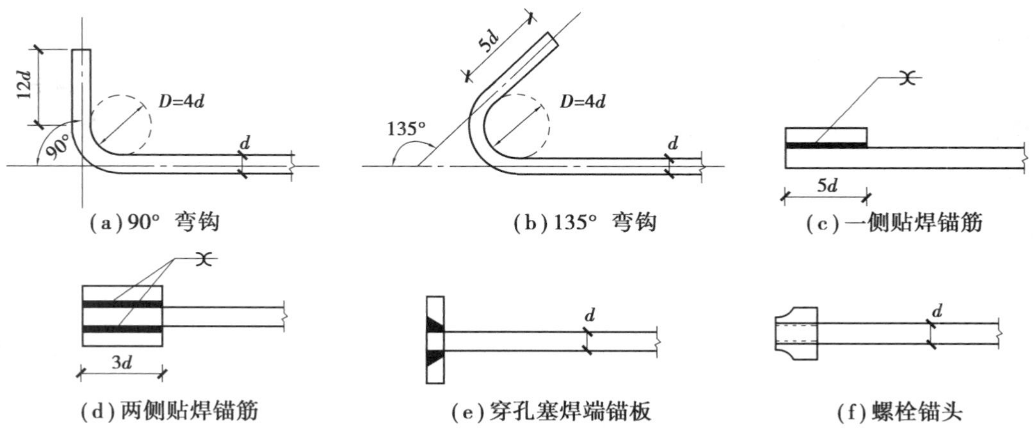

图 2.24 钢筋机械锚固的形式及构造要求

表 2.2 钢筋弯钩和机械锚固的形式和技术要求

锚固形式	技术要求
90°弯钩	末端 90°弯钩，弯后直段长度 12d
135°弯钩	末端 135°弯钩，弯后直段长度 5d
一侧贴焊锚筋	末端一侧贴焊长 5d 同直径钢筋
两侧贴焊锚筋	末端两侧贴焊长 3d 同直径钢筋
穿孔塞焊端锚板	末端与厚度 d 的锚板穿孔塞焊
螺栓锚头	末端旋入螺栓锚头

注：①焊缝与螺纹长度应满足承载力要求；
②螺栓锚头和焊接锚板的承压净面积不应小于锚固钢筋截面积的 4 倍；
③螺栓锚头产品的规格、尺寸应满足螺纹连接的要求，并应符合相关标准的要求；
④螺栓锚头和焊接锚板的钢筋净间距不宜小于 4d，否则应考虑群锚效应的不利影响；
⑤截面角部的弯钩和一侧贴焊锚筋的布筋方向宜向内侧偏置。

钢筋受压的锚固机理与受拉基本相同，由于钢筋受压时加大了钢筋和混凝土界面的摩阻力和咬合力，对锚固有利，使受压锚固的受力状态也得到较大改善，故受压钢筋的锚固长度应小于受拉钢筋锚固长度。“规范”规定，混凝土结构中的纵向受压钢筋，当计算中充分利用其抗压强度时，锚固长度不应小于相应受拉锚固长度的 70%。受压钢筋不应采用末端弯钩和一侧贴焊锚筋的锚固措施。

2）钢筋的搭接

绑扎搭接钢筋的受力状态如图 2.25 所示。两根钢筋搭接处，接头部位的钢筋受力方向相反，二者之间的混凝土受到肋的斜向挤压力作用，斜向挤压力的径向分量使外围混凝土受到横向拉应力，纵向分量使搭接钢筋之间的混凝土受到剪切作用，其破坏一般为沿钢筋方向混凝土被相对剪切而发生劈裂，使纵筋滑移甚至被拨出。另外，在绑扎接头处，两根钢筋之间的净距为零，故黏结性能较差。因此受拉钢筋搭接接头处的黏结强度低于相同钢筋锚固状态的黏结强度，其搭接长度应大于锚固长度。搭接连接的钢筋接头是通过间接传力来实现的，所以接头处整体性差，故接头位置应设置在受力较小的部分且互相错开，如图 2.26 所示，在同一受力钢筋上宜少设连接接头，在连接区采取必要的构造措施。为保证搭接区段更好地传递黏结应力，在梁、柱类构件的纵向受力钢筋搭接长度范围内的横向构造钢筋应符合“规范”8.3.1 条的要求；当受压钢筋直径大于 25 mm 时，尚应在搭接接头两个端面外 100 mm 的范围内各

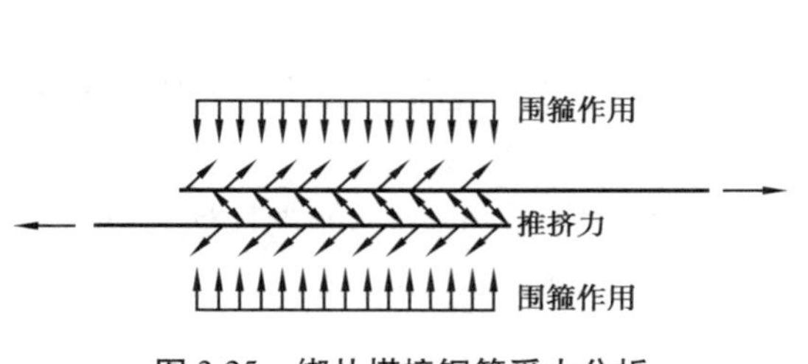

图 2.25 绑扎搭接钢筋受力分析

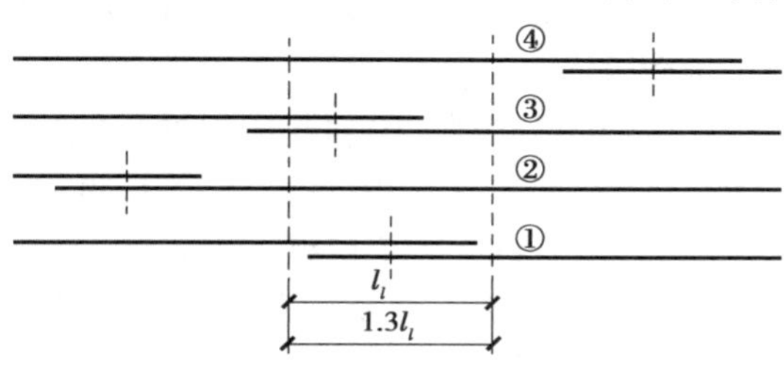

图 2.26 钢筋搭接接头错开要求

设置两道箍筋。

钢筋绑扎搭接接头连接区段的长度为 $1.3l_l$（l_l 为搭接长度），凡搭接接头中点位于该连接区段长度内的搭接接头均属于同一连接区段，如图 2.26 所示。同一连接区段纵向钢筋搭接接头面积百分率为该区段内有搭接接头的纵向受力钢筋截面面积与全部纵向受力钢筋截面面积的比值。当直径不同的钢筋搭接时，按直径较小的钢筋计算。图 2.26 中，如 4 根钢筋的直径相同，则搭接接头面积百分率为 50%。“规范”规定，位于同一连接区段内的受拉钢筋搭接接头面积百分率：对梁类、板类及墙类构件，不宜大于 25%；对柱类构件，不宜大于 50%。当工程中确有必要增大受拉钢筋搭接接头面积百分率时，对梁类构件，不宜大于 50%；对板、墙、柱及预制构件的拼接处，可根据实际情况放宽。

纵向受拉钢筋绑扎接头的搭接长度，应根据位于同一连接区段内钢筋搭接接头面积百分率按下式计算：

$$l_l = \zeta_l l_a \tag{2.14}$$

式中 l_l——纵向受拉钢筋的搭接长度；

l_a——纵向受拉钢筋的锚固长度，按式（2.13）确定；

ζ_l——纵向受拉钢筋搭接长度的修正系数，按表 2.3 取用，当纵向搭接钢筋接头面积百分率为表的中间值时，修正系数可按内插取值。

表 2.3 纵向受拉钢筋搭接长度修正系数

纵向钢筋搭接接头面积百分率（%）	≤25	50	100
ζ_l	1.2	1.4	1.6

纵向受拉钢筋绑扎搭接接头的搭接长度，在任何情况下均不应小于 300 mm。

受压钢筋的搭接接头，由于钢筋端头混凝土直接承压，减小了搭接钢筋之间混凝土所受剪力，故受压搭接钢筋的搭接长度小于受拉时的搭接长度。“规范”规定，构件中的纵向受压钢筋当采用搭接连接时，其受压钢筋的搭接长度不小于按式（2.14）确定的纵向受拉钢筋搭接长度的 70%，且不小于 200 mm。

思考题

2.1 什么是混凝土的立方体抗压强度标准值、轴心抗压强度标准值、轴心抗拉强度标准值？什么是混凝土的强度等级？混凝土强度等级如何划分？我国“规范”是如何确定混凝土强度等级的？

2.2 试述混凝土单轴受压短期加载应力-应变曲线的特点。混凝土试件的峰值应变 ε_0 和极限压缩应变 ε_{cu} 各指什么？结构计算中如何取值？

2.3 试分析混凝土在重复荷载作用下应力-应变曲线的特点。混凝土的弹性模量和变形模量是如何确定的？二者有何区别和联系？

2.4 试分析混凝土复合受力时的强度变化规律。

2.5 什么是混凝土的疲劳破坏？疲劳破坏时应力-应变曲线有何特点？

2.6 什么是混凝土的徐变变形？徐变变形的特点是什么？徐变和收缩有何区别？

2.7 混凝土收缩变形有哪些特点？对混凝土结构有哪些影响？

2.8 混凝土结构使用的钢筋分为哪几类？钢筋的强度指标有哪些？设计时，钢筋强度如何取值？

2.9 什么是黏结应力和黏结强度？钢筋的锚固长度和绑扎搭接长度是如何确定的？

2.10 什么是混凝土立方体抗压强度？它与试件尺寸、试验方法和养护条件有什么关系？

2.11 影响混凝土徐变的因素有哪些？徐变对普通混凝土结构和预应力混凝土结构有何影响？

2.12 钢筋的力学性能通常用哪些衡量指标？钢筋混凝土结构对钢筋的性能有哪些要求？

2.13 钢筋的应力-应变曲线分为哪两类？各有什么特征？为什么将屈服强度作为强度设计指标？

2.14 钢筋和混凝土之间的黏结力主要由哪几部分组成？影响钢筋与混凝土黏结强度的因素主要有哪些？

习 题

已知边长 150 mm 的混凝土立方体试件抗压强度标准值为 $f_{cu,k}=20\ \text{N/mm}^2$，试估算下列混凝土强度的平均值：

(1)边长为 100 mm 的立方体抗压强度；

(2)棱柱体试件抗压强度；

(3)构件的混凝土抗拉强度。

3

混凝土结构设计的一般原则和方法

【学习目标】

(1)了解建筑结构设计的步骤、内容和一般原则。

(2)理解建筑结构的功能要求、结构的设计使用年限。

(3)理解建筑结构上的作用,掌握建筑结构荷载的定义及分类。

(4)掌握竖向荷载与风荷载的计算方法。

(5)理解建筑结构的极限状态。

(6)理解极限状态设计时的材料强度取值。

(7)掌握极限状态实用设计表达式及其工程运用。

【本章概述】

混凝土结构的基本设计方法是以概率理论为基础的极限状态设计方法。本章内容统领混凝土结构设计,是混凝土结构学习的总则。本章提出结构的功能要求、结构的可靠度和安全等级、结构的极限状态、荷载代表值等基本结构设计概念,这些概念是混凝土结构学习的基础,应在理解的基础上牢固掌握。

作用效应 S 和结构抗力 R 是混凝土结构设计的两个方面,混凝土结构的设计目标就是通过合理的截面几何尺寸和材料的选择,使结构构件具备能抵抗预期作用效应的结构抗力。本章的作用效应实用设计表达式解决的是结构受到的作用效应的问题,后续各章节的基本构件设计是以能够抵抗作用效应为目标进行结构抗力的设计。熟练掌握荷载效应组合设计值的确定方法是本章学习的重点,也是工程实用的重点,应在理解基本概念、强化练习的基础上牢固掌握。

3.1 建筑结构设计的一般原则

3.1.1 建筑结构设计的内容

建筑结构设计是一个系统而复杂的工作,主要包括以下内容:

①结构方案设计,包括结构选型、构件布置及传力途径的确定。

②作用及作用效应分析,包括荷载计算、内力计算及组合。

③结构的极限状态设计。

④结构及构件的构造、连接措施。

⑤耐久性及施工的要求。

⑥满足特殊要求结构的专门性能设计。

上面的设计内容较为概括,具体的工程设计中,应针对具体情况采取具体的设计方法和设计流程。良好的结构设计,不但要满足用户所提出的各项要求,还要安全可靠、经济美观。在进行结构设计时,为了使设计者有章可循,使不同地区和部门所设计的相同类型的结构水准不致相差太大,国家建设主管部门统一制定了各种规范、规程和标准(此处不一一列举),进行建筑结构设计时,必须遵循这些规范、规程和标准所作的各项规定。

3.1.2 建筑结构设计的方法

我国现行的结构设计方法是:采用以概率理论为基础的极限状态设计方法,以可靠指标度量结构构件的可靠度,采用分项系数的设计表达式进行设计。具体设计中采用实用设计表达式进行。

3.1.3 建筑结构设计的原则和功能要求

建筑结构设计应遵循安全、适用、耐久和经济合理的一般设计原则。安全性、适用性和耐久性是建筑结构应满足的最基本的功能要求,简称"三性"。

①安全性。它是指建筑结构承载能力的可靠性,即建筑结构应能承受正常施工和正常使用情况下可能出现的各种荷载和变形(如地基不均匀变形、沉降等),在地震、爆炸等偶然情况发生时和发生后能保持结构的整体稳定性,不致发生坍塌而威胁到生命与财产的安全。

②适用性。结构在正常使用期间,应具有良好的工作性能,不发生影响正常使用的过大的变形,不产生过大的裂缝宽度和振动,以免影响正常使用或让使用者心理产生不安全感。

③耐久性。在设计使用年限内,结构在正常使用和正常维护的条件下,应具有足够的耐久能力,结构性能应不发生严重劣化。严重的腐蚀、脱落、碳化、钢筋锈蚀等不应发生。达到设计预期的使用年限时,结构的承载力和刚度不应有较大降低。

3.1.4 建筑结构的设计使用年限

随着使用时间的增加,任何结构都会慢慢损坏或变得不再适用。因此,结构满足的预定功能要求是相对于一定的时期而言的,这个一定时期就是设计使用年限,即设计规定的结构或构件不需进行大修即可达到其预定功能使用的年限。设计使用年限与结构的寿命具有一定的联系,但并不等同。当结构的实际使用年限达到或超过设计使用年限后,并不意味着结构立即宣告报废,只是它完成预定功能的能力变差了。现行《工程结构可靠性设计统一标准》(GB 50153,以下简称“统一标准”)将建筑结构的设计使用年限分为 4 个类别,如表 3.1 所示。一般建筑结构的设计使用年限为 50 年。

表 3.1　房屋建筑结构的设计使用年限

类　别	使用年限	示　例
1	5	临时性建筑结构
2	25	易于替换的结构构件
3	50	普通房屋和构筑物
4	100	标志性建筑和特别重要的建筑结构

3.1.5　建筑结构的安全等级

“统一标准”根据建筑结构破坏后果的严重程度,将房屋建筑结构分为 3 个安全等级,如表 3.2 所示。建筑结构应按不同安全等级进行设计。

表 3.2　房屋建筑结构的安全等级

安全等级	破坏后果	示　例
一级	很严重:对人的生命、经济、社会或环境影响很大	大型的公共建筑等
二级	严重:对人的生命、经济、社会或环境影响较大	普通的住宅和办公楼等
三级	不严重:对人的生命、经济、社会或环境影响较小	小型的或临时性的贮存建筑等

3.2　结构上的作用与常见的建筑结构荷载取值

3.2.1　结构上的作用

1)作用的定义

使结构产生内力或变形的因素称为“作用”,分为直接作用和间接作用两种。荷载(施加在结构上的集中或分布力)是直接作用;混凝土的收缩、温度变化、基础的差异沉降、地震等引起结构外加变形或约束变形的原因称为间接作用。间接作用不仅与外界因素有关,还与结构本身的特性有关。例如,地震对结构物的作用不仅与地震加速度有关,还与结构的自身动力特性有关,所以不能习惯地称地震作用为“地震荷载”。

按荷载作用时间的长短和性质,现行《建筑结构荷载规范》(GB 50009,以下简称“荷载规范”)将其分为三类:

①永久荷载:又称恒载或静载,即在结构设计使用期间,其值(力的三要素)不随时间变化,或虽有变化,但变化不大,其变化值与平均值相比可以忽略不计的荷载,如结构自重、土压力、预应力等。

②可变荷载:又称活载,即在结构设计使用期间,其值随时间变化,且其变化值与平均值相比不可忽略的荷载,如楼面活荷载、屋面活荷载和积灰荷载、吊车荷载、风荷载、雪荷载等。

③偶然荷载:即在结构设计使用期间不一定出现,但是一旦出现,其值将很大,破坏力强,作用时间一般较短,如爆炸力、撞击力等。

2)荷载代表值

建筑结构上的荷载用荷载代表值表示,我国"荷载规范"给出了4种荷载代表值,即标准值、组合值、频遇值和准永久值。荷载的标准值是荷载的基本代表值,其他代表值可在标准值的基础上乘以相应的系数后得到。

建筑结构设计时,对不同荷载应采用不同的代表值。永久荷载采用标准值作为代表值;可变荷载应根据设计要求采用标准值、组合值、频遇值或准永久值作为代表值;偶然荷载应按建筑结构使用的特点确定其代表值。

荷载标准值是指其在结构的设计使用年限(一般为50年)内最大荷载统计分布的特征值。

(1)永久荷载标准值 G_k

永久荷载标准值(如结构自重),可按结构构件的设计尺寸与材料单位体积的自重(容重)计算确定。对于常见材料的自重,"荷载规范"给出了相应的参考值,实用中可以对照这些参考值选用。例如,普通砖为18.0 kN/m^3、水泥砂浆为20.0 kN/m^3、素混凝土为22.0~24.0 kN/m^3、钢筋混凝土为24.0~25.0 kN/m^{3}等。对于自重变异性较大的构件,自重标准值应根据对结构的不利状态取上限值或下限值。

(2)可变荷载标准值 Q_k

对于有足够统计资料的可变荷载,可变荷载标准值可根据其最大荷载的统计分布按一定保证率取其上限分位值。实际荷载统计困难时,可根据长期工程经验确定一个协议值作为荷载标准值。对于常见的可变荷载,如楼面和屋面的均布活荷载、风荷载、积灰荷载和检修荷载等,"荷载规范"给出了相应的取值及计算方法。

(3)可变荷载的组合值 Q_c

可变荷载的组合值是指对于有两种或两种以上可变荷载同时作用时,使组合后的荷载效应在设计基准期内的超越概率能与荷载单独作用时相应超越概率趋于一致的荷载值。可变荷载的组合值可表示为 $Q_c=\psi_c Q_k$,其中 ψ_c 为可变荷载组合值系数,"荷载规范"已给出相应的取值方法,可直接查用。

(4)可变荷载的准永久值 Q_q

可变荷载的准永久值是指在设计基准期内,其超越的总时间约为设计基准期一半的荷载值,是指可变荷载中类似于永久荷载的相对稳定的部分。可变荷载的准永久值可表示为 $Q_q=\psi_q Q_k$,其中 ψ_q 为可变荷载准永久值系数,"荷载规范"已给出相应的取值方法,可直接查用。

(5)可变荷载的频遇值 Q_f

可变荷载的频遇值是指在设计基准期内,其超越的总时间为规定的较小比率,或超越频率为规定频率的荷载值,可表示为 $Q_f=\psi_f Q_k$,其中 ψ_f 为可变荷载频遇值系数,“荷载规范”已给出相应的取值方法,可直接查用。

可变荷载有准永久值和频遇值之分。准永久值和频遇值的区别是:准永久值的总持续时间较长,约为设计基准期的一半,一般与永久荷载组合用于结构长期变形和裂缝宽度的计算;而频遇值的总持续时间较短,一般与永久荷载组合用于结构振动变形的计算。

3.2.2 建筑结构上常见的荷载取值

1)竖向荷载

建筑结构中常见的竖向荷载包括恒荷载和活荷载。

我国对建筑结构的各种恒载及民用房屋(包括办公楼、住宅、商店等)楼面活荷载进行了大量的调研,对所取得的资料应用概率统计方法处理后,得到了这些荷载的概率分布和统计参数,并将其成果列于“荷载规范”中,以方便工程运用。

(1)恒荷载 G

建筑结构中的屋面、楼面、墙体、梁柱等构件的自重重力,以及找平层、保温层、防水层等自重重力,都是永久荷载,通常称为恒荷载。永久荷载是根据构件体积和材料重力密度相乘来确定的,由于构件尺寸在施工制作中的允许误差及材料组成或施工工艺对材料容重的影响,构件的实际自重也是在一定范围内波动的。

(2)活荷载 Q

建筑结构的楼、屋面均布活荷载和雪荷载等,都属于竖向可变荷载。

①楼、屋面活荷载。

a.民用建筑楼面均布活荷载。“荷载规范”根据大量调查和统计分析,考虑可能出现的短期荷载,按等效均布荷载方式给出了一般各类民用建筑的楼面均布活荷载标准值及其有关代表值系数,详见附录1,可直接查用。

考虑实际楼面活荷载的量值和作用位置经常变动,不可能同时满布所有的楼面,所以在设计梁、墙、柱和基础时,要考虑构件实际承担的楼面范围内荷载的分布变化,并予以折减。当楼面梁的从属面积(楼面梁所承担的楼面荷载范围的面积)超过一定值时(根据使用功能分别取 25 m^2 或 50 m^2),计算楼面梁内力时活荷载应乘以折减系数 0.9。

对于多、高层建筑,设计墙、柱和基础时,因活荷载满布的概率随楼层数量增加而降低,所以应根据计算构件的位置乘以楼层折减系数,如表 3.3 所示。

表 3.3 活荷载按楼层的折减系数

墙、柱、基础计算截面以上的层数	1	2~3	4~5	6~8	9~20	> 20
计算截面以上各楼层活荷载总和的折减系数	1.00(0.9)	0.85	0.70	0.65	0.60	0.55

注:楼面梁的从属面积超过 25 m^2 时,采用括号内系数。

b.工业建筑楼面均布活荷载。工业建筑楼面在生产使用或安装检修时,由设备、管道、运输工具及可能拆移的隔墙产生的局部荷载,均应按实际情况考虑,可采用等效均布活荷载来代替。对于设备位置固定的情况,可直接按固定位置对结构进行计算,但应考虑设备安装和维修过程中因位置变化而可能导致的最不利效应。工业建筑的楼面堆放原料或成品较多、较重的区域,应按实际情况考虑;一般堆放情况可按均布活荷载或等效均布活荷载考虑。操作区域活荷载可按 2.0 kN/m² 取值;楼梯和参观走廊活荷载可按 3.5 kN/m² 取值。

楼面等效均布活荷载,包括计算次梁、主梁和基础时的楼面活荷载,可按"荷载规范"附录 C 的规定确定。对于一般金工车间、仪器仪表生产车间、半导体器件车间、棉纺织车间、轮胎准备车间和粮食加工车间,当缺乏资料时,可按"荷载规范"附录 D 采用。对设计有大量排灰的厂房及其邻近建筑,其水平投影面上的屋面积灰荷载,应分别按"荷载规范"相应的规定采用。

c.屋面活荷载。房屋建筑的屋面,其水平投影面上的均布活荷载,应按表 3.4 采用。不上人的屋面均布活荷载,可不与雪荷载和风荷载同时组合。

表 3.4 屋面均布活荷载及代表值系数

项次	类 别	标准值(kN/m²)	组合值系数 ψ_c	频遇值系数 ψ_f	准永久值系数 ψ_q
1	不上人的屋面	0.5	0.7	0.5	0.0
2	上人的屋面	2.0	0.7	0.5	0.4
3	屋顶花园	3.0	0.7	0.6	0.5
4	屋顶运动场地	3.0	0.7	0.6	0.4

注:①不上人的屋面,当施工或维修荷载较大时,应按实际情况采用,对不同类型的结构应按有关设计规范的规定采用,但不得低于 0.3 kN/m²;

②当上人屋面兼作其他用途时,应按相应楼面活荷载采用;

③对于因屋面排水不畅、堵塞等引起的积水荷载,应采取构造措施加以防止,必要时,应按积水的可能深度确定屋面活荷载;

④屋顶花园活荷载不包括花圃土石等材料自重。

设计屋面板、檩条、钢筋混凝土挑檐、雨篷和预制小梁时,尚应考虑施工或检修时的集中荷载并应在最不利位置处进行验算。

②雪荷载。

屋面水平投影面上的雪荷载标准值,按下式计算:

$$s_k = u_r s_0 \tag{3.1}$$

式中 s_k——雪荷载标准值,kN/m²;

u_r——屋面积雪分布系数;

s_0——基本雪压,kN/m²。

基本雪压一般是根据年最大雪压进行统计分析确定的。在我国,基本雪压是以一般空旷平坦地面上统计的 50 年重现期的最大积雪自重给出的。我国根据全国各地区气象台的长期气象观测资料,制定了全国基本雪压分布图和全国各城市雪压表,可参见"荷载规范"附录 E。对雪荷载敏感的结构,应采用 100 年重现期的雪压。

屋面积雪分布系数是指屋面水平投影面积上的雪荷载与基本雪压的比值,它与屋面形式、朝向及风力等均有关。通常情况下,屋面积雪分布系数应根据不同类别的屋面形式确定,"荷载规范"已给出相应的取值方法,可直接查用。

雪荷载的组合值系数可取 0.7，频遇值系数可取 0.6。考虑我国各地区寒冷时间长短不同，积雪消融时间有较大差别，有些地区甚至长期积雪，准永久值系数按Ⅰ、Ⅱ和Ⅲ分区的不同分别取 0.5、0.2 和 0，雪荷载分区按"荷载规范"附录 E.5 或附图 E.6 的规定采用。

设计建筑结构及屋面的承重构件时，可按下列规定采用积雪的分布情况：

a.屋面板和檩条按积雪不均匀分布的最不利情况采用。

b.屋架和拱壳可分别按全跨积雪均匀分布、不均匀分布和半跨均匀分布按最不利情况采用。

c.框架和柱可按全跨积雪均匀分布情况采用。

③积灰荷载。屋面积灰荷载是对于在生产中有大量排灰的厂房，为考虑屋盖结构的安全而规定的屋面荷载。如铸造车间、炼钢车间、烧结车间、高炉、水泥厂等以及其邻近的建筑，均应考虑屋面积灰荷载。该荷载的标准值可按灰源性质、建筑物与灰源的距离、屋面形状和清灰制度等条件来规定。设计生产中有大量排灰的厂房以及其邻近建筑时，对于具有一定除尘设施和保证清灰制度的机械、冶金、水泥等的厂房屋面，其水平投影面上的屋面积灰荷载标准值及组合值系数、频遇值系数和准永久值系数可参考"荷载规范"取用。

2)水平荷载——风荷载

(1)风荷载的特点

风是大气层中空气流动而产生的。当风遇到结构阻挡时速度会改变，结构表面就产生了风压，使结构产生变形和振动。风场中的建筑物，在迎风面会受到一定的压力，由于建筑物的非流线型影响，还会在建筑物的两侧和背面产生背风向的吸力和横风向的干扰力，如图 3.1 所示。压力、吸力和横风向干扰力及其合力构成了建筑物上的风荷载。风荷载在整个结构物表面是不均匀分布的，并随着建筑物体型、面积和高度的不同而变化。

风荷载包括由顺风向的平均风引起的静力风荷载、与平均风方向一致的顺风向脉动风荷载和与平均风方向垂直的横风向脉动风荷载。具体运用时，建筑物均需考虑静力风荷载的影响；对于高度大于 30 m 且高宽比大于 1.5 的房屋，应考虑脉动对结构产生顺风向风振的影响；对横风作用效应明显的高层建筑以及细长圆形截面构筑物，宜考虑横风向风振的影响。

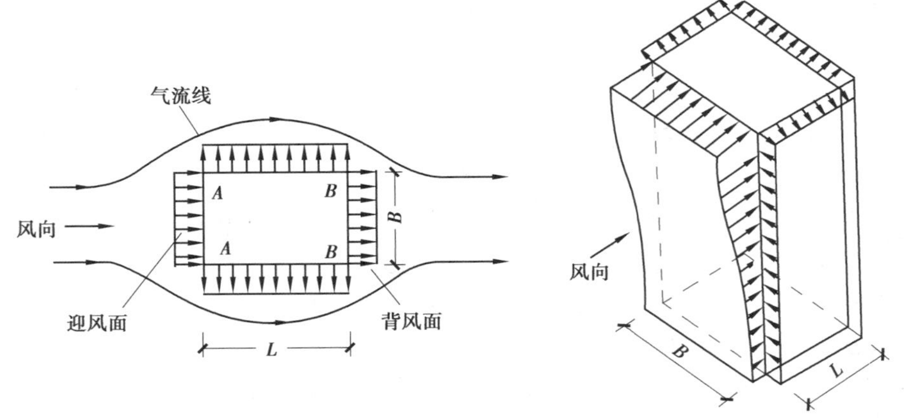

图 3.1　建筑物表面的风压分布示意图

(2)风荷载标准值

对一般工程,风荷载可近似按静力风荷载设计,用放大系数考虑风的动力效应。对主要承重结构,垂直于建筑物表面上的风荷载标准值按下式计算:

$$\omega_k = \beta_z \mu_s \mu_z \omega_0 \tag{3.2}$$

式中　ω_k——风荷载标准值,kN/m^2;

ω_0——基本风压,kN/m^2;

μ_s——风荷载体型系数;

μ_z——风压高度变化系数;

β_z——高度 z 处的风振系数。

基本风压 w_0 以当地空旷平坦地面上 10 m 高处 10 min 的平均风速观测数据,经概率统计得到的 50 年一遇的最大风速 v_0,按下式计算:

$$\omega_0 = \frac{1}{2}\rho v_0^2 = \frac{1}{1\ 600}v_0^2 \tag{3.3}$$

式中　ρ——空气密度。

为工程运用上方便,"荷载规范"给出了全国基本风压分布图,将我国主要城市的基本风压列于附录 E.5 中以供查用,并同时规定,基本风压不得小于 0.3 kN/m^2。对于高层建筑、高耸结构以及对风荷载比较敏感的其他结构,基本风压应适当提高,并应由有关的结构设计规范具体规定。

风荷载的组合值、频遇值和准永久值系数可分别取 0.6、0.4 和 0。

(3)风压高度变化系数 μ_z

风压高度变化系数是指某类地面上空某高度处的风压与基本风压的比值,该系数取决于地面粗糙度。根据地面地貌,地面粗糙度分为 4 类:

A 类——近海海面和海岛、海岸、湖岸及沙漠地区;

B 类——田野、乡村、丛林、丘陵以及房屋比较稀疏的乡镇和城市郊区;

C 类——密集建筑群的城市市区;

D 类——密集建筑群且房屋高度较高的城市市区。

各类地面的风压高度变化系数 μ_z,如表 3.5 所示。

表 3.5　风压高度变化系数 μ_z

离地面或海平面高度(m)	地面粗糙度类别			
	A	B	C	D
5	1.09	1.00	0.65	0.51
10	1.28	1.00	0.65	0.51
15	1.42	1.13	0.65	0.51
20	1.52	1.23	0.74	0.51
30	1.67	1.39	0.88	0.51
40	1.79	1.52	1.00	0.60

续表

离地面或海平面高度(m)	地面粗糙度类别			
	A	B	C	D
50	1.89	1.62	1.10	0.69
60	1.97	1.71	1.20	0.77
70	2.05	1.79	1.28	0.84
80	2.12	1.87	1.36	0.91
90	2.18	1.93	1.43	0.98
100	2.23	2.00	1.50	1.04
150	2.46	2.25	1.79	1.33
200	2.64	2.46	2.03	1.58
250	2.78	2.63	2.24	1.81
300	2.91	2.77	2.43	2.02
350	2.91	2.91	2.60	2.22
400	2.91	2.91	2.76	2.40
450	2.91	2.91	2.91	2.58
500	2.91	2.91	2.91	2.74
≥550	2.91	2.91	2.91	2.91

对于山区、远海海面和海岛的建筑物及构筑物,还应按“荷载规范”的相关要求进行修正。

(4)风荷载体型系数 μ_s

风荷载体型系数 μ_s 是指风作用在建筑物表面所引起的实际压力(或吸力)与基本风压的比值。风荷载体型系数 μ_s 描述建筑物表面在稳定风压作用下的静态压力分布规律,它与建筑物的体型、尺度、周围环境和地面粗糙度有关。对常见的建筑物形状,“荷载规范”列出了风荷载体型系数 μ_s 的建议取值,其中部分如表 3.6 所示。

表 3.6　风荷载体型系数

<table>
<tr><th>类　别</th><th>体型及体型系数 μ_s</th></tr>
<tr><td>封闭式落地双坡屋面</td><td>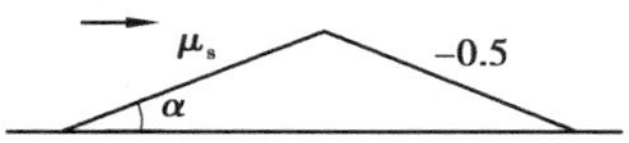

<table>
<tr><th>α</th><th>μ_s</th></tr>
<tr><td>0°</td><td>0</td></tr>
<tr><td>30°</td><td>+0.2</td></tr>
<tr><td>≥60°</td><td>+0.8</td></tr>
</table></td></tr>
</table>

续表

类　别	体型及体型系数 μ_s
封闭式双坡屋面	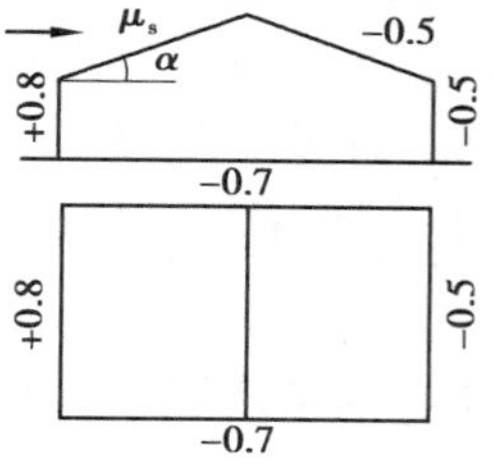 μ_s　α　−0.5　+0.8　−0.5　−0.7　+0.8　−0.5　−0.7
封闭式单坡屋面	μ_s　α　+0.8　−0.5　−0.5　+0.8　−0.5

α	μ_s
≤15°	−0.6
30°	0
≥60°	+0.8

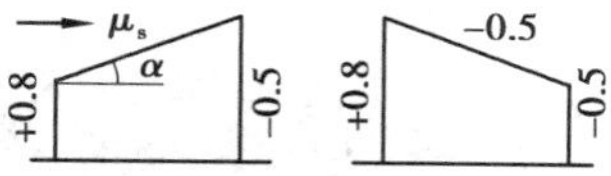

房屋体型与“荷载规范”所列不一致时,可参考类似建筑的资料;当无资料时,宜由风洞实验确定。对于重要且体型复杂的房屋,也应由风洞实验确定。

(5)风振系数 β_z

风振系数是考虑脉动风对结构产生动力效应的放大系数。结构风振动力效应与房屋的自振周期、结构的阻尼特性以及风的脉动性能等因素有关。对于刚度较大的钢筋混凝土多层建筑,由风载引起的振动很小,通常可以忽略不计;对于较柔的高层建筑和大跨桥梁结构,当基本自振周期较长时,在风载作用下发生的动力效应不能忽略,具体计算可参考“荷载规范”。

3.3　作用效应和结构抗力

3.3.1　作用效应

结构上的作用 Q(如荷载、温度变化、不均匀沉降等)使得结构产生内力(如弯矩、剪力、轴力、扭矩等)和变形(如裂缝、挠度等),这种内力和变形称为“作用效应”,以 S 表示。当结构上的作用为荷载时,也可将之称为“荷载效应”。作用效应 S 与结构上的作用 Q 一般存在着某种确定的关系,可表示为:

$$S = CQ \tag{3.4}$$

式中,系数 C 称为荷载效应系数,它是与作用在结构上的荷载形式以及结构自身的特征、边界条件有关的。如集中荷载作用在跨中点的简支梁,跨中弯矩为 $M = Fl_0/4$,此时,弯矩 M 就是作用效应 S;集中荷载 F 是结构上的作用 Q;$l_0/4$ 则相当于荷载效应系数 C;l_0 在此处为梁的计算跨度。

由于结构上的作用是随机变量,因此结构的作用效应也是随机变量。

3.3.2 结构抗力

结构抗力是指结构或构件抵抗作用效应 S(内力、变形、裂缝等)的能力,即结构的承载能力以及抵抗变形的能力,用 R 表示。结构抗力主要由所选用的材料的性能、材料的多少以及构成方式共同决定。例如,对钢筋混凝土构件,其结构抗力主要由其所选用的材料的性质(钢筋和混凝土的强度及变形能力)、材料的用量及构成方式(截面形状及尺寸、配筋的数量和方式、构造方式等)决定。

因材料的力学性能具有不确定性,结构构件的几何参数具有不确定性,计算模型也具有不确定性,所以结构抗力也是一个随机变量。

3.4 结构的极限状态与极限状态设计方法

3.4.1 结构的极限状态

整个结构或结构的一部分超过某一特定状态就不能满足设计指定的某一功能要求,这个特定状态称为该功能的极限状态,例如:构件即将丧失承载力、倾覆、滑移、压屈、失稳等。结构能有效地、安全可靠地工作,完成预定的各项功能,则结构处于有效状态;反之,结构不能有效工作,丧失完成预定功能的能力,则结构处于失效状态。有效状态和失效状态的分界,称为极限状态。极限状态是一种界限,是结构工作状态从有效状态转变为失效状态的分界,是结构开始失效的标志。我国"统一标准"把结构的极限状态分为三类,即承载能力极限状态、正常使用极限状态和耐久性极限状态。

1)承载能力极限状态

承载能力极限状态对应于结构或构件达到最大承载能力或达到不适于继续承载的变形状态。当结构或结构构件出现下列状态之一时,应认为超过了承载能力极限状态:

①当整个结构或结构的一部分作为刚体失去平衡(如倾覆等)。

②结构构件或连接因超过材料强度而破坏(包括疲劳破坏),或因过度的变形而不适于继续承载。

③结构转变为机动体系。

④结构或结构构件丧失稳定(因压屈等)。

⑤地基丧失承载能力而破坏(如失稳等)。

由上述可见,承载能力极限状态为结构或结构构件达到允许的最大承载功能的状态。其中,结构构件先于塑性变形而使其几何形状发生显著改变,虽未达到最大承载能力,但已丧失其使用功能,故也属于承载能力极限状态。

承载能力极限状态主要考虑有关结构安全性的功能,出现的概率应该很低。对于任何承载的结构或构件,都需要按承载能力极限状态进行设计。

2)正常使用极限状态

正常使用极限状态对应于结构或结构构件达到正常使用或耐久性能的某项规定限值。

当结构或结构构件出现下列状态之一时,应认为超过了正常使用极限状态:

①影响使用或外观的变形。

②影响正常使用局部破坏。

③影响正常使用的振动。

④影响正常使用的其他特定状态。

3)耐久性极限状态

当结构或结构构件出现下列状态之一时,应认定为超过了耐久性极限状态:

①影响承载能力和正常使用的材料性能劣化;

②影响耐久性能的裂缝、变形、缺口、外观、材料削弱等;

③影响耐久性能的其他特定状态。

正常使用极限状态主要考虑有关结构适用性和耐久性的功能,这对财产和生命的危害较小,故出现概率允许稍高一些,但仍应予以足够的重视。例如,结构产生过大的变形和裂缝,就会影响设备的正常运行(如吊车梁过大的挠曲变形);又如引起使用者心理上的不安感;还会影响结构的耐久性,严重者甚至可能会导致重大工程事故。

3.4.2　设计状况

建筑结构设计应区分下列设计状况:

①持久设计状况,适用于结构使用时的正常情况;

②短暂设计状况,适用于结构出现的临时情况,包括结构施工和维修时的情况等;

③偶然设计状况,适用于结构出现的异常情况,包括结构遭受火灾、爆炸、撞击时的情况等;

④ 地震设计状况,适用于结构遭受地震时的情况。

对不同的设计状况,应采用相应的结构体系、可靠度水平、基本变量和作用组合等进行建筑结构可靠性设计。

3.4.3　功能函数和极限状态方程

工程结构的可靠度通常受各种作用效应、材料性能、结构几何参数、计算模式准确程度等诸多因素的影响。在进行结构可靠度分析和设计时,应针对所要求的结构各种功能,把这些有关因素作为基本变量 $X_1, X_2, \cdots, X_n$ 来考虑。由基本变量组成的描述结构功能的函数可表达为:

$$Z = g(X_1, X_2, \cdots, X_n) \tag{3.5}$$

结构功能函数是用来描述结构完成功能状况的,实际上,可以将作用效应方面的基本变量组合成综合作用效应 S,将抗力方面的基本变量组合成综合抗力 R,从而结构的功能函数可表达为:

$$Z = R - S \tag{3.6}$$

根据概率统计理论,由于 S、R 都是随机变量,则 $Z=R-S$ 也是随机变量。根据 S、R 的取值不同,不难知道 Z 值可能出现 3 种情况,如图 3.2 所示:

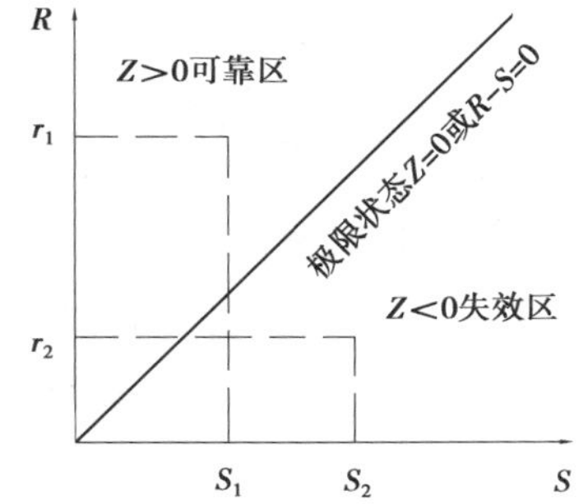

图 3.2　结构所处状态示意图

当 $Z=R-S>0$ 时,结构处于可靠状态;

当 $Z=R-S=0$ 时,结构处于极限状态;

当 $Z=R-S<0$ 时,结构处于失效(破坏)状态。

结构可靠度设计的目的,就是要使结构处于可靠状态,至少也应处于极限状态。

3.5 极限状态实用设计表达式

3.5.1 结构的可靠度

由于结构构件的抗力和荷载效应具有随机性,因此安全可靠应该属于概率的范畴,应当用结构完成其预定功能的可能性(概率)的大小来衡量,而不能通过一个定值确定。当结构完成其预定功能的概率达到一定程度,或不能完成其预定功能的概率(失效概率)小到某一公认的、大家可以接受的程度时,就认为该结构是安全可靠的。

结构在规定的时间内,在规定的条件下,完成预定功能的能力称为结构的可靠性。规定时间是指结构的设计使用年限,所有的统计分析均以该时间区间为准。规定条件,是指正常设计、正常施工、正常使用和维护的条件,不包括非正常的条件(例如人为的错误等)。

结构的可靠度是结构可靠性的概率度量,即结构在设计使用年限内,在正常条件下,完成预定功能的概率。因此,结构的可靠度是用可靠概率 p_s 来描述的。可靠概率 $p_s=1-p_f$,p_f 为失效概率。可靠概率常用可靠度指标 β 来度量。

对于一般常见的工程结构,直接采用可靠指标进行设计需要大量的统计资料,而且设计的工作量非常大,还会遇到统计资料不足而无法进行的困难。考虑到多年来的设计习惯和实用上的简便,"统一标准"提出了一种便于实际使用的设计表达式,称为实用设计表达式。实用设计表达式将荷载、材料、截面尺寸、计算方法等视为随机变量,应用数理统计方法进行分析,采用了将荷载和材料强度的标准值分别与荷载分项系数和材料分项系数相联系,以荷载设计值、材料强度设计值来表达的方式,既考虑了结构设计的传统模式,又避免了设计时直接进行概率方面的计算,设计出来的结构构件已经具有某一可靠概率的保证。

极限状态实用设计表达式中,荷载的分项系数是根据规定的目标可靠指标[β]和不同的可变荷载与永久荷载比值,对不同类型的构件进行运算后,得出相应的分项系数,从中经过优选,得出最合适的数值来反映结构的可靠度。例如,永久荷载的分项系数,根据其效应对结构不利和有利分别取 1.3 和 1.0,可变荷载的分项系数一般取 1.5 等。

3.5.2 承载能力极限状态实用设计表达式

1)基本表达式

对持久设计状况、短暂设计状况和地震设计状况,当用内力的形式表达时,结构构件应采用下列承载能力极限状态设计表达式:

$$\gamma_0 S_d \leqslant R_d \tag{3.7}$$

$$R_d = R(f_c, f_s, a_k, \cdots)/\gamma_{R_d} \tag{3.8}$$

式中 γ_0——结构重要性系数:在持久设计状况和短暂设计状况下,对安全等级分别为一级、二级、三级的结构构件，γ_0 分别不应小于 1.1，1.0 和 0.9；对地震设计状况下不应小于 1.0；

S_d——承载能力极限状态下作用组合的效应组合设计值：对持久设计状况和短暂设计状况按作用的基本组合计算，对地震设计状况按作用的地震组合计算；

R_d——结构构件的抗力设计值；

$R(\cdot)$——结构构件的抗力函数；

γ_{Rd}——结构构件的抗力模型不定性系数：对静力设计，一般结构构件取 1.0，不确定性较大的结构构件根据具体情况取大于 1.0 的数值；抗震设计应采用承载力抗震调整系数 γ_{RE} 代替 γ_{Rd}；

f_c，f_s——混凝土、钢筋的强度设计值，应根据现行规范规定取值；

a_k——几何参数的标准值，当几何参数的变异性对结构性能有明显的不利影响时，应增减一个附加值。

2）内力组合设计值

荷载在计算截面上产生的内力一般可按力学方法计算。结构同时作用有多种可变荷载，如框架结构除了楼（屋）面活荷载外，一般还同时作用有风荷载；而排架结构上作用的可变荷载还可能有吊车荷载、风荷载、雪荷载等。各种可变荷载同时以最大值出现的概率是很小的，为了使结构在两种或两种以上可变荷载参与的情况下，与仅有一种可变荷载的情况具有大体相同的可靠指标，引入可变荷载的组合系数，对荷载标准值进行折减。

结构设计时，应根据所考虑的设计状况选用不同的组合。对持久和短暂设计状况，应采用作用的基本组合；对偶然设计状况，应采用偶然组合；对于地震设计状况，应采用作用效应的地震组合。

（1）对于基本组合

对于基本组合，当作用与作用效应按线性关系考虑时，荷载组合的效应设计值 S_d 应从下式组合中取最不利值确定：

$$S_d = \sum_{j=1}^{m} \gamma_{Gj} S_{G_j k} + \gamma_{Q1}\gamma_{L1} S_{Q1k} + \sum_{i=2}^{n} \gamma_{Qi}\gamma_{Li}\psi_{ci} S_{Qik} \tag{3.9}$$

式中　γ_{Gj}——第 j 个永久荷载分项系数，当永久荷载效应对结构不利时，取 1.3；当永久荷载效应对结构有利时，不应大于 1.0。

$S_{G_j k}$——按第 j 个永久荷载标准值计算的荷载效应值。

γ_{Qi}——第 i 个活荷载的分项系数，其中 γ_{Q1} 为起主导作用的可变荷载 Q_1 的分项系数。当可变荷载对结构不利时，$\gamma_Q = 1.5$；可变荷载对结构构件承载力有利时，不应考虑可变荷载的有利作用，取 $\gamma_Q = 0$。

S_{Qik}——按第 i 个可变荷载标准值 Q_{ik} 计算的荷载效应值，其中 Q_{1k} 为诸可变荷载效应中起控制作用者。

γ_{L1}，γ_{Li}——第 1 个和第 i 个考虑结构设计使用年限的荷载调整系数，对于楼面和屋面活荷载，应按表 3.7 取用。

ψ_{ci}——第 i 个可变荷载 Q_i 的组合系数，取值不应大于 1.0。

n——参与组合的可变荷载数。

应当指出，基本组合中的设计值仅适用于荷载与荷载效应为线性的情况。此外，当对 S_{Q1k} 无法明显判断时，应依次以各可变荷载效应为 S_{Q1k}，选其中最不利的荷载效应组合。

表 3.7　楼面和屋面活荷载考虑设计使用年限的调整系数 γ_L

结构设计使用年限	5	50	100
γ_L	0.9	1.0	1.1

(2)对于偶然组合

对于偶然组合，当作用与作用效应按线性关系考虑时，荷载组合的效应设计值可按下式确定：

①用于承载能力极限状态计算的效应设计值，应按下式进行计算：

$$S_d = \sum_{j=1}^{m} S_{G_jk} + S_{A_d} + \psi_{f_1}(\text{或}\ \psi_{q_1}) \cdot S_{Q1k} + \sum_{i=2}^{n} \psi_{qi} S_{Qik} \tag{3.10}$$

式中　S_{A_d}——按偶然荷载标准值计算的荷载效应值；

ψ_{f_1}——第 1 个可变荷载的频遇值系数；

ψ_{q_1}，ψ_{q_i}——第 1 个和第 i 个可变荷载的准永久值系数，应按有关标准规定采用。

②用于偶然事件发生后受损结构整体稳固性验算的效应设计值，应按下式进行计算：

$$S_d = \sum_{j=1}^{m} S_{G_jk} + \psi_{f_1} \cdot S_{Q1k} + \sum_{i=2}^{n} \psi_{q_i} S_{Q_ik} \tag{3.11}$$

偶然荷载的代表值不乘以分项系数，这是因为偶然荷载标准值的确定本身带有主观的臆测因素；与偶然荷载同时出现的其他荷载可根据观测资料和工程经验采用适当的代表值。

3.5.3　正常使用极限状态实用设计表达式

按正常使用极限状态设计时，变形过大或裂缝过宽虽妨害正常使用，但其危害程度不及由于承载力不足引起结构破坏而造成的生命财产损失严重，因而其可靠度的要求可予以降低。对于正常使用极限状态，应根据不同的设计要求，分别按荷载效应的标准组合、频遇组合或准永久组合，采用下列极限状态设计表达式：

$$S_d \leqslant C \tag{3.12}$$

式中　S_d——正常使用极限状态的荷载效应组合值；

C——结构或结构构件达到正常使用要求的规定限值，例如变形、裂缝、振幅、加速度、应力等的限值。

对于标准组合，当作用与作用效应按线性关系考虑时，效应设计值 S_d 可按下式确定：

$$S_d = \sum_{j=1}^{m} S_{G_jk} + S_{Q_1k} + \sum_{i=2}^{n} \psi_{ci} S_{Q_ik} \tag{3.13}$$

组合中的设计值仅适用于荷载与荷载效应为线性的情况。这种组合主要用于一个极限状态被超越时将产生严重的永久性损害的情况，即标准组合一般用于不可逆正常使用极限状态。

对于频遇组合，当作用与作用效应按线性关系考虑时，内力设计值 S_d 可按下式确定：

$$S_d = \sum_{j=1}^{m} S_{G_jk} + \psi_{f_1} S_{Q_1k} + \sum_{i=2}^{n} \psi_{q_i} S_{Q_ik} \tag{3.14}$$

式中,ψ_{f_1}、ψ_{q_i}分别为可变荷载 Q_1 的频遇值系数、可变荷载 Q_i 的准永久值系数,可由“荷载规范”查取。

可见,频遇组合系指永久荷载标准值、主导可变荷载 Q_1 的频遇值与伴随可变荷载 Q_i 的准永久值的效应组合。

对于准永久组合,内力设计值 S_d 可按下式确定:

$$S_d = \sum_{j=1}^{m} S_{G_j k} + \sum_{i=1}^{n} \psi_{q_i} S_{Q_i k} \tag{3.15}$$

这种组合主要用在当荷载的长期效应是决定性因素时的一些情况。

【例 3.1】 某楼面恒载标准值为 5.0 kN/m²,活荷载标准值 2.0 kN/m²,设计使用年限为 50 年。求在承载能力极限状态下,该楼面荷载的组合设计值。

【解】 恒载分项系数取 1.3,活荷载分项系数取 1.5,由式(3.9)得:

$$Q_d = \gamma_{G_1} G_{1k} + \gamma_{Q_1}\gamma_{L_1} Q_{1k} = 1.3 \times 5.0 + 1.5 \times 1.0 \times 2 = 9.5\ \text{kN/m}^2$$

【例 3.2】 某屋面如图 3.3 所示,次梁负荷范围为 3 m×6 m,其上永久荷载标准值为 7.5 kN/m²,可变荷载标准值为 0.7 kN/m²(组合值系数为 0.7),屋面积灰荷载标准值为 0.5 kN/m²(组合值系数为0.9),雪荷载标准值为0.4 kN/m²(组合值系数为 0.7)。已知次梁的计算跨度 l_0=6.0 m,结构设计使用年限为 50 年,次梁自重 3.5 kN/m。求在承载能力极限状态下,该次梁跨中弯矩的基本组合设计值(板传力按单向板考虑,次梁内力按简支梁计算)。

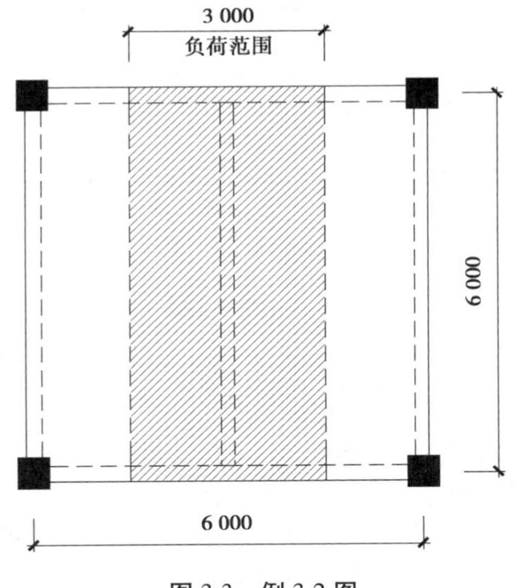

图 3.3 例 3.2 图

【解】 (1)次梁承受的线荷载标准值及梁跨中弯矩标准值计算。

永久荷载:g_k = 7.5×3+3.5 = 26 kN/m;$M_{gk} = \frac{1}{8} g_{1k} l_0^2 = \frac{1}{8} \times 26 \times 6.0^2 = 117$ kN·m

可变荷载:

屋面活荷载:q_{1k} = 0.7×3 = 2.1 kN/m;$M_{q_1k} = \frac{1}{8} q_{1k} l_0^2 = \frac{1}{8} \times 2.1 \times 6.0^2 = 9.45$ kN·m

积灰荷载:q_{2k} = 0.5×3 = 1.5 kN/m;$M_{q_2k} = \frac{1}{8} q_{2k} l_0^2 = \frac{1}{8} \times 1.5 \times 6.0^2 = 6.75$ kN·m

雪荷载：$q_{3k}=0.4\times3=1.2$ kN/m；$M_{q_{3k}}=\frac{1}{8}q_{3k}l_0^2=\frac{1}{8}\times1.2\times6.0^2=5.4$ kN · m

(2)进行荷载效应组合。按照“荷载规范”的规定，屋面均布活荷载不应与雪荷载同时组合。故采用以下几种组合方式进行荷载组合，并取其最大值作为设计值。

分别采用屋面活荷载与积灰荷载作为起主导作用的活荷载进行组合，分别计算如下：

①屋面活荷载为起主导作用的活荷载时，积灰荷载组合值系数取 0.9。

$$M=\gamma_G M_{gk}+\gamma_{Q_1}\gamma_{L_1}M_{q_1k}+\gamma_{Q_2}\gamma_{L_2}\psi_{c2}M_{q_2k}$$
$$=1.3\times117+1.5\times1.0\times9.45+1.5\times1.0\times0.9\times6.75=175.39 \text{ kN · m}$$

②屋面积灰荷载为起主导作用的活荷载时：

$$M=\gamma_G M_{gk}+\gamma_{Q_1}\gamma_{L_1}\psi_{c1}M_{q_1k}+\gamma_{Q_2}\gamma_{L_2}M_{q_2k}$$
$$=1.3\times117+1.5\times1.0\times0.7\times9.45+1.5\times1.0\times6.75=172.15 \text{ kN · m}$$

综上所述，由永久荷载控制的组合弯矩计算的结果最大，故将其作为荷载效应的设计值。

【例 3.3】某外伸梁如图 3.4 所示，跨度 $l=5.4$ m，伸臂的外挑长度 $a=1.8$ m，截面尺寸 $b\times h=$ 250 mm×500 mm，承受永久荷载标准值 $g_k=25$ kN/m，可变荷载标准值 $q_k=10$ kN/m，组合值系数 $\psi_c=0.7$。结构设计使用年限为 50 年，试求在承载能力极限状态下，AB 跨的组合弯矩值。

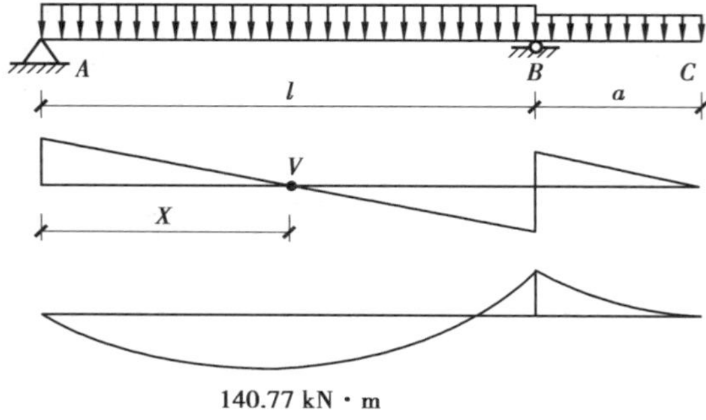

图 3.4　例 3.3 图

【解】(1)荷载设计值计算。

①对 AB 跨：AB 跨的荷载对 AB 跨的内力总是不利的，AB 跨的荷载组合设计值，由式(3.9)得：

$$q=\gamma_{G1}g_k+\gamma_{Q1}\gamma_{L1}q_k=1.3\times25+1.5\times1.0\times10=47.5 \text{ kN/m}$$

②对 BC 跨：因 BC 跨外伸，可变荷载和永久荷载均对 AB 跨结构有利，因此永久荷载分项系数取1.0，可变荷载分项系数取 0，则 BC 跨荷载组合值为：

$$q=\gamma_{G1}g_k+\gamma_{Q1}\gamma_{L1}q_k=1.0\times25+0\times1.0\times10=25 \text{ kN/m}$$

(2)AB 跨的组合弯矩值计算。

$$R_A=\frac{\frac{1}{2}\times47.5\times5.4^2-\frac{1}{2}\times25\times1.8^2}{5.4}=120.75 \text{ kN}$$

弯矩最大值距离 A 支座的距离为：$x=\frac{R_A}{q}=\frac{120.75}{47.5}=2.54$ m

$$M_{\max}=R_A x-\frac{1}{2}qx^2=120.75\times2.54-\frac{1}{2}\times47.5\times2.54^2=153.48 \text{ kN · m}$$

3.6　材料强度

构成结构或构件的各种材料强度标准值的取值原则是按不小于95%的保证率确定其标准值。统计资料表明，钢筋强度的概率分布符合正态分布，混凝土强度分布也基本符合正态分布。

3.6.1　钢筋强度的标准值和设计值

对于钢筋强度标准值，应按符合规定质量的钢筋强度总体分布的0.05分位数确定，即保证率不小于95%。经校核，国家钢筋产品标准规定的钢筋强度绝大多数符合这一要求且偏于安全，故《混凝土结构设计规范》（GB 50010）规定以国标规定的数值作为确定钢筋强度标准值f_{sk}的依据。

①对有明显屈服点的热轧钢筋，取国家标准规定的屈服点作为标准值。

②对无明显屈服点的碳素钢丝、钢绞线、热处理钢筋及冷拔低碳钢丝，取国家标准规定的极限抗拉强度作为标准值，但设计时取$0.8f_{su}$（f_{su}为极限抗拉强度）作为条件屈服点。

③对冷拉钢筋，取其冷拉后的屈服点作为强度标准值。

钢筋强度设计值与其标准值之间的关系为：

$$f_s = f_{sk}/\gamma_s \tag{3.16}$$

式中　f_s——钢筋强度设计值；

γ_s——钢筋的材料分项系数，对HPB300、HRB335、HRB400、RRB400钢筋，取1.10；对于HRB500、HRBF500级钢筋，取1.15；预应力钢筋一般取1.20。

建筑工程中各类钢筋、钢丝和钢绞线的强度标准值和设计值见附表2.4至附表2.7。

3.6.2　混凝土强度的标准值和设计值

混凝土轴心抗压强度标准值f_{ck}和轴心抗拉强度标准值f_{tk}，是假定与立方体强度具有相同的变异系数，由立方体抗压强度标准值$f_{cu,k}$推算而得到的；混凝土强度设计值是由混凝土强度标准值除以材料性能分项系数得到的，即

$$f_c = f_{ck}/\gamma_c \tag{3.17}$$

式中　f_c——混凝土强度设计值；

γ_c——混凝土的材料分项系数，取1.4。

建筑工程中混凝土的强度标准值和设计值见附表2.1、附表2.2。

思考题

3.1　建筑结构应该满足哪些功能要求？结构的设计使用年限如何确定？结构超过其设计使用年限是否就意味着不能再使用了？为什么？

3.2　什么是结构的极限状态？结构的极限状态分为几类，其含义各是什么？

3.3 “作用”和“荷载”有什么区别？结构构件的抗力与哪些因素有关？为什么说构件的抗力是一个随机变量？

3.4 简述荷载的分类。

3.5 什么是荷载标准值？什么是活荷载的频遇值和准永久值？什么是荷载的组合值？对正常使用极限状态验算，为什么要区分荷载的标准组合和荷载的准永久组合？如何考虑荷载的标准组合和荷载的准永久组合？

3.6 什么是结构的可靠度？结构可靠性的含义是什么？影响结构可靠性的因素有哪些？

3.7 结构超过极限状态会产生什么后果？建筑结构安全等级是按什么原则划分的？

3.8 什么是结构的功能函数？功能函数 $Z>0$、$Z=0$ 和 $Z<0$ 时各表示结构处于什么样的状态？

3.9 钢筋的强度标准值是如何确定的？请分别说明钢筋和混凝土的强度标准值、平均值及设计值之间的关系。

3.10 混凝土强度标准值是按什么原则确定的？混凝土材料分项系数和强度设计值是如何确定的？

习 题

3.1 一工业建筑楼面梁的跨中截面在永久荷载和楼面活荷载（楼面活荷载标准值为 6 kN/m^2）作用下的弯矩标准值分别为 $M_{Gk}=200$ kN·m，$M_{Qk}=150$ kN·m，结构设计使用年限为 50 年，试确定按承载能力极限状态基本组合时该梁跨中截面的组合弯矩设计值。

3.2 对位于非地震区的某大楼横梁进行内力分析。已求得在永久荷载标准值、楼面活荷载标准值、风荷载标准值分别作用下，该梁梁端弯矩标准值分别为 $M_{Gk}=10$ kN·m、$M_{Q_1k}=12$ kN·m、$M_{Q_2k}=4$ kN·m。楼面活荷载的组合系数为 0.7，风荷载的组合系数为 0.6，结构设计使用年限为 50 年，试确定该横梁在按承载能力极限状态基本组合时的梁端弯矩组合设计值 M。

3.3 某厂房采用 1.5 m×6 m 的大型屋面板，其截面如图 3.5 所示。已知其承受永久荷载标准值（含自重）为 4.5 kN/m^2，活荷载标准值为 0.9 kN/m^2，屋面积灰荷载标准值为 0.5 kN/m^2，雪荷载标准值为 0.4 kN/m^2，计算跨度 $l_0=5.80$ m。结构设计使用年限为 50 年，求在承载能力极限状态下，该屋面板纵肋跨中弯矩的基本组合设计值。

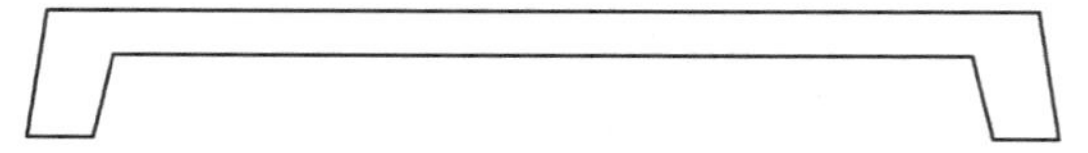

图 3.5 屋面板截面

4 混凝土受弯构件正截面承载力

【学习目标】

(1)掌握适筋梁正截面受弯的三个受力阶段的特点,包括截面上应力与应变的分布情况、构件的破坏形态、正截面受弯的三个工作阶段在混凝土结构设计中的应用等。

(2)理解混凝土受弯构件纵向受拉钢筋配筋率的意义及其对构件正截面受弯性能的影响。

(3)理解混凝土受弯构件正截面承载力计算的基本假定及其在计算中的应用。

(4)掌握单筋矩形、双筋矩形和T形截面受弯构件正截面承载力的计算方法以及构件的主要构造要求。

【本章概述】

受弯构件是指截面上有弯矩和剪力作用,而轴力可忽略不计的构件,如图4.1所示。

各种类型的梁和板是土木工程中典型的受弯构件。例如,房屋建筑中的框架梁、楼面板,桥梁上部结构中承重的梁和人行道板、车行道板等,均为受弯构件。

在受弯构件中,与构件的轴线相垂直的截面称为正截面,与构件的轴线斜交的截面称为斜截面。在弯矩M单独作用下,构件可能沿某个正截面发生破坏,所以需要进行正截面承载力计算;在弯矩M和剪力V共同作用下,构件可能沿某个斜截面发生破坏,所以还需要进行斜截面承载力计算。本章主要讨论钢筋混凝土构件的正截面承载力计算及相关的构造问题。构件的斜截面承载力计算将在下一章讨论。

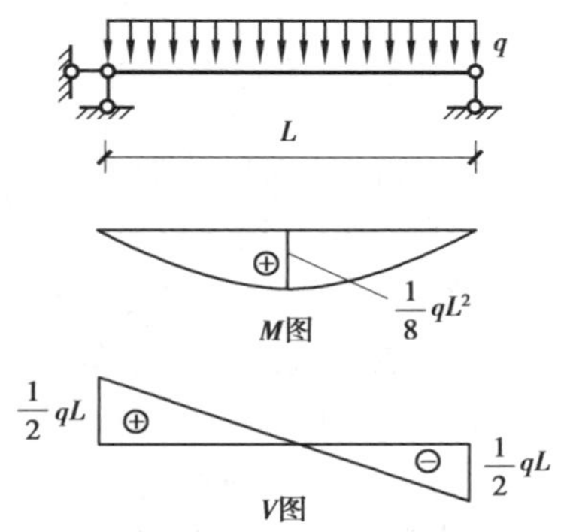

图4.1 受弯构件计算示意图

4.1 受弯构件的一般构造

合理的结构设计，不仅要有可靠的计算依据，还要有必要的构造措施。所谓构造措施，就是指那些在结构计算中未能详细考虑或很难定量计算而被忽略了的因素，但为了保证构件的安全、施工方便及经济合理而必须采取的技术补救措施。结构设计的任务，一方面在于进行准确的计算，另一方面在于有正确的构造。

4.1.1 截面形式与尺寸

1）截面形式

梁和板都是典型的受弯构件。它们是土木工程中数量最多、应用最广的一类构件。梁和板的区别在于：梁的截面高度一般大于其宽度，而板的截面高度则远小于其宽度。

（1）梁的截面形式：梁常用的截面形式有矩形、T 形、I 形（如图 4.2 所示），也有箱形、倒 L 形等其他截面形式。

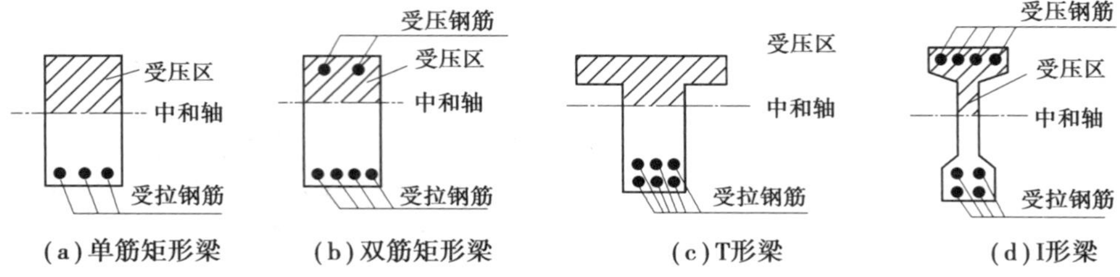

图 4.2　常用梁截面形式

（2）板的截面形式：矩形板、空心板、槽形板等，如图 4.3 所示。

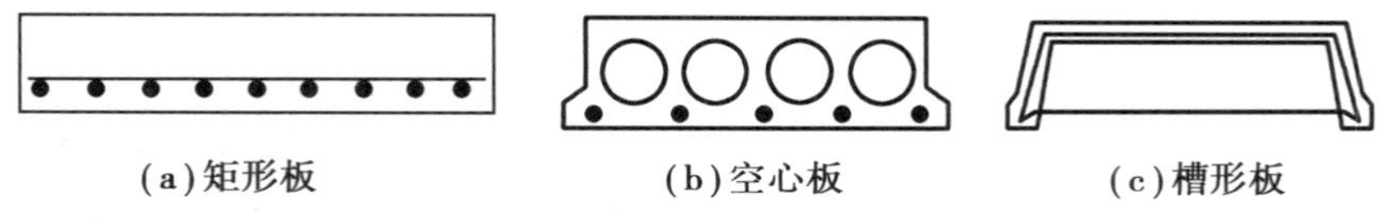

图 4.3　常用板截面形式

2）梁、板的截面尺寸

梁和板的截面尺寸除了满足强度要求外，还应满足刚度要求并方便施工。

（1）板的尺寸要求

钢筋混凝土梁、板可分为整体现浇梁、板和预制梁、板。在工地现场搭支架、立模板、配置钢筋，然后就地浇筑混凝土的梁、板称为整体现浇梁、板。预制梁、板是在预制场或施工现场预先制作好的梁、板。

预制板板宽一般控制在 1～1.5 m，以便实现规模生产，满足运输和吊装的要求。

整体现浇板的截面宽度一般较大，其厚度是板的关键参数，板的厚度 h 由其控制截面上的最大弯矩和板的刚度要求决定，并应满足表 4.1 的最小厚度要求。对于板类构件，用厚跨比

h/l 预估其厚度,其中 l 为板的计算跨度。在房屋建筑工程中,板厚常按下述厚跨比的要求来初步确定:单向板 $h/l \geq 1/30$、双向板 $h/l \geq 1/40$、有柱帽无梁楼板 $h/l \geq 1/35$、无柱帽无梁楼板 $h/l \geq 1/30$。受力大的板,厚度取大值;受力小的板,厚度取小值。

表 4.1 现浇钢筋混凝土板的最小厚度 单位:mm

板的类别		最小厚度
单向板	屋面板	60
	民用建筑楼板	60
	工业建筑楼板	70
	行车道下的楼板	80
双向板		80
密肋楼盖	面板	50
	肋高	250
悬臂板(根部)	悬臂长度不大于 500 mm	60
	悬臂长度 1 200 mm	100
无梁楼板		150
现浇空心楼盖		200

(2)梁的尺寸要求

①梁高的确定。从刚度条件来看,梁截面高度可根据高跨比(h/l)来估计,l 为梁的计算跨度。对于房屋建筑工程中一般的梁而言:简支梁可取 $h/l \approx 1/12 \sim 1/8$、框架梁可取 $h/l \approx 1/18 \sim 1/10$、连续梁可取 $h/l \approx 1/18 \sim 1/12$ 等。同样,受力大的梁,高度取大值;受力小的梁,高度取小值。

为施工方便和模板的多次周转重复利用,梁高 800 mm 及以下的级差为 50 mm,以上的为 100 mm。常用梁高 h 为 250 mm、300 mm、350 mm、…、750 mm、800 mm、900 mm、1 000 mm 等。

②梁宽度的确定。梁的高度确定之后,梁的截面宽度 b 可由常用的高宽比估算。矩形截面梁的高宽比 h/b 一般可取 2.0~3.5;T 形截面梁的 h/b 一般取 2.5~4.0(b 为梁肋宽)。现浇矩形截面梁的宽度 b 或 T 形截面的肋宽 b 常取(120 mm)、150 mm、(180 mm)、200 mm、(220 mm)、250 mm 和 300 mm,300 mm 以上的级差为 50 mm;其中括号中的数值仅用于木模。

4.1.2 材料选择与一般构造

1)混凝土强度等级

现浇钢筋混凝土梁和板常用的混凝土强度等级是 C25 和 C30,一般不超过 C40,这是因高强度等级的混凝土收缩较大,在板面面积较大的情况下,处理不好容易开裂。

2)板的钢筋

板内一般布置两种钢筋,即受力钢筋与分布钢筋,如图 4.4 所示。

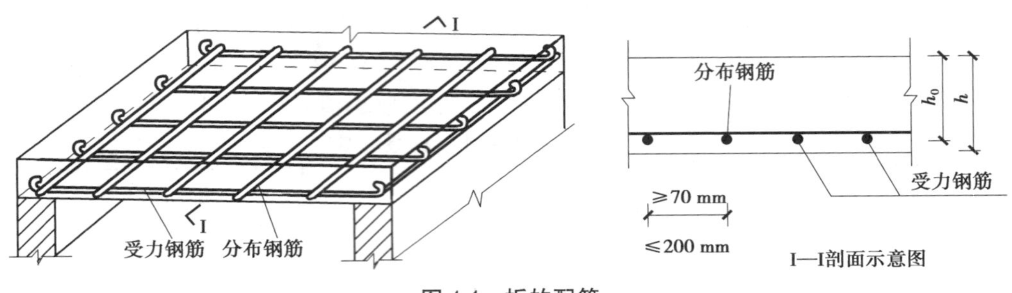

图 4.4　板的配筋

(1)板的受力钢筋

板的受拉钢筋常用 HRB400(⊈)级和 HRB500(⊉)级钢筋,常用直径是 6 mm、8 mm、10 mm、12 mm 等,厚板则采用较大直径的钢筋。由于板类构件的变形一般不大,实际工程中也常采用冷加工钢筋,如 CRB550(ϕ^{R})、CRB600H(ϕ^{RH})等,其直径有较多的选择,常用直径为 7 mm、9 mm,也有 6 mm、8 mm、10 mm、12 mm 等直径规格。为了防止施工时钢筋被踩下,现浇板的板面钢筋直径不宜小于 8 mm。为了便于浇筑混凝土,保证钢筋周围混凝土的密实性,板内钢筋间距不宜太小;为了正常地分担内力,也不宜过大:钢筋的间距一般为 70~200 mm;当板厚 $h \leqslant 150$ mm 时,不宜大于 200 mm;当板厚 $h>150$ mm 时,不宜大于 1.5 h,且不应大于 250 mm。

(2)板的分布钢筋

对于单向传力的板而言,受力钢筋沿板的跨度方向设置,承担由弯矩作用而产生的拉力。分布钢筋与受力钢筋垂直,设置在受力钢筋的内侧,其作用是固定受力钢筋,使受力钢筋受力更均匀,抵抗温度应力和混凝土收缩应力。分布钢筋属于构造钢筋,其数量不通过计算,按照设计规范规定选择。分布钢筋宜采用 HRB400 级和 HPB300 级钢筋,常用直径是 6 mm 和 8 mm。单位宽度上分布钢筋的截面面积不宜小于单位宽度上受力钢筋截面面积的 15%,且配筋率不宜小于 0.15%。分布钢筋的间距不宜大于 250 mm,直径不宜小于 6 mm。当集中荷载较大时,分布钢筋的配筋面积尚应该增加,且间距不宜大于 200 mm。

对于双向传力的板而言,在板的两个方向均需配置受力钢筋,两方向的钢筋均可兼作分布钢筋,不再单独设置分布钢筋。受力大方向的钢筋放置于外侧,受力小方向的钢筋放置于内侧。

3)梁的钢筋

梁的钢筋有纵向受力钢筋、弯起钢筋和斜钢筋、箍筋、架立钢筋和梁侧纵向钢筋等,如图 4.5 所示。

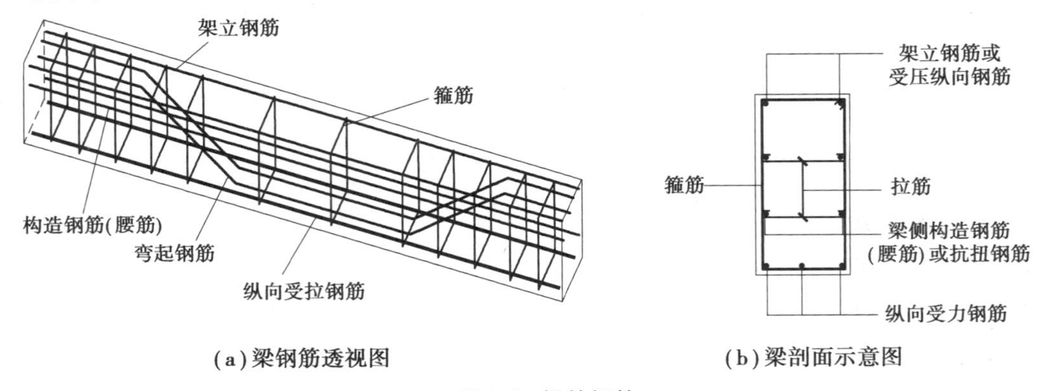

图 4.5　梁的钢筋

(1)纵向受力钢筋

纵向受力钢筋通常布置于梁的受拉区时,承受由弯矩作用而产生的拉力;当布置在梁的受压区时,则协同混凝土共同承受压力。梁内纵向受力钢筋的数量由计算决定,同时也要满足构造要求。

①钢筋品种及直径。纵向受力钢筋宜采用 HRB400 级或 HRB500 级,常用直径为 12 mm、14 mm、16 mm、18 mm、20 mm、22 mm 和 25 mm。为方便施工及裂缝控制,受弯构件钢筋直径不宜大于 25 mm,根数一般不得小于 2 根。设计中若需要两种不同直径的钢筋,钢筋的直径相差至少 2 mm,以便在施工中能用肉眼识别,但相差也不宜超过 6 mm。纵向受力钢筋的直径,当梁高大于或等于 300 mm 时,不应小于 10 mm;当梁高小于 300 mm 时,不应小于 8 mm。

②钢筋间距。为便于混凝土的浇筑,保证钢筋周围混凝土的密实性,纵筋的净距及钢筋的最小保护层厚度应满足图 4.6(a)、(b)所示的要求。梁上部纵向钢筋水平方向的净距不应小于 30 mm 和 $1.5d$(d 为钢筋最大的直径);下部纵向钢筋水平方向的净距(钢筋外边缘之间的距离)不应小于 25 mm 和 d。为方便混凝土浇筑,如果受力纵筋排成两层,上下两层钢筋应对齐;若多于两层时,两层以上钢筋水平方向的中距应比下面两层的中距增大一倍;各层钢筋之间的净距不应小于 25 mm 和 d,如图 4.6(b)所示。

在实际工程中,可能会出现钢筋间距难以保证上述要求的情况,此时可采用并筋的钢筋排布方式。并筋可采用 2 根钢筋或 3 根钢筋相并的方式,如图 4.6(c)所示,其相应的间距及保护层厚度可按等效直径(即钢筋面积相等的换算直径,具体而言,2 根钢筋相并换算直径取 1 根钢筋直径的 1.41 倍;3 根钢筋相并换算直径取 1 根钢筋直径的 1.73 倍)确定。

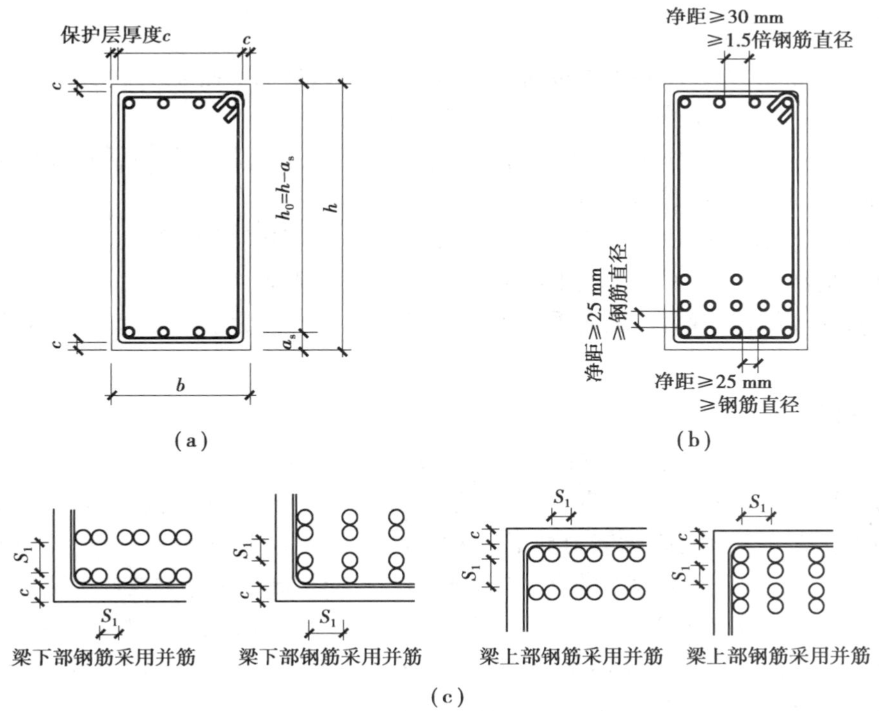

图 4.6　梁截面内纵向钢筋布置及截面有效高度 h_0

(2)弯起钢筋和斜钢筋

梁内弯起钢筋是由受力主筋按规定的部位和角度弯起至梁上部后,并满足锚固要求的钢筋。斜钢筋是专门设置的斜向钢筋,它们的设置及数量均由抗剪计算确定,并应满足构造要求。

(3)箍筋

梁内箍筋是沿梁纵轴方向,按一定间距配置,并箍住纵向钢筋的横向钢筋。箍筋除了可以帮助混凝土抗剪外,在构造上还起着固定纵向钢筋位置的作用,并与纵向钢筋、架立钢筋等组成钢筋骨架。受力较小的箍筋常采用 HPB300 级钢筋,常用直径为 6 mm、8 mm、10 mm,当受力较大需要较大直径的钢筋时,应选用较高强度的钢筋,目前常采用 HRB400 级钢筋。

(4)架立钢筋和梁侧水平纵向钢筋、梁侧抗扭纵筋

架立钢筋和水平纵向钢筋,均为梁内的构造钢筋。

架立钢筋位于梁的受压区,它平行于纵向受拉钢筋,起到固定箍筋正确位置的作用,并承受由于混凝土收缩及温度变化所产生的拉力。如在受压区有纵向受压钢筋时,受压钢筋可兼作架立钢筋。为保证钢筋骨架的刚度,对架立钢筋直径的要求为:当梁的计算跨度 $l>6$ m 时,架立钢筋的直径不宜小于 12 mm;当 $l=4\sim6$ m 时,不宜小于 10 mm;当 $l<4$ m 时,不宜小于 8 mm。

梁侧水平纵向钢筋又称“腰筋”,其作用主要是抑制梁的腹板高度范围内由荷载或混凝土收缩引起的垂直裂缝的开展。

梁侧抗扭纵筋是为抵抗扭矩作用而设置的纵向钢筋,具体详见本教材抗扭设计的相关内容。当梁侧配有受扭钢筋后,可起到抵抗两侧混凝土收缩的作用,无须再设置“腰筋”。

4)混凝土保护层厚度

从最外层钢筋的外表面到构件截面边缘的垂直距离,称为混凝土保护层厚度,用 c 表示,如图 4.6(a)、(b)所示。最外层钢筋可以是箍筋、分布筋等。

混凝土保护层有三个作用:防止纵向钢筋锈蚀;在火灾等情况下,减缓钢筋的温度上升;使纵向钢筋与混凝土有较好的黏结。

梁、板、柱的混凝土保护层厚度与环境类别(附表 4.1)和混凝土强度等级有关,设计使用年限为 50 年的混凝土结构,其混凝土保护层最小厚度,见附表 4.2。

此外,针对黏结传力而言,纵向受力钢筋的混凝土保护层最小厚度尚不应小于钢筋的公称直径。

5)截面有效高度

截面的有效高度是指受拉钢筋的重心至混凝土受压边缘的垂直距离。当梁、板受拉钢筋位置确定之后,进行截面设计、强度复核时,考虑到混凝土受拉区已出现裂缝(详见 4.2 节),不再承受拉力,对正截面受弯承载力真正有效的是 h_0,而不是 h,如图 4.6(a)、(b)所示。对于一类环境中混凝土强度大于 C25 的梁,当钢筋设置一排时,混凝土保护层厚度取为 20 mm;箍筋直径常采用 6 mm、8 mm、10 mm、12 mm 等,可近似取 10 mm;纵向受力钢筋的常用直径为 12~25 mm,可近似取 20 mm,这样 $a_s\approx20+10+20/2=40$ mm,因此,可近似取:$h_0=h-a_s=h-40$ mm。同理,当钢筋设置两排时,可近似取:$h_0=h-a_s=h-65$ mm。即使箍筋和纵向受力钢筋的实际直径不是 10 mm 或 20 mm,采用该取值对计算结果的影响极小,完全能满足工程设计的要求,不必过分追求精确。但当环境类别改变或特殊情况下,则需根据实际情况确定 h_0。

6)纵向受拉钢筋的配筋率

截面上纵向受拉钢筋配筋量的大小,通常用配筋率来衡量。配筋率是指所配置的钢筋截面面积与混凝土有效截面面积的比值,它对梁的受力性能影响很大。对于矩形截面和 T 形截面,其受拉钢筋的配筋率 ρ 表示为:

$$\rho = \frac{A_s}{bh_0} \tag{4.1}$$

式中　A_s——截面纵向受拉钢筋的总截面面积;

b——矩形截面宽度或 T 形截面梁肋宽度;

h_0——有效高度,$h_0 = h - a_s$。

4.2　受弯构件正截面的受弯性能

钢筋混凝土是由两种物理力学性能完全不同的材料(钢筋和混凝土)组成的复合材料,是非均质、非弹性的材料,受力后不符合虎克定理,按材料力学公式计算的结果与试验的结果相去甚远,因此,钢筋混凝土的计算须以试验研究为基础。

4.2.1　适筋梁正截面受弯的三个受力阶段

1)适筋梁正截面受弯承载力试验

由于研究的是梁正截面承载力的计算问题,因此,为了能消除剪力对正截面受弯的影响,使正截面只受到弯矩的作用,一般在试验中采取对一简支梁进行两点对称施加集中荷载的方式(如图 4.7 所示)。

忽略自重的情况下,两个对称集中荷载之间的截面只承受弯矩而无剪力,称为纯弯区段。在纯弯区段内,沿梁高两侧布置测点,用仪表测量梁的纵向变形,并观察加载后梁的受力全过程。荷载由零开始逐级施加,直至梁正截面受弯破坏。

图 4.8 为中国建筑科学研究院所做的适筋梁的弯矩与截面曲率关系曲线的实测结果。图中纵坐标为梁跨中截面的弯矩试验值 M^0,横坐标为梁跨中截面曲率试验值 φ^0。

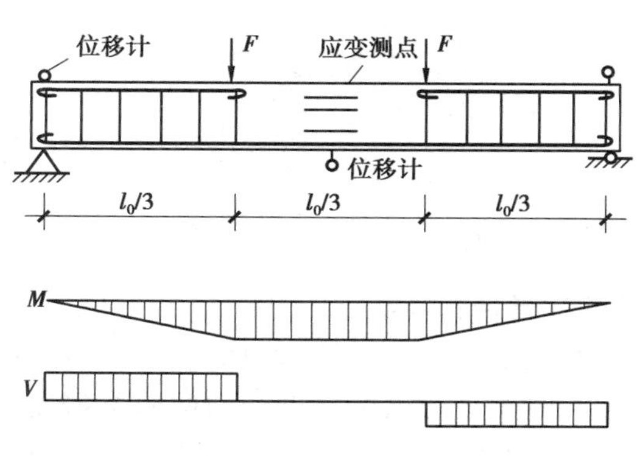

图 4.7　正截面受弯承载力试验梁

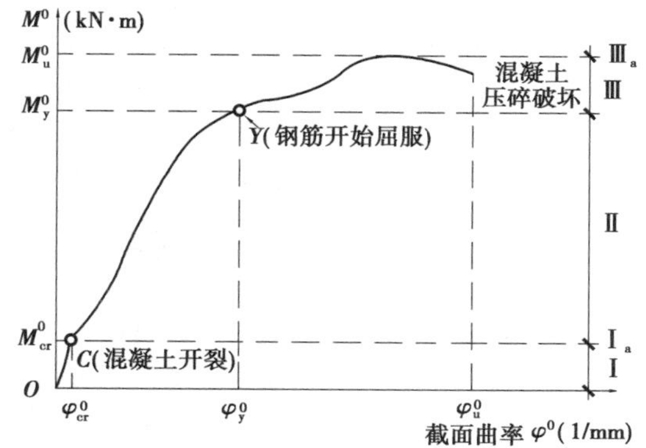

图 4.8　M^0-φ^0 图

2) 适筋梁正截面工作的三个阶段

由试验梁的 M^0-φ^0 曲线可以看到，该曲线上有两个明显的转折点 C 和 Y，它们把适筋梁正截面受弯的全过程划分为三个阶段。

(1)第Ⅰ阶段——混凝土开裂前的未裂阶段

当荷载较小时，截面上的内力非常小，此时梁的工作情况与匀质弹性体梁相似，混凝土基本上处于弹性工作阶段，应力与应变成正比，截面的应力分布成直线[如图 4.9(b)所示]。

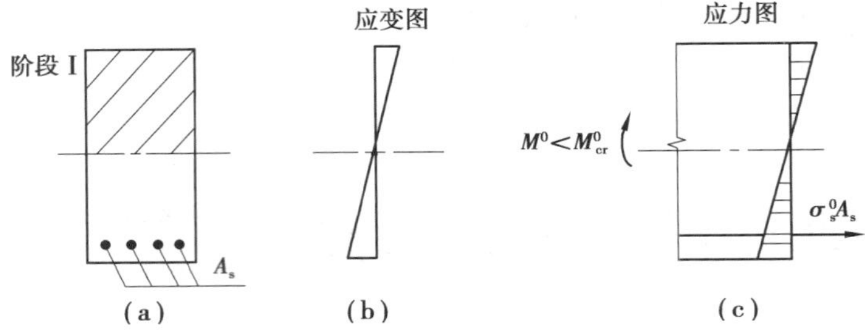

图 4.9　第Ⅰ阶段前期截面的应力分布

当荷载逐渐增加，截面所受的弯矩相应增大，测量到的应变也随之增大，由于混凝土的抗拉能力远小于其抗压能力，所以在受拉区的边缘，混凝土首先表现出应变增长比应力增长速度快的塑性特征。受拉区应力图形开始偏离直线而逐步变弯。当弯矩继续增大，受拉区应力图形中曲线部分的范围不断沿梁高向上发展。

当弯矩增加到 M^0_{cr} 时，受拉区边缘纤维的应变值将达到混凝土受弯时的极限拉应变 ε^0_{tu}，截面处于即将开裂状态，称为第Ⅰ阶段末，用 I_a 表示(如图 4.10 所示)。这时，受压区边缘纤维的应变测量值相对还很小，受压区混凝土基本上处于弹性工作阶段，受压区应力图形接近三角形，而受拉区应力图形则呈曲线分布。在 I_a 阶段，由于黏结力的存在，受拉钢筋的应变与周围同一水平处的混凝土拉应变相等，这时钢筋应变接近 ε^0_{tu} 值，相应的应力较低，为 20～30 N/mm^2。由于受拉区混凝土塑性的发展，I_a 阶段时，中性轴的位置比第Ⅰ阶段初期略有上升。I_a 阶段可作为受弯构件抗裂度的计算依据。

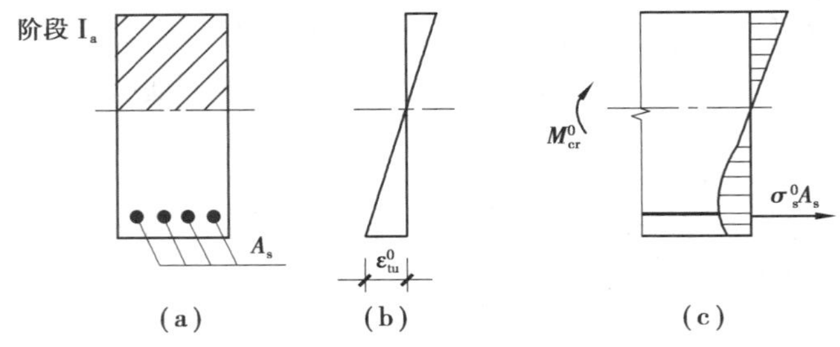

图 4.10　I_a 阶段截面的应力分布

(2)第Ⅱ阶段——混凝土开裂后至钢筋屈服前的裂缝开展阶段

荷载作用弯矩到达 M^0_{cr} 后，荷载只要稍许增加，混凝土就会开裂，原来由混凝土承担的那一部分拉力转给钢筋，钢筋应力突然增大许多，所以裂缝出现时梁的挠度和截面曲率都突然增大。截面上会发生应力重分布，裂缝处的混凝土不再承受拉应力，受压区混凝土出现明显的塑性变形，应力图形呈曲线变化(如图 4.11 所示)。这个受力阶段称为第Ⅱ阶段。

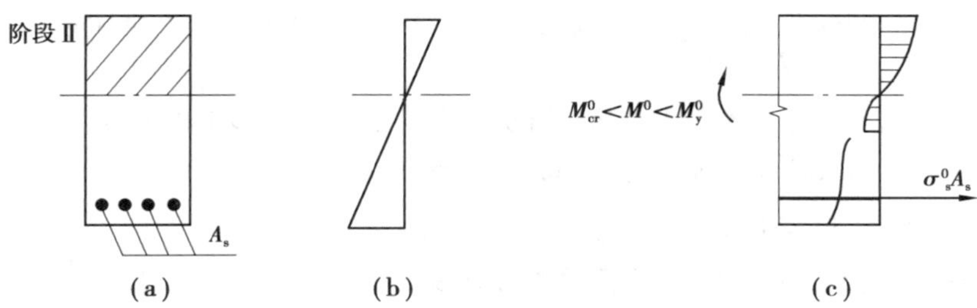

图 4.11 第Ⅱ阶段截面的应力分布

随着荷载继续增加,弯矩再增大,截面曲率再加大,主裂缝开展越来越宽。当荷载增加到某一数值时,钢筋应力达到其屈服强度,受拉区纵向受力钢筋开始屈服。这个特定的受力状态称为第Ⅱ阶段末,用Ⅱ$_a$表示。

阶段Ⅱ相当于梁在正常使用时的受力状态,可作为正常使用阶段的变形和裂缝宽度计算的依据。

(3)第Ⅲ阶段——钢筋开始屈服至混凝土被压碎的破坏阶段

受拉区纵向受力钢筋屈服后,将继续变形而保持应力大小不变,截面曲率和梁的挠度也持续增大,裂缝宽度随之扩展并沿梁高向上延伸。中性轴继续上移,受压区高度进一步减小,受压区混凝土压应力迅速增大,受压区混凝土边缘应变也迅速增长,塑性特征将表现得更为充分,受压区压应力图形更趋丰满(如图 4.12 所示)。

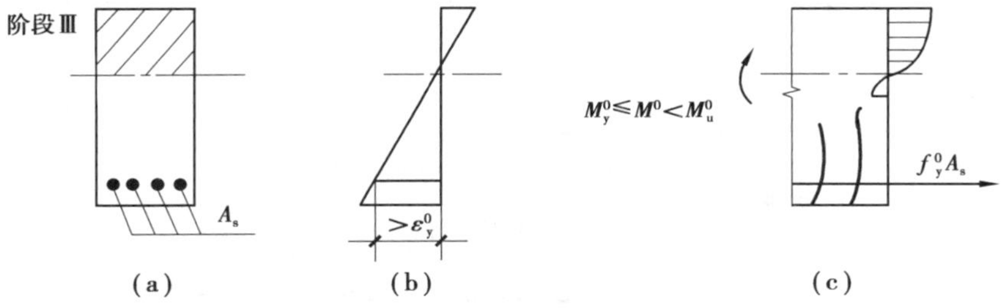

图 4.12 第Ⅲ阶段截面的应力分布

弯矩再增大至极限弯矩 M_u时,称为第Ⅲ阶段末,用Ⅲ$_a$ 表示。此时,在荷载几乎保持不变的情况下,裂缝进一步急剧开展,受压区混凝土出现纵向裂缝,混凝土被完全压碎,截面破坏(如图 4.13 所示)。

在第Ⅲ阶段整个过程中,钢筋所承受的总拉力大致保持不变,但由于中性轴逐步上移,内力臂 Z 略有增加,所以截面极限弯矩 M_u略大于其屈服弯矩 M_y。可见,第Ⅲ阶段是截面的破

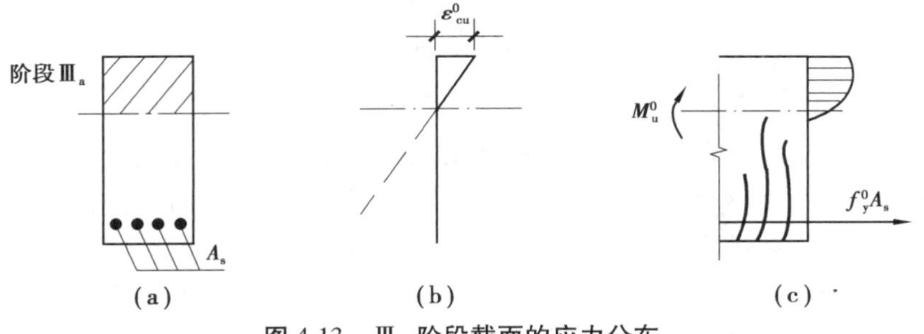

图 4.13 Ⅲ$_a$ 阶段截面的应力分布

坏阶段,破坏始于纵向受拉钢筋屈服,终结于受压区混凝土被压碎。第Ⅲ阶段末($Ⅲ_a$)可作为正截面受弯承载力计算的依据。

试验同时表明,从开始加载到构件破坏的整个过程中,从平均角度而言,变形前的平面,在变形后仍保持平面,即平截面假定仍然成立。

3)适筋梁正截面的受力特点

由钢筋和混凝土两种材料组成的钢筋混凝土梁,是不同于连续、匀质、弹性材料梁的,其受力特点为:

①钢筋混凝土梁的截面正应力状态随着荷载的增大不仅有数量上的变化,还有性质上的改变。不同的受力阶段,中性轴的位置及内力臂也是有所不同的。

②梁的大部分工作阶段中,受拉区混凝土已开裂。随着裂缝的开展,受压区混凝土塑性变形也不完全服从弹性匀质梁所具有的比例关系。

4.2.2 正截面受弯的三种破坏形态

结构、构件和截面的破坏均有脆性破坏和延性破坏两种类型。脆性破坏从破坏开始到终止,结构或构件变形很小,延性破坏从破坏开始到终止,结构或构件存在较大的变形。脆性破坏破坏突然,将造成严重后果,且材料强度没有得到充分利用,因此在工程中,是不允许脆性破坏产生的。

大量试验表明:随着纵向受拉钢筋配筋率 ρ 的不同,受弯构件正截面可能产生三种不同的破坏形式,如图 4.14 所示。

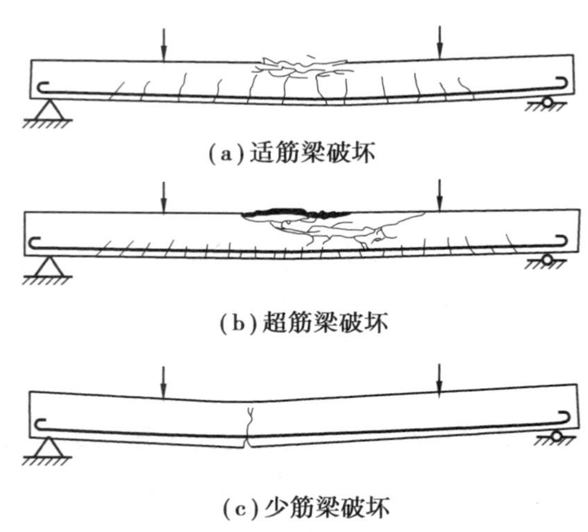

(a)适筋梁破坏

(b)超筋梁破坏

(c)少筋梁破坏

图 4.14 梁的三种破坏形态

1)适筋破坏——延性破坏

所谓适筋梁,就是指配筋率适中,从开始加载至截面破坏,整个截面的受力过程符合前面所述的 3 个阶段的梁。这种梁的破坏特点是:受拉钢筋首先达到屈服强度,维持应力不变而发生显著的塑性变形,直到受压区混凝土边缘应变达到混凝土弯曲受压的极限压应变时,受压区混凝土才被压碎,截面宣告破坏。梁在完全破坏以前,由于钢筋要经历较大的塑性伸长,随之引起裂缝急剧开展和梁挠度激增,它将给人以明显的破坏预兆,习惯上把这种梁的破坏称为“延性破坏”，如图 4.14(a)所示。

2)超筋破坏——脆性破坏

配筋率ρ过大的梁一般称为“超筋梁”。试验表明，由于这种梁内钢筋配置过多，当荷载加到一定程度后，在钢筋拉应力尚未达到屈服强度时，受压区混凝土已先被压碎，致使构件破坏。由于超筋梁在破坏前钢筋尚未屈服而仍处于弹性工作阶段，其延伸量较小，因而梁的裂缝较细，挠度较小，破坏比较突然，混凝土压碎没有明显预兆，习惯上称为“脆性破坏”，如图 4.14(b)所示。

超筋梁虽然在受拉区配置有很多受拉钢筋，但其强度不能充分被利用，这是不经济的，同时破坏前又无明显预兆，所以在实际工程中应避免将梁设计成超筋梁。

3)少筋破坏——脆性破坏

当梁的配筋率ρ很小时称为“少筋梁”。这种梁在开裂以前，拉力主要由混凝土承担，钢筋承担的拉力占很少的一部分。在I_a段，受拉区混凝土一旦开裂，拉力就几乎全部转由钢筋承担。但由于受拉区钢筋数量太少，以致钢筋不能承受由受拉混凝土传递给其的拉力，导致裂缝截面的钢筋拉应力突然剧增直至超过屈服强度而进入强化阶段，甚至被拉断。此时受拉钢筋的塑性伸长已很大，裂缝开展过宽，梁甚至可能被拉断，受压区混凝土不会压碎，但过大的变形及裂缝已经不适于继续承载，从而标志着梁的破坏，如图 4.14(c)所示。

少筋梁的破坏一般是在梁出现第一条裂缝后突然发生，也属于“脆性破坏”。少筋梁虽然在受拉区配置了钢筋，但不能起到提高混凝土梁承载能力的作用，同时，混凝土的抗压强度也不能被充分利用，因此在实际工程中也应避免设计成少筋梁。

由此可见，当截面配筋率变化到一定程度时，将引起梁破坏性质的改变。由于在实际工程设计中不允许出现超筋梁或少筋梁，所以在具体工程运用中，梁正截面计算是针对适筋梁进行的，可通过对梁配筋率的限制来防止超筋和少筋破坏。

4.3 受弯构件正截面承载力计算的基本原则

4.3.1 基本假定

规范规定，包括受弯构件在内的各种混凝土构件的正截面承载力应按下列 5 个基本假定进行计算：

1)截面应变保持平面(平截面假定)

在各级荷载作用下，截面上的平均应变保持为直线分布，即截面上的任意点的应变与该点到中和轴的距离成正比。这一假定虽然是近似的，但由此而引起的误差不大，完全能满足工程计算要求。

2)不考虑混凝土的抗拉强度

在裂缝截面处，受拉区的混凝土已大部分退出工作，虽在靠近中和轴附近，仍有一部分混凝土承担着拉应力，但其拉应力较小，且内力偶臂也不大，因此，所承担的内力矩是不大的，故在计算中忽略不计，从而也简化了计算。

3)混凝土受压的应力与压应变关系

混凝土受压的应力与压应变关系曲线按下列规定取用,如图 4.15 所示。

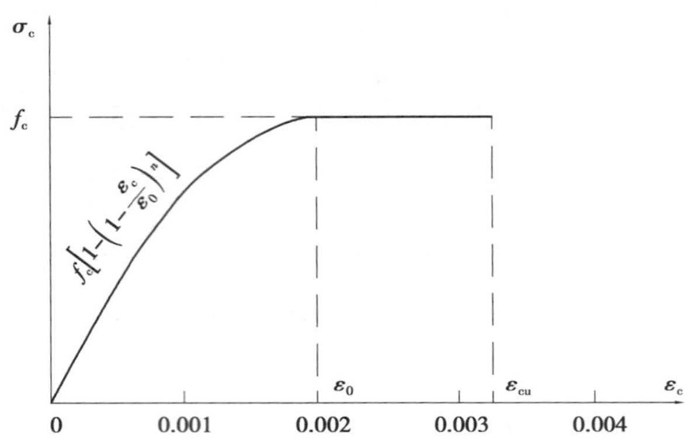

图 4.15 混凝土受压应力-应变曲线

当 $0 \leqslant \varepsilon_c \leqslant \varepsilon_0$ 时(上升段)

$$\sigma_c = f_c\left[1 - \left(1 - \frac{\varepsilon_c}{\varepsilon_0}\right)^n\right] \tag{4.2}$$

$$n = 2.0 - \frac{1}{60}(f_{cu,k} - 50) \leqslant 2.0 \tag{4.3}$$

$$\varepsilon_0 = 0.002 + 0.5 \times (f_{cu,k} - 50) \times 10^{-5} \geqslant 0.002 \tag{4.4}$$

当 $\varepsilon_0 < \varepsilon_c \leqslant \varepsilon_{cu}$(水平段)

$$\sigma_c = f_c \tag{4.5}$$

$$\varepsilon_{cu} = 0.003\ 3 - 0.5 \times (f_{cu,k} - 50) \times 10^{-5} \leqslant 0.003\ 3 \tag{4.6}$$

式中 σ_c——对应于混凝土应变为 ε_c 时的混凝土压应力;

ε_0——对应于混凝土压应力刚达到 f_c 时的混凝土压应变,当计算的 ε_0 值小于 0.002 时,应取 0.002;

ε_{cu}——正截面的混凝土极限压应变,当处于非均匀受压且计算的 ε_{cu} 值大于 0.003 3 时,取 0.003 3;当处于轴心受压时取 ε_0;

$f_{cu,k}$——混凝土立方体抗压强度标准值;

n——系数,当计算的 n 值大于 2.0 时,应取 2.0。

4)纵向受拉钢筋的极限拉应变

纵向受拉钢筋的极限拉应变取 0.01。极限拉应变为 0.01 是构件达到承载能力极限状态的标志之一。对有物理屈服点的钢筋,该值相当于钢筋应变进入了屈服台阶;对无屈服点的钢筋,设计所用的强度是以条件屈服点为依据的。极限拉应变的规定是限制钢筋的强化强度,同时,也表示设计采用的钢筋的极限拉应变不得小于 0.01,以保证结构构件具有必要的延性。

5)纵向钢筋的应力取值

纵向钢筋的应力取钢筋应变与其弹性模量的乘积,但其值应符合下列要求

$$-f'_y \leqslant \sigma_{si} \leqslant f_y \tag{4.7}$$

式中 σ_{si}——第 i 层纵向普通钢筋的应力,正值代表拉应力,负值代表压应力。

4.3.2 受压区混凝土的等效矩形应力图

根据基本假定,可得到Ⅲ$_a$ 阶段正截面的应力-应变图形,并由此得到截面上混凝土的压应力分布,如图 4.16 所示。

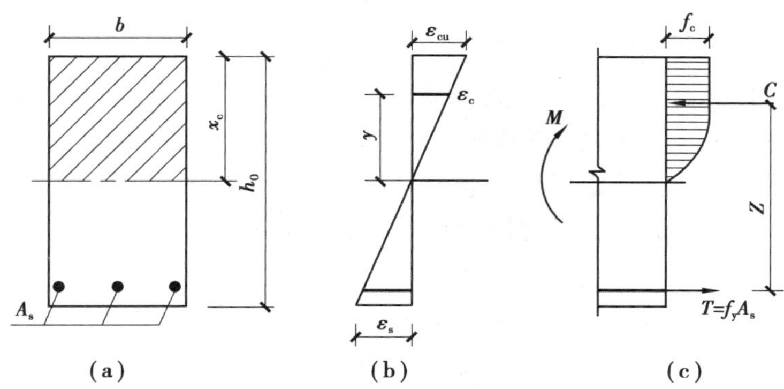

图 4.16 Ⅲ$_a$ 阶段正截面的应力-应变图形

用这个截面上混凝土的压应力分布图来求得受压区混凝土的合力 C 及其合力点的作用位置是非常复杂的,不便于工程运用。工程设计上采用简化处理方法,即采用等效矩形应力图形(如图 4.17 所示)来代替受压区混凝土的曲线应力图形。

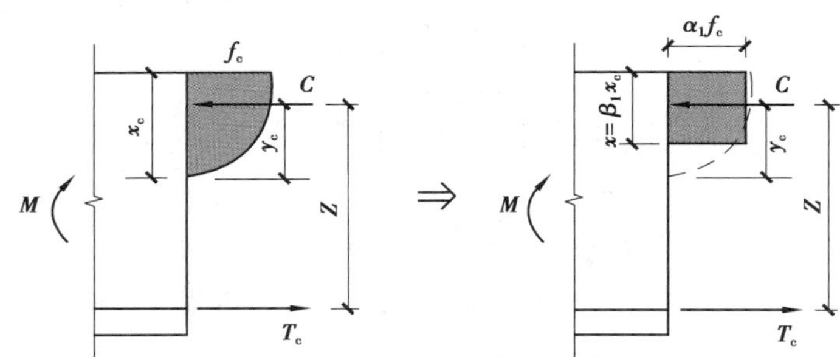

图 4.17 等效矩形应力图

采用这种等效方法时,需满足以下两个前提条件:

①保持原来受压区混凝土合力 C 的作用点不变。

②保持原来受压区混凝土合力 C 的大小不变。

这里将等效矩形应力图的应力值表示为 $\alpha_1 f_c$,将等效矩形应力图的受压高度表示为 $x=\beta_1 x_c$。系数 α_1 是受压区混凝土矩形应力图应力值与混凝土抗压强度设计值的比值;系数 β_1 是矩形应力图受压区高度 x 与中和轴高度 x_c 的比值。按等效条件推导,可得到 α_1 和 β_1 的具体数值,见表 4.2。

表 4.2 混凝土受压区等效矩形应力图系数

	≤C50	C55	C60	C65	C70	C75	C80
α_1	1.0	0.99	0.98	0.97	0.96	0.95	0.94
β_1	0.8	0.79	0.78	0.77	0.76	0.75	0.74

在工程运用中,我们常用到相对受压区高度的概念,相对受压区高度用式(4.8)表示。

$$\xi = \frac{x}{h_0} \tag{4.8}$$

4.3.3 适筋和超筋破坏的界限条件

适筋梁的破坏是受拉钢筋首先屈服,经过一段塑性变形后,受压区混凝土才被压碎;而超筋梁的破坏是在钢筋屈服前,受压区混凝土首先达到极限压应变 ε_{cu},导致构件破坏。

当梁的钢筋等级和混凝土强度等级确定后,就可以找到某个特定的配筋率 ρ,使具有这个特定配筋率的梁的破坏介于适筋梁和超筋梁之间,也就是说,该梁的钢筋屈服与受压区混凝土的压碎是同时发生的。工程上将这种梁的破坏称为"界限破坏"。

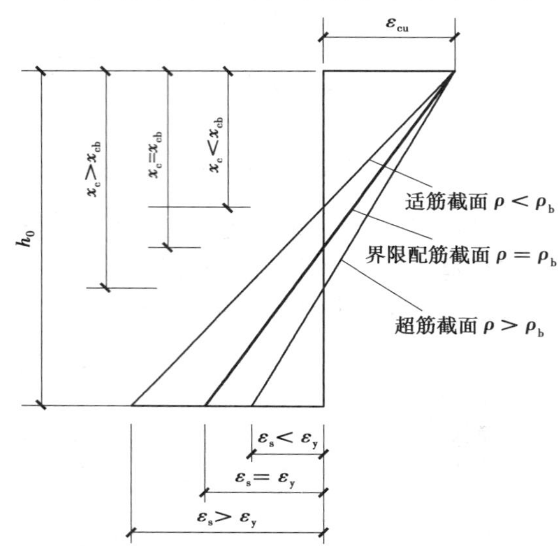

图 4.18　适筋梁、超筋梁、界限配筋梁破坏时的正截面平均应变

根据平截面假定,如图 4.18 所示,设界限破坏时中性轴高度为 x_{cb},则有:

$$\frac{x_{cb}}{h_0} = \frac{\varepsilon_{cu}}{\varepsilon_{cu} + \varepsilon_y} \tag{4.9}$$

将 $x_b = \beta_1 \cdot x_{cb}$ 代入式(4.9)中,可得:

$$\frac{x_b}{\beta_1 \cdot h_0} = \frac{\varepsilon_{cu}}{\varepsilon_{cu} + \varepsilon_y} \tag{4.10}$$

令 $\xi_b = \dfrac{x_b}{h_0}$,并称为"相对界限受压区高度",则:

$$\xi_b = \frac{x_b}{h_0} = \frac{\beta_1}{1 + \dfrac{\varepsilon_y}{\varepsilon_{cu}}} = \frac{\beta_1}{1 + \dfrac{f_y}{E_s \varepsilon_{cu}}} \tag{4.11}$$

从上式可知,相对界限受压区高度的取值与截面尺寸无关,仅与材料性能有关,将相关数值 f_y、ε_{cu}、E_s、β_1 代入上式,即可求出 ξ_b,为了使用方便,将 ξ_b 的计算结果列成表格,如表 4.3 所示。

表 4.3 相对界限受压区高度 ξ_b 值

钢筋强度 \ 混凝土强度	ξ_b						
	≤C50	C55	C60	C65	C70	C75	C80
HPB300 级钢筋	0.576	0.566	0.557	0.547	0.537	0.528	0.518
HRB335 级钢筋	0.550	0.541	0.531	0.521	0.512	0.503	0.493
HRB400 级钢筋	0.518	0.508	0.499	0.490	0.481	0.472	0.463
HRB500 级钢筋	0.482	0.473	0.464	0.455	0.447	0.438	0.429

在图 4.18 中,根据平截面假定,当相对受压区高度 $\xi>\xi_b$(即 $x>x_b$)时,混凝土达到极限压应变时钢筋应变尚未达到屈服应变,即混凝土压碎先于钢筋屈服,属于超筋梁;$\xi<\xi_b$(即 $x<x_b$)时,混凝土达到极限压应变时,钢筋应变早已超过屈服应变,即钢筋屈服先于混凝土压碎,属于适筋梁。当 $\xi=\xi_b$(即 $x=x_b$)时,属于界限情况,与此对应的纵向受拉钢筋的配筋率,称为界限配筋率,记作 ρ_b。

4.3.4 适筋和少筋破坏的界限条件

少筋破坏的特点是一裂就坏,所以,确定纵向受拉钢筋最小配筋率 ρ_{min} 的理论原则由此而来:按Ⅲ$_a$ 阶段计算钢筋混凝土受弯构件正截面受弯承载力与由素混凝土受弯构件计算得到的正截面受弯承载力两者相等。由于按后者计算时,混凝土还没有开裂,所以规范规定的最小配筋率是按 h 而不是按 h_0 计算的。

考虑混凝土抗拉强度的离散性、收缩性等因素的影响,在实用方面,我国"规范"给出的最小配筋率 ρ_{min} 是根据传统经验得出的。"规范"规定的纵向受力钢筋最小配筋率见附表 4.3。为了防止梁"一裂就坏",适筋梁的配筋应满足 $A_s \geqslant \rho_{min}bh$ 或 $\rho \geqslant \rho_{min}h/h_0$ 的要求。

4.4 单筋矩形截面正截面承载力计算

4.4.1 基本公式及适用条件

1) 基本计算公式

单筋梁是指仅在梁的受拉区配置受力钢筋的梁。单筋矩形截面正截面按等效矩形应力图表示的受弯承载力计算简图如图 4.19 所示。其受弯承载力计算公式推导如下:

由力的平衡条件 $\sum X = 0$,可得:

$$\alpha_1 f_c bx - f_y A_s = 0 \tag{4.12}$$

由力矩平衡条件 $\sum M = 0$,

对受拉钢筋合力点取矩,可得:

$$M_u - \alpha_1 f_c bx(h_0 - x/2) = 0 \tag{4.13}$$

对受压区混凝土合力点取矩,可得:

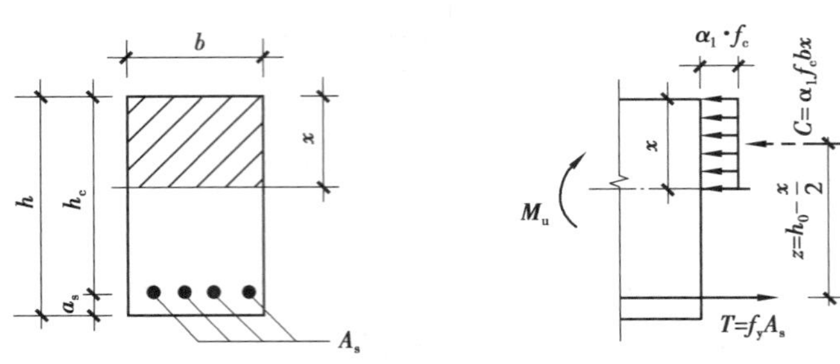

图 4.19　单筋矩形截面受弯构件正截面受弯承载力计算简图

$$M_u - f_y A_s(h_0 - x/2) = 0 \tag{4.14}$$

式中　M_u——截面受弯承载力设计值；

x——等效矩形应力图表示的混凝土受压区高度。

以上 3 个基本公式中，只有 2 个是相对独立的。

2）适用条件

基本公式是在适筋梁的条件下建立的。因此，基本公式必须满足下列条件：

①为防止超筋破坏，保证梁截面破坏时纵向受拉钢筋首先屈服，即应满足：

$$\xi \leqslant \xi_b (x \leqslant \xi_b h_0) \tag{4.15}$$

或

$$\rho \leqslant \rho_b = \xi_b \frac{\alpha_1 f_c}{f_y} \tag{4.16}$$

当 $\xi=\xi_b$ 时，适筋梁所能抵抗的弯矩达到最大值 $M_{u,max}$，其值为：

$$M_{u,max} = \alpha_1 f_c b h_0^2 \xi_b (1 - 0.5\xi_b) \tag{4.17}$$

②为了防止少筋破坏，应满足：

$$A_s \geqslant \rho_{min} bh \quad 或 \quad \rho \geqslant \rho_{min} \frac{h}{h_0} \tag{4.18}$$

4.4.2　截面计算

受弯构件单筋矩形截面正截面承载力的计算包括截面设计和截面复核两类问题。

1）截面设计

截面设计是指根据截面所需承担的弯矩设计值 M，选定材料（混凝土强度等级、钢筋等级），确定截面尺寸 $b×h$ 和截面配筋量 A_s。由于基本方程只有两个是独立的，不可能通过计算求得上述所有的未知量，所以必须增设补充条件。通常的做法是：首先选择材料，假设截面尺寸及钢筋排数，然后计算钢筋的截面面积，并验算其适用条件。

在已知 M、混凝土强度等级、钢筋强度等级、矩形截面宽度 b 及高度 h 的情况下，具体计算步骤如下（按承载能力极限状态取 $M=M_u$）：

①计算截面有效高度：根据附表 4.2 混凝土保护层最小厚度 c 的要求，假定钢筋重心至截面边缘的距离为 a_s，有 $h_0 = h - a_s$。

②求 x，由 $\gamma_0 M \leqslant M_u = \alpha_1 f_c bx\left(h_0 - \dfrac{x}{2}\right)$，求解一元二次方程，舍掉大于梁高的根，得：

$$x = h_0 - \sqrt{h_0^2 - \frac{2\gamma_0 M}{\alpha_1 f_c b}} \tag{4.19}$$

③验算适用条件：

若 $x \leqslant x_b = \xi_b h_0$，则按式(4.20)计算 A_s；

若 $x > x_b = \xi_b h_0$，则需加大截面，或提高 f_c，或改用双筋截面。

④由 $f_y A_s = \alpha_1 f_c bx$，得：

$$A_s = \frac{\alpha_1 f_c bx}{f_y} \tag{4.20}$$

⑤选配钢筋。查附表3.1选用钢筋直径和根数，一般要求实际钢筋不小于计算配筋量，如果选择确有困难，实际配筋量可略小于计算配筋量，但应限制在5%之内。

⑥验算 ρ_{min}。计算实际配筋率 ρ 是否满足 ρ_{min} 的要求（或者 A_s 是否大于 $A_{s,min}$），若 $\rho < \rho_{min}\frac{h}{h_0}$，则 $A_{s(实)} = A_{s,min} = \rho_{min} bh$。检查 a_s，若钢筋的实际布置排数与假定的布置排数误差较大，则应重新计算。

2）截面复核

当已知构件截面尺寸 $b \times h$，混凝土强度等级，钢筋的级别，所配受拉钢筋截面面积 A_s，构件需要承受的弯矩设计值 M，要求验算该构件正截面承载力 M_u 是否足够。此时应按如下步骤进行：

①首先检查钢筋净距、保护层厚度等是否符合构造要求。

②求 h_0。按钢筋的实配情况求 a_s，有 $h_0 = h - a_s$。

③验算是否满足最小配筋量的要求，即 $A_s \geqslant \rho_{min} bh$。

④若满足 $A_s \geqslant \rho_{min} bh$ 的要求，则计算受压区高度 x，$x = f_y A_s / \alpha_1 f_c b$；若不满足则应对梁采取加固等措施。

⑤梁承载力计算。若 $x \leqslant x_b$，则 $M_u = \alpha_1 f_c bx\left(h_0 - \frac{x}{2}\right)$；

若 $x > x_b$，取 $\xi = \xi_b$，则 $M_u = \alpha_1 f_c bx_b\left(h_0 - \frac{x_b}{2}\right)$。尽管此时已是超筋梁，但如果梁已经存在，再者超筋梁有比同截面尺寸的适筋梁更大的承载力，所以此梁不应被废弃，但必须限制梁的最终承载力，以免发生脆性破坏，故取 $\xi = \xi_b$。

⑥作判别并提出应该采取的处理措施：

a.当 $M_u \geqslant M$ 时，承载力满足要求；

b.当 $M_u < M$ 时，承载力不满足要求。若构件尚未施工，可采取修改截面尺寸、改为双筋截面等措施。如果只是个别构件不满足承载力，为混凝土浇筑方便，一般不采取提高混凝土强度等级的措施；另外，提高梁的混凝土强度，对其承载力的提高也不明显。若构件已经完成施工，则应改变其用途或采取加固措施。

【例4.1】已知：矩形截面梁尺寸为 $b = 250$ mm，$h = 500$ mm，承受的最大弯矩设计值为 $M = 150$ kN · m，混凝土的强度等级为C30，环境类别为一类，安全等级为二级，纵向受拉钢筋为HRB400级钢筋。

求：纵向受拉钢筋的面积 A_s，并选配钢筋。

【解】(1)由题意确定基本数据如下：

$$f_c=14.3\ \text{N/mm}^2, f_y=360\ \text{N/mm}^2, f_t=1.43\ \text{N/mm}^2, c=20\ \text{mm}, \gamma_0=1.0$$

(2)求截面有效高度 h_0。

假设纵向受拉钢筋为一排，取：$a_s=40$ mm，$h_0=500-40=460$ mm

(3)求 x 并验算适用条件。

$$x=h_0-\sqrt{h_0^2-\frac{2M}{\alpha_1 f_c b}}=460-\sqrt{460^2-\frac{2\times150\times10^6}{1\times14.3\times250}}=102.7\ \text{mm}$$

$$x<\xi_b h_0=0.518\times460=238.3\ \text{mm}，不超筋。$$

(4)求 A_s。

$$A_s=\frac{\alpha_1 f_c bx}{f_y}=\frac{1\times14.3\times250\times102.7}{360}=1\ 020\ \text{mm}^2$$

(5)选配钢筋，并验算构造要求。

选用：2 ⌀ 20+2 ⌀ 16 ($A_s=628+402=1\ 030$ mm^2)

假定箍筋采用ϕ 8，配 2 ⌀ 20+2 ⌀ 16 钢筋截面需要的最小宽度为：

$2\times20+2\times16+3\times25+2\times(20+8)=203$ mm$<b=250$ mm，截面宽度足够。

(6)验算最小配筋率：

$$\rho=\frac{A_s}{bh_0}=\frac{1\ 030}{250\times460}=0.89\%$$

$$\rho_{\min}=\max\left(0.2\%,0.45\frac{f_t}{f_y}\right)=\max\left(0.2\%,0.45\times\frac{1.43}{360}\right)=\max(0.2\%,0.18\%)=0.2\%$$

$A_s>A_{s,\min}=\rho_{\min}bh=0.2\%\times250\times500=250$ mm^2，符合要求。也可按下式进行判断：$\rho>\rho_{\min}\frac{h}{h_0}=0.2\%\times\frac{500}{460}=0.22\%$，符合要求。

【例 4.2】某单跨现浇简支板，板厚为 80 mm，板宽 3.6 m，计算跨度 $l_0=2.4$ m，承受恒载标准值为 $g_k=0.5$ kN/m^2(不包括板的自重)，活荷载标准值为 $q_k=2.5$ kN/m^2，混凝土强度等级为 C30，钢筋选用 HRB400 级钢筋。钢筋混凝土容重取 25 kN/m^3，环境类别为一类，安全等级为二级，设计使用年限为 50 年。

求：板的受拉钢筋截面面积 A_s 并选配钢筋。

【解】由于板宽较大，直接取其宽度作为截面宽度来计算不方便。因此，对板类构件，常取板宽 $b=1\ 000$ mm 的板带作为计算单元进行计算，楼板配筋也按计算单元计算。

(1)由题意确定基本数据如下：

$f_c=14.3$ N/mm^2，$f_t=1.43$ N/mm^2，$f_y=360$ N/mm^2，$\alpha_1=1.0$，$\xi_b=0.518$，$c=15$ mm

则有 $a_s=20$ mm，$h_0=h-a_s=60$ mm，$\gamma_0=1.0$

(2)计算弯矩设计值：

板自重标准值 $g_{1k}=25\times0.08=2.0$ kN/m^2，按每米宽转换成线荷载，则均布荷载设计值如下：

$$q = 1.3 \times (g_k + g_{1k}) + 1.5q_k = 1.3 \times (0.5 + 2.0) + 1.5 \times 2.5 = 7.0 \text{ kN/m}$$

$$M = \frac{1}{8}ql_0^2 = \frac{1}{8} \times 7.0 \times 2.4^2 = 5.04 \text{ kN} \cdot \text{m}$$

(3)求 x 并验算适用条件:

$$x = h_0 - \sqrt{h_0^2 - \frac{2M}{\alpha_1 f_c b}} = 60 - \sqrt{60^2 - \frac{2 \times 5.04 \times 10^6}{1 \times 14.3 \times 1\,000}} = 6.19 \text{ mm} <$$

$$\xi_b h_0 = 0.518 \times 60 = 31.08 \text{ mm}$$

(4)求 A_s。

$$A_s = \frac{\alpha_1 f_c bx}{f_y} = \frac{1 \times 14.3 \times 1\,000 \times 6.19}{360} = 245.9 \text{ mm}^2$$

选用⌀ 8@ 200(A_s=251.0 mm^2)。

(5)验算最小配筋率。

$$\rho_{\min} = \max\left(\frac{0.45f_t}{f_y}, 0.15\%\right) = \max(0.18\%, 0.15\%) = 0.18\%$$

$A_s > A_{s,\min} = \rho_{\min} bh = 0.18\% \times 1\,000 \times 80 = 144$ mm^2,符合要求,钢筋间距也符合构造要求。

【例 4.3】已知某梁的截面尺寸 $b \times h$ = 250 mm×600 mm,已配置纵向受拉钢筋为 3 ⌀ 20,箍筋为φ 8@ 150,混凝土的强度等级为 C30,承受的弯矩设计值 M = 156 kN · m。环境类别为一类,保护层厚度为 c = 20 mm,安全等级为一级,设计使用年限为 50 年。验算此梁受弯承载力是否足够。

【解】(1)由题意确定基本数据如下:

f_c = 14.3 N/mm^2,f_t = 1.43 N/mm^2,f_y = 360 N/mm^2,A_s = 942 mm^2,ξ_b = 0.518

a_s = 20+8+10 = 38 mm,$h_0 = h - a_s$ = 600−38 = 562 mm,安全等级一级,取 γ_0 = 1.1

(2)验算是否满足最小配筋率要求。

$$\rho_{\min} = \max\left(0.2\%, 45 \times \frac{f_t}{f_y}\%\right) = \max\left(0.2\%, 45 \times \frac{1.43}{360}\%\right) = 0.2\%,$$

$A_{s,\min} = \rho_{\min} bh = 0.2\% \times 250 \times 600 = 300$ mm$^2 < A_s = 942$ mm^2,不会发生少筋破坏。

(3)求 x,并验算适用条件。

$$x = \frac{f_y A_s}{\alpha_1 f_c b} = \frac{360 \times 942}{1.0 \times 14.3 \times 250} = 94.9 \text{ mm} < x_b = \xi_b \cdot h_0 = 0.518 \times 562 = 291.1 \text{ mm}$$,满足适用条件,不超筋。

(4)求 M_u,并做判别。

$M_u = \alpha_1 f_c bx(h_0 - x/2) = 1.0 \times 14.3 \times 250 \times 94.9 \times (562 - 94.9/2) = 174\ 570\ 092$ N · mm = 174.6 kN · m

$M_u > r_0 M = 1.1 \times 156 = 171.6$ kN · m,此梁截面安全。

由本题可见,截面复核的关键是先求出受压区高度 x。在随后的章节中我们可以看到其他类型正截面复核的关键也是先求出受压区高度 x。

4.5 双筋矩形截面正截面承载力计算

4.5.1 概述

如图 4.20 所示,不仅在受拉区配置受力钢筋 A_s,也在受压区配置纵向受压钢筋 A'_s,且其数量比较多,不仅起到了架立钢筋的作用,而且在正截面受弯承载力的计算中不能忽略它的受压作用,这样的配筋截面称为双筋截面。

在正截面受弯承载力计算中,因为采用纵向受压钢筋协助混凝土承受压力不如直接用混凝土受压经济,所以仅在遇到下列情况时考虑采用双筋截面:

①弯矩很大,按单筋矩形截面计算所得的 ξ 大于 $\xi_b(x>x_b)$,而梁截面尺寸受到限制,混凝土强度等级又不能提高时;

②在不同荷载组合的情况下,梁截面承受异号弯矩时;

③受压钢筋的存在使得受压区高度 x 减小,从而提高了截面的延性,因此,在抗震结构中要求框架梁必须配置一定比例的受压钢筋。

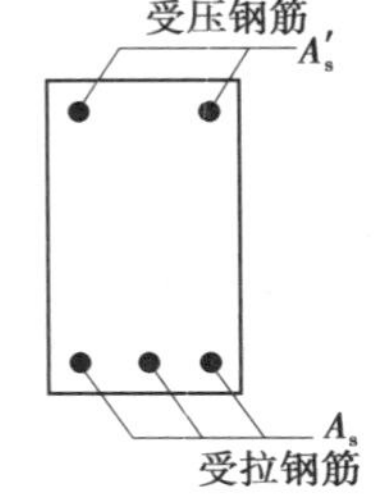

图 4.20 双筋矩形截面示意图

4.5.2 基本公式及适用条件

1)纵向受压钢筋抗压强度的取值

双筋截面受弯构件的受力特点和破坏特征基本上与单筋截面相似,试验研究表明,只要满足 $\xi \leqslant \xi_b$,双筋截面的破坏仍具有适筋破坏特征。因此,在建立双筋截面承载力的计算公式时,受压区混凝土仍可采用等效矩形应力图形来表示,并采用混凝土抗压设计强度 f_c,而受压钢筋的应力尚待确定。

双筋梁破坏时,受压钢筋的应力取决于它的应变。如图 4.21 所示,根据平截面假定和三角形的相似关系,可得受压钢筋的压应变值:

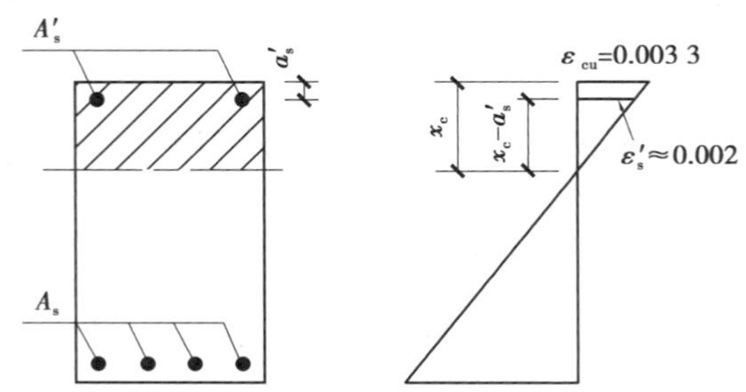

图 4.21 截面应变分布图

$$\varepsilon'_s=\frac{x_c-a'_s}{x_c}\varepsilon_{cu}=\left(1-\frac{a'_s}{x/\beta_1}\right)\varepsilon_{cu}=\left(1-\frac{\beta_1 a'_s}{x}\right)\varepsilon_{cu} \tag{4.21}$$

若取 $a'_s=0.5x$,则:

$$\varepsilon'_s=\left(1-\frac{0.5x\beta_1}{x}\right)\times\varepsilon_{cu}=(1-0.5\beta_1)\times\varepsilon_{cu} \tag{4.22}$$

若采用极限压应变最小的 C80 混凝土，则：

$\varepsilon_{cu}=0.003$，$\beta_1=0.74$，$\varepsilon'_s=0.001\ 89$，相应的压应力为 $\sigma'_s=E_s\varepsilon'_s=378\ \text{N/mm}^2$。

可见，对于 300 MPa、335 MPa 和 400 MPa 级钢筋，σ'_s 均已超过它们的抗压强度设计值 f'_y，取 $\sigma_s=f'_y$。即满足式(4.23)的条件时，纵向受压钢筋抗压强度取为 $\sigma_s=f'_y$。

$$x\geqslant 2a'_s \tag{4.23}$$

当不满足式(4.23)时，则表明受压钢筋的位置离中和轴太近，受压钢筋的应变太小，以致其应力达不到抗压强度设计值。

由于双筋截面本身受拉钢筋的配筋量较大，一般情况下不会出现少筋情况。

2)计算公式及适用条件

双筋矩形截面受弯承载力的计算公式可以根据图 4.22 所示的计算简图，由力和力矩的平衡条件求出。

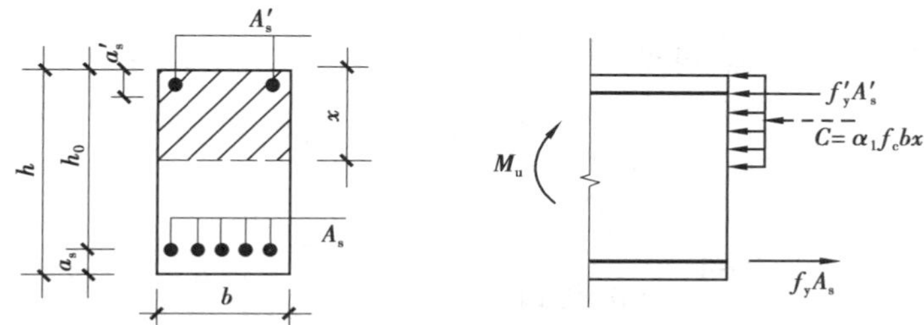

图 4.22　双筋矩形截面受弯构件正截面受弯承载力计算简图

由力的平衡条件 $\sum X=0$，可得：

$$\alpha_1 f_c bx+f'_yA'_s=f_yA_s \tag{4.24}$$

对受拉钢筋合力点取矩，由 $\sum M=0$，得

$$M_u=\alpha_1 f_c bx(h_0-x/2)+f'_yA'_s(h_0-a'_s) \tag{4.25}$$

应用以上两个基本公式，必须满足以下适用条件：

(1)$\xi\leqslant\xi_b(x\leqslant x_b)$

这个条件是避免产生超筋破坏，保证受拉区钢筋先屈服，混凝土后被压碎。

(2)$x\geqslant 2a'_s$

这个条件是为了保证受压钢筋在构件破坏时达到抗压强度设计值 f'_y。

当不满足 $x\geqslant 2a'_s$ 时，则可假定受压区混凝土的合力 C 通过受压钢筋 A_s 的重心，即令 $x=2a'_s$，那么这时就可以直接对 A'_s 的合力作用点取矩，求出受拉钢筋面积 A_s。这样算偏于安全。

$$M_u=f_yA_s(h_0-a'_s) \tag{4.26}$$

4.5.3　计算方法

双筋矩形截面正截面承载力的计算同样包括截面设计和截面复核两类问题。

1)截面设计

情况 1：已知截面的弯矩设计值 M，构件的截面尺寸 $b\times h$，混凝土强度 f_c，钢筋的强度 f_y、f'_y，求受拉钢筋的截面面积 A_s 和受压钢筋的截面面积 A'_s。

由于以上两个基本计算公式中含有 x、A'_s、A_s 三个未知数，其解是不定的，故尚需建立补充条件。显然，在截面尺寸及材料强度已知的情况下，截面的总用钢量($A_s+A'_s$)最小时，截面设计最经济。据此，由基本公式，可将 A_s、A'_s 均表示成 x 的函数，这样总用钢量($A_s+A'_s$)也可以表示成 x 的函数，这样可以采用求极值的方法求得($A_s+A'_s$)的最小值，从而建立补充条件如下：

由式(4.25)得：

$$A'_s=\frac{M-\alpha_1 f_c bx\left(h_0-\dfrac{x}{2}\right)}{f'_y(h_0-a'_s)} \tag{4.27}$$

由式(4.24)，令 $f_y=f'_y$，可得：

$$A_s=A'_s+\frac{\alpha_1 f_c bx}{f_y} \tag{4.28}$$

式(4.27)与式(4.28)相加，可得：

$$A_s+A'_s=\frac{\alpha_1 f_c bx}{f_y}+2\frac{M-\alpha_1 f_c bx\left(h_0-\dfrac{x}{2}\right)}{f'_y(h_0-a'_s)} \tag{4.29}$$

将上式对 x 求导，令 $\dfrac{\mathrm{d}(A_s+A'_s)}{\mathrm{d}x}=0$，得到：

$$\xi=0.5\left(1+\frac{a'_s}{h_0}\right) \tag{4.30}$$

因为对一般的梁，$\dfrac{a'_s}{h_0}=0.05\sim0.15$，取其平均值 $\dfrac{a'_s}{h_0}=0.10$，故有 $\xi\approx0.55$。由表 4.3 知，当混凝土强度等级≤C50 时，对于 335 MPa 级、400 MPa 级钢筋，其 $\xi_b=0.55$、0.518，均与 0.55 很接近，故可直接取 $\xi=\xi_b$。从工程意义上讲，$\xi=\xi_b$ 时，混凝土受压区高度已达适筋梁的最大值，混凝土强度利用最充分，由于钢筋和混凝土共同提供抗弯承载力，混凝土利用越充分，钢筋用量就越少。由此可见，取 $\xi=\xi_b$ 时，可充分利用混凝土受压区对正截面受弯承载力的贡献，能使总的用钢量最省。

具体计算步骤如下(取 $M=M_u$)：

①假设 a_s，求 h_0；

②验算采用单筋截面是否会超筋：

若 $\gamma_0 M>M_{ub}=\alpha_1 f_c bh_0^2\cdot\xi_b(1-0.5\xi_b)$，则应用双筋截面；

③引入补充条件，使总的用钢量最省，即令 $\xi=\xi_b$，则由基本计算公式(4.25)有：

$$A'_s=\frac{M-\alpha_1 f_c bh_0^2\xi_b(1-0.5\xi_b)}{f'_y(h_0-a'_s)} \tag{4.31}$$

由计算公式(4.28)有：

$$A_s=A'_s\frac{f'_y}{f_y}+\xi_b\frac{\alpha_1 f_c bh_0}{f_y} \tag{4.32}$$

当 $f'_y=f_y$ 时，

$$A_s = A'_s + \xi_b \frac{\alpha_1 f_c b h_0}{f_y} \tag{4.33}$$

④选择钢筋直径、根数并做具体布置。

情况 2：已知截面尺寸 $b\times h$、混凝土强度等级、钢筋等级、弯矩设计值 M 及受压钢筋的面积 A'_s，求受拉钢筋的面积 A_s。

由于只有 A_s 和 x 两个未知数，可以用基本公式(4.24)和式(4.25)联立求解。具体设计步骤如下：

①假设 a_s，求 h_0；

②由基本公式(4.25)求出受压区高度 x，即：

$$x = h_0 - \sqrt{h_0^2 - \frac{2[\gamma_0 M - f'_y A'_s(h_0 - a'_s)]}{\alpha_1 f_c b}} \tag{4.34}$$

值得注意的是，求出 x 后，一定要根据 x 是否满足各适用条件，分清楚情况后再进行后续求解步骤。

③求 A_s。

a.若 $x>\xi_b h_0$，则不满足适筋条件，表明原有的 A'_s 不足，此时应按未知 A'_s 的情况 1 重新计算；

b.若满足 $2a'_s\leqslant x\leqslant\xi_b h_0$，则由基本公式(4.24)求 A_s，即：

$$A_s = \frac{\alpha_1 f_c b x + f'_y A'_s}{f_y} \tag{4.35}$$

c.若 $x<2a'_s$，则表明 A'_s不能到达其抗压强度设计值，此时为了简化计算，取 $x=2a'_s$，由平衡条件求得 A_s：

$$A_s = \frac{M}{f_y(h_0 - a'_s)} \tag{4.36}$$

如按上式计算出的受拉钢筋截面面积 A_s 比按 M 作用下单筋矩形截面计算出的截面面积 A_s 还要大，则应按单筋矩形截面计算出的钢筋作为受拉钢筋，而不考虑受压钢筋的作用，以节约钢材。

【例 4.4】已知一矩形截面梁，$b=200$ mm，$h=500$ mm，混凝土的强度等级为 C25，采用 HRB500 钢筋，$a_s=65$ mm，$a'_s=40$ mm，承受弯矩设计值为 $M=240$ kN·m，安全等级为二级，求所需受力钢筋的面积。

【解】(1)由题意确定基本数据如下：

$f_c=11.9\ \text{N/mm}^2$，$f_y=435\ \text{N/mm}^2$，$f'_y=435\ \text{N/mm}^2$，$\xi_b=0.482$，$\gamma_0=1.0$

(2)验算是否采用双筋截面。

$h_0=h-65=500-65=435$ mm

此梁若设计成单筋截面所能承受的最大弯矩为：

$M_{u,\max}=\alpha_1 f_c b h_0{}^2\xi_b(1-0.5\xi_b)=1\times11.9\times200\times435^2\times0.482\times(1-0.5\times0.482)$

$=1\ 647\ 571\ 554\ \text{N·mm}=164.8\ \text{kN·m}<M=240\ \text{kN·m}$

说明如果设计成单筋截面，将会出现超筋破坏，所以应考虑采用双筋截面。

(3)求受压钢筋面积 A'_s。

因为 A'_s、A_s 和 x 均未知，故需引入补充条件 $x=\xi_b h_0$ 才能求解。

$x=\xi_b h_0=0.482\times435=210\ \text{mm}>2a'_s=80\ \text{mm}$，并注意到 $x=\xi_b h_0$ 时，基本公式（4.25）等号右边第一项即为单筋矩形截面的 $M_{u,max}$，则有：

$$A'_s=\frac{M-M_{u,max}}{f'_y(h_0-a'_s)}=\frac{240\times10^6-164.8\times10^6}{435\times(435-40)}=437.7\ \text{mm}^2$$

（4）求受拉钢筋 A_s，由于 $x=\xi_b h_0$，则有：

$$A_s=\frac{\alpha_1 f_c b\xi_b h_0+f'_y A'_s}{f_y}=\frac{1\times11.9\times200\times0.482\times435+435\times437.7}{435}=1\ 584.9\ \text{mm}^2$$

（5）选配钢筋。

受拉钢筋选用 5 Φ 20，（$A_s=1\ 570\ \text{mm}^2$）

受压钢筋选用 2 Φ 18，（$A'_s=509\ \text{mm}^2$）

【例 4.5】已知条件同例 4.4，但在受压区已经配置了 3 Φ 18 的受压钢筋，$A'_s=763\ \text{mm}^2$ 求受拉钢筋面积 A_s。

【解】（1）由题意确定基本数据如下：

$$f_c=11.9\ \text{N/mm}^2,f_y=435\ \text{N/mm}^2,f'_y=435\ \text{N/mm}^2,\xi_b=0.482,\gamma_0=1.0$$

（2）求受压区的高度 x，并验算适用条件。

$$x=h_0-\sqrt{h_0^2-\frac{2[M-f'_yA'_s(h_0-a'_s)]}{\alpha_1 f_c b}}$$

$$=435-\sqrt{435^2-\frac{2\times[240\times10^6-435\times763\times(435-40)]}{1.0\times11.9\times200}}=122.4\ \text{mm}$$

$x=122.4\ \text{mm}<\xi_b h_0=0.482\times435=210\ \text{mm}$，不会出现超筋破坏。

$x=122.4\ \text{mm}>2a'_s=2\times40=80\ \text{mm}$，受压钢筋可以达到受压强度设计值 f'_y。

（3）求 A_s。

$$A_s=\frac{\alpha_1 f_c bx+f'_yA'_s}{f_y}$$

$$=\frac{1\times11.9\times200\times122.4+435\times763}{435}=1\ 432.7\ \text{mm}^2$$

选配 3 Φ 20+2 Φ 18（$A_s=942+509=1\ 451\ \text{mm}^2$）。

2）截面复核

已知构件截面尺寸 $b\times h$，混凝土强度等级，钢筋的级别，所配受拉钢筋截面面积 A_s 和受压钢筋 A'_s，构件需要承受的弯矩设计值 M，验算该构件正截面承载力 M_u是否足够。

此时截面复核的关键仍然是先求出混凝土受压区高度 x。具体如下：

①由式（4.24）求 x。

②若 $2a'_s\leqslant x\leqslant\xi_b h_0$，可代入式（4.25）求 M_u；若 $x<2a'_s$，可利用式（4.26）求 M_u；若 $x>\xi_b h_0$，可取 $x=\xi_b h_0$ 代入式（4.25）求 M_u。

③比较 M 和 M_u，判断承载能力是否满足要求。

【例 4.6】已知某现浇矩形截面梁的尺寸为 $b\times h=250\ \text{mm}\times600\ \text{mm}$，选用 C30 的混凝土和 HRB400 级的纵向钢筋，环境类别为二 a 类，安全等级为二级。受压区配有 2 Φ 16 的纵向受压钢筋，受拉区配有 4 Φ 25 的受拉钢筋。该梁所需承受的设计弯矩值为 $M=268\ \text{kN}\cdot\text{m}$。

求:验算此截面是否安全。

【解】(1)由题意确定基本数据如下:

$A'_s=402\ mm^2$,$A_s=1\ 964\ mm^2$,$f_c=14.3\ N/mm^2$,$f_t=1.43\ N/mm^2$,$f_y=360\ N/mm^2$,$f'_y=360\ N/mm^2$,$\xi_b=0.518$,环境为二 a 类,$c=25\ mm$,$\gamma_0=1.0$。

(2)复核是否满足构造要求。

双筋梁本身配筋量较大,一般情况下不会出现少筋情况,此处不必验算是否满足最小配筋率的要求。

假设箍筋直径为 8 mm,配 4 ⌀ 25 的受拉钢筋,其截面的最小宽度为:

$4\times25+3\times25+2\times(25+8)=241\ mm<b=250\ mm$,受拉钢筋一排能够排下。

(3)计算受压区高度,并验算适用条件。

$$a_s=25+8+25/2=45.5\ mm$$

$$a'_s=25+8+16/2=41\ mm$$

$$h_0=h-a_s=600-45.5=554.5\ mm$$

$$x=\frac{f_yA_s-f'_yA'_s}{\alpha_1 f_cb}=\frac{360\times1\ 964-360\times402}{1.0\times14.3\times250}=157.29\ mm$$

$x<\xi_bh_0=0.518\times554.5=287.2\ mm$,且 $x>2a'_s=2\times41=82\ mm$

$$M_u=\alpha_1f_cbx\left(h_0-\frac{x}{2}\right)+f'_yA'_s(h_0-a_s)$$

$$=1.0\times14.3\times250\times157.29\times\left(554.5-\frac{157.29}{2}\right)+360\times402\times(554.5-41)$$

$$=341\ 892\ 578\ N\cdot mm=341.9\ kN\cdot m$$

$M_u>M$,所以此截面承载力足够。

4.6 T形截面正截面承载力计算

4.6.1 概述

如图 4.23 所示,受弯构件在破坏时,大部分受拉区混凝土早已退出工作,故从正截面受弯承载力的观点来看,可将受拉区的一部分混凝土挖去,并把纵向受拉钢筋集中布置在梁肋,这样做可以节省混凝土用量,减轻自重。剩余的截面就成为由梁肋($b\times h$)及挑出的翼缘两部分组成的 T 形截面。

T 形截面梁在工程中的应用十分广泛,例如在现浇肋梁楼盖中,楼板与肋梁浇筑在一起形成 T 形截面梁。此外槽形板、圆孔空心板、箱形梁和薄腹梁等构件,在承载力计算时,均可按 T 形截面来计算。

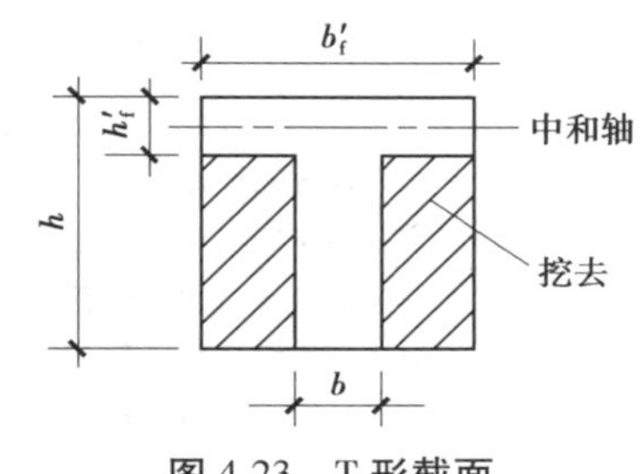

图 4.23 T 形截面

值得注意的是,在现浇整体式肋梁楼盖中,梁和板是在一起整浇的,跨中截面往往承受正弯矩,翼缘受压可按 T 形截面计算,而支座截面往往承受负弯矩,翼缘受拉开裂,此时不考虑混凝土承受拉力,因此对支座截面应按肋宽为 b 的矩形截面计算,如图 4.24 所示。

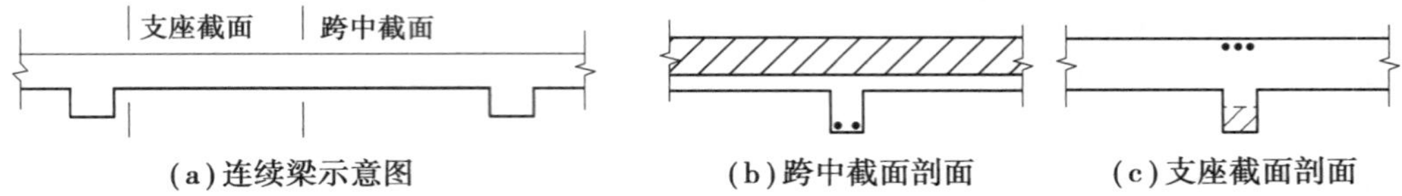

图 4.24　连续梁跨中与支座截面

可见,判断一个截面在计算时是否属于 T 形截面,不是看截面本身形状,而是要看其翼缘板是否参加抗压作用。

试验研究与理论分析表明,T 形截面承受荷载作用后,翼缘上的纵向压应力呈不均匀分布,离梁肋越远,其压应力就越小,如图 4.25(a)所示。可见,翼缘参与受压的有效宽度是有限的,故在工程设计中把翼缘限制在一定范围内,这个范围的宽度就称为翼缘的计算宽度 b_f',且假定压应力在 b_f' 范围内是均匀分布的,如图 4.25(b)所示。

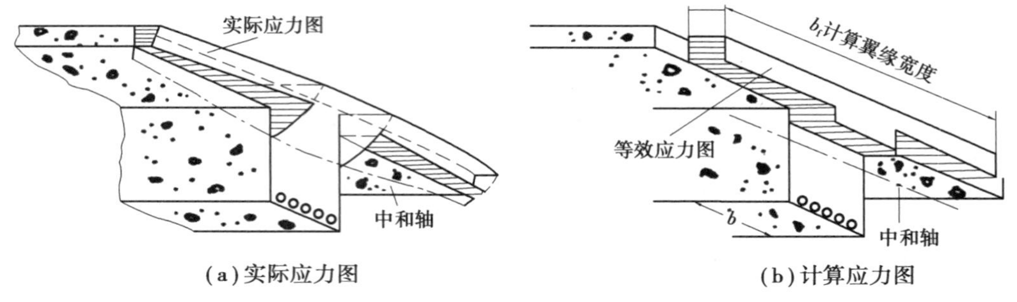

图 4.25　T 形截面梁受压区实际应力和计算应力图

对预制 T 形截面梁(即独立梁),在设计时应使其实际翼缘宽度不超过 b_f',而对现浇板肋梁结构中的 T 形截面肋形梁的翼缘宽度 b_f' 的取值应符合表 4.4 的规定。

表 4.4　受弯构件受压区有效翼缘计算宽 b_f'

情况			T 形、I 形截面		倒 L 形截面
			肋形梁(板)	独立梁	肋形梁(板)
1	按计算跨度 l_0 考虑		$l_0/3$	$l_0/3$	$l_0/6$
2	按梁(肋)间距 S_n 考虑		$b+S_n$	—	$b+S_n/2$
3	按翼缘高度 h_f' 考虑	$h_f'/h_0 \geqslant 0.1$	—	$b+12h_f'$	—
		$0.1 \geqslant h_f'/h_0 \geqslant 0.05$	$b+12h_f'$	$b+6h_f'$	$b+5h_f'$
		$h_f'/h_0<0.05$	$b+12h_f'$	b	$b+5h_f'$

注:①表中 b 为梁的腹板宽度;

②肋形梁在梁跨内设有间距小于纵肋间距的横肋时,则可不遵守表列第 3 种情况的规定;

③加腋的 T 形、I 形和倒 L 形截面,当受压区加腋的高度 $h_h \geqslant h_f'$ 且加腋的长度 $b_h \leqslant 3h_h$ 时,则其翼缘计算宽度可按表中情况 3 的规定分别增加 $2b_h$(T 形、I 形截面)和 b_h(倒 L 形截面);

④独立梁受压区的翼缘板在荷载作用下按经验计算沿纵肋方向可能产生的裂缝时,其计算宽度应取腹板宽度 b。

4.6.2 计算公式及适用条件

T 形截面梁根据受荷后受压区混凝土的形状，可以分为两种类型，即第一类 T 形截面和第二类 T 形截面。中性轴在翼缘内时，称为第一类 T 形截面，即 $x \leqslant h_f'$，受压区为矩形；中性轴在梁肋内时，称为第二类 T 形截面，即 $x > h_f'$，受压区为 T 形，如图 4.26 所示。

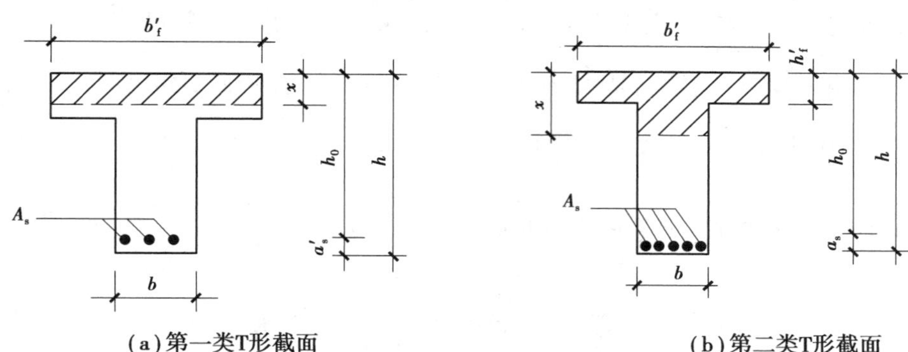

图 4.26 两种类型的 T 形截面

为了鉴别 T 形截面属于哪一种类型，首先分析一下 $x = h_f'$ 的界限情况，如图 4.27 所示。

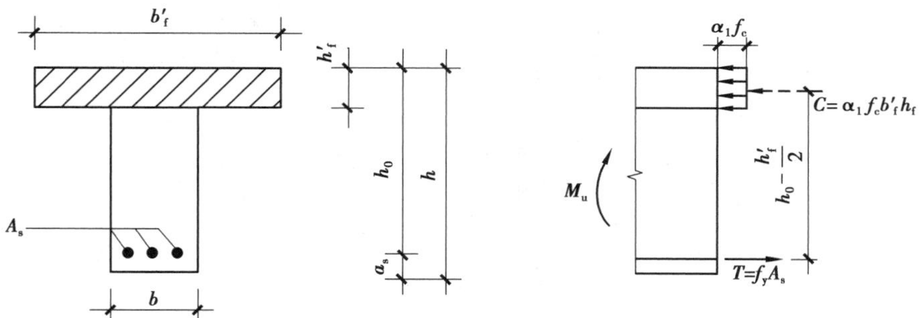

图 4.27 $x = h_f'$ 时的 T 形梁

由力和力矩的平衡条件，可得：

$$f_y A_s = \alpha_1 f_c b_f' h_f' \tag{4.37}$$

$$M_u = \alpha_1 f_c b_f' h_f' (h_0 - h_f'/2) \tag{4.38}$$

显然，若

$$A_s \leqslant \frac{\alpha_1 f_c b_f' h_f'}{f_y} \tag{4.39}$$

或

$$M_u \leqslant \alpha_1 f_c b_f' h_f' (h_0 - h_f'/2) \tag{4.40}$$

则 $x \leqslant h_f'$，属于第一类 T 形截面。

反之，若

$$A_s > \frac{\alpha_1 f_c b_f' h_f'}{f_y} \tag{4.41}$$

或

$$M_u > \alpha_1 f_c b_f' h_f' (h_0 - h_f'/2) \tag{4.42}$$

则 $x>h'_f$，属于第二类 T 形截面。

为计算方便，可令受压区高度 $x=h'_f$ 时，受拉钢筋的界限面积为$\bar{A}_s$，截面的界限弯矩为 $\bar{M}$，即$\bar{A}_s=\dfrac{\alpha_1 f_c b'_f h'_f}{f_y}$；$\bar{M}=\alpha_1 f_c b'_f h'_f(h_0-h'_f/2)$。

截面设计时，因受拉钢筋面积未知，弯矩设计值 M 已知，可用 M 和 $\bar{M}$ 作比较确定截面类型：$M\leqslant\bar{M}$ 时为第一类 T 形截面，$M>\bar{M}$ 时为第二类 T 形截面；复核截面强度时，受拉钢筋面积已知，可直接利用 A_s 和$\bar{A}_s$作比较确定截面类型：$A_s\leqslant\bar{A}_s$为第一类 T 形截面，$A_s>\bar{A}_s$为第二类 T 形截面。

下面分别介绍这两种类型 T 形截面的基本公式和适用条件。

1）第一类 T 形截面

由于第一类 T 形截面梁的中性轴在翼缘内，$x\leqslant h'_f$。此时，截面形状虽为 T 形，但受压区形状为宽 b'_f 的矩形，所以该类 T 形截面与截面尺寸为 $b'_f\times h$ 的矩形截面的受力情况一致（如图 4.28 所示），基本计算公式也完全相同，只是用 b'_f 代替矩形截面计算公式中的 b。

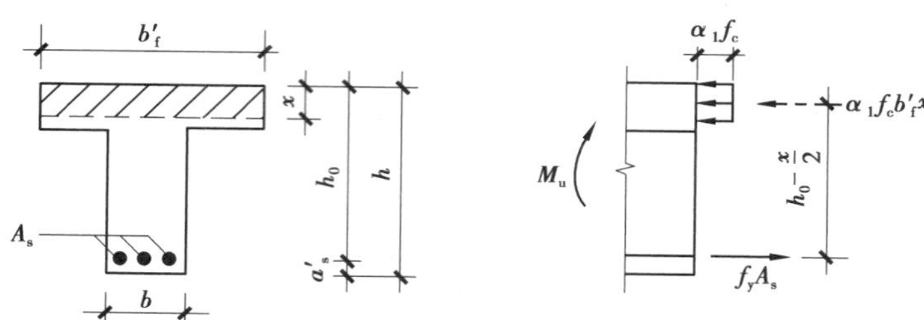

图 4.28 第一类 T 形截面

由截面平衡条件可得到基本计算公式为：

$$\alpha_1 f_c b'_f x = f_y A_s \tag{4.43}$$

$$M_u = \alpha_1 f_c b'_f x(h_0 - x/2) \tag{4.44}$$

适用条件：

①以上两个公式应满足最小配筋率的要求，即 $\rho\geqslant\rho_{\min}\dfrac{h}{h_0}$。应该注意的是，尽管该类 T 形截面承载力是按 $b'_f\times h$ 的矩形截面计算，但在验算最小配筋率时，还是应按$\rho=\dfrac{A_s}{bh_0}$计算，而不是$\rho=\dfrac{A_s}{b'_f h_0}$，这是因为最小配筋率 $\rho_{\min}$是根据钢筋混凝土梁的受弯承载力与相同截面素混凝土梁受弯承载力相同的条件得出的，而素混凝土 T 形截面受弯构件的受弯承载力主要取决于受拉区混凝土的强度，与 $b\times h$ 的矩形截面素混凝土梁的抗弯承载力接近。因此，为简化计算，并考虑以往设计经验，在验算 T 形截面的 $\rho_{\min}$值时，取梁肋宽度 b 来计算。

②对于防止超筋破坏（$x\leqslant\xi_b h_0$）的计算，由于该类截面 $\xi=\dfrac{x}{h_0}\leqslant\dfrac{h'_f}{h_0}$，一般情况下，$\dfrac{h'_f}{h_0}$较小，

所以通常都能满足 $\xi \leqslant \xi_b$，而不必验算。

2）第二类 T 形截面

第二类 T 形截面梁的中性轴位于梁肋内，即 $x>h'_f$，如图 4.29 所示。

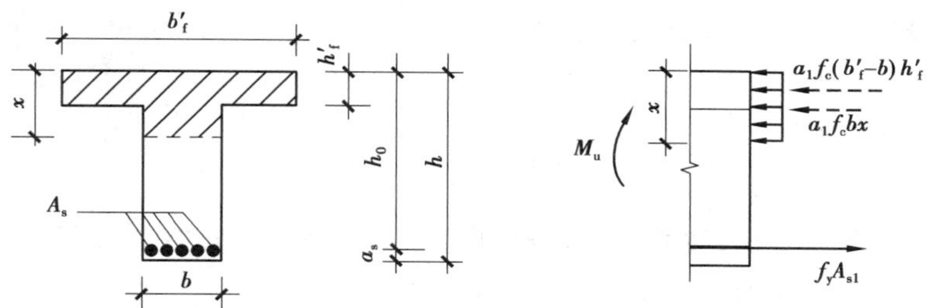

图 4.29　第二类 T 形截面

根据力的平衡条件，仍可计算得出其基本公式：

$$\alpha_1 f_c (b'_f - b) h'_f + \alpha_1 f_c b x = f_y A_s \tag{4.45}$$

$$M_u = \alpha_1 f_c (b'_f - b) h'_f (h_0 - h'_f/2) + \alpha_1 f_c b x (h_0 - x/2) \tag{4.46}$$

适用条件：为了保证不发生超筋破坏，要求基本公式满足 $x \leqslant \xi_b h_0$。

同时，为了防止少筋破坏，还应满足 $\rho \geqslant \rho_{min} \dfrac{h}{h_0}$。但该条件一般都能满足，计算中可不必验算。

4.6.3　计算方法

1）截面设计

已知 T 形梁截面弯矩设计值 M，截面的各项尺寸，混凝土强度等级和钢筋级别，要求该 T 形梁的受拉钢筋面积时，应按以下步骤进行：

①鉴别截面类型。

如果 $M \leqslant \bar{M} = \alpha_1 f_c b'_f h'_f (h_0 - h'_f/2)$，属于第一类 T 形截面；

如果 $M > \bar{M} = \alpha_1 f_c b'_f h'_f (h_0 - h'_f/2)$，属于第二类 T 形截面。

②求 A_s。

A.第一类 T 形截面的计算方法与 $b'_f \times h$ 的单筋矩形梁完全相同，可取 $h_0 = h - a_s$。

B.第二类 T 形截面的计算方法按下列步骤求解：

a.按照式（4.46）求受压区高度 x；

b.验证受压区高度 x 是否满足 $h'_f \leqslant x \leqslant \xi_b h_0$；

c.若满足，用式（4.45）求受拉钢筋面积 A_s；

d.若不满足，则应修改设计并重新计算。

③选择钢筋直径、根数并布置，校核 a_s。

2）截面复核

当受弯构件已经存在时，希望知晓该梁是否满足某种承载力需求时，需进行截面复核。此时已知截面弯矩设计值 M，截面尺寸，受拉钢筋截面面积 A_s，混凝土强度等级及钢筋级别，需验证该截面受弯承载力 M_u 是否足够。

复核步骤如下:

(1)鉴别截面类型

由于 A_s 已知,应将 A_s 和 $\bar{A}_s$ 作比较。如果 $A_s \leqslant \bar{A}_s = \dfrac{\alpha_1 f_c b_f' h_f'}{f_y}$,属于第一类 T 形截面;如果 $A_s > \bar{A}_s = \dfrac{\alpha_1 f_c b_f' h_f'}{f_y}$,属于第二类 T 形截面。

(2)求 M_u

①对于第一类 T 形截面,按截面为 $b_f' \times h$ 的单筋矩形梁的计算方法求 M_u。

②对于第二类 T 形截面,按式(4.45)求受压区高度 x。

a. 若满足适用条件 $h_f' \leqslant x \leqslant \xi_b h_0$,将 x 代入式(4.46)求解 M_u;

b. 若 $x > \xi_b h_0$,则按超筋梁计算 M_u,即取 $x = x_b$:

$$M_u = \alpha_1 f_c b x_b (h_0 - x_b/2) + \alpha_1 f_c b_f' h_f' (h_0 - h_f'/2) \tag{4.47}$$

(3)作判别

当 $M_u \geqslant M$ 时,满足要求;当 $M_u < M$ 时,承载力不足。

【例 4.7】已知一肋形楼盖的次梁,弯矩设计值 $M = 700$ kN · m,梁的截面尺寸为 $b \times h = 250$ mm×600 mm,$b_f' = 1\ 100$ mm,$h_f' = 100$ mm,混凝土等级为 C25;钢筋采用 HRB500 级钢筋,环境类别为一类,安全等级为二级,求受拉钢筋截面面积 A_s。

【解】(1)由题意确定基本数据如下:

$f_c = 11.9$ N/mm^2,$f_t = 1.27$ N/mm^2,$f_y = 435$ N/mm^2,$\xi_b = 0.482$,$c = 20$ mm,$\gamma_0 = 1.0$。

(2)求截面有效高度 h_0。

由于该梁弯矩较大,假设受拉钢筋排两排,则 $a_s = 65$ mm

$$h_0 = h - a_s = 600 - 65 = 535 \text{ mm}$$

(3)判断截面类型。

$\bar{M} = \alpha_1 f_c b_f' h_f' (h_0 - h_f'/2) = 1.0 \times 11.9 \times 1\ 100 \times 100 \times (535 - 100/2) = 634\ 865\ 000$ N · mm $= 634.9$ kN · m $< M$

属于第二类 T 形截面。

(4)求 A_s。

由 $M_u = \alpha_1 f_c (b_f' - b) h_f' (h_0 - h_f'/2) + \alpha_1 f_c b x (h_0 - x/2)$,得

$$x = h_0 - \sqrt{h_0^2 - \frac{2[M - \alpha_1 f_c (b_f' - b) h_f' (h_0 - h_f'/2)]}{\alpha_1 f_c b}}$$

$$= 535 - \sqrt{535^2 - \frac{2[700 \times 10^6 - 1.0 \times 11.9 \times (1\ 100 - 250) \times 100 \times (535 - 100/2)]}{1.0 \times 11.9 \times 250}}$$

$$= 153.6 \text{ mm} < \xi_b \cdot h_0 = 0.482 \times 535 = 257.9 \text{ mm}$$

满足适用条件。

$$A_s = \frac{\alpha_1 f_c (b_f' - b) h_f' + \alpha_1 f_c b x}{f_y}$$

$$= \frac{1.0 \times 11.9 \times (1\ 100 - 250) \times 100 + 1.0 \times 11.9 \times 250 \times 153.6}{435} = 3\ 375.8 \text{ mm}^2$$

选用 4 Φ 25+4 Φ 22(A_s = 1 964+1 520 = 3 484 mm^2)。

思考题

4.1 什么是混凝土保护层厚度？混凝土保护层的作用是什么？

4.2 适筋梁从开始加载到正截面承载力破坏经历了哪几个阶段？各阶段的主要特征是什么？

4.3 适筋梁、超筋梁和少筋梁的破坏特征有何不同？

4.4 什么是纵向受拉钢筋的配筋率？

4.5 什么是界限破坏？界限破坏时的相对界限受压区高度 ξ_b 与哪些因素有关？

4.6 适筋梁正截面承载力计算中，如何假定钢筋和混凝土材料的应力？

4.7 单筋矩形截面承载力计算公式是如何建立的？为什么要规定其适用条件？

4.8 梁正截面承载力计算中的纵向受拉钢筋的最大配筋率 ρ_{max} 和最小配筋率 ρ_{min} 是根据什么原则确定的？各自跟什么因素有关？“规范”中规定的正截面承载力计算的最小配筋率 ρ_{min} 是多少？

4.9 影响受弯构件正截面抗弯能力的因素有哪些？如欲提高截面抗弯能力 M_u，宜优先采用哪些措施？

4.10 复核单筋矩形截面承载力时，若 $\xi>\xi_b$，如何计算其承载力？

4.11 在设计双筋矩形截面时，受压钢筋的抗压强度设计值应如何确定？为什么说受压钢筋不宜采用高强度的钢筋？

4.12 在什么条件下可采用双筋截面梁？为何一般情况下受弯构件采用双筋截面不经济？

4.13 什么叫 T 形截面翼缘计算宽度？它的取值与哪些因素有关？

4.14 T 形截面可分为哪两种类型？其判别标准是什么？

习　题

4.1 已知钢筋混凝土矩形梁，处于一类环境，安全等级为二级，截面尺寸为 $b\times h$ = 250 mm×500 mm，承受的弯矩设计值 M = 180 kN · m，采用 C25 混凝土和 HRB400 级钢筋，试求所需纵向受拉钢筋的截面面积。

4.2 已知矩形截面梁 $b\times h$ = 200 mm×600 mm，已配 6 Φ 22 的纵向受拉钢筋，混凝土强度等级为 C35，处于二 a 类环境，安全等级为一级，试计算此梁所能承受的最大弯矩设计值。

4.3 已知一钢筋混凝土简支板，板厚 h = 80 mm，计算跨度 l_0 = 2.2 m，环境类别为一类，安全等级为二级，设计使用年限为 50 年。板面层恒载标准值 g_k = 1.5 kN/m^2(不含板自重)，均布活荷载标准值 q_k = 3 kN/m^2，钢筋混凝土的容重为 25 kN/m^3，混凝土的强度等级为 C30，受力钢筋采用 HRB400 级钢筋，求单位板宽(1 m)范围内的受拉钢筋的截面面积 A_s。

4.4 已知某钢筋混凝土矩形梁，跨度为 6 m，处于二 a 类环境，安全等级为一级，承受弯

矩设计值 $M=270$ kN · m，采用 C30 混凝土、HRB400 级钢筋，试拟定截面尺寸，并求出所需纵向受力钢筋的截面面积。

4.5　已知某矩形截面梁，截面尺寸 $b \times h=200$ mm×500 mm，混凝土强度等级为 C30，HRB400 级钢筋，截面弯矩设计值 $M=300$ kN · m，环境类别为一类，安全等级为二级。试对该梁进行配筋设计。

4.6　已知某钢筋混凝土简支梁的截面尺寸为 $b \times h=250$ mm×550 mm，计算跨度 $l_0=$ 4.8 m，混凝土强度等级为 C30，在梁底配置了 3 Φ 22 的纵向受拉钢筋，环境类别一类，安全等级为一级，求此梁所能承受的均布荷载设计值 q。

4.7　已知一矩形截面梁，$b \times h=200$ mm×450 mm，混凝土的强度等级为 C30，采用 HRB400 级钢筋，环境类别一类，安全等级为二级，承受弯矩设计值 $M=245$ kN · m，在梁的受压区放置了 3 Φ 16 的钢筋，求所需受拉钢筋的截面面积 A_s。

4.8　已知梁的截面尺寸为 $b \times h=300$ mm×600 mm，选用 C30 混凝土和 HRB400 级纵向钢筋，环境类别为一类，安全等级为二级。配有 3 Φ 16 的纵向受压钢筋，受拉钢筋为 6 Φ 25。求该截面能够承受的最大弯矩设计值。

4.9　已知一 T 形截面梁，处于一类环境，安全等级为二级，截面尺寸为 $b \times h=200$ mm×650 mm，$b'_f=700$ mm，$h'_f=150$ mm，承受弯矩设计值 $M=470$ kN · m 时，采用 C30 混凝土、HRB500 级钢筋，求该截面所需的纵向受拉钢筋截面面积 A_s。

5 混凝土受弯构件斜截面承载力

【学习目标】

(1)掌握剪跨比的概念。

(2)掌握无腹筋梁的抗剪性能及其破坏形态。

(3)掌握有腹筋梁的抗剪性能及其破坏形态。

(4)熟悉有腹筋梁的抗剪受力机理。

(5)掌握矩形、T 形和 I 字形等截面受弯构件斜截面受剪承载力的设计方法。

(6)理解受弯构件斜截面受剪、受弯承载力的构造措施。

【本章概述】

钢筋混凝土受弯构件中,若正截面按第 4 章所述进行设计,则已经具备了足够的正截面抗弯能力;如果剪力和弯矩共同作用区段(简称“弯剪段”)的强度不足,构件就可能在弯剪段内发生沿斜截面的剪切破坏或沿斜截面的弯曲破坏,因此受弯构件要保证其斜截面承载力就需要满足相应的斜截面受剪承载力和斜截面受弯承载力。工程设计中,斜截面受剪承载力应通过斜截面抗剪强度来计算,并复核截面尺寸、配置足够数量的腹筋,即配置足够数量的箍筋、箍筋与弯起钢筋(目前弯起钢筋在实际工程中较少使用);斜截面受弯承载力一般不需要进行专门的计算,而是通过对纵向钢筋和箍筋的构造要求来保证的。

5.1 剪跨比及斜截面受剪破坏形式

5.1.1 剪跨比

剪跨比是影响梁受剪性能的重要参数。剪跨比的一般定义是指弯剪段中某个垂直截面

的弯矩 M 和剪力 V 的相对关系与截面有效高度 h_0 的比值,该比值常被称为广义剪跨比,即:

$$\lambda = \frac{M}{Vh_0} \tag{5.1}$$

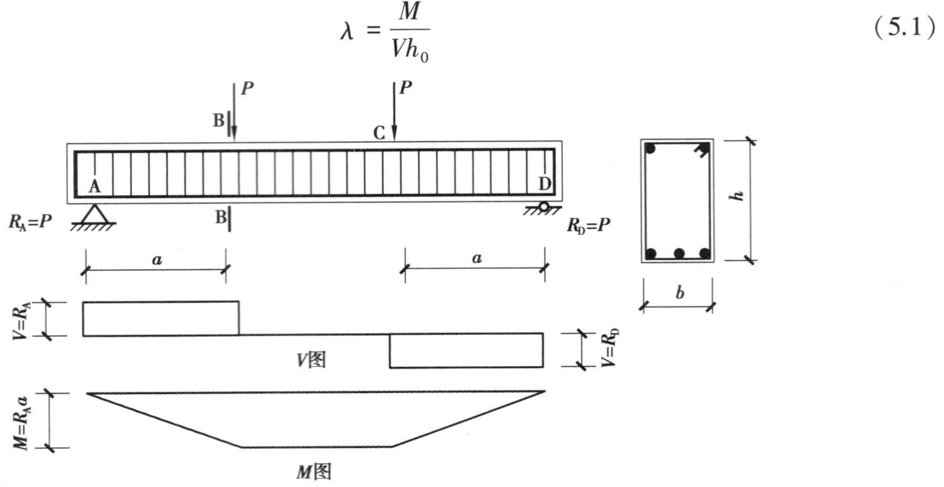

图 5.1　集中荷载作用下简支梁的内力图

对于承受集中荷载的梁,通常取用集中荷载作用点处剪力较大一侧的截面剪跨比。例如在图 5.1 所示的简支梁的截面 B—B 处的左侧,该截面的剪跨比为 $\lambda = \frac{M}{Vh_0} = \frac{R_A \cdot a}{R_A \cdot h_0} = \frac{a}{h_0}$,这样就有:

$$\lambda = \frac{a}{h_0} \tag{5.2}$$

由式(5.2)表示的剪跨比称为计算剪跨比,集中荷载作用点到梁支座的水平距离 a 称为"剪跨"。

5.1.2　斜截面受剪破坏形态

1)斜截面应力状态及斜裂缝

当梁上作用的荷载较小,弯剪段中各点的应力较小时,混凝土和钢筋都还处在弹性状态。此时,可按梁纵向受拉钢筋形心处与同一高度的混凝土纤维拉应变相同的原理将钢筋换算成混凝土截面,从而将换算后的梁视为匀质弹性材料,则任一点的主拉应力和主压应力可按材料力学公式计算:

$$\sigma = \frac{M}{I_0} y_0 \tag{5.3}$$

$$\tau = \frac{VS_0}{I_0 b} \tag{5.4}$$

主拉应力:

$$\sigma_{tp} = \frac{\sigma}{2} + \sqrt{\frac{\sigma^2}{4} + \tau^2} \tag{5.5}$$

主压应力:

$$\sigma_{cp} = \frac{\sigma}{2} - \sqrt{\frac{\sigma^2}{4} + \tau^2} \tag{5.6}$$

主拉应力的作用方向与梁纵向轴线的夹角 α,可按下式确定:

$$\tan 2\alpha = -\frac{2\tau}{\sigma} \tag{5.7}$$

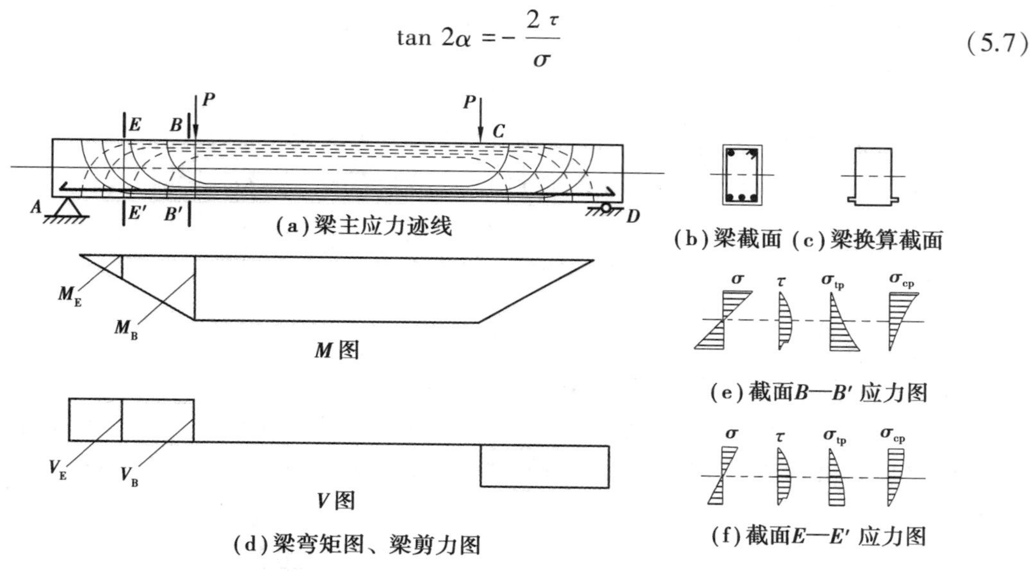

图 5.2　简支梁斜裂缝出现前的应力状态

图 5.2 即为按上述公式计算所得的梁主应力迹线及 $B—B'$ 和 $E—E'$ 两个截面中的正应力 σ、剪应力 τ、主拉应力 σ_{tp} 和主压应力 σ_{cp} 的分布图形。

根据主应力的不同，梁可能产生两种斜裂缝。在薄腹梁中，中和轴附近的正应力较小、剪应力较大，剪应力起控制性作用，主应力方向与轴线的夹角大约为 45°。当荷载增加到使混凝土拉应变达到其极限拉应变时，混凝土开裂，由于剪应力在梁中和轴处最大，因此裂缝首先在梁腹部产生，然后向上和向下开展，裂缝中间宽两头细，呈枣核形，如图 5.3(a)所示，这种裂缝称为腹剪斜裂缝。对厚腹梁，在正应力较大的情况下，在弯剪区段截面的下边缘，主应力还是水平的，当荷载增加到使混凝土拉应变达到其极限拉应变时，将首先产生较短的竖向裂缝，然后裂缝向集中力作用点方向延伸，下宽上窄，如图 5.3(b)所示，这种裂缝称为弯剪斜裂缝。

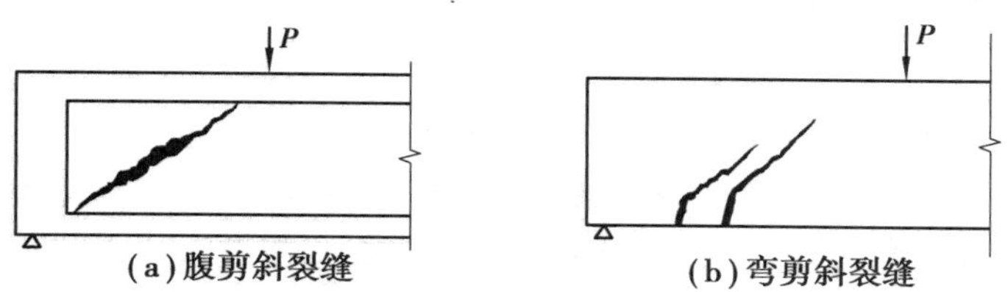

图 5.3　梁斜裂缝形态

2)无腹筋梁的斜截面受剪破坏形式

试验表明：无腹筋梁的斜截面受剪破坏形式与剪跨比 λ 有决定性的关系，根据弯剪段裂缝出现后的受力情况和破坏特征，可以把梁的剪切破坏区分为以下三种类型：

(1)斜压破坏

$\lambda<1$ 时，发生斜压破坏，如图 5.4(a)所示。这种破坏多数发生在剪力大而弯矩小的区段以及梁腹板较薄的T形截面梁或 I 形截面梁内。破坏时，混凝土被腹剪斜裂缝分割成若干个

斜向短柱而被压坏,因此受剪承载力取决于混凝土的抗压强度,是相同截面中斜截面受剪承载力中最大的。

(2)剪压破坏

$1\leqslant\lambda\leqslant3$ 时,常发生剪压破坏,如图 5.4(b)所示。其破坏特征通常是在弯剪区段的受拉区边缘先出现一些竖向裂缝,裂缝沿竖向延伸一小段长度后,就斜向延伸形成斜裂缝,随着后续荷载的增加,其中一条斜裂缝发展成为较宽的主要斜裂缝,称这条裂缝为临界斜裂缝。临界斜裂缝出现后迅速向上延伸,使斜截面剪压区的高度缩小,最后导致剪压区的混凝土被压坏,使斜截面丧失其承载力。

(3)斜拉破坏

$\lambda>3$ 时,常发生斜拉破坏,如图 5.4(c)所示。其特点是当竖向裂缝一旦出现,就迅速向受压区斜向延伸,贯通整个截面,甚至使梁被剪断,斜截面承载力随之丧失。其破坏荷载与出现斜裂缝时的荷载很接近,破坏过程极短,破坏前梁变形很小,具有很明显的脆性,其斜截面受剪承载力很低。

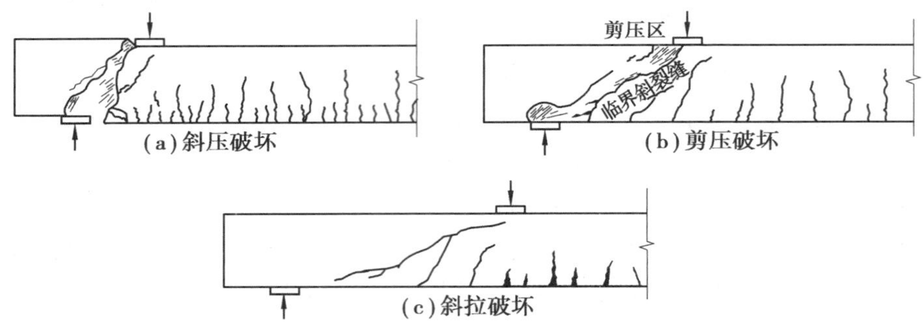

图 5.4 无腹筋梁斜截面破坏形态

在截面相同的情况下,以上三种破坏形态的斜截面受剪承载力从高到低如下:斜压、剪压、斜拉。从变形角度来看,以上三种破坏均为脆性破坏,脆性由大到小依次是:斜拉、斜压、剪压。为此,现行《混凝土结构设计规范》(GB 50010,以下简称“规范”)规定采用构造措施,强制防止斜拉和斜压破坏,对于剪压破坏,因其承载力变化幅度相对较大,故通过计算来防止。

3)有腹筋梁的斜截面受剪破坏形式

为增强构件的抗剪承载力,需在梁内配置一定数量的箍筋。剪力较大时,可再配置与斜裂缝相交的斜向钢筋,斜向钢筋一般由梁内纵向钢筋弯起而成,也称为弯起钢筋。箍筋和弯起钢筋统称为“腹筋”。实验研究表明,箍筋对抑制斜裂缝的效果比弯起钢筋更好,且弯起钢筋制作相对麻烦,所以工程中应优先选用箍筋抗剪,尽量少设弯起钢筋。当设置弯起钢筋时,由于弯起钢筋承受的拉力较大,受力集中,可能引起弯起处混凝土出现劈裂裂缝,因此梁侧边缘的钢筋不宜弯起。弯起钢筋的弯起角度一般取 45°,当梁截面高度超过 800 mm 时,弯起角度通常为 60°。

配置腹筋的梁,其斜截面破坏形式也分为斜压破坏、剪压破坏和斜拉破坏。除剪跨比外,腹筋的配置方式及数量也是影响其破坏形式的主要因素。

(1)斜拉破坏

如果承受集中荷载的梁的剪跨比很大($\lambda>3$),同时梁内配置的箍筋又过少,与斜裂缝相交的箍筋承受不了原来由混凝土承担的拉力,箍筋立即屈服而不能限制斜裂缝的发展,则弯剪段就可能发生斜拉破坏。

(2)斜压破坏

弯剪段的斜压破坏主要发生在以下两种情况:

①剪跨比很小

剪跨比很小的梁($\lambda<1$),弯剪段中的剪力相对较大,而弯矩相对较小。在这种情况下,弯剪段中一般不出现垂直裂缝。直到荷载较大时方在加荷点与支座之间出现一到两条斜裂缝,裂缝由中和轴附近向斜上方和斜下方发展,但随着荷载的增加,斜裂缝宽度增长较慢。这时荷载是通过加荷点与支座之间的混凝土斜压柱体直接传入支座的。当荷载增到很大时,斜压柱体中的混凝土将被一系列斜向小裂缝所分割,并且受压酥裂,从而导致梁的剪切破坏,这种破坏取决于斜压柱体混凝土的抗压能力,而与箍筋配置数量无关。

②剪跨比适中或较大,配置的箍筋数量过多

如果梁中配置的箍筋过多,在箍筋尚未屈服时,弯剪段也可能由于混凝土斜向受压压碎而发生剪切破坏。

(3)剪压破坏

当 $\lambda>3$ 时,如果箍筋配置数量适当,与斜裂缝相交的箍筋不会立即受拉屈服,箍筋限制了斜裂缝的发展,避免了斜拉破坏。当箍筋屈服后,斜裂缝迅速发展,混凝土受剪压截面减小,应力增加,致使混凝土产生剪压破坏。$1\leqslant\lambda\leqslant3$ 时,腹筋配置数量合适,也会发生剪压破坏。

剪压破坏是钢筋混凝土梁中弯剪区段的典型破坏特征。绝大部分剪跨比适中、腹筋配置数量适当的钢筋混凝土梁的弯剪段如果发生斜截面剪切破坏,其破坏类型多是属于剪压型破坏。

5.2　斜截面抗剪计算

5.2.1　抗剪计算公式

1)计算原则

梁的三种斜截面受剪破坏形式在工程设计时都应设法避免,但采用的方式有所不同。对于斜压破坏,通常用控制截面的最小尺寸来防止;对于斜拉破坏,则用满足箍筋的最小配筋率条件及构造要求来防止;对于剪压破坏,因其承载力变化幅度较大,必须通过计算,使构件满足一定的斜截面受剪承载力,从而防止其发生剪压破坏。我国“规范”中所规定的计算公式,就是根据剪压破坏形式来建立的,并采用理论与试验相结合的方法,主要考虑了剪力方向力的平衡条件(如图 5.5 所示),同时引入了一些试验参数。

配有箍筋和弯起钢筋的简支梁,当梁达到受剪承载力极限状态时,取临界斜裂缝左侧的梁段作为脱离体(如图 5.5 所示),则作用在破坏斜截面中的剪力的主要由剪压区的混凝土和穿过临界斜裂缝的所有箍筋与弯起钢筋承担。此外,斜裂缝中残存的骨料咬合作用和纵筋销栓作用也会协助承担一定的剪力。则斜截面的抗剪能力为:

$$V_u = V_c + V_{sv} + V_a + V_d + V_{sb} \tag{5.8}$$

式中 V_c——剪压区混凝土承担的剪力;

V_{sv}——穿过临界斜裂缝的箍筋承担的剪力;

V_a——斜裂缝中残存的骨料咬合作用承担的剪力;

V_d——纵向受拉钢筋的销栓作用承担的剪力;

V_{sb}——与斜裂缝相交的弯起钢筋承担拉力的竖向分力总和。

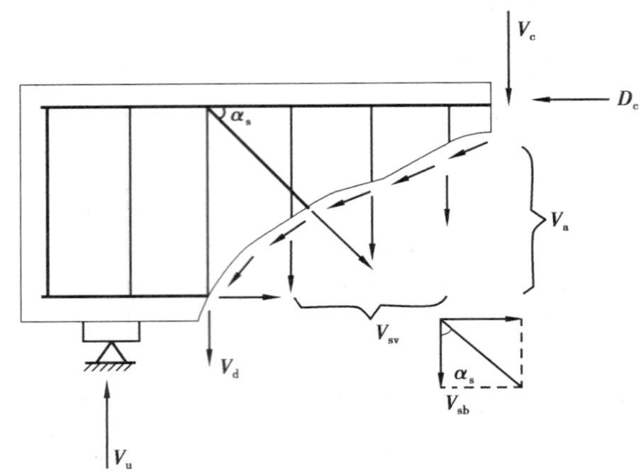

图 5.5 受剪承载力的组成

式(5.8)右边的各项剪力分量在受力过程中是不断变化的,特别是在箍筋应力达到屈服强度后,沿斜裂缝的混凝土骨料咬合作用及纵筋的销栓作用都会急剧降低,故在未设弯起钢筋时,弯剪段破坏时的主要抗剪分量将是 V_c、V_{sv} 两项,将其合并为一项,表达为 V_{cs};设置弯起钢筋时,还应加上 V_{sb} 项。

由图 5.5 可以看出,参加抗剪的是弯起钢筋的拉力在垂直方向的分力。根据实验结果,穿过临界斜裂缝中、下部的弯起钢筋在发生剪压破坏时拉应力都能达到其屈服强度,但是在斜裂缝上部的弯起钢筋,拉应力则有可能达不到其屈服强度。

2)计算公式

(1)当仅配置箍筋时,矩形、T 形和I 形截面受弯构件的斜截面受剪承载力应符合下式规定:

$$V \leqslant V_u = V_{cs} = \alpha_{cv} f_t b h_0 + f_{yv} \frac{A_{sv}}{s} h_0 \tag{5.9}$$

式中 V——计算截面处的剪力设计值;

V_u——梁斜截面受剪承载力设计值;

V_{cs}——构件斜截面上混凝土和箍筋的受剪承载力设计值;

α_{cv}——斜截面混凝土受剪承载力系数,由实验数据确定,对于一般受弯构件取 0.7;对集中荷载作用下(包括作用有多种荷载,其中集中荷载对支座截面或节点边缘所产生的剪力值占总剪力的 75%以上)的独立梁,取 $\alpha_{cv}=\dfrac{1.75}{1+\lambda}$,$\lambda$ 为计算截面的剪跨比,可取 $\lambda=a/h_0$,当 λ 小于 1.5 时,取 $\lambda=1.5$,当 λ 大于 3 时,取 $\lambda=3$,a 取集中荷载作用点至支座截面或节点边缘的距离;

f_t——混凝土轴心抗拉强度设计值;

b——矩形截面的宽度,T 形或I 形截面的腹板宽度;

s——沿构件长度方向的箍筋间距;

h_0——构件截面的有效高度;

f_{yv}——箍筋的抗拉强度设计值;

A_{sv}——配置在同一截面内箍筋各肢的全部截面面积,即 nA_{sv1},此处,n 为在同一个截面内箍筋的肢数,见图 5.6,A_{sv1} 为单肢箍筋的截面面积。

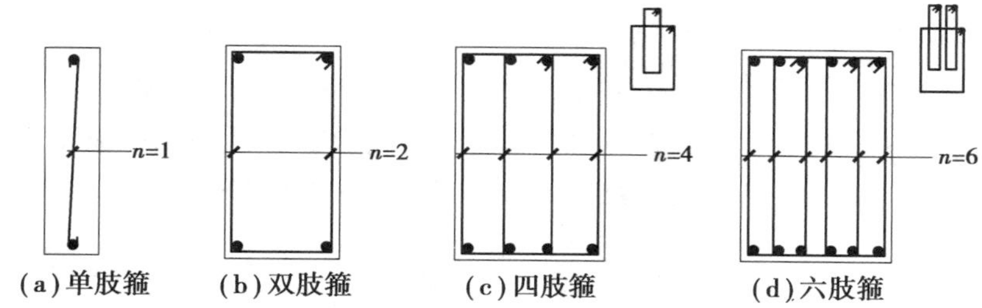

图 5.6　箍筋的肢数

(2)当同时配置箍筋和弯起钢筋时,矩形、T 形和I 形截面受弯构件的斜截面受剪承载力应符合下式规定:

$$V \leqslant V_u = V_{cs} + V_{sb} = \alpha_{cv} f_t b h_0 + f_{yv} \frac{A_{sv}}{s} h_0 + 0.8 f_y A_{sb} \sin \alpha_s \tag{5.10}$$

式中　f_y——弯起钢筋的抗拉强度设计值;

A_{sb}——与斜裂缝相交的配置在同一弯起平面内的弯起钢筋截面面积;

α_s——弯起钢筋与梁纵轴线的夹角。

公式中的系数 0.8,是对弯起钢筋受剪承载力的折减。这是考虑到弯起钢筋与斜裂缝相交时,中和轴位置有可能已接近剪压区,弯起钢筋拉应力在斜截面受剪破坏时达不到屈服强度的缘故。

5.2.2　计算公式的适用范围

梁的斜截面受剪承载力计算公式仅针对剪压破坏形式来确定,其受剪承载能力被限制在一定的范围内,该范围用上、下限来界定。上限是指混凝土梁能产生剪压破坏的最大抗剪承载力,超过此值,梁将发生斜压破坏,此时,多配腹筋也无法再提高构件的抗剪承载力,通常通过限制其最小截面尺寸来保证其不发生斜压破坏;下限值是混凝土梁产生剪压破坏的最小抗剪承载力,承载力低于此值,梁将发生斜拉破坏,通常通过限制其最小配箍率来保证其不发生斜拉破坏。

1)截面的最小尺寸(上限值)

当梁截面尺寸过小,而剪力较大时,梁往往会发生斜压破坏,这时,即便多配箍筋也无用。因而,为避免发生斜压破坏,梁截面尺寸不宜过小,其次,也为了防止梁在使用阶段斜截面裂缝过宽(主要是薄腹梁),“规范”对梁的截面尺寸规定如下:

当 $h_w/b \leqslant 4$ 时(厚腹梁,即一般梁),应满足:

$$V \leqslant 0.25\beta_c f_c b h_0 \tag{5.11}$$

当 $h_w/b \geqslant 6$ 时(薄腹梁),应满足:

$$V \leqslant 0.2\beta_c f_c b h_0 \tag{5.12}$$

当 $4<h_w/b<6$ 时,按线性内插法取用。

式中 β_c——混凝土强度影响系数,当混凝土强度等级不超过 C50 时,β_c 取 1.0;当混凝土强度等级为 C80 时,β_c 取 0.8;其间按线性内插法确定;

f_c——混凝土抗压强度设计值;

h_w——截面的腹板高度,矩形截面取有效高度 h_0,T 形截面取有效高度减去翼缘高度,工字形截面取腹板净高。

2)箍筋的最小含量(下限值)

如果梁内箍筋配置过少,斜裂缝一旦出现,箍筋应力会立即达到屈服强度甚至被拉断,导致突然发生斜拉破坏。箍筋的配筋量是用配箍率来表示的,配箍率按式(5.13)确定。

$$\rho_{sv} = \frac{A_{sv}}{bs} = \frac{nA_{sv1}}{bs} \tag{5.13}$$

式中 A_{sv}——箍筋间距 s 范围内的箍筋截面面积;

A_{sv1}——单肢箍筋的截面面积;

s——箍筋的间距;

n——箍筋肢数。

为了避免这类破坏,当 $V>0.7f_t bh_0$ 时“规范”规定了箍筋的最小配筋率:

$$\rho_{sv,min} = 0.24\frac{f_t}{f_{yv}} \tag{5.14}$$

5.2.3 板类构件的受剪承载力

对于一般的钢筋混凝土板,由于混凝土自身抗剪承载力足够,通常是不需要配置箍筋和弯起钢筋的,也不需要进行斜截面受剪承载力计算。试验表明,均布荷载下,不用配置箍筋和弯起钢筋的钢筋混凝土厚板,因截面尺寸的影响,其受剪承载力随板厚的增大而降低,故斜截面受剪承载力应符合下列规定:

$$V \leqslant 0.7\beta_h f_t b h_0 \tag{5.15}$$

$$\beta_h = \left(\frac{800}{h_0}\right)^{\frac{1}{4}} \tag{5.16}$$

式中 β_h——截面高度影响系数:当 h_0 小于 800 mm 时,取 800 mm;当 h_0 大于 2 000 mm 时,取 2 000 mm。

对承受较大集中荷载的板,则可能需要配置抗剪箍筋,可参看相关设计资料。

5.2.4 抗剪验算的部位(控制截面)

控制梁斜截面受剪承载力的应该是那些剪力设计值较大而受剪承载力较小的斜截面,或截面抗剪承载力有变化处的斜截面,主要的斜截面有:剪力最大的截面、剪力突变的截面、受剪承载力突变的截面。设计中一般取下列斜截面作为梁受剪承载力的计算控制截面，如图5.7所示。

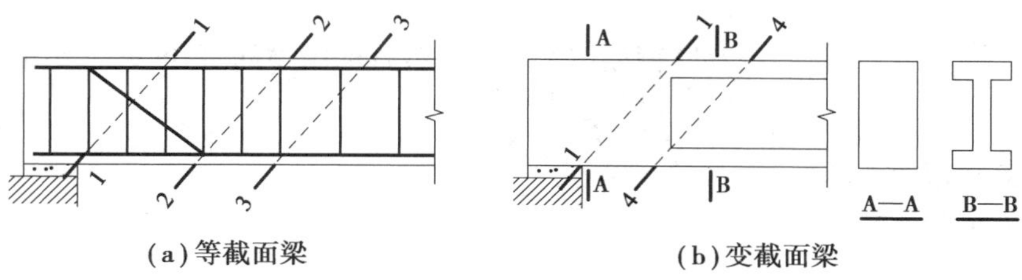

(a)等截面梁　　(b)变截面梁

1—1为支座边缘处的斜截面；2—2为受拉区弯起钢筋弯起点处的斜截面；
3—3为箍筋截面面积或间距改变处的斜截面；4—4为构件截面改变处的斜截面

图5.7　斜截面受剪承载力计算控制截面

①支座边缘处的斜截面(剪力最大的截面)。

②受拉区弯起钢筋弯起点处的斜截面(受剪承载力突变的截面)。

③箍筋截面面积或间距改变处的斜截面(受剪承载力突变的截面)。

④截面尺寸改变处的斜截面(受剪承载力突变的截面)。

⑤集中荷载作用的截面(剪力突变的截面)。

受拉边倾斜的受弯构件，尚应包括梁的高度开始变化处、集中荷载作用处和其他不利的截面。

需要指出的是，因剪切破坏发生在支座边，支座处的截面是指支座边的截面，此截面剪力应按净跨度计算，而不是按计算跨度计算。

5.2.5　抗剪计算步骤

在工程运用中，一般存在两类抗剪计算问题：截面设计和截面复核。

1)截面设计

仅配箍筋的情况，即已知 V、$b\times h$、f_c、f_t、f_{yv}，求 A_{sv1} 和 n。其计算步骤如下：

①验算截面尺寸(抗剪上限)和构造配箍条件($V\leqslant\alpha_{cv}f_tbh_0$ 时，仅需按构造配箍筋，否则需要按计算配箍筋)。

②箍筋计算，由公式(5.9)有：

$$\frac{nA_{sv1}}{s}\geqslant\frac{V-\alpha_{cv}f_tbh_0}{f_{yv}h_0}$$

计算出$\frac{nA_{sv1}}{s}$值后，再根据截面及纵筋配筋情况选择箍筋肢数，然后选用箍筋直径，并求出箍筋间距 s，注意选用的箍筋直径和间距应满足构造要求。

③验算最小配箍率。

既配箍筋又配弯起钢筋的情况，即已知 V、$b\times h$、f_c、f_t、f_y、f_{yv}，求 A_{sv1}、n 及 A_{sb}。其计算步骤如下：

①验算截面尺寸(抗剪上限)和构造配箍条件($V\leqslant\alpha_{cv}f_tbh_0$ 时，仅需按构造配箍筋，否则需要按计算配箍筋)。

②弯起钢筋的配置。一般是先根据受弯纵筋的配置情况选定弯起钢筋(选直径相对小的，且布置在中间位置的纵筋)。

③箍筋计算。

$$\frac{nA_{sv1}}{s} \geqslant \frac{V - \alpha_{cv} f_t b h_0 - 0.8 f_y A_{sb} \sin \alpha_s}{f_{yv} h_0}$$

计算出$\frac{nA_{sv1}}{s}$值后，一般采用双肢箍筋（即 $n=2$），然后选用箍筋直径，并求出箍筋间距 s，注意选用的箍筋直径和间距应满足构造要求。

④弯起钢筋弯起点的验算。

⑤验算最小配箍率。

2）截面复核

由于构件已经存在，即已知 $b\times h$、f_c、f_t、f_{yv}、f_y、d（箍筋直径）、n、s、A_{sb}，求该构件的受剪承载力 V_u。复核步骤如下：

①复核箍筋的直径、间距等相关指标是否满足相关构造要求，如不满足，则应采取相关加固措施。

②在满足相关构造要求的条件下，计算配箍率及构件的抗剪极限承载力：$\rho_{sv}=\frac{nA_{sv1}}{bs}$。

a. 当 $\rho_{sv} \leqslant \rho_{sv,\min} = 0.24\frac{f_t}{f_{yv}}$时，$V_u = \alpha_{cv} f_t b h_0$。

b. 当 $\rho_{sv} > \rho_{sv,\min}$时，$V_u = V_{cs} + V_{sb} = \alpha_{cv} f_t b h_0 + f_{yv}\frac{A_{sv}}{s}h_0 + 0.8 f_y A_{sb} \sin \alpha_s$。

③若 $V_u \geqslant V_{u,\max}$（抗剪上限值），则取 $V_u = V_{u,\max}$。

④用 V_u 和 V 做比较，判别是否满足要求。

5.2.6 抗剪计算例题

注：本章例题未特别注明时，安全等级均为二级。

【例 5.1】有一处于一类环境的钢筋混凝土矩形截面简支梁，其截面尺寸为 250 mm×600 mm，梁底配置 4 Φ 25 的纵筋，见图 5.8。该梁承受均布荷载设计值 70 kN/m（包括自重），混凝土强度等级为 C30，箍筋为 HPB300，纵筋为 HRB400，求：

（1）仅配箍筋时的配箍数量；

（2）考虑配置弯起钢筋时，需要配置箍筋和弯起钢筋的数量。

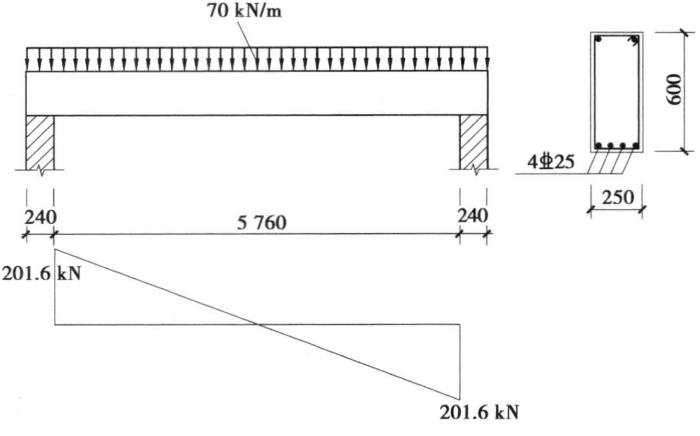

图 5.8 例 5.1 图

【解】(1)仅配箍筋的情况。

①求剪力设计值。

支座边缘处截面为剪力值控制截面，$V=\frac{1}{2}ql_n=\frac{1}{2}\times70\times5.76=201.6\ \text{kN}$。

②验算截面尺寸：

$h_w=h_0=600-40=560\ \text{mm}$，

$\frac{h_w}{b}=\frac{560}{250}=2.24<4$，属厚腹梁，应按式(5.11)验算；

混凝土强度等级为C30，不超过C50，故$\beta_c=1$，则：

$0.25\beta_c f_c bh_0=0.25\times1\times14.3\times250\times560=500\ 500\ \text{N}=500.5\ \text{kN}>V=201.6\ \text{kN}$，截面尺寸符合要求。

③验算是否需要按计算配置箍筋。

$0.7f_t bh_0=0.7\times1.43\times250\times560=1\ 401\ 400\ \text{N}=140.14\ \text{kN}<V=201.6\ \text{kN}$，故需要计算配置箍筋。

④计算配置箍筋。

$$V\leqslant V_u=V_{cs}=0.7f_t bh_0+f_{yv}\frac{A_{sv}}{s}h_0\Rightarrow$$

$$\frac{nA_{sv1}}{s}\geqslant\frac{V-0.7f_t bh_0}{f_{yv}h_0}=\frac{201.6\times10^3-140.14\times10^3}{270\times560}=0.406$$

双肢箍筋且选定箍筋直径为8 mm，即$n=2$，$d=8\ \text{mm}$，$A_{sv1}=50.3\ \text{mm}^2$

则有：

$\frac{nA_{sv1}}{s}=\frac{2\times50.3}{s}\geqslant0.406\Rightarrow s\leqslant247.8\ \text{mm}$，为方便施工箍筋的间距常取50 mm的整数倍，这里取$s=200\ \text{mm}$。

$\rho_{sv}=\frac{nA_{sv1}}{bs}=\frac{2\times50.3}{250\times200}=0.2\%\geqslant\rho_{sv,\min}=0.24\frac{f_t}{f_{yv}}=0.24\times\frac{1.43}{270}=0.127\%$，满足要求。

(2)既配箍筋又配弯起钢筋的情况。

①根据已配的4 Φ 25的纵向钢筋，可利用1 Φ 25以45°角弯起，则弯起钢筋承担的剪力：

$$V_{sb}=0.8A_{sb}f_y\sin a_s=0.8\times490.9\times360\times\frac{\sqrt{2}}{2}=99\ 955\ \text{N}=99.96\ \text{kN}$$

②由公式(5.10)有：

$$\frac{nA_{sv1}}{s}\geqslant\frac{V-0.7f_t bh_0-0.8A_{sb}f_y\sin a_s}{f_{yv}h_0}=\frac{201\ 600-140\ 140-99\ 960}{270\times560}<0$$

故只需按构造进行配置箍筋，即配2 ϕ 8@250。

③对弯起点进行验算

本题还应根据弯起钢筋的弯起位置进行弯起点处受剪承载力验算，此处从略。

【例5.2】某钢筋混凝土梁如图5.9所示，采用C30级混凝土，梁截面尺寸为200 mm×400 mm，均布荷载设计值为$q=40\ \text{kN/m}$(包括自重)，环境类别为一类，求截面A、$B_左$、$B_右$受剪钢筋，不计入支座宽度。

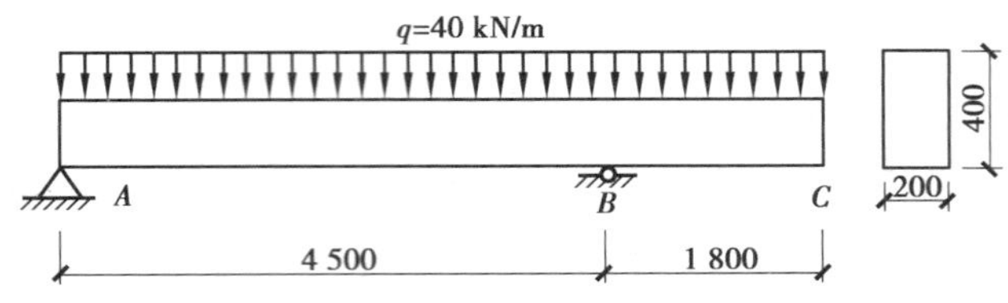

图 5.9　例 5.2 图

【解】可求出支座 A、B 处的支座反力分别为：$R_A=75.6$ kN、$R_B=176.4$ kN，则有：

$V_A=75.6$ kN，$B_{左}=104.4$ kN，$B_{右}=72$ kN，剪力如图 5.10 所示。

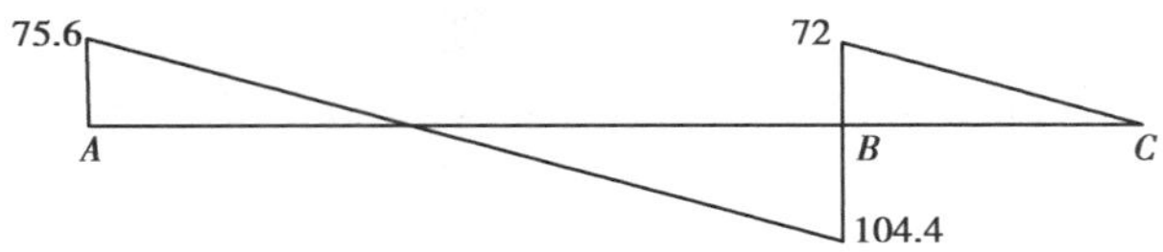

图 5.10　例 5.2 剪力图(单位：kN)

由题可知：$f_c=14.3\ \text{N/mm}^2$，$f_t=1.43\ \text{N/mm}^2$，环境为一类，其最小保护层厚为 20 mm，先假定箍筋直径为 10 mm，纵筋直径是 20 mm，则有 $h_0=400-40=360$(mm)。

抗剪的控制截面为支座边缘处的截面，本题则为两支座左右截面处。

(1)A 截面处：

①验算截面尺寸和构造配箍条件：

$\dfrac{h_w}{b}=\dfrac{360}{200}=1.8<4$ 即为厚腹梁，而 $V=75.6\ \text{kN}<0.25\beta_c f_c bh_0=0.25\times1\times14.3\times200\times360=257\ 400\ \text{N}=257.4\ \text{kN}$

$V=75.6\ \text{kN}>0.7f_t bh_0=0.7\times1.43\times200\times360=72\ 072\ \text{N}=72.072\ \text{kN}$，故需计算配置箍筋。

②箍筋计算。

$$\frac{nA_{sv1}}{s}\geqslant\frac{V-0.7f_t bh_0}{f_{yv}h_0}=\frac{75\ 600-72\ 072}{270\times360}=0.036\ 3$$

若选双肢箍ф 6，则有：$s\leqslant\dfrac{2\times28.3}{0.036\ 3}=1\ 559$ mm，由构造实配 2 ф 6@ 200，有：

$$\rho_{sv}=\frac{nA_{sv1}}{bs}=0.142\%>\rho_{sv,min}=0.24f_t/f_{yv}=0.127\%$$

(2)B 左侧截面处：

①验算截面尺寸和构造配箍条件：

$\dfrac{h_w}{b}=\dfrac{360}{200}=1.8<4$ 即为厚腹梁，而 $V=104.4\ \text{kN}<0.25\beta_c f_c bh_0=0.25\times1\times14.3\times200\times360=257\ 400\ \text{N}=257.4\ \text{kN}$

$V=104.4\ \text{kN}>0.7f_t bh_0=0.7\times1.43\times200\times360=72\ 072\ \text{N}=72.072\ \text{kN}$，故需计算配置箍筋。

②箍筋计算。

$$\frac{nA_{sv1}}{s}\geqslant\frac{V-0.7f_t bh_0}{f_{yv}h_0}=\frac{104\ 400-72\ 072}{270\times360}=0.333$$

若选双肢箍ф 6，则有：$s\leqslant\dfrac{2\times28.3}{0.333}=170.0$ mm，由构造实配 2 ф 6@ 150。

$$\rho_{sv}=\frac{nA_{sv1}}{bs}=0.189\%>\rho_{sv,min}=0.24f_t/f_{yv}=0.127\%$$

(3)B 右侧截面处:

验算截面尺寸和构造配箍条件:

$\frac{h_w}{b}=\frac{360}{200}=1.8<4$ 即为厚腹梁,而 $V=72\ \text{kN}<0.25\beta_c f_c bh_0=0.25\times1\times14.3\times200\times360=257\ 400\ \text{N}=257.4\ \text{kN}$, $V=72\ \text{kN}<0.7f_t bh_0=0.7\times1.43\times200\times360=72\ 072\ \text{N}=72.072\ \text{kN}$,故仅需按构造配置箍筋。由构造实配 2 ϕ6@200。

【例 5.3】图 5.11 所示的简支梁,梁截面尺寸为 250 mm×600 mm,梁底配置 4 ⊈ 25 mm 的纵筋,环境类别为一类,混凝土强度等级为 C30,箍筋采用 HPB300 级钢筋,求受剪钢筋。

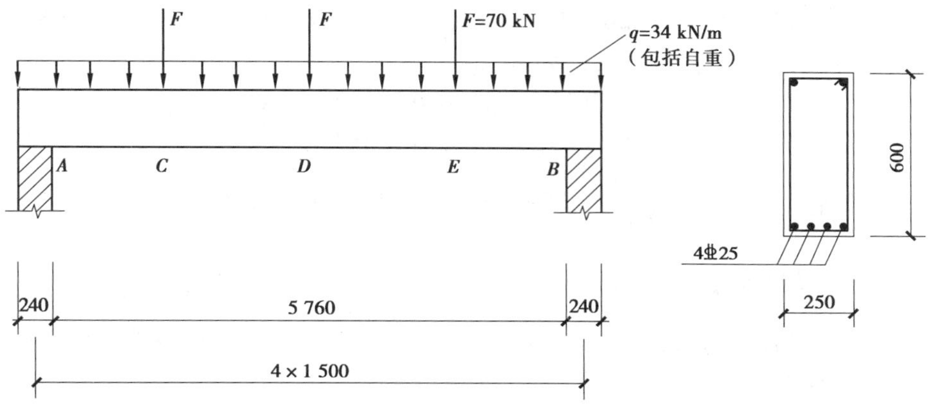

图 5.11　例 5.3 图

【解】$f_c=14.3\ \text{N/mm}^2$, $f_t=1.43\ \text{N/mm}^2$, $f_y=360\ \text{N/mm}^2$, $\xi_b=0.518$, $\alpha_1=1.0$,因为环境类别为一类,混凝土强度等级为 C30,则梁的混凝土保护层最小厚度为 20 mm,故可取 $a_s=42.5$ mm,则 $h_0=600-42.5=557.5$ mm。

(1)求剪力设计值,作剪力图如图 5.12 所示。

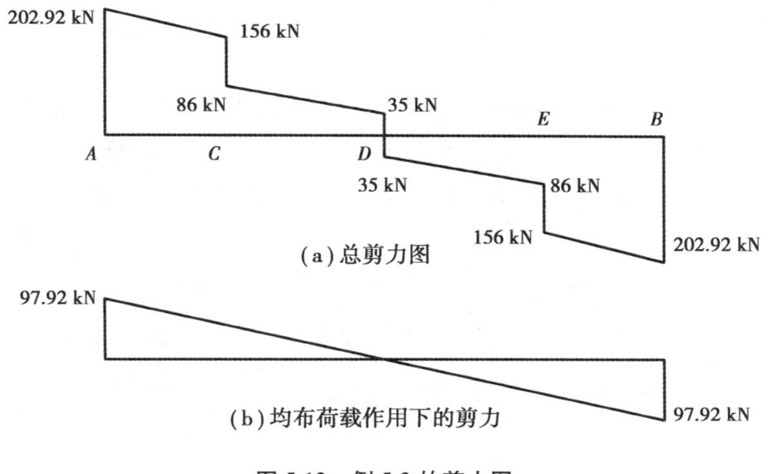

图 5.12　例 5.3 的剪力图

(2)验算截面条件:$0.25\beta_c f_c bh_0 = 0.25\times1\times14.3\times250\times557.5 = 498\ 265.6\ \text{N} > V_A\ (V_B) = 202.92\ \text{kN}$
截面尺寸符合要求。

(3)确定箍筋数量。

A、B 支座:
$$\frac{V_{集}}{V_{总}} = \frac{105}{202.92} = 51.7\%$$

该梁既受集中荷载作用,又受均布荷载作用,但集中荷载在两支座截面上引起的剪力均占总剪力值的 75%以下。

故梁的左右两半区段均应按一般梁情况计算其受剪承载力。

根据剪力的变化情况,可将梁分为 AC、CD、DE 及 EB 四个区段来计算斜截面受剪承载力。

AC 段:$V = 202.92\ \text{kN} > 0.7 f_t bh_0 = 0.7\times1.43\times250\times557.5 = 139\ 514.4\ \text{N} = 139.51\ \text{kN}$,
故需按计算配置箍筋,可按下式计算:

$$\frac{nA_{sv1}}{s} \geqslant \frac{V - 0.7f_t bh_0}{f_{yv}h_0} = \frac{202\ 920 - 139\ 514.4}{270 \times 557.5} = 0.421$$

若选双肢箍ϕ 8,则有:$s \leqslant \frac{2\times50.3}{0.421} = 239\ \text{mm}$,其实配为 2 ϕ 8@ 220。

$$\rho_{sv} = \frac{nA_{sv1}}{bs} = 0.183\% > \rho_{sv,min} = 0.24\ f_t / f_{yv} = 0.127\%$$

CD 段:$V = 156\ \text{kN} > 0.7f_t bh_0 = 0.7\times1.43\times250\times557.5 = 139\ 514.4\ \text{N} = 139.51\ \text{kN}$,
故需按计算配置箍筋。

$$\frac{nA_{sv1}}{s} \geqslant \frac{V-0.7f_t bh_0}{1.0f_{yv}h_0} = \frac{156\ 000-139\ 514.4}{1.0\times270\times557.5} = 0.109\ 5$$

若选双肢箍ϕ 8,则有:$s \leqslant \frac{2\times50.3}{0.109\ 5} = 918.7\ \text{mm}$,按构造要求实配为 2 ϕ 8@ 250。

$$\rho_{sv} = \frac{nA_{sv1}}{bs} = 0.161\% \approx \rho_{sv,min} = 0.24f_t/f_{yv} = 0.127\%$$

因为其对称性,DE 段与 CD 箍筋配置相同,即为 2 ϕ 8@ 250;EB 段与 AC 段相同,即为2 ϕ 8@ 220。

【例 5.4】图 5.13 所示的钢筋混凝土独立简支梁,采用 C30 混凝土,纵筋为热轧 HRB400 级钢筋,箍筋为 HPB300 级钢筋,环境类别为一类,如果忽略梁自重及架立钢筋的作用,试求此梁所能承受的最大荷载设计值 F,并求此时该梁为正截面破坏还是斜截面破坏?

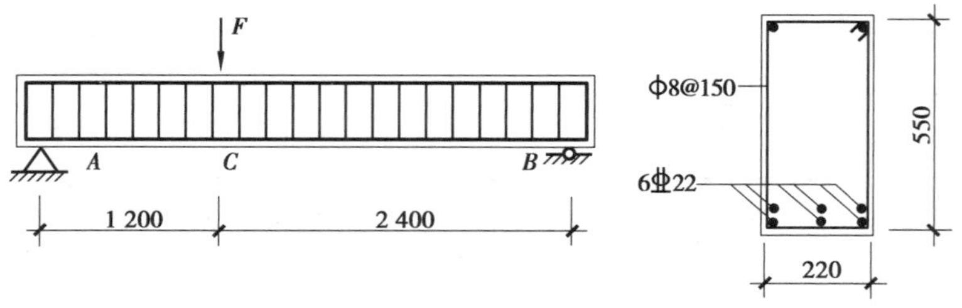

图 5.13 例 5.4 中的图

【解】$f_c=14.3\ \text{N/mm}^2$，$f_t=1.43\ \text{N/mm}^2$，$f_y=360\ \text{N/mm}^2$，$\xi_b=0.518$，$f_y=270\ \text{N/mm}^2$，$\alpha_1=1.0$，因为环境类别为一类，混凝土强度等级为 C30，故可取 $a_s=65$ mm，则 $h_0=550-65=485$ mm；$A_s=2\ 281\ \text{mm}^2$。

由题可知：$M_{max}=\dfrac{2}{3}F\times1.2=0.8F$，支座处的剪力值为 $V_{max}=\dfrac{2}{3}F$。

(1)若发生弯曲破坏，由纵向钢筋配置可得：

$\rho_{min}=\max(0.2\%,0.45f_t/f_y)=\max(0.2\%,0.18\%)=0.2\%$

$A_{s,min}=\rho_{min}bh=0.2\%\times220\times550=242\ \text{mm}^2<A_s=2\ 281\ \text{mm}^2$，不少筋；

$$\alpha_1 f_c bx=A_s f_y\Rightarrow x=\frac{A_s f_y}{\alpha_1 f_c b}=\frac{2\ 281\times360}{1\times14.3\times220}=261\ \text{mm}>\xi_b h_0=0.518\times485=251.2\ \text{mm}$$

取 $x=x_b$，则有：

$$M_u=\alpha_1 f_c bx_b\left(h_0-\frac{x_b}{2}\right)=1.0\times14.3\times220\times251.2\times\left(485-\frac{251.2}{2}\right)=284\ 024\ 906.9\ \text{N}\cdot\text{mm}=284.0\ \text{kN}\cdot\text{m}\geqslant M_{max}=0.8F$$

即可得：$F\leqslant355.0$ kN

(2)若发生剪切破坏，由于该独立梁承受集中荷载，有

AC 段：$\lambda=\dfrac{a}{h_0}=\dfrac{1\ 200}{485}=2.47$，$1<\lambda<3$

$$V_{uA}=\frac{1.75}{\lambda+1}f_t bh_0+f_{yv}h_0\frac{nA_{sv1}}{s}=\frac{1.75}{1+2.47}\times1.43\times220\times485+270\times485\times\frac{2\times50.3}{150}=164\ 773.9\ \text{N}=164.8\ \text{kN}\geqslant V_A=\frac{2}{3}F\Rightarrow F\leqslant247.2\ \text{kN}$$

经验算截面尺寸满足要求。

CB 段：$\lambda=\dfrac{a}{h_0}=\dfrac{2\ 400}{485}>3$，取 $\lambda=3$

$$V_{uB}=\frac{1.75}{\lambda+1}f_t bh_0+f_{yv}h_0\frac{nA_{sv1}}{s}=\frac{1.75}{1+3}\times1.43\times220\times485+270\times485\times\frac{2\times50.3}{150}=154\ 578.0\ \text{N}=154.6\ \text{kN}\geqslant V_B=\frac{1}{3}F\Rightarrow F\leqslant463.8\ \text{kN}$$

结论：由以上可知，$F=247.2$ kN，该梁若破坏应是斜截面破坏。

5.3 保证斜截面受弯承载力的构造措施

梁的斜截面受弯承载力是指在斜截面破坏时斜截面上的纵向受拉钢筋、弯起钢筋、箍筋等，各自所提供的拉力对受压区 A 的内力矩之和（$M_u=F_s\cdot z+F_{sv}\cdot z_{sv}+F_{sb}\cdot z_{sb}$），如图 5.14 所示。但通常斜截面的受弯承载力是不用进行计算的，而是通过梁内纵向钢筋的弯起、截断、锚固及箍筋的间距等构造措施来保证。为了讲清楚这个问题，必须先介绍梁的正截面抵抗弯矩图。

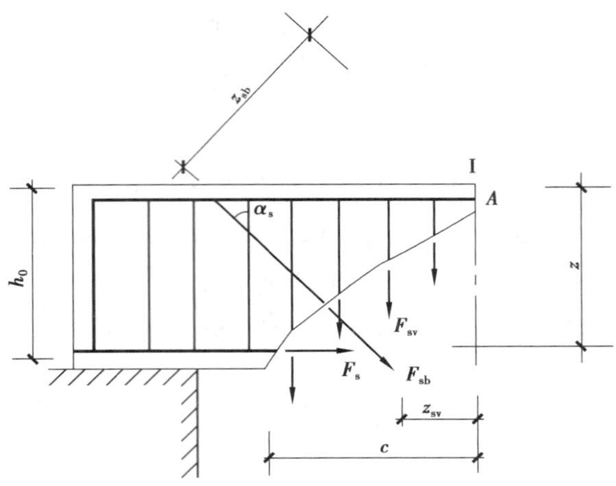

图 5.14　受弯构件斜截面受弯承载力示意图

5.3.1　正截面受弯抵抗弯矩图

根据荷载对梁的各个正截面所产生的弯矩设计值 M 所绘制的图形称为弯矩图；根据钢筋和混凝土共同工作而对梁各个正截面产生的受弯承载力设计值 M_u 所绘制的图形称为梁的正截面受弯承载力图，因为 M_u 是由材料提供的，所以也称 M_u 图为材料抵抗图，若材料抵抗图能包围住弯矩图，则表明构件有足够的抗弯强度。

图 5.15 为一承受均布荷载的简支梁的配筋图、M_u 图和 M 图，按跨中最大弯矩计算配置纵筋，它所能抵抗的弯矩可按下式求得：

由单筋矩形截面的正截面承载力公式：$\begin{cases}\alpha_1 f_c bx = f_y A_s \\ M_u = f_y A_s\left(h_0 - \dfrac{x}{2}\right)\end{cases}$，得

$$M_u = f_y A_s\left(h_0 - \frac{f_y A_s}{2\alpha_1 f_c b}\right) \tag{5.17}$$

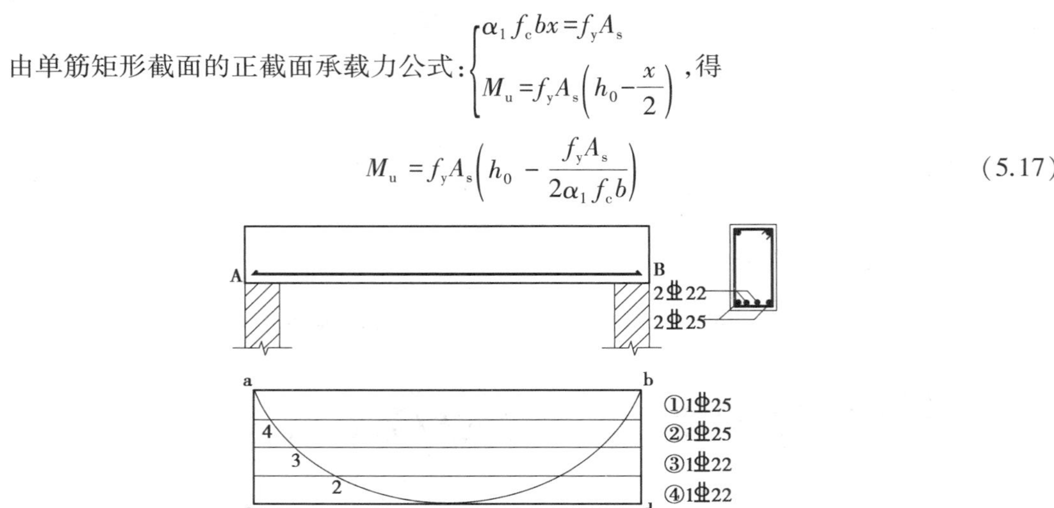

图 5.15　简支梁的抵抗弯矩图

而每根钢筋所抵抗的弯矩 M_{ui} 也可近似地按该根钢筋的面积 A_{si} 与钢筋总面积 A_s 的比值乘以总抵抗弯矩 M_u 来求得，即：

$$M_{ui} = \frac{A_{si}}{A_s} M_u \tag{5.18}$$

当全部纵筋沿梁长直通,并在支座处有足够的锚固长度时,则沿梁全长各个正截面抵抗弯矩的能力相等,梁的抵抗弯矩图为矩形 abcd(图 5.15)。每一根钢筋所能抵抗的弯矩 M_{ui} 按式(5.18)来计算,并分别用水平线示于图 5.15 上。

在图 5.15 中,跨中 1 点处四根钢筋的强度都被充分利用,2 点处①、②、③号钢筋的强度被充分利用,而④号钢筋不再需要。通常把 1 点称为④号钢筋的"充分利用点",2 点称为④号钢筋的"理论截断点"或"不需要点",其余以此类推。

从图 5.15 可见,纵筋沿梁跨通长布置,构造上虽简单,但有些截面上钢筋强度未能充分利用,因此不算经济。合理的设计应该是将一部分纵向受力钢筋在不需要的地方弯起或截断,使材料抵抗图尽量靠近弯矩图,从而节约钢筋。

在简支梁的设计中,因下部受拉钢筋不宜截断,所以在支座附近宜将纵筋弯起抗剪。在图 5.16 中,如将④号钢筋在 E、F 截面处弯起,由于在弯起过程中,弯筋对受压区合力点的力臂是逐渐减小的,因而其抗弯承载力并不会立即消失,而是逐渐减小,一直到截面 G、H 处穿过梁中性轴的弯起钢筋基本上进入受压区后,才认为它的正截面抗弯作用完全消失。从 E、F 两点作垂直投影线与 M_u 图的基线 cd 相交于点 e、f,再从 G、H 两点作垂直投影线与 M_u 图的基线 ij 相交于点 g、h,则连线 igefhj 为④号钢筋弯起后的 M_u 图。

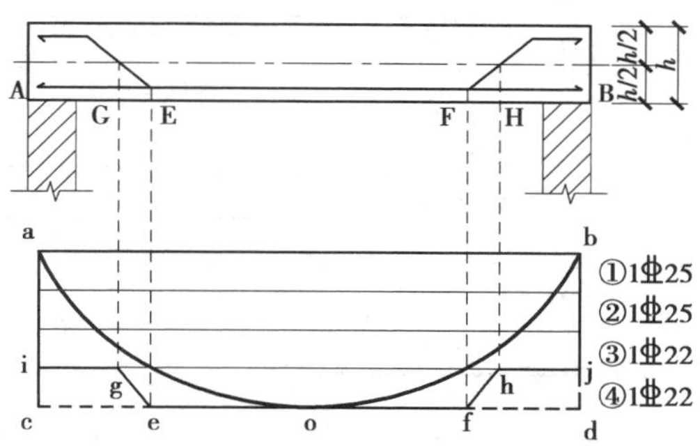

图 5.16 配弯起钢筋简支梁的正截面受弯承载力图

5.3.2 纵筋的弯起

1)弯起点的位置

在弯矩变化较大而且剪力也比较大的区段内,常可以将一部分纵向钢筋弯起用以抗剪。这样一方面可随着弯矩的变化来调节纵筋数量,另一方面又可以通过弯起钢筋来增强相应斜截面的抗剪强度。每排弯起钢筋的数量则应根据斜截面抗剪强度要求来确定,当不需要弯起钢筋抗剪时,则抗剪由设计按构造需要来确定。在确定弯起钢筋的弯起位置时,除应保证各斜截面抗剪强度角度提出的要求外,尚应满足以下两个条件。

①在一根钢筋的弯起过程中,它在相应正截面中所承担的弯矩也将随着它在截面中所处的位置的变化而变动。例如,在图 5.17 中,由正弯矩较大的区段向左上方弯起的一根截面为 A_{s1} 的钢筋,它的抗弯能力将从过 a 点的正截面中的 $A_{s1}f_yz_a$ 减少到过 b 点的正截面中的 $A_{s1}f_yz_b\cos\alpha$。在实际设计中,为了简化问题,一般可近似假定在某根弯起钢筋穿过正截面中线时(图 5.17 中的 c 截面),它的抗弯能力完全消失;而在截面 a 和 c 之间,它的抗弯能力按直线关系递减。于是这根纵筋在弯起过程中的抵抗弯矩图如图 5.17 所示。以此类推,当某悬臂

梁、连续梁或框架梁的正、负弯矩区段之间有正弯矩钢筋向上弯起并进入负弯矩区段时也可按同样原则画出该根钢筋在正、负弯矩区段的抵抗弯矩图(图 5.18)。

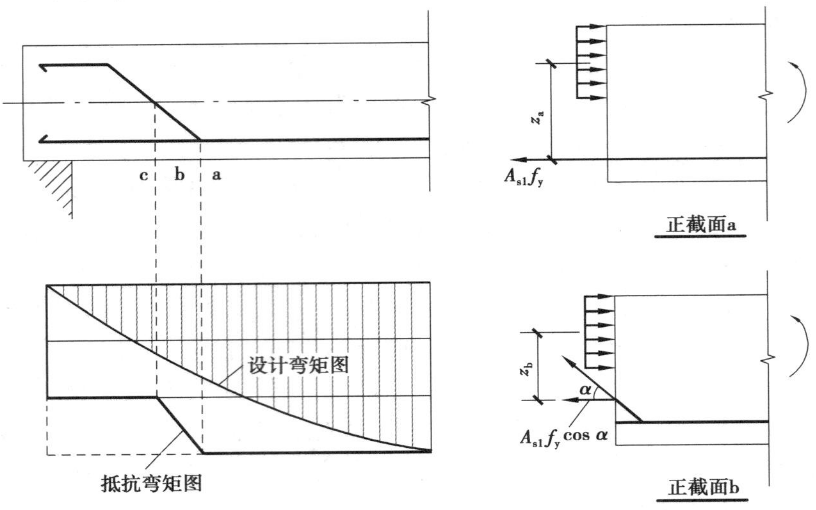

图 5.17　弯起钢筋弯起点与弯矩图的关系

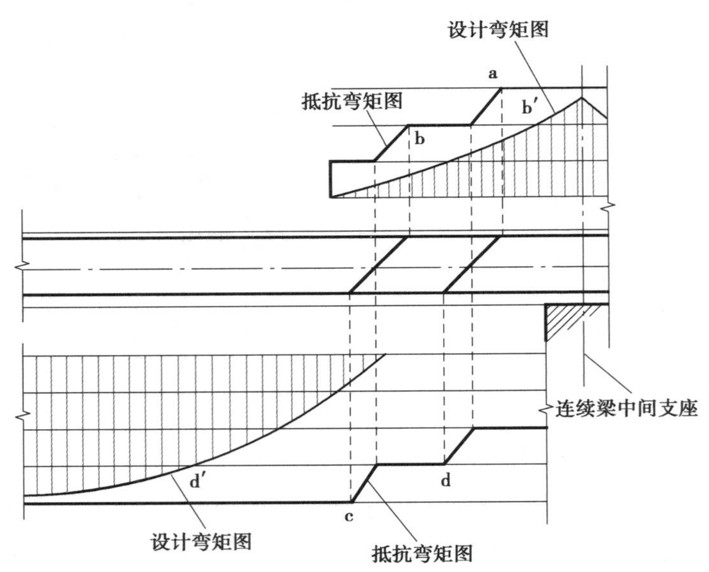

图 5.18　正负弯矩区段弯起点与弯矩图的关系

为了使在有钢筋弯起的区段内任何一个正截面都具有足够的抗弯强度,就必须保证这个区段内按上述原则画出的抵抗弯矩图不进入设计弯矩图。这是确定弯起钢筋的弯起位置时所需要满足的第一个要求。

②纵向钢筋弯起的位置还应满足其斜截面抗弯强度的要求。如图 5.19 所示,如果一根钢筋在 b 点处弯起,而 a 点是它的充分利用点,这时如果出现斜裂缝 cd,则作用在该斜截面中的弯矩与作用在过 a 点正截面中的弯矩相等。故要求斜截面 cd 至少也应具有不低于 a 点正截面的抗弯强度,否则构件将沿斜截面 cd 产生弯曲破坏。当弯起钢筋的截面面积为 A_{s1},而其余断续向前延伸的纵筋的截面面积为 A_{s2} 时,若忽略与斜截面相交的箍筋在该斜截面中可能承

担的弯矩,则根据图 5.19 中斜截面 cd 的抗弯强度应不低于过 a 点正截面的抗弯强度,可以写出:

$$A_{s1}z_b + A_{s2}z_a \geqslant (A_{s1} + A_{s2})\, z_a \tag{5.19}$$

于是,就要求:

$$A_{s1}z_b \geqslant A_{s1}z_a \text{ 或 } z_b \geqslant z_a$$

如图 5.19 所示,取 ab 两点之间的距离为 s_1,而钢筋弯起角度为 α,则由图示的几何关系可得:

$$z_b \frac{1}{\sin\alpha} = z_a \frac{1}{\tan\alpha} + s_1 \tag{5.20}$$

令 $z_b = z_a$,即可写成:

$$s_1 = z_a\left(\frac{1}{\sin\alpha} - \frac{1}{\tan\alpha}\right) \tag{5.21}$$

通常取 $\alpha = 45°$或 $60°$,近似取 $z_a = 0.9h_0$,则 $s_1 = 0.373h_0 \sim 0.52h_0$。

为方便起见,"规范"规定弯起点与按计算充分利用该钢筋截面之间的距离不应小于 $0.5h_0$,即弯起点应在该钢筋充分利用截面以外,大于或等于 $0.5h_0$ 处。

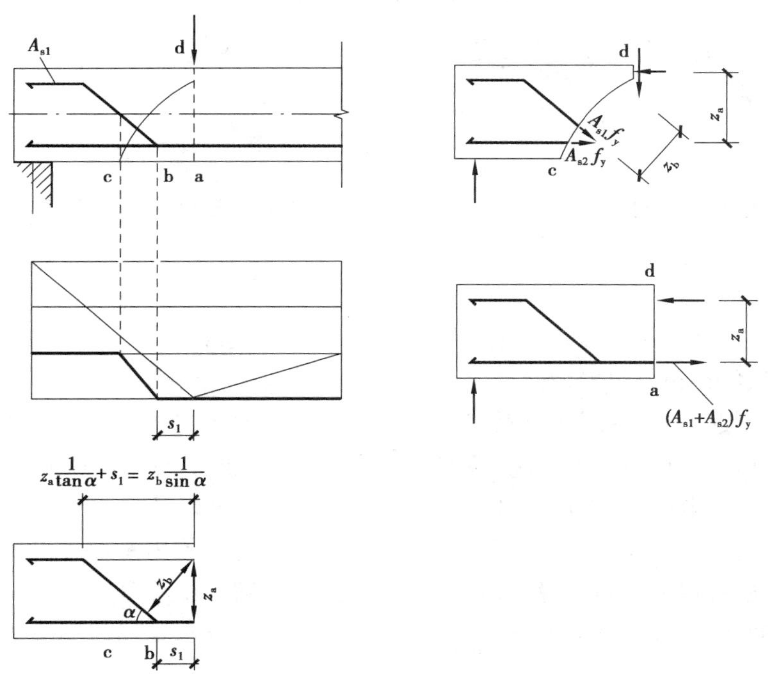

图 5.19　弯起点位置

2)弯终点的位置

如图 5.20 所示,弯起钢筋的弯终点到支座边或到前一排弯起钢筋弯起点之间的距离,都不应大于其箍筋的最大间距,其值见表 5.1 内 $V>0.7f_tbh_0$ 一栏的规定。这一要求是使每根弯起钢筋都应与斜裂缝相交,从而保证斜截面的受剪和受弯承载力。

弯起钢筋的端部(弯终点)外应留有平行于梁轴线方向的锚固长度,其长度在受拉区不应小于 $20d$,在受压区不应小于 $10d$,d 为弯起钢筋的直径,对于光面弯起钢筋,在末端还应设

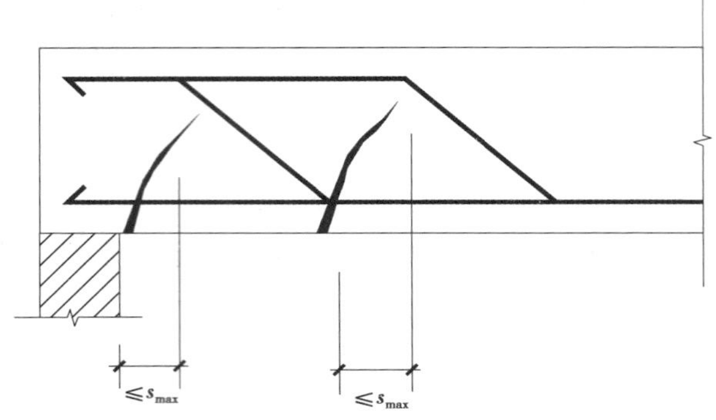

图 5.20　弯终点位置

置弯钩，见图 5.21。

位于梁底或梁顶的角筋以及梁截面两侧的钢筋不宜被弯起。

弯起钢筋除可用纵向钢筋弯起外，还可以单独设置，如图 5.22(a)所示，此钢筋称为鸭筋，但不允许设置如图 5.22(b)所示的浮筋。

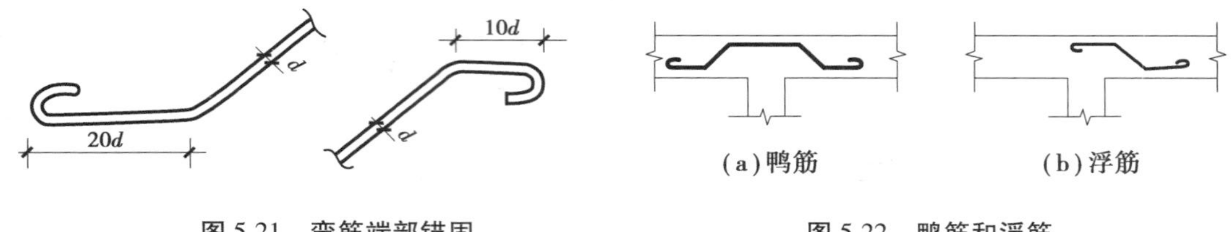

图 5.21　弯筋端部锚固

图 5.22　鸭筋和浮筋

5.3.3　钢筋的截断

从理论上讲，可以根据梁内各个截面中弯矩的变化将正截面和斜截面抗弯都已经不再需要的纵向钢筋依次在相应位置切断。但由于在受拉区钢筋的切断点处钢筋截面面积发生突变，此时往往会引起过宽的裂缝，所以应尽可能避免在受拉区内切断钢筋。通常，梁的正弯矩范围较大，受拉区几乎覆盖整个跨度，故梁底纵筋不宜被截断。对于支座附近的负弯矩区段内梁顶的纵向受拉钢筋，因为负弯矩区段范围不大，故往往可以采用截断的方式来减少纵筋的数量。当梁端剪力作用较大时，在支座负弯矩钢筋的延伸区段内将形成由负弯矩引起的垂直裂缝和斜裂缝，并可能在斜裂缝区前端沿该钢筋形成劈裂裂缝，使纵筋拉应力由于斜弯作用和黏结退化而增大，并使钢筋受拉范围相应向跨中延伸。此时钢筋混凝土梁的支座负弯矩纵向受力钢筋(梁上部钢筋)不宜在受拉区被截断。当需要截断时，应符合下面的规定：

在连续梁和框架梁跨度内，要把承担负弯矩的部分负钢筋截断，其截断点应满足以下两个控制条件：

①从该钢筋被充分利用的截面起到被截断点的长度称为"伸出长度"，为了可靠锚固，负弯矩处的钢筋截断时必须满足"伸出长度"的要求。

这是因为在支座的负弯矩钢筋被切断的区段内，裂缝复杂且剪力较大使得纵筋产生内力重分布且黏结条件变差，在这种情况下，必须保证被截断的负弯矩处的钢筋有足够的锚固长度。

②从不需要该钢筋的截面起到截断点的长度称为“延伸长度”，为了保证斜截面受弯承载力，负弯矩处的钢筋被截断时还必须满足“延伸长度”的要求。

这是因为部分负弯矩处的钢筋被截断后，必须保证剩余钢筋在截断点处的受弯承载力。

鉴于上述原因，当梁支座截面承受负弯矩的纵向受拉钢筋必须截断时，应符合伸出长度和延伸长度两个条件的要求，具体要求如下：

①当 $V \leqslant 0.7f_tbh_0$ 时，承受负弯矩的纵向受拉钢筋应延伸至按正截面受弯承载力计算不需要该钢筋的截面以外不小于 $20d$ 处截断，且从该钢筋强度充分利用截面伸出的长度不应小于 $1.2l_a$，如图 5.23(a)所示。

②当 $V>0.7f_tbh_0$ 时，承受负弯矩的纵向受拉钢筋应延伸至按正截面受弯承载力计算不需要该钢筋的截面以外不小于 h_0 且不小于 $20d$ 处截断，且从该钢筋强度充分利用截面伸出的长度不应小于 $1.2l_a$ 与 h_0 之和，如图 5.23(b)所示。

③若按上述两条确定的截断点仍位于负弯矩对应的受拉区段内，承受负弯矩的纵向钢筋则应延伸至按正截面受弯承载力计算不需要该钢筋的截面以外不小于 $1.3h_0$ 且不小于 $20d$ 处截断，且从该钢筋强度充分利用截面伸出的长度不应小于 $1.2l_a$ 与 $1.7h_0$ 之和，如图 5.23(c)所示。

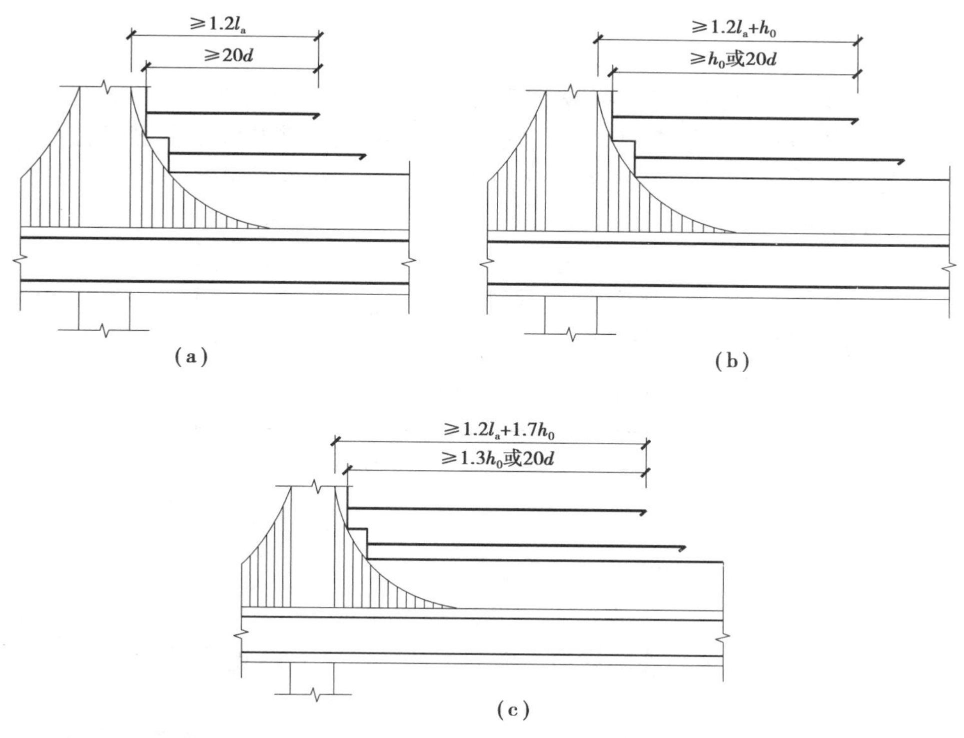

图 5.23 负弯矩区段纵向钢筋的截断

在钢筋混凝土悬臂梁中，由于悬臂梁剪力较大且全长承受负弯矩，致使其产生更为不利的斜弯作用及沿筋劈裂。在剪力较大的悬臂梁内，临界斜裂缝的倾角明显偏小，因此悬臂梁的负弯矩纵向受力钢筋不宜切断，延伸至悬臂梁外端的上部钢筋根数应不少于 2 根并向下弯折的长度不小于 $12d$；梁的其余上部钢筋不应被截断，而应按规定的弯起点位置向下弯折，并在梁的下边缘将其锚固，弯终点外应留有平行于梁轴线方向的锚固长度，且其在

受拉区不应小于 $20d$，在受压区不应小于 $10d$，d 为弯起钢筋的直径，详见图 5.24。

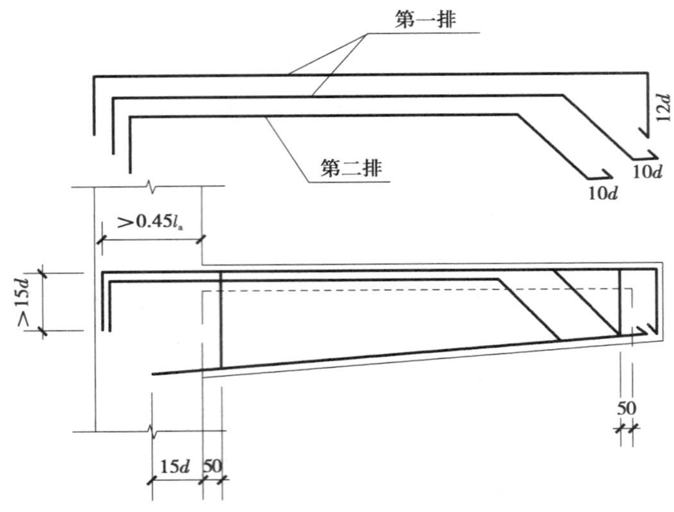

图 5.24　纯悬挑梁配筋构造

5.3.4　钢筋的锚固

简支梁在支座处出现斜裂缝以后，纵向钢筋应力将增加，这时，梁的抗弯能力还取决于纵向钢筋在支座处的锚固，如图 5.25 所示。如锚固长度不足，钢筋与混凝土之间的相对滑动将导致斜裂缝宽度显著增大，从而造成支座处的黏结锚固破坏，这种情况容易发生在靠近支座处有较大集中荷载时。

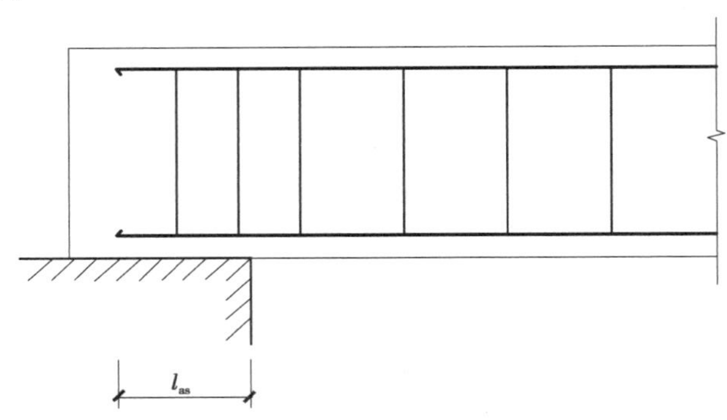

图 5.25　支座处钢筋的锚固

因此钢筋混凝土简支梁和连续梁简支端的下部纵向受力钢筋，从支座边缘算起伸入支座内的锚固长度应符合下列规定：

①当 $V \leqslant 0.7f_tbh_0$ 时，$l_{as} \geqslant 5d$；当 $V>0.7f_tbh_0$ 时，带肋钢筋 $l_{as} \geqslant 12d$，对光圆钢筋 $l_{as} \geqslant 15d$，d 为钢筋的最大直径。混凝土强度等级为 C25 及以下的简支梁和连续梁的简支端，当距支座边 $1.5h$ 范围内作用有集中荷载，且 $V>0.7f_tbh_0$ 时，对带肋钢筋宜采取有效的锚固措施，或 $l_{as} \geqslant 15d$，d 为锚固钢筋的直径。

②当纵向受力钢筋伸入梁支座范围内的锚固长度不符合①的要求时，可采取加设弯钩或机械锚固等措施。

③支承在砌体结构上的钢筋混凝土独立梁,在纵向受力钢筋的锚固长度范围内应配置不少于 2 根箍筋,其直径不宜小于 $d/4$,d 为纵向受力钢筋的最大直径,间距不宜大于 $10d$,当采取机械锚固措施时箍筋间距尚不宜大于 $5d$,d 为纵向受力钢筋的最小直径。

框架的锚固构造,详见本教材多、高层建筑相关章节。

5.4 梁、板内钢筋的其他构造措施

5.4.1 箍筋

当箍筋在斜截面中参与承担剪力时,由于斜裂缝可能在任意高度处与箍筋的竖直肢相交,所以要求箍肢的上下端要有良好的锚固。此外,箍筋在不少部位还要起到改善纵筋黏结锚固性能和抵抗黏结劈裂拉力或约束核芯混凝土的作用。除此之外还可以防止纵向受压钢筋被压屈。因此箍筋一般都应做成封闭式,且四个拐角处还应与该处的纵筋紧贴、绑牢。梁内箍筋的直径和设置应符合以下规定:

①按承载力计算不需要配箍筋的梁,当截面高度大于 300 mm 时,应沿梁全长设置构造箍筋;当截面高度 $h=150\sim300$ mm 时,可仅在构件端部 $l_0/4$ 范围内设置构造箍筋;l_0 为其计算跨度;但当在构件中部 $l_0/2$ 范围内有集中荷载作用时,则应沿梁全长设置箍筋;当截面高度小于 150 mm 时,可以不设置箍筋。

②截面高度大于 800 mm 的梁,箍筋直径不宜小于 8 mm;截面高度不大于 800 mm 的梁,不宜小于 6 mm。梁中配有计算需要的纵向受压钢筋时,箍筋直径尚不应小于 $d/4$,d 为受压钢筋最大直径。

③梁中箍筋的间距除按计算要求确定外,其最大间距宜符合表 5.1 的规定。当 $V>0.7f_tbh_0$ 时,箍筋的配筋率 ρ_{sv} 不应小于 $0.24\dfrac{f_t}{f_{yv}}$。

表 5.1 梁中箍筋的最大间距　　单位:mm

梁高 h	$V>0.7f_tbh_0$	$V\leqslant0.7f_tbh_0$
$150<h\leqslant300$	150	200
$300<h\leqslant500$	200	300
$500<h\leqslant800$	250	350
$h>800$	300	400

④当梁中配有按计算需要的纵向受压钢筋时,箍筋的设置应符合以下规定:

a.箍筋应做成封闭式,且弯钩直线段长度不应小于 $5d$,d 为箍筋直径。

b.箍筋的间距不应大于 $15d$,且不应大于 400 mm。当一层内的纵向受压钢筋多于 5 根且

直径大于18 mm 时，箍筋间距不应大于 $10d$，d 为纵向受压钢筋的最小直径。

c.当梁的宽度大于 400 mm 且一层内的纵向受压钢筋多于 3 根时，或当梁的宽度不大于 400 mm 但一层内的纵向受压钢筋多于 4 根时，应设置复合箍筋。

5.4.2 纵筋连接

1）钢筋连接原则

钢筋连接可采用绑扎搭接、机械连接或焊接。机械连接接头及焊接接头的类型及质量应符合国家现行有关标准的规定。混凝土结构中受力钢筋的连接接头宜设置在其受力较小处。在同一根受力钢筋上宜尽量少设接头。在结构的重要构件和关键传力部位，纵向受力钢筋不宜设置连接接头。

轴心受拉及小偏心受拉杆件的纵向受力钢筋不得采用绑扎搭接；其他构件中的钢筋采用绑扎搭接时，受拉钢筋直径不宜大于 25 mm，受压钢筋直径不宜大于 28 mm。

2）钢筋绑扎搭接

钢筋的绑扎搭接应符合本书第 2 章的相关要求。

在实际工程中，并筋采用绑扎搭接连接时，应按单筋错开搭接的方式连接。接头面积百分率应按同一连接区段内所有的单根钢筋来计算。并筋中钢筋的搭接长度应按单筋分别计算。

3）钢筋机械连接

纵向受力钢筋的机械连接接头宜相互错开。钢筋机械连接区段的长度为 $35d$，d 为连接钢筋的较小直径。凡接头中点位于该连接区段长度内的机械连接接头均属于同一连接区段的接头。

位于同一连接区段内的纵向受拉钢筋接头面积百分率不宜大于 50%，但对板、墙、柱及预制构件的拼接处，可根据实际情况适当放宽。纵向受压钢筋的接头面积百分率可不受限制。

机械连接套筒的保护层厚度宜满足有关钢筋最小保护层厚度的规定。机械连接套筒的横向净间距不宜小于 25 mm，套筒处箍筋的间距仍应满足相应的构造要求。

直接承受动力荷载结构构件中的机械连接接头，除应满足设计要求的抗疲劳性能外，位于同一连接区段内的纵向受力钢筋接头面积百分率不应大于 50%。

4）钢筋焊接连接

纵向受力钢筋的焊接接头应相互错开。钢筋焊接接头连接区段的长度为 $35d$ 且不小于 500 mm，d 为连接钢筋的较小直径，凡接头中点位于该连接区段长度内的焊接接头均属于同一连接区段的接头。

需进行疲劳验算的构件，其纵向受拉钢筋不得采用绑扎搭接接头，也不宜采用焊接接头，除端部锚固外不得在钢筋上焊有附件。

当直接承受吊车荷载的钢筋混凝土吊车梁、屋面梁及屋架下弦的纵向受拉钢筋需要采用

焊接接头时,应符合下列规定:

①应采用闪光接触对焊,并去掉接头的毛刺和卷边;

②同一连接区段内纵向受拉钢筋焊接接头面积百分率不应大于 25%,焊接接头连接区段的长度应取为 $45d$,d 为纵向受力钢筋的较大直径;

③当需进行疲劳验算时,其焊接接头应符合"规范"第 4.2.6 条疲劳应力幅限值的规定。

细晶粒热轧带肋钢筋以及直径大于 28 mm 的带肋钢筋,其焊接应按经试验确定,余热处理钢筋不宜用于焊接。

5.4.3 梁的上部和梁侧纵向构造钢筋

1)梁的上部纵向构造钢筋的构造要求

梁的上部纵向构造钢筋应符合下列要求:

①当梁端按简支计算但实际上受到部分约束时,应在支座区上部设置纵向构造钢筋,其截面面积不应小于梁跨中下部纵向受力钢筋计算所需截面面积的 1/4,且不应少于 2 根。该纵向构造钢筋自支座边缘向跨内伸出的长度不应小于 $l_0/5$,l_0 为梁的计算跨度。

②当梁内按计算不需要设置受压钢筋时,通常均应在受压区两角设置架立钢筋。架立钢筋的作用是形成钢筋骨架和承受温度应力和收缩应力以及构件吊装过程中可能产生的拉力。

对于架立钢筋,当梁的跨度小于 4 m 时,直径不宜小于 8 mm;当梁的跨度为 4~6 m 时,直径不应小于 10 mm;当梁的跨度大于 6 m 时,直径不宜小于 12 mm。

2)梁侧纵向构造钢筋要求

梁的腹板高度 h_w 不小于 450 mm 时,在梁的两个侧面应沿高度配置纵向构造钢筋。每侧纵向构造钢筋(不包括梁上、下部受力钢筋及架立钢筋)的间距不宜大于 200 mm,截面面积不应小于腹板截面面积(bh_w)的 0.1%,但当梁宽较大时可以适当放宽其取值。腹板高度 h_w 按第 4 章相关规定取用。

思考题

5.1 钢筋混凝土梁在荷载作用下,一般在跨中产生垂直裂缝,在支座产生斜裂缝,这是为什么?

5.2 钢筋混凝土梁的斜裂缝有几种类型?有何特点?

5.3 在荷载作用下,钢筋混凝土梁为什么会出现斜裂缝?试分析图 5.26 所示的矩形截面梁,如出现斜裂缝,则斜裂缝将出现在哪些部位?发展方向会怎样?

5.4 钢筋混凝土梁的斜截面受剪破坏的破坏形态有哪几种?

5.5 在钢筋混凝土梁的斜截面受剪承载力计算公式中主要考虑了哪些因素?

5.6 钢筋混凝土梁的斜截面受剪承载力为什么要规定上、下限?为什么要对梁截面尺寸加以限制?薄腹梁与一般梁的限制条件为何不同?为什么要规定箍筋的最小配箍率?

5.7 计算梁斜截面受剪承载力时应取哪些计算截面作为控制截面?

5.8 为什么要控制箍筋的最大间距?为什么箍筋直径不应小于其规定的最小直径?当

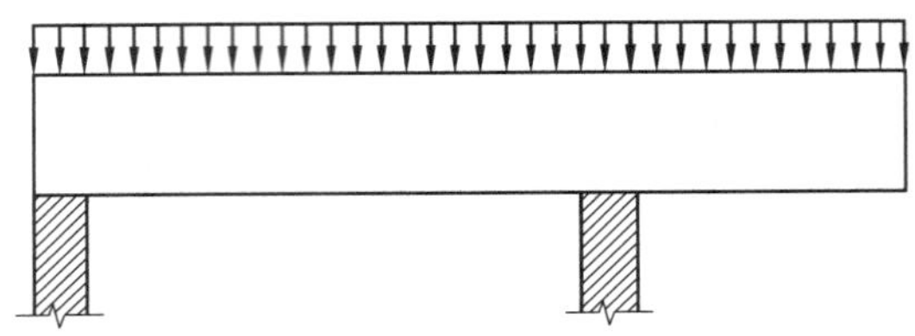

图 5.26　思考题 5.3 图

箍筋满足最小直径和最大间距要求时，是否必然满足箍筋最小配筋率的要求？

5.9　什么是材料抵抗弯矩图？它与设计弯矩图的关系应当怎样？什么是钢筋的充分利用点和理论截断点？

5.10　为了保证梁斜截面的受弯承载力，对纵筋的弯起、锚固、截断以及箍筋的间距，有什么构造要求？

习　题

5.1　钢筋混凝土矩形截面简支梁，如图 5.27 所示，截面尺寸为 250 mm×500 mm，混凝土强度等级为 C30，箍筋采用 HPB300 级钢筋（$f_{yv}=270\ \text{N/mm}^2$），纵筋为 2 ⌀ 25+2 ⌀ 22 的 HRB400 级钢筋（$f_y=360\ \text{N/mm}^2$），环境类别为二 b 类。

要求：对该梁进行抗剪承载力设计：（1）只配箍筋；（2）既配弯起钢筋又配箍筋。

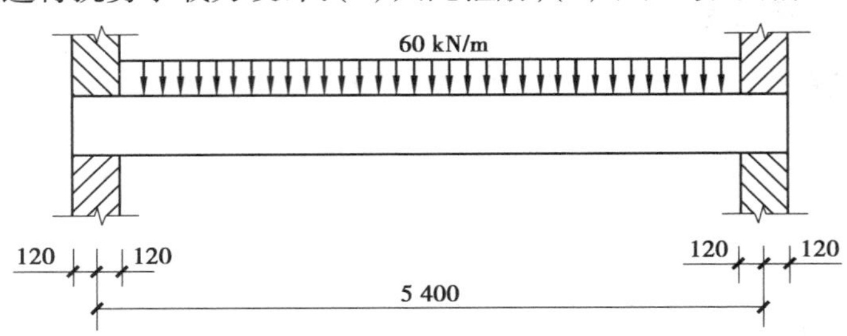

图 5.27　习题 5.1 图

5.2　一钢筋混凝土矩形截面简支梁，支承在 240 mm 厚的墙体上，净跨为 $l_n=3\ 260$ mm，环境类别为一类。作用于梁上的均布恒载标准值（包括自重）为 $g_k=23$ kN/m，均布活载标准值 $q_k=42$ kN/m。梁的截面尺寸为：$b=200$ mm，$h=450$ mm。按正截面计算时已经配置了 3 ⌀ 20的纵向受力钢筋，混凝土的强度等级为 C25，箍筋为 HPB300 钢筋，试确定箍筋的数量。

5.3　一钢筋混凝土矩形截面独立简支梁，截面尺寸为 200 mm×450 mm，$h_0=410$ mm，混凝土强度等级为 C30，箍筋为热轧 HPB300 级钢筋（$f_{yv}=270\ \text{N/mm}^2$），承受集中荷载为主，支座处截面的剪力最大值为 160 kN。试验算抗弯纵筋是否足够。

求：仅配箍筋作为抗剪腹筋的数量。

5.4　一钢筋混凝土 T 形截面简支梁，环境类别为二 a 类。截面尺寸、跨度、纵向钢筋数量如图 5.28 所示，承受一集中荷载（梁自重不计），荷载设计值 550 kN，混凝土 C30，箍筋采用 HPB300 级钢筋，纵筋采用 HRB400 级钢筋。

要求：配置抗剪腹筋的数量。

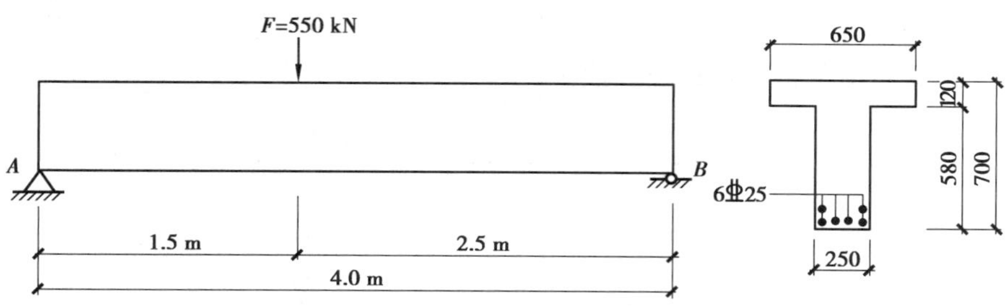

图 5.28 习题 5.4 图

5.5 一钢筋混凝土外伸梁,如图 5.29 所示,环境类别为二 a 类,混凝土强度等级为 C30,梁截面尺寸为 250 mm×500 mm,梁上部钢筋配置为 2 ⊈ 16+1 ⊈ 20 的纵筋,下部配置 2 ⊈ 25+1 ⊈ 20的纵筋,箍筋采用 HPB300 级钢筋,纵筋采用 HRB400 级钢筋。要求:配置抗剪箍筋的数量。

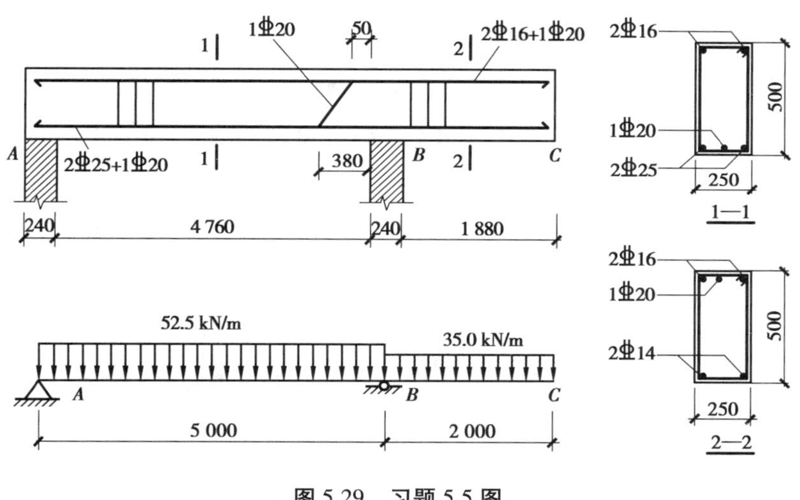

图 5.29 习题 5.5 图

5.6 钢筋混凝土矩形截面简支梁如图 5.30 所示,环境类别为一类,承受集中荷载设计值 P=100 kN,均布荷载设计值(包括自重)q=10 kN/m,截面尺寸为 250 mm×600 mm,混凝土强度等级为 C25(f_t=1.27 N/mm^2、f_c=11.9 N/mm^2),箍筋采用 HPB300 级钢筋(f_{yv}=270 N/mm^2),纵筋为 4 ⊈ 18 的 HRB400 级钢筋(f_y=360 N/mm^2)。试确定箍筋数量(不设弯起钢筋)。

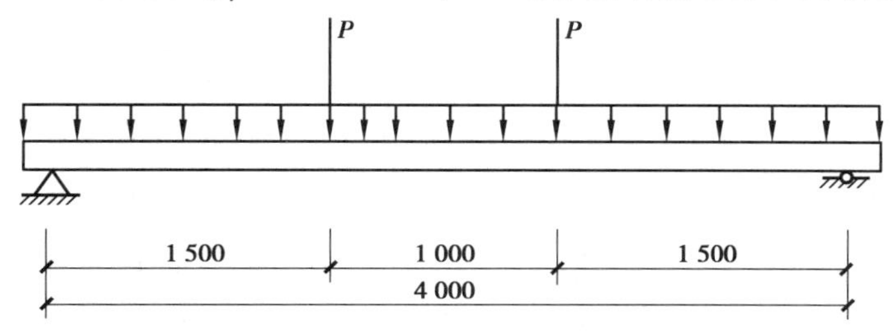

图 5.30 习题 5.6 图

5.7 一钢筋混凝土简支梁如图 5.31 所示,梁截面尺寸为 250 mm×500 mm,混凝土强度等级为 C30,箍筋为φ 8@ 200 的 HPB300 级钢筋(f_{yv}=270 N/mm^2),纵筋为 4 ⊈ 20 的 HRB400

级钢筋(f_y=360 N/mm^2),不设弯起钢筋,环境类别为一类。如果忽略梁自重及架立钢筋的作用,试求此梁所能承受的最大荷载设计值 P。

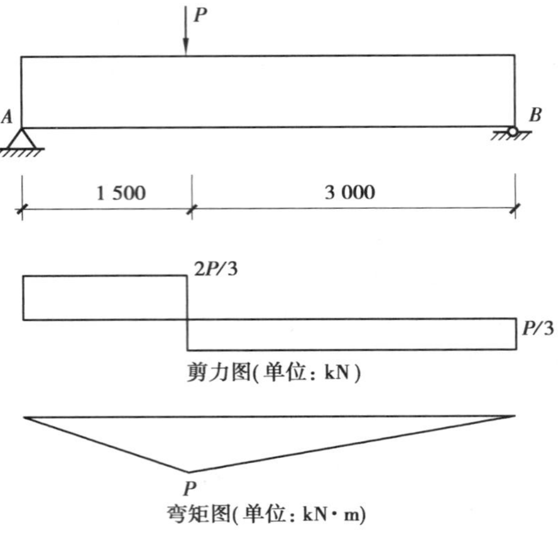

图 5.31　习题 5.7 图

6

混凝土轴心受力构件承载力

【学习目标】

(1)了解轴心受力构件在建筑工程中的应用情况;

(2)了解轴心受拉构件和轴心受压构件的受力全过程;

(3)掌握轴心受拉构件和轴心受压构件正截面承载力计算方法;

(4)熟悉轴心受力构件的一般构造要求。

【本章概述】

作用线与构件轴线平行但不重合的力称为**轴向力**,按作用方向分为轴向拉力和轴向压力;作用线与构件的形心线重合的力称为**轴心力**(简称**轴力**),按作用方向分为轴心拉力和轴心压力。

当构件只受到轴心力作用时,称其为轴心受力构件,分为轴心受压构件和轴心受拉构件两大类。实际工程中,理想的轴心受力构件是不存在的,但有些情况可近似按轴心受力构件处理以简化设计,如混凝土屋架或托架的受拉弦杆和腹杆以及拱的拉杆,当杆件自重和节点约束引起的弯矩很小时,可近似按轴心受拉构件计算;设计以恒载为主的多层多跨房屋的内柱和屋架的受压腹杆等构件时,可近似简化为轴心受压构件进行计算。

由于混凝土的抗拉强度很低,不宜用于承受拉力,故建筑工程中较少采用混凝土轴心受拉构件。采用普通钢筋混凝土构件承受拉力时,不仅要满足承载力的要求,还应进行抗裂验算,采取必要的措施来控制构件的裂缝宽度。对于承受较大轴心拉力的构件,或不允许开裂的轴心受拉构件,一般需采取预应力措施。

普通轴心受力构件中配有纵向钢筋和箍筋,纵向钢筋的主要作用是承受轴心力,箍筋的主要作用是固定纵向钢筋,使其在构件制作的过程中不发生变形和错位。螺旋箍筋柱可通过密集配置的箍筋来约束核心区的混凝土从而间接提高构件的轴向抗压强度。

6.1 钢筋混凝土轴心受拉构件正截面承载力计算

6.1.1 受力过程及破坏特征

轴心受拉构件从加载到破坏,其受力过程可分为以下三个受力阶段。

(1)第一阶段——混凝土开裂前($0 \leqslant N \leqslant N_{cr}$)

该阶段也称为混凝土开裂前工作阶段。该阶段,钢筋和混凝土共同承受拉力,应力与应变大致呈正比,曲线接近于直线,如图 6.1(a)OA 段所示。当荷载增加到使混凝土达到其极限拉应变,构件即将出现裂缝。对于使用阶段不允许开裂的构件,应以此受力状态作为抗裂验算的依据。

(2)第二阶段——混凝土开裂后至钢筋屈服前($N_{cr}<N<N_u$)

该阶段也称为带裂缝工作阶段。当荷载增加到某一数值时,在构件较薄弱的部位会首先出现裂缝,随着受力的增加逐渐形成如图 6.1(b)Ⅱ所示的裂缝分布形式,其应力-应变关系如图 6.1(a)AB 段所示。此时,裂缝处的混凝土不再承受拉力,所有拉力均由纵向钢筋来承担。对于使用阶段允许出现裂缝的构件,应以此阶段的受力状态作为裂缝宽度验算的依据。

(3)第三阶段——钢筋屈服到构件破坏($N=N_u$)

该阶段也称为破坏阶段。当荷载继续增加到某一数值时,钢筋开始屈服,裂缝开展很大,其应力-应变关系如图 6.1(a)中的 BC 段所示,可以认为整个构件达到了破坏状态。设计上以该受力状态作为截面承载力计算的依据。

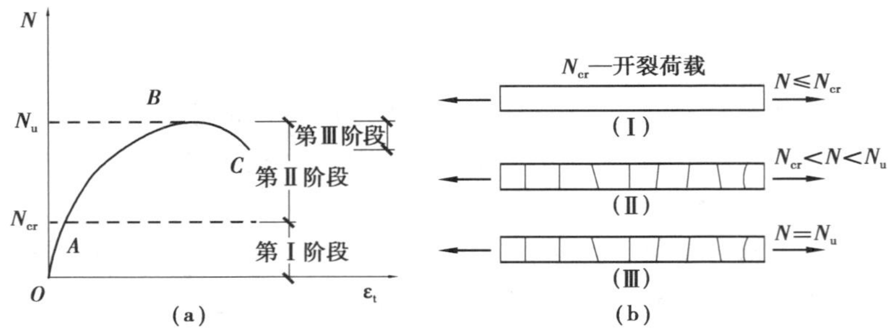

图 6.1 轴心受拉构件破坏的三个阶段

6.1.2 轴心受拉构件正截面承载力计算

混凝土轴心受拉构件破坏时,裂缝截面上混凝土因开裂而不能承受拉力,全部拉力由钢筋承受。故轴心受拉构件正截面承载力计算公式如下:

$$N \leqslant f_y A_s \tag{6.1}$$

式中 N——轴心拉力设计值;

f_y——钢筋的抗拉强度设计值;

A_s——受拉钢筋的全部截面面积。

6.1.3 构造要求

1)截面形式

钢筋混凝土轴心受拉构件的截面形式一般采用正方形、矩形或其他对称截面。

2)纵向受力钢筋

①轴心受拉构件的受力钢筋不得采用绑扎搭接接头。

②为避免配筋过少而引起的脆性破坏,轴心受拉构件一侧的受拉钢筋的配筋率应不小于0.2%和$0.45f_t/f_y$中的较大值。

③受力钢筋沿截面周边均匀对称布置,并宜选择直径较小的钢筋。

3)箍筋

箍筋直径不小于6 mm,间距一般不宜大于200 mm(屋架的腹杆不宜超过150 mm)。

6.2 钢筋混凝土轴心受压构件正截面承载力计算

轴心受压构件内配有纵向钢筋和箍筋。根据箍筋的作用及配置方式的不同,可分为配置普通箍筋的轴心受压构件和配置螺旋箍筋(或焊接环式箍筋)的轴心受压构件两大类。

由于构造简单、施工方便,普通箍筋柱是工程中最常见的轴心受压柱,截面形状多为矩形或正方形。当柱承受很大的轴向压力,而柱截面尺寸又受到限制,若按普通箍筋柱设计,提高混凝土强度等级和增加纵筋数量也不足以承受该轴向压力时,可考虑采用螺旋箍筋(或焊接环式箍筋)以提高其受压承载力。这种柱的截面形状一般为圆形或正多边形。

6.2.1 普通箍筋轴心受压构件正截面承载力计算

1)受力分析及破坏特征

按照构件的长细比(构件的计算长度l_0与构件的截面回转半径i之比)不同,轴心受压构件分为短柱(矩形截面$l_0/b\leqslant 8$,其中b为截面宽度;或圆形截面$l_0/d\leqslant 7$;或一般截面$l_0/i\leqslant 28$)和长柱两种,两者的受力变形和破坏特征各不相同。

在荷载作用下,由于偶然因素造成的荷载初始偏心对短柱的受压承载力和破坏特征影响很小,引起的侧向挠度也很小,故可忽略不计。在开始施加荷载时,荷载量值比较小,混凝土和钢筋都处于弹性阶段,纵筋和混凝土的压应力与荷载成正比;当压力N较大时,混凝土出现塑性变形,由于钢筋的弹性模量比混凝土的弹性模量大,故钢筋的压应力比混凝土的压应力增加要快。试验表明,素混凝土棱柱体轴心受压构件达到最大压应力值时的压应变值为0.001 5~0.002,而钢筋混凝土短柱达到应力峰值时的压应变值一般在0.002 5~0.003 5。其主要原因是纵向钢筋起到了调整混凝土应力的作用,使混凝土的塑性性质得到了较好的发挥,改善了受压破坏的脆性。在轴心受压短柱中,无论受压钢筋在构件破坏时是否屈服,构件的最终承载力都是由混凝土被压碎来控制。在临近破坏时,短柱四周出现明显的纵向裂缝,箍筋间的纵向钢筋发生压屈外鼓(如图6.2所示),最终以混凝土被压溃而破坏。

对于钢筋混凝土轴心受压长柱,试验表明,由于各种偶然因素形成的初始偏心距对试验结果影响较大。它将使构件产生弯曲变形和附加弯矩。柱长细比在一定范围内时,其破坏形式仍然为材料破坏,其破坏特征是:弯曲变形后,柱外凸一侧混凝土出现垂直于纵轴方向的水平裂缝,凹进一侧出现纵向裂缝,随后混凝土被压碎、纵筋被压屈外鼓,侧向挠度急剧增大,柱子破坏,如图 6.3 所示。当柱长细比增加到一定程度时,就可能发生“失稳破坏”。

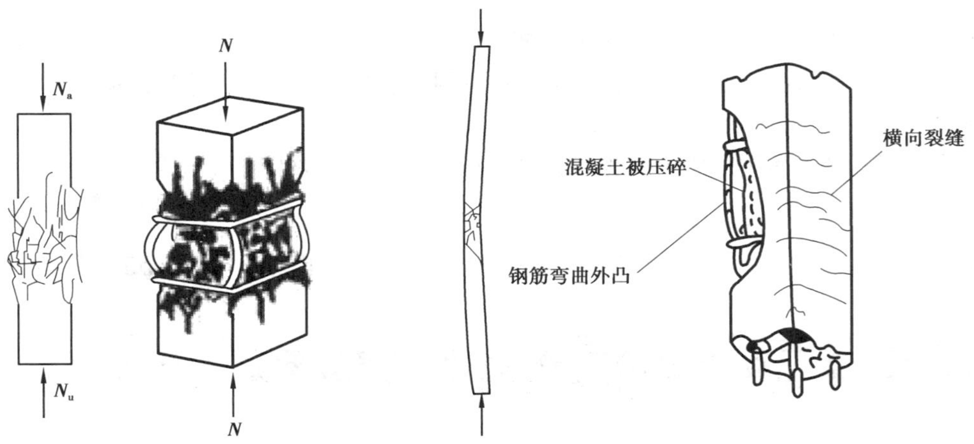

图 6.2　短柱的破坏　　　　图 6.3　长柱的破坏

试验结果表明,长柱的承载力低于相同条件短柱的承载力,并且随着长细比的增加,承载力将逐渐降低。工程运用中通过引入稳定系数 φ 值来表示长柱承载力的降低程度,φ 值小于 1.0 且随着长细比的增大而减小,如表 6.1 所示。

表 6.1　钢筋混凝土构件的稳定系数

l_0/b	l_0/d	l_0/i	φ	l_0/b	l_0/d	l_0/i	φ
≤8	≤7	≤28	≤1.0	30	26	104	0.52
10	8.5	35	0.98	32	28	111	0.48
12	10.5	42	0.95	34	29.5	118	0.44
14	12	48	0.92	36	31	125	0.40
16	14	55	0.87	38	33	132	0.36
18	15.5	62	0.81	40	34.5	139	0.32
20	17	69	0.75	42	36.5	146	0.29
22	19	76	0.70	44	38	153	0.26
24	21	83	0.65	46	40	160	0.23
26	22.5	90	0.60	48	41.5	167	0.21
28	24	97	0.56	50	43	174	0.19

注:表中 l_0 为构件计算长度;b 为矩形截面的短边尺寸;d 为圆形截面的直径;i 为截面最小回转半径。

构件计算长度 l_0 与构件两端的支承情况有关。理想状况下，当两端铰支时，取 $l_0 = l$（l 是构件实际长度）；当两端固定时，取 $l_0=0.5l$；当一端固定，一端铰支时，取 $l_0=0.7l$；当一端固定，一端自由时，取 $l_0=2l$。

在实际结构中，构件的支承情况并不像以上几种情况那样理想，这会在确定 l_0 时遇到困难。为方便工程运用，现行《钢筋混凝土结构设计规范》（GB 50010，以下简称"规范"）对单层厂房排架柱、框架柱等的计算长度作了具体规定，详见表 6.2。

刚性屋盖单层房屋排架柱、露天吊车柱和栈桥柱，其计算长度 l_0 可按表 6.2 取用。

表 6.2　刚性屋盖单层房屋排架柱、露天吊车柱和栈桥柱的计算长度

柱的类别		l_0		
		排架方向	垂直排架方向	
			有柱间支撑	无柱间支撑
无吊车房屋柱	单跨	$1.5H$	$1.0H$	$1.2H$
	两跨及多跨	$1.25H$	$1.0H$	$1.2H$
有吊车房屋柱	上柱	$2.0H_u$	$1.25H_u$	$1.5H_u$
	下柱	$1.0H_l$	$0.8H_l$	$1.0H_l$
露天吊车柱和栈桥柱		$2.0H_l$	$1.0H_l$	—

注：①表中 H 为从基础顶面算起的柱子全高；H_l 为从基础顶面至装配式吊车梁底面或现浇式吊车梁顶面的柱子下部高度；H_u 为从装配式吊车梁底面或从现浇式吊车梁顶面算起的柱子上部高度；

②表中有吊车房屋排架柱的计算长度，当计算中不考虑吊车荷载时，可按无吊车房屋柱的计算长度采用，但上柱的计算长度仍按有吊车房屋采用；

③表中有吊车房屋排架柱的上柱在排架方向的计算长度，仅适用于 H_u/H_l 不小于 0.3 的情况；当 H_u/H_l 小于 0.3 时，计算长度宜采用 $2.5H_u$。

一般多层房屋中梁柱为刚接的框架结构，各层柱的计算长度 l_0 可按表 6.3 取用。

表 6.3　框架结构各层柱的计算长度

楼盖类型	柱的类别	l_0
现浇楼盖	底层柱	$1.0H$
	其余各层柱	$1.25H$
装配式楼盖	底层柱	$1.25H$
	其余各层柱	$1.5H$

注：表中 H 为底层柱从基础顶面到一层楼盖顶面的高度；对其余各层柱为上下两层楼盖顶面之间的高度。

2）普通箍筋轴心受压构件正截面承载力计算

（1）基本公式

根据以上分析，在轴向力设计值 N 作用下，轴心受压构件的计算简图如图 6.4 所示。在考虑长、短柱计算公式的统一性及构件可靠度的调整后，由静力平衡条件，得到普通箍筋轴心受压构件正截面承载力的计算公式为：

$$N \leqslant N_u = 0.9\varphi(f_c A + f'_y A'_s) \tag{6.2}$$

式中 N_u——轴向受压承载力设计值；

0.9——可靠度调整系数；

φ——钢筋混凝土轴心受压构件的稳定系数，见表6.1；

f_c——混凝土的轴心抗压强度设计值；

A——构件截面面积，当纵向钢筋配筋率ρ>3.0%时，式中A改用$A-A'_s$；

f'_y——纵向钢筋的抗压强度设计值；

A'_s——全部纵向钢筋的截面面积。

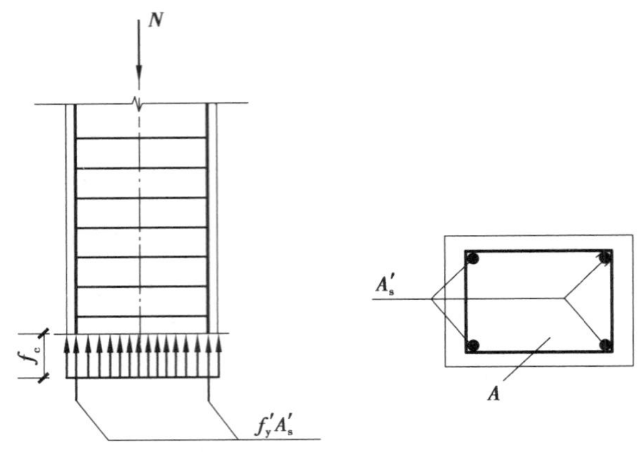

图6.4 普通箍筋柱正截面受压承载力计算简图

(2)截面设计

已知轴心压力设计值N，材料强度设计值(f_c、f'_y)，构件的计算长度，求构件截面面积A及纵向受压钢筋面积A'_s。此时可先假定构件的截面尺寸(按工程经验和相关构造)，然后利用基本公式6.2直接求解。

(3)截面复核

对于截面复核，已知材料强度设计值(f_c、f'_y)、构件的计算长度l_0、截面面积A及纵向受压钢筋面积A'_s，只需将相关数据带入式(6.2)即可求出N_u。如果$N_u>N$，则满足承载力要求，否则不满足承载力要求。

轴心受压普通柱相关构造按本书第7章受压构件构造要求。

【例6.1】已知某多层四跨现浇框架结构的底层内柱，截面尺寸为400 mm×400 mm，轴心压力设计值N=2 400 kN，H=4.8 m，混凝土强度等级为C30，纵筋采用HRB400级钢筋。近似按轴心受压构件计算，求所需纵筋面积。

【解】按表6.3，$l_0=H=4.8$ m

由$l_0/b=4\ 800/400=12$，查表6.1得：$\varphi=0.95$

令$N=N_u$，按式(6.2)求A'_s

$$A'_s = \frac{1}{f'_y}\left(\frac{N}{0.9\varphi} - f_c A\right) = \frac{1}{360}\left(\frac{2\ 400 \times 10^3}{0.9 \times 0.95} - 14.3 \times 400 \times 400\right) = 1\ 442\ \text{mm}^2$$

如果采用 8 ⌀ 16，$A_s'=1\ 608\ \text{mm}^2$，每侧配置 3 根。

$$\rho'=\frac{A_s'}{A}=\frac{1\ 608}{400\times400}=1.01\%>\rho'_{\min}=0.55\%\text{（满足要求）}$$

截面每一侧的配筋率：

$$\rho'=\frac{603}{400\times400}=0.38\%>0.2\%\text{（满足要求）}$$

故满足受压纵筋最小配筋率的要求，选筋合适。

6.2.2 螺旋箍筋轴心受压构件正截面承载力计算

1）受力特点及破坏特征

当柱承受很大轴心压力，并且截面尺寸由于建筑及使用的要求受到限制，若设计成普通箍筋的柱，即使提高了混凝土强度等级和增加了纵筋配筋量也不足以承受该轴心压力时，可考虑采用密集配置的螺旋箍筋或焊接环筋来间接提高柱的竖向承载力。这种柱的截面形状一般为圆形或正多边形，如图 6.5 所示。

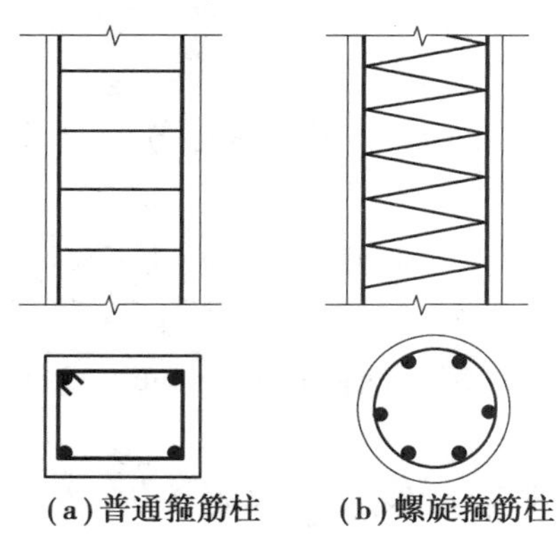

（a）普通箍筋柱　（b）螺旋箍筋柱

图 6.5　普通箍筋柱与螺旋箍筋柱

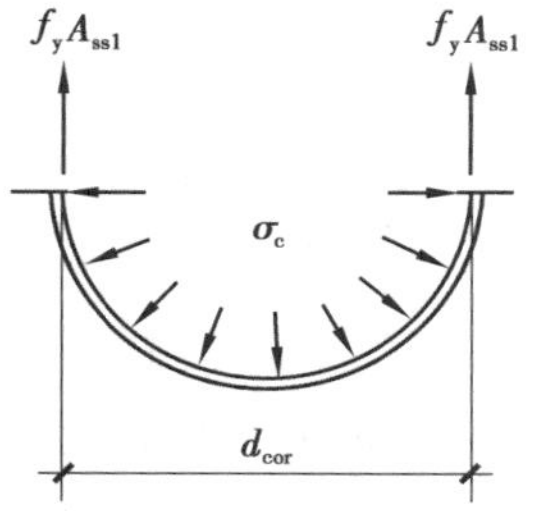

图 6.6　混凝土径向压力示意图

配置了螺旋箍筋的柱，在加载初期，混凝土的压应力较小，箍筋对核心混凝土的横向变形约束作用不明显。当混凝土的压应力达到 0.8 f_c 以后，混凝土的横向变形将急剧增大，但这个急剧增大的横向变形将受到螺旋箍筋的约束，螺旋箍筋内产生的拉应力使箍筋所包围的核心区混凝土（图 6.6）的横向变形受到螺旋箍筋的约束，使其处于三向受压状态，有效地提高了核心混凝土的抗压强度和变形能力，从而提高了构件的受压承载力。当混凝土的压应变达到无约束混凝土的极限压应变时，箍筋外围的混凝土保护层开始脱落。当螺旋箍筋的应力达到螺旋箍筋的抗拉屈服强度时，螺旋箍筋就不能再有效地约束核心混凝土的横向变形，柱达到最大承载力而破坏。由于此类柱是通过箍筋对核心混凝土的套箍作用来间接提高柱的受压承载力，故也称为“间接配筋柱”；螺旋箍筋或焊接环式箍筋也称为“间接钢筋”。

考虑间接钢筋的作用时，间接钢筋间距不应大于 80 mm 及 $d_{cor}/5$，以便更好地约束混凝土；也不小于 40 mm，以保证混凝土的浇筑质量。间接钢筋的直径按箍筋有关规定采用。

2）螺旋箍筋柱轴心受压构件正截面承载力计算

根据试验结果和理论推导，螺旋箍筋柱的承载力计算公式为：

$$N \leqslant N_u = 0.9(f_c A_{cor} + 2\alpha f_y A_{ss0} + f'_y A'_s) \tag{6.3}$$

$$A_{cor} = \frac{\pi d_{cor}^2}{4} \tag{6.4}$$

$$A_{ss0} = \frac{\pi d_{cor} A_{ss1}}{s} \tag{6.5}$$

式中 A_{ss1}——单根间接钢筋的截面面积；

f_y——间接钢筋的抗拉强度设计值；

s——沿构件轴线方向间接钢筋的间距；

d_{cor}——构件的核心直径，按间接钢筋内表面确定；

A_{ss0}——间接钢筋的换算截面面积，按式(6.5)计算；

A_{cor}——构件的核心截面面积，按式(6.4)计算；

α——间接钢筋对混凝土约束的折减系数，当混凝土强度等级不超过 C50 时，取 $\alpha=1.0$；当混凝土强度等级为 C80 时，取 $\alpha=0.85$；当混凝土强度等级在 C50 和 C80 之间时，按直线内插法确定。

3）螺旋箍筋柱的适用条件

当遇到下列任意一种情况时，不应计入间接钢筋的影响，而应按式(6.2)计算构件的受压承载力：

①当 $l_0/d>12$ 时。此时长细比较大，有可能因纵向弯曲而导致螺旋筋不起作用；

②当按式(6.3)算得的受压承载力小于按式(6.2)算得的受压承载力时；

③当间接钢筋的换算截面面积 A_{ss0} 小于纵筋的全部截面面积的 25%时，可认为间接钢筋配置太少，间接钢筋对核心混凝土的约束作用不明显。

另外，为使间接钢筋外层的保护层混凝土具有足够的抵抗脱落的能力，按螺旋箍筋柱计算的柱的承载力不应大于按普通箍筋柱计算的承载力的 150%。

【例 6.2】某多层框架结构，底层门厅柱为圆形截面，直径 $d=450$ mm，按轴心受压柱设计。轴心力设计值 $N=5\ 200$ kN，计算长度 $l_0=4.8$m，混凝土强度等级为 C40，纵筋采用 HRB400 级，箍筋采用 HRB400，环境类别为一类，安全等级为二级。试求柱的配筋。

【解】由附表查得 C40 混凝土的 $f_c=19.1$ N/mm^2，由附表查得 HRB400 级钢筋：$f'_y=f_y=360$ N/mm^2。

柱长细比 $l_0/d=4\ 800/450=10.7$，查表得 $\varphi=0.946$

$$A = \pi d^2/4 = 3.14 \times 450^2/4 = 158\ 963\ \text{mm}^2$$

先按普通箍筋配筋，则有：

$$A'_s = \frac{1}{f'_y}\left(\frac{N}{0.9\varphi} - f_c A\right) = \frac{1}{360} \times \left(\frac{5\ 200 \times 10^3}{0.9 \times 0.946} - 19.1 \times 158\ 963\right) = 8\ 532\ \text{mm}^2$$

$\rho'=8\ 532/158\ 963=5.4\%>5\%$，纵向钢筋配筋率过高。因柱长细比小于 12，故考虑配置螺旋箍筋以提高柱承载力：

假定纵筋配筋率为 4%，则有 $A'_s=0.04\times158\ 963=6\ 359$ mm^2，选用钢筋 13 ⌀ 25，钢筋的间

距满足要求,实际有:$A'_s=6\ 383\ \text{mm}^2$

保护层 C=20 mm,现假定箍筋直径为 10 mm,

$$d_{cor}=450-(20+10)\times 2=390\ \text{mm}$$

核心截面积:$A_{cor}=\pi d_{cor}^2/4=3.14\times 390^2/4=119\ 399\ \text{mm}^2$

需要配置的螺旋箍筋换算截面积 A_{ss0}

$$A_{ss0}=\frac{\dfrac{N}{0.9}-f_cA_{cor}-f'_yA'_s}{2\alpha f_y}=\frac{\dfrac{5\ 200\times 10^3}{0.9}-19.1\times 119\ 399-360\times 6\ 383}{2\times 1.0\times 360}$$

$$=1\ 666\ \text{mm}^2>25\%\times A'_s=1\ 596\ \text{mm}^2$$

选螺旋箍筋为⏀10,$A_{ss1}=78.5\ \text{mm}^2$。由式(6.5)可算得螺旋箍筋的间距为:

$$s=\frac{\pi d_{cor}A_{ss1}}{A_{ss0}}=\frac{3.14\times 390\times 78.5}{1\ 666}=58\ \text{mm}$$

实际取 $s=50$ mm,满足 $40\leqslant s\leqslant 80$ mm。

按螺旋箍筋配置的承载力:

$N'_u=0.9(f_cA_{cor}+2\alpha f_yA_{ss0}+f'_yA'_s)$

$=0.9\times(19.1\times 119\ 399+2\times 1.0\times 360\times 1\ 666+360\times 6\ 383)\text{kN}=5\ 200\ 128.8\ \text{N}=5\ 200.1\ \text{kN}$

按普通箍筋配置的承载力:

$N=0.9\varphi(f_cA+f'_yA'_s)=0.9\times 0.946\times[19.1\times(158\ 963-6\ 383)+360\times 6\ 383]$

$=4\ 437\ 631.3\ \text{N}=4\ 437.6\ \text{kN}$

综上所述:$N'_u=5\ 200.1\ \text{kN}>N=4\ 437.6\ \text{kN}$,且 $N'=5\ 200.13\ \text{kN}<1.5N=6\ 656.4\ \text{kN}$

满足要求。

思考题

6.1　在实际工程中,哪些构件可以按轴心受拉构件计算?

6.2　轴心受拉构件为何不考虑混凝土的受拉作用?

6.3　轴心受压普通箍筋短柱与长柱的破坏形态有何不同?轴心受压长柱的稳定系数 φ 是如何确定的?

6.4　轴心受压普通箍筋柱与螺旋箍筋柱的正截面受压承载力计算有何不同?

6.5　对螺旋箍筋柱的箍筋间距有哪些要求,为什么?

6.6　螺旋箍筋柱的适用条件是什么?

习　题

6.1　某四层四跨现浇框架结构的第二层内柱轴向压力设计值 $N=2\ 100$ kN,楼层高 $H=4.2$ m,计算长度 $l_0=1.25H$,混凝土强度等级为 C30,HRB400 级钢筋。设计使用年限为 50

年，环境类别为一类，安全等级为二级。试求柱截面尺寸及纵筋配置面积。

6.2　由于建筑使用的要求，某现浇柱截面尺寸为 350 mm×350 mm，柱计算长度 l_0 = 4.0 m，配置 8 ⌀22（A_s' = 3 041 mm），C30 混凝土，HRB400 级钢筋，箍筋为ϕ 8@ 200，承受轴向压力设计值 N = 2 000 kN。设计使用年限为 50 年，环境类别为一类，安全等级为二级。试问柱截面是否安全？

6.3　已知圆形截面现浇钢筋混凝土柱，直径不超过 400 mm，承受轴心压力设计值 N = 4 500 kN，计算长度 l_0 = 4.8 m，混凝土强度等级为 C40，柱中纵筋和箍筋均采用 HRB400 级钢筋，环境类别为一类，安全等级为二级。试设计该柱截面。

7

混凝土偏心受力构件承载力

【学习目标】

(1)了解偏心受压构件的受力工作特性;

(2)理解大偏心和小偏心受压破坏的特征,掌握两类偏心受压构件的判别方法;

(3)熟悉偏心受压构件的二阶效应及计算方法;

(4)掌握两类偏心受压构件正截面承载力计算方法;

(5)掌握偏心受拉构件的受力特性及正截面承载力计算方法;

(6)熟悉偏心受压及偏心受拉构件斜截面承载力计算方法;

(7)了解受压构件的一般构造要求。

【本章概述】

当混凝土构件截面上受到与构件轴线不重合的轴向力或者受到轴心力(简称轴力)和弯矩的共同作用时,该类构件称为偏心受力构件。当偏心力为压力时,称为偏心受压构件;当偏心力为拉力时,称为偏心受拉构件。

实际工程中,偏心受压和偏心受拉构件应用极为普遍。如单层工业厂房的排架柱、屋架上弦杆、双肢柱中的压肢,多层和高层建筑中的框架柱、剪力墙、构筑物中的筒体、烟囱的筒壁、桥梁结构中的桥墩、拱等多属于偏心受压构件。钢筋混凝土屋架的下弦杆、拱的拉杆、水池池壁、圆形管道的管壁、双肢柱的拉肢等多属于偏心受拉构件。因此,理解偏心受力构件的受力性能,掌握其设计方法是学习混凝土结构设计的重要环节。

在偏心受力构件中,离轴向力较近一侧的钢筋简称为"近侧钢筋",用 A_s' 表示;离轴向力较远一侧的钢筋简称为"远侧钢筋",用 A_s 表示。

7.1　偏心受压构件正截面的破坏形态

7.1.1　偏心受压短柱的破坏形态

对于长细比比较小的受压构件，在受力过程中由偏心弯矩引起的构件侧向变形很小，对构件受力的影响可以忽略，这样的受压构件称为短柱。工程实用中，$l_0/b \leqslant 8$ 的情况符合短柱的受力特点，其中 l_0 为构件的计算长度，b 为截面短边。

试验表明，钢筋混凝土偏心受压短柱的破坏形态有受拉破坏（也称为大偏心受压破坏）和受压破坏（也称为小偏心受压破坏）两种。

1）受拉破坏

受拉破坏发生于轴向力 N 的相对偏心距 e_0/h_0（$e_0=M/N$）较大，且受拉钢筋配置不多的情况。此时，构件受荷后，靠近轴向力作用的一侧受压，远离轴向力的一侧受拉。当压力 N 加载到一定程度时，首先在受拉区产生横向裂缝，随着荷载的持续增加，拉区的裂缝不断开展，在破坏前主裂缝发展明显，受拉钢筋的应力达到屈服强度后，中和轴急剧上升，使混凝土压区高度迅速减小，最后受压区混凝土被压碎，构件破坏，如图 7.1 所示。

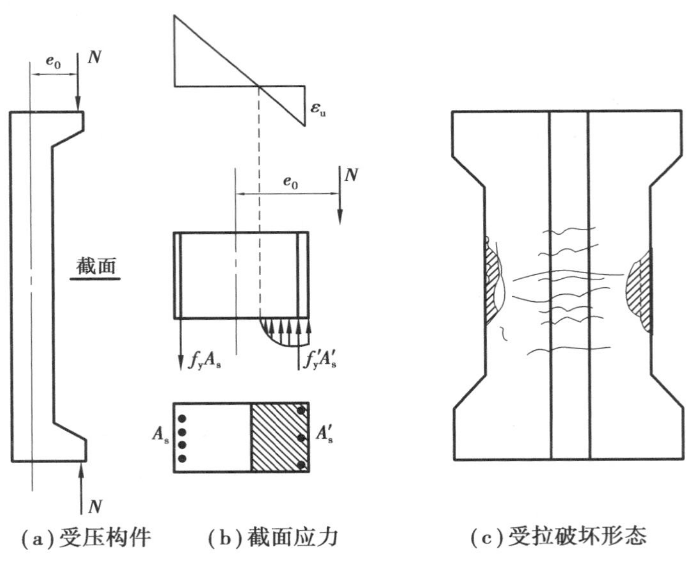

图 7.1　受拉破坏时的截面应力和破坏形态

2）受压破坏

受压破坏的特点是截面破坏由受压区边缘混凝土的压碎引起，主要有三种情况：

①轴向力 N 的相对偏心距较小，构件截面全部受压或大部分受压，如图 7.2(b)、(c)所示。破坏时，离轴向力较近一侧的混凝土压应力较大，混凝土被压坏，同侧的受压钢筋（以下简称“近侧钢筋”，用 A'_s 表示）的应力也达到抗压屈服强度。而离轴向力 N 较远一侧的钢筋（以下简称“远侧钢筋”，用 A_s 表示），可能受拉也可能受压，其应力都未达到屈服强度。只有

当偏心距很小(对矩形截面而言,$e_0 \leqslant 0.15h_0$)而轴向力 N 又较大($N > \alpha_1 f_c b h_0$)时,“远侧钢筋”才可能受压屈服。

②轴向力 N 的相对偏心距虽然较大,但却配置了较多的受拉钢筋,致使“远侧钢筋”虽受拉但始终不屈服。破坏时,受压区混凝土被压坏,受压钢筋应力达到其抗压屈服强度。

③当轴向力 N 的相对偏心距很小,而远离轴向压力一侧的钢筋配置过少,靠近轴向压力一侧的钢筋配置较多时(即 A'_s 比 A_s 大得多时),截面的实际受压中心向压力方向(即 A'_s 方向)偏移,越过力的作用线,此时离轴向压力较远一侧的混凝土压应力反而大。在轴向力很大时,就有可能出现远离轴向力一侧的边缘混凝土先被压坏,这种情况称为反向受压破坏,如图 7.10 所示。

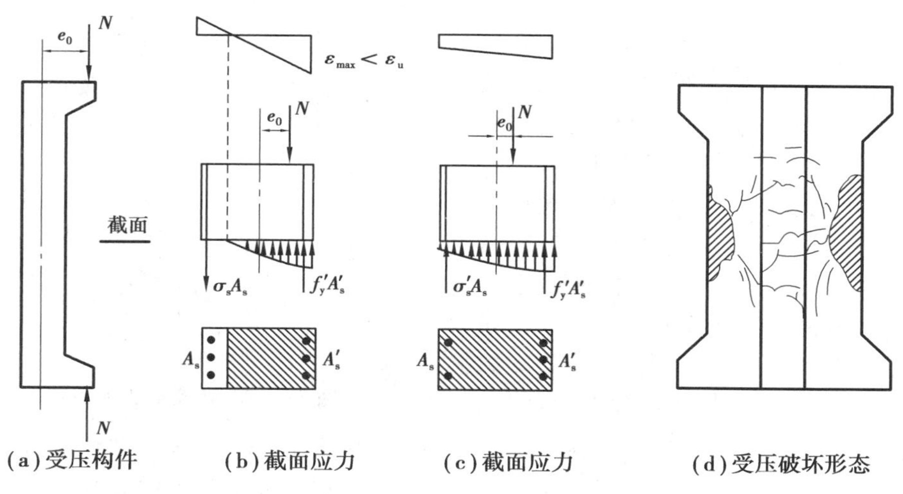

图 7.2　受压破坏时的截面应力和受压破坏形态

从上述受压破坏的特征可以看出,小偏心破坏所共有的关键破坏特点为:破坏由混凝土压碎所引起,破坏前无明显预兆,属脆性破坏,如图 7.2(d)所示。“远侧钢筋”可能受拉也可能受压,受拉时不屈服,受压时可能屈服也可能不屈服。

3)两类偏心受压破坏的界限

大偏心受压是“远侧钢筋”先屈服,然后近侧混凝土被压碎;小偏心受压是近侧混凝土被压碎而导致构件破坏。这样,从受拉破坏过渡到受压破坏,其两种破坏形态之间存在着一种界限破坏形态,即在受拉钢筋应力达到屈服强度的同时,受压区混凝土刚好被压碎,此形态称为界限破坏。

与受弯构件相似,利用平截面假定并且规定了受压区边缘混凝土极限应变值的数值后,就可以求得偏心受压构件正截面在各种破坏情况下,沿截面高度的平均应变分布,如图 7.3 所示。

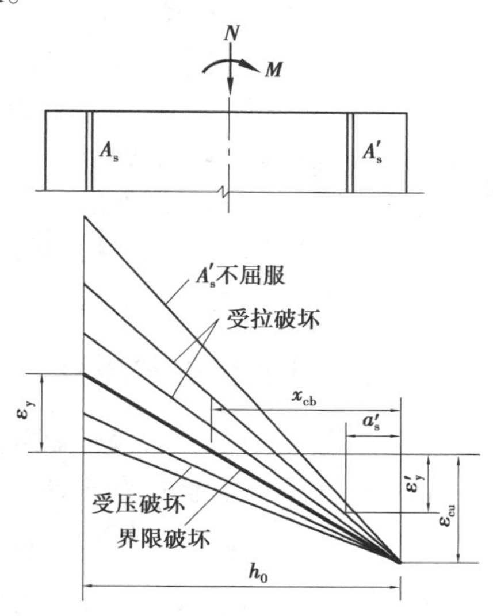

图 7.3　偏心受压构件的截面应变分布

与受弯构件类似,当混凝土受压区高度达到 x_{cb} 时,混凝土达到极限压应变 ε_{cu} 的同时受拉纵筋达到屈服应变值 ε_y,即为界限破坏形态。当 $x_c < x_{cb}$

$(x<x_b)$时，近侧混凝土达到极限压应变ε_{cu}时，远侧钢筋应变已超过屈服应变值ε_y，即钢筋屈服先于混凝土压碎，此时为大偏心受压破坏形态；当$x_c>x_{cb}(x>x_b)$时，近侧混凝土达到极限压应变ε_{cu}，远侧钢筋应变值仍小于屈服应变值ε_y，即混凝土压碎时，钢筋应力未能达到屈服强度，为小偏心受压破坏形态。

7.1.2 偏心受压构件的N_u-M_u相关曲线及其应用

对于给定截面、配筋及材料强度的偏心受压构件正截面，达到承载能力极限状态时，截面承受的内力设计值N_u、M_u并不独立而是相关的，截面可在无数的N_u、M_u的组合下达到其承载能力极限状态。

图7.4为西南交通大学所做的一组相同截面的偏心受压构件试验测得的N_u-M_u相关关系曲线。该曲线上任一点d的坐标代表截面达到极限承载力的一种N_u和M_u的组合。如任一点e位于图中曲线的内侧，则说明该截面在该点坐标给出的内力组合下未达到承载能力极限状态，截面是安全的；若e点位于图中曲线的外侧，则表明该截面的承载力不足。ab段表示大偏心受压时的N_u-M_u相关曲线，为二次抛物线，由曲线趋势可以看出，随着轴力N的增大，截面所能承担的弯矩也相应提高。bc段表示小偏心受压时的N_u-M_u关系曲线，也是一条二次函数曲线，由曲线趋向可以看出，在小偏心受压情况下，随着轴压力的增大，截面所能承担的弯矩降低。b点为受拉钢筋与受压混凝土同时达到其强度的界限状态，此时偏心受压构件承受的弯矩M_u达到最大值。图中a点表示受弯构件的情况，c点代表轴心受压构件的情况。

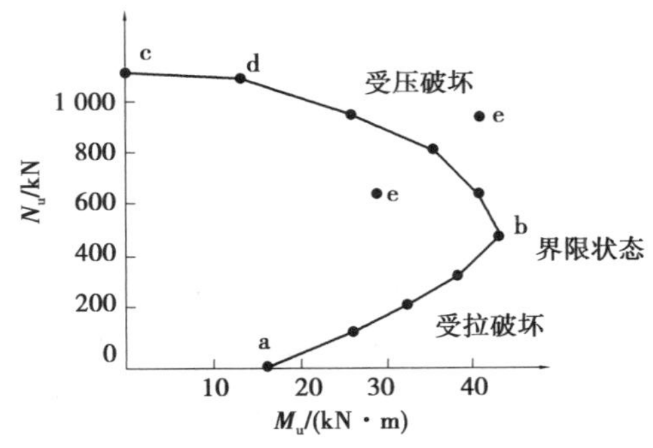

图7.4 N_u-M_u实验相关关系曲线

根据试验及理论分析，受压构件截面的N_u-M_u相关曲线具有如下特点：

①$M_u=0$时，N_u最大；$N_u=0$时，M_u不是最大；界限破坏时，M_u最大。

②小偏心受压时，N_u随着M_u的增大而减小；大偏心受压时，N_u随着M_u的增大而增大。弯矩M增大对大偏压构件和小偏压构件都是不利的；而轴力增加对小偏心受压构件是不利的，但对大偏心受压构件是有利的。

③当对称配筋时，如果截面的形状、尺寸及混凝土强度相同，则在界限破坏时，其N_u相同。

根据该曲线的规律，可以对构件的内力组合情况做预先判断，减小其设计工作量。如构件各截面轴力相差不大时，则应选择弯矩最大的截面作为配筋的控制截面。

7.1.3 偏心受压长柱的破坏类型

相对偏心受压短柱而言，偏心受压长柱由于长细比较大，在压力作用下，构件会产生较大的侧向挠曲变形，在这种侧向弯曲影响下，构件可能发生材料破坏和失稳破坏两种破坏形态。

1)材料破坏

当长细比在一定范围内时，在承受偏心受压荷载后，柱发生侧向挠曲，偏心距由e_{i0}增加到$e_{i0}+f$，柱的承载力比同样截面的短柱小，但就其破坏本质来讲，与短柱破坏一样，钢筋或混凝土能达到材料的破坏强度，截面因材料强度耗尽而发生破坏，属于材料破坏。

2)失稳破坏

当构件的长细比很大时，构件的破坏不是由材料破坏引起的，而是构件的纵向弯曲致使构件失去平衡而引起，称之为“失稳破坏”。

如图 7.5 所示，构件的截面尺寸、配筋、材料强度和初始偏心距(用 e_{i0}表示，为未考虑构件侧向挠曲的偏心距)等完全相同，仅长细比不相同，图中绘出了 3 根柱从加载到破坏的示意图。曲线 $ABCD$ 表示该钢筋混凝土偏心受压构件截面发生材料破坏时的承载力 N_u与 M_u之间的关系。不同长细比构件的破坏特征如下：

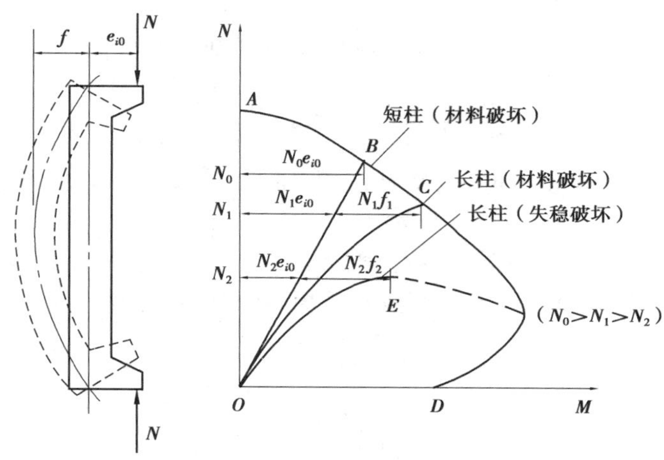

图 7.5　不同长细比柱从加荷到破坏的 N-M 关系

①短柱从加载到破坏的 N-M 关系(直线 OB)：其变化轨迹是直线，M/N 为常数，偏心距自始至终是不变的，最终达到材料破坏线，属于材料破坏。

②中等长度的长柱从加载到破坏的 N-M 关系(曲线 OC)：其变化轨迹呈曲线形状，M/N 是变数，偏心距是随着纵向力 N 的加大而不断非线性地增加，最终也能达到材料破坏线，也属于材料破坏。

③长细比很大的长柱从加载到破坏的 N-M 关系(曲线 OE)：柱的长细比很大时，在没有达到 M、N 的材料破坏关系曲线 $ABCD$ 前，由于轴向力的微小增量 ΔN 可引起不收敛的弯矩 M 增加而破坏，即发生“失稳破坏”。此时钢筋和混凝土材料强度均未得到充分利用。

在图 7.5 中还可以看出：这 3 根柱的轴向力初始偏心距 e_{i0}值虽然相同，但其承受纵向力 N 值的能力是不同的，即 $N_0>N_1>N_2$。这表明构件长细比的加大会降低构件的正截面受压承载力。产生这一现象的原因是当长细比较大时，偏心受压构件的纵向弯曲引起了不可忽略的附加弯矩 $N\cdot f$，称为二阶弯矩，而弯矩 $M_0=Ne_{i0}$称为一阶弯矩。

7.2　偏心受压构件的压弯效应

轴向压力对构件的挠曲能产生附加曲率和附加弯矩，这种效应称为二阶效应，工程中习惯称之为“P-δ”效应，其中 P 为轴向压力，δ 为截面的挠曲变形。

由图 7.4 所示的 N_u-M_u 实验相关关系曲线可知，随着弯矩的增加，构件截面受力状态总是向破坏曲线靠拢，这说明弯矩的增加对截面的承载力总是不利的。这样，在构件各截面轴力相差不大的情况下，弯矩最大的截面往往就是该构件的设计控制截面。对于常见的混凝土结构房屋的每一个柱段（往往是在一个楼层），其各截面轴力往往相差不大（相差柱的自重），因此，弯矩最大的截面就成了该柱段截面配筋的控制截面。

在不同杆端弯矩的作用下，由纵向弯曲引起的二阶弯矩（P-δ 效应）可能使构件的控制截面发生转移，也有可能使构件的控制截面不转移，有以下两种情况。

7.2.1 杆端弯矩同号时的 P-δ 效应

偏心受压构件在杆端同号弯矩 M_1、M_2（$M_2>M_1$）和轴力 P 共同作用下，将产生单曲率弯曲，如图 7.6(a) 所示。

在不考虑二阶效应时，杆件的弯矩图（即一阶弯矩）如图 7.6(b) 所示，下杆端截面的弯矩最大，当柱上下端轴力相差不大时，整个杆件的截面承载力是以下杆端为控制截面进行计算的。

考虑二阶效应后，各个截面总弯矩就等于轴压力 P 对杆件中部任一截面产生的附加弯矩 $P\cdot\delta$［图 7.6(c)］与一阶弯矩 M_0 的叠加，叠加后的弯矩图如图 7.6(d) 所示，用 M 表示。

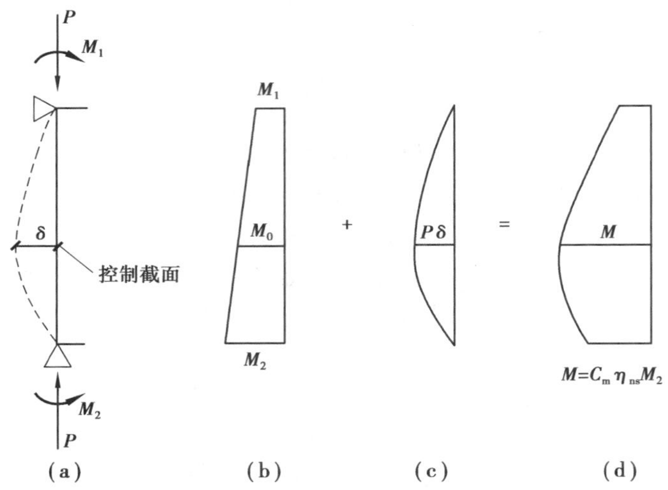

图 7.6 杆端弯矩同号时的 P-δ 二阶效应

可见，如果附加弯矩 $P\cdot\delta$ 较大，且 M_1 接近 M_2 时，就可能出现构件中部截面的最大弯矩 $M>M_2$ 的情况，此时，偏心受压构件的控制截面就发生了转移，需要考虑 P-δ 效应。当计入附加弯矩 $P\cdot\delta$ 后，如果构件中部截面的最大弯矩 M 仍然小于 M_2，则控制截面不发生转移，不需要考虑 P-δ 效应。

7.2.2 杆端弯矩异号时的 P-δ 效应

当杆端存在异号弯矩时，杆件按双曲率弯曲，杆件长度中部有反弯点，如图 7.7(a) 所示。轴力将在各自曲率段产生 P-δ 效应，增加各自曲率段的弯矩，如图 7.7(c) 所示。但就整个杆件而言，计入各自曲率段由于 $P\text{-}\delta$ 效应增加后的弯矩也不会大于其杆端弯矩，此时的控制截面仍为杆端截面，即不会发生控制截面转移的情况，不必考虑二阶效应。

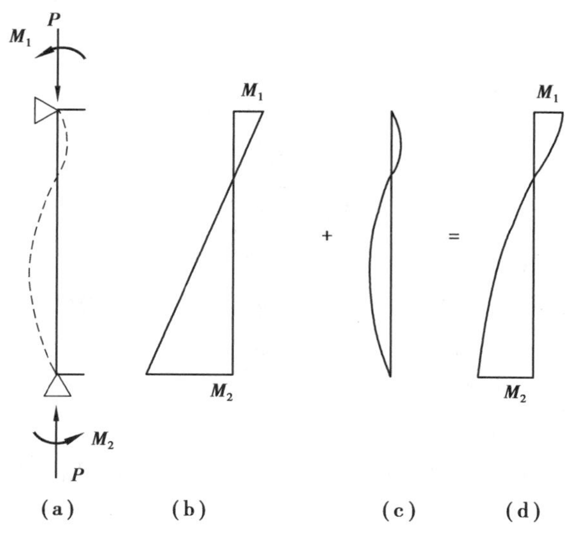

图 7.7　杆端弯矩异号时的 $P\text{-}\delta$ 效应

7.2.3　考虑 $P\text{-}\delta$ 效应的控制截面弯矩

考虑 $P\text{-}\delta$ 效应的最终目的是找到每个杆段的最大弯矩（控制弯矩），从而保证设计的安全性。

实际结构中杆端弯矩同号的情况并不普遍，经综合考虑，并为计算方便，我国现行《混凝土结构设计规范》（GB 50010，以下简称"规范"）规定，只要满足下述三个条件中的一个条件时，就需要考虑 $P\text{-}\delta$ 效应。

$$\frac{M_1}{M_2} > 0.9 \tag{7.1a}$$

轴压比

$$\frac{N}{f_c A} > 0.9 \tag{7.1b}$$

$$\frac{l_c}{i} > 34 - 12\left(\frac{M_1}{M_2}\right) \tag{7.1c}$$

式中　M_1、M_2——偏心受压构件两端截面按结构弹性分析所确定的同一主轴的组合弯矩设计值，绝对值较大端为 M_2，绝对值较小端为 M_1，当构件按单曲率弯曲时，M_1/M_2 取正值；

l_c——构件的计算长度，可近似取偏心受压构件相应主轴方向上下支撑点之间的距离；

i——偏心方向的截面回转半径，对于矩形截面，$i=0.289h$，其中 h 为矩形截面高度；

A——偏心受压构件的截面面积。

"规范"规定，除排架结构柱外，其他偏心受压构件考虑轴向压力在挠曲杆件中产生的 $P\text{-}\delta$ 效应后控制截面的弯矩设计值，按以下公式计算：

$$M = C_m \eta_{ns} M_2 \tag{7.2a}$$

$$C_m = 0.7 + 0.3 \frac{M_1}{M_2} \tag{7.2b}$$

$$\eta_{ns} = 1 + \frac{1}{1\ 300\left(\frac{M_2}{N} + e_a\right)/h_0}\left(\frac{l_c}{h}\right)^2 \zeta_c \tag{7.2c}$$

$$\zeta_c = \frac{0.5 f_c A}{N} \tag{7.2d}$$

式中　C_m——构件端截面偏心距调节系数,小于0.7时取0.7;

η_{ns}——弯矩增大系数,当 $C_m\eta_{ns}$ 小于1.0时 $C_m\eta_{ns}$ 取1.0,对剪力墙及核心筒墙肢,$C_m\eta_{ns}$ 取1.0;

ζ_c——截面曲率修正系数,计算值大于1.0时取1.0;

h——截面高度,对环形截面,取外直径,对圆形截面,取直径;

h_0——截面有效高度;对环形截面,取 $h_0=r_2+r_s$;对圆形截面,取 $h_0=r+r_s$;此处 r_2 是环形截面的外半径,r_s 是纵向钢筋所在圆周的半径,r 是圆形截面的半径;

A——构件截面面积;

e_a——附加偏心距,其值取偏心方向截面尺寸的1/30和20 mm中的较大值。这是考虑到工程实际中存在的荷载作用位置的不定性、混凝土质量的不均匀性及施工的偏差等因素,都可能增大其偏心距。

7.3　矩形截面偏心受压构件正截面受压承载力的基本计算公式

7.3.1　矩形截面大偏心受压构件正截面承载力的基本计算公式

1)计算公式

与受弯构件类似,取极限状态进行分析,把受压区混凝土曲线应力图用等效矩形图替代,其应力值取为 $\alpha_1 f_c$,受压区高度取为 x,大偏心受压破坏的截面计算简图如图7.8所示。由力的平衡条件及对受拉钢筋合力点的力矩平衡条件,可得下面基本计算公式:

$$N_u = \alpha_1 f_c bx + f_y' A_s' - f_y A_s \tag{7.3}$$

$$N_u e = \alpha_1 f_c bx\left(h_0 - \frac{x}{2}\right) + f_y' A_s'(h_0 - a_s') \tag{7.4}$$

$$e = e_i + \frac{h}{2} - a_s \tag{7.5}$$

$$e_i = e_0 + e_a \tag{7.6}$$

$$e_0 = \frac{M}{N} \tag{7.7}$$

式中　N_u——受压承载力设计值;

α_1——系数，当混凝土强度等级不大于 C50 时，取 1.0，当混凝土强度等级为 C80 时，取 0.94，其间按线性内插法确定；

e——轴向力作用点至受拉钢筋 A_s 合力点之间的距离，见式(7.5)；

e_i——初始偏心距，见式(7.6)；

e_0——轴向力对截面重心的偏心距，见式(7.7)；

e_a——附加偏心距；

M——控制截面弯矩设计值，需考虑 P-δ 效应时，按式(7.2a)计算；

N——与 M 相应的轴压力设计值；

x——等效矩形应力图的混凝土受压区高度。

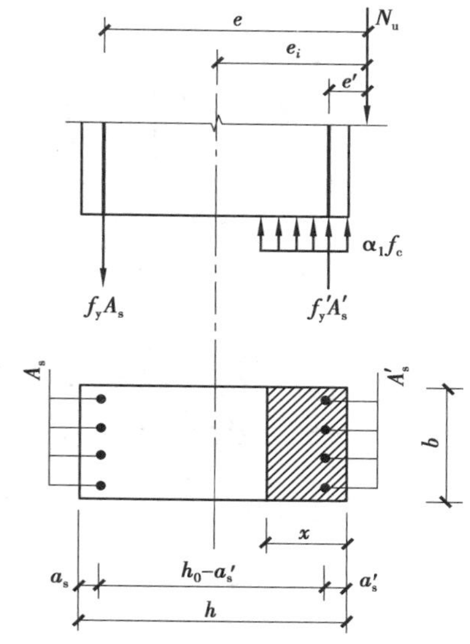

图 7.8　大偏心受压截面承载力计算简图

2)适用条件

①为了保证构件破坏时受拉区钢筋应力先达到屈服强度 f_y，应满足

$$x \leqslant x_b \tag{7.8}$$

式中　x_b——界限破坏时混凝土受压区的高度；$x_b=\xi_b h_0$，ξ_b 与受弯构件相同。

②为了保证构件破坏时，受压钢筋应力能达到其屈服强度 f'_y，与双筋受弯构件一样，应满足

$$x \geqslant 2a'_s \tag{7.9}$$

式中　a'_s——纵向受压钢筋合力点至受压区边缘的距离。

7.3.2　矩形截面小偏心受压构件正截面承载力的基本计算公式

小偏心受压破坏时，靠近纵向压力一侧的混凝土被压碎，“近侧钢筋”的应力达到屈服强度，而“远侧钢筋”可能受拉或受压，可能屈服，也可能不屈服，故“远侧钢筋”的应力应用 σ_s 表示。小偏心受压构件破坏时截面的计算应力图形如图 7.9 所示，用 ξ_{cy} 表示“远侧钢筋”刚好受压屈服时的相对受压区高度值。计算时，受压区混凝土曲线压应力图形仍用等效矩形图来代替。

小偏心受压构件根据“远侧钢筋”的应力状况及相对受压区高度的情况可以分为以下几类：

①$\xi_{cy}>\xi>\xi_b$，此时 A_s 受拉或受压，但都不屈服。在这种情况下，当 $1>\xi>\xi_b$ 时，“远侧钢筋”受拉但不屈服；$\xi_{cy}>\xi>1$ 时，“远侧钢筋”受压但不屈服；当 $\xi=1$ 时，“远侧钢筋”应力为零；

②$h/h_0>\xi\geqslant\xi_{cy}$，此时 A_s 受压屈服，但 $x<h$；

③$\xi>\xi_{cy}$，且 $\xi\geqslant h/h_0$，此时 A_s 受压屈服，且全截面受压。

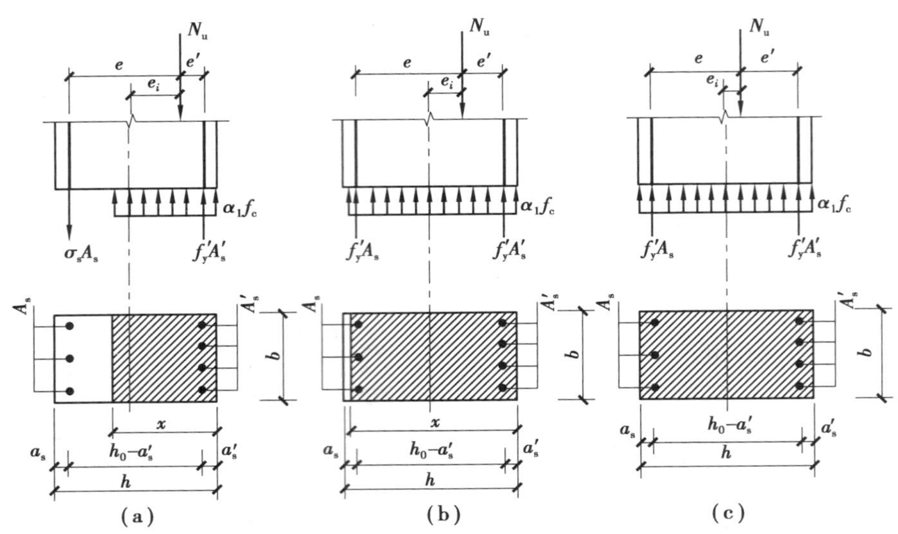

图 7.9　小偏心受压截面承载力计算简图

当 $\xi_{cy}>\xi>\xi_b$ 时，其截面应力图形如图 7.9(a)所示，根据力的平衡条件和力矩平衡条件，可得：

$$N_u = \alpha_1 f_c bx + f'_y A'_s - \sigma_s A_s \tag{7.10}$$

$$N_u e = \alpha_1 f_c bx\left(h_0 - \frac{x}{2}\right) + f'_y A'_s(h_0 - a'_s) \tag{7.11}$$

$$或\ N_u e' = \alpha_1 f_c bx\left(\frac{x}{2} - a'_s\right) - \sigma_s A_s(h_0 - a'_s) \tag{7.12}$$

式中　x——混凝土受压区高度，当 $x>h$ 时，取 $x=h$；

σ_s——钢筋 A_s 的应力值，根据我国大量实验资料的统计分析结果，可近似取

$$\sigma_s = \frac{\xi - \beta_1}{\xi_b - \beta_1} f_y \tag{7.13}$$

在式(7.13)中，如果取 $\sigma_s=-f_y$，则得到 A_s 受压屈服时的相对受压区高度 ξ_{cy}

$$\xi_{cy} = 2\beta_1 - \xi_b \tag{7.14}$$

由于钢筋的强度设计值在受拉屈服和受压屈服之间取值，即要求满足 $-f'_y \leqslant \sigma_s \leqslant f_y$，因此若 $\xi>2\beta_1-\xi_b$，则取 $\sigma_s=-f_y$；

β_1——混凝土受压区高度 x 与截面中和轴高度 x_c 的比值系数，取值同受弯构件；

x_b——界限破坏时的混凝土受压区高度，$x_b=\xi_b h_0$；

ξ、ξ_b——相对受压区高度和相对界限受压区高度；

e、e'——轴向力作用点至“远侧钢筋”的合力点和“近侧钢筋”的合力点之间的距离

$$e' = \frac{h}{2} - e_i - a'_s \tag{7.15}$$

图 7.9(b)、(c)两种情况的计算方法同 $\xi_{cy}>\xi>\xi_b$ 时的情况，不同之处在于：

当 $h/h_0>\xi\geqslant\xi_{cy}$时，$A_s$ 受压屈服，取 $\sigma_s=-f'_y$；

当 $\xi>\xi_{cy}$ 且 $\xi\geqslant h/h_0$ 时，A_s 受压屈服，取 $x=h$，$\sigma_s=-f'_y$，$\alpha_1=1$。

但这两种情况往往只具有理论意义，实际工程的截面受力情况基本都属于情况(a)。

7.3.3 矩形截面小偏心受压构件反向破坏的正截面承载力计算

矩形截面小偏心受压构件发生反向破坏时，截面承载力计算简图如图 7.10 所示。

这时，偏心距 e_a 反向，使 e_0 减小，即：

$$e'=\frac{h}{2}-a'_s-(e_0-e_a) \tag{7.16}$$

对近侧钢筋 A'_s 合力点取矩，由力矩平衡条件，为防止截面发生反向破坏应保证：

$$A_s=\frac{N_u e'-\alpha_1 f_c bh\left(h'_0-\dfrac{h}{2}\right)}{f'_y(h'_0-a_s)} \tag{7.17}$$

截面设计时，令 $N_u=N$，按式(7.17)求得的 A_s 应不小于 $\rho_{min}bh$，否则应取 $A_s=\rho_{min}bh$。数值分析表明，只有当 $N>\alpha_1 f_c bh$ 时，按式(7.17)求得的 A_s 才有可能大于 $0.002bh$；当 $N\leqslant\alpha_1 f_c bh$ 时，求得的 A_s 总是小于 $0.002bh$。所以“规范”规定，当 $N>\alpha_1 f_c bh$ 时，尚应验算反向破坏的承载力。反向破坏时，往往发生在某些情况 A'_s 已知且 A'_s 配置过多的情况，故只需求 A_s。

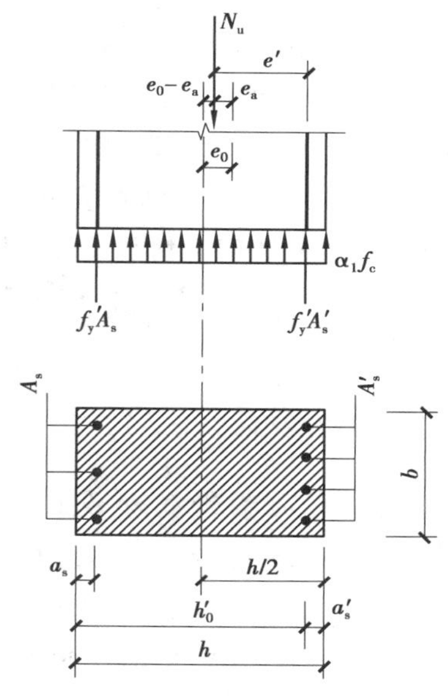

图 7.10　反向破坏时的截面承载力计算简图

7.4 矩形截面非对称配筋偏心受压构件正截面受压承载力计算

偏心受压构件根据配筋形式的不同分为对称配筋、非对称配筋两种类型。对称配筋指截面两侧钢筋的面积、强度均为相同的配筋形式，否则即为非对称配筋。偏心受压构件正截面受压承载力的计算也分为截面设计与截面复核两类问题。计算时，应先判断是否要考虑 $P\text{-}\delta$ 效应。

7.4.1 大、小偏心受压破坏类型的判别

无论是截面设计还是截面复核，首先都要对偏心受压构件进行大小偏心受压破坏的判别，然后才能采用相应的公式进行计算。常用的大、小偏心判别方法有以下两种：

1) 直接计算 ξ 以判别大、小偏心

如果根据已知条件可以直接利用公式计算出 ξ，再将计算得到的 ξ 值与 ξ_b 相比较以判别大、小偏心。若 $\xi\leqslant\xi_b$，则为大偏心受压破坏；若 $\xi>\xi_b$，则为小偏心受压破坏。此种方法适用于截面复核和采用对称配筋矩形截面的截面设计。

2)界限偏心距判别大、小偏心

在截面设计时,由于 A_s、A'_s、x 都是未知量,因此不能直接利用 ξ 的大小来判别大、小偏心。但大量计算分析表明,对于 HRB335、HRB400 和 HRB500 级钢筋以及常用的各种混凝土强度等级,界限偏心距均在 $0.3h_0$ 附近变化。对于常用材料,可取 $0.3h_0$ 作为大、小偏心受压的界限偏心距进行初步判别,但需要进行复核以确保其设计的正确性。

在截面设计时,利用界限偏心距,可按下列条件进行初步判别:

①当 $e_i>0.3h_0$ 时,可先按大偏心受压情况计算;

②当 $e_i\leqslant 0.3h_0$ 时,则先按小偏心受压情况计算。

注意:按上述初步判定并采用相应公式计算出 A_s、A'_s后,均应将计算所得的 A_s、A'_s带回基本公式求出 x,再用 x 与 x_b作比较进行最终判别。若此时的判别与初步判别不一致,则应重新进行计算。

7.4.2 截面设计

1)大偏心受压构件截面设计

实际应用中,分 A'_s未知和 A'_s已知两种情况。

①已知:截面内力设计值 M、N,截面尺寸 $b\times h$,混凝土强度等级,钢筋品种(一般情况下 A_s 及 A'_s取同一种钢筋),长细比 l_c/h,求钢筋截面面积 A_s 及 A'_s。

分析:令 $N=N_u$,$M=Ne_0$,从式(7.3)和式(7.4)可以看出共有 x、A_s 和 A'_s三个未知量,但只有两个方程,若要求解,则需补充一个方程式。与双筋受弯构件类似,取 $x=x_b=\xi_b h_0$ 时,钢筋总用量($A_s+A'_s$)最小作为补充条件。

将补充条件代入式(7.4)可得:

$$A'_s=\frac{Ne-\alpha_1 f_c b x_b(h_0-0.5x_b)}{f'_y(h_0-a'_s)}=\frac{Ne-\alpha_1 f_c b h_0^2\xi_b(1-0.5\xi_b)}{f'_y(h_0-a'_s)} \tag{7.18}$$

将求得的 A'_s及补充条件 $x=x_b=\xi_b h_0$ 代入式(7.3),可得:

$$A_s=\frac{\alpha_1 f_c b h_0\xi_b-N}{f_y}+\frac{f'_y}{f_y}A'_s \tag{7.19}$$

当 $A'_s<\rho'_{\min}bh$ 时,取 $A'_s=0.002bh$,并按 A'_s已知的情况计算 A_s;当 $A_s<\rho_{\min}bh$ 时,取 $A_s=\rho_{\min}bh$。

②已知:$b\times h$、N、M、f_c、f_y、f'_y、l_c/h 及受压钢筋面积 A'_s,求钢筋截面面积 A_s。

令 $N=N_u$,$M=Ne_0$,此时根据式(7.3)和式(7.4)可知,两个方程,两个基本未知量 x、A_s,可以求得唯一解。由式(7.4)可以看出,Ne 由两部分组成:$M'=f'_yA'_s(h_0-a'_s)$ 及 $M_1=Ne-M'=\alpha_1 f_c bx(h_0-x/2)$。与单筋矩形截面受弯构件相似,可得:

$$x=h_0-\sqrt{h_0^2-\frac{2M_1}{\alpha_1 f_c b}} \tag{7.20}$$

如果 $2a'_s\leqslant x\leqslant x_b$,将其代入式(7.3)即可求出 A_s。

但需注意,若求得 $x>\xi_b h_0$,就应按照小偏心受压重新计算;或采取加大截面尺寸、提高混凝土强度等级或加大 A'_s的数量等措施,也可按 A'_s未知的情况来重新计算。

若 $x<2a_s'$ 时，仿照双筋受弯构件的计算方法，取 $x=2a_s'$，并对受压钢筋 A_s' 合力点取矩，计算 A_s 值，得：

$$A_s=\frac{Ne'}{f_y(h_0-a_s')}=\frac{N\left(e_i-\dfrac{h}{2}+a_s'\right)}{f_y(h_0-a_s')} \tag{7.21}$$

然后，再按不考虑受压钢筋 A_s'，取 $A_s'=0$，利用式（7.3）、式（7.4）计算 A_s 值，然后与用式（7.21）求得的 A_s 值作比较，取两者中较小值配筋。

③以上两种情况，最后均需要按轴心受压构件验算垂直于弯矩作用平面的受压承载力。

2）小偏心受压构件截面设计

由基本式（7.10）、式（7.11）及近似条件式（7.13），此时未知数有 x、A_s 和 A_s' 三个，而独立的平衡方程只有两个，故必须补充一个条件才能求解，其求解过程较为复杂，不便于手算。实际工程中，小偏压构件基本采用对称配筋，故本书限于篇幅不再讲述小偏心受压构件非对称配筋的设计。

7.4.3 截面复核

进行截面承载力复核时，一般已知构件的截面尺寸 $b\times h$、截面配筋 A_s 和 A_s'、混凝土强度等级及钢筋品种、构件长细比 l_c/h，需要复核结构的承载能力，在弯矩作用平面内和弯矩作用平面外其结构的承载能力均需复核。

1）弯矩作用平面的承载力复核

根据实际情况，弯矩作用平面内的承载力复核一般有以下两种情况：

（1）已知轴力设计值 N，求弯矩设计值 M

方法一：先将已知配筋和 ξ_b 代入大偏心受压的力平衡式，即式（7.3），计算界限情况下的受压承载力设计值 N_{ub}。

若 $N\leqslant N_{ub}$，则为大偏心受压，可按式（7.3）求 x，再将 x 代入式（7.4）求得 e，由式（7.5）、式（7.6）和式（7.7）求得 e_0，可得弯矩设计值 $M=Ne_0$。

若 $N>N_{ub}$，则为小偏心受压，可先假定属于第一种小偏心受压情况，按式（7.10）和式（7.13）求 x。当 $x<\xi_{cy}h_0$ 时，说明假定正确，再将 x 代入式（7.11）求 e，由式（7.5）、式（7.6）和式（7.7）求得 e_0，可得弯矩设计值 $M=Ne_0$。如果 $x\geqslant\xi_{cy}h_0$，则应按式（7.3）重新求 x；当 $x\geqslant h$ 时，取 $x=h$。

方法二：先假定为大偏心受压，即 $\xi\leqslant\xi_b$，由式（7.3）求出 x，如果 $x\leqslant\xi_b h_0$，说明假定成立，与方法一相同，即按大偏心受压的相关情况进行复核；如果 $x>\xi_b h_0$，说明假定有误，则应按小偏心受压情况进行复核。具体复核过程同方法一。

（2）已知偏心距 e_0，求轴力设计值 N

因截面配筋已知，故可按图 7.8 对 N 作用点取矩求 x，此时需解二次方程。

若 $x\leqslant x_b$ 时，为大偏心受压，将 x 及已知数据代入式（7.3）求解出轴向力设计值 N。

若 $x>x_b$ 时，为小偏心受压，将已知数据代入式（7.10）、式（7.11）和式（7.13），联立求解得出轴向力设计值 N。

综上所述，与受弯构件正截面承载力复核一样，在进行弯矩作用平面的承载力复核时，先

求出 x 的值是解决问题的关键。

2)垂直于弯矩作用平面的承载力复核

无论是大偏心受压还是小偏心受压,除了进行弯矩作用平面内的受压承载力复核外,都还需要验算垂直于弯矩作用平面的轴心受压承载力,并与上面计算出的 N 值比较后再取较小值。此时,应考虑 φ 值,并取 b 作为截面高度。

【例 7.1】已知:某底层框架柱,层高 3.6 m,$l_0=l_c=3.6$ m。荷载作用下柱的轴压力设计值 $N=400$ kN,柱端弯矩设计值 $M_1=198$ kN·m,$M_2=215$ kN·m,截面尺寸 $b=300$ mm,$h=400$ mm,$a_s=a'_s=40$ mm;混凝土强度等级为 C30,钢筋采用 HRB400 级。

求:钢筋截面面积 A_s 及 A'_s。

【解】(1)求弯矩设计值 M

因$\dfrac{M_1}{M_2}=198/215=0.921>0.9$,故需考虑 P-δ 效应。

$$C_m=0.7+0.3\frac{M_1}{M_2}=0.976\ 3$$

$$\zeta_c=\frac{0.5f_cA}{N}=\frac{0.5\times14.3\times300\times400}{400\times10^3}=2.15>1,取\ \zeta_c=1$$

$$e_a=\max\left(\frac{h}{30},20\right)=\max\left(\frac{400}{30},20\right)=20\ \text{mm}$$

$$\eta_{ns}=1+\frac{1}{1\ 300\dfrac{\dfrac{M_2}{N}+e_a}{h_0}}\left(\frac{l_c}{h}\right)^2\zeta_c=1+\frac{1}{1\ 300\times\dfrac{\dfrac{215\times10^6}{400\times10^3}+20}{360}}\times9^2\times1=1.04$$

$C_m\eta_{ns}=0.976\times1.04=1.02>1$,取 $C_m\eta_{ns}=1.02$

考虑二阶效应后的弯矩设计值为:$M=C_m\eta_{ns}M_2=215\times1.02=219.3$ kN·m

(2)判别大小偏心受压

$$e_i=\frac{M}{N}+e_a=\frac{219.3\times10^6}{400\times10^3}+20=568.3\ \text{mm},h_0=h-40=400-40=360\ \text{mm}$$

因 $e_i=568.3$ mm$>0.3h_0=0.3\times360$ mm$=108$ mm,先按大偏压情况计算。

(3)求 A_s 及 A'_s

A_s 及 A'_s均未知,取 $\xi=\xi_b=0.518$

$e=e_i+h/(2-a_s)=568.3+400/2-40=728.3$ mm

由式(7.18)得

$$A'_s=\frac{Ne-\alpha_1f_cbh_0^2\xi_b(1-0.5\xi_b)}{f'_y(h_0-a'_s)}$$

$$=\frac{400\times10^3\times728.3-1.0\times14.3\times300\times360^2\times0.518(1-0.5\times0.518)}{360\times(360-40)}=676.3\ \text{mm}^2$$

$$>\rho'_{\min}bh=0.002\times300\times400=240\ \text{mm}^2$$

由式(7.19)得

$$A_s=\frac{\alpha_1 f_c b h_0 \xi_b - N}{f_y}+\frac{f'_y}{f_y}A'_s$$
$$=\frac{1.0\times14.3\times300\times360\times0.518-400\times10^3}{360}+676.3=1\ 787.4\ \text{mm}^2$$

(4)选择钢筋并反算 x

受拉纵筋选用 2 ⏀ 25+2 ⏀ 22(A_s = 1 742 mm^2),受压纵筋选用 2 ⏀ 18+1 ⏀ 14(A'_s = 662.9 mm^2),配筋和计算偏差均在 5%范围内,满足要求。

全部纵向钢筋的配筋率$\rho=\dfrac{1\ 742+662.9}{300\times400}=2.00\%>0.55\%$且小于 5%,满足要求。

由式(7.3),求出 x:

$$x=\frac{N-f'_yA'_s+f_yA_s}{\alpha_1 f_c b}=\frac{400\times10^3-360\times662.9+360\times1\ 742}{1.0\times14.3\times300}=183.8\ \text{mm}<x_b=0.518\times360=186.5\ \text{mm}$$

故前面假设大偏心受压是正确的。

(5)垂直于弯矩作用平面的承载力验算

$\dfrac{l_0}{b}=\dfrac{3\ 600}{300}=12$,查得 $\varphi=0.95$,则有

$$0.9\varphi(f_cA+f'_yA'_s)=0.9\times0.95\times[14.3\times300\times400+360\times(662.9+1\ 742)]$$
$$=2\ 207\ 408.2\ \text{N}=2\ 207\ \text{kN}>400\ \text{kN}$$

满足要求。

【例 7.2】 已知某偏心受压柱的轴压力设计值 N = 900 kN,杆端弯矩设计值 M_1 = 196 kN · m,M_2 = 280 kN · m ;截面尺寸 b = 300 mm,h = 500 mm;$a_s=a'_s$ = 40 mm;混凝土强度等级 C30,采用 HRB400 钢筋;计算长度 $l_c=l_0$ = 3.5 m,求钢筋截面面积 A'_s 及 A_s。

【解】(1)求弯矩设计值 M。

①$\dfrac{M_1}{M_2}=\dfrac{196}{280}=0.7<0.9$;②$\dfrac{N}{f_cA}=\dfrac{900\times10^3}{14.3\times300\times500}=0.42<0.9$;

③对于矩形截面:$i=0.289h=0.289\times500=144.5$ mm

$$\frac{l_c}{i}=\frac{3\ 500}{144.5}=24.2<34-12\frac{M_1}{M_2}=25.6$$

综上所述,本题可不考虑 P-δ 效应,弯矩设计值取 $M=M_2$ = 280 kN · m

(2)判别大小偏心受压

$$e_0=\frac{M}{N}=\frac{280\times10^6}{900\times10^3}=311\ \text{mm};e_a=\max\left(\frac{h}{30},20\right)=20\ \text{mm}$$

$e_i=e_0+e_a=311+20=331\ \text{mm}>0.3h_0=0.3\times460=138\ \text{mm}$,

先按大偏压情况进行计算。

(3)求 A_s 及 A'_s

由于 A_s 和 A'_s均未知,因此添加补充条件 $\xi=\xi_b=0.518$

$$e=e_i+\frac{h}{2}-a_s=331+250-40=541\ \text{mm}$$

由式(7.18)得

$$A'_s=\frac{Ne-\alpha_1 f_c bh_0^2\xi_b(1-0.5\xi_b)}{f'_y(h_0-a'_s)}$$

$$=\frac{900\times10^3\times541-1.0\times14.3\times300\times460^2\times0.518(1-0.5\times0.518)}{360\times(460-40)}=916\ \text{mm}^2$$

$$>\rho'_{\min}bh=0.002\times300\times500=300\ \text{mm}^2$$

由式(7.19)得

$$A_s=\frac{\alpha_1 f_c bh_0\xi_b-N}{f_y}+\frac{f'_y}{f_y}A'_s$$

$$=\frac{1.0\times14.3\times300\times460\times0.518-900\times10^3}{360}+916=1\ 256\ \text{mm}^2$$

(4)选择钢筋

受拉钢筋选用4 ⊈ 20($A_s=1\ 256\ \text{mm}^2$),受压钢筋选用3 ⊈ 20($A'_s=942\ \text{mm}^2$)

全部纵向钢筋配筋率:$\rho=\frac{942+1\ 256}{300\times500}=1.5\%$大于0.55%且小于5%,满足要求。

由式(7.3)求出 x:

$$x=\frac{N-f'_yA'_s+f_yA_s}{\alpha_1 f_c b}=\frac{900\times10^3-360\times942+360\times1\ 256}{1.0\times14.3\times300}=236\ \text{mm}$$

$x=236\ \text{mm}<x_b=\xi_b h_0=0.518\times460=238\ \text{mm}$,

故假设大偏心受压是正确的。

(5)垂直于弯矩作用平面的承载力验算

由$\frac{l_0}{b}=\frac{3\ 500}{300}=11.7$查表得$\varphi=0.955$,因此:

$$0.9\varphi(f_cA+f'_yA'_s)=0.9\times0.955\times[14.3\times300\times500+360\times(942+1\ 256)]$$

$$=2\ 523\ 732.7\ \text{N}=2\ 524\ \text{kN}>900\ \text{kN}$$

满足要求。

【例7.3】已知偏心受压柱的轴向力设计值$N=800$ kN,杆端弯矩设计值$M_1=-0.9M_2$,$M_2=180$ kN·m;截面尺寸$b=300$ mm,$h=500$ mm;$a_s=a'_s=40$ mm;混凝土强度等级C35,采用HRB400钢筋;计算长度$l_c=l_0=4.5$ m。求钢筋截面面积A'_s及A_s。

【解】(1)求弯矩设计值M。

$\frac{M_1}{M_2}=-0.9$,杆端异号,因此可不考虑P-δ效应。

(2)判别大小偏心受压。

$$e_0=\frac{M}{N}=\frac{M_2}{N}=\frac{180\times10^6}{800\times10^3}=225\ \text{mm};e_a=\max\left(\frac{h}{30},20\right)=20\ \text{mm}$$

因$e_i=e_0+e_a=225+20=245\ \text{mm}>0.3h_0=0.3\times460=138\ \text{mm}$,

先按大偏心受压情况计算。

(3)求 A_s 及 A'_s

$e=e_i+h/(2-a_s)=245+250-40=455\ \text{mm}$

由式(7.18)得

$$A'_s=\frac{Ne-\alpha_1 f_c bh_0^2\xi_b(1-0.5\xi_b)}{f'_y(h_0-a'_s)}$$

$$=\frac{800\times10^3\times455-1.0\times16.7\times300\times460^2\times0.518(1-0.5\times0.518)}{360\times(460-40)}<0$$

因此,应按最小配筋面积进行配筋:

$A'_s=A'_{s,\min}=\rho'_{\min}bh=0.002\times300\times500=300\ \text{mm}^2$

选筋:3 ⌀ 12($A'_s=339\ \text{mm}^2$)

这样,该题就变成已知受压钢筋 $A'_s=339\ \text{mm}^2$,求受拉钢筋 A_s 的问题。

令 $N=N_u$,由式(7.4)得:

$$M_1=Ne-f'_yA'_s(h_0-a'_s)=800\times10^3\times455-360\times339\times(460-40)$$

$$=312\ 743\ 200\ \text{N}\cdot\text{mm}=312.7\ \text{kN}\cdot\text{m}$$

$$x=h_0-\sqrt{h_0^2-\frac{2M_1}{\alpha_1 f_c b}}=460-\sqrt{460^2-\frac{2\times312.7\times10^6}{1.0\times16.7\times300}}=165\ \text{mm}$$

而 $x_b=\xi_b h_0=0.518\times460=238\ \text{mm}$,$2a'_s=80\ \text{mm}$;则 $2a'_s<x<x_b$,满足要求。

故假设大偏心受压是正确的。

由式(7.19)得

$$A_s=\frac{\alpha_1 f_c bx-N}{f_y}+\frac{f'_y}{f_y}A'_s=\frac{1.0\times16.7\times300\times165-800\times10^3}{360}+339=413\ \text{mm}^2$$

而当 $A'_s=0$ 时,由式(7.4):

$M=N_u e=800\times10^3\times455=3.64\times10^8\ \text{N}\cdot\text{mm}=364\ \text{kN}\cdot\text{m}$

$$x=h_0-\sqrt{h_0^2-\frac{2M}{\alpha_1 f_c b}}=460-\sqrt{460^2-\frac{2\times364\times10^6}{1.0\times16.7\times300}}=203\ \text{mm}$$

由式(7.3):$A_s=\dfrac{\alpha_1 f_c bx-N_u}{f_y}=\dfrac{1.0\times16.7\times300\times203-800\times10^3}{360}=603\ \text{mm}^2$

故 $A_s=\min(413,603)=413\ \text{mm}^2$

选筋:2 ⌀ 14+2 ⌀ 12($A'_s=534\ \text{mm}^2$)

$\rho=\dfrac{534+339}{300\times500}=0.582\%>0.55\%$,满足要求。

(4)垂直于弯矩作用平面的承载力验算

$\dfrac{l_0}{b}=\dfrac{4\ 500}{300}=15$,查得 $\varphi=0.895$,则

$$0.9\varphi(f_cA+f'_yA'_s)=0.9\times0.895\times[16.7\times300\times500+360\times(339+534)]$$

$$=2\ 270\ 930\ \text{N}=2\ 271\ \text{kN}>800\ \text{kN}$$

满足要求。

【例 7.4】已知某钢筋混凝土柱承受轴向力设计值 $N=1\ 800\ \text{kN}$,两杆端弯矩设计值的比

值为 $M_1=-M_2$。截面尺寸 $b=400$ mm, $h=600$ mm, $a_s=a'_s=40$ mm,混凝土等级为 C40,采用 HRB400 级钢筋;且配有钢筋 $A_s=1\ 256\ \text{mm}^2$(4 ⌀ 20), $A'_s=942\ \text{mm}^2$(3 ⌀ 20)。构件计算长度 $l_c=l_0=4.2$ m,求该截面在 h 方向所承受的杆端弯矩设计值。

【解】(1) 弯矩作用平面的承载力验算

由题, $\dfrac{M_1}{M_2}=-1$,故无须考虑 P-δ 效应

先假设为大偏心受压构件,令 $N=N_u$,由式(7.3)得

$$x=\frac{N-f'_yA'_s+f_yA_s}{\alpha_1 f_c b}=\frac{1\ 800\times10^3-360\times942+360\times1\ 256}{1.0\times19.1\times400}$$

$$=250.4\ \text{mm}<\xi_b h_0=0.518\times560=290.1\ \text{mm}$$

故属于大偏心受压情况,假设无误。且 $x=250.4\ \text{mm}>2a'_s=80$ mm,说明受压钢筋能达到屈服强度,满足条件。

由式(7.4)得:

$$e=\frac{\alpha_1 f_c bx\left(h_0-\dfrac{x}{2}\right)+f'_yA'_s(h_0-a'_s)}{N}$$

$$=\frac{1.0\times19.1\times400\times250.4\times\left(560-\dfrac{250.4}{2}\right)+360\times942\times(560-40)}{1\ 800\times10^3}=560\ \text{mm}$$

$$e_i=e-\frac{h}{2}+a_s=560-\frac{600}{2}+40=300\ \text{mm}$$

$$e_i=e_0+e_a,\text{且 } e_a=\max\left\{\frac{h}{30},20\right\}=20\ \text{mm}$$

故: $e_0=e_i-e_a=300-20=280$ mm

$M=Ne_0=1\ 800\times10^3\times280=5.04\times10^8\ \text{N}\cdot\text{mm}=504.0\ \text{kN}\cdot\text{m}$

故该截面在 h 方向能承担的弯矩设计值为: $M=504.0\ \text{kN}\cdot\text{m}$

(2)垂直于弯矩作用面的承载力复核

$l_c/b=10$,查表得 $\varphi=0.98$,则有:

$$N_u=0.9\varphi(f_cA+f_yA_s+f'_yA'_s)$$

$=0.9\times0.98\times(19.1\times400\times600+360\times1\ 256+360\times942)=4\ 740\ 996.96\ \text{N}=4\ 741\ \text{kN}>600$ kN

满足要求。

7.5 矩形截面对称配筋偏心受压构件正截面受压承载力计算

在实际工程运用中,偏心受压构件常采用对称配筋,即 $A_s=A'_s$, $f_y=f'_y$。

偏心受压构件在不同内力组合下,可能存在相反方向的弯矩,如框架、排架柱需要承受

正、负两个方向不定的地震或风荷载作用，这时需对两个受弯方向均进行计算，而对称配筋能较好地适应方向变化的弯矩。而且对称配筋还可以避免施工中钢筋位置的错放，方便施工，尤其是对于装配式柱，为了保证吊装不会出错，一般采用对称配筋。此外，对称配筋也在一定程度上能简化结构设计，提高设计效率。

目前实际工程中，偏心作用下的柱截面绝大部分采用对称配筋。

对称配筋的偏心受压构件的计算也分为截面设计与截面复核两类问题。计算之前，也应先判断是否考虑 $P\text{-}\delta$ 效应。

7.5.1 截面设计

对称配筋偏心受压构件的截面设计可按下列步骤进行：

（1）判别大小偏心类型

先假定为大偏压，由于 $A_s=A'_s$，$f_y=f'_y$，由式(7.3)可得：

$$x=\frac{N}{\alpha_1 f_c b} \tag{7.22}$$

当 $x\leqslant\xi_b h_0$ 时，说明假设成立，按大偏心受压构件计算；

当 $x>\xi_b h_0$ 时，说明假设不成立，按小偏心受压构件计算。

注意：不论是大偏心还是小偏心受压构件的设计，A_s、A'_s都必须满足最小配筋率的要求。

（2）大偏心受压构件截面设计

若 $2a'_s\leqslant x\leqslant\xi_b h_0$，则将 x 代入式(7.4)，可以求得：

$$A_s=A'_s=\frac{Ne-\alpha_1 f_c bx\left(h_0-\dfrac{x}{2}\right)}{f'_y(h_0-a'_s)} \tag{7.23}$$

若 $x<2a'_s$，说明 A'_s受压未屈服，取 $x=2a'_s$，对受压合力点取矩得 $Ne'=f_yA_s(h_0-a'_s)$，可由此求得 A_s 及 A'_s。

（3）小偏心受压构件截面设计

$x>\xi_b h_0$ 时，属于受压破坏情况，此时应用小偏心受压公式进行计算。

由于对称配筋，$A_s=A'_s$，$f_y=f'_y$，令 $N=N_u$，$x=\xi h_0$，代入式(7.10)得

$N=N_u=\alpha_1 f_c b\xi h_0+(f'_y-\sigma_s)A'_s$，联立式(7.13)可得：

$$f'_yA'_s=\frac{N-\alpha_1 f_c b\xi h_0}{\dfrac{\xi_b-\xi}{\xi_b-\beta_1}}$$

代入式(7.11)，化简得：

$$Ne\left(\frac{\xi_b-\xi}{\xi_b-\beta_1}\right)=\alpha_1 f_c bh_0^2\xi(1-0.5\xi)\left(\frac{\xi_b-\xi}{\xi_b-\beta_1}\right)+(N-\alpha_1 f_c bh_0\xi)\cdot(h_0-a'_s)$$

此式为关于 ξ 的三次方程，不易求解。“规范”根据大量的实验分析，给出 ξ 的近似公式如下：

$$\xi=\frac{N-\xi_b\alpha_1 f_c bh_0}{\dfrac{Ne-0.43\alpha_1 f_c bh_0^2}{(\beta_1-\xi_b)(h_0-a'_s)}+\alpha_1 f_c bh_0}+\xi_b \tag{7.24}$$

将 ξ 代入式(7.11)即可求得钢筋面积

$$A_s = A'_s = \frac{Ne - \alpha_1 f_c b h_0^2 \xi(1 - 0.5\xi)}{f'_y(h_0 - a'_s)} \tag{7.25}$$

7.5.2 截面复核

可按不对称配筋的截面复核方法进行验算，但取 $A_s = A'_s$，$f_y = f'_y$。

【例 7.5】已知：轴向力设计值 N=3 550 kN，考虑 P-δ 效应后的弯矩设计值 M=345 kN · m，截面尺寸 b=400 mm，h=700 mm，$a_s = a'_s$=45 mm；混凝土强度等级为 C40，钢筋用 HRB400 钢筋，构件计算长度 $l_c = l_0$=3.3 m。采用对称配筋时，求所需钢筋截面面积 $A_s = A'_s$。

【解】 $e_0 = \dfrac{M}{N} = \dfrac{345\times10^6}{3\ 550\times10^3} = 97$ mm

$e_a = \dfrac{h}{30} = \dfrac{700}{30} = 23$ mm>20 mm，则

$e_i = e_0 + e_a = 120$ mm$<0.3h_0 = 0.3\times(700-45) = 197$ mm

$x = \dfrac{N}{\alpha_1 f_c b} = \dfrac{3\ 550\times10^3}{1.0\times19.1\times400} = 465$ mm$>x_b = 0.518\times655 = 339$ mm

属于小偏心受压。

$e = e_i + \dfrac{h}{2} - a_s = 120 + \dfrac{700}{2} - 45 = 425$ mm

由式(7.24)可得：

$$\xi = \frac{N - \xi_b \alpha_1 f_c b h_0}{\dfrac{Ne - 0.43\alpha_1 f_c b h_0^2}{(\beta_1 - \xi_b)(h_0 - a'_s)} + \alpha_1 f_c b h_0} + \xi_b$$

$$= \frac{3\ 550\times10^3 - 0.518\times1.0\times19.1\times400\times655}{\dfrac{3\ 550\times10^3\times425 - 0.43\times1.0\times19.1\times400\times655^2}{(0.8-0.518)\times(655-45)} + 1.0\times19.1\times400\times655} + 0.518$$

$= 0.689\ 6$

$x = \xi h_0 = 0.689\ 6\times655 = 452$ mm

$$A_s = A'_s = \frac{Ne - \alpha_1 f_c b h_0^2 \xi(1-0.5\xi)}{f'_y(h_0 - a'_s)} = \frac{Ne - \alpha_1 f_c b x(h_0 - 0.5x)}{f'_y(h_0 - a'_s)}$$

$$= \frac{3\ 550\times10^3\times425 - 1.0\times19.1\times400\times452\times\left(655 - \dfrac{452}{2}\right)}{360\times(655-45)}$$

$= 124$ mm$^2 < \rho'_{min} bh = 0.2\%\times400\times700 = 560$ mm^2

取 $A'_s = A_s = 560$ mm^2，同时满足整体配筋率不小于 0.55%的要求，每边选用 3 ⌀16（A'_s=A_s=603 mm^2）。

此外，还需验算垂直于弯矩作用方向的轴心受压承载能力。

由 $\dfrac{l_c}{b} = \dfrac{3\ 300}{400} = 8.25$，查表 6.1 得 $\varphi = 0.998$，

$$N_u = 0.9\varphi(f_c A + f'_y A'_s) = 0.9 \times 0.998 \times [19.1 \times 400 \times 700 + 360 \times (603 + 603)]$$
$$= 5\ 194 \times 10^3 \text{N} > N = 3\ 550\ \text{kN},$$

故验算结果安全。

注：本题计算得到的 $A_s = A'_s$ 小于一侧纵向钢筋的最小配筋率，说明该截面面积比较大，荷载相对较小。实际中遇到此种情况有两种处理办法：①按最小配筋率配筋；②减小截面尺寸，重新设计。

7.6 偏心受拉构件正截面承载力计算

与偏心受压构件类似，在偏心受拉构件正截面计算中，将离拉力较近的钢筋称为“近侧钢筋”，用 A_s 表示；将离拉力较远的钢筋称为“远侧钢筋”，用 A'_s 表示。偏心受拉构件按纵向拉力 N 的作用位置不同，可分为小偏心受拉和大偏心受拉两种情况。当纵向拉力 N 作用在钢筋 A_s 合力点及 A'_s 合力点范围之间时，全截面受拉，称为小偏心受拉；当纵向拉力 N 作用在钢筋 A_s 合力点及 A'_s 合力点范围以外时，截面部分受拉部分受压，称为大偏心受拉，如图 7.11 和图7.12所示。

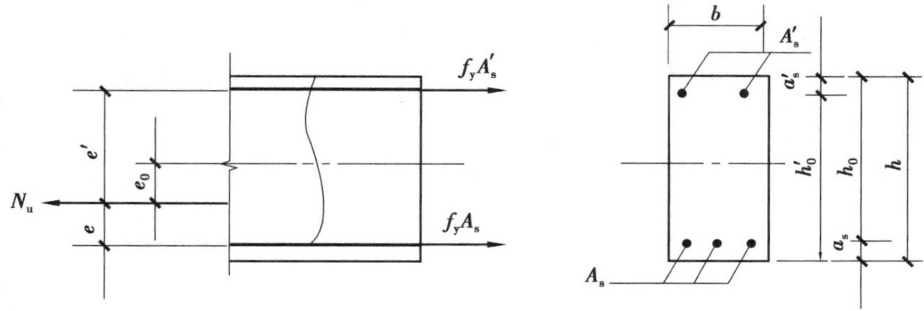

图 7.11　小偏心受拉构件截面承载力计算简图

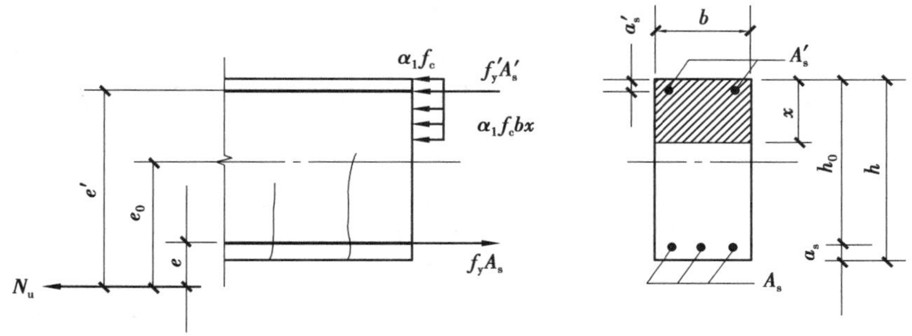

图 7.12　大偏心受拉构件截面受拉承载力计算简图

7.6.1 小偏心受拉构件正截面承载力计算

对于小偏心受拉构件，一般破坏之前，裂缝贯通全截面，拉力完全由钢筋承担。在非对称配筋情况下，构件破坏时两侧钢筋的应力都能达到其屈服强度。极限状态时，其计算简图如图 7.11 所示，分别对钢筋 A_s 及 A'_s 的合力点取矩，由力矩平衡条件可得：

$$N_u e = f_y A'_s (h_0 - a'_s) \tag{7.26}$$

$$N_u e' = f_y A_s (h'_0 - a_s) \tag{7.27}$$

$$e = \frac{h}{2} - e_0 - a_s \tag{7.28}$$

$$e' = e_0 + \frac{h}{2} - a'_s \tag{7.29}$$

当采用对称配筋时，由平衡条件可得构件破坏时只有“近侧钢筋”A_s 达到屈服，“远侧钢筋” A'_s达不到屈服（若“远侧钢筋”A'_s也能达到屈服，则受拉钢筋和受压钢筋的合力作用线处于构件轴线位置，无法与偏心拉力平衡）。此时可对远侧钢筋 A'_s合力作用点取矩，由力偶的平衡条件可得

$$A'_s = A_s = \frac{N_u e'}{f_y (h_0 - a'_s)} \tag{7.30}$$

$$e' = e_0 + \frac{h}{2} - a'_s \tag{7.31}$$

7.6.2 大偏心受拉构件正截面承载力计算

对于大偏心受拉构件，破坏之前截面虽然开裂，但裂缝不会贯通，离纵向拉力较远一侧保留有受压区，否则对拉力 N 作用点取矩将不满足其平衡条件。在非对称合理配筋情况下，构件破坏时，钢筋 A_s 及 A'_s的应力都能达到屈服强度，受压区混凝土强度达到 $\alpha_1 f_c$。极限状态时，大偏心受拉破坏截面上的受力情况如图 7.12 所示，由力的平衡和对近侧钢筋合力点的力矩平衡条件可得以下基本公式：

$$N_u = f_y A_s - f'_y A'_s - \alpha_1 f_c b x \tag{7.32}$$

$$N_u e = \alpha_1 f_c b x \left(h_0 - \frac{x}{2} \right) + f'_y A'_s (h_0 - a'_s) \tag{7.33}$$

$$e = e_0 - \frac{h}{2} + a_s \tag{7.34}$$

受压区的高度应当符合 $x \leqslant x_b$ 的条件，计算中考虑受压钢筋时，还要符合 $x \geqslant 2a'_s$的条件。

设计时为了使钢筋总用量最少，与偏心受压构件类似，取 $x = x_b$ 作为补充条件，将其代入式(7.33)及式(7.32)，可得

$$A'_s = \frac{N_u e - \alpha_1 f_c b x_b \left(h_0 - \frac{x_b}{2} \right)}{f'_y (h_0 - a'_s)} \tag{7.35}$$

$$A_s = \frac{\alpha_1 f_c b x_b + N_u}{f_y} + \frac{f'_y}{f_y} A'_s \tag{7.36}$$

式中　x_b——界限破坏时受压区高度，$x_b = \xi_b h_0$。

对称配筋时，假设受拉钢筋和受压钢筋均能达到屈服，则在图 7.12 中，水平方向的力将无法平衡，因此受压钢筋无法达到受压屈服，即属于 $x < 2a'_s$的情况。这时候，可按偏心受压的相应情况作类似处理：①取 $x = 2a'_s$并对 A'_s合力点取矩，求出 A_s；②取 $A'_s = 0$，按平衡条件计算 A_s 值。最后按较小值配筋。

【例 7.6】已知:钢筋混凝土偏心受拉构件,截面尺寸为 $b=200$ mm,$h=450$ mm,$a_s=a'_s=$ 45 mm,承受的轴心拉力设计值 $N=800$ kN,弯矩设计值 $M=70$ kN·m,采用 C25 混凝土,HRB400 级钢筋,求构件的配筋 A_s 和 A'_s。

【解】根据已知条件,查得相关参数:$f_c=11.9\ \text{N/mm}^2$,$f_t=1.27\ \text{N/mm}^2$,$f_y=f'_y=$ $360\ \text{N/mm}^2$,$\xi_b=0.518$,$h_0=450-45=405$ mm。

(1)判别偏心类型。

$$e_0=\frac{M}{N}=\frac{70\times10^6}{800\times10^3}=87.5\ \text{mm}<\frac{h}{2}-a_s=\frac{450}{2}-45=180\ \text{mm}$$

属于小偏心受拉。

(2)求 e 和 e'。

$$e=\frac{h}{2}-e_0-a_s=225-87.5-45=92.5\ \text{mm}$$

$$e'=e_0+\frac{h}{2}-a'_s=225+87.5-45=267.5\ \text{mm}$$

(3)求 A_s 和 A'_s。

$$A_s=\frac{Ne'}{f_y(h'_0-a_s)}=\frac{800\times10^3\times267.5}{360\times(405-45)}=1\ 651\ \text{mm}^2$$

$$A'_s=\frac{Ne}{f_y(h_0-a'_s)}=\frac{800\times10^3\times92.5}{360\times(405-45)}=571\ \text{mm}^2$$

(4)验算最小配筋率。

$$0.45\frac{f_t}{f_y}=0.45\times\frac{1.27}{360}=0.16\%<0.2\%$$

取$\rho'_{\min}=\rho_{\min}=0.2\%$,则:

$$\rho'=\frac{A'_s}{bh}=\frac{571}{200\times450}=0.63\%>0.2\%,\text{满足要求。}$$

$$\rho=\frac{A_s}{bh}=\frac{1\ 651}{200\times450}=1.83\%>0.2\%,\text{满足要求。}$$

(5)选配钢筋。

A'_s选用 2 ⌀ 20 的钢筋 $A'_s=628\ \text{mm}^2>571\ \text{mm}^2$;$A'_s$选用 2 ⌀ 22+2 ⌀ 25 的钢筋,$A_s=760+982=1\ 742\ \text{mm}^2>1\ 651\ \text{mm}^2$。

7.7 偏心受力构件斜截面承载力计算

7.7.1 偏心受压构件斜截面承载力计算

1)轴向压力对斜截面受剪承载力的影响

偏心受压构件,一般情况下剪力值相对较小,可不进行斜截面受剪承载力的计算;但对于有较大水平力作用的框架柱、有横向力作用的桁架上弦压杆等,剪力影响相对较大,构件必须考虑其受剪承载力的计算。

试验表明，轴向压力能推迟斜裂缝的出现和开展，增加混凝土受压区高度，从而提高构件的受剪承载力。受剪承载力与轴向压力的试验关系如图 7.13 所示：在轴压力较小时，轴压力的存在能使斜截面受剪承载力提高，当 $N<0.3f_c bh$ 时，轴力引起的受剪承载力增量与轴力近乎成正比增长关系；当轴压比 $N/(f_c bh)=0.3\sim0.5$ 时，斜截面受剪承载力达到最大值；当 $N/(f_c bh)>0.3\sim0.5$时，由于竖向裂缝的发展，随着轴压力的增大，斜截面受剪承载力降低。

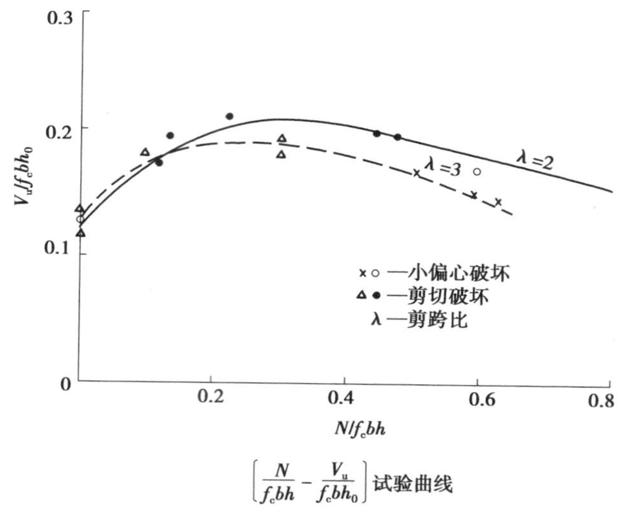

图 7.13　相对轴压力和剪力关系

2）偏心受压构件斜截面受剪承载力计算

基于上述试验研究，对承受轴向压力和横向力作用的矩形、T 形和 I 形截面偏心受压构件，其斜截面受剪承载力按下列公式计算：

$$V_u=\frac{1.75}{\lambda+1.0}f_t bh_0+1.0f_{yv}\frac{A_{sv}}{s}h_0+0.07N \tag{7.37}$$

式中　N——与剪力设计值 V 相应的轴向压力设计值。当 $N>0.3f_cA$ 时，取 $N=0.3f_cA$。A 为构件的截面面积；

λ——偏心受压构件计算截面的剪跨比，对各类结构的框架柱，取 $\lambda=M/Vh_0$；当框架结构中柱的反弯点在层高范围内时，可取 $\lambda=H_n/2h_0$（H_n 为柱的净高）。当 $\lambda<1$ 时，取 $\lambda=1$；当 $\lambda>3$ 时，取 $\lambda=3$。此处，M 为计算截面上与剪力设计值 V 相应的弯矩设计值，H_n 为柱净高。对其他偏心受压构件，当承受均布荷载时，取 $\lambda=1.5$；当承受集中荷载时（包括作用有多种荷载且集中荷载对支座截面或节点边缘所产生的剪力值占总剪力的 75%以上时），取 $\lambda=a/h_0$；当 $\lambda<1.5$，取 $\lambda=1.5$；当 $\lambda>3$ 时，取 $\lambda=3$；此处，a 为集中荷载至支座或节点边缘的距离。

若符合下列要求，则可不进行斜截面受剪承载力计算，而仅需根据构造要求配置箍筋。

$$V\leqslant\frac{1.75}{\lambda+1.0}f_t bh_0+0.07N \tag{7.38}$$

为防止发生斜压破坏，偏心受压构件的受剪截面尺寸尚应符合“规范”的有关要求。

7.7.2 偏心受拉构件斜截面承载力计算

一般偏心受拉构件，在承受弯矩和拉力的同时，也承受着剪力，当剪力较大时，不能忽略其斜截面承载力的计算。

试验表明，由于拉力 N 的存在有时会使斜裂缝贯穿全截面，构件的斜截面承载力比无轴向拉力时要降低一些，降低的程度与轴向拉力的数值有关。

考虑到轴向拉力对斜截面受剪承载力的影响，对矩形、T 形和 I 形截面的钢筋混凝土偏心受拉构件，其斜截面受剪承载力按下式计算：

$$V_u = \frac{1.75}{\lambda + 1.0} f_t b h_0 + f_{yv} \frac{A_{sv}}{s} h_0 - 0.2N \tag{7.39}$$

式中 λ——计算截面的剪跨比，按偏心受压构件斜截面受剪承载力计算剪跨比的规定取用；

N——轴向拉力设计值。

因拉力只降低混凝土的受剪承载力，故式(7.39)右侧的计算值小于$f_{yv}\frac{A_{sv}}{s}h_0$ 时，应取$f_{yv}\frac{A_{sv}}{s}h_0$，且$f_{yv}\frac{A_{sv}}{s}h_0$ 的值不得小于 $0.36f_t bh_0$，以保证箍筋的最小用量。

与偏心受压构件相同，受剪截面尺寸尚应符合“规范”的有关要求。

7.8 受压构件的一般构造要求

受压构件主要有以下几个方面构造要求：

1）材料强度要求

混凝土强度等级对受压构件承载力影响较大，故宜采用较高强度等级的混凝土，以减小截面尺寸，节约钢材。在工程实际中一般采用 C30、C35、C40、C50、C60 等强度等级的混凝土，对于高层建筑的低层柱，必要时可采用更高强度等级的混凝土，现在很多工程已用到 C80。

纵向钢筋一般采用 HRB400，RRB400 和 HRB500 级钢筋。由于钢筋和混凝土变形协调，选用过高强度的钢筋无法发挥其强度优势，且其直径需不小于 12 mm，一般情况下，为保证钢筋骨架刚度，避免纵筋过早压曲，建议采用较大直径纵筋。箍筋一般采用 HRB400 级，截面较小、受力较小的情况下也可采用 HPB300 级钢筋。

2）截面形式

钢筋混凝土轴心受压构件截面一般采用方形或矩形，有时也可采用圆形或多边形。

偏心受压构件一般采用矩形截面，但为了节约混凝土和减轻柱的自重，较大尺寸的柱常常采用 I 形截面。拱结构的肋常做成 T 形截面。采用离心法制造的柱、桩、电杆以及烟囱、水塔支筒等常采用环形截面。

3）截面尺寸

①方形或矩形截面柱的截面不宜小于 250 mm×250 mm。为了避免矩形截面轴心受压构件的长细比过大，承载力降低过多，常取 $h/b \leqslant 3$，$l_0/h \leqslant 25$。此处 l_0 为柱的计算长度，b 为矩形

截面短边边长，h 为长边边长。

②为了施工的经济和方便，柱截面尺寸宜符合模数，当截面尺寸小于或等于 800 mm 时，以 50 mm 为模数；截面尺寸大于 800 mm 时，以 100 mm 为模数。

③I 形截面柱

I 形截面柱的翼缘厚度不小于 120 mm。翼缘太薄，会使构件过早出现裂缝，同时在靠近柱底处的混凝土容易在车间生产过程中被碰坏，从而影响柱的承载力和使用寿命。

I 形截面柱的腹板厚度不小于 100 mm，在地震区采用 I 形截面时，其腹板宜再加厚些。

4）纵筋的构造要求

（1）纵筋的配筋率

受压构件全部纵向钢筋的配筋率不宜大于 5%；全部纵向钢筋配筋率不应小于附表 4.3 中给出的最小配筋率 ρ_{min}（%）；同时截面一侧纵向钢筋配筋率不应小于 0.2%。

（2）轴心受压构件的纵向受力钢筋

轴心受压构件的纵向受力钢筋应沿截面四周均匀布置，钢筋根数不得少于 4 根，见图 7.14（a）；钢筋直径不宜小于 12 mm，通常为 16～32 mm，为防止钢筋被压曲，宜采用直径较粗的钢筋。

（3）偏心受压构件的纵向受力钢筋

偏心受压构件纵向受力钢筋应放置在偏心方向截面的两边。当截面高度 $h \geq 600$ mm 时，在侧面应设置直径不小于 10 mm 的纵向构造钢筋，并设置相应附加箍筋或拉筋，如图 7.14（b）所示。

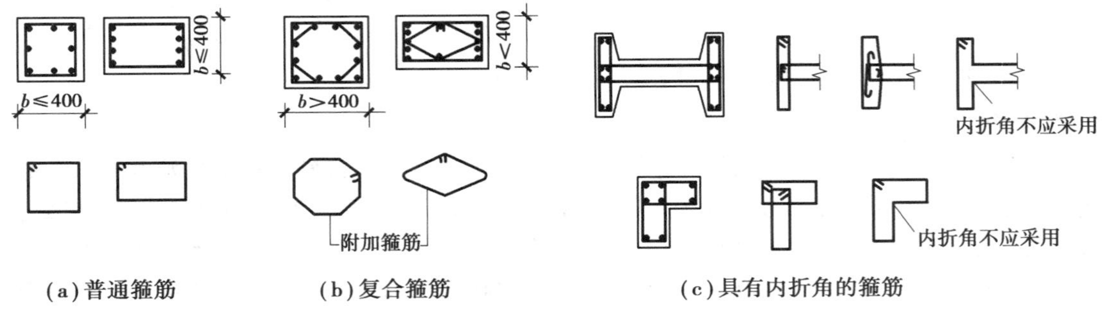

图 7.14　箍筋的形式

（4）钢筋间距

受压构件中钢筋的净距不小于 50 mm；纵向钢筋彼此间的中距不宜大于 300 mm。

（5）纵筋的连接

纵筋的连接接头宜设置在受力较小处。钢筋的接头可采用机械连接接头，也可采用焊接接头或搭接接头。对于直径大于 25 mm 的受拉钢筋和直径大于 28 mm 的受压钢筋，不宜采用绑扎搭接接头。

5）箍筋的构造要求

（1）箍筋形式

为了能箍住纵筋，防止纵筋被压曲，柱及其他受压构件中的周边箍筋应做成封闭式。

(2)箍筋间距

箍筋的间距在绑扎骨架中不应大于 15d(d 为纵筋最小直径),且不大于 400 mm,同时不大于截面的短边尺寸。

(3)箍筋直径

箍筋直径不应小于 $d/4$(d 为纵筋最大直径),且不应小于 6 mm;当纵筋配筋率超过 3% 时,箍筋直径不小于 8 mm。其间距不应大于 10d(d 为纵筋最小直径),且不应大于 200 mm。

(4)复合箍筋

当截面短边大于 400 mm 且各边纵筋多于 3 根时,或柱截面短边尺寸不大于 400 mm,但各边纵筋多于 4 根时,应设置复合箍筋,如图 7.14(b)所示。

(5)具有内折角的箍筋

在柱截面具有内折角时,由于箍筋在柱受压时将产生拉应力,在内折角(俗称阴角)处,如箍筋连续设置,箍筋的合拉力将使内折角的混凝土产生向外的拉应力。由于内折角处混凝土厚度较薄,从而容易引起混凝土的崩裂,导致柱破坏。因此,在内折角处不应连续设置箍筋,而应按图 7.14(c)所示将箍筋在此处分开设置。

思考题

7.1　偏心受压短柱的破坏形态有哪些,偏心受压构件如何分类?

7.2　长柱的正截面受压破坏与短柱的破坏有何异同?

7.3　什么是偏心受压构件的 $P\text{-}\delta$ 效应?什么情况下需要考虑偏心受压构件的 $P\text{-}\delta$ 效应?

7.4　如何区分大、小偏心受压破坏?其界限是什么?

7.5　如何计算矩形截面大偏心受压构件正截面受压承载力?

7.6　如何计算矩形截面小偏心受压构件正截面受压承载力?

7.7　如何区分对称配筋矩形截面偏心受压构件大、小偏心受压破坏的界限?

7.8　怎样进行矩形截面对称配筋偏心受压构件正截面承载力的计算?

7.9　怎样计算偏心受压构件的斜截面受剪承载力?

7.10　大小偏心受拉构件是如何划分的?怎样计算偏心受拉构件的斜截面受剪承载力?

习　题

7.1　矩形截面偏心受压柱,承受的轴向压力设计值 $N=750$ kN,杆端弯矩设计值 $M_2=420$ kN · m,$M_1=0.83M_2$;截面尺寸 $b=400$ mm,$h=600$ mm,$a_s=a'_s=40$ mm;混凝土强度等级为 C30,采用 HRB400 级钢筋;计算长度 $l_0=5.6$ m。求钢筋截面面积 A'_s 及 A_s。

7.2　已知荷载作用下偏心受压构件的轴向力设计值 $N=3\ 160$ kN,考虑 $P\text{-}\delta$ 效应后的杆端弯矩设计值 $M_1=M_2=82$ kN · m;截面尺寸 $b=400$ mm,$h=600$ mm,$a_s=a'_s=45$ mm;混凝土强度等级为 C35,采用 HRB400 级钢筋;计算长度 $l_0=6$ m。求钢筋截面面积 A'_s 及 A_s。

7.3　已知:框架柱截面尺寸为 $b=450$ mm, $h=700$ mm, $a_s=a'_s=40$ mm;构件计算长度 $l_c=l_0=13.5$ m。混凝土强度等级为 C35,钢筋采用 HRB400 级,钢筋截面面积 $A_s=A'_s=2\ 156$ mm^2,轴向力的偏心距 $e_0=620$ mm,求截面能承受的轴向压力设计值 N_u。

7.4　已知荷载作用下柱的轴向压力设计值 $N=400$ kN,杆端弯矩设计值 $M_1=0.9M_2$, $M_2=240$ kN · m;截面尺寸 $b=300$ mm, $h=450$ mm, $a_s=a'_s=40$ mm;混凝土强度等级为 C40,采用 HRB400 级钢筋;计算长度 $l_0=6$ m,采用对称配筋($A'_s=A_s$)。试求钢筋截面面积 A'_s及 A_s。

7.5　已知柱承受轴向压力设计值 $N=3\ 000$ kN,杆端弯矩设计值 $M_1=0.92M_2$, $M_2=85$ kN · m;截面尺寸 $b=400$ mm, $h=600$ mm, $a_s=a'_s=40$ mm;混凝土强度等级为 C40,采用 HRB400 级钢筋,配有 $A'_s=1\ 964$ mm^2(4 ⌀ 25), $A_s=603$ mm^2(3 ⌀ 16),计算长度 $l_c=l_0=6$ m。试复核该截面是否安全。

8 混凝土受扭构件承载力

【学习目标】

(1)了解受扭构件的破坏形态及配筋要求;

(2)掌握纯扭构件和弯剪扭构件的计算方法;

(3)了解受扭构件的构造要求。

【本章概述】

扭转是构件受力的基本形式之一,在工程中经常遇到。凡是在构件截面中有扭矩作用的构件,都称为受扭构件。如图8.1所示的雨篷梁、框架的边梁和厂房中的吊车梁等构件都是受扭构件。

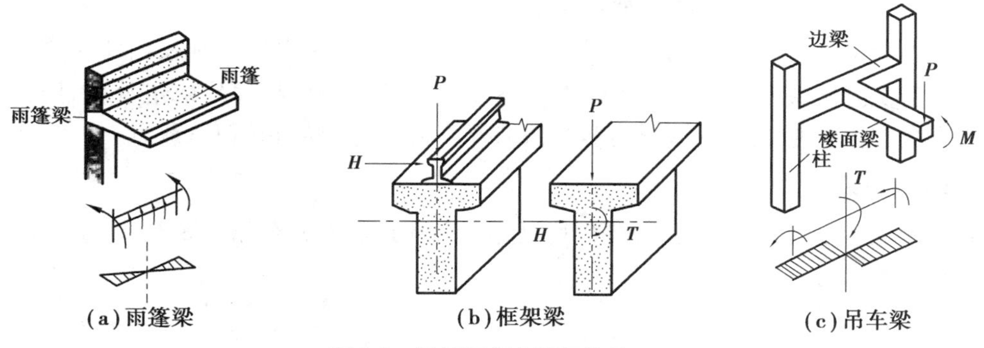

图8.1 钢筋混凝土受扭构件

受扭构件根据截面的内力情况可分为纯扭、剪扭、弯扭、弯剪扭等多种受力情况。在建筑结构中,纯粹受扭的构件很少,一般为同时存在弯矩、剪力和扭矩共同作用的复合受扭情况。

8.1 纯扭构件承载力计算

8.1.1 素混凝土纯扭构件的受力性能

在扭矩作用下截面上将产生剪应力，由于矩形截面长边中点处剪应力最大，因此裂缝首先发生在长边中点附近混凝土抗拉的薄弱部位，其方向与构件纵轴线成45°角。这条初始斜裂缝很快向构件上下边缘延伸，接着沿顶面和底面继续发展，最后由于构件三面受拉，一面受压而破坏，如图8.2所示。素混凝土构件纯扭承载力由混凝土的抗拉强度决定，破坏是突然的脆性破坏，构件的受扭承载力等同于开裂扭矩。

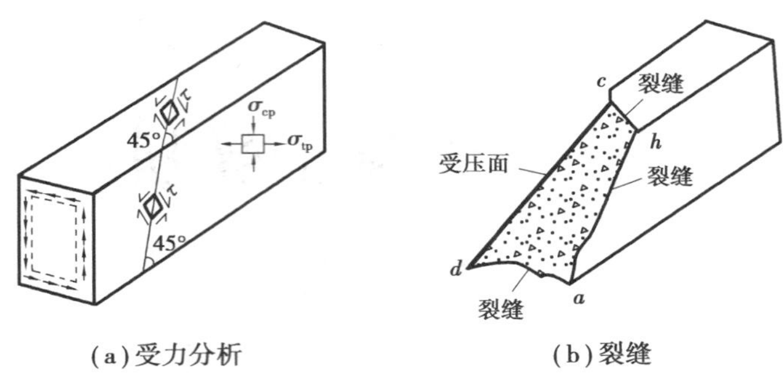

(a)受力分析　　(b)裂缝

图8.2　素混凝土纯扭构件的破坏面

8.1.2 素混凝土纯扭构件的承载力计算

1)弹性分析法

在弹性状态，矩形构件截面上的剪应力分布如图8.3(a)所示。在扭矩作用下，构件中将产生剪应力τ，其相应的主拉应力σ_{tp}和主压应力σ_{cp}分别与构件轴线成45°，在矩形截面长边中点处的剪应力最大。由于混凝土抗拉强度比抗压强度低得多，因此，在构件长边侧面中点处垂直于主拉应力σ_{tp}方向将首先被拉裂。

按弹性理论中扭矩T与剪应力τ_{max}的数量关系，可导出素混凝土纯扭构件的抗扭承载力计算式。但试验结果表明，这样算得的抗扭承载力总比实测的构件的抗扭承载力低，这是由于混凝土具有弹塑性性质，用弹性分析方法来计算则低估了构件抗扭承载力。

2)塑性分析法

若考虑混凝土为理想的塑性材料，其扭剪应力及其合力分布如图8.3(b)(c)所示，则构件的抗扭承载力为

$$T_u = f_t W_t \tag{8.1}$$

式中　W_t——截面抗扭塑性抵抗矩，对矩形截面$W_t = \dfrac{b^2}{6}(3h-b)$；

h、b——截面长边边长和短边边长。

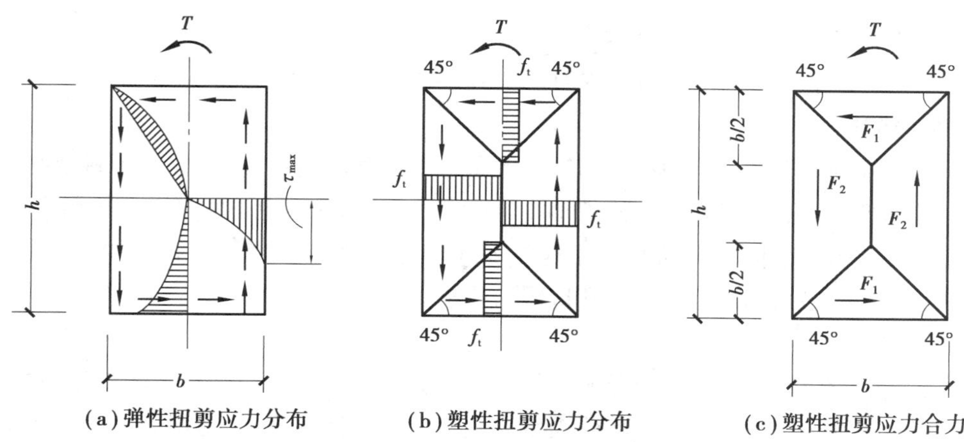

(a)弹性扭剪应力分布　(b)塑性扭剪应力分布　(c)塑性扭剪应力合力

图 8.3　素混凝土构件截面剪应力分布

但按式(8.1)计算的抗扭承载力比实测结果偏大,这是由于混凝土并非理想塑性材料,它的实际承载力应介于弹性分析与塑性分析结果之间。为了实用方便,开裂扭矩可近似采用理想塑性材料的应力分布进行计算,并对其计算结果进行适当降低。根据试验结果,对高强混凝土,其降低系数约为 0.7,对低强度混凝土,降低系数接近 0.8。我国现行《混凝土结构设计规范》(GB 50010)(以下简称“规范”)取降低系数为 0.7,开裂扭矩按式(8.2)计算

$$T_u = T_{cr} = 0.7 f_t W_t \tag{8.2}$$

8.1.3　钢筋混凝土纯扭构件的承载力计算

1)受扭构件的配筋形式

素混凝土纯扭构件一旦开裂,瞬间会形成贯穿斜裂缝而使梁发生破坏,其受扭承载力很低且为脆性破坏,所以受扭构件均应配置钢筋。虽然配筋对提高纯扭构件的抗裂性能作用不大,但构件的受扭承载力将明显提高。有效的配筋方式应在构件四周布置与构件纵轴线成 45°角的螺旋形走向钢筋,其方向与斜裂缝垂直。但在工程中由于螺旋钢筋施工复杂,且无法适应扭矩方向的改变,一般都采用纵向钢筋和箍筋作为受扭钢筋。受扭纵向钢筋沿截面四周均匀对称布置;箍筋应采用封闭箍且沿构件长度均匀布置。纵向钢筋和箍筋组成抗扭钢筋骨架,共同承担扭矩作用,如图 8.4(a)所示。

(a)抗扭钢筋骨架　(b)受扭构件的裂缝　(c)受扭构件的空间桁架

图 8.4　受扭构件的受力性能

2）钢筋混凝土纯扭构件的破坏特征

试验表明，钢筋混凝土矩形截面纯扭构件，其破坏形态随配筋量的不同可以分为四类。

（1）少筋破坏

当垂直纵轴的箍筋和沿周边的纵向钢筋数量过少或箍筋间距过大时，扭转斜裂缝一旦出现，抗扭钢筋立即屈服甚至被拉断，构件即宣告破坏，其破坏扭矩基本上等于开裂扭矩。这种破坏形态称为“少筋破坏”。为防止发生这类脆性破坏，“规范”对抗扭箍筋和抗扭纵筋的最小配筋率及箍筋的最大间距等给出了相应限值要求。

（2）适筋破坏

配筋适量时，在扭矩作用下，首条斜裂缝出现后构件并不会立即破坏。随着扭矩的增加，将陆续出现多条大体平行连续的螺旋形裂缝。随着受力的持续增加，与斜裂缝相交的纵筋和箍筋先后达到屈服，斜裂缝进一步开展，最后受压面上的混凝土被压碎，构件随之破坏。这种破坏形态称为“适筋破坏”，具有一定的延性性质，受扭承载力的大小直接取决于配筋量的多少。

（3）超筋破坏

若配筋量过大，则在纵筋和箍筋尚未达到屈服时，受压面混凝土就首先被压碎从而导致构件破坏，这种破坏称为“超筋破坏”，属于脆性破坏。在设计中应避免发生超筋破坏。因此，“规范”规定了配筋的上限值，也规定了最小的截面尺寸条件。

（4）部分超筋破坏

若抗扭纵筋和抗扭箍筋的配筋强度（配筋量及钢筋强度值）的比例失调，破坏时会发生一种钢筋达到屈服而另一种钢筋无法达到屈服的破坏形态，称为“部分超筋破坏”。它虽然也有一定延性，但比适筋破坏时的延性要差。为防止出现这种配筋不协调的破坏，“规范”对抗扭纵筋和抗扭箍筋的配筋强度比值 ζ 作出了限定，ζ 值按式（8.6）计算。

3）纯扭构件的承载力计算

（1）矩形截面钢筋混凝土纯扭构件受扭承载力计算

构件受扭时，截面周边附近纤维的扭转变形和应力较大，而扭转中心附近纤维的扭转变形和应力较小。如果设想将截面中间部分挖去，即忽略该部分截面的抗扭影响，则截面可用图 8.4(c)所示的空心杆件替代。空心杆件每个面上的受力情况相当于一个平面桁架，纵筋为桁架的弦杆，箍筋相当于桁架的竖杆，裂缝间混凝土相当于桁架的斜腹杆，整个杆件犹如一空间桁架。

钢筋混凝土纯扭构件的试验结果表明，构件的抗扭承载力由混凝土的抗扭承载力 T_c 和箍筋与纵筋的抗扭承载力 T_s 两部分构成，即

$$T_u = T_c + T_s \tag{8.3}$$

混凝土的抗扭承载力和箍筋与纵筋的抗扭承载力并非彼此完全独立的变量，而是相互关联的，因此，应将构件的抗扭承载力作为一个整体来考虑。混凝土构件受扭机理复杂，理论研究有待进一步深入。“规范”采用的是基于试验研究的半经验半理论方法，即先确定有关的基本变量，然后根据大量的实测数据进行回归分析，从而得到抗扭承载力计算的经验公式。“规

范”采用的矩形截面受扭承载力计算公式表达为两项之和，计算式为公式（8.4），其中 $\alpha_1 f_t W_t$ 表达的是混凝土提供的抗扭承载力，$a_2\sqrt{\zeta}\dfrac{f_{yv}A_{st1}A_{cor}}{s}$ 表达的是抗扭箍筋和纵筋提供的承载力，系数 α_1，α_2 由试验结果确定。

$$T_u = a_1 f_t W_t + a_2\sqrt{\zeta} f_{yv}\frac{A_{st1}A_{cor}}{s} \tag{8.4}$$

根据试验结果，“规范”在式（8.4）中取 $\alpha_1 = 0.35$，$\alpha_2 = 1.2$。这样，矩形截面钢筋混凝土纯扭构件的抗扭承载力计算公式为

$$T_u = 0.35 f_t W_t + 1.2\sqrt{\zeta} f_{yv}\frac{A_{st1}A_{cor}}{s} \tag{8.5}$$

式中　T_u——抗扭承载力，极限状态取扭矩设计值；

f_t——混凝土的抗拉强度设计值；

W_t——截面的抗扭塑性抵抗矩；

f_{yv}——箍筋的抗拉强度设计值；

A_{st1}——受扭计算中沿截面周边配置的单肢箍筋截面面积；

s——箍筋的间距；

A_{cor}——截面核心部分的面积，$A_{cor} = b_{cor}h_{cor}$，其中 b_{cor}、h_{cor} 分别为从箍筋内表面计算的截面核心部分的短边和长边尺寸，如图 8.5 所示；

ζ——抗扭纵筋与箍筋的配筋强度比，按式（8.6）计算。

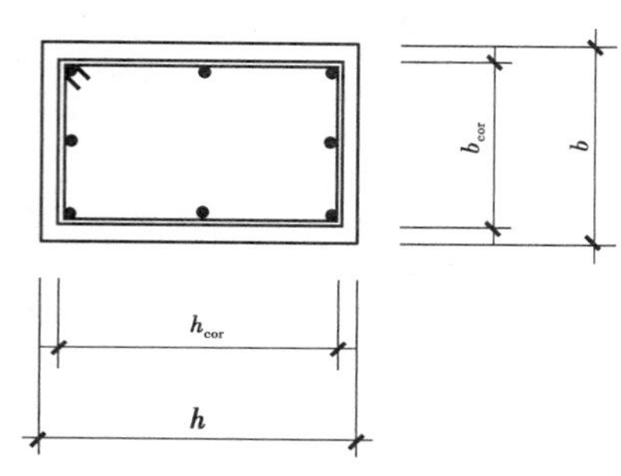

图 8.5　截面核心区示意图

$$\zeta = \frac{f_y A_{stl} s}{f_{yv} A_{st1} u_{cor}} \tag{8.6}$$

式中　A_{stl}——受扭计算中对称布置在截面周边的全部抗扭纵筋的截面面积；

f_y——受扭纵筋的抗拉强度设计值；

u_{cor}——截面核心部分的周长 $u_{cor} = 2(b_{cor}+h_{cor})$。

为防止发生“部分超筋破坏”，ζ 应满足：$0.6 \leqslant \zeta \leqslant 1.7$，当 $\zeta > 1.7$ 时，仍按 1.7 计算。为了施工方便，便于配筋，在设计中通常取 $\zeta = 1.0 \sim 1.2$。

为了避免出现“少筋”和“完全超筋”这两类具有脆性破坏性质的构件，在按式（8.5）进行抗扭承载力计算时还需满足一定的构造要求，详见本章 8.3 节。

（2）T 形和 I 形截面钢筋混凝土纯扭构件受扭承载力计算

对于 T 形和 I 形截面钢筋混凝土纯扭构件，可将其截面划分成几个矩形截面分别进行配筋计算。划分的原则是首先按截面的总高度划分出腹板截面并保持其完整性，然后再划分出受压翼缘和受拉翼缘，如图 8.6 所示。划分出的各矩形截面所承担的扭矩值，按照各矩形截面的受扭塑性抵抗矩与截面总的受扭塑性抵抗矩的比值，按式（8.7）～式（8.9）来进行分配，并对各部分分别按式（8.5）计算其受扭钢筋。

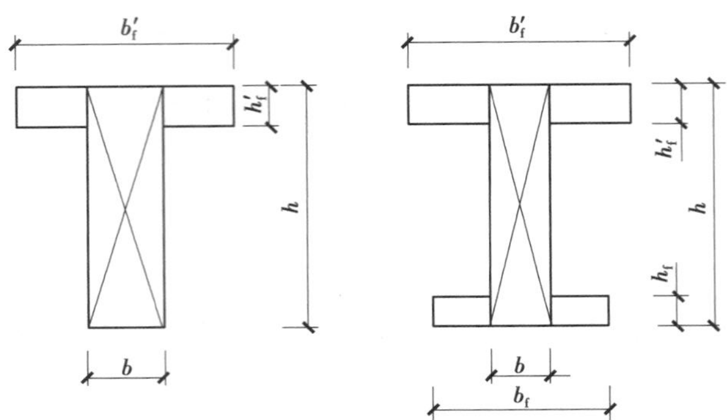

图 8.6 T 形和 I 形截面的矩形划分方法

每个矩形截面的扭矩设计值按下列规定计算：

①腹板

$$T_w = \frac{W_{tw}}{W_t} \cdot T \tag{8.7}$$

②受压翼缘

$$T'_f = \frac{W'_{tf}}{W_t} \cdot T \tag{8.8}$$

③受拉翼缘

$$T_f = \frac{W_{tf}}{W_t} \cdot T \tag{8.9}$$

式中，T 为整个截面的扭矩设计值；T_w 为腹板截面承受的扭矩设计值；T'_f、T_f 分别为受压翼缘和受拉翼缘所承受的扭矩设计值。W_{tw}、W'_{tf}、W_{tf}、W_t 分别为腹板、受压翼缘、受拉翼缘和截面总的受扭抵抗矩，分别按式(8.10) ~式(8.13)进行计算。

$$W_{tw} = \frac{b^2}{6}(3h - b) \tag{8.10}$$

$$W'_{tf} = \frac{h'^2_f}{2}(b'_f - b) \tag{8.11}$$

$$W_{tf} = \frac{h^2_f}{2}(b_f - b) \tag{8.12}$$

$$W_t = W_{tw} + W'_{tf} + W_{tf} \tag{8.13}$$

计算受扭塑性抵抗矩时，取用的翼缘宽度应符合：$b'_f \leq b+6h'_f$ 及 $b_f \leq b+6h_f$。

8.2 弯剪扭构件承载力计算

8.2.1 钢筋混凝土剪扭构件承载力计算

试验研究结果表明，同时承受剪力和扭矩作用的剪扭构件，其抗剪承载力和抗扭承载力将随剪力与扭矩的比值而变化。构件的抗剪承载力将随扭矩的增加而降低，构件的抗扭承载力也将随剪力的增加而降低，我们称这种性质为剪扭构件的相关性。由于剪扭构件受力复杂，在大量的实验研究和理论分析的基础上，我国“规范”提出了剪扭、弯扭和弯剪扭构件扭曲截面的实用配筋计算方法。“规范”中引入系数β_t来反映剪扭构件的相关性，β_t称为剪扭构件的混凝土受扭承载力降低系数。

对一般剪扭构件β_t的表达式为：

$$\beta_t = \frac{1.5}{1 + 0.5\dfrac{VW_t}{Tbh_0}} \tag{8.14}$$

式(8.14)中，$0.5 \leqslant \beta_t \leqslant 1.0$。

对集中荷载作用下的矩形截面混凝土剪扭构件(包括作用有多种荷载，且其中集中荷载对支座截面或节点边缘产生的剪力值占总剪力值的75%以上)，β_t的表达式为：

$$\beta_t = \frac{1.5}{1 + 0.2(\lambda + 1)\dfrac{VW_t}{Tbh_0}} \tag{8.15}$$

式中　λ——计算截面的剪跨比。

矩形截面剪扭构件的承载力计算如下：

①剪力和扭矩共同作用下的矩形截面一般剪扭构件

a.构件的抗剪承载力

$$V_u = 0.7(1.5 - \beta_t)f_t bh_0 + f_{yv}\frac{A_{sv}}{s}h_0 \tag{8.16}$$

b.抗扭构件的受扭承载力

$$T_u = 0.35\beta_t f_t W_t + 1.2\sqrt{\zeta}f_{yv}\frac{A_{st1}A_{cor}}{s} \tag{8.17}$$

②对于集中荷载作用下的独立剪扭构件，其受剪承载力相应改为式(8.18)，其受扭承载力仍按式(8.17)计算，只是β_t按式(8.15)计算。

$$V_u = \frac{1.75}{\lambda + 1}(1.5 - \beta_t)f_t bh_0 + f_{yv}\frac{A_{sv}}{s}h_0 \tag{8.18}$$

在承载能力极限状态下，可令$V = V_u$、$T = T_u$，分别由式(8.16)、式(8.18)和式(8.17)求得抗剪箍筋$\dfrac{A_{sv}}{s}$和抗扭箍筋$\dfrac{A_{st1}}{s}$，再按照叠加原则计算抗剪扭总的箍筋用量。但应注意叠加时箍筋的肢数，避免叠加错误。

对于抗扭需要的纵向受力钢筋，则根据抗扭纵筋与抗扭箍筋的配筋强度比ζ，由式(8.6)来确定A_{stl}。

8.2.2　钢筋混凝土弯扭构件承载力计算

对于同时承受弯矩和扭矩的构件，截面周边的纵向钢筋在承受扭矩作用，同时弯曲受拉边的纵向钢筋也承担弯矩的作用。因此构件的抗弯能力与抗扭能力之间必定具有相关性，影响这种相关性的因素很多，随着构件截面上部和下部纵筋数量的比值、截面高宽比、纵筋和箍筋的配筋强度比以及沿截面侧边配筋数量的不同，这种弯扭相关性的具体变化规律都有所不同，情况较为复杂。要得到其较准确的计算公式目前尚有困难。现行“规范”对弯扭构件采用简便实用的“叠加法”进行计算，即对构件截面先分别按抗弯和抗扭进行计算，然后将相应部位所需的纵向钢筋面积按图 8.7 所示方式叠加，而箍筋按抗扭计算确定。

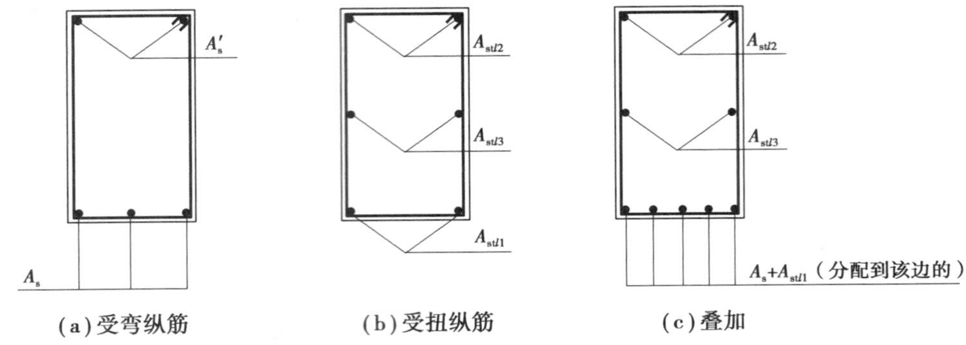

图 8.7　弯扭构件纵向钢筋叠加

8.2.3　钢筋混凝土弯剪扭构件承载力计算

在实际工程中，钢筋混凝土构件大多数都是同时受有弯矩、剪力和扭矩作用的弯剪扭构件。为了简化计算，现行“规范”对弯剪扭构件同样也采用“叠加法”进行计算。对矩形、T 形和 I 形截面钢筋混凝土弯剪扭构件，配筋计算的一般原则是：纵向受力钢筋按受弯构件的正截面受弯承载力和剪扭构件的受扭承载力分别计算所需的纵向钢筋截面面积进行叠加，并配置在相应位置；按剪扭构件的受剪承载力和受扭承载力分别计算所需的箍筋截面面积进行叠加，并配置在相应位置。

8.3　受扭构件的构造要求

(1)受扭纵向钢筋的构造要求

①为防止发生少筋破坏，梁内受扭纵向钢筋的配筋率ρ_{tl}应不小于最小配筋率$\rho_{tl,\min}$，

$$\rho_{tl,\min}=\frac{A_{stl,\min}}{bh}=0.6\sqrt{\frac{T}{Vb}}\cdot\frac{f_t}{f_y} \tag{8.19}$$

抗扭纵筋按 $b\times h$ 的全截面计算配筋率，即$\rho_{tl}=\dfrac{A_{stl}}{bh}$，当$\dfrac{T}{Vb}>2$ 时，取$\dfrac{T}{Vb}=2$；

②受扭纵向受力钢筋的间距不应大于 200 mm 和梁的截面宽度；

③在截面四角必须设置受扭纵向钢筋，并沿截面周边均匀布置；如果抗扭纵筋在计算中其强度被充分利用，则其接头和锚固均应按受拉钢筋的有关规定处理。

(2)受扭箍筋的构造要求

①为防止发生少筋破坏，在弯剪扭构件中，箍筋的配筋率ρ_{sv}应满足

$$\rho_{sv}=\frac{nA_{sv1}}{bs}\geqslant 0.28\frac{f_t}{f_{yv}} \tag{8.20}$$

②受扭所需的箍筋应做成封闭式，且应沿截面周边布置。当采用复合箍筋时，位于截面内部的箍筋不应计入受扭所需的截面面积。

箍筋的端部应做成 135°的弯钩，弯钩末端的直线长度应不小于 $10d$（d 为箍筋直径）。此外，箍筋的直径和间距还应符合受弯构件对箍筋的有关规定。

(3)截面尺寸的构造要求

为使弯剪扭构件不发生在钢筋屈服前混凝土先压碎的超筋破坏，“规范”对在弯矩、剪力和扭矩共同作用下，h_w/b 不大于 6 的矩形、T 形和 I 形截面构件的最小截面进行了规定。

当 $h_w/b \leqslant 4$ 时

$$\frac{V}{bh_0} + \frac{T}{0.8W_t} \leqslant 0.25\beta_c f_c \tag{8.21}$$

当 $h_w/b = 6$ 时

$$\frac{V}{bh_0} + \frac{T}{0.8W_t} \leqslant 0.2\beta_c f_c \tag{8.22}$$

当 $4<h_w/b<6$ 时，按线性内插法确定。

h_w/b 大于 6 的矩形、T 形和 I 形截面尺寸要求及扭转承载力计算应符合专门的规定。

8.4　弯剪扭构件计算步骤

通过前面的分析，得到弯剪扭构件计算的具体步骤如下：

①根据经验或参考已有设计初步确定其截面尺寸和材料强度等级。

②验算构件截面尺寸。按照式(8.21)和式(8.22)进行截面尺寸验算，如不满足上式条件时，则应加大截面尺寸或提高混凝土强度等级，加大截面尺寸更有效也更方便施工。

③确定计算方法。当构件内某种内力较小，而截面尺寸相对较大时，截面强度已经满足，在进行截面强度计算时，即可不再考虑该项内力，具体处理如下：

a.符合条件 $V\leqslant 0.35f_t bh_0$ 或以集中荷载为主的构件符合条件 $V\leqslant \frac{0.875}{\lambda+1}f_t bh_0$ 时，可忽略剪力的作用，仅按受弯构件的正截面受弯承载力和纯扭构件的受扭承载力分别进行计算，然后再对钢筋面积进行叠加。

b.当符合条件 $T\leqslant 0.175f_t W_t$ 时，可忽略扭矩的作用，仅按受弯构件的正截面受弯承载力和斜截面受剪承载力分别进行计算。

c.当符合下列条件

$$\frac{V}{bh_0} + \frac{T}{W_t} \leqslant 0.7f_t$$

则不需对构件进行剪扭承载力计算，而只需按构造要求配置纵向受扭钢筋和受扭箍筋。

d.如不满足上述 a、b、c 三条，则按本章 8.2.3 节进行弯剪扭承载力计算。

④按正截面强度计算其抗弯纵筋的数量。

⑤确定箍筋数量。

a.按式(8.14)或式(8.15)计算系数 β_t；

b.按式(8.16)或式(8.18)计算抗剪箍筋数量 $\frac{A_{sv}}{s}$；

c.按式(8.17)计算抗扭箍筋数量 $\frac{A_{st1}}{s}$；

d.计算出箍筋总数量：

$$\frac{A_{st1}^{*}}{s}=\frac{A_{sv1}}{s}+\frac{A_{st1}}{s}$$

⑥按式(8.20)验算配箍率。

⑦计算抗扭纵筋数量。将计算求出的抗扭单肢箍筋数量$\frac{A_{st1}}{s}$代入式(8.6)，取$\zeta=1.2$即可求出抗扭纵筋的截面面积

$$A_{stl}=\frac{\zeta f_{yv}A_{st1}u_{cor}}{f_y s}$$

⑧验算纵筋配筋率。

纵向钢筋的配筋率不应小于受弯构件纵向受力钢筋配筋率与受扭构件纵向受力钢筋配筋率的最小配筋率之和。

受弯构件纵向受力钢筋的最小配筋率按受弯构件相关规定取值。

受扭构件纵向受力钢筋的最小配筋率按式(8.19)计算。

⑨将抗扭纵筋截面面积A_{stl}与抗弯纵筋A_s按图8.7方式进行叠加，并选择钢筋。

【例8.1】某框架边梁截面尺寸$b\times h=250\ \text{mm}\times 600\ \text{mm}$，承受弯矩设计值$M=248\ \text{kN}\cdot\text{m}$，剪力设计值$V=135\ \text{kN}$，扭矩设计值$T=18\ \text{kN}\cdot\text{m}$，混凝土强度等级C30($f_c=14.3\ \text{N/mm}^2$，$f_t=1.43\ \text{N/mm}^2$)，纵向钢筋采用HRB400级钢筋，箍筋采用HPB300级钢筋，环境类别为一类，混凝土保护层厚度$c=20\ \text{mm}$。试求截面所需的受弯、受剪及受扭钢筋。

【解】(1)验算截面尺寸

设$a_s=40\ \text{mm}$，$h_0=h-40=560\ \text{mm}$，则截面受扭塑性抵抗矩

$$W_t=\frac{b^2}{6}(3h-b)=\frac{250^2}{6}(3\times 600-250)=16.15\times 10^6\ \text{mm}^3$$

$\frac{V}{bh_0}+\frac{T}{0.8W_t}=\frac{135\times 10^3}{250\times 560}+\frac{18\times 10^6}{0.8\times 16.15\times 10^6}=2.36\ \text{N/mm}^2\leqslant 0.25\beta_c f_c=3.58\ \text{N/mm}^2$，截面尺寸满足要求。

(2)验算是否需要考虑剪力

$V=135\ \text{kN}>0.35f_t bh_0=0.35\times 1.43\times 250\times 560=70\ 070\ \text{N}=70.1\ \text{kN}$，故应考虑剪力的影响。

(3)验算是否需要考虑扭矩

$T=18\times 10^6\ \text{N}\cdot\text{mm}>0.175f_t W_t=0.175\times 1.43\times 16.15\times 10^6=4.04\times 10^6\ \text{N}\cdot\text{mm}$，故应考虑扭矩的影响。

(4)验算是否需要进行受剪和受扭承载力计算

$\frac{V}{bh_0}+\frac{T}{W_t}=\frac{135\times 10^3}{250\times 560}+\frac{18\times 10^6}{16.15\times 10^6}=2.08\ \text{N/mm}^2>0.7f_t=1.0\ \text{N/mm}^2$，故应进行剪扭承载力计算。

(5)计算受剪箍筋

由式(8.14)可得：$\beta_t=\dfrac{1.5}{1+0.5\dfrac{VW_t}{Tbh_0}}=1.05>1.0$ 取$\beta_t=1.0$；

由式(8.16)可得：$\frac{A_{sv}}{s}=\frac{V-0.7(1.5-\beta_t)f_t bh_0}{f_{yv}h_0}=0.43\ mm$

(6)计算受扭钢筋(取箍筋为Φ8)

$b_{cor}=250-40-16=194\ mm, h_{cor}=600-40-16=544\ mm$

$u_{cor}=2\times(194+544)=1\ 476\ mm, A_{cor}=b_{cor}\cdot h_{cor}=194\times544=105\ 536\ mm^2$

取$\zeta=1.2$，则由式(8.17)可得：$\frac{A_{st1}}{s}=\frac{T-0.35\beta_t f_t W_t}{1.2\sqrt{\zeta}f_{yv}A_{cor}}=0.265\ mm^2/mm$

计算受扭纵筋量：$A_{stl}=\frac{\zeta f_{yv}A_{st1}u_{cor}}{f_y s}=\frac{1.2\times270\times0.265\times1\ 476}{360}=351.9\ mm^2$

(7)计算受弯纵向钢筋

按第4章的方法求得$A_s=1\ 409\ mm^2$

(8)配置钢筋并验算条件

①箍筋用量

箍筋单肢总用量：$\frac{A_{st1}^*}{s}=\frac{A_{sv}}{2s}+\frac{A_{st1}}{s}=0.48\ mm$

选用箍筋为Φ8，$A_{svl}=50.3\ mm^2$，$s=50.3/0.48=104.8\ mm$，取$s=100\ mm$，验算最小配箍率条件。

实际配箍率ρ_{sv}：$\rho_{sv}=\frac{2\times50.3}{250\times100}=0.402\%$

最小配筋率$\rho_{sv,min}$：$\rho_{sv,min}=\frac{0.28f_t}{f_{yv}}=0.148\%<\rho_{sv}$，满足最小配箍率的要求。

②确定纵筋用量

受扭纵筋最小配筋率验算：$\rho_{tl}=\frac{A_{stl}}{bh}=\frac{351.9}{250\times600}=0.235\%$

$$\rho_{tl,min}=\frac{A_{stl,min}}{bh}=0.6\sqrt{\frac{T}{Vb}}\cdot\frac{f_t}{f_y}=0.6\sqrt{\frac{T}{Vb}}\cdot\frac{f_t}{f_y}=0.6\times\sqrt{0.533}\times\frac{1.43}{360}=0.174\%<\rho_{tl}$$

满足受扭纵筋最小配筋率验算要求。

受拉区需配置的纵向钢筋的面积

$A_s+\frac{1}{4}A_{stl}=1\ 409+351.9/4=1\ 497\ mm^2$，选4 ⏀22 ($A_s=1\ 520\ mm^2$)。

受压区及侧边配置纵向钢筋截面面积：$\frac{3}{4}A_{stl}=0.75\times351.9=264\ mm^2$，每根钢筋截面面积为264/6 = 44 mm²，考虑到梁顶面的钢筋可作为架立钢筋，梁侧钢筋兼做腰筋，故选6 ⏀12。

钢筋布置图如图8.8所示。

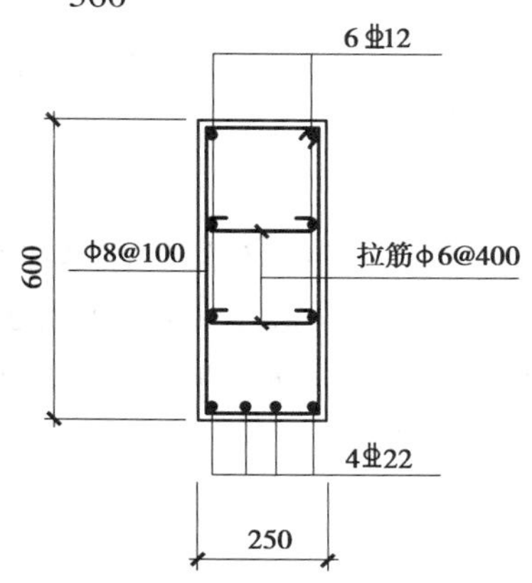

图8.8 例8.1图

思考题

8.1　什么是剪、扭相关性?

8.2　钢筋混凝土纯扭构件中,少筋破坏、适筋破坏、超筋破坏和部分超筋破坏各自的特点是什么?设计中如何避免少筋破坏和超筋破坏?

8.3　受扭构件的配筋构造有哪些要求?

8.4　简述弯、剪、扭构件承载力的计算步骤。

习　题

8.1　雨篷剖面如图8.9所示。雨篷板上承受均布荷载(含板自重)设计值 $q=6.0\ \text{kN/m}^2$,在雨篷自由端沿板宽方向每米承受集中活荷载设计值 $F=1.4$ kN。雨篷梁截面尺寸 $b\times h=$ 240 mm×300 mm,其计算跨度为2.5 m,混凝土强度等级C30,纵筋采用HRB400级钢筋,箍筋采用HPB300级钢筋,经计算知:雨篷梁承受的最大弯矩设计值 $M=14$ kN·m,最大剪力设计值 $V=15$ kN,试对该雨篷梁进行配筋设计。

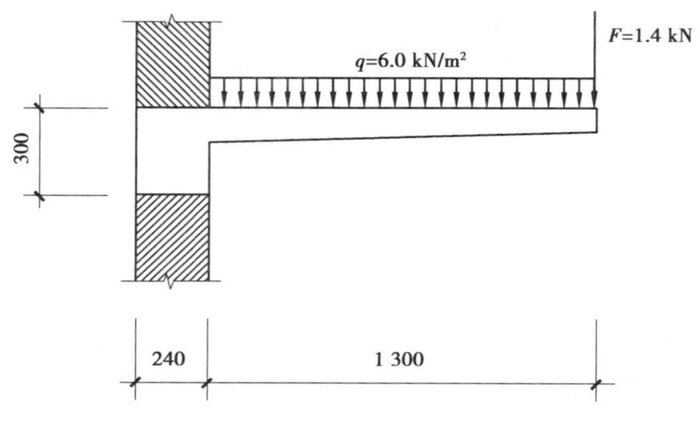

图8.9　习题8.1图

8.2　处于一类环境的矩形截面悬臂梁 $b=250$ mm,$h=500$ mm,混凝土强度等级为C25,纵向受力钢筋采用HRB400级钢筋,箍筋采用HPB300级钢筋,该梁在悬臂支座截面处承受的弯矩设计值 $M=105$ kN·m,承受剪力设计值 $V=120$ kN,扭矩设计值 $T=9$ kN·m。试对该梁进行配筋设计。

混凝土构件正常使用极限状态验算

【学习目标】

(1)熟悉正常使用极限状态要求;

(2)掌握钢筋混凝土构件裂缝宽度和受弯构件挠度的特征及其计算方法;

(3)理解混凝土结构耐久性设计的相关内容。

【本章概述】

混凝土结构往往带裂缝工作,如实际工程中的梁、楼板、长度较大的地下室侧墙、屋面女儿墙等,如处理不当(设计或施工,也有不按设计要求使用的原因),经常出现可见的裂缝。这些裂缝影响观感,给结构的正常使用(如楼板、侧墙渗水)和长期使用带来不利影响,故合理控制裂缝是重要的工程问题。混凝土结构构件变形过大也会影响结构的正常使用,在设计时应仔细复核。在施工过程中,应采取合理的措施来保证混凝土构件的裂缝、挠度在可控范围内。

混凝土结构的耐久性能影响其能否长期使用。耐久性和使用环境关系密切,应结合使用环境采取合理的保证耐久性的措施。

9.1 钢筋混凝土构件正常使用极限状态及耐久性的要求

9.1.1 正常使用极限状态的要求

钢筋混凝土结构构件一般在进行了承载能力极限状态设计计算后,还应根据其使用功能及外观要求,按规定进行正常使用极限状态的验算。前者主要通过计算及构造确定构件的截面尺寸与配筋以保证结构的安全性,后者主要对某些构件进行裂缝宽度和变形验算以确保结构的适用性和耐久性。现行《混凝土结构设计规范》(GB 50010,以下简称“规范”)规定,混凝土结构构件应根据其使用功能和外观要求,按下列规定进行正常使用极限状态验算:

①对需要控制变形的构件,应进行变形验算;

②对不允许出现裂缝的构件,应进行混凝土拉应力验算;

③对允许出现裂缝的构件,应进行受力裂缝宽度验算;

④对舒适度有要求的楼盖构件,应进行竖向自振频率验算。

对于正常使用极限状态验算,钢筋混凝土构件应按荷载的准永久组合并考虑荷载长期作用的影响,保证结构构件的变形、应力、裂缝等不超过正常使用要求所规定的限值。

9.1.2 适用性和耐久性要求

结构的适用性要求是指结构在正常使用过程中工作性能良好,能满足其预定的使用要求,例如不出现过大的挠度和裂缝等。

结构的耐久性要求是指结构在正常使用和正常维护条件下,能抵抗在预定设计使用年限内出现的各种因素的影响从而保证结构能正常使用。例如钢筋不致因保护层过薄或裂缝过宽而发生锈蚀等。除临时性混凝土结构可不考虑耐久性要求外,为了满足耐久性要求,混凝土结构应根据设计使用年限和环境类别进行耐久性设计。

结构在规定的设计使用年限内满足适用性和耐久性要求是结构满足其功能要求必不可少的组成部分。

9.2 钢筋混凝土构件裂缝成因及控制

9.2.1 裂缝的成因及其工程影响

由于混凝土抗拉能力很弱(抗拉强度低、变形能力差),只要构件中的某个部位的拉应变超过了混凝土的极限拉应变,就很容易在垂直于拉力作用的方向产生裂缝。形成裂缝的原因是多方面的,受力和非受力均可引起裂缝。受力裂缝是由于结构受荷载的作用而造成的,例如在前面章节讲述的混凝土受弯构件,弯矩在纯弯区段引起垂直裂缝;在剪力较大的区段,由主拉应力引起斜裂缝。在竖向荷载和水平作用下,建筑结构构件常见的受力裂缝如图 9.1 所示。

除受力裂缝之外,还有相当大一部分裂缝不是由荷载引起的,如当构件收缩受到阻止,收缩不能自由完成时,也会在构件中产生裂缝,例如:墙板受到四周构件(梁、柱)约束,收缩较大时,会产生裂缝,如图 9.2(a)所示;结构不均匀沉降,如支撑不均匀下沉、基础不均匀沉降等,也会产生构件的沉降裂缝,如图 9.2(b)所示;大体积混凝土也会由于内外温差和收缩形成裂缝,如图 9.2(c)所示。

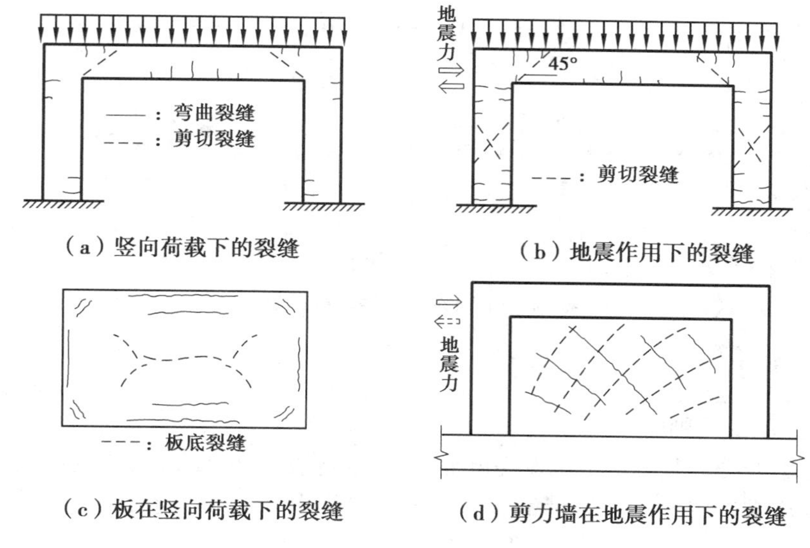

（a）竖向荷载下的裂缝　（b）地震作用下的裂缝

（c）板在竖向荷载下的裂缝　（d）剪力墙在地震作用下的裂缝

图 9.1　常见结构受力裂缝

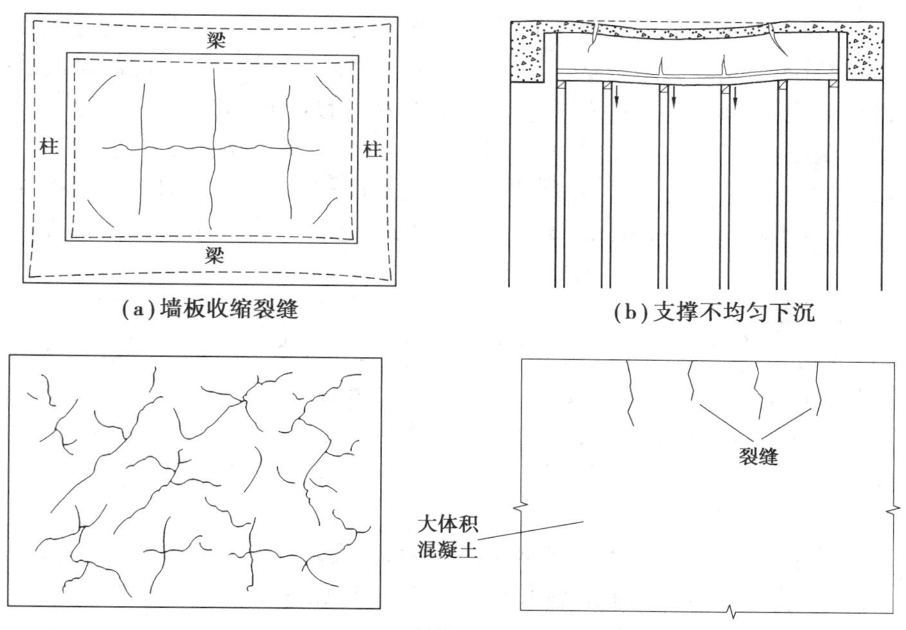

（a）墙板收缩裂缝　（b）支撑不均匀下沉

（c）大体积混凝土收缩裂缝

图 9.2　结构非受力裂缝

混凝土结构中出现一些与钢筋相交的裂缝，只要宽度不大，对构件的正常使用一般不会有太大的影响，但是裂缝宽度较大时，由于水分和空气的侵入，就有可能引起钢筋锈蚀，由于铁锈的体积增大，则有可能将保护层的混凝土胀裂，形成沿钢筋的通缝（如图 9.3 所示），这将进一步加剧钢筋的锈蚀，使钢筋的有效截面面积减小，构件的承载能力逐步降低，从而影响混凝土结构的耐久性，甚至导致结构破坏。另外，过宽的裂缝也会给使用者的心里带来不安。

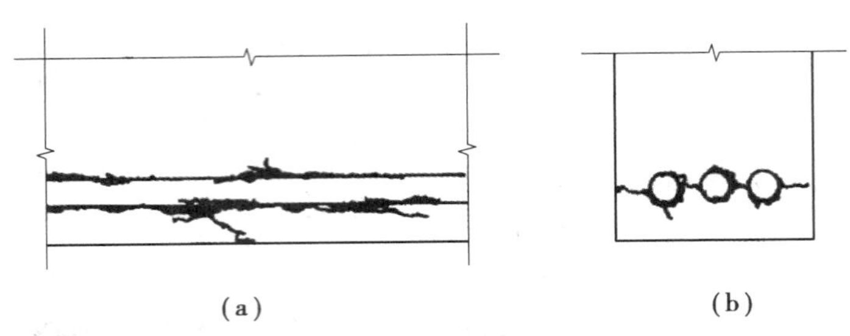

图 9.3 钢筋锈蚀引起的纵向裂缝

9.2.2 裂缝控制

(1)裂缝控制的原则

实际工程中非受力裂缝的成因和分布情况十分复杂,目前要精确计算还很困难,故非受力裂缝的控制通常采用设计构造措施、选材、施工等手段来实现。经过多年的实际工程建设验证,这些控制非受力裂缝的方法是可行的。

针对受力裂缝,目前对受弯构件中由弯矩引起的垂直裂缝的研究和探索比较充分,“规范”中给出了该种裂缝的计算方法。而目前对剪弯区段的斜裂缝宽度的研究还不够充分,“规范”也没有给出该种裂缝的计算方法。但实验研究表明,只要按“规范”的斜截面强度和构造要求进行设计的构件,其裂缝宽度都能够满足正常使用的要求,实际工程经验也验证了这一点。对于偏心受压构件,在偏心距较小的情况下,不会产生裂缝或者裂缝宽度不大,只有在偏心距较大($e_0>0.55h_0$)的情况下,才需要进行其裂缝宽度的计算,可采取与受弯构件类似的方法计算。另外,对于轴心受拉构件和偏心受拉构件,“规范”也采用了类似于受弯构件的计算方法进行计算。

(2)裂缝宽度的限值

根据对不同环境下带裂缝工作的混凝土构件的调查研究表明:在室内无水环境中,即使有裂缝,钢筋锈蚀也不明显;但为稳妥起见,“规范”给出裂缝限值 0.3 mm,在湿度较低的地区可放宽到 0.4 mm;随着环境湿度的增加,钢筋锈蚀现象逐渐严重,但当裂缝宽度未超过 0.2 mm 时,即使钢筋被锈蚀,情况也不严重,对工程影响较小,故“规范”把露天或室内潮湿环境的裂缝宽度控制在 0.2 mm。

在工程运用上,我国“规范”结合其使用功能的要求,把结构构件正截面受力裂缝控制等级分为三级,并规定了各控制等级的裂缝控制要求,具体如下:

一级:严格要求不出现裂缝的构件,要求按荷载标准组合计算时,构件受拉边缘不应产生拉应力;

二级:一般要求不出现裂缝的构件,要求按荷载标准组合计算时,构件受拉边缘拉应力不应大于混凝土抗拉强度标准值;

三级:允许出现裂缝的构件,按“规范”要求对裂缝的宽度进行限制。

“规范”给出了结构所处的环境类别,详见附表 4.1。结合环境类别,给出了各类构件裂缝控制等级及相应的最大裂缝宽度限值,详见本章表 9.1。

9.3 钢筋混凝土构件裂缝宽度验算

9.3.1 荷载组合的选取

钢筋混凝土构件裂缝宽度验算属于正常使用极限状态的验算范畴，故应按本书第 3 章正常使用极限状态的要求进行荷载组合值的选取。对于钢筋混凝土构件和预应力混凝土构件的荷载组合值，应分别按荷载的准永久组合和标准组合，并考虑荷载长期作用的影响来选取。

9.3.2 裂缝出现与开展

为了研究裂缝宽度，工程界做了大量的轴心受拉构件和受弯构件的试验，通过试验现象研究裂缝出现和开展的相关规律，并得出了相应结论。为便于问题的讨论，仍然以一根三分点受力的简支梁纯弯段受拉区裂缝的形成过程为例来对裂缝的出现和发展进行分析。

(1)第一批裂缝出现

在受弯构件的纯弯区段中，当弯矩使该区段中最薄弱截面受拉边缘混凝土拉应力达到混凝土的抗拉极限强度时，该截面处首先开裂，出现第一批裂缝(一条或几条)，该裂缝的出现是随机的。一旦该截面开裂，混凝土即退出工作并向裂缝两边回缩；而裂缝截面处钢筋的受力增加了原来由混凝土承担的那部分拉力，裂缝处钢筋应力突变，钢筋将进一步伸长。

(2)第二批裂缝出现

如图 9.4(a)所示，由于钢筋和混凝土之间存在黏结作用，混凝土的回缩和钢筋的伸长都将受到相反方向的约束，通过黏结应力使得裂缝处钢筋较大的应力向裂缝两边混凝土传递，钢筋拉应力随着与开裂截面距离的增大而减小，裂缝两侧受拉区混凝土的拉应力随着与开裂截面距离的增大而逐步加大。

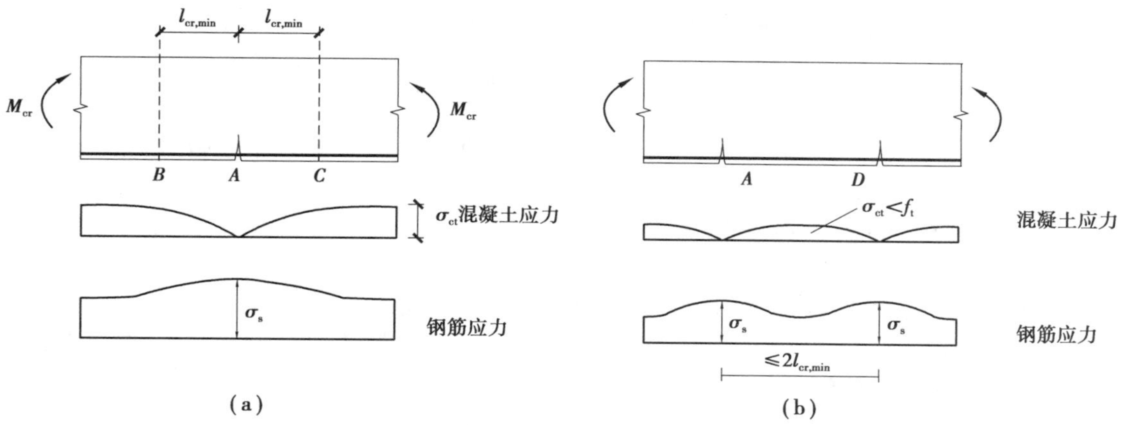

图 9.4 裂缝的出现与开展

随着荷载的增大，在距离第一批裂缝一定黏结传力长度 $l_{cr,min}$ 处，由于黏结应力的积累，该截面边缘混凝土拉应力再次达到混凝土抗拉强度，构件将出现第二批裂缝，如图 9.4(a)中的 B、C 两点所示。如果两条已经出现的裂缝之间距离不足，由于黏结传力长度有限，黏结应力的积累不足以使裂缝间混凝土拉应力达到其抗拉强度，裂缝间就不会再出现新裂缝，如图 9.4(b)所示。当在 A、D 两个薄弱的截面先出现第一批裂缝后，从 A、D 两个截面开始，两端混凝土的应力均逐渐增大，但如果 l_{AD} 未超过产生裂缝的最小 $l_{cr,min}$ 的两倍，黏结应力通过这个长度使裂缝间混凝土的应力达不到其抗拉强度，即使外力再继续增加，新的裂缝也不会产生，如果构件所有裂缝间的距离都不能使构件继续开裂，这个时候裂缝基本已经出齐。随后如果继续加载，裂缝宽度则随钢筋与混凝土之间的滑移量以及钢筋应力的增大而增大，一般不再出现新的裂缝。

9.3.3 平均裂缝间距 $l_{cr,m}$

由裂缝出现和开展的规律可知，后续出现的裂缝总是与先期出现的裂缝有一定距离，这个距离称为"裂缝间距"。由于裂缝的出现具有随机性，从图 9.4 所示的裂缝开展情况可以看出，当第一批裂缝间距刚好大于 $2l_{cr,min}$ 时，可能再开裂 1 次，这样裂缝的间距为 $l_{cr,min}$，这个就是最小的裂缝间距；而当第一批裂缝间距刚好小于 $2l_{cr,min}$，构件将不具备开裂条件，这个间距就是最大的裂缝间距。因此，对整个构件而言，裂缝间距最终将稳定在 $l_{cr,min}$ 和 $2l_{cr,min}$ 之间，从统计意义上讲，平均裂缝间距大约为 $1.5l_{cr,min}$。

由黏结传力的原理可知，裂缝间距主要受两个因素影响：①钢筋和混凝土间黏结传力的能力。在两批裂缝之间的钢筋表面黏结传力能力越强、与混凝土接触的钢筋的表面积越大，在单位长度上就有更多的力传给混凝土，因此受拉区重新达到开裂前高拉应力状态的截面距离第一批裂缝截面就越近，两批裂缝的间距就越短；②受拉混凝土的面积。混凝土受拉的面积大小也决定了混凝土的开裂荷载，在其他条件不变的情况下，混凝土受拉面积越大，需要钢筋传递的力也就越大，这就需要更长的黏结传递长度，相应的裂缝间距也会越大。这两个主要因素可以分解到工程运用中，具体就体现在配筋率、钢筋直径、保护层厚度、钢筋表面特性系数等方面。

平均裂缝间距可由平衡条件求得，但受到的影响因素较多。"规范"在大量试验数据的统计分析基础上，并考虑工程实践经验，总结出平均裂缝间距 l_m 的经验计算公式如下：

$$l_m = \beta\left(1.9c_s + 0.08\frac{d_{eq}}{\rho_{te}}\right) \tag{9.1}$$

式中 β——与构件受力有关的系数，对轴心受拉构件取 1.1，对其他受力构件取 1.0；

c_s——最外层纵向受拉钢筋的保护层厚度，mm。当 $c_s<20$ mm 时，取 $c_s=20$ mm；当 $c_s>65$ mm 时，取 $c_s=65$ mm；

d_{eq}——受拉区纵向受拉钢筋的等效直径，mm，$d_{eq}=\dfrac{\sum n_i d_i^2}{\sum n_i \nu_i d_i}$；

d_i——受拉区第 i 种纵向钢筋的公称直径，mm；

n_i——受拉区第 i 种纵向钢筋的根数；

ν_i——受拉区第 i 种纵向钢筋的相对黏结性系数，光圆钢筋 $\nu_i=0.7$，带肋钢筋 $\nu_i=1.0$；

ρ_{te}——按有效受拉区混凝土截面面积 A_{te} 计算的受拉钢筋的有效配筋率，即 $\rho_{te}=A_s/A_{te}$。在最大裂缝宽度计算中，$\rho_{te}<0.01$ 时，取 $\rho_{te}=0.01$。

其中，A_{te} 按下列规定取用：对轴心受拉构件，A_{te} 取构件截面面积；对受弯、偏心受压、偏心受拉构件A_{te}按图 9.5 所示,由式(9.2)确定。

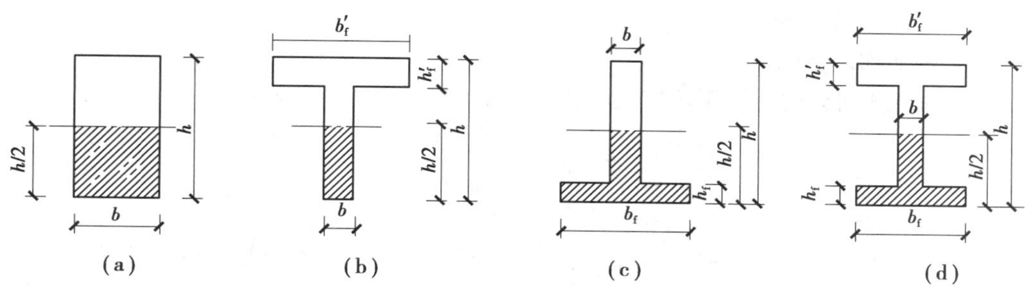

图 9.5　有效截面和即将开裂截面应力分布

$$A_{te} = 0.5bh + (b_f - b)h_f \tag{9.2}$$

9.3.4　平均裂缝宽度 ω_m

如图 9.6 所示,平均裂缝宽度ω_m可以看成l_m区段内钢筋的平均伸长与相应水平位置处构件侧表面混凝土平均伸长的差值,即

$$\omega_m = \varepsilon_{sm} l_m - \varepsilon_{ctm} l_m \tag{9.3}$$

式中　ε_{sm}——纵向受拉钢筋的平均拉应变,$\varepsilon_{sm} = \psi\varepsilon_{sq} = \psi\sigma_{sq}/E_s$,$\psi$ 为裂缝间受拉纵向钢筋应变不均匀系数;

ε_{ctm}——与纵向受拉钢筋相同水平处侧表面混凝土的平均拉应变。

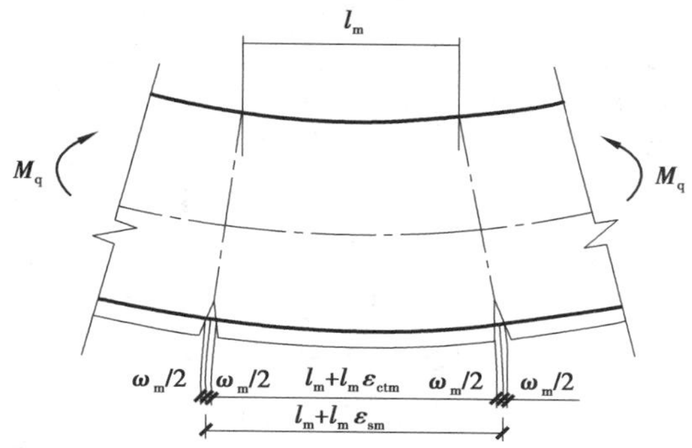

图 9.6　平均裂缝宽度简图

将上式进行简化,于是有:

$$\omega_m = (\varepsilon_{sm} - \varepsilon_{ctm}) l_m = \left(1 - \frac{\varepsilon_{ctm}}{\varepsilon_{sm}}\right) \varepsilon_{sm} l_m$$

令 $\alpha_c = 1 - \dfrac{\varepsilon_{ctm}}{\varepsilon_{sm}}$,将$\alpha_c$及$\varepsilon_{sm}$代入得:

$$\omega_m = \alpha_c \psi \frac{\sigma_{sq}}{E_s} l_m \tag{9.4}$$

式中　α_c——考虑裂缝间混凝土自身伸长对裂缝宽度的影响系数,对受弯和偏心受压构件可取 0.77,对受拉构件可取 0.85;

σ_{sq}——按荷载效应准永久组合计算的裂缝截面处纵向受拉钢筋的应力；

E_s——钢筋弹性模量；

l_m——平均裂缝间距；

ψ——裂缝间纵向受拉钢筋应变不均匀系数，按下列经验公式计算：

$$\psi = 1.1 - \frac{0.65 f_{tk}}{\rho_{te} \sigma_{sq}} \tag{9.5}$$

式中　f_{tk}——混凝土抗拉强度标准值。

当计算得到的 $\psi<0.2$ 时，取 $\psi=0.2$；当 $\psi>1.0$ 时，取 $\psi=1.0$；对直接承受重复荷载的构件，取$\psi=1.0$。

9.3.5　裂缝截面钢筋应力计算

在荷载效应的准永久组合作用下，各种受力情况下构件裂缝截面处的纵向钢筋拉应力 σ_{sq}如图 9.7 所示，可按下列公式计算。

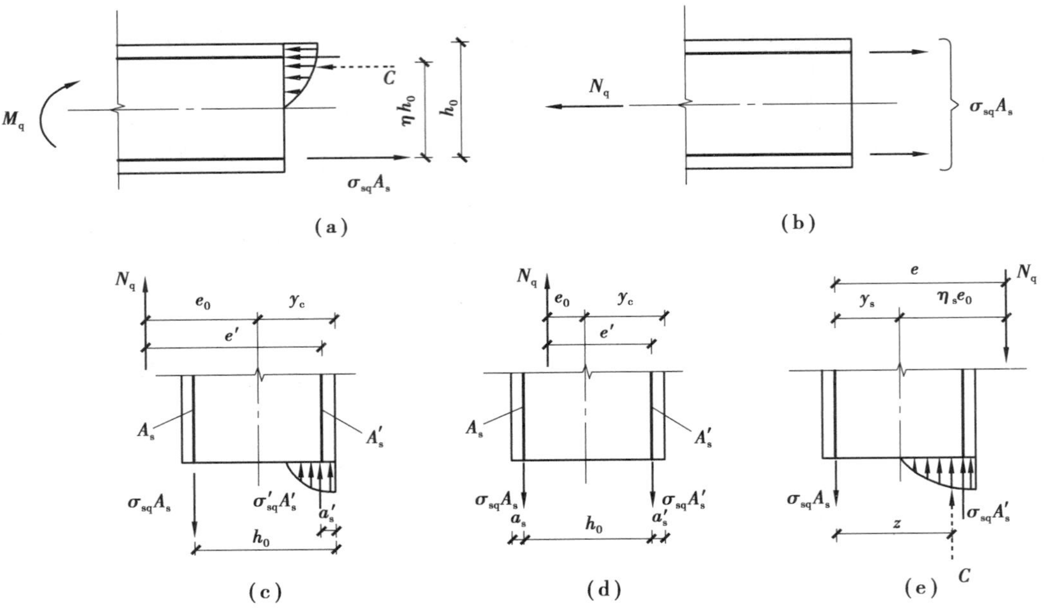

图 9.7　构件钢筋应力计算图示

①受弯构件，如图 9.7(a)所示：

$$\sigma_{sq} = \frac{M_q}{0.87 h_0 A_s} \tag{9.6}$$

②轴心受拉构件，如图 9.7(b)所示：

$$\sigma_{sq} = \frac{N_q}{A_s} \tag{9.7}$$

③偏心受拉构件，如图 9.7(c)、(d)所示：

$$\sigma_{sq} = \frac{N_q e'}{A_s(h_0 - a'_s)} \tag{9.8}$$

④偏心受压构件,如图 9.7(e)所示:

$$\sigma_{sq}=\frac{N_q(e-z)}{A_s z} \tag{9.9}$$

$$z=\left[0.87-0.12(1-\gamma_f')\left(\frac{h_0}{e}\right)^2\right]h_0$$

$$e=\eta_s e_0+y_s$$

$$\gamma_f'=\frac{(b_f'-b)h_f'}{b h_0}$$

$$\eta_s=1+\frac{1}{4\,000\frac{e_0}{h_0}}\left(\frac{l_0}{h}\right)^2$$

式中 A_s——裂缝截面处纵向受拉钢筋截面面积,对轴心受拉构件,取全部纵向钢筋截面面积;对偏心受拉构件,取受拉较大边的纵向钢筋截面面积;对受弯和偏心受压构件,取受拉区纵向钢筋截面面积;

N_q、M_q——按荷载效应准永久组合计算的轴力值和弯矩值;

e'——轴向拉力作用点至纵向受压或受拉较小边钢筋合力点的距离;

e——轴向拉力作用点至纵向受拉钢筋合力点的距离;

e_0——荷载准永久组合下的初始偏心距,取M_q/N_q;

z——纵向受拉钢筋合力点至截面受压区合力点的距离,且 $z\leqslant 0.87\,h_0$;

y_s——截面形心至纵向受拉钢筋合力点的距离;

η_s——使用阶段的轴向压力偏心距增大系数,当$l_0/h_0\leqslant 14$ 时,取 1.0;

γ_f'——受压翼缘截面面积与腹板有效面积比, 对矩形截面$\gamma_f'=0$;

b_f'、h_f'——截面受压翼缘宽度和高度,当$h_f'>0.2\,h_0$时,取$h_f'=0.2\,h_0$。

9.3.6 最大裂缝宽度计算

由于混凝土的非匀质性,裂缝间距不等,裂缝宽度具有很大的离散性,工程验算中,关心的是最大裂缝的宽度。实验研究表明,裂缝宽度分布基本满足正态分布,如取 95%保证率的上分位值作为最大裂缝宽度,受弯构件和偏压构件的最大裂缝宽度约为平均裂缝宽度的 1.66 倍,对偏心受拉和轴心受拉构件则为 1.9 倍。另外,在长期荷载作用下,由于受拉混凝土的应力松弛和滑移徐变,裂缝宽度随时间还会有一定的增长,根据长期加载实验的研究结果,长期荷载下裂缝的宽度可取短期荷载下裂缝宽度的 1.5 倍。由此,短期荷载效应组合下的最大裂缝宽度ω_{max}可用考虑可靠度条件下用平均裂缝宽度乘以短期宽度扩大系数求得;当考虑长期荷载作用效应影响时,最大裂缝宽度可在前述基础上再乘以考虑长期荷载作用影响的扩大系数。“规范”据此整理出考虑长期荷载作用的最大裂缝宽度计算公式如下:

$$\omega_{max}=\alpha_{cr}\psi\frac{\sigma_{sq}}{E_s}\left(1.9\,c_s+0.08\frac{d_{eq}}{\rho_{te}}\right) \tag{9.10}$$

式中 α_{cr}——构件受力特征系数。对于受弯和偏心受压构件,$\alpha_{cr}=0.77\times1.66\times1.5=1.92$,“规范”取$\alpha_{cr}=1.9$;同理,对于轴心受拉构件,取$\alpha_{cr}=2.7$;对于偏心受拉构件,取$\alpha_{cr}=2.4$。

9.3.7 裂缝宽度验算

按式(9.10)计算的最大裂缝宽度,应满足下列规定:

$$\omega_{max} < \omega_{lim} \tag{9.11}$$

式中 ω_{lim}——最大裂缝宽度限值,按表 9.1 采用。

表 9.1 混凝土构件的裂缝控制等级及最大裂缝宽度的限值

<table>
<tr><th rowspan="2">环境类别</th><th colspan="2">混凝土结构</th><th colspan="2">预应力混凝土结构</th></tr>
<tr><th>裂缝控制等级</th><th>ω_{lim}</th><th>裂缝控制等级</th><th>ω_{lim}</th></tr>
<tr><td>一</td><td rowspan="4">三级</td><td>0.3(0.4)</td><td rowspan="2">三级</td><td>0.2</td></tr>
<tr><td>二 a</td><td rowspan="3">0.2</td><td>0.1</td></tr>
<tr><td>二 b</td><td>二级</td><td>—</td></tr>
<tr><td>三 a、三 b</td><td>一级</td><td>—</td></tr>
</table>

注:①对于在年平均相对湿度小于 60%地区一类环境下的受弯构件,其最大裂缝宽度限值可采用表中括号内的数值;

②在一类环境下,对于钢筋混凝土屋架、托架及需要做疲劳验算的吊车梁,其最大裂缝宽度的限值应取 0.2 mm;对于钢筋混凝土屋面梁和托梁,其最大裂缝宽度应取 0.3 mm;

③在一类环境下,对于预应力混凝土屋架、托架及双向板体系,应按二级裂缝控制等级进行验算;对于一类环境下的预应力混凝土屋面梁、托梁、单向板,应按表中二 a 类环境的要求进行验算;在一类和二 a 类环境下需作疲劳验算的预应力混凝土吊车梁,应按裂缝控制等级不低于二级的构件进行验算;

④表中规定的预应力混凝土构件裂缝控制等级和最大裂缝宽度限值仅适用于正截面的验算;预应力混凝土构件的斜截面裂缝控制验算应符合“规范”第 7 章的有关规定;

⑤对于烟囱、筒仓和处于液体压力下的结构,其裂缝控制要求应符合专门标准的有关规定;

⑥对于处于四、五类环境下的结构构件,其裂缝控制要求应符合专门标准的有关规定;

⑦表中最大裂缝宽度限值为荷载作用引起的最大裂缝宽度。

9.3.8 影响裂缝宽度的主要因素及工程应用

由式 9.10 及试验分析可知,影响荷载直接作用所产生的裂缝宽度的主要因素如下:

(1)受拉区纵向钢筋的应力 σ_{sq}

裂缝宽度与纵向受拉钢筋应力近似呈线性关系,σ_{sq} 值越大,裂缝宽度也越大。工程运用中,常希望采用高强度钢筋来节约钢材,但其充分发挥强度时 σ_{sq} 势必也较高,这就给裂缝的控制带来了负面影响。故在普通混凝土受弯构件中,不宜采用过高强度钢筋。

(2)受拉区纵向钢筋直径 d

当其他条件相同时,裂缝宽度随受拉纵筋直径 d 的增大而增大。当构件内纵向受拉钢筋截面面积相同时,采用直径较小的钢筋会增大钢筋表面积,这样,钢筋和混凝土接触面积增加,黏结力增大,裂缝宽度变小。故工程建设中,就控制裂缝而言,受弯构件不宜采用过大直径的钢筋。

(3)受拉区纵向钢筋表面形状

由于带肋钢筋的黏结强度较光面钢筋大得多,所以当其他条件相同时,配置带肋钢筋时的裂缝宽度比配置光面钢筋时的裂缝宽度小。

(4)受拉区纵向钢筋配筋率ρ_{te}

构件受拉区混凝土截面的纵筋配筋率越大,相应钢筋的应力也就越小,裂缝宽度越小,故可采用增大配筋的方式来控制构件的裂缝。但这样做不太经济。

(5)受拉区纵向钢筋的混凝土保护层厚度c_s

当其他条件相同时,保护层厚度值越大,裂缝宽度也越大,增大保护层厚度对构件表面裂缝宽度是不利的。但另一方面,较大的混凝土保护层厚度对耐久性是有利的。所以在工程运用中,应合理控制保护层厚度。

【例 9.1】已知:某矩形截面简支梁,环境类别为一类,截面尺寸为$b\times h=250\ \text{mm}\times600\ \text{mm}$,混凝土强度等级为 C30,配置 4 ⌀ 20($A_s=1\ 256\ \text{mm}^2$)的 HRB400 级钢筋,保护层厚度$c=20\ \text{mm}$,箍筋直径 10 mm,按荷载准永久组合计算的跨度中弯矩$M_q=160\ \text{kN}\cdot\text{m}$,最大裂缝宽度限值$\omega_{lim}=0.3\ \text{mm}$,试验算其最大裂缝宽度是否符合要求。

【解】已知$f_{tk}=2.01\ \text{N/mm}^2$,$E_s=200\times10^3\text{N/mm}^2$,$v_i=v=1.0$,$d_{eq}=\dfrac{\sum n_i d_i^2}{\sum n_i v_i d_i^2}=20\ \text{mm}$。

截面有效高度:

$$h_0=600-\left(20+10+\frac{20}{2}\right)=560\ \text{mm}$$

计算过程如下:

$$\rho_{te}=\frac{A_s}{0.5hb}=\frac{1\ 256}{0.5\times250\times600}=0.016\ 7>0.01$$

$$\sigma_{sq}=\frac{M_q}{0.87h_0A_s}=\frac{160\times10^6}{0.87\times560\times1\ 256}=261.5\ \text{N/mm}^2$$

$$\psi=1.1-\frac{0.65f_{tk}}{\rho_{te}\sigma_{sq}}=1.1-\frac{0.65\times2.01}{0.016\ 7\times261.5}=0.80,0.2<0.80<1.0$$

$$\omega_{max}=\alpha_{cr}\psi\frac{\sigma_{sq}}{E_s}\left(1.9c_s+0.08\frac{d_{eq}}{\rho_{te}}\right)=1.9\times0.80\times\frac{261.5}{2.0\times10^5}\times\left(1.9\times30+0.08\times\frac{20}{0.016\ 7}\right)$$

$$=0.304(\text{mm})\approx\omega_{min}=0.3\ \text{mm}$$

基本满足要求。

9.4 钢筋混凝土受弯构件挠度计算

9.4.1 受弯构件挠度控制

建筑结构中,挠度控制有重要工程意义:①保证建筑的使用功能要求。如屋面构件挠度过大,将影响屋面的排水;门窗上方梁板挠度过大,将影响门窗的开启等;②可防止构件挠度过大而对非结构构件产生不良影响。受弯构件挠度过大会导致其上下部的非结构构件发生破坏,如梁下部隔墙产生裂缝,上部隔墙也会相应产生裂缝;③可保证人们的心理感觉在可接受范围内,避免挠度过大引起使用者心理上的不安全感。

由此可见,控制受弯构件挠度是保证结构构件具有良好工作性能所必须采取的措施,故应在正常使用极限状态下对构件进行挠度验算,使构件挠度在相关规范规定的限制范围内,以满足相关变形要求。

钢筋混凝土受弯构件的最大挠度应按荷载的准永久组合,并考虑荷载长期作用下的影响进行计算。"规范"根据以往的设计和使用经验,给出了钢筋混凝土受弯构件挠度限值,详见表 9.2。

表 9.2 受弯构件的挠度限值

构件类型		挠度限值
吊车梁	手动吊车	$l_0/500$
	电动吊车	$l_0/600$
屋盖、楼盖及楼梯构件	当 $l_0 < 7$ m 时	$l_0/200(l_0/250)$
	当 7 m $\leqslant l_0 \leqslant$ 9 m 时	$l_0/250(l_0/300)$
	当 $l_0 > 7$ m 时	$l_0/300(l_0/400)$

注:①表中 l_0 为构件的计算跨度;计算悬臂构件的挠度限值时,其计算跨度 l_0 按实际悬臂长度的 2 倍计算;

②表中括号内的数值用于使用上对挠度有较高要求的构件;

③如果构件制作时预先起拱,且使用上也允许,则在验算挠度时,可将计算所得的挠度值减去起拱值;对预应力混凝土构件,尚可减去预加力所产生的反拱值;

④构件制作时的起拱值和预加力所产生的反拱值,不宜超过构件在相应荷载作用下的计算挠度值。

9.4.2 受弯构件截面抗弯刚度

对于弹性材料而言,力学课程中对于其挠度已给出了计算公式。由于在混凝土结构中仍然采用平截面假定,故可直接使用力学中的相关公式进行混凝土构件挠度的计算。但是,相对于弹性构件而言,由于混凝土属非匀质、非弹性材料,构件开裂对其刚度有很大的影响,裂缝的出现导致混凝土退出工作从而引起刚度的退化。所以计算混凝土构件挠度时,采用的截面抗弯刚度不能直接应用弹性材料的计算公式,而应考虑混凝土材料的非匀质性以及构件开裂后刚度退化的影响。

实验研究还表明,在荷载的长期作用下,当荷载保持不变时,由于受压区混凝土的徐变变形和钢筋与混凝土之间的滑移徐变等原因,混凝土构件的抗弯刚度还将随时间推移而进一步降低。因此,混凝土构件的刚度还应考虑荷载长期效应的影响。此外,混凝土构件的弯曲刚度还与配筋率、截面形状等因素有关。

因此,混凝土构件挠度计算的核心问题是如何确定混凝土构件的刚度。弹性材料的抗弯刚度往往用 EI 来表示,为了和弹性材料的刚度有所区别,"规范"用 B 来表示混凝土构件的抗弯刚度;用 B_s 来表示荷载短期效应组合下的抗弯刚度,称为"短期刚度"。

1）受弯构件短期刚度B_s

由于大部分混凝土构件在正常工作的标准荷载作用下已经处于带裂缝工作状态，故受弯构件在短期加载下，其抗弯刚度应按带裂缝工作状态进行分析。

混凝土构件实际裂缝的分布较复杂，但从统计意义上的平均值而言，裂缝的平均宽度是有规律的，我们取构件的平均变形来进行分析。平均曲率如图9.8所示，可按式(9.12)计算。

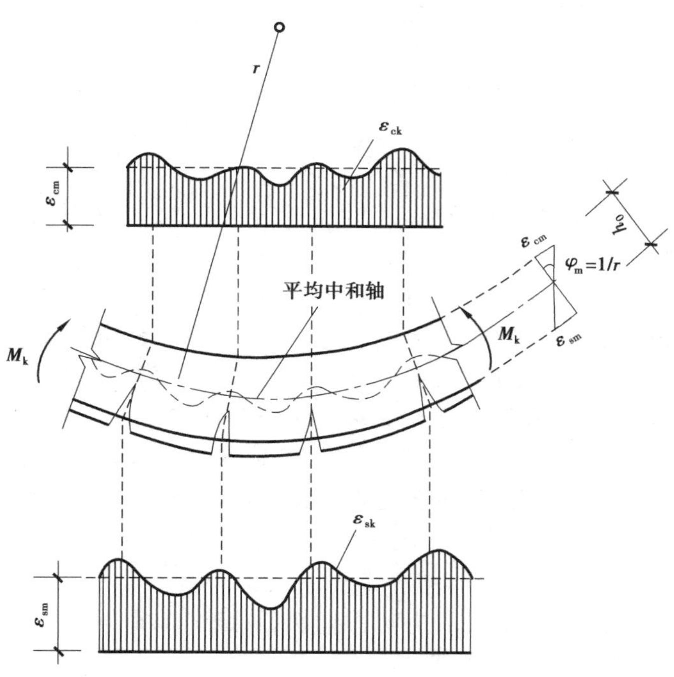

图9.8　纯弯区段的平均曲率

$$\varphi_m = \frac{1}{r} = \frac{\varepsilon_{sm} + \varepsilon_{cm}}{h_0} \tag{9.12}$$

式中　r——与平均中和轴相对应的平均曲率半径；

ε_{sm}、ε_{cm}——纵向受拉钢筋重心处的平均拉应变和受压区边缘混凝土的平均压应变；

h_0——截面的有效高度。

这样，$B_s = \frac{M_k}{\varphi_m} = \frac{M_k h_0}{\varepsilon_{sm}+\varepsilon_{cm}}$，求$B_s$的关键问题就是如何确定$\varepsilon_{sm}$、$\varepsilon_{cm}$。但是$\varepsilon_{sm}$、$\varepsilon_{cm}$的确定较为复杂，其理论分析尚有困难，需通过平衡条件并结合大量的实验数据来确定。

经过相关试验资料的整理和理论分析，我国"规范"在按裂缝控制等级要求的荷载组合（钢筋混凝土构件为荷载效应准永久组合）作用下，钢筋混凝土受弯构件的短期刚度B_s按下列公式计算：

$$B_s = \frac{E_s A_s h_0^2}{1.15\psi + 0.2 + \dfrac{6\alpha_E \rho}{1 + 3.5\gamma_f'}} \tag{9.13}$$

式中　ψ——按式(9.5)计算；

α_E——钢筋弹性模量与混凝土弹性模量的比值，即$\alpha_E=E_s/E_c$；

ρ——纵向受拉钢筋配筋率，取为$\rho=A_s/(bh_0)$。

2)受弯构件长期刚度 B

在长期荷载作用下，受弯构件的挠度随时间的增长而增大，构件的抗弯刚度随时间的增长而不断缓慢降低，构件的长期刚度小于其短期刚度。钢筋混凝土受弯构件挠度验算时采用的截面弯曲刚度 B，是在其短期刚度 B_s的基础上，用弯矩的准永久组合值 $\boldsymbol{M}_q$对挠度的增大的影响系数 θ 来考虑荷载长期作用的影响。

钢筋混凝土受弯构件挠度计算采用荷载准永久组合，此时长期刚度为：

$$B=\frac{B_s}{\theta} \tag{9.14}$$

预应力混凝土受弯构件挠度计算应采用荷载标准组合。对于标准组合，在混凝土构件受到的荷载中，恒载和一部分活荷载(准永久值部分，即活荷载相对固定的那部分)是长期作用的；另一部分活荷载是短期作用的。这样，就可以将荷载标准值引起的弯矩 $\boldsymbol{M}_k$分为两部分，一部分是由长期作用的荷载引起的弯矩 $\boldsymbol{M}_q$，另一部分是由非长期荷载引起的弯矩 $\boldsymbol{M}_k-\boldsymbol{M}_q$。由于在荷载的长期作用下，混凝土构件的抗弯刚度将进一步降低，所以，受弯构件挠度验算时采用的截面弯曲刚度 B，是在短期刚度 B_s 的基础上，用弯矩的准永久组合值 $\boldsymbol{M}_q$对挠度增大的影响系数 θ 来考虑荷载长期作用部分的影响。仅需对在 $\boldsymbol{M}_q$作用下的那部分长期挠度乘以 θ，而不必增大($\boldsymbol{M}_k-\boldsymbol{M}_q$)作用下产生的短期挠度。参照材料力学公式

$$f=S\frac{(M_k-M_q)l_0^2}{B_s}+S\frac{M_q l_0^2}{B_s}\theta \tag{9.15}$$

式中，S 为与荷载形式、支承条件有关的挠度系数，例如对于均布荷载下的简支梁 $S=5/48$。

对上式采用整体刚度来表达，则有：

$$f=S\frac{M_k l_0^2}{B} \tag{9.16}$$

式(9.15)和式(9.16)相等，即$\frac{M_k l_0^2}{B}=\frac{(M_k-M_q)l_0^2}{B_s}+\frac{M_q l_0^2}{B_s}\theta$，整理可得

$$B=\frac{M_k}{M_q(\theta-1)+M_k}B_s \tag{9.17}$$

该式即为受弯构件弯矩的标准组合并考虑荷载长期作用影响的刚度，实质上是考虑荷载长期作用部分使刚度降低的因素后对受弯构件短期刚度 B_s 的修正。

θ 的取值需根据实验确定，同时应考虑受压钢筋的有利影响。我国“规范”建议对混凝土受弯构件：当 $\rho'=0$ 时，取 $\theta=2.0$；当 $\rho'=\rho$ 时，取 $\theta=1.6$；当 ρ'为中间数值时，θ 按线性内插法取用，即

$$\theta=2.0-0.4\frac{\rho'}{\rho}$$

式中，取 $\rho'=A'_s/(b\,h_0)$，$\rho=A_s/(b\,h_0)$。

对翼缘位于受拉区的倒 T 形截面，θ 应增加 20%。

9.4.3 受弯构件挠度验算

1)最小刚度原则

钢筋混凝土构件的截面抗弯刚度是随着弯矩的变化而变化的。等截面构件中,弯矩大、裂缝开展大的截面刚度小;弯矩小、裂缝开展小的截面刚度大;由于裂缝沿长度方向开展不均匀,沿构件长度方向的刚度也是变化的。例如,一个中间部分已经开裂的简支梁的刚度分布如图 9.9 所示,若按各截面的实际刚度进行挠度计算过程极其复杂,不便工程运用。但考虑到近支座区段刚度虽然较大,但此区段对构件整体变形的影响较小,如取最大弯矩截面的刚度进行构件的变形计算,得到的最大挠度和实测的构件挠度结果吻合很好。

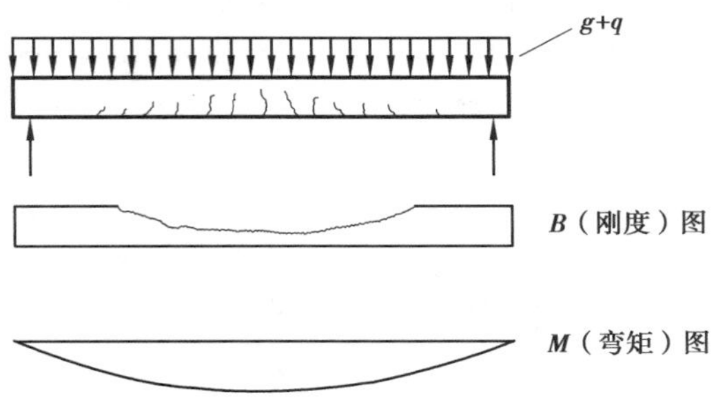

图 9.9 开裂简支梁刚度分布

基于试验实测结果和计算结果的对比,实用上为简化计算,我国"规范"建议:在等截面构件中,可假定各同号弯矩区段内的刚度相等,并采用该区段内最大弯矩处的刚度,即采用各同号弯矩区段内最大弯矩 M_{max} 处的最小截面刚度作为该区段的刚度 B,按分段等刚度梁来计算构件的挠度,称为"最小刚度原则"。

按"最小刚度原则"计算的变形看似偏大,实际上由于目前"规范"中采用的刚度计算公式只考虑了弯曲变形的影响,忽略了剪切变形及构件截面翘曲的影响,而公式本身的计算刚度偏大,这就使两者对结果的影响可相互抵消。通过实验对比,采用"最小刚度原则"计算的变形和实验结果吻合较好,说明"最小刚度原则"能满足工程运用要求。

对于简支梁,根据"最小刚度原则",可取用全跨范围内弯矩最大截面处的最小弯曲刚度按等刚度梁进行挠度计算;对于等截面连续梁、框架梁等,因存在有正、负弯矩,可假定各同号弯矩区段内的刚度相等,并分别取正、负弯矩区段内弯矩最大截面处的最小刚度按分段等刚度梁进行挠度计算。当计算跨度内的支座截面刚度不大于跨中截面刚度的两倍或不小于跨中截面刚度的 1/2 时,该跨也可按等刚度构件进行计算,其构件刚度可取跨中最大弯矩截面处的刚度。

2)挠度影响因素及工程实践中挠度的控制方法

由短期刚度的计算公式(9.13)可知,在其他条件相同时,截面有效高度 h_0 对构件刚度的影响最大;如有受拉翼缘或受压翼缘,则刚度也有所增大;在正常配筋率 $\rho=1\%\sim2\%$ 的情况下,提高混凝土强度等级对增大刚度影响不大,而增大受拉钢筋的配筋率,刚度略有增大。

因此,工程中挠度的控制应首先采用增加截面高度的措施,在工程设计中,通常根据受弯构件跨高比 l/h 的合理取值范围对变形予以控制。一般不采用通过提高配筋率来控制挠度,这样不经济,效果也不理想。为控制构件在长期荷载作用下的变形,可采取增设受压钢筋的措施。对跨度较大的构件,则应采取预应力等措施来控制变形。在施工过程中,也可预先对构件起拱,以此来平衡荷载产生的挠度。

【例 9.2】已知：某矩形截面简支梁，截面尺寸为 $b\times h=250\ \text{mm}\times 600\ \text{mm}$，混凝土强度等级为 C30，配置 4 ⌀ 20（$A_s=1\ 256\ \text{mm}^2$）的 HRB400 级钢筋，纵筋的混凝土保护层厚度 $C_s=30\ \text{mm}$，承受均布荷载，按荷载准永久组合计算的跨中弯矩 $M_q=160\ \text{kN}\cdot\text{m}$ 梁的计算跨度 $l_0=6.0\ \text{m}$，挠度允许值为 $l_0/250$。试验算其挠度是否符合要求。

【解】$f_{tk}=2.01\ \text{N/mm}^2$，$E_s=200\times10^3\text{N/mm}^2$，$E_c=30.0\times10^3\text{N/mm}^2$。

(1)计算基本参数

$$\alpha_E=\frac{E_s}{E_c}=6.67$$

$$h_0=600-\left(30+\frac{20}{2}\right)=560\ \text{mm}$$

由题，$A_s=1\ 256\ \text{mm}^2$，则有：

$$\rho=\frac{A_s}{bh_0}=\frac{1\ 256}{250\times560}=0.008\ 97$$

$$\rho_{te}=\frac{A_s}{0.5hb}=\frac{1\ 256}{0.5\times250\times600}=0.016\ 7>0.01$$

$$\sigma_{sq}=\frac{M_q}{0.87h_0A_s}=\frac{160\times10^6}{0.87\times560\times1\ 256}=261.47\ \text{N/mm}^2$$

$$\psi=1.1-\frac{0.65f_{tk}}{\rho_{te}\sigma_{sq}}=1.1-\frac{0.65\times2.01}{0.016\ 7\times261.47}=0.801$$

(2)计算短期刚度

$$B_s=\frac{E_sA_sh_0^2}{1.15\psi+0.2+6\alpha_E\rho}=\frac{200\times10^3\times1\ 256\times560^2}{1.15\times0.801+0.2+6\times6.67\times0.008\ 97}=5.32\times10^{13}\ \text{N/mm}^2$$

因 $\rho'=0$，所以 $\theta=2.0$

$$B=\frac{B_s}{\theta}=\frac{5.32\times10^{13}}{2}=2.66\times10^{13}\ \text{N}\cdot\text{mm}^2$$

(3)挠度验算

$$f=\frac{5}{48}\times\frac{M_ql_0^2}{B}=\frac{5}{48}\times\frac{160\times10^6\times6\ 000^2}{2.66\times10^{13}}=22.56\ \text{mm}<l_0/250=\frac{6\ 000}{250}=24\ \text{mm}$$

挠度满足要求。

9.5 混凝土构件耐久性设计

9.5.1 钢筋混凝土结构耐久性的概念

钢筋混凝土结构在使用过程中与外界环境接触，可能受到来自各方面因素的影响，例如大气和雨水的侵蚀作用、化学腐蚀介质的腐蚀作用、冻融环境的作用等，随着使用时间的持续，材料性能呈现劣化现象，主要体现为混凝土和钢筋的性能劣化。这就对混凝土结构的耐久性能提出了要求。耐久性是结构设计中需要考虑的一个重要性能要求。混凝土结构的耐久性是指结构或构件在设计使用年限内,在正常维护条件下,不需要进行大修就可满足安全和正常使用要求的能力。

我国大规模的经济建设是在改革开放后才真正开始,在20世纪90年代以前,因我国大规模经济建设开始以来修建的建筑物的服役时间尚不长,耐久性问题尚未充分暴露,没有引起工程界的广泛关注,加之,因为尚无耐久性的经验积累,所以在相关设计规范中也就相应缺乏这方面的要求。但20世纪90年代以后,陆续有越来越多耐久性不足的问题随着房屋使用时间的加长而逐步暴露,建筑的耐久性问题开始引起工程界的重视。

9.5.2 钢筋混凝土结构耐久性不足的表现及影响因素和工程措施

1)混凝土的性能劣化

混凝土性能的劣化主要表现在:混凝土因碳化丧失对钢筋的保护能力;因冻融循环及碱骨料反应引起的混凝土性能的降低;因化学侵蚀引起混凝土性能的降低等。

(1)混凝土碳化导致性能劣化

水泥水化后生成物中的氢氧化钙结晶体呈碱性,当空气中的二氧化碳自混凝土表面经微孔隙向内侵入时,其水溶液的碳酸根呈弱酸性,两者长时间接触将中和氢氧化钙,使混凝土从表层向内逐渐失去碱性从而失去对钢筋的保护,这一现象称为混凝土的碳化。碳化本身对混凝土无影响,但会导致钢筋的锈蚀。

(2)冻融条件下的性能劣化

由于混凝土内部存在微小孔隙,其在浸水饱和时,当气温降至零度以下,孔隙中的水结冰后因体积膨胀而形成膨胀力,多次冻融循环会使表层混凝土呈片状剥落。

(3)碱-骨料反应引起的性能劣化

有多种原因可引起碱-骨料反应,例如,当骨料中含有活性SiO_2时,它会与水泥水化后生成的碱性物质发生反应,其生成物在吸水后膨胀将使混凝土从内部胀裂,导致混凝土性能劣化。

(4)化学侵蚀条件下的性能劣化

化学侵蚀可分为弱化学侵蚀和强化学腐蚀。前者主要指大气和雨水中的弱化学侵蚀和近海大气水分子中的氯离子侵蚀。一般情况下,质量正常的普通混凝土对这类轻度侵蚀有一定的抵抗能力,在正常设计寿命内混凝土表面都能保持稳定(没有粉末化趋势,也没有片状剥落趋势)。后者指强化学介质的腐蚀,混凝土对此类腐蚀无抗御能力,必须在与腐蚀性介质接触的表面做防腐蚀处理。

针对混凝土的性能劣化,可以采用如下措施:①提高混凝土的密实性、抗渗性。这样可减小碳化、降低外部介质对混凝土的侵蚀以及冻融的破坏。提高密实性的措施有:合理设计混凝土的配合比;规定水泥的最小用量和最大水灰比;掺入外加剂和掺合料;改善混凝土的内部孔状结构;加强混凝土生产和浇筑过程中的质量控制;②规定混凝土的最小保护层厚度,使得构件在合理使用年限内,碳化深度达不到钢筋表面;③采用附加保护措施,如涂抹砂浆、涂料等;④控制碱骨料的用量,以降低碱-骨料反应。

2)钢筋的性能劣化

钢筋的性能劣化主要表现为各种情况下引起的钢筋锈蚀及其由钢筋锈蚀引起的工程问题。

一般情况下，一旦包裹钢筋的混凝土保护层被碳化或其碱性被中和后都将发生钢筋的锈蚀。因为后续沿孔隙侵入的 CO_2 和水会在钢筋表面形成弱酸性溶液，当氧气也伴随水和 CO_2 侵入时，钢筋锈蚀这一电离过程就会自动开始，当混凝土构件的裂缝宽度超过一定的限值时，就会加速钢筋锈蚀。锈蚀对结构的影响主要体现在两方面：①锈蚀将逐渐削弱钢筋截面，降低钢筋本身的承载能力；②钢筋严重锈蚀时因铁锈的体积比铁本身大，其膨胀作用将引起钢筋沿长度出现裂缝，严重时可导致保护层脱落，降低截面承载力，甚至导致构件失效，如图9.10所示。

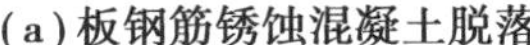

(a)板钢筋锈蚀混凝土脱落

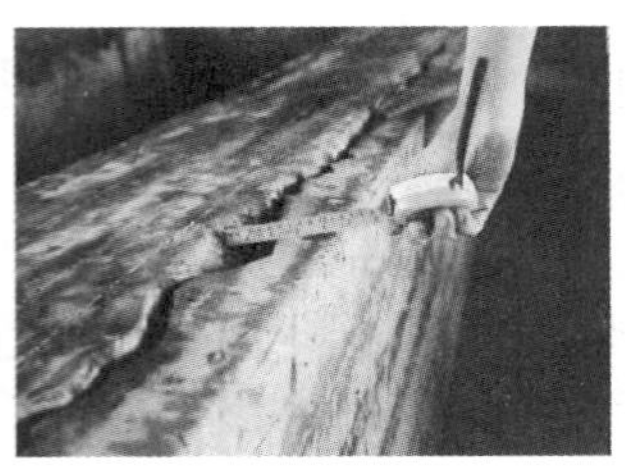

(b)梁钢筋锈蚀混凝土胀裂

(c)柱钢筋锈蚀混凝土脱落

图9.10 钢筋锈蚀引起的混凝土结构劣化

针对钢筋的性能劣化，除采取提高混凝土抗劣化能力的措施外，工程上主要采用的方法是：①控制受力裂缝和其他非受力裂缝的宽度，以推迟或避免与这些裂缝相交的钢筋的锈蚀；②提高钢筋自身的耐腐蚀能力，采用耐腐蚀能力强的钢筋。

9.5.3 耐久性设计

工程实践和试验研究表明，影响混凝土结构耐久性的主要因素有：

①使用环境。使用环境是影响混凝土耐久性的重要因素，如处在化工厂环境中，酸、碱溶液等化学介质的侵入造成混凝土中的一些成分被溶解、流失，从而引起混凝土产生裂缝、孔隙，甚至使混凝土松软；在海港、近海结构中的混凝土构筑物，由于经常受到海水的侵蚀，海水中的氯离子和硫酸镁对混凝土有较强的腐蚀作用等，因此，环境因素对混凝土的耐久性有很大的影响。

②设计使用年限。很明显，使用时间越长的建筑，受到各种侵蚀的持续时间也越长，因此，应对不同的设计使用年限的建筑采取相应不同的设计措施。

③混凝土保护层厚度。如果保护层厚度足够，在设计使用期间，碳化达不到钢筋的表面，结构耐久性好；相反，耐久性差。

④混凝土本身的性能。混凝土本身材料的性能好，质地密实，则本身抵抗外部侵蚀的能力强，使外部有害物质也难以侵入到钢筋表面，这也将提高混凝土的耐久性。

由于目前对于耐久性的研究和工程经验不足，我国“规范”还达不到对其定量设计，而是根据环境类别和设计使用年限提出了相应限制和要求，以此来保证结构的耐久性。我国“规范”在总结耐久性的影响因素及其防治方法的基础上，提出了混凝土结构耐久性的设计方法，主要包括以下内容：a.确定结构所处的环境类别；b.提出对混凝土材料的基本要求；c.确定构件中钢筋的保护层厚度；d.增强耐久性的技术措施；e.提出结构使用阶段的检测与维护要求。

1) 混凝土结构的环境类别

结构所处的环境是影响其耐久性的外因。“规范”对混凝土结构所处的环境进行了分类，给出了混凝土结构暴露的环境类别，详见附表 4.1。

2) 混凝土材料耐久性的基本要求

混凝土结构的耐久性既与混凝土结构所处的环境有关，也与混凝土材料自身的特性(强度、密实性、水灰比、最大氯离子含量、最大碱含量等)有关，前者为外因，后者为内因。为了保证混凝土结构的耐久性，“规范”根据不同设计使用年限的环境类别，提出了混凝土材料相应的指标要求，设计使用年限为 50 年的结构，其混凝土材料宜符合表 9.3 的规定。

表 9.3　结构混凝土材料的耐久性基本要求

环境等级	最大水胶比	最低强度等级	最大氯离子含量(%)	最大碱含量(kg/m^3)
一	0.60	C20	0.30	不限制
二 a	0.55	C25	0.20	3.0
二 b	0.50(0.55)	C30(C25)	0.15	
三 a	0.45(0.50)	C35(C30)	0.15	
三 b	0.40	C40	0.10	

注:①氯离子含量是指其占胶凝材料总量的百分比;

②预应力构件混凝土中的最大氯离子含量为 0.06%;最低混凝土强度等级宜按表中的规定提高两个等级;

③素混凝土构件的水胶比及最低强度等级的要求可适当放松;

④有可靠工程经验时,二类环境中的最低混凝土强度等级可降低一个等级;

⑤处于严寒和寒冷地区二 b、三 a 类环境中的混凝土应使用引气剂,并可采用括号中的有关参数;

⑥当使用非碱活性骨料时,对混凝土中的碱含量可不作限制。

3) 构件中钢筋的混凝土保护层厚度

钢筋外表面混凝土保护层的碳化将使其失去对钢筋的保护能力，从而引起钢筋的锈蚀，适当的混凝土保护层厚度可以避免碳化深度到达钢筋表面，缓解混凝土的碳化影响。“规范”对混凝土保护层厚度提出了最小限值的要求，详见附表 4.2。

4) 不同环境条件下的耐久性技术措施

(1) 混凝土结构构件耐久性的一般技术措施

①预应力混凝土结构中的预应力筋应根据具体情况采取表面防护、孔道灌浆、加大混凝土保护层厚度等措施来增强其耐久性能，外露的锚固端应视具体情况采取封锚和混凝土表面处理等有效措施来增强其耐久性能；

②有抗渗要求的混凝土结构，混凝土的抗渗等级应符合有关标准的要求；

③严寒和寒冷地区的潮湿环境中，结构混凝土应满足抗冻要求，混凝土抗冻等级应符合有关标准要求；

④处于二、三类环境中的悬臂构件宜采取梁-板的结构形式；

⑤处于二、三类环境中的结构构件，其表面的预埋件、吊钩、连接件等金属部件应采取可靠的防锈措施；

⑥处在三类环境中的混凝土结构构件，可采用阻锈剂、环氧树脂涂层钢筋或其他具有耐腐蚀性能的钢筋、采取阴极保护或采用可更换的构件等措施。

(2)设计使用年限为100年的混凝土结构的技术措施

一类环境中，设计使用年限为100年的混凝土结构应符合下列规定：

①钢筋混凝土结构的混凝土最低强度等级为C30；预应力混凝土结构的混凝土最低强度等级为C40；

②混凝土中的最大氯离子含量为0.06%；

③宜使用非碱活性骨料，当必须使用碱活性骨料时，混凝土中的最大碱含量为3.0 kg/m^3；

④混凝土保护层厚度应按附表4.2的规定增加40%，当采用有效的表面防护措施时，混凝土保护层的厚度可适当减小。

二、三类环境中，设计使用年限为100年的混凝土结构应采取专门的有效措施来保证其耐久性。

(3)环境类别为四、五类的混凝土结构

环境类别为四类和五类的混凝土结构，其耐久性要求应符合有关标准的规定。

(4)临时性混凝土结构

对临时性的混凝土结构，可不考虑混凝土的耐久性要求。

5)结构使用阶段的检测和维护

混凝土结构在设计使用年限内尚应遵守下列规定：

①建立定期检测、维修制度。

②设计中可更换的混凝土构件应按规定更换。

③构件表面的防护层，应按规定维护或更换。

④结构出现可见的耐久性缺陷时，应及时进行处理。

思考题

9.1　验算钢筋混凝土受弯构件裂缝宽度和挠度时应采用什么类型的荷载效应组合？为什么需要验算裂缝宽度和挠度？

9.2　钢筋混凝土结构耐久性设计内容包括哪些？

9.3　保证钢筋混凝土结构耐久性的措施有哪些？

9.4　在正常使用极限状态下进行钢筋混凝土结构裂缝宽度和挠度验算时，为什么要考虑荷载效应长期作用的影响？如何考虑？

9.5　钢筋混凝土结构裂缝的类型有哪些？引起这些裂缝的原因是什么？应采取哪些相应措施防止结构开裂？

9.6　钢筋混凝土受弯构件裂缝宽度与哪些因素有关？减小裂缝宽度的主要措施有哪些？

9.7　为什么钢筋混凝土受弯构件的裂缝总是以一定间距出现，两条裂缝间不会出现新的裂缝？

9.8　钢筋混凝土受弯构件的刚度与哪些因素有关？减小构件挠度的主要措施有哪些？

习　题

9.1　已知:某试验楼的简支楼盖大梁,截面为 250 mm×500 mm,计算跨度 l_0=6 000 mm。承受均布荷载作用,其中永久荷载(包括自重)标准值 g_k=15 kN/m,楼面活荷载标准值 q_k=18 kN/m,活荷载准永久值系数 ψ_q=0.5。采用 C30 混凝土,已配置 2 ⊈ 22+2 ⊈ 20 纵向受力钢筋,箍筋Φ 6@200,一类环境。试验算梁的裂缝宽度。

9.2　已知:某钢筋混凝土偏心受压柱,b=300 mm,h=400 mm,计算长度 l_0=4.0 m。N_q=240 kN,M_q=124.8 kN·m,对称配筋,每侧配置 5 ⊈ 20 的纵向受力钢筋,箍筋为 HPB300 钢筋,直径 8 mm,C30 混凝土,二 a 类环境。试验算其裂缝宽度。

9.3　已知:教学楼楼盖中某一矩形截面简支梁,b=300 mm,h=600 mm,C35 混凝土,配置 4 ⊈ 20 纵向受力钢筋,箍筋Φ 6@200,计算跨度 l_0=5 700 mm。承受均布荷载,其中永久荷载(包括自重)标准值 g_k=15 kN/m,楼面活荷载标准值 g_k=20 kN/m,楼面活荷载准永久值系数 ψ_q=0.5,一类环境。试验算梁的挠度。

10
预应力混凝土构件

【学习目标】

(1)理解预应力混凝土的基本概念,了解施加预应力的方法,掌握预应力混凝土构件对材料的要求;

(2)掌握张拉控制应力的概念,了解预应力各项损失的计算及其组合;

(3)熟悉预应力混凝土构件的构造要求。

【本章概述】

早在19世纪后期,美国工程师杰克逊就首先把预应力用于混凝土结构,但由于混凝土的收缩和徐变引起预应力损失过大,这些实践并未获得成功。1928年,法国工程师弗莱希奈特提出预应力混凝土必须采用高强钢筋和高强混凝土,这使预应力混凝土的理论有了关键性的突破,随后预应力混凝土才逐渐在工程运用上取得成功。第二次世界大战后,由于钢材紧缺,预应力混凝土大量代替钢结构用于战后修复和重建,在这一阶段,预应力结构在全世界范围内有了蓬勃的发展和广泛运用。

如今,预应力混凝土结构已经广泛应用于工程建设的各个方面。在房屋建筑中,预应力混凝土不仅运用于建造大跨构件(如预应力屋面梁和屋架、预应力吊车梁等,深圳赤湾完成的60 m跨预应力组合屋架是目前世界上跨度最大的预应力组合屋架),预应力整体结构也有着广泛运用(如整体预应力装配式板柱结构体系;后张预应力混凝土框架结构;高层建筑中带扁梁预应力平板的框筒结构;大跨预应力转换结构等)。在桥梁建设中预应力混凝土运用更为广泛,混凝土桥梁中绝大部分都采用了预应力技术。在特种结构中也不乏预应力混凝土的身影,如电视台、核电站的安全壳、炼油厂防爆气池等。除新建工程外,预应力技术在房屋和桥梁工程的加固改造中,也有其独特的优势。

10.1 预应力混凝土的基本概念及特点

10.1.1 预应力混凝土的基本概念

由于混凝土的极限拉应变很小（$0.1\times10^{-3}\sim0.15\times10^{-3}$），所以普通钢筋混凝土构件的抗裂性能较差，一般情况下，当钢筋的应力超过 20~30 N/mm^2 时，混凝土就会开裂。因此，普通钢筋混凝土构件在正常使用时一般都是带裂缝工作的。对于允许开裂的普通钢筋混凝土构件，当裂缝宽度限制在 0.2~0.3 mm 时，受拉钢筋的应力只能达到 250 N/mm^2 左右。可见，在普通钢筋混凝土构件中若配置高强钢筋，钢筋的强度远不能被充分利用。同时，由于构件的开裂，将导致构件的刚度降低、变形增大，对于密闭性或耐久性有较高的要求的构件，以及对裂缝控制要求严格的构件，均不能采用普通钢筋混凝土结构，而预应力混凝土能较好解决这些问题。

预应力混凝土构件是指在构件承受外荷载之前，预先对外荷载作用时的受拉区混凝土施加压应力的构件。

下面以预应力混凝土简支梁为例，说明预应力混凝土的基本工作原理，如图 10.1 所示。在构件承受外荷载之前，预先对外荷载作用时的受拉区混凝土施加一对偏心轴向压力 N，使梁的下边缘产生压应力 σ_{pc}[如图 10.1(a)]，而外荷载单独作用时梁的下边缘将产生拉应力 σ_t[如图 10.1(b)]，这样，施加了预应力的构件在外荷载作用下，其截面应力应是上述两者的叠加[如图 10.1(c)]，叠加后，梁的下边缘可能是压应力（当 $\sigma_{pc}>\sigma_t$），也可能是较小的拉应力（当$\sigma_{pc}<\sigma_t$）。可见，由于预加压应力 σ_{pc} 的作用，将全部或部分抵消由外荷载引起的拉应力 σ_t。因此，可以通过调整预加压应力 σ_{pc} 的大小来使构件不开裂或较晚开裂。同时，由图 10.1 可见，施加了预压应力后，构件的挠度也减小了，这说明预应力的施加对提高构件的刚度也有帮助。

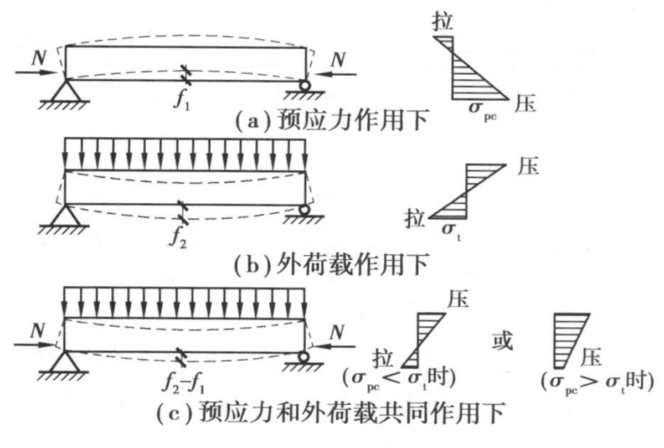

图 10.1 预应力混凝土简支梁

10.1.2 预应力钢筋混凝土的优缺点

目前，预应力钢筋混凝土结构已广泛应用于土木工程中，如预应力混凝土空心板、屋面梁、屋架及吊车梁等。同时，在其他方面，如原子能反应堆、桥梁、水利、海洋及港口工程中，预

应力混凝土也得到了广泛的应用和发展,这主要是由于预应力混凝土具有以下一系列显著的优点:

①易于满足裂缝控制的要求;

②能充分利用高强度材料。由于混凝土受到预压力,这样就可以充分利用混凝土抗压能力强的优点;同时,在外荷载作用前,对钢筋已经施加了预拉力,钢筋已经被拉长,这样就使得高强钢筋的作用得以充分发挥。

③能提高构件刚度、减小构件变形。

预应力混凝土结构虽然具有一系列的优点,但是也存在一些缺点,如设计计算及施工工艺均比较复杂,对质量要求高、造价较高等。

10.2 施加预应力的方法

对构件施加预应力的方法很多,一般多采用张拉钢筋的方法。根据张拉钢筋与浇灌混凝土的先后次序不同,施加预应力的方法可分为先张法和后张法。

10.2.1 先张法

先张法是指在浇灌混凝土之前预先张拉预应力筋的方法。其主要工序如图 10.2 所示。首先,在台座或钢模上张拉钢筋至设计规定的拉力,用夹具临时固定钢筋,然后再浇灌混凝土。当混凝土达到设计强度的 75%及以上时切断钢筋。被切断的钢筋将产生弹性回缩,使混凝土受到预压应力。先张法预应力的传递是依靠钢筋和混凝土之间的黏结强度完成的。先张法适宜于成批生产中小型构件(如房屋建筑中常用的预应力空心板),工艺简单,成本较低,但需要较大的生产场地。

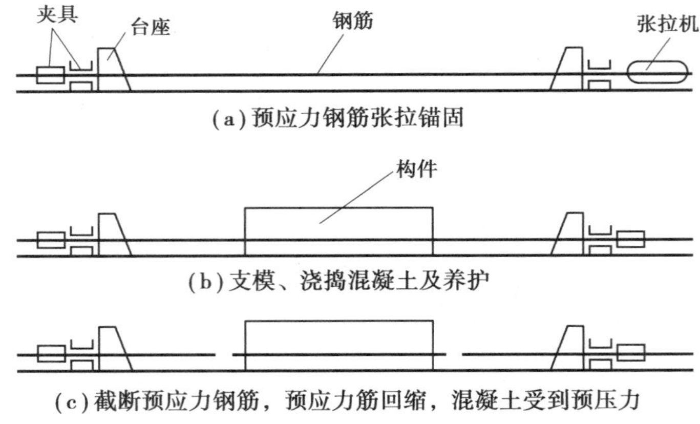

图 10.2 先张法施工工艺示意图

10.2.2 后张法

后张法是指混凝土结硬后再在构件上张拉预应力筋的方法,其主要工序如图 10.3 所示。张拉预应力筋后,在孔道内灌浆,使预应力筋与孔道内混凝土产生黏结力而形成整体构件。

张拉预应力筋后,也可不灌浆,完全通过锚具传递预压力,形成无黏结的预应力构件。后张法预应力混凝土构件,预应力主要靠预应力筋端部的锚具传递。

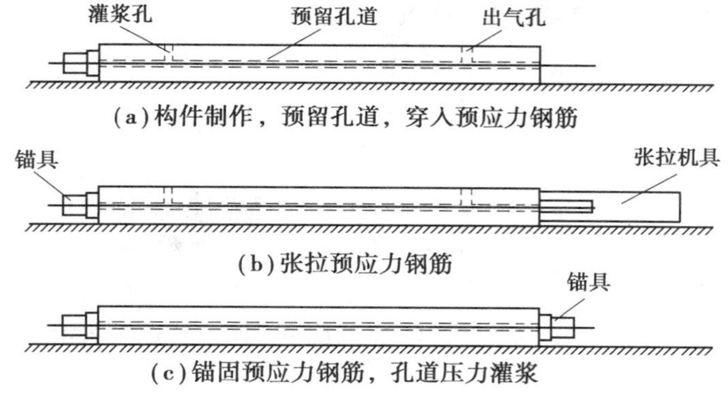

图 10.3 后先张法施工工艺示意图

后张法适用于运输不方便的大型预应力混凝土构件,一般在现场施工,操作较复杂且成本较高。

在先张法中固定钢筋的工具,在构件制成后即可取下再重复利用,这种工具称为夹具;在后张法中须留在构件端部,与构件形成整体共同工作、不能取下的固定钢筋的工具称为锚具。锚具应有足够的强度、刚度,以保证预应力混凝土安全可靠,并尽可能不使钢筋产生滑移,其构造应尽可能简单、降低造价。目前,国内常用的锚具有螺丝端杆锚具和帮条锚具(适用于锚固热处理钢筋图 10.4 中的 a、b 图)、夹片式锚具(后张法中应用最广的锚具,可锚固钢绞线,图 10.4 中的 c 图)及镦头锚具(用于锚固多根平行钢筋束或平行钢丝束,图 10.4 中的 d 图)等。

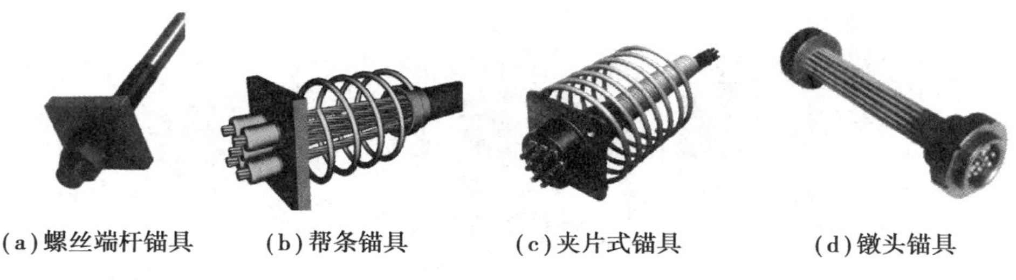

(a)螺丝端杆锚具 (b)帮条锚具 (c)夹片式锚具 (d)镦头锚具

图 10.4 常见预应力锚具

10.3 预应力混凝土材料

10.3.1 混凝土

预应力混凝土结构对混凝土的要求如下:

①高强度。与钢筋混凝土不同,预应力混凝土必须采用高强度混凝土。强度高的混凝土对采用先张法的构件而言,可提高钢筋与混凝土之间的黏结力;对采用后张法的构件而言,可提高锚固端的局部承压承载力。

②收缩、徐变小。这样可减少由于混凝土的收缩及徐变而引起的预应力损失。

③快硬、早强。可加快施工进度,在先张法中可提高设备的周转率,从而降低造价。

现行《混凝土结构设计规范》(GB 50010,以下简称“规范”)规定,预应力混凝土结构的混凝土强度等级不宜低于 C40,且不应低于 C30。

10.3.2 钢材

1)预应力钢筋的品种

预应力钢筋宜采用预应力钢丝、钢绞线,也可采用热处理螺纹钢筋。预应力筋强度符号、直径、抗拉抗压强度标准值及设计值见附表 2.6 和附表 2.7 所示。

(1)预应力钢丝[如图 10.5(a)]

常用的预应力钢丝为消除应力光面钢丝和螺旋肋钢丝,公称直径有 5 mm、7 mm 和9 mm 等规格。

(2)钢绞线[如图 10.5(b)]

钢绞线是由 2、3、7 或 19 根高强度钢丝构成的绞合钢缆,以盘卷状供应。其生产工艺为采用高碳钢盘条,经过表面处理后冷拔成钢丝,然后按钢绞线结构将一定数量的钢丝绞合成股,再经过消除应力的稳定化处理后而成。为延长其耐久性,钢丝上可以有金属或非金属的镀层或涂层,如镀锌、涂环氧树脂等。无黏结预应力钢绞线采用普通的预应力钢绞线涂防腐油脂或包石蜡后封高密度聚乙烯制成。

(3)预应力螺纹钢筋[如图 10.5(c)]

预应力混凝土用螺纹钢筋(也称精轧螺纹钢筋)是在整根钢筋上轧有不连续的外螺纹的大直径、高强度、高尺寸精度的直条钢筋。该钢筋在任意截面处都可拧上带有匹配形状的内螺纹的连接器进行连接或拧上带螺纹的螺帽进行锚固。

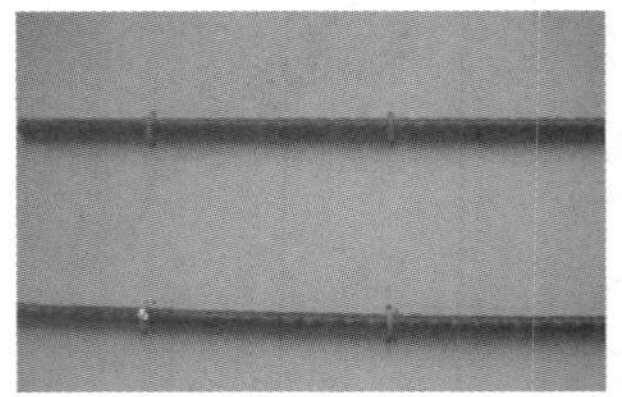
(a)预应力钢丝

(b)钢绞线

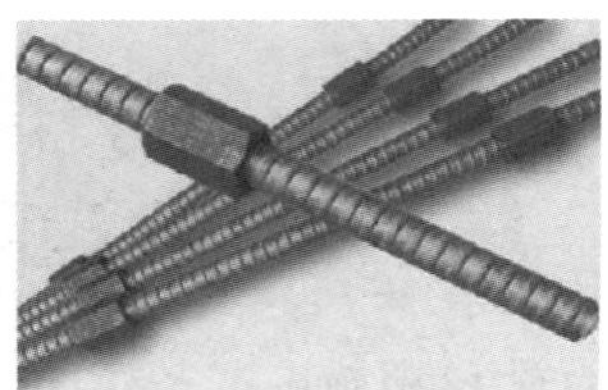
(c)预应力螺纹钢筋

图 10.5 常见预应力筋

2)预应力钢筋的性能要求

预应力钢筋混凝土结构对预应力钢筋的要求如下:

①高强度。预应力钢筋应具有较高的抗拉强度,以通过张拉钢筋对混凝土施加较大的预应力,保证在产生各项预应力损失后仍具有较高的预压力,满足预应力施加的要求。

②具有一定的塑性。预应力钢筋在保证高强度的同时还应具有一定的塑性,以防止其发生脆性破坏。当构件处于低温环境中或受到冲击荷载作用时,更应要求预应力钢筋具有一定的塑性及抗冲击性。

③与混凝土之间具有良好的黏结强度。由于先张法结构中预应力的传递是靠钢筋和混凝土之间的黏结强度来完成的,因此钢筋和混凝土之间必须具有良好的黏结强度。当采用光圆高强度钢丝时,应对其表面进行“刻痕”或“压波”处理。

④具有良好的加工性能。要求钢筋具有良好的可焊性,钢筋镦粗前后,其物理力学性能应基本不变。

10.4 张拉控制应力和预应力损失

10.4.1 张拉控制应力

张拉控制应力是指张拉预应力钢筋时,钢筋所达到的最大应力值。其值为张拉设备(如千斤顶油压表)所指示的总张拉力除以预应力钢筋截面面积所得到的应力值,以 σ_{con} 表示。

"规范"规定,预应力钢筋的张拉控制应力值 σ_{con} 不宜超过表 10.1 规定的张拉控制应力限值。

表 10.1 张拉控制应力 σ_{con} 限值

钢筋种类	σ_{con}
消除应力钢丝、钢绞线	$0.75f_{ptk}$
中强度预应力钢丝	$0.70f_{ptk}$
预应力螺纹钢筋	$0.85f_{pyk}$

注:①表中消除应力钢丝、钢绞线、中强度预应力钢丝的张拉控制应力值不应小于 $0.4f_{ptk}$,f_{ptk} 为预应力筋极限强度标准值;

②预应力螺纹钢筋的张拉控制应力值不宜小于 $0.5f_{pyk}$,f_{pyk} 为预应力螺纹钢筋屈服强度标准值。

10.4.2 预应力损失

预应力损失是指由于张拉钢筋的工艺和材料特性等原因,预应力混凝土构件从张拉钢筋开始直到构件使用的整个过程中,预应力钢筋的张拉应力逐渐降低的现象。引起预应力损失的因素很多,一般认为预应力混凝土构件的总预应力损失值,可采用各种因素产生的预应力损失值的叠加求得。下面分项讲述预应力损失值的计算方法及减少预应力损失的措施。

1) 直线预应力筋由于锚具变形和预应力筋内缩引起的预应力损失(σ_{l1})

预应力钢筋张拉完毕,用锚具固定后,由于锚具、垫板与构件三者之间的缝隙被挤紧以及钢筋在锚具内的滑移,使钢筋内缩而产生预应力损失,其预应力损失值以 σ_{l1} 表示。对于预应力直线钢筋其计算公式为:

$$\sigma_{l1} = \frac{a}{l}E_s \tag{10.1}$$

式中 a——张拉端锚具变形和预应力筋内缩值,mm,可按表 10.2 采用;

l——张拉端至锚固端之间的距离,mm;

E_s——预应力钢筋的弹性模量,N/mm²。

表 10.2　锚具变形和预应力筋内缩值 a

锚具类型		a(mm)
支承式锚具(钢丝束镦头锚具等)	螺帽缝隙	1
	每块后加垫板的缝隙	1
夹片式锚具	有压顶时	5
	无压顶时	6~8

注:①表中的锚具变形和预应力筋内缩值也可根据实测数值确定;
②其他类型的锚具变形和钢筋内缩值应根据实测数据确定。

为了减少此项损失,应选用变形小、使预应力钢筋内缩小的锚具或夹具,并尽量减少垫板块数(每增加一块垫板,a 值将增加 1 mm)。对先张法构件,还可以增加台座长度。

后张法构件曲线预应力筋或折线预应力筋,由于锚具变形和预应力内缩引起的预应力损失值 σ_{l1},应根据曲线预应力筋或折线预应力筋与孔道壁之间反向摩擦影响长度范围内的预应力筋变形值等于锚具变形和预应力筋内缩值的条件确定(具体可按规"规范"附录 J 进行计算)。

2)预应力钢筋与孔道壁之间的摩擦引起的预应力损失(σ_{l2})

由预应力钢筋摩擦引起的预应力损失包括后张法构件预应力钢筋与孔道壁之间的摩擦力引起的预应力损失,以及构件中有转向装置时预应力钢筋在转向装置处摩擦引起的预应力损失两种。先张法构件只有在构件中设有转向装置时才有此项损失。

摩擦损失 σ_{l2} 主要由管道的弯曲和管道偏差引起,当后张法构件采用直线孔道张拉预应力钢筋时,由于孔道轴线的局部偏差,孔道壁凹凸不平以及钢筋因自重而下垂等原因,将使钢筋的某些部位贴紧孔道壁而产生摩擦损失;当采用曲线孔道张拉预应力钢筋时,钢筋会产生对孔道壁的垂直压力而引起摩擦损失。摩擦损失值以 σ_{l2} 表示,距离预应力钢筋张拉端越远,σ_{l2} 值越大,如图 10.6 所示。

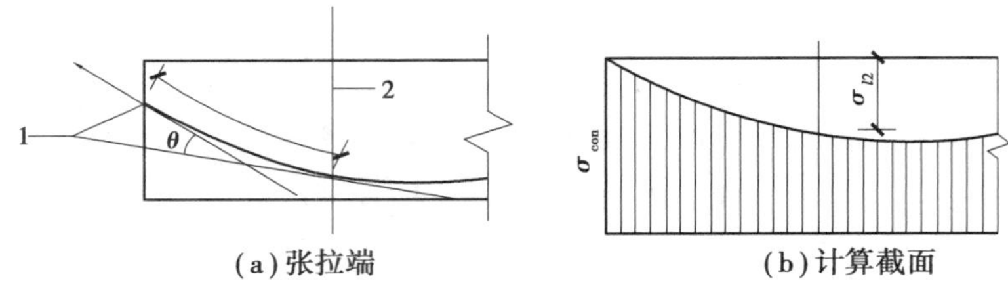

图 10.6　预应力摩擦损失计算

σ_{l2} 宜按下列公式计算:

$$\sigma_{l2}=\sigma_{con}\left[1-e^{-(\kappa x+\mu\theta)}\right] \tag{10.2}$$

当($kx+\mu\theta$)≤0.3 时,σ_{l2} 可按下式近似计算:

$$\sigma_{l2}=(\kappa x+\mu\theta)\sigma_{con} \tag{10.3}$$

式中　x——从张拉端至计算截面的孔道长度,m,可近似取该段孔道在纵轴上的投影长度;

θ——从张拉端至计算截面曲线孔道部分切线的夹角之和,rad;

κ——考虑孔道每米长度局部偏差的摩擦系数,按表 10.3 采用;

μ——预应力钢筋与孔道壁之间的摩擦系数,按表 10.3 采用。

表 10.3 摩擦系数

孔道成型方式	κ	μ	
		钢绞线、钢丝束	预应力螺纹钢筋
预埋金属波纹管	0.001 5	0.25	0.5
预埋塑料波纹管	0.001 5	0.15	—
预埋钢管	0.001 0	0.30	—
抽芯成型	0.001 4	0.55	0.6
无黏结预应力筋	0.004 0	0.09	—

注:摩擦系数也可根据实测数据确定。

减少 σ_{l2} 的措施有:①对较长的构件采用两端张拉,这样可减少 50% 的损失;②采用超张拉工艺。

超张拉程序为:①张拉至 1.1 倍张拉控制应力;②持荷 2 分钟;③退回到 0.85 倍张拉控制应力;④再持续 2 min;⑤再张拉至张拉控制应力。

3)混凝土加热养护时,预应力筋与承受拉力的设备之间温差引起的预应力损失(σ_{l3})

对于先张法构件,为缩短其生产周期,浇灌混凝土后常采用蒸汽养护。养护升温时,新浇灌的混凝土尚未结硬,还未与钢筋黏结成整体,由于钢筋与台座间存在温差,被固定在台座上的钢筋的伸长值将大于台座伸长值。因此,钢筋变松,即张拉应力降低,产生预应力损失。降温时,混凝土已与钢筋黏结成整体而一起回缩,所以产生的预应力损失将无法恢复,此项预应力损失值以 σ_{l3} 表示,其值可按下式计算:

$$\sigma_{l3} = 2\Delta t \tag{10.4}$$

式中 Δt——混凝土加热养护时,受张拉的预应力钢筋与承受拉力的设备之间的温差,℃。

减小 σ_{l3} 的措施有:①采用两次升温养护,即先在常温下养护,至混凝土的立方体抗压强度达到 7.5~10 N/mm^2 时,再逐渐升温至规定的养护温度;②采用钢模生产,由于钢模生产与构件加热养护无温度差,所以可不考虑这项预应力损失。

另外,后张法构件无此项损失。

4)预应力钢筋应力松弛引起的损失(σ_{l4})

预应力混凝土构件中,在高应力作用下钢筋长度保持不变,拉应力随时间的增长而逐渐降低的现象称为预应力钢筋应力松弛。所降低的拉应力值即为预应力钢筋应力松弛损失值,以 σ_{l4} 表示。

(1)σ_{l4} 的影响因素

预应力钢筋的应力松弛与下列因素有关:

①时间。钢筋应力松弛开始阶段发展较快,以后逐渐减缓。

②钢筋品种。钢丝、钢绞线的应力松弛值较大,热处理钢筋的应力松弛值较小。

③张拉控制应力。张拉控制应力值越高,钢筋的应力松弛值越大;反之,则越小。

(2)σ_{l4}的计算

①消除应力钢丝、钢绞线：

a.普通松弛：

$$\sigma_{l4} = 0.4\left(\frac{\sigma_{con}}{f_{ptk}} - 0.5\right)\sigma_{con} \tag{10.5}$$

b.低松弛：

当 $\sigma_{con} \leqslant 0.7 f_{ptk}$时

$$\sigma_{l4} = 0.125\left(\frac{\sigma_{con}}{f_{ptk}} - 0.5\right)\sigma_{con} \tag{10.6}$$

当 $0.7 f_{ptk} < \sigma_{con} \leqslant 0.8 f_{ptk}$时

$$\sigma_{l4} = 0.2\left(\frac{\sigma_{con}}{f_{ptk}} - 0.575\right)\sigma_{con} \tag{10.7}$$

②中强度预应力钢丝：

$$\sigma_{l4} = 0.08\sigma_{con} \tag{10.8}$$

③预应力螺纹钢筋：

$$\sigma_{l4} = 0.03\sigma_{con} \tag{10.9}$$

此外，当 $\sigma_{con}/f_{ptk} \leqslant 0.5$ 时，σ_{l4}可取为 0。

减少 σ_{l4}的措施是采用超张拉工艺。超张拉的张拉程序为：从应力为零开始张拉至 $1.05\sigma_{con} \sim 1.1\sigma_{con}$，并持荷 2~5 min，然后卸载再张拉至 σ_{con}。

5)混凝土收缩和徐变引起的钢筋预应力损失(σ_{l5})

混凝土在空气中结硬时会产生收缩，在预应力作用下会产生徐变。混凝土的收缩和徐变将使构件长度缩短，预应力钢筋也随之回缩而产生预应力损失。其中，受拉区的预应力损失值以 σ_{l5}表示，受压区的预应力损失以 σ'_{l5}表示，其值可分别按下列公式确定。

(1)一般情况

先张法构件

$$\sigma_{l5} = \frac{60 + 340\dfrac{\sigma_{pc}}{f'_{cu}}}{1 + 15\rho} \tag{10.10}$$

$$\sigma'_{l5} = \frac{60 + 340\dfrac{\sigma'_{pc}}{f'_{cu}}}{1 + 15\rho'} \tag{10.11}$$

后张法构件

$$\sigma_{l5} = \frac{55 + 300\dfrac{\sigma_{pc}}{f'_{cu}}}{1 + 15\rho} \tag{10.12}$$

$$\sigma'_{l5} = \frac{55 + 300\dfrac{\sigma'_{pc}}{f'_{cu}}}{1 + 15\rho'} \tag{10.13}$$

式中 σ_{pc}、σ'_{pc}——受拉区、受压区预应力钢筋在各自合力点处的混凝土法向压应力；

f'_{cu}——施加预应力时的混凝土的立方体抗压强度；

A_s、A'_s——受拉区、受压区纵向非预应力钢筋的截面面积；

A_p、A'_p——受拉区、受压区纵向预应力钢筋的截面面积；

A_0——构件换算截面面积，即按弹性模量相等的原则把钢筋换算成混凝土后的截面面积，$A_0=A_c+\dfrac{E_s}{E_c}(A_s+A_p)=A_c+\alpha_E(A_s+A_p)$；

A_n——构件净截面面积；

ρ、ρ'——受拉区、受压区预应力钢筋和非预应力钢筋的配筋率。对先张法构件：$\rho=(A_p+A_s)/A_0$，$\rho'=(A'_p+A'_s)/A_0$；对后张法构件：$\rho=(A_p+A_s)/A_n$，$\rho'=(A'_p+A'_s)/A_n$。

对于对称配置预应力钢筋和非预应力钢筋的构件，配筋率 ρ、ρ' 应按钢筋总截面面积的一半计算。

当结构处于年平均相对湿度低于 40% 的环境时，σ_{l5} 及 σ'_{l5} 应增加 30%。

(2)重要的结构构件

对于重要的结构构件，当需考虑与时间相关的混凝土收缩、徐变及预应力筋应力松弛等预应力损失值时，可按“规范”附录 K 规定计算。

另外，当采用泵送混凝土时，宜根据实际情况考虑混凝土收缩、徐变引起的预应力损失值的增大。

由于此项损失在预应力总损失中所占比例较大，因此必须采取各种减小混凝土收缩和徐变的措施，以减小此项预应力损失。如采用高强度等级水泥，减少水泥用量、降低水灰比；采用级配好的骨料、加强振捣，提高混凝土的密实性，加强养护等。

6)环向预应力钢筋挤压混凝土引起的预应力损失(σ_{l6})

后张法环形构件当采用螺旋式预应力钢筋时，由于预应力钢筋对混凝土的挤压，使环形构件的直径减小，构件中预应力钢筋的拉应力降低而产生预应力损失，其预应力损失值以 σ_{l6} 表示。其值的大小与环形构件的直径 d 成反比，即直径 d 越大，σ_{l6} 越小。因此，“规范”规定：当 $d>3$ m 时，$\sigma_{l6}=0$；当 $d\leqslant 3$ m 时，$\sigma_{l6}=30$ N/mm^2。

减少 σ_{l6} 的措施有：采用级配好的骨料、加强振捣、加强养护，提高混凝土的密实性。

10.4.3 预应力损失值的组合

为了便于分析和计算预应力混凝土构件在各阶段的预应力损失值，按照混凝土预压结束前和预压结束后，分别对先张法构件和后张法构件的预应力损失值进行组合，见表 10.4。

表 10.4 各阶段预应力损失值的组合

预应力损失值的组合	先张法构件	后张法构件
混凝土预压前(第一批)的损失	$\sigma_{l1}+\sigma_{l2}+\sigma_{l3}+\sigma_{l4}$	$\sigma_{l1}+\sigma_{l2}$
混凝土预压后(第二批)的损失	σ_{l5}	$\sigma_{l4}+\sigma_{l5}+\sigma_{l6}$

注：先张法构件由于预应力筋应力松弛引起的损失值 σ_{l4} 在第一批和第二批损失中所占比例，如需区分，可根据实际情况确定。

考虑到各项预应力损失的计算值与实际值可能存在一定的偏差，组合之后偏差可能更大，因此规范规定，当计算求得的预应力总损失值小于下列数值时，应按下列数值取用：先张法构件取 100 N/mm^2；后张法构件取 80 N/mm^2。

当后张法构件的预应力筋采用分批张拉时，应考虑后批张拉预应力筋所产生的混凝土弹性压缩（伸长）对于先批张拉预应力筋的影响，可将先批张拉预应力筋的张拉控制应力值 σ_{con} 增加（减少）$\alpha_E\sigma_{pci}$。此处，σ_{pci} 为后批张拉预应力筋在先批张拉预应力筋重心处产生的混凝土法向应力。

10.5 预应力混凝土构件的构造要求

预应力混凝土构件的构造要求，除应满足钢筋混凝土结构的有关规定外，还应根据预应力张拉工艺、锚固措施及预应力筋种类的不同，满足有关的构造要求。

10.5.1 一般要求

1）截面形式和尺寸

（1）截面形式

对于预应力混凝土梁及预应力混凝土板，当跨度较小时多采用矩形截面；跨度或荷载较大时，为减小构件自重，提高构件的承载能力和抗裂性能可采用 T 形、工字形或箱形截面。

（2）截面尺寸

一般情况下，预应力混凝土梁的截面高度可取（1/20～1/14）l；翼缘宽度可取（1/3～1/2）h；翼缘厚度可取（1/10～1/6）h；腹板宽宜尽量小，可取为（1/8～1/3）h。l 为梁的跨度，h 为梁截面高度。

2）预应力纵向钢筋的布置

预应力纵向钢筋的布置方式有三种，即直线布置、曲线布置和折线布置。直线布置如图 10.7（a）所示，用于跨度及荷载较小的情况，其施工简单，先张法、后张法均可采用。曲线布置多用于跨度和荷载较大的情况，在预应力混凝土屋面梁、吊车梁等构件靠近支座的斜向主拉应力较大部分，宜将一部分预应力钢筋弯起，使其形成曲线布置，如图 10.7（b）所示，一般采用后张法施工。折线布置一般用于有倾斜受拉边的梁，如图 10.7（c）所示，一般采用后张法施工。

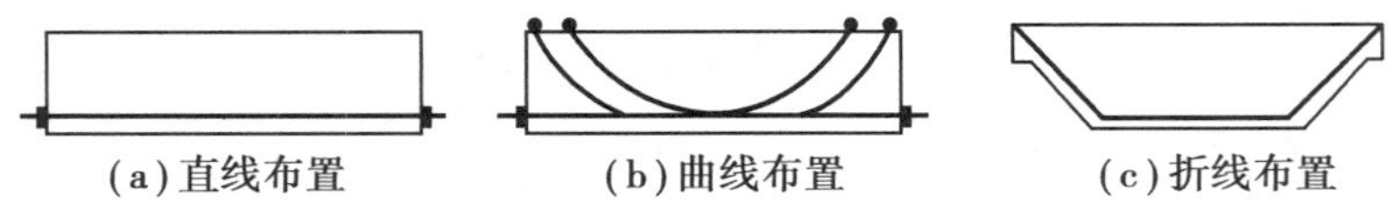

图 10.7　预应力纵向钢筋的布置

3）非预应力纵向钢筋的布置

预应力构件中，除配置预应力筋外，为了防止施工阶段因混凝土收缩、温度变化及施加预应力过程中引起预拉区产生裂缝以及防止构件在制作、堆放、运输、吊装时出现裂缝，为减少其裂缝宽度，可在构件截面内设置足够的普通钢筋。

10.5.2 先张法构件的构造要求

1) 并筋配筋的等效直径

先张法预应力钢丝按单根方式配筋有困难时，可采用相同直径钢丝并筋配筋方式。并筋的等效直径，对两筋相并取为单筋直径的 1.4 倍；对三筋相并取为单筋直径的 1.7 倍。

并筋后的保护层厚度，锚固长度、预应力传递长度及正常使用极限状态验算，均应按等效直径考虑。

当预应力钢绞线、热处理钢筋采用并筋方式时，应有可靠的构造措施。

2) 预应力钢筋的净间距

先张法预应力钢筋之间的净间距，应根据浇筑混凝土、施加预应力及钢筋锚固等要求确定。预应力钢筋之间的净间距不应小于其公称直径的 2.5 倍和混凝土粗骨料最大粒径的 1.25 倍，且应符合下列规定：对预应力钢丝，不应小于 15 mm；对三股钢绞线，不应小于 20 mm；对七股钢绞线，不应小于 25 mm。当混凝土振捣密实性确有可靠保证时，最小净间距可放宽为粗骨料最大粒径的 1.0 倍。

3) 构件端部加强措施

“规范”规定，对于先张法预应力混凝土构件，预应力钢筋端部周围的混凝土应采取下列加强措施：

①对单根配置的预应力钢筋，其端部宜设置螺旋筋。

②对分散布置的多根预应力钢筋，在构件端部 $10d$（d 为预应力钢筋的公称直径）且不小于 100 mm的范围内，宜设置 3~5 片与预应力钢筋垂直的钢筋网片。

③对采用预应力钢丝配筋的薄板，在板端 100 mm范围内应适当加密横向钢筋。

④对槽形板类型构件，应在构件端部 100 mm 范围内沿构件板面设置附加横向钢筋，其数量不应小于 2 根，如图 10.8 所示。

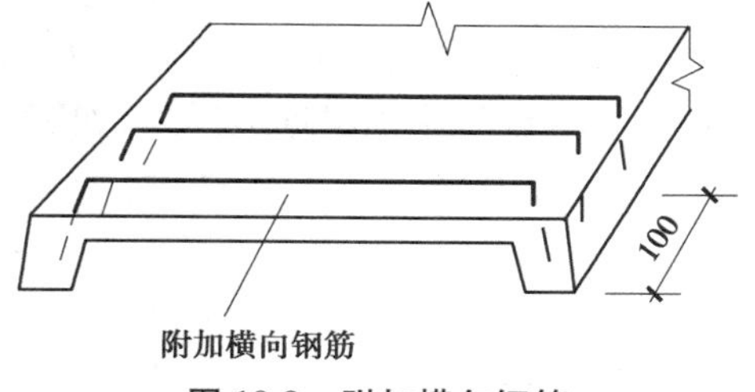

图 10.8　附加横向钢筋

⑤对预应力钢筋在构件端部全部弯起的受弯构件或直线配筋的先张法构件，当构件端部与下部支承结构焊接时，应考虑混凝土收缩、徐变及温度变化所产生的不利影响，宜在构件端部可能产生裂缝的部位设置足够的非预应力纵向构造钢筋，以防止预应力构件端部及预拉区产生裂缝。

10.5.3　后张法构件的构造要求

1）对预留孔道的规定

为防止在施工阶段受力后发生沿孔道的裂缝和破坏，后张法预应力钢丝束、钢绞线束的预留孔道应符合下列规定：

①对于预制构件，孔道之间的水平净间距不宜小于 50 mm，且不宜小于粗骨料粒径的1.25倍；孔道至构件边缘的净间距不宜小于 30 mm，且不宜小于孔道直径的 1/2；

②现浇混凝土梁中预留孔道在竖直方向的净距离不应小于孔道外径，水平方向的净间距不宜小于 1.5 倍孔道外径，且不应小于粗骨料粒径的 1.25 倍；从孔道外壁至构件边缘的净距离，梁底不宜小于 50 mm，梁侧不宜小于 40 mm；裂缝控制等级为三级的梁，梁底、梁侧分别不宜小于 60 mm 和 50 mm。

③预留孔道的内径应比预应力钢丝束或钢绞线束外径及需穿过孔道的连接器外径大 6~15 mm，且孔道的截面面积为穿入预应力钢筋束截面面积的 3.0~4.0 倍。

在构件两端及跨中应设置灌浆孔或排气孔，其孔距不宜大于 12 m。

凡制作时需要预先起拱的构件，预留孔道宜随构件同时起拱。

2）曲线预应力钢筋的曲率半径

后张法预应力混凝土构件中，曲线预应力钢丝束、钢绞线的曲率半径不宜小于 4 m；对折线配筋的构件，在预应力钢筋弯折处的曲率半径可适当减小。

3）构件端部构造要求

①为防止后张法预应力构件的端部锚固区在施工张拉后孔道产生劈裂，在局部受压间接钢筋配置区以外，在构件端部长度不小于 $3e$（e 为截面重心线上部或下部预应力钢筋的合力点至邻近边缘的距离）但不大于 $1.2h$（h 为构件端部截面高度）。高度为 $2e$ 的附加配筋区范围内，应均匀配置附加箍筋或网片，如图 10.9 所示。配筋面积可按式（10.14）计算，其体积配筋率应不小于 0.5%。

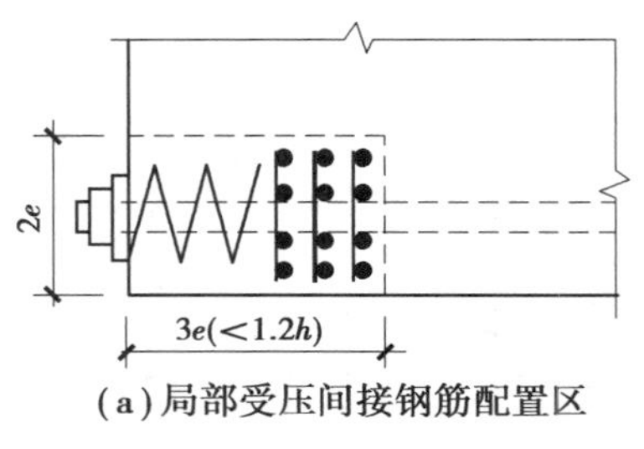

（a）局部受压间接钢筋配置区

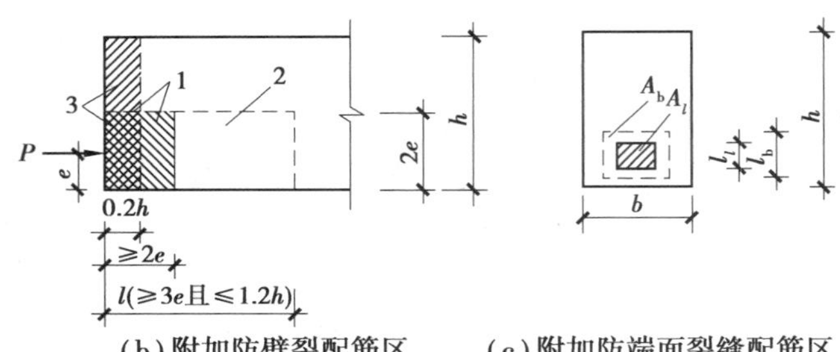

（b）附加防劈裂配筋区　（c）附加防端面裂缝配筋区

图 10.9　构件端部构造

$$A_{sb} \geqslant 0.18\left(1 - \frac{l_l}{l_b}\right)\frac{P}{f_{yv}} \tag{10.14}$$

式中　P——作用在构件端部截面重心线上部或下部预应力筋的合力设计值，对有黏结预应力的混凝土取 1.2 倍张拉控制力；

e——截面重心线上部或下部预应力筋的合力点至截面近边缘的距离；

f_{yv}——附加钢筋的抗拉强度设计值；

l_l、l_b——沿构件高度方向 A_l、A_b 的边长或直径。

②后张法预应力混凝土构件端部宜将一部分预应力钢筋在靠近支座处弯起，弯起的预应力钢筋宜沿构件端部均匀布置。当构件端部预应力钢筋需集中布置在截面上部和下部时，应在构件端部 $0.2h$（h 为构件端部截面高度）范围内设置附加竖向焊接钢筋网、封闭式钢筋或其他形式的构造钢筋，如图 10.9(b)所示。附加竖向钢筋宜采用带肋钢筋，其截面面积应符合式(10.15)和式(10.16)的要求：

$$A_{sv} \geqslant \frac{T_s}{f_{yv}} \tag{10.15}$$

$$T_s = \left(0.25 - \frac{e}{h}\right) P \tag{10.16}$$

当 $e>0.2h$ 时，可根据实际情况适当配置构造钢筋。

式中 T_s——锚固端端面拉力；

e——截面重心线上部或下部预应力钢筋的合力点至截面近边缘的距离；

符号 P 和 f_{yv} 同式(10.14)。

当端部截面上部和下部均有预应力钢筋时，附加竖向钢筋的总面积应按上部和下部的预应力合力分别计算的数值叠加后采用。

③当构件在端部有局部凹进时，应增设折线构造钢筋（如图 10.10 所示）或其他有效的构造钢筋。

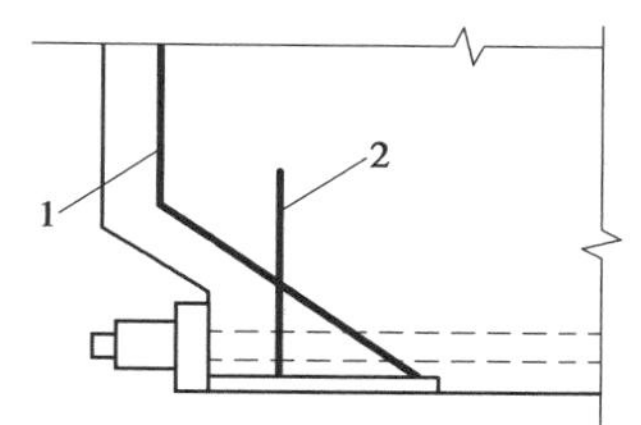

图 10.10 端部凹进处构造配筋

1—折线构造钢筋；
2—竖向构造钢筋

④在后张法预应力混凝土构件的预拉区和预压区中，应设置纵向非预应力构造钢筋；在预应力钢筋弯折处，应加密箍筋或沿弯折处内侧设置钢筋网片。

⑤构件端部尺寸应考虑锚具的布置、张拉设备的尺寸和局部受压的要求，必要时应适当加大。

在预应力钢筋锚具下及张拉设备的支承处，应设置预埋钢垫板并按①和②的规定设置间接钢筋和附加构造钢筋。此外，对外露金属锚具应采取可靠的防锈措施。

思考题

10.1 为什么普通钢筋混凝土构件不易满足抗裂性能的要求？

10.2 为什么普通钢筋混凝土构件中高强度钢筋的强度不能被充分利用？

10.3 为什么要对构件施加预应力？预应力混凝土结构的优缺点是什么？

10.4 预应力钢筋混凝土构件对其组成材料有哪些要求？

10.5 什么是张拉控制应力？为何不能取得太大，也不能取得太小？

10.6 什么是预应力损失？各项预应力损失产生的原因是什么？如何减少各项预应力损失？

10.7 预应力损失值是如何组合的？

10.8 预应力钢筋混凝土构件主要构造要求有哪些？

习　题

某预应力混凝土轴心受拉构件，长 24 m，混凝土截面面积 $A = 45\ 000\ \text{mm}^2$，选用的混凝土强度等级 C70，中强度预应力螺旋肋钢丝 $10\Phi^{HM}7$，见图 10.11 所示，先张法施工，$\sigma_{con} = 0.7f_{plk} = 0.7 \times 970 = 679\ \text{N/mm}^2$，在 100 m 台座上张拉，端头采用镦头锚具固定预应力筋，并考虑蒸汽养护时台座与预应力筋之间的温差 $\Delta t = 17\ ℃$，混凝土达到强度设计值的 80%时放松钢筋。锚具变形和预应力筋内缩值 $\alpha_1 = 1$，试计算各项预应力损失值。

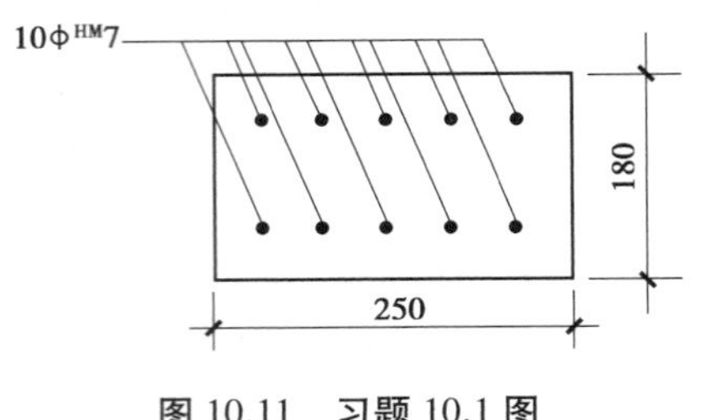

图 10.11　习题 10.1 图

11

混凝土梁板结构设计

【学习目标】

(1)了解常用的钢筋混凝土楼盖的类型;

(2)掌握单向板、双向板的定义;

(3)掌握现浇单向板肋梁楼盖的结构平面布置;

(4)理解现浇单向板肋梁楼盖计算单元的选取、计算简图的简化假定以及塑性铰和塑性内力重分布的概念;

(5)掌握现浇单向板肋梁楼盖板、次梁、主梁的设计计算方法;

(6)掌握单向板肋梁楼盖施工图的绘制方法;

(7)了解双向板的受力特点及相关构造要求;

(8)了解板式楼梯的设计计算方法。

【本章概述】

钢筋混凝土梁板结构是由梁和板这两种主要结构构件组成的结构体系,是土木工程中常用的结构形式。它被广泛应用于工业与民用建筑的屋盖、楼盖、筏板基础、阳台、雨篷和楼梯中,还被应用于蓄液池的底板、顶板、挡土墙及桥梁的桥面结构,如图 11.1 所示。

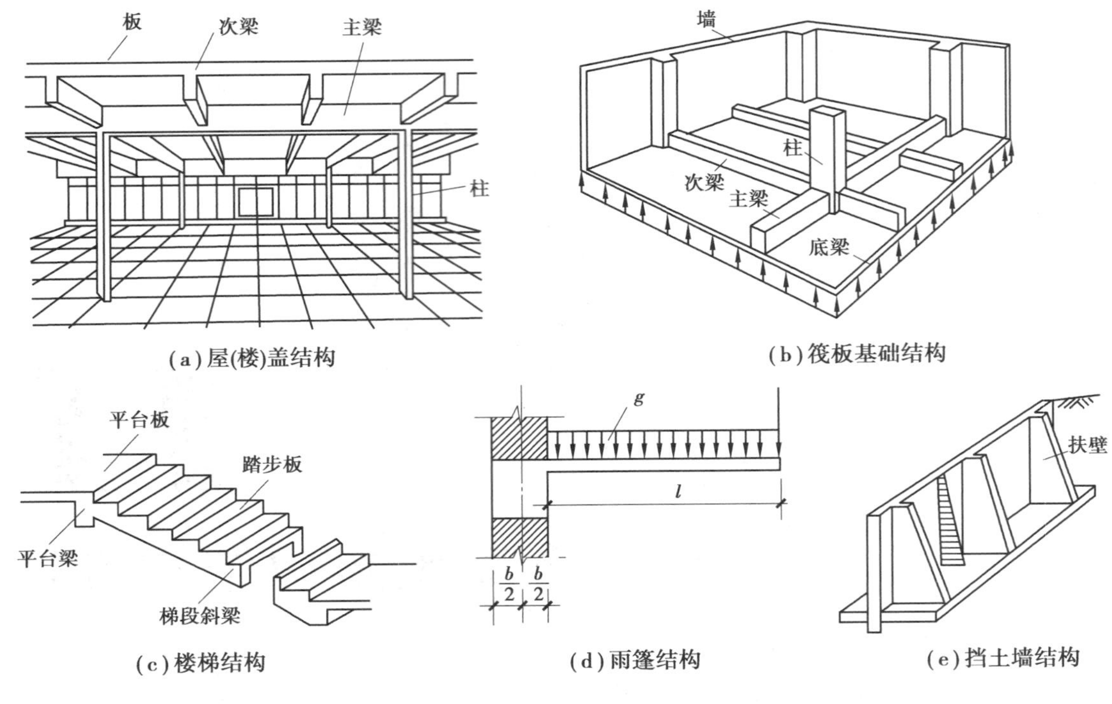

图 11.1　工程中常用的梁板结构

11.1　楼盖

钢筋混凝土屋盖、楼盖是建筑结构的重要组成部分,在建筑物总造价中占相当大的比例。因此,楼盖结构形式的选择和合理的布置,以及其正确的结构计算和合理的构造,都对建筑物的安全性和经济性有着重要的意义。

11.1.1　楼盖的分类

1)按施工方法分类

楼盖按施工方法可分为现浇式楼盖、装配式楼盖、装配整体式楼盖。现浇式楼盖的整体性好、刚度大、抗震性能好、适应性强,遇到板的平面形状不规则或板上开洞较多的情况,则更可显示出现浇式楼盖的优越性。但现浇式楼盖现场工程量大、模板需求量大、工期较长。而装配式楼盖是用预制构件在现场安装连接而成,具有施工进度快,机械化、工厂化程度高,工人劳动强度小等优点,但结构的整体性、刚度均较差,在抗震区应用受限。装配整体式楼盖是在预制板或预制板和预制梁上现浇一个叠合层,形成整体,兼有现浇式和装配式两种楼盖的优点,刚度和抗震性能也介于上述两种楼盖之间。

2)按预加应力情况分类

按预加应力情况,楼盖可分为钢筋混凝土楼盖和预应力混凝土楼盖。在预应力混凝土楼盖中运用得较为普遍的是无黏结预应力混凝土平板楼盖;当柱网尺寸较大时,可有效减小预应力楼盖的板厚,降低建筑层高。

3)按结构形式分类

按结构形式,楼盖可分为:单向板肋梁楼盖、双向板肋梁楼盖、井式楼盖、密肋楼盖和无梁楼盖,见图 11.2 所示。

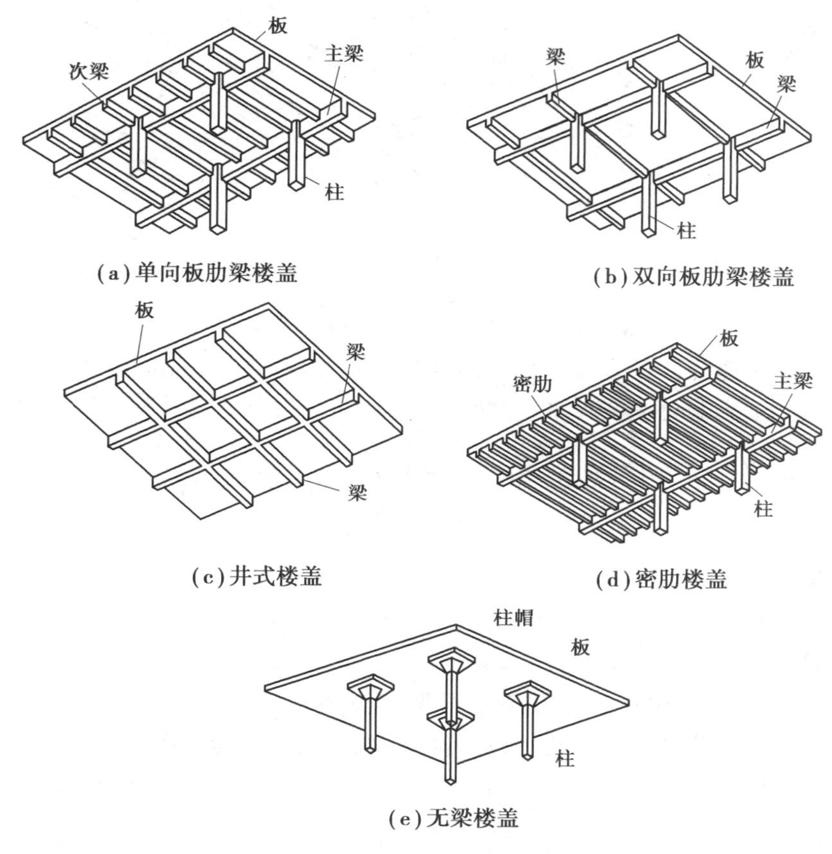

图 11.2 楼盖的结构类型

双向板肋形楼盖多用于公共建筑和高层建筑。单向板肋形楼盖广泛应用于多层厂房和公共建筑。井式楼盖可少设或取消内柱,能跨越较大空间,获得较美观的天花板,在中小礼堂、餐厅以及公共建筑的门厅等建筑中运用较广。无梁楼盖适用于图书馆、冷冻库、车库等建筑中。

11.1.2 各种结构形式的楼盖特点及运用

1)肋梁楼盖

肋梁楼盖[如图 11.2(a)、(b)]所示,由板和梁组成,梁肋突出结构板,故称为肋梁楼盖。梁将板分成多个有周边支承的区格,根据板区格长边尺寸和短边尺寸的比例不同,可将板分为单向板和双向板两大类。单向板是指在荷载作用下,只在一个方向弯曲或者主要在一个方向弯曲的板。双向板是指在荷载作用下,在两个方向弯曲,且不能忽略任一方向弯曲的板。

若板为四边支承,受荷时,将在两个方向产生挠曲。如图 11.3 所示的承受竖向均布荷载 q 的四边简支矩形板,l_2 与 l_1 分别为其长、短跨方向的计算跨度,对 q 在长、短跨方向的传递情况可推导如下：

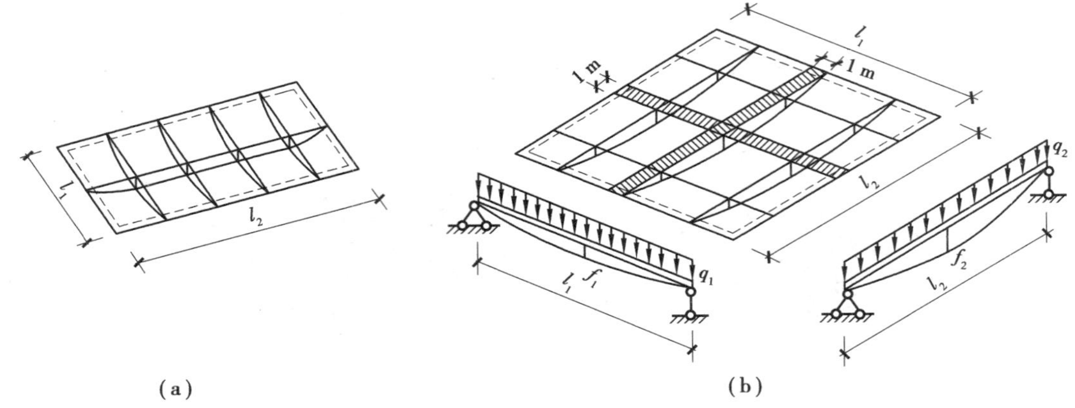

图 11.3　承受均布荷载的四边支承板

设沿短跨方向传递的荷载为 q_1，沿长跨方向传递的荷载为 q_2，则 $q=q_1+q_2$。当不考虑板带与相邻板带的相互影响时，这两条板带的受力类似于简支梁。由于板是一个整体，弯曲时板在任意一点处的挠度在两个方向是相同的，由此可得 $\frac{5q_1l_1^4}{384EI}=\frac{5q_2l_2^4}{384EI}$，可求得两个方向荷载传递的比值 $\frac{q_1}{q_2}=\frac{l_2^4}{l_1^4}$。

因此，$q_1=\frac{l_2^4}{l_1^4+l_2^4}\cdot q$，$q_2=\frac{l_1^4}{l_1^4+l_2^4}\cdot q$

当 $l_2/l_1=3$ 时，$q_1=0.988q$，$q_2=0.012q$。可见，当 $l_2/l_1\geqslant 3$ 时，按力的传递规律，板的荷载主要沿短跨方向传递。为了计算方便，当 $l_2/l_1\geqslant 3$ 时，忽略沿长跨方向传递的荷载，按单向板计算；当 $l_2/l_1\leqslant 2$ 时，按双向板计算；当 $2<l_2/l_1<3$ 时，可按单向板设计，但应适当增加沿长跨方向的分布钢筋，以承担长跨方向的弯矩。

2）井式楼盖

如图 11.2(c)所示，井式楼盖通常是由于建筑上的需要，用梁把楼板划分成若干个正方形或接近正方形的小区格，两个方向的梁截面相同，不分主次，都直接承受板传来的荷载，整个楼盖支承在周边的柱、墙或边梁上，类似一块大双向板，梁可看作板的加强肋。井式楼盖平面两个方向上的尺寸要较为接近，以便两个方向传力相当。如两个方向平面尺寸相差较大，则采用单向板更为合理。

3）密肋楼盖

如图 11.2(d)所示，密肋楼盖是由排列紧密，肋高较小的梁单向或双向布置形成。由于肋距小，板可做得很薄，甚至不用设钢筋混凝土板，用充填物充填肋间空间，形成平整的天棚，由填充物承受板面荷载。密肋楼盖由于肋间的空气隔层或填充物的存在，其隔热隔声效果良好。

4）无梁楼盖

如图 11.2(e)所示，在建筑物柱网接近正方形，且楼面荷载不大的情况下，完全可不设梁，楼板与柱直接整浇,若采用升板施工,可将柱与板进行焊接,楼面荷载直接由板传给柱(省去梁),形成无梁楼盖。无梁楼盖柱顶处的板承受了较大的集中力,可设置柱帽来扩大柱、板的接触面积,改善其受力。

由于楼盖中无梁,使房屋的净高增加,而且模板简单,施工可以采用先进的升板法,使用中可提供平整天棚,使建筑物具有良好的自然通风、采光条件,且方便设备管线的穿行,所以无梁楼盖在厂房、仓库、商场、车库、冷藏库、水池顶、片筏基础等结构中应用效果良好。

11.2 整体现浇式单向板肋梁楼盖设计

整体现浇式单向板肋梁楼盖的设计步骤为:①结构平面布置,并对梁板进行分类编号,初步拟订板厚和主、次梁的截面尺寸;②确定板和主、次梁的计算简图;③梁、板的内力计算及内力组合;④截面配筋计算及构造措施;⑤绘制施工图。

11.2.1 楼盖的结构布置

楼盖结构是建筑结构的主要水平受力体系,其结构布置决定了建筑物各种作用的传递路径,进而影响到建筑物的竖向承重体系。不同方式的梁板布置对建筑物的层高、总高、天棚、外观、设备管道布置等有重要的影响,在很大程度上还影响建筑物的总造价。因此,梁板结构的合理布置是楼盖设计中首先要解决的问题。

单向板肋梁楼盖由板、次梁和主梁组成。楼盖支承在柱、墙等竖向承重构件上,其传力途径为:荷载⇨板⇨次梁⇨主梁⇨柱或墙⇨基础⇨地基。次梁的间距决定了板的跨度;主梁的间距决定了次梁的跨度;柱或墙的间距决定了主梁的跨度。梁的间距越大,梁的数量越少,板的厚度相应越大;梁的间距小,梁的数量就增多,板的厚度就可相应减小。根据长期的工程经验,单向板、次梁、主梁的经济跨度如下:

①单向板的经济跨度:2~4 m;

②次梁的经济跨度:4~6 m;

③主梁的经济跨度:5~8 m。

板、次梁和主梁的截面尺寸的拟订可参考本书第4章相关内容。

在建筑结构中,建筑物的长向称为纵向,短向称为横向。单向板肋梁楼盖结构平面布置的方案通常有如下三种:

①主梁横向布置,次梁纵向布置,如图11.4(a)所示。其优点是主梁和柱形成横向框架,横向刚度大,整体性好,外纵墙仅设次梁,故可开设较大窗口。

②主梁纵向布置,次梁横向布置,如图11.4(b)所示。这种布置适用于横向柱距比纵向柱距大得多的情况,能减小主梁的截面高度,增加室内净高。

③只布置次梁,不设主梁,如图11.4(c)所示。这种布置适用于有中间走道的砌体墙承重的混合结构房屋。

在进行楼盖的结构布置时,应注意以下问题:

①满足建筑要求。如不封闭的阳台、厨房及卫生间的板面标高宜低于其他部位。

②受力合理。荷载传递要简捷明确,梁宜拉通;主梁上宜布置1根以上的次梁,以减小主

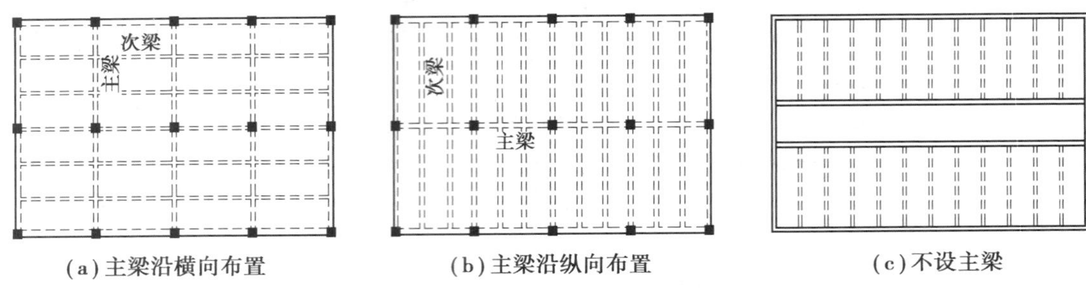

图 11.4　单向板肋梁楼盖梁的布置

梁受力集中;尽量避免把梁(特别是主梁)搁置在门、窗过梁上;尽量避免将集中荷载直接支承于板上,如板上有机器设备、冷却塔、悬挂装置等集中荷载作用时,宜设次梁;楼板上开有大于 800 mm 的洞口时,应在洞口周边设置加肋的小梁。

③方便施工。梁的布置尽可能地规则,梁截面尺寸应考虑设置模板的方便,尽量使模板能重复周转使用以降低施工造价。

11.2.2　计算简图

在进行内力分析前,必须先把楼盖实际结构抽象成为一个能用工程力学方法计算的简图。因此,需对支座影响、板梁计算跨度和跨数以及荷载取定进行合理的简化处理。

1)支承方式的取定

在单向板肋梁楼盖中,板、梁的支座通常有两种构造方式:一种是直接搁置在砖墙、砖柱上;另一种是与梁、柱整体连接。前者由于不是整体连接,支座对板、梁的嵌固作用不大,故在计算中可将其视为铰支座;后者由于支座对板、梁的转动有一定的约束作用,如图 11.5 所示,但为了简化计算,也可把它当作铰支座,由此引起的误差可在荷载计算时加以调整。调整的具体方法是增大恒荷载、减小活荷载,这样处理后的荷载称为折算荷载,按下述规定取值:

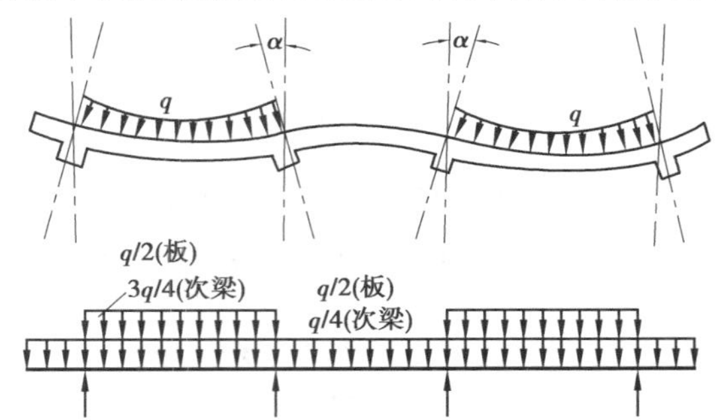

图 11.5　板与次梁及次梁与主梁整体连接的影响

板的折算荷载:
$$g'=g+\frac{q}{2};q'=\frac{q}{2} \tag{11.1}$$

次梁的折算荷载:
$$g'=g+\frac{q}{4};q'=\frac{3q}{4} \tag{11.2}$$

主梁的折算荷载:
$$g'=g;q'=q \tag{11.3}$$

式中　g、q——实际的恒载、活荷载;

g'、q'——调整后的折算恒荷载、活荷载。

采取以上折算荷载的原因在于：恒载满布时比活荷载隔跨布置时所引起板、梁在支座处的转动要小。采取上述调整措施，意味着可减少板、梁在支座处的转动，以此来反映由于忽略支座对板、梁的约束作用而引起的误差。

值得注意的是，在楼盖中，如果主梁的支座为截面较大的钢筋混凝土柱，当主梁与柱的线刚度之比小于 4 时，以及柱的两边主梁跨度相差较大（>10%）时，此时柱对梁的转动有较大约束和影响，故其支座处不能再按铰支座考虑，而应将梁、柱视作框架来计算。

2）跨数与计算跨度

当连续梁的某跨受到荷载作用时，它的相邻各跨也会受到影响，并产生变形和内力，但这种影响是距该跨越远则越小，当超过两跨以上时，影响已很小。因此，对于多跨等跨连续板、梁（跨度相等或相差不超过 10%），当各跨荷载基本相同，且跨数超过 5 跨时，除端部的两跨外，中间各跨的内力基本一致，此时即可将梁仅按 5 跨来计算，所有中间跨的内力和配筋均可按 5 跨梁的第 3 跨处理，如图 11.6 所示。当梁板实际跨数小于 5 跨时，则按实际跨数计算。

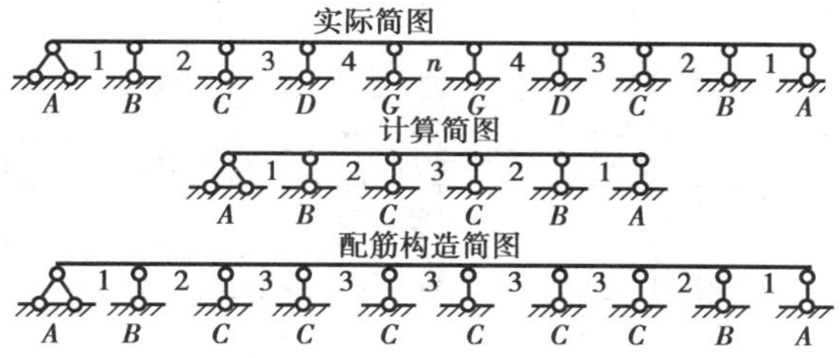

图 11.6　连续梁、板的跨数

连续板、梁各跨的计算跨度，与支座的构造形式、构件的截面尺寸以及内力的计算方法相关。从理论上讲，板、梁的计算跨度应取为相邻两支座反力作用点之间的距离，其值与支座反力分布有关，也与构件的支承长度和构件本身的刚度有关。实际运用中，当按弹性理论计算时，中间各跨取支承中心线之间的距离。梁、板在边支座与支承构件整浇时，边跨取支承中心线之间的距离；边跨如果一端搁置在支承构件上，另一端与支承构件整浇，计算跨度的选取如图 11.7 所示，其计算跨度可按下式取值：

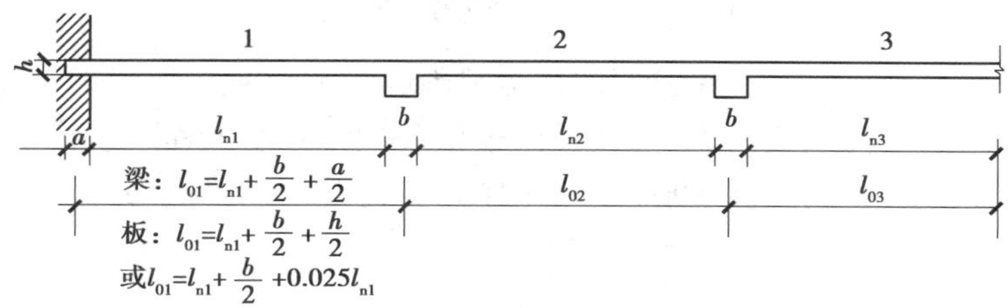

图 11.7　按弹性理论计算时的计算跨度

$$板:l_{01}=\min\left(1.025l_{n1}+\frac{b}{2},l_{n1}+\frac{b}{2}+\frac{h}{2}\right)$$

$$梁:l_{01}=\min\left(1.025l_{n1}+\frac{b}{2},l_{n1}+\frac{b}{2}+\frac{a}{2}\right)$$

式中　l_{0i}——板、梁各跨的计算跨度；

l_{ni}——板、梁各跨的净跨度；

h——板厚；

a——板、梁端部支承长度；

b——中间支座宽度。

3）荷载的取定

板通常可取 1 m 宽的板带作为其计算单元。当楼面承受均布荷载时，板所受的荷载即为 1 m 宽板带的自重及板带上的均布活荷载。次梁所承受的荷载为次梁自重及受荷面积上板传来的荷载。主梁则承受主梁自重及由次梁传来的集中荷载，但由于主梁自重与次梁传来的荷载相比往往较小，为简化计算，一般可将主梁均布自重简化为集中荷载，加入次梁传来的集中荷载进行合并计算。板、梁的荷载计算简图如图 11.8 所示。

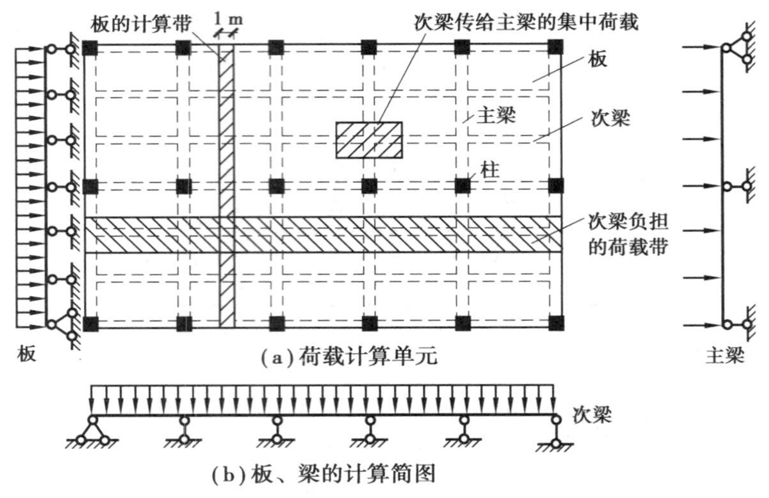

图 11.8　单向板肋梁楼盖的计算简图

当楼面板承受集中（局部）荷载时，可将楼面的集中荷载换算成等效均布荷载进行计算，换算方法可参考现行《建筑结构荷载规范》（GB 5009）附录 B。

11.2.3　连续梁、板的内力计算（按弹性理论计算）

按弹性理论计算楼盖内力，首先要假定楼盖材料为匀质弹性体。根据前述的计算简图，可用结构力学的方法计算梁、板内力，但过程比较繁琐。为方便工程运用，对于等跨的、荷载规则的连续板、梁，《结构静力计算手册》中给出了常见荷载作用下的内力图表，确定梁、板内力时可直接查用，详见附录 5。

在计算内力时应注意下列问题：

1）活载的最不利位置

作用于梁或板上的荷载有恒载和活载，恒载的大小、作用位置保持不变，而活载在各跨的分布是随机的。对于简支梁，当恒载和活载都作用时，产生的内力最大，即为最不利；对于连续梁，则不一定是这样。

以 5 跨连续梁为例，当活荷载布置在不同跨间时，梁的弯矩图及剪力图如图 11.9 所示。

当活载分布使连续梁、板内某一截面的内力绝对值最大时，这种布置称为活荷载的最不利布置。研究图 11.9 的弯矩和剪力分布规律以及不同组合后的效果,不难发现确定截面最不利内力时,活荷载的布置原则如下:

①欲求某跨跨中最大正弯矩时,除将活荷载布置在该跨以外,应每隔一跨布置活载;

②欲求某支座截面最大负弯矩时,除该支座两侧应布置活荷载外,每隔一跨还应布置活载;

③欲求梁支座截面(左侧或右侧)最大剪力时,活荷载布置与求该截面最大负弯矩时的布置相同;

④欲求某跨跨中最小弯矩时,该跨应不布置活载,而在其两相邻跨布置活载,然后再每隔一跨布置活载。

即,当求 1、3、5 跨跨中最大正弯矩或 2、4 跨的最小弯矩时,活荷载应布置在 1、3、5 跨;当求 2、4 跨跨中最大正弯矩或 1、3、5 跨跨中最小弯矩时,活荷载应布置在 2、4 跨;当求 B 支座最大负弯矩及支座最大剪力时,活荷载应布置在 1、2、4 跨,如图 11.10 所示。其余情况可按此规律类推。由此看出,活荷载在连续梁各跨满布时,并不是最不利情况。

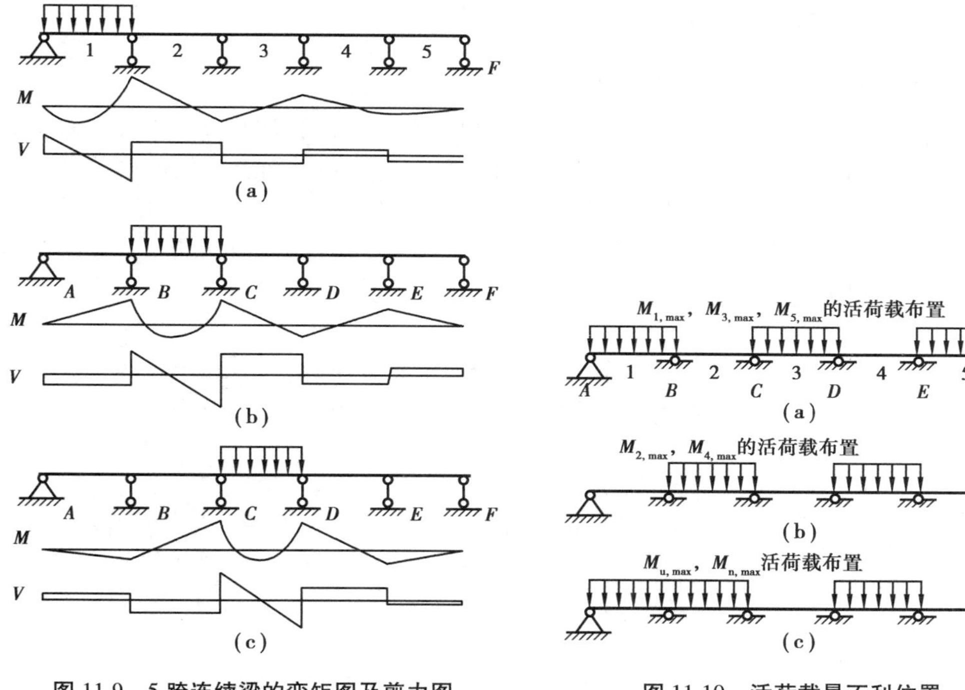

图 11.9 5 跨连续梁的弯矩图及剪力图

图 11.10 活荷载最不利位置

2) 内力包络图

以恒载作用在各截面的内力为基础,再分别叠加对各截面最不利的活载布置时的内力,便得到了各截面可能出现的最不利内力。

将各截面可能出现的最不利内力图叠绘于同一基线上,这张叠绘内力图的外包线所形成的图称为内力包络图。它表示连续梁在各种不利荷载组合下,各截面可能产生的最不利内力。无论活荷载如何分布,梁各截面的内力都不会超出包络图上的内力值。可依据内力包络图提供的内力来进行梁截面设计。如图 11.11 为五跨连续梁在均布荷载作用下的弯矩包络图和剪力包络图。

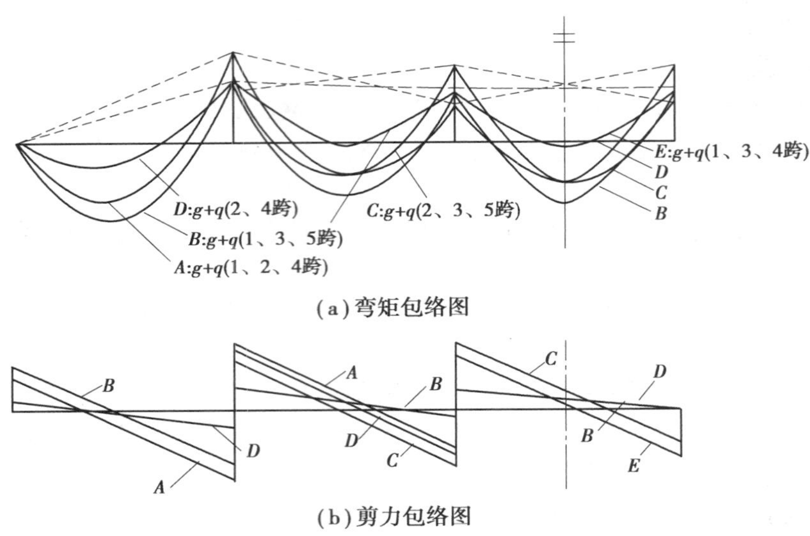

(a)弯矩包络图

(b)剪力包络图

图 11.11　内力包络图

3)设计控制截面上的弯矩和剪力设计值

按弹性理论计算连续梁内力时,由于计算跨度取支承中心线间的距离,未考虑支座宽度,计算所得支座处的 M_{max}、V_{max} 均指支座中心线处的弯矩、剪力值。而支座处截面较高,一般不是危险截面,支座边缘截面往往才是设计控制截面。故设计中可取支座边缘内力值进行计算,如图 11.12 所示,这样可降低控制截面的内力,减小支座配筋、方便钢筋布置。将弯矩、剪力在支座范围内视为线性变化,可求得支座边缘的内力值。

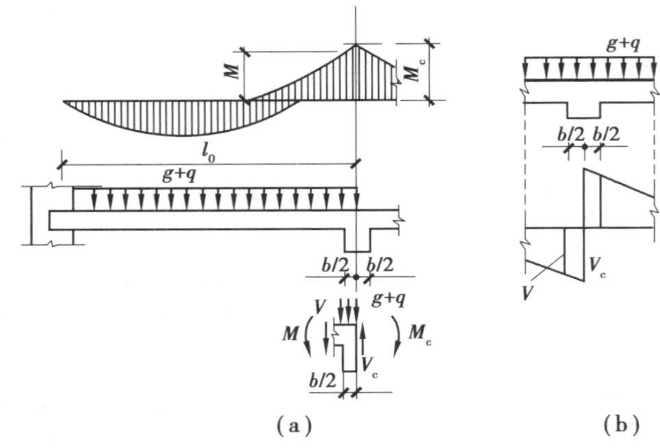

图 11.12　支座边缘内力值计算示意图

弯矩设计值：

$$M=M_c-V_c\frac{b}{2}\approx M_c-V_0\frac{b}{2} \tag{11.4}$$

剪力设计值:

均布荷载

$$V=V_c-(g+q)\frac{b}{2} \tag{11.5}$$

集中荷载

$$V=V_c \tag{11.6}$$

式中　M_c、V_c——支承中心处的弯矩、剪力设计值;

V_0——按简支梁计算的支座中心剪力设计值(取绝对值);

b——支承宽度。

11.2.4 连续梁、板的内力计算(按塑性理论计算)

钢筋混凝土是一种弹塑性材料,连续梁板是超静定结构,当梁板的一个截面达到其极限承载力时,并不意味着整个结构已经破坏。在钢筋达到屈服后,结构还会产生一定的塑性变形,结构的实际承载能力通常大于按弹性理论计算的结果。再则,混凝土构件截面设计时,考虑了材料的塑性,若其按弹性理论进行内力分析,与截面设计的理论不统一,因此有必要按塑性理论来进行内力分析。

1)钢筋混凝土受弯构件的塑性铰

以跨中作用有集中荷载的简支梁[如图 11.13(a)]为例,在跨中加荷,并绘出跨中截面的 M-φ关系曲线[如图 11.13(c)]。钢筋屈服后,承载能力提高很小,但曲率增长非常迅速,这表明在截面承载能力增加极小的情况下,截面相对转角激增,相当于该截面形成一个能转动的铰[如图 11.13(d)],其实质是在该处塑性变形集中发展。对于这种塑性变形集中的区域,在杆系结构中称为塑性铰,在板内称为塑性铰线。

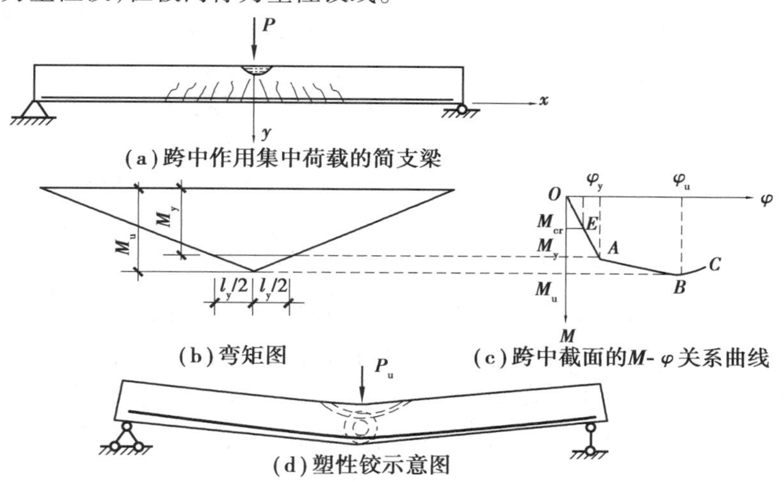

图 11.13 钢筋混凝土受弯构件的塑性铰

当配筋量适中时,塑性铰的转动是由于受拉钢筋伸长(流塑)、受压混凝土应变进一步增加而引起的。当超筋时,塑性铰的转动是由于受拉钢筋和混凝土拉应变、受压混凝土压应变而引起的,其转动能力比前者小得多。

对于静定结构,任一截面形成塑性铰后,结构即成为几何可变体系而达到其极限承载能力。但对超静定结构,由于存在多余约束,构件在合适部位出现塑性铰,只是减少了超静定的次数,结构仍可继续加荷,直至出现足够多的塑性铰,使结构成为几何可变体系,才达到其极限承载能力。

与理想铰相比,钢筋混凝土塑性铰有几个特点:钢筋混凝土塑性铰仅能沿弯矩方向转动,理想铰可沿正反向转动;钢筋混凝土塑性铰能承受极限弯矩,理想铰不能承受弯矩;钢筋混凝土塑性铰分布在一定的范围,理想铰集中为一点;钢筋混凝土塑性铰转动能力有限,转动能力大小取决于配筋率 ρ 和混凝土极限压应变 ε_{cu}。

2)超静定结构的塑性内力重分布

钢筋混凝土超静定结构在某一个截面达到极限承载力时,即形成了一个塑性铰。塑性铰的转动使构件各截面产生塑性内力重分布,整个结构相当于减少了一个约束,结构可继续承载,但是后续施加的荷载在结构中产生的内力将按照塑性铰出现后的结构体系分布。

(1)内力重分布的过程

以承受集中荷载的两跨连续梁为例,如图 11.14(a)所示,该梁为等截面矩形梁,B 支座截面与跨中截面配筋相同,所能承受的极限弯矩相同。假设该梁配有足够的抗剪钢筋,在达到极限弯矩前不发生剪切破坏,且具有足够的延性,从加载至破坏,梁经历了如下三个阶段:

①弹性阶段。加荷初期,混凝土开裂前,梁工作接近弹性体系,按弹性理论计算,支座 B 弯矩为$-0.188Pl$,跨中弯矩为 $0.156Pl$,弯矩如图 11.14(a)所示。

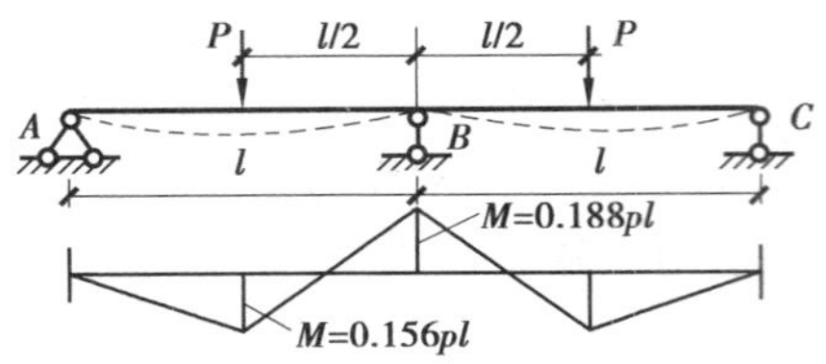

(a)在跨中截面处作用P的两跨连续梁

(c)B支座出现塑性铰后在新增力P_2作用下的弯矩图

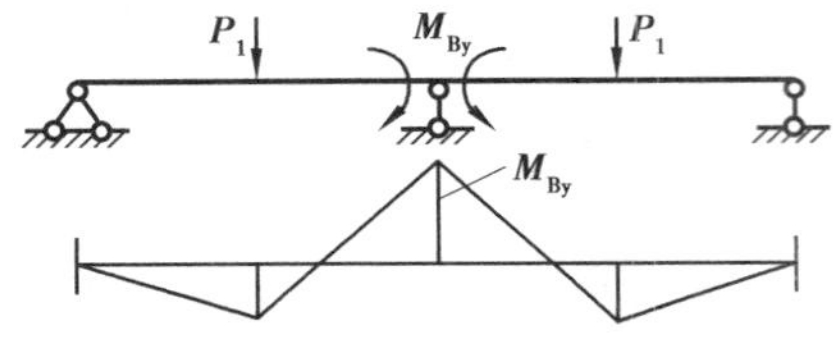
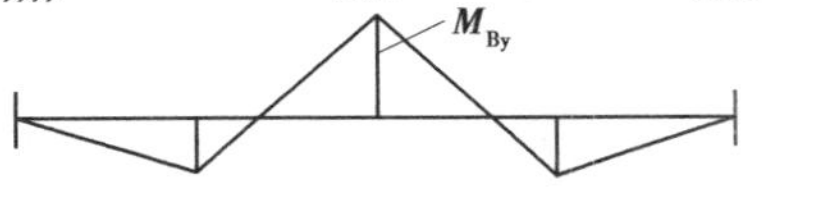

(b)支座截面达到M_{By}时的弯矩图

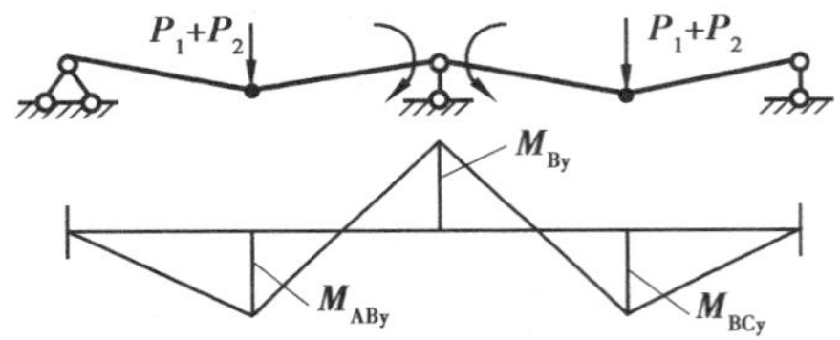

(d)跨中截面出现塑性铰时梁的变形及其弯矩图

图 11.14　两跨连续梁弯矩分布及破坏机构形成

②弹塑性阶段。加荷至 B 支座受拉区混凝土出现裂缝,跨中尚未开裂,此时内力重分布逐渐明显,由于 B 支座开裂,刚度降低,B 支座弯矩 M_B 增长率降低,跨中弯矩 M_{AB}增长率加大。继续加荷至跨中开裂,由于 B 支座 $M_B>M_{AB}$,因此 B 支座裂缝发展快,直至受拉钢筋即将屈服。

③塑性阶段。加荷至 B 支座受拉钢筋屈服,M_B 接近屈服弯矩 M_{By},随荷载的增长,M_B 增长极小,当加载至 P_1 时,弯矩达 M_{By},如图 11.14(b)所示。继续加载,支座 B 截面的弯矩将保持 M_{By}不变,但会产生塑性转动,形成塑性铰。由于支座截面塑性铰的产生,结构受力模式发生实质性改变,由两跨连续梁的受力方式,变为 2 根简支梁,如图 11.14(c)所示。后续增加的荷载 P_2 仅使跨中弯矩增长,支座处的弯矩不再增加,直至跨中达到屈服弯矩 M_{ABy}(M_{BCy}),出现塑性铰,此时梁因成为机构而破坏,总荷载为 P_1+P_2,最终的弯矩图如图 11.14(d)所示。施加 P_2 的过程,是内力重分布过程的主要部分,也是塑性铰转动的过程。

上述内力重分布的三阶段可概括为两个过程:第一过程发生在裂缝出现至塑性铰形成以前,主要是由于裂缝的形成和开展,使构件的刚度发生变化而引起的内力重分布;第二过程发生在塑性铰形成以后,由于受力模式发生改变而产生内力重分布。一般来说,第二过程的内力重分布较第一过程的内力重分布更为显著。

(2)影响塑性内力重分布的因素

对超静定结构,若构件中各塑性铰均具有足够的转动能力,不至于在其转动过程中使受压混凝土过早破坏,可以保证结构中先后出现足够数目的塑性铰,最后形成机动体系,这种情况称为内力的完全重分布,但内力的完全重分布要在一定的条件下才能实现。若最初形成的塑性铰转动角度过大,在转动过程中,由于受拉钢筋和受压混凝土塑性变形的发展,结构位移过大,塑性铰处混凝土开裂过大,刚度过分降低,超出其正常使用极限状态,这在设计中是不允许的。因此对塑性铰的转动量应有一定的限制。

①塑性铰的转动能力。

塑性铰的转动能力主要取决于纵向钢筋的配筋率、钢筋的种类和混凝土的极限压应变。

a.钢筋的种类:当构件的受拉钢筋采用 HPB300 级、HRB335、HRB400 级钢筋时,塑性铰的转动能力大,采用钢丝、钢绞线、热处理钢筋时,塑性铰的转动能力差。

b.纵筋的配筋率:随着配筋率 ρ 增大,梁的极限曲率 φ_u 减小,转动能力降低。

c.混凝土的极限压应变 ε_{cu}:当 ξ 较小时,内力重分布主要取决于钢筋的流幅。当 ξ 较大时,内力重分布主要取决于混凝土的极限压应变,ε_{cu}越大,塑性铰的转动能力越大。

②梁的斜截面抗剪能力。

塑性铰出现以后,连续梁抗剪承载力降低,为保证塑性内力重分布的充分发展,结构必须有足够的抗剪承载力。通常将计算的箍筋数量扩大 20%,最小箍筋率取 $0.3f_t/f_{yv}$。

③正常使用条件。

如果最初出现的塑性铰转动幅度过大,塑性铰附近截面的裂缝就可能开展过宽,结构的挠度过大,不能满足正常使用的要求。因此,在考虑塑性内力重分布时,应对塑性铰的允许转动量予以控制,也就是要控制塑性内力重分布的幅度。一般要求在正常使用阶段不应出现塑性铰。

(3)考虑塑性内力重分布的意义

由以上分析可知,超静定结构某截面出现塑性铰不一定意味着结构破坏,在结构未形成可变体系以前,还有强度储备可利用。考虑塑性内力重分布,可发挥结构的潜力,具有经济效益。此外,用弹性方法计算的结果,支座配筋量大,施工困难,考虑塑性内力重分布可调整支座配筋,方便施工。塑性内力重分布的意义可概括为以下几个方面:

①内力计算方法与截面设计方法相协调。

②可以人为地调整截面的内力分布情况,更适合布置钢筋。

③充分利用结构的承载力,取得一定的经济效益。

(4)考虑内力重分布的适用范围

下列情况不宜采用:

①在使用阶段不允许出现裂缝或对裂缝开展控制较严的钢筋混凝土结构。

②处于严重侵蚀性环境中的钢筋混凝土结构。

③直接承受动力和重复荷载的钢筋混凝土结构。

④要求有较高承载力储备的钢筋混凝土结构。

⑤配置延性较差的受力钢筋的钢筋混凝土结构。

3)塑性内力重分布的计算方法

(1)弯矩调幅法及其基本原则

连续梁、板考虑塑性内力重分布的计算方法较多,例如:极限平衡法、塑性铰法及弯矩调幅法等。目前工程上应用较多的是弯矩调幅法。

弯矩调幅法简称调幅法，是一种实用设计方法，它先按弹性分析求出结构各截面弯矩值，再根据需要对结构中那些弯矩绝对值较大的截面弯矩进行适当调整，然后按调整后的内力进行截面配筋设计。

截面弯矩的调整幅度用弯矩调幅系数 β 来表示，即

$$\beta = \frac{|M_e| - |M_a|}{|M_e|} \tag{11.7}$$

式中 M_e——按弹性理论算得的弯矩值；

M_a——调幅后的弯矩值。

综合考虑影响塑性内力重分布的因素后，在采用调幅法时要遵循以下原则：

①对弯矩调幅后引起结构内力和正常使用状态的变化，应进行验算，或有构造措施以保证其安全；

②受力钢筋宜采用 HRB400 级或 HRB500 级热轧钢筋，宜选用 C25~C45 强度等级的混凝土；截面的相对受压区高度 ξ 不应大于 0.35，不宜小于 0.1。

（2）调幅法的步骤

①用线弹性方法计算，并确定荷载最不利布置下的结构控制截面的弯矩最大值 M_e。

②采用调幅系数 β 降低各支座截面弯矩，即设计值按下式计算：

$$M_a = (1 - \beta)M_e \tag{11.8}$$

钢筋混凝土梁的调幅系数 β 不宜超过 0.25，钢筋混凝土板的调幅系数 β 不宜超过 0.2。

③结构的跨中截面弯矩值应取弹性分析得到的最不利弯矩值和按下式计算值中的较大值：

$$M = 1.02M_0 - \frac{1}{2}(M^l + M^r) \tag{11.9}$$

式中 M_0——按简支梁计算的跨中弯矩设计值；

M^l、M^r——连续梁或连续单向板的左、右支座截面弯矩调幅后的设计值。

④调幅后的支座和跨中截面的弯矩值均不宜小于 M_0 的 1/3；

⑤各控制截面的剪力设计值根据荷载最不利布置和调幅后的支座弯矩由静力平衡条件计算确定。

（3）实用计算——用弯矩调幅法计算等跨连续梁、板

根据调幅法的原则，并考虑到方便工程实用，在均布荷载和间距相同、大小相等的集中荷载作用下，等跨连续梁、板，考虑塑性内力重分布后的跨中和支座弯矩的计算公式为：

承受均布荷载时 $$M = \alpha_m(g + q)l_0^2 \tag{11.10}$$

承受集中荷载时 $$M = \eta\alpha_m(G + Q)l_0 \tag{11.11}$$

式中 α_m——考虑塑性内力重分布的弯矩计算系数，按表 11.1 采用；

η——集中荷载修正系数，按表 11.2 采用；

g，q——沿单位长度上的均布恒载、活载设计值；

G，Q——一个集中恒载、活载设计值；

l_0——计算跨度，按表 11.4 采用。

在均布荷载和间距相同、大小相等的集中荷载作用下，等跨连续梁、板支座边缘的剪力设

计值 V 可分别按下列公式计算：

均布荷载　$$V = \alpha_v (g + q) l_n \tag{11.12}$$

集中荷载　$$V = \alpha_v n (G + Q) \tag{11.13}$$

式中　α_v——考虑塑性内力重分布的剪力计算系数，按表 11.3 采用；

l_n——净跨度；

n——跨内集中荷载的个数。

表 11.1　连续梁和连续单向板考虑塑性内力重分布的弯矩计算系数 α_m

<table>
<tr><td rowspan="3" colspan="2">支承情况</td><td colspan="6">截面位置</td></tr>
<tr><td>端支座</td><td>边跨跨中</td><td>离端第二支座</td><td>离端第二跨跨中</td><td>中间支座</td><td>中间跨跨中</td></tr>
<tr><td>A</td><td>Ⅰ</td><td>B</td><td>Ⅱ</td><td>C</td><td>Ⅲ</td></tr>
<tr><td colspan="2">梁、板搁支在墙上</td><td>0</td><td>1/11</td><td rowspan="4">二跨连续：-1/10
三跨以上连续：
-1/11</td><td rowspan="4">1/16</td><td rowspan="4">-1/14</td><td rowspan="4">1/16</td></tr>
<tr><td>板</td><td rowspan="2">与梁整浇连接</td><td>-1/16</td><td rowspan="2">1/14</td></tr>
<tr><td>梁</td><td>-1/24</td></tr>
<tr><td colspan="2">梁与柱整浇连接</td><td>-1/16</td><td>1/14</td></tr>
</table>

注：①表中系数适用于荷载比 $q/g>0.3$ 的等跨连续梁和连续单向板；

②连续梁或连续单向板的各跨长度不等，但相邻两跨的长跨与短跨之比值小于 1.1 时，仍可采用表中弯矩系数值。计算支座弯矩时应取相邻两跨中的较长跨度值，计算跨中弯矩时应取本跨长度。

表 11.2　集中荷载修正系数 η

<table>
<tr><td rowspan="2">荷载情况</td><td colspan="6">截　面</td></tr>
<tr><td>A</td><td>Ⅰ</td><td>B</td><td>Ⅱ</td><td>C</td><td>Ⅲ</td></tr>
<tr><td>当在跨内中点处作用一个集中荷载时</td><td>1.5</td><td>2.2</td><td>1.5</td><td>2.7</td><td>1.6</td><td>2.7</td></tr>
<tr><td>当在跨内三分点处作用两个集中荷载时</td><td>2.7</td><td>3.0</td><td>2.7</td><td>3.0</td><td>2.9</td><td>3.0</td></tr>
<tr><td>当在跨内四点处作用三个集中荷载时</td><td>3.8</td><td>4.1</td><td>3.8</td><td>4.5</td><td>4.0</td><td>4.8</td></tr>
</table>

表 11.3　连续梁考虑塑性内力重分布的剪力计算系数 α_v

<table>
<tr><td rowspan="3">支承情况</td><td colspan="5">截面位置</td></tr>
<tr><td rowspan="2">A 支座
内侧 A_{in}</td><td colspan="2">离端第二支座</td><td colspan="2">中间支座</td></tr>
<tr><td>外侧 B_{ex}</td><td>内侧 B_{in}</td><td>外侧 C_{ex}</td><td>内侧 C_{in}</td></tr>
<tr><td>搁支在墙上</td><td>0.45</td><td>0.60</td><td rowspan="2">0.55</td><td rowspan="2">0.55</td><td rowspan="2">0.55</td></tr>
<tr><td>与梁或柱整浇连接</td><td>0.50</td><td>0.55</td></tr>
</table>

表 11.4　梁、板的计算跨度 l_0

支承情况	截面位置	
	梁	板
两端与梁(柱)整体连接	净跨 l_n	净跨 l_n
两端支承在砖墙上	$1.05l_n(\leqslant l_n+b)$	$l_n+h(\leqslant l_n+a)$
一端与梁(柱)整体连接,另一端支承在砖墙上	$1.025l_n(\leqslant l_n+b/2)$	$l_n+h/2(\leqslant l_n+a/2)$

注:表中 b 为梁的支承宽度,a 为板的搁置长度,h 为板厚。

以图 11.15 所示 5 跨等跨连续梁承受均布荷载为例,用调幅法阐明上述系数的由来。设次梁边支座为砖墙,活荷载与恒荷载之比 $q/g=3$,l 为跨度。

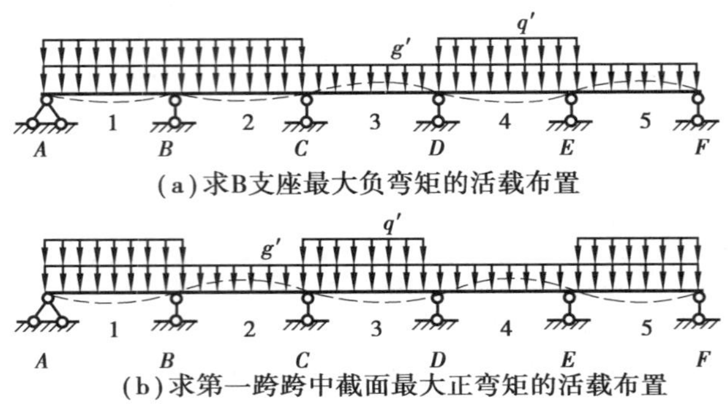

(a)求B支座最大负弯矩的活载布置

(b)求第一跨跨中截面最大正弯矩的活载布置

图 11.15　承受均布荷载的 5 跨等跨连续梁最不利荷载布置

可以写成:

$$g+q=q/3+q=4q/3 \text{ 和 } g+q=g+3g=4g$$

于是

$$q=\frac{3}{4}(g+q);g=\frac{1}{4}(g+q)$$

次梁的折算荷载

$$g'=g+\frac{q}{4}=\frac{1}{4}(g+q)+\frac{3}{16}(g+q)=0.437\ 5(g+q)$$

$$q'=\frac{3q}{4}=\frac{9}{16}(g+q)=0.562\ 5(g+q)$$

按弹性方法求 $M_{B,\max}$,活载布置在一、二、四跨[如图 11.15(a)],由附表 5.4 可查得恒荷载系数为-0.105,活荷载系数为-0.119,则

$$M_{B,\max}=-0.105g'l_0^2-0.119q'l_0^2=-0.112\ 9(g+q)l_0^2$$

考虑调幅值 20%,则

$$M_B=0.8M_{B,\max}=-0.090\ 3(g+q)l_0^2$$

表 11.1 中取 $\alpha_m=-1/11=-0.090\ 9$,相当于支座调幅值为 0.195。

当 $M_{B,\max}$下调后,根据第一跨的静力平衡条件,相应的跨内最大弯矩出现在距离端支座 $x=0.409l_0$处,其值为:

$$M_1=\frac{1}{2}(0.409l_0)^2(g+q)=0.083\ 6(g+q)l_0^2$$

按弹性方法求 $M_{1,\max}$，活载布置在一、三、五跨［如图 11.15(b)］，由附表 5.4 可查得恒荷载系数 0.078，活荷载系数 0.100，则

$$M_{1,\max} = 0.078g'l_0^2 + 0.100q'l_0^2 = 0.0904(g+q)l_0^2$$

取 M_1、$M_{1,\max}$ 两者的大值，作为跨中截面的弯矩设计值，为计算方便，弯矩系数取为 $\frac{1}{11}$。

其余系数可按类似方法确定。

(4) 用弯矩调幅法计算不等跨连续梁、板

当不等跨连续梁、板的跨度差不大于 10% 时，仍可采用等跨连续梁、板的系数。计算支座弯矩时，l_0 取相邻两跨中的较大跨度值；计算跨中弯矩时，l_0 取本跨跨度值。

当不等跨连续梁、板的跨度差大于 10% 时，连续梁应根据弹性方法求出恒载及活荷载最不利作用的弯矩图，经组合叠加后形成弯矩包络图，再以弯矩包络图作为调幅依据，按前述调幅原则调幅，剪力可取弹性方法的计算结果。

11.2.5 单向板肋梁楼盖的截面设计与构造

在确定了连续梁、板的内力后，可根据内力进行构件的截面设计。在一般情况下，如果连续板、梁截面尺寸符合本书 4.1.1 的相关构造要求，则可不进行变形和裂缝的计算，仅需进行承载力计算。

1) 单向板的截面设计与构造

(1) 设计要点

支承在次梁或砖墙上的连续板，一般可按塑性内力重分布的方法计算。板由于截面延展较大，混凝土本身一般均能满足斜截面抗剪要求，设计时可不进行抗剪计算。

在现浇楼盖中，有的板四周与梁整体连接。这种板在破坏前，在正、负弯矩的作用下，会在支座上部和跨中下部产生裂缝，使板形成一个具有一定矢高的拱，而板四周的梁则成为具有抵抗横向位移能力的拱支座（图 11.16）。此时，板在竖向荷载作用下，一部分荷载将通过拱的作用以压力的形式传至周边，与拱支座产生的推力平衡，可折减板中各计算截面的弯矩。为了考虑这种有利因素，一般规定，对于四周与梁整体连接的单向板，中间跨的跨中截面及中间支座，计算弯矩可减少 20%，其他截面不予降低。

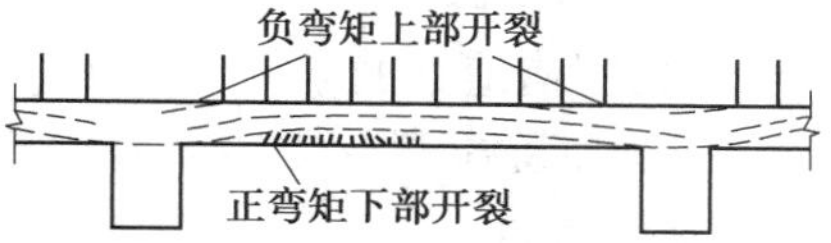

负弯矩上部开裂

正弯矩下部开裂

图 11.16　板的拱作用

(2) 板中受力钢筋

为了节约资源并达到较好的经济效果，板中受力钢筋的等级和直径除了应满足本书4.1.2中的要求外，还应注意在整个板内，不同直径的钢筋选用不宜超过两种，相互差别不小于 2 mm，以便识别。通常可采用调节钢筋间距的方式来调节钢筋的用量。板下部钢筋应尽量伸入支座内进行锚固。

板中受力钢筋的配置方法常用的有弯起式和分离式两种。所谓弯起式，就是将跨中一部分受力钢筋（一般为 1/3～1/2）在支座前弯起，作为承担支座负弯矩之用，如不足可另附加支座钢筋；所谓分离式，就是支座处所需承担负弯矩的钢筋，不是从跨中弯起，而是另外单独配置，即跨中正筋和支座负筋分别配置。弯起式配筋［如图 11.17(a)、(b)］整体性好，节约钢材，但施工复杂，目前工程实际运用中已少见；分离式配筋［如图 11.17(c)］的用钢量稍大，钢

筋锚固稍差,但设计和施工都比较方便,是目前最常用的方式。板内受力钢筋的弯起、切断位置见图 11.17:当板上均布活荷载 q 与均布恒荷载 g 的比值 $q/g\leqslant 3$ 时,$a=l_n/4$;当 $q/g>3$ 时,$a=l_n/3$。l_n 为板的净跨。

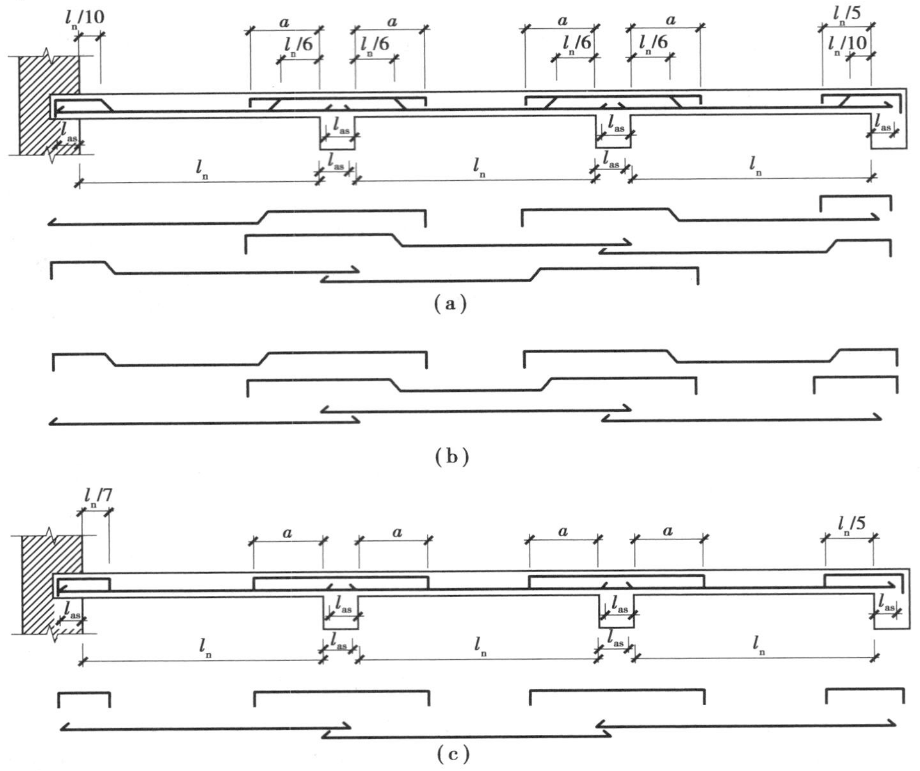

图 11.17 板中受力钢筋的布置

当板的相邻跨度差超过 20%,或各跨荷载相差太大时,则钢筋的弯起与切断应按弯矩包络图和材料图来确定。

(3)板中构造钢筋

单向板中除配置受力钢筋外,还应布置以下几种构造钢筋。

①分布钢筋。

在平行于单向板的长跨,与受力钢筋垂直的方向应设置分布钢筋。分布钢筋的作用是固定受力钢筋的位置;抵抗板内温度应力和混凝土收缩应力;承担并分布板上局部荷载产生的内力;在四边支承板中,板的长边方向产生的少量弯矩也由分布钢筋承受。分布钢筋的数量应不少于受力钢筋的 15%,且不宜小于该方向板截面面积的 0.15%;分布钢筋的间距不宜大于 250 mm,每米不少于 3 根,直径不小于 6 mm,应均匀布置于受力钢筋的内侧。

②防裂构造钢筋。

在温度、收缩应力较大的区域,应在板的表面双向配置防裂构造钢筋。每一方向的配筋率不宜小于 0.10%,间距不宜大于 200 mm。防裂构造钢筋可利用原有钢筋贯通布置,也可另外设置钢筋,并与原有钢筋按受拉钢筋的要求搭接或在周边构件中锚固。

③与主梁垂直的附加负筋。

主梁梁肋附近的板面存在一定的负弯矩,按单向板计算时未考虑该负弯矩,因此必须在主梁上部的板面配置附加短钢筋。其数量不少于每米 5 Φ8,且沿主梁单位长度内的总截面面积不少于板中单位宽度内受力钢筋截面面积的1/3，伸入板中的长度从主梁梁肋边算起不小于板计算跨度 l_0 的 1/4，如图 11.18、图 11.19 所示。

④与承重砌体墙垂直的附加负筋和板角附加短钢筋。

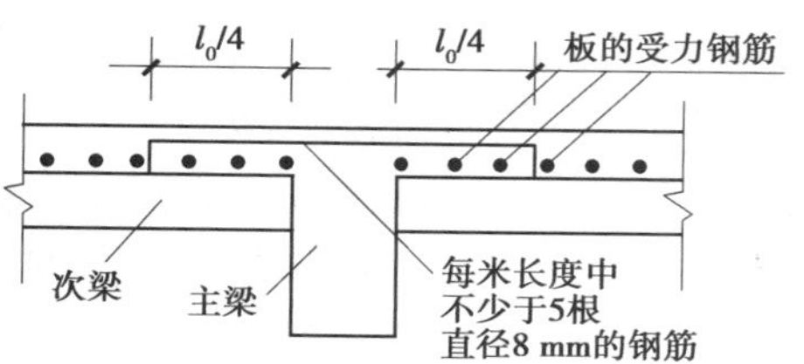

图 11.18　与主梁垂直的附加负筋

由于计算简图与实际结构的差异，板嵌固在砖墙上时，支座处有一定负弯矩，板角处也有负弯矩，温度、混凝土收缩、施工条件等因素也会在板中产生拉应力。

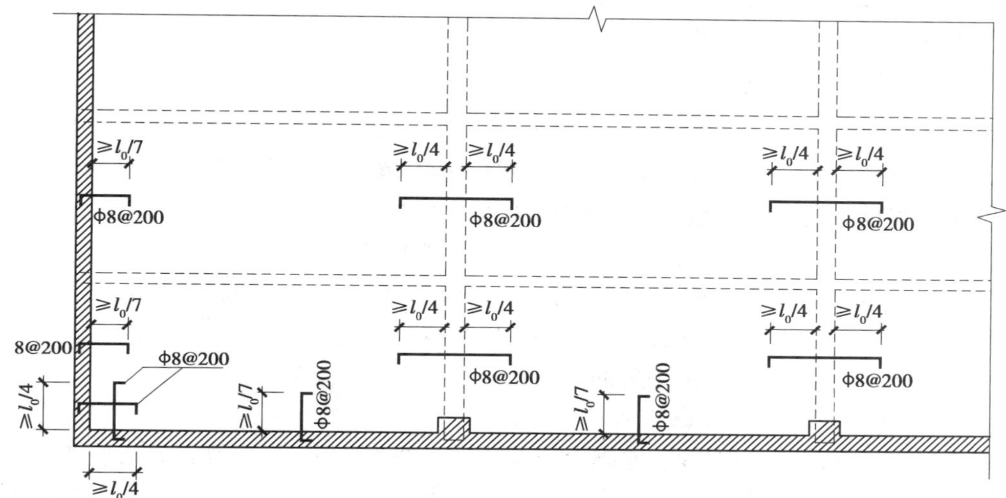

(a) 板支承在砖墙上

(b) 板支承在混凝土梁上

图 11.19　板的构造钢筋

为防止由于上述原因而在板中产生裂缝，应沿墙长每米配不少于 5Φ8 的附加短负筋，伸出墙边长度 $\geqslant l_0/7$，如图 11.19(a) 所示。

两边嵌入砌体墙内的板角部分，应在板面双向配置附加短钢筋。其中，沿受力方向配置的负钢筋截面面积不宜小于该方向跨中受力钢筋截面面积的 1/3，并一般不少于每米 5Φ8。另一方向的负钢筋一般不少于每米 5 Φ 8。每一方向伸出墙边长度≥$l_0/4$，如图 11.19(a)所示。

当板与梁整体浇筑时，板的受力方向的第一跨在计算时按简支考虑，实际梁对板存在一定的约束作用，在荷载作用下将产生一定的负弯矩。因此，配置的板面负钢筋截面面积不宜小于该方向跨中受力钢筋截面面积的 1/3，并一般不少于每米 5 Φ 8，钢筋伸出墙边长度≥$l_0/4$，如图 11.19(b)所示。

另外，现浇板上开洞时，当洞口边长或直径不大于 300 mm 且洞边无集中力作用时，板内受力钢筋可绕过洞口不切断；当洞口边长或直径大于 300 mm 时，应在洞口边的板面加配钢筋，加配的钢筋面积不小于被截断的受力钢筋面积的 50%，且不小于 2 Φ 12；当洞口边长或直径大于 1 000 mm 时，宜在洞边加设小梁。

2)次梁的计算及构造要点

(1)设计要点

①次梁承受板传来的荷载，通常可按塑性内力重分布的方法确定其内力。

②次梁和板整浇，配筋计算时，对跨中正弯矩区应按 T 形截面考虑，T 形截面的翼缘计算宽度按表 4.4 中的规定取值；对支座负弯矩区，因翼缘处于受拉区，仍应按矩形截面计算。

③按斜截面抗剪承载力确定抗剪腹筋。当荷载、跨度较小时，一般只利用箍筋抗剪；当荷载、跨度较大时，可在支座附近设置弯起钢筋，以减少箍筋用量。当采用塑性内力重分布时，箍筋用量应比计算增加 20%，最小配筋率取 $0.3f_t/f_{yv}$。

(2)次梁的构造要求

梁中受力钢筋的弯起和截断，原则上应按弯矩包络图确定，当次梁相邻跨度相差不超过 20%，且均布活荷载与均布恒荷载之比 $q/g \leqslant 3$ 时，可不作材料图，其纵向受力钢筋的弯起和截断按图 11.20 进行。

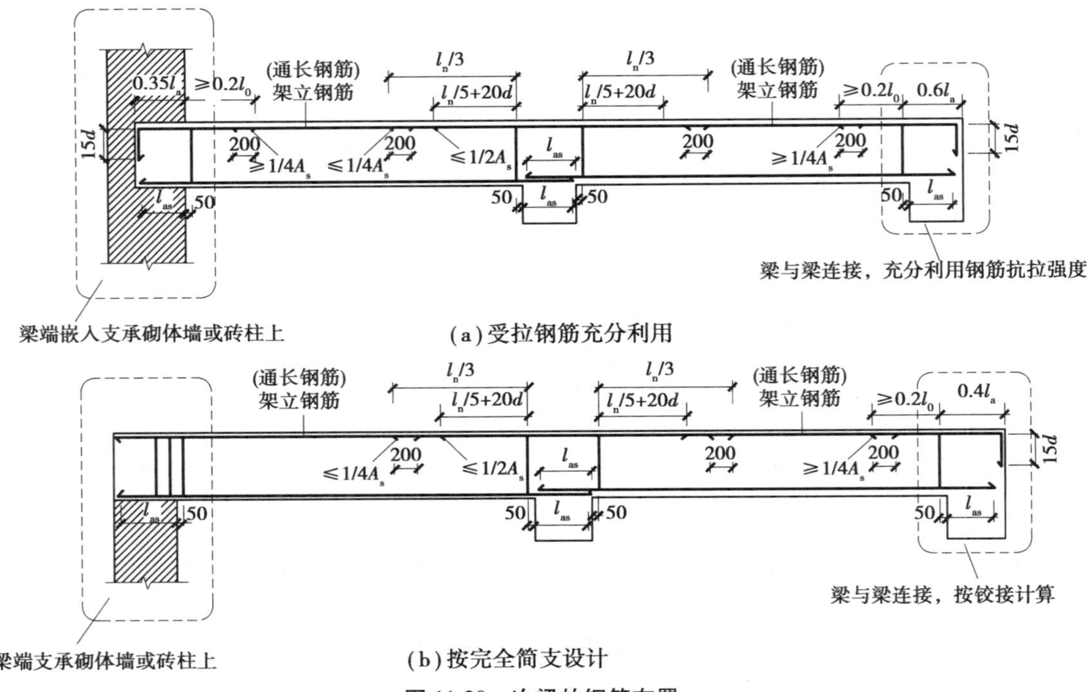

图 11.20 次梁的钢筋布置

3）主梁的计算与构造要点

①主梁除承受自重之外，主要承受由次梁传来的集中荷载。为简化计算，主梁自重可折算成集中荷载，其作用点与次梁的作用位置相同。

②主梁是重要构件，通常按弹性理论计算，不考虑其塑性内力重分布。

③与次梁相同，主梁跨中截面按 T 形截面计算，支座截面按矩形截面计算。

④在主梁支座处，主梁与次梁截面的上部纵向钢筋相互交叉重叠，使主梁负筋位置下移，梁的有效高度减小。所以在计算主梁支座截面负筋时，截面有效高度 h_0（如图 11.21所示）应取值如下：

单排筋 $h_0=h-(50\sim60)$ mm；

双排筋 $h_0=h-(70\sim80)$ mm；

⑤主梁的受力钢筋的弯起和切断原则上应按弯矩包络图确定。

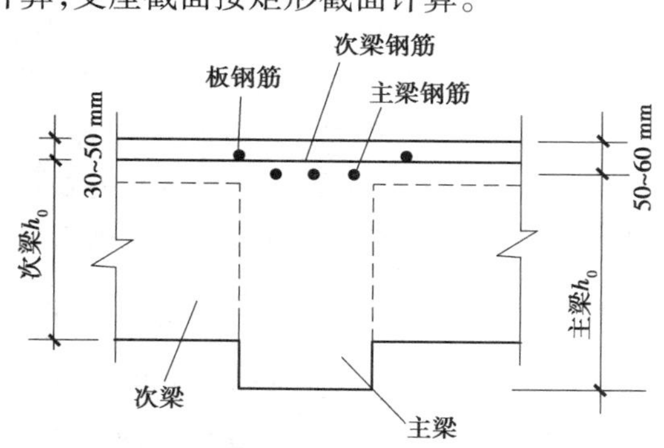

图 11.21　主梁支座截面纵筋位置

⑥在次梁与主梁相交处，次梁顶部在其负弯矩作用下产生裂缝，集中荷载只能通过次梁的受压区传至主梁的腹部。这种效应约在集中荷载作用点两侧各 0.5～0.6 倍梁高范围内，可引起主拉破坏斜裂缝。为防止这种破坏，主梁应在次梁两侧位置设置附加横向钢筋，位于主梁下部或主梁截面高度范围内的集中荷载应全部由附加横向钢筋来承担。

附加横向钢筋应布置在长度为 $S=2h_1+3b$ 的范围内，见图 11.22。附加横向钢筋可采用附加箍筋和吊筋，且宜优先采用附加箍筋。附加箍筋和吊筋的总截面面积按式 11.14 计算：

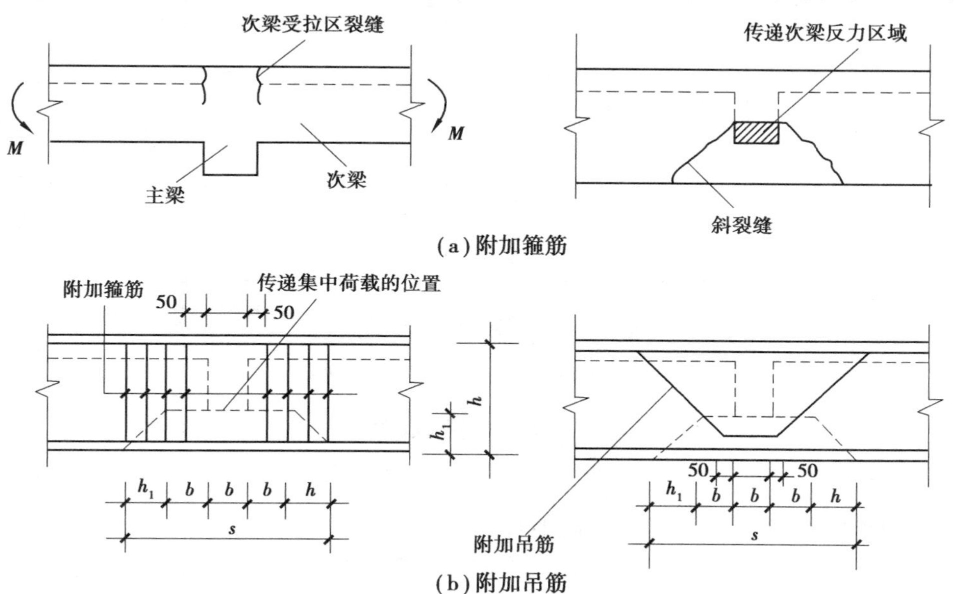

图 11.22　梁截面高度范围内有集中荷载作用时，附加横向钢筋的布置

$$F_l \leqslant 2f_yA_{sb}\sin\alpha + m\cdot nf_{yv}A_{sv1} \tag{11.14}$$

式中　F——作用在梁的下部或梁截面高度范围内的集中力设计值；

f_y——吊筋的抗拉强度设计值；

f_{yv}——附加箍筋的抗拉强度设计值；

A_{sb}——一根吊筋的截面面积；

A_{sv1}——单肢箍筋的截面面积；

m——附加箍筋的排数；

n——在同一截面内，附加箍筋的肢数；

α——附加横向钢筋与梁轴线间的夹角。

⑦主梁高度往往较大，其腹板高度 h_w 往往大于 450 mm，需要在梁两侧设置防裂构造钢筋，如图 11.33 的 6 号钢筋。每侧纵向构造钢筋的间距不宜大于 200 mm，截面面积不宜小于腹板截面面积（bh_w）的0.1%，但当梁的宽度较大时，可以适当放松。

11.2.6 整体式单向板肋梁楼盖设计例题

某多层仓库的建筑柱网平面如图 11.23 所示，柱截面尺寸为 400 mm×400 mm，环境类别为一类，楼梯设置在旁边的附属房屋内。楼面均布可变荷载标准值为 6.5 kN/m²，楼盖拟采用现浇钢筋混凝土单向板肋梁楼盖。试对板、次梁和主梁进行设计。其中，板、次梁按考虑塑性内力重分布设计，主梁按弹性理论设计（柱与主梁的连接处近似按铰接处理）。

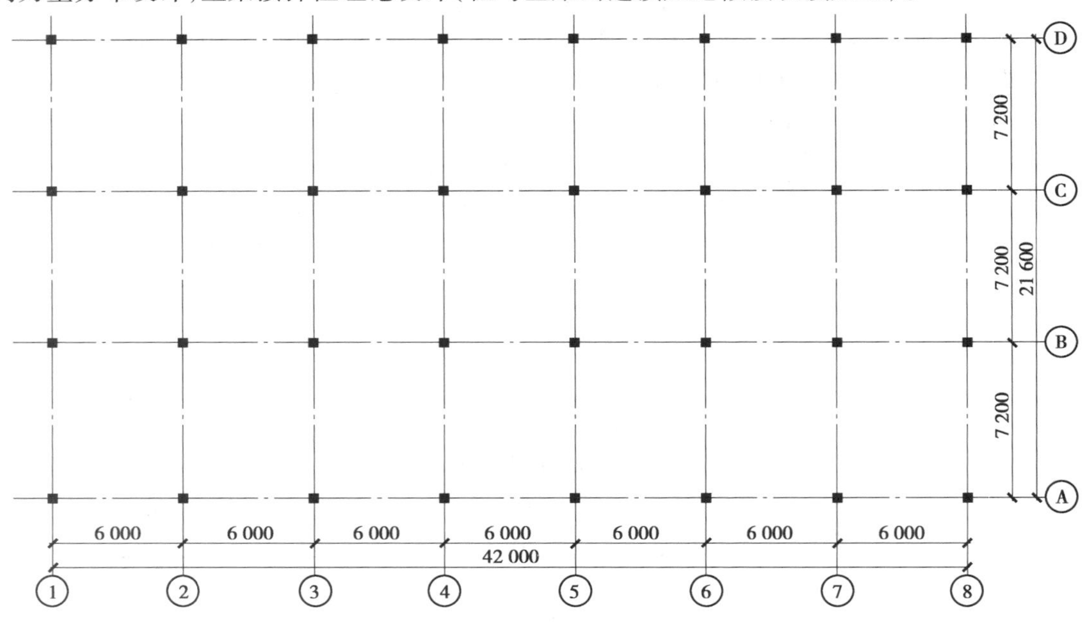

图 11.23 建筑柱网平面（单位：mm）

1）设计资料

①楼面做法：参考西南 11J312《楼地面》，建筑面层做法从上到下为：普通地砖面层；20 mm厚 1∶2 干硬性砂浆结合层；20 mm 厚 1∶3 水泥砂浆找平层；水泥浆结合层。建筑面层荷载为 1.09 kN/m²。结构板下混合砂浆抹灰厚度 20 mm。结构板下考虑 0.5 kN/m² 设备管道及吊顶重量。

②材料：混凝土强度等级 C30；主梁、次梁、板受力纵筋采用 HRB400 级钢筋，其余采用

HPB300 级钢筋。

2）楼盖的结构平面布置

主梁沿横向布置，次梁沿纵向布置。主梁跨度为 7 200 mm，次梁跨度为 6 000 mm，主梁每跨内布置两根次梁，板的跨度为 7 200/3＝2 400 mm，$l_{02}/l_{01}=6\ 000/2\ 400=2.5$，可按单向板设计，但应适当增加沿长跨方向的分布钢筋，以承担长跨方向的弯矩。

按照跨高比条件和仓库建筑对楼板的要求，板厚 $h_{min}=\max(70,2\ 400/30)\ mm=80\ mm$，取 80 mm；

次梁截面尺寸初拟：按常用次梁跨高比初步确定次梁截面高度，再由梁高初步确定梁宽。

$h=l_0/18\sim l_0/12=6\ 000/18\sim 6\ 000/12=333\sim 500$ mm，考虑到楼面可变荷载比较大，取 $h=500$ mm；次梁截面宽度，$b=500/4\sim 500/2=125\sim 250$ mm，取 $b=200$ mm。

主梁截面尺寸预估：按常用主梁跨高比初步确定主梁截面高度，再由梁高初步确定梁宽。$h=l_0/18\sim l_0/10=7\ 200/18\sim 7\ 200/10=400\sim 720$ mm，考虑到楼面可变荷载比较大，取 $h=700$ mm；主梁截面宽度，$b=700/4\sim 700/2=175\sim 350$ mm，取 $b=300$ mm。

楼盖结构平面布置图如图 11.24 所示。

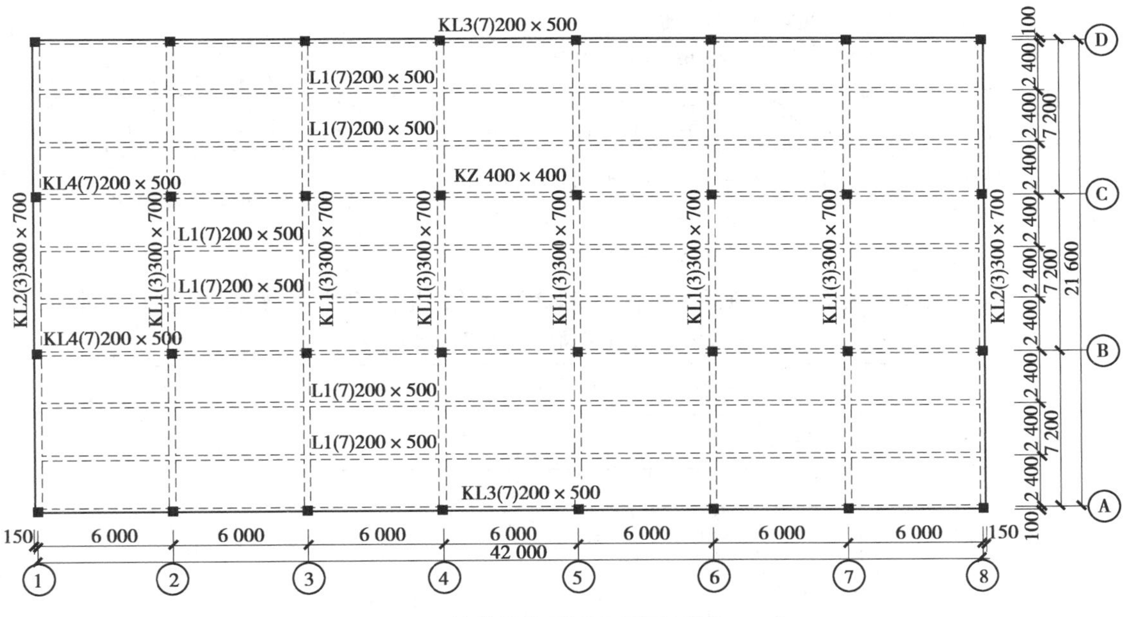

图 11.24　楼盖结构平面布置图（单位：mm）

构件编号由代号和序号组成，相同的构件可以用一个编号。结构平面布置图上的柱、主梁（框架梁）、次梁、板的代号分别用“KZ”“KL”“L”和“B”表示，主、次梁的跨数写在括号内。

3）板的设计

（1）荷载

查《建筑结构荷载规范》（以下简称“荷载规范”），钢筋混凝土容重取 25 kN/m³，混合砂浆容重取 19 kN/m³。

板的永久荷载标准值：

建筑面层	1.09 kN/m²(参考西南 11J312《楼地面》)
80 mm 钢筋混凝土板	0.08×25＝2.0 kN/m²
20 mm 混合砂浆	0.02×19＝0.38 kN/m²
吊顶及设备管道	0.50 kN/m²
小计:	1.09+2.0+0.38+0.50＝3.97 kN/m²,取 4.0 kN/m²
板的可变荷载标准值	6.5 kN/m²

根据“建筑结构可靠性设计统一标准”,永久荷载分项系数取 1.3;可变荷载分项系数应取 1.5。板的荷载设计值如下:

永久荷载设计值:$g=4.0\times1.3=5.2\ \text{kN/m}^2$

可变荷载设计值:$q=6.5\times1.5=9.75\ \text{kN/m}^2$

荷载总设计值:$g+q=5.2+9.75=14.95\ \text{kN/m}^2$

取 1 m 宽板带作为计算单元,其线荷载为 14.95×1＝14.95 kN/m

(2)计算简图

按塑性内力重分布设计,次梁截面为 200 mm×500 mm,由于该结构采用钢筋混凝土现浇,因此计算跨度取净跨,板的计算跨度为:

边跨:$l_{01}=l_n=2\ 400-200/2-200/2=2\ 200$ mm

中间跨:$l_{02}=l_n=2\ 400-200=2\ 200$ mm

楼面板为等跨连续板且多于 5 跨,取 5 跨,按等跨连续板计算。取 1 m 宽板带作为计算单元,计算简图如图 11.25 所示。

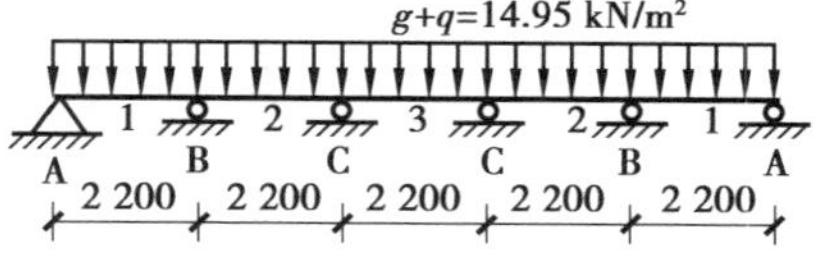

图 11.25　板的计算简图

(3)弯矩设计值

不考虑板拱作用截面弯矩的折减。由表 11.1 可查得,板的弯矩系数 α_m 如表 11.5 所示。

表 11.5　板各截面弯矩计算系数 α_m

A 支座	第 1 跨跨中	B 支座	第 2、3 跨跨中	C 支座
-1/16	1/14	-1/11	1/16	-1/14

由公式 $M=\alpha_m(g+q)l_0^2$ 得:

$$M_A=-\frac{1}{16}\times14.95\times2.2^2=-4.52\ \text{kN}\cdot\text{m}$$

$$M_1=\frac{1}{14}\times14.95\times2.2^2=5.17\ \text{kN}\cdot\text{m}$$

$$M_B=-\frac{1}{11}\times14.95\times2.2^2=-6.58\ \text{kN}\cdot\text{m}$$

$$M_{2、3}=\frac{1}{16}\times14.95\times2.2^2=4.52\ \text{kN}\cdot\text{m}$$

$$M_C=-\frac{1}{14}\times14.95\times2.2^2=-5.17\ \text{kN}\cdot\text{m}$$

(4)正截面受弯承载力计算

环境类别为一类,C30 混凝土,板的最小保护层厚度 $c=15$ mm,则板的有效高度 $h_0=h-20=80-20=60$ mm;板宽 $b=1\ 000$ mm。C30 混凝土,$\alpha_1=1.0$,$f_c=14.3\ \text{N/mm}^2$,$f_t=1.43\ \text{N/mm}^2$;HRB400 钢筋,$f_y=360\ \text{N/mm}^2$。板的配筋计算过程如表 11.6 所示。

表 11.6　板的配筋计算

截　面	A	1	B	2、3	C
弯矩设计值(kN·m)	−4.52	5.17	−6.58	4.52	−5.17
$x=h_0-\sqrt{h_0^2-\dfrac{2M}{\alpha_1 f_c b}}$(mm)	5.52	6.36	8.23	5.52	6.36
$\xi=x/h_0$	0.092<0.35	0.106	0.137<0.35	0.092	0.106<0.35
计算配筋(mm²) $A_s=\dfrac{\alpha_1 f_c bx}{f_y}$	219.40	252.80	327.10	219.40	252.80
实际配筋(mm²)	⌀8@200 $A_s=251$	⌀6/8@150 $A_s=262$	⌀8@150 $A_s=335$	⌀8@200 $A_s=251$	⌀8@200 $A_s=251$

计算结果表明,支座截面的 ξ 均小于 0.35,符合塑性内力重分布的原则。

$$\rho_{\min}=\max\left(0.15\%,0.45\frac{f_t}{f_y}\right)=\max\left(0.15\%,0.45\times\frac{1.43}{360}\right)=\max(0.15\%,0.18\%)=0.18\%$$

$$\rho_{\min}\cdot\frac{h}{h_0}=0.18\%\cdot\frac{80}{60}=0.24\%$$

$\rho=A_s/bh_0=251/(60\times1\ 000)=0.42\%$,此值大于 $\rho_{\min}\cdot\dfrac{h}{h_0}=0.24\%$,满足最小配筋率的要求。

(5)板的配筋

①受力筋。实际配筋详见表 11.6。

②分布钢筋。选筋:Φ 6@ 200,实际每米板配筋面积 $A_s=141\ \text{mm}^2$,大于 $15\%\times335=50.3\ \text{mm}^2$,同时大于 $0.15\%\times1\ 000\times80=120\ \text{mm}^2$。

③与主梁垂直的附加负筋。按构造选筋⌀ 8@ 200,$A_s=251\ \text{mm}^2$,伸入板中的长度 $\geqslant l_0/4=2\ 200/4=550$ mm。

(6)绘制施工图

板的配筋采用分离式配筋,如图 11.26 所示。

4)次梁设计

次梁的计算采用塑性内力重分布的计算方法。根据本仓库楼盖的实际使用情况,当楼面梁的负荷范围较大时,负荷范围内仍有可能同时布满活荷载标准值,因此楼盖的次梁和主梁的可变荷载不考虑梁从属面积的荷载折减。

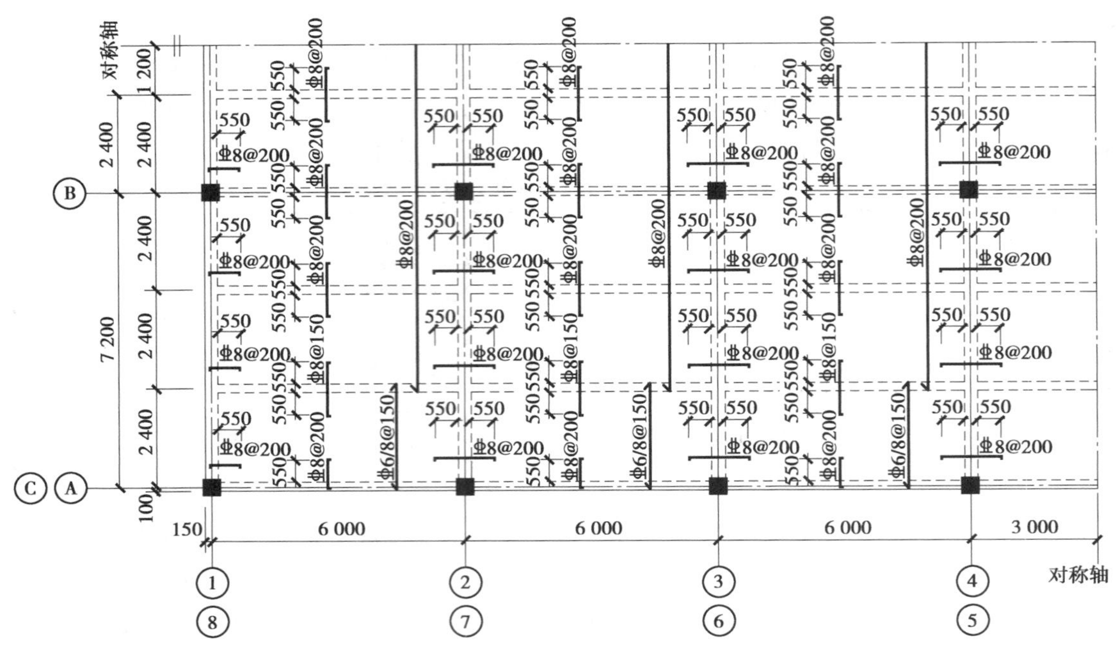

注：①本楼盖板厚为80 mm;

②本楼盖未注明的分布钢筋均为φ6@200;

③凡未注明定位的梁均以轴线为中心线；

④本楼盖未标明配筋的总分，按图中对称轴位置对称布置。

图 11.26 板配筋图

(1)荷载设计值

永久性荷载设计值：

板传来永久荷载	$5.2 \times 2.4 = 12.48$ kN/m
次梁自重	$0.2 \times (0.5-0.08) \times 25 \times 1.3 = 2.73$ kN/m
次梁粉刷	$0.02 \times (0.5-0.08) \times 2 \times 19 \times 1.3 = 0.41$ kN/m
小计：	$g = 12.48+2.73+0.41 = 15.62$ kN/m
可变荷载设计值	$q = 9.75 \times 2.4 = 23.40$ kN/m
荷载总设计值	$g+q = 15.62+23.40 = 39.02$ kN/m

(2)计算简图

按塑性内力重分布设计。主梁的截面尺寸为 300 mm×700 mm,次梁计算跨度如下：

边跨 $l_{01} = l_n = 6\ 000-300/2-300/2 = 5\ 700$ mm

中间跨 $l_{02} = l_n = 6\ 000-300 = 5\ 700$ mm

次梁为等跨连续梁且多于 5 跨,取 5 跨,其计算简图如图 11.27 所示。

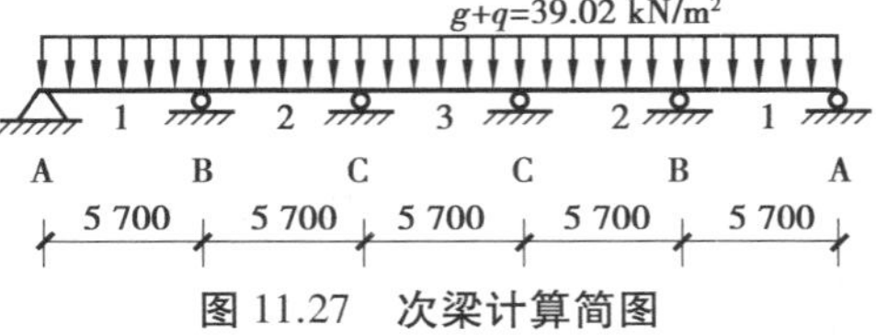

图 11.27 次梁计算简图

(3)次梁内力计算

查表 11.1 与表 11.3 可得到次梁各截面弯矩计算系数和剪力计算系数如表 11.7 所示。

表 11.7 次梁各截面弯矩计算系数和剪力计算系数

α_m						α_v				
A 支座	边跨跨中	B 支座	第二跨跨中	C 支座	中间跨跨中	A_{in}	B_{ex}	B_{in}	C_{ex}	C_{in}
-1/24	1/14	-1/11	1/16	-1/14	1/16	0.50	0.55	0.55	0.55	0.55

弯矩设计值：

$$M_A = \alpha_m(g+q)l_{01}^2 = -\frac{1}{24} \times 39.02 \times 5.7^2 = -52.82 \text{ kN} \cdot \text{m}$$

$$M_1 = \alpha_m(g+q)l_{01}^2 = \frac{1}{14} \times 39.02 \times 5.7^2 = 90.55 \text{ kN} \cdot \text{m}$$

$$M_B = \alpha_m(g+q)l_{01}^2 = -\frac{1}{11} \times 39.02 \times 5.7^2 = -115.25 \text{ kN} \cdot \text{m}$$

$$M_2 = M_3 = \alpha_m(g+q)l_{02}^2 = \frac{1}{16} \times 39.02 \times 5.7^2 = 79.23 \text{ kN} \cdot \text{m}$$

$$M_C = \alpha_m(g+q)l_{02}^2 = -\frac{1}{14} \times 39.02 \times 5.7^2 = -90.55 \text{ kN} \cdot \text{m}$$

剪力设计值：

$$V_A = \alpha_V(g+q)l_{n1} = 0.5 \times 39.02 \times 5.7 = 111.21 \text{ kN}$$

$$V_{Bl} = \alpha_V(g+q)l_{n1} = 0.55 \times 39.02 \times 5.7 = 122.33 \text{ kN}$$

$$V_{Br} = V_C = \alpha_V(g+q)l_{n2} = 0.55 \times 39.02 \times 5.7 = 122.33 \text{ kN}$$

(4)次梁承载力计算

①正截面受弯承载力计算。

正截面受弯承载力计算时，支座截面按矩形截面计算，跨中截面按 T 形截面计算，翼缘宽度取 $b_f' = l/3 = 6\ 000/3 = 2\ 000$ mm，$b_f' = b + S_n = 200 + 2\ 200 = 2\ 400$ mm，$b + 12h_f' = 200 + 12 \times 80 = 1\ 160$ mm三者的较小值，故取 $b_f' = 1\ 160$ mm。考虑到支座 B 截面及 2、3 跨跨中弯矩较大，其纵向钢筋按两排布置，其余截面纵向钢筋均布置在一排。

环境类别为一类，C30 混凝土，次梁的最小保护层厚度 $c = 20$ mm，布置一排纵向钢筋时取 $h_0 = 460$ mm，布置两排纵向钢筋时取 $h_0 = 435$ mm。

C30 混凝土，$\alpha_1 = 1.0$，$\beta_c = 1.0$，$f_c = 14.3$ N/mm²，$f_t = 1.43$ N/mm²；纵向钢筋采用 HRB400 级钢筋，$f_y = 360$ N/mm²，正截面承载力计算过程列于表 11.8。

由 $\overline{M} = \alpha_1 f_c b_f' h_f' \left(h_0 - \frac{h_f'}{2}\right) = 1 \times 14.3 \times 1\ 160 \times 80 \times (435 - 40) = 524\ 180\ 800 \text{ N} \cdot \text{mm} = 524.18 \text{ kN} \cdot \text{m}$ 可知，次梁跨内各截面弯矩设计值均小于 $\overline{M}$，均属于第一类 T 形截面。

表 11.8　次梁正截面受弯承载力计算

截　面	A	1	B	2、3	C
弯矩设计值(kN · m)	−52.82	90.55	−115.25	79.23	−90.55
$x=h_0-\sqrt{h_0^2-\frac{2M}{\alpha_1 f_c b}}$或 $x=h_0-\sqrt{h_0^2-\frac{2M}{\alpha_1 f_c b_f'}}$(mm)	42.07	12.02	105.41	10.50	74.93
$\xi=x/h_0$	0.091<0.35	0.026	0.242<0.35	0.023	0.163<0.35
$A_s=\frac{\alpha_1 f_c bx}{f_y}$或 $A_s=\frac{\alpha_1 f_c b_f' x}{f_y}$(mm^2)	334.25	554.04	837.41	512.49	595.28
选配钢筋(mm^2)	2⌀16 $A_s=402$	3⌀16 $A_s=603$	3⌀16+2⌀14 $A_s=911$	2⌀14+1⌀16 $A_s=509$	3⌀16 $A_s=603$

计算结果表明,支座截面的 ξ 均小于 0.35,符合塑性内力重分布的原则。

$$\rho_{min}=\max\left(0.2\%,0.45\frac{f_t}{f_y}\right)=\max\left(0.2\%,0.45\times\frac{1.43}{360}\right)=\max(0.2\%,0.18\%)=0.2\%$$

$$\rho_{min}\cdot\frac{h}{h_0}=0.2\%\times\frac{500}{460}=0.22\%$$

$\rho=A_s/(bh_0)=402/(200\times460)=0.44\%$,此值大于 $\rho_{min}\cdot\frac{h}{h_0}=0.22\%$,满足最小配筋率的要求。

②次梁斜截面受剪承载力计算。

次梁斜截面受剪承载力计算包括:截面尺寸的复核、腹筋计算和最小配箍率的验算。由于各控制截面的剪力设计值相差不大,因此取剪力最大截面进行抗剪设计。

a.验算截面尺寸:$h_w=h_0-h_f'=435-80=355$ mm

因 $h_w/b=355/200=1.8<4$,$0.25\beta_c f_c bh_0=0.25\times1\times14.3\times200\times435=311.03$ kN $>V_{max}=122.33$ kN,故截面尺寸满足要求。

b.验算是否需要计算配箍:

$0.7f_t bh_0=0.7\times1.43\times200\times435=87\ 087$ N $=87.09$ kN $<V_B=122.33$ kN,应按计算配置箍筋。

c.计算配箍:

采用 ϕ6 双肢箍筋,计算剪力最大的 B 支座截面。由 $V_{cs}=0.7f_t bh_0+f_{yv}\frac{A_{sv}}{s}h_0$,得

$$s=\frac{f_{yv}A_{sv}h_0}{V_{Bl}-0.7f_t bh_0}=\frac{270\times56.6\times435}{122.33\times10^3-0.7\times1.43\times200\times435}=188.6\ \text{mm}$$

调幅后受剪承载力应加强,将梁局部范围内计算的箍筋面积增加 20%或将箍筋间距减小

20%。现调整箍筋间距为 $s=0.8\times188.6$ mm $=150.9$ mm,对于截面高度为 300~500 mm 的梁,最大箍筋间距为 200 mm。最后,取箍筋间距为 $s=150$ mm。为方便施工,箍筋间距沿梁长不变。

弯矩调幅时要求的配箍率下限为:$0.3f_t/f_{yv}=0.3\times1.43/270=0.16\%$,实际配箍率:$\rho_{sv}=\dfrac{nA_{sv1}}{bs}=\dfrac{2\times28.3}{200\times150}=0.19\%>0.16\%$,满足要求。

(5)绘制施工图

次梁支座截面上部钢筋的第一批切断:

B 支座 2 ⌀ 14 及 C 支座 1 ⌀ 16;切断点要求离支座边 $l_n/5+20d=5\ 700/5+20\times16=1\ 460$ mm,取 1 500 mm;切断面积比:308/911 = 0.34, 201/603 = 0.33,均小于 0.5,满足切断面积小于总面积 1/2 的要求。

第二批切断:

B 支座 1 ⌀ 16,离支座边 $l_n/3=5\ 700/3=1\ 900$ mm。切断面积比:201/911 = 0.22,满足切断面积小于总面积 1/4 的要求,剩余 2 ⌀ 16 兼做架立筋。

端支座上部钢筋深入梁长度 $0.4l_a=0.4\times0.14\times(360/1.43)\times16=226$ mm,取 250 mm。下部纵向钢筋在中间支座的锚固长度 $l_{as}\geqslant12d=12\times16=192$ mm,取 200 mm。次梁配筋如图 11.28所示。

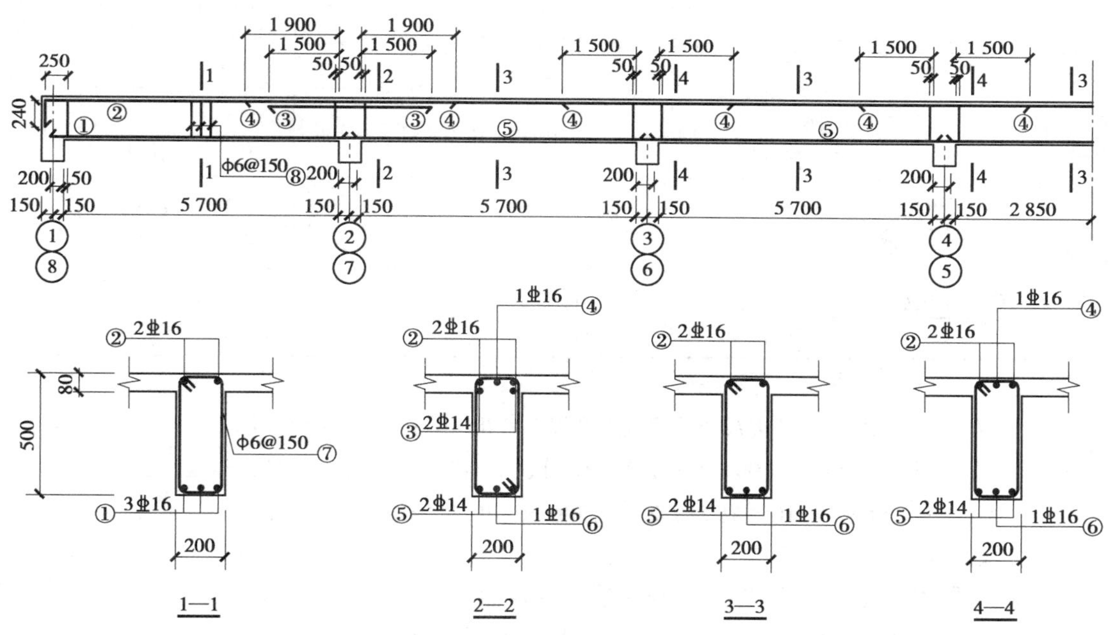

图 11.28　次梁配筋图

5) 主梁设计

主梁属重要构件,应有较大的安全储备,采用弹性方法设计。

(1)荷载设计值

为简化计算,将主梁自重等效为集中荷载。

次梁传来的永久荷载	$15.62\times6.0=93.72$ kN
主梁自重(不含粉刷)	$(0.7-0.08)\times0.3\times2.4\times25\times1.3=14.51$ kN
主梁粉刷	$0.02\times(0.7-0.08)\times2\times2.4\times19\times1.3=1.47$ kN
总计:	$G=93.72+14.51+1.49=109.72$ kN
可变荷载设计值	$Q=23.4\times6.0=140.4$ kN

(2)主梁计算简图

本例主梁与柱连接处节点近似按铰接情况考虑,竖向荷载下主梁内力近似按连续梁计算,按弹性理论设计,计算跨度取支承中心线之间的距离,即 $l_0=7\ 200$ mm。主梁的计算简图以只布置恒荷载为例,如图11.29所示。其他情况见后述。

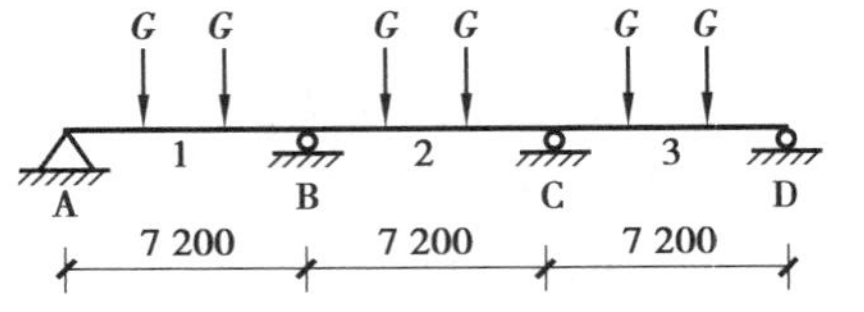

图 11.29 主梁计算简图(只布置恒荷载)

(3)主梁内力计算

①弯矩设计值计算。

弯矩 $M=k_1Gl_0+k_2Ql_0$,式中系数 k_1、k_2 由附表 5.2 相应栏查得,根据不同的荷载布置情况,查得 k_1 与 k_2 的数据如表 11.9 所示。

表 11.9 不同荷载布置情况下的弯矩与剪力系数值

荷载图	跨内最大弯矩		支座弯矩		剪力			
	M_1	M_2	M_B	M_C	V_A	V_{Bl} V_{Br}	V_{cl} V_{cr}	V_D
G G G G G G	0.244	0.067	−0.267	−0.267	0.733	−1.267 1.000	−1.000 1.267	−0.733
Q Q Q Q	0.289	—	−0.133	−0.133	0.866	−1.134 0	0 1.134	−0.866
Q Q	—	0.200	−0.133	−0.133	−0.133	−0.133 1.000	−1.000 0.133	0.133
Q Q Q Q	0.229	0.170	−0.311	−0.089	0.689	−1.311 1.222	−0.778 0.089	0.089

$$M_{1,\max}=0.244\times109.72\times7.2+0.289\times140.40\times7.2=484.90\ \text{kN}\cdot\text{m}$$

$$M_{B,\max}=-0.267\times109.72\times7.2-0.311\times140.40\times7.2=-525.31\ \text{kN}\cdot\text{m}$$

$$M_{2,\max}=0.067\times109.72\times7.2+0.200\times140.40\times7.2=255.10\ \text{kN}\cdot\text{m}$$

②主梁剪力设计值计算。

主梁剪力设计值 $V=k_3G+k_4Q$,式中系数 k_3、k_4 可由表 11.9 相应栏查得。

$$V_{A,\max}=0.733\times109.72+0.866\times140.40=202.01\ \text{kN}$$

$$V_{Bl,\max}=-1.267\times109.72-1.311\times140.40=-323.08\ \text{kN}$$

$$V_{Br,\max}=1\times109.72+1.222\times140.40=281.29\ \text{kN}$$

③画弯矩包络图。

A:只有恒荷载作用下(表 11.10 内荷载布置情况 A):

$$M_B=M_C=-0.267\times109.72\times7.2=-210.93\ \text{kN}\cdot\text{m}$$

因为受力对称,所以第一、三跨两集中荷载处内力计算:

$$\frac{1}{3}Gl_0 + \frac{1}{3}M_B = \frac{1}{3} \times 109.72 \times 7.2 - \frac{1}{3} \times 210.93 = 193.02 \text{ kN} \cdot \text{m}$$

$$\frac{1}{3}Gl_0 + \frac{2}{3}M_B = \frac{1}{3} \times 109.72 \times 7.2 - \frac{2}{3} \times 210.93 = 122.71 \text{ kN} \cdot \text{m}$$

第二跨内力计算:$\frac{1}{3}Gl_0+M_B=\frac{1}{3}\times109.72\times7.2-210.93=52.40 \text{ kN} \cdot \text{m}$

B:活荷载布置情况一:

$$M_B = M_C = -0.133 \times 140.40 \times 7.2 = -134.45 \text{ kN} \cdot \text{m}$$

对于一、三跨两集中荷载受力处内力计算:

$$\frac{1}{3}Ql_0 + \frac{1}{3}M_B = \frac{1}{3} \times 140.40 \times 7.2 - \frac{1}{3} \times 134.45 = 292.14 \text{ kN} \cdot \text{m}$$

$$\frac{1}{3}Ql_0 + \frac{2}{3}M_B = \frac{1}{3} \times 140.40 \times 7.2 - \frac{2}{3} \times 134.45 = 247.33 \text{ kN} \cdot \text{m}$$

其余情况的内力计算依此类推,具体计算结果如表 11.10 所示:

表 11.10

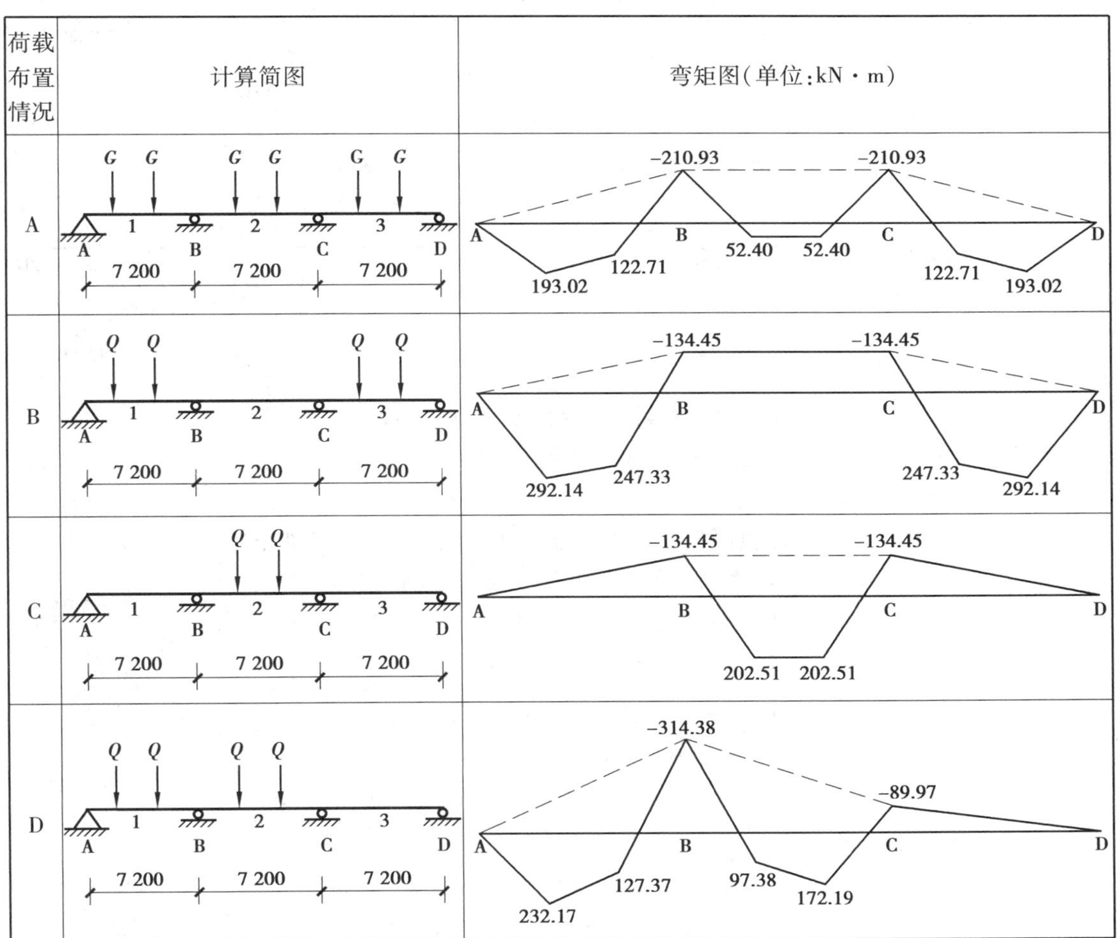

续表

荷载布置情况	计算简图	弯矩图(单位:kN·m)
E	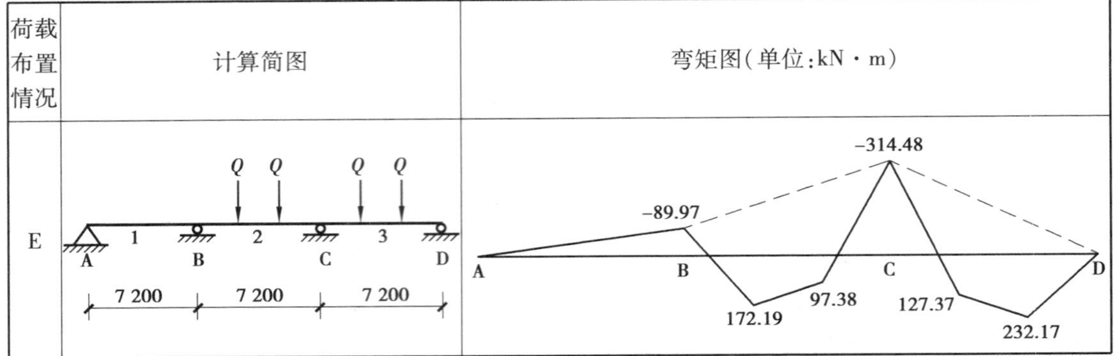	

A 与 B、C、D、E 两两组合,作如图 11.30 所示的图。

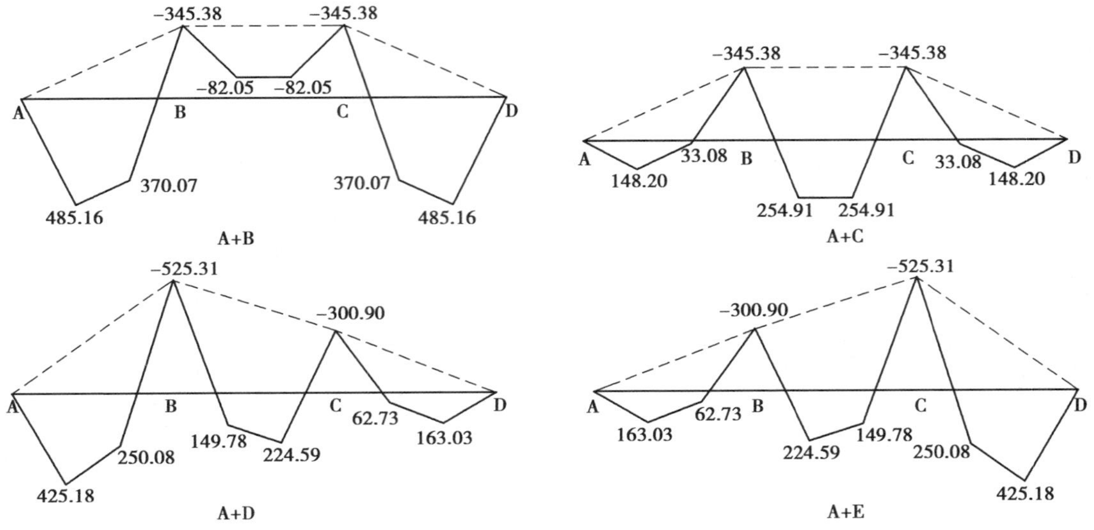

图 11.30　主梁恒载活载组合图(单位:kN·m)

最终叠加得到弯矩包络图,如图 11.31(a)所示。

④画剪力包络图。

A.只有恒荷载作用下:查表得各支座剪力系数值,带入公式计算如下

$$V_A = 0.733 \times 109.72 = 80.42 \text{ kN}$$

$$V_{Bl} =- 1.267 \times 109.72 =- 139.02 \text{ kN}$$

$$V_{Br} = 1 \times 109.72 = 109.72 \text{ kN}$$

$$V_{Cl} =- 1 \times 109.72 =- 109.72 \text{ kN}$$

$$V_{Cr} = 1.267 \times 109.72 = 139.02 \text{ kN}$$

$$V_D =- 0.733 \times 109.72 =- 80.42 \text{ kN}$$

B:活荷载布置情况一:

$$V_A = 0.866 \times 140.40 = 121.59 \text{ kN}$$

$$V_{Bl} =- 1.134 \times 140.40 =- 159.21 \text{ kN}$$

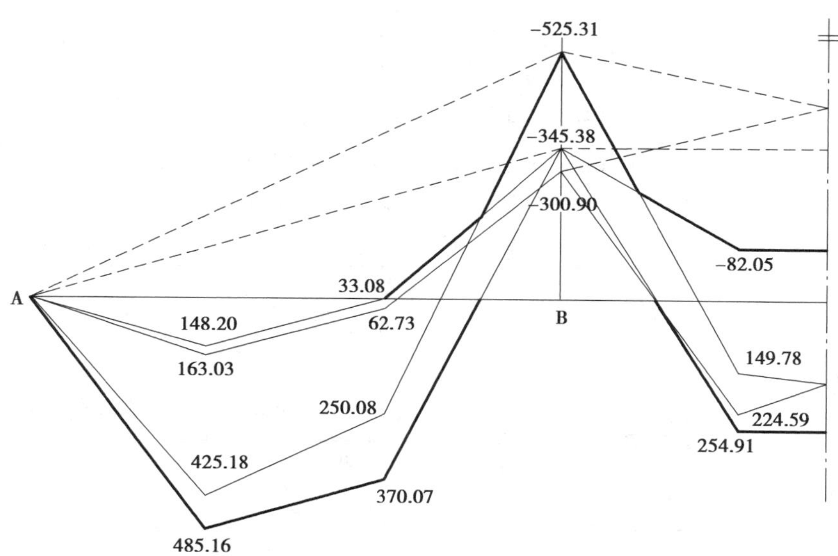

(a)弯矩包络图(单位:kN·m)

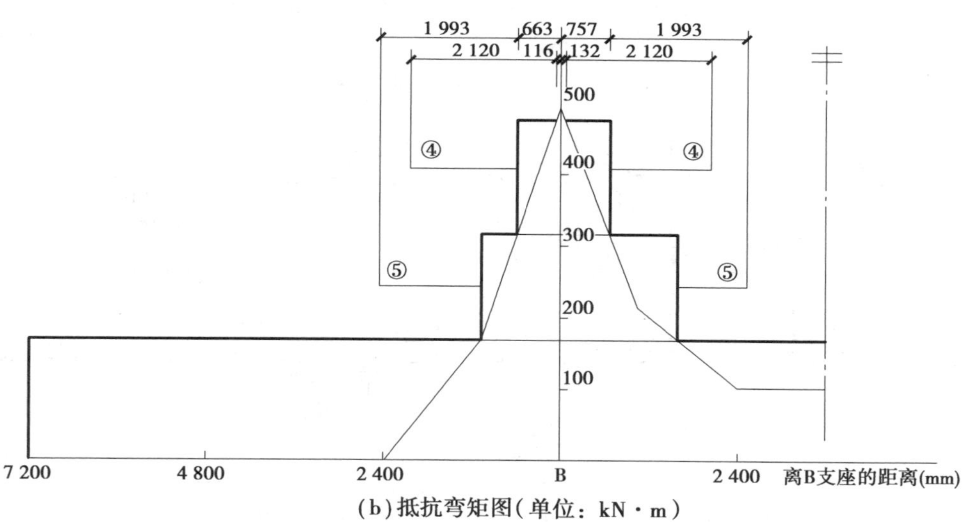

(b)抵抗弯矩图(单位:kN·m)

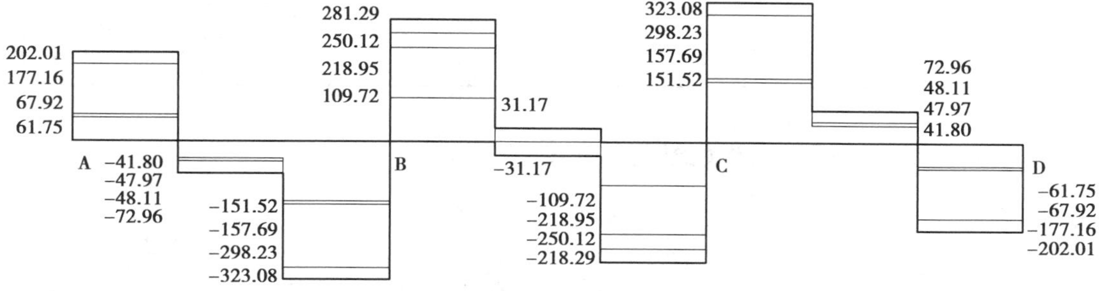

(c)剪力包络图(单位:kN·m)

图 11.31 主梁的弯矩包络图、抵抗弯矩图和剪力包络图

$$V_{Br} = 0$$

$$V_{Cl} = 0$$

$$V_{Cr} = 1.134 \times 140.40 = 159.21 \text{ kN}$$

$$V_D = -0.866 \times 140.40 = -121.59 \text{ kN}$$

其余情况的剪力计算依此类推,具体计算结果如表 11.11 所示。

表 11.11

荷载布置情况	剪力计算	剪力图(单位:kN)
A	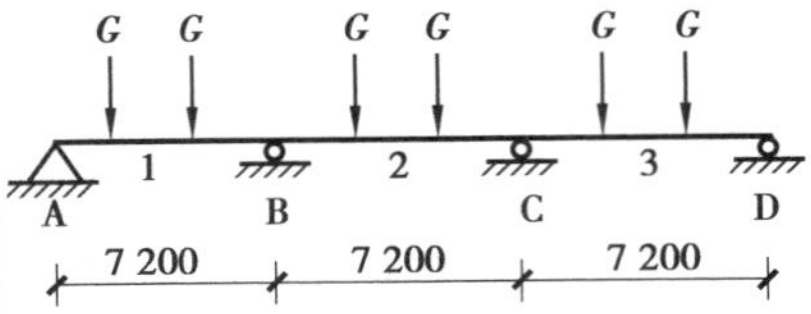 G G G G G G；A 1 B 2 C 3 D；7 200 7 200 7 200	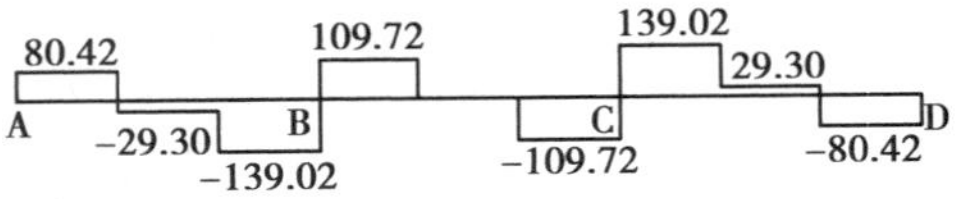 80.42, −29.30, −139.02, 109.72, −109.72, 139.02, 29.30, −80.42
B	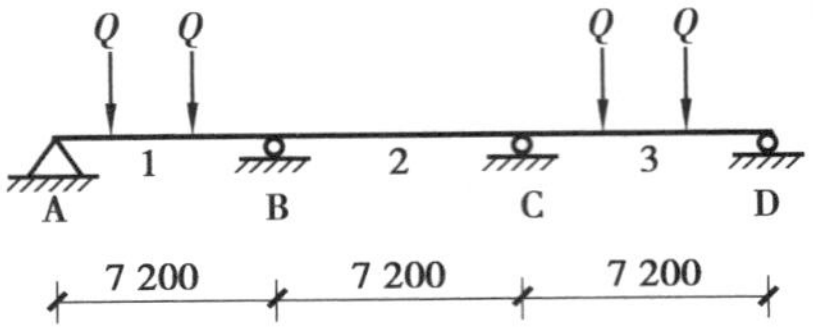 Q Q Q Q；A 1 B 2 C 3 D；7 200 7 200 7 200	 121.59, −18.81, −159.21, 159.21, 18.81, −121.59
C	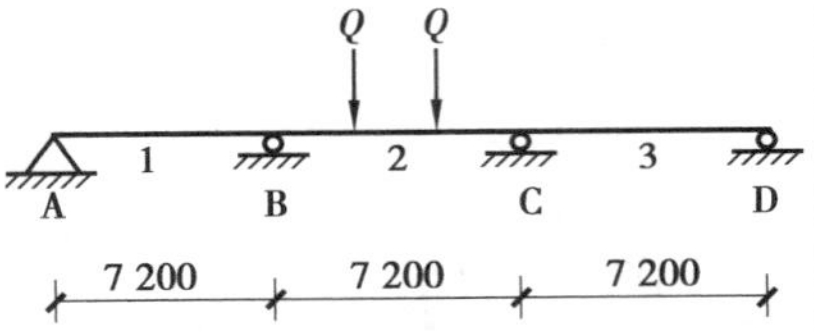 Q Q；A 1 B 2 C 3 D；7 200 7 200 7 200	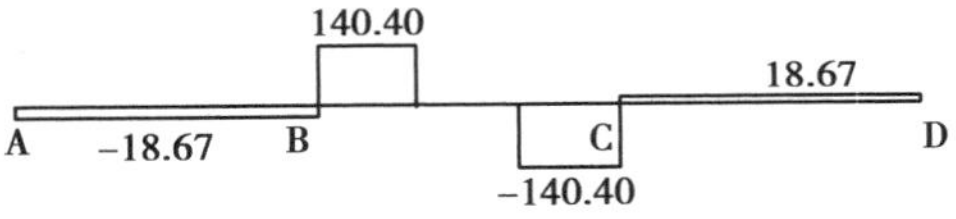 −18.67, 140.40, −140.40, 18.67
D	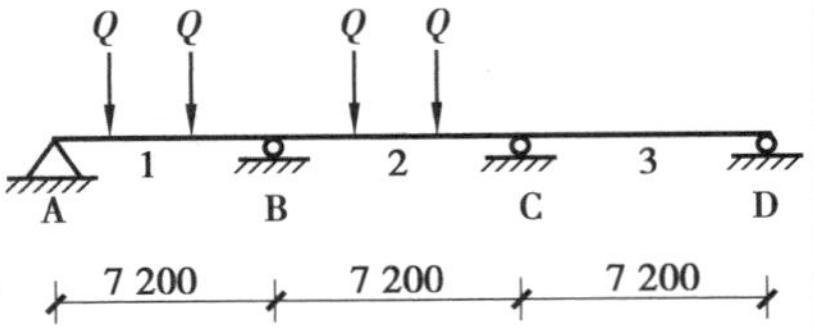 Q Q Q Q；A 1 B 2 C 3 D；7 200 7 200 7 200	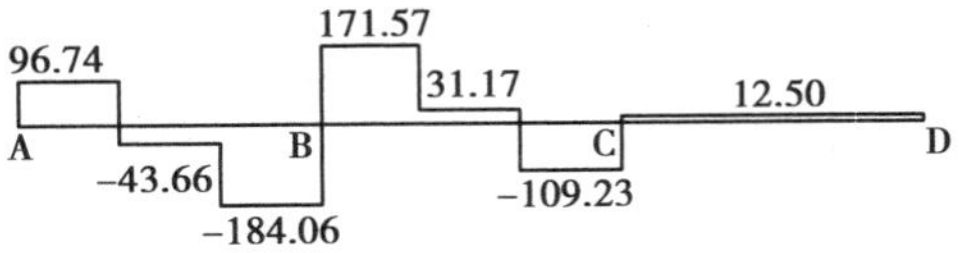 96.74, −43.66, −184.06, 171.57, 31.17, −109.23, 12.50
E	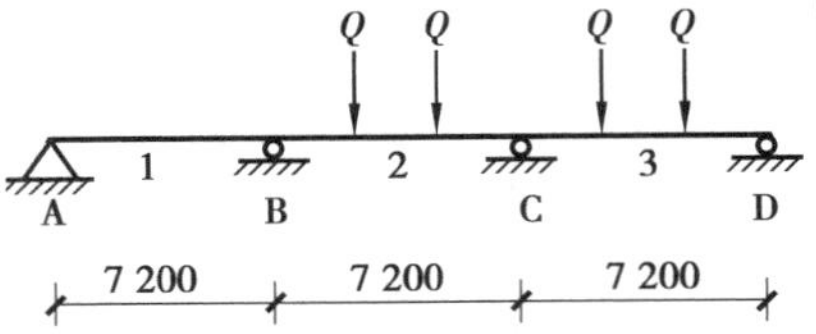 Q Q Q Q；A 1 B 2 C 3 D；7 200 7 200 7 200	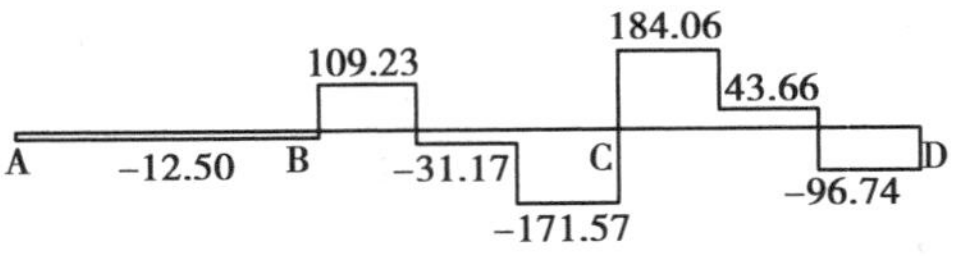 −12.50, 109.23, −31.17, −171.57, 184.06, 43.66, −96.74

A 与 B、C、D、E 两两组合,作如图 11.32 所示的图。

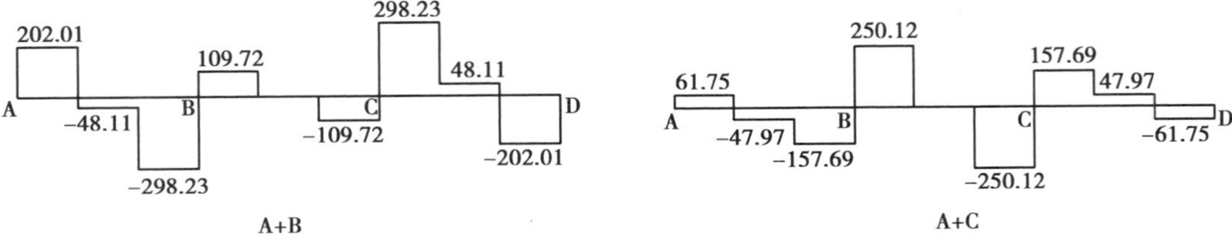

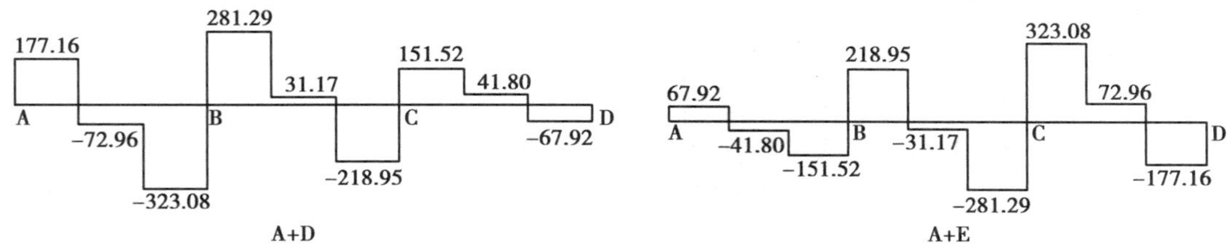

图 11.32 主梁剪力组合图(单位:kN)

最终叠加得到剪力包络图,如图 11.31(c)所示。

(4)主梁承载力计算

①正截面受弯承载力计算。

跨内按 T 形截面计算,因跨内设有间距小于主梁间距的次梁,翼缘计算宽度按 $l/3=7.2/3=2.4$ m 和 $b+S_n=6.0$ m 中较小值确定,取 $b_f'=2.4$ m。

主梁混凝土保护层的要求以及跨内截面有效高度的计算方法与次梁相同,支座截面因存在板、次梁、主梁上部钢筋的交叉重叠,其截面有效高度的取值方法有所不同,板混凝土保护层厚度 15 mm、板上部纵筋直径 8 mm、次梁上部纵筋直径 16 mm。假设主梁上部纵筋直径为 25 mm,则一排钢筋时 $h_0=700-15-8-16-25/2=648.5$ mm,取整 $h_0=650$ mm;二排钢筋时,$h_0=650-25=625$ mm。对跨中截面,一排钢筋时,$h_0=660$ mm;二排钢筋时,$h_0=635$ mm。

纵向受力钢筋除 B 支座截面为 2 排,其余均为 1 排。

$\overline{M}=\alpha_1 f_c b_f' h_f'\left(h_0-\dfrac{h_f'}{2}\right)=1\times14.3\times2\ 400\times80\times(625-40)=1\ 606.18$ kN·m,主梁跨内各截面弯矩设计值均小于$\overline{M}$,均属于第一类 T 形截面。

B 支座边的弯矩设计值:

$$M_B=M_{B,\max}-V_0 b/2=-525.31+(109.72+140.40)\times0.3/2=-487.79\ \text{kN}\cdot\text{m}$$

正截面受弯承载力的计算过程列于表 11.12。

表 11.12 主梁截面承载力计算

截 面	1	B	2	
弯矩设计值/(kN·m)	485.16	−487.79	254.91	−82.05
$x=h_0-\sqrt{h_0^2-\dfrac{2M}{\alpha_1 f_c b}}$ 或 $x=h_0-\sqrt{h_0^2-\dfrac{2M}{\alpha_1 f_c b_f'}}$ (mm)	22.67	221.00	11.35	29.64
$\xi=x/h_0$	0.036<0.518	0.35<0.518	0.017<0.518	0.045<0.518
$A_s=\dfrac{\alpha_1 f_c bx}{f_y}$ 或 $A_s=\dfrac{\alpha_1 f_c b_f' x}{f_y}$ (mm²)	2 160.88	2 633.57	1 082.16	353.26
选配钢筋(mm²)	2 ⏀ 25+3 ⏀ 22 $A_s=2\ 122$	4 ⏀ 25+2 ⏀ 22 $A_s=2\ 724$	3 ⏀ 22 $A_s=1\ 140$	2 ⏀ 25 $A_s=982$

主梁纵向钢筋的弯起和切断按照其弯矩包络图来确定。

②主梁斜截面受剪承载力

验算主梁截面尺寸：

$h_w = h_0 - h_f' = 625-80 = 545$ mm

$h_w / b = 545/300 = 1.82<4$ ，属厚腹梁，截面尺寸验算如下：

$0.25\beta_c f_c b h_0 = 0.25\times1\times14.3\times300\times625$ kN = 670.31 kN > V_{max} = 323.89 kN，截面尺寸满足要求。

计算所需腹筋：

采用Φ 10@ 150 双肢箍筋，$V_{cs} = 0.7f_t b h_0 + f_{yv}\dfrac{A_{sv}}{S}h_0 = 0.7\times1.43\times300\times625+270\times\dfrac{157}{150}\times625 =$ 364.31 kN>V_{max} = 323.08 kN故不需配置弯起钢筋。

验算最小配箍率：

$\rho_{sv} = \dfrac{A_{sv}}{bs} = \dfrac{157}{300\times150} = 0.35\% > 0.24\times\dfrac{1.43}{270} = 0.13\%$，满足要求。

次梁两侧附加横向钢筋的计算：

次梁传来的集中力 $F_1 = 93.72+140.40 = 234.12$ kN，$h_1 = 700-500 = 200$ mm，附加箍筋布置范围 $s = 2h_1+3b = 2\times200+3\times200 = 1\ 000$ mm，取附加箍筋Φ 10@ 150 双肢箍筋，次梁两侧各布置 3 排，200+50×2+150×2×2 = 900 mm<1 000 mm。由式$m\cdot n\cdot f_{yv}\cdot A_{sv1} = 6\times2\times270\times78.5 =$ 254.34 kN>F_l，满足要求。

因主梁的腹板高度大于 450 mm，需要在主梁两侧设置纵向构造钢筋，每侧纵向构造钢筋的截面面积不小于腹板面积的 0.1%，且间距不大于 200 mm。现每侧配置 2 ⌀ 12，则 226/(300×580)= 0.13%>0.1%，满足要求。

(5)绘制施工图

主梁纵向钢筋的弯起和切断需按弯矩包络图确定。底部纵向钢筋全部伸入支座，不配置弯起钢筋，所以仅需要确定 B 支座上部钢筋的切断点。

B 支座上部钢筋的切断点计算如下：

截取负弯矩的弯矩包络图如图 11.31(a)所示，按 B 支座的④、⑤号钢筋的钢筋面积确定各自抵抗的弯矩和各钢筋截断长度：

B 支座实配钢筋，4 ⌀ 25+2 ⌀ 22，有：

$$A_s = 2\ 724\ \text{mm}^2$$

$$M_{uB} = f_y A_s\left(h_0 - \frac{x}{2}\right) = 2\ 724\times360\times\left(625-\frac{221.0}{2}\right) = 504\ 539\ 280\ \text{N}\cdot\text{mm} = 504.5\ \text{kN}\cdot\text{m}$$

④号筋，2 ⌀ 25：

$$M = 982/2\ 724\times504.5 = 181.9\ \text{kN}\cdot\text{m}$$

钢筋的充分利用点和不需要点的位置可按几何关系求得，如图 11.31(b)所示。

伸出长度：$l>1.2l_a+1.7h_0 = 1.2\times0.14\times360\times25/1.43+\ 1.7\times625 = 2\ 120$ mm

延伸长度：$l>1.3h_0 = 1.3\times625 = 813$ *mm* 和 $20d = 20\times25 = 500$ mm

按第一个条件，截断长度等于 2 120 mm+116 mm = 2 236 mm；按第二个条件，截断长度等于 813 mm + 663 mm = 1 476 mm，因此由第一个条件控制，为方便施工，取截断长度为 2 250 mm。

⑤号筋：

$$2 \Phi 22: M = 760/2\ 724 \times 504.5 = 140.8 \text{ kN} \cdot \text{m}$$

伸出长度：$l>1.2l_a+1.7h_0=1.2\times0.14\times360\times22/1.43+1.7\times625=1\ 993$ mm

延伸长度：$l>1.3h_0=1.3\times625=813$ mm 和 $20d=20\times22=440$ mm。控制条件的计算及选取同上，同理，实际截断长度取 2 650 mm。

对于非抗震框架梁，钢筋锚固长度计算如下：

下部钢筋在中间支座的锚固长度：$\geqslant l_a=35d=35\times22=770$ mm，取 800 mm

下部钢筋在端支座处的锚固长度：

伸入支座$\geqslant0.4l_{ab}=0.4\times35\times22=308$ mm，取 300 mm

弯钩长度$=15d=15\times22=330$ mm，取 350 mm

上部钢筋在端部支座的锚固长度：

伸入支座$\geqslant0.4l_{ab}=0.4\times35\times25=350$ mm

弯钩长度$=15d=15\times25=375$，取 400 mm

主梁配筋图如图 11.33 所示。

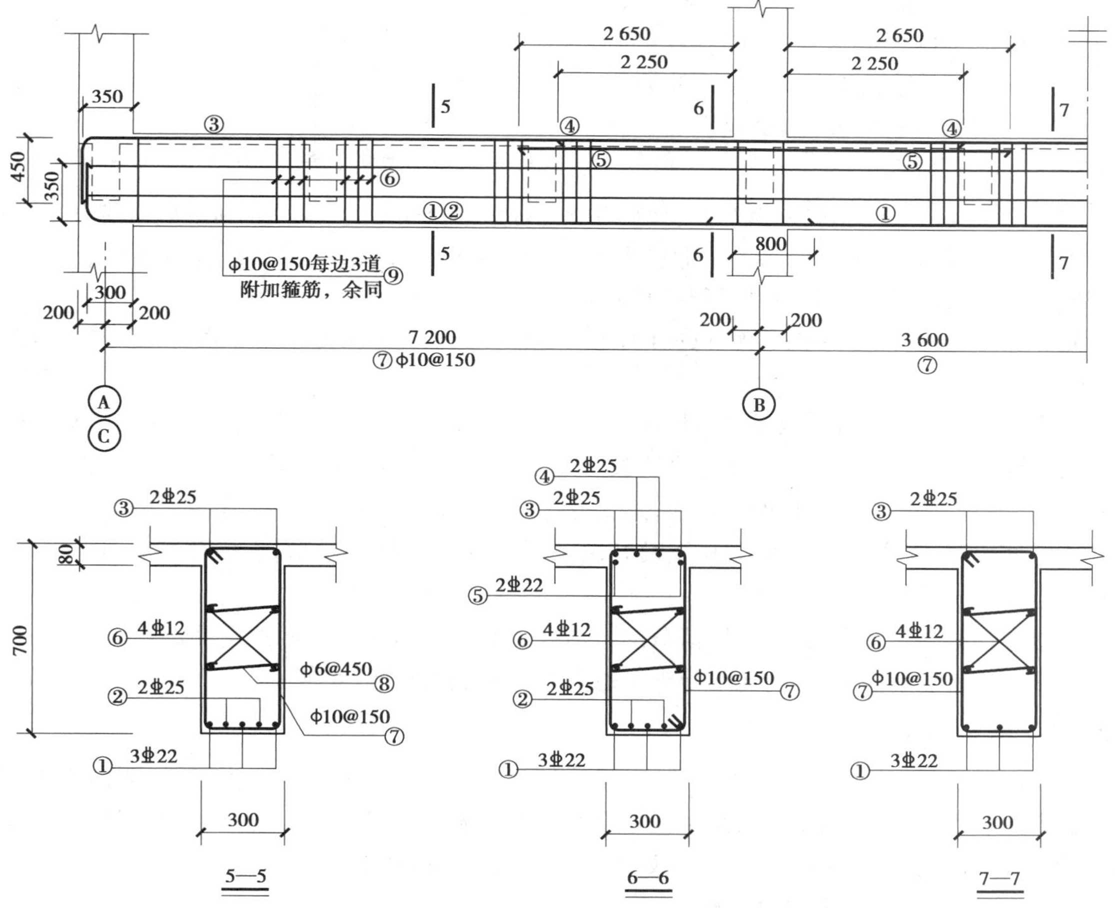

图 11.33　主梁配筋图

11.3 整体式双向板肋梁楼盖设计简介

1）双向板的受力特点

弹性薄板的内力分布主要取决于支承及嵌固条件、几何特征以及荷载性质等因素。

单边嵌固的悬臂板和两对边支承的板，不论其长短边尺寸的关系如何，都只在一个方向发生弯曲并产生内力，故称为单向板。对于四边支承板、三边支承板或相邻两边支承的板，都将沿两个方向发生弯曲并产生内力，故称为双向板。

四边简支的方板，在均布荷载作用下的试验结果表明，当荷载增加时，第一批裂缝出现在板底中间部分，随后沿着对角线的方向向四角扩展。当荷载增加到板接近破坏时，板面的四角附近也出现垂直于对角线方向而大体上呈圆形的裂缝。这种裂缝的出现，促使板对角线方向的裂缝进一步发展，最后跨中钢筋达到屈服，整个板即告破坏，如图 11.34（a）所示。

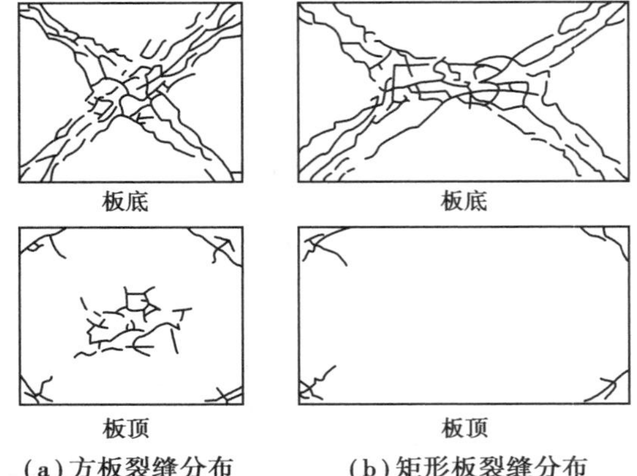

（a）方板裂缝分布　（b）矩形板裂缝分布

图 11.34　均布荷载作用下双向板的裂缝分布

对于四边简支的矩形板，在均布荷载作用下，第一批裂缝出现在板底中间平行于长边的方向。当荷载继续增加时，这些裂缝逐渐延长，并沿 45°角向四角扩展，板面的四角也开始破坏，最后使得整个板发生破坏，如图 11.34（b）所示。

不论是简支的正方形板还是矩形板，当受到荷载作用时，板的四角均有翘起的趋势。此外，板传给四边支座的压力，并不是沿边长均匀分布的，而是各边的中部较大，两端较小。

对于周边与梁整体连接的双向板，其受力特点与简支板类似，但由于周边梁的支承作用，在正常使用时，支座上部开裂，跨中下部开裂，板有效截面实际为拱形，板中存在穹顶作用，使板内弯矩大大减小。

板中钢筋的布置方向，对破坏荷载的数值并无影响。但平行于四边配筋的板，在第一批裂缝出现前所能承担的荷载，比平行于对角线方向配筋的板要大一些。

2）双向板计算要点

双向板的内力计算有两种方法：一种是弹性计算法，另一种是塑性计算法。双向板采用手算方法较为复杂，目前工程实用中基本采用计算机辅助设计。在工程实用中，可借助相关设计软件辅助设计，限于篇幅，本书此处不再详述双向板的手算算法。

（1）与梁整浇双向板内力折减

由于现浇板中存在穹顶作用，能使板内弯矩大大减小，因此，无论按弹性方法还是按塑性方法计算，都与单向板类似，板中弯矩值可以折减：

①中间区格的跨中截面及中间支座截面可减少 20%；

②边区格的跨中截面及由楼板边缘算起的第二个支座截面，当

$l_b/l<1.5$ 时，减少 20%；

$1.5 \leqslant l_b/l \leqslant 2$ 时，减少 10%；

$l_b/l>2$ 时，不折减。

式中　l_b——沿楼板边缘方向的计算跨度；

l——垂直于楼板边缘方向的计算跨度。

l_b，l 如图 11.35 示，l_b/l 越小，穹顶作用越大，弯矩减少越多。

③楼板的角区格不应折减。

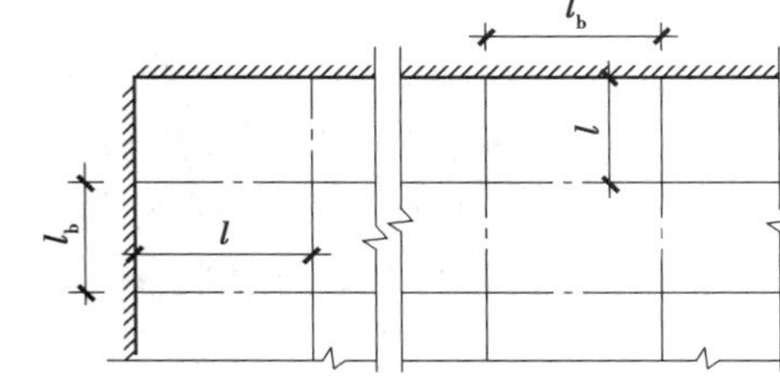

图 11.35　l_b/l 示意图

（2）截面的有效高度

双向板跨中钢筋的纵横叠置，考虑短跨方向的弯矩比长跨方向的大，应使沿短跨方向的钢筋有较大的有效高度，即短跨方向的底筋应放在板的外侧，纵横两个方向应分别取各自的有效高度：

短跨方向的有效高低　$h_0=h-20$ mm

长跨方向的有效高低　$h_0=h-30$ mm

式中　h——板厚度。

（3）钢筋配置

双向板的配筋形式和构造与单向板相似，有分离式和弯起式两种。

按弹性理论设计时，板的中间板带部分承受的弯矩大，而靠近边缘的板带，弯矩已减小很多，故可将整个板按纵横两个方向划分成两个宽为 $l/4$（l 为短跨）的边缘板带和各一个中间板带，如图 11.36 所示。在中间板带均匀地布置按最大正弯矩求得的板底钢筋，边缘板带内则减少一半。在支座处，板顶负钢筋要承受四角扭矩，钢筋应沿全支座宽度均匀布置，即按最大支座负弯矩求得的配筋，在边缘板带内不得减少。

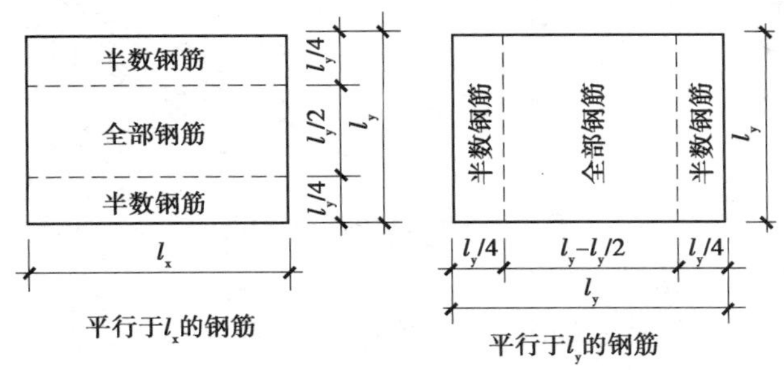

图 11.36　板带划分示意图

按塑性铰线法设计时，其配筋应符合内力计算的假定，跨中钢筋或全板均匀布置；或划分成中间及边缘板带后，分别按计算值的 100%和 50%均匀布置，跨中钢筋的全部或一部分伸入支座下部。支座上的负弯矩钢筋按计算值沿支座均匀布置。

沿墙边、墙角及板角内的构造钢筋与单向板要求相同。

11.4 楼梯

11.4.1 概述

楼梯是多层及高层房屋中的重要组成部分。钢筋混凝土楼梯由于经济耐用，防火性能好，因此，在一般多层及高层房屋中被广泛采用。

楼梯的外形和几何尺寸由建筑设计确定。目前常见的楼梯类型较多，按施工方法的不同，可分为整体式楼梯和装配式楼梯。按梯段结构形式的不同，又可分为板式、梁式、剪刀式和螺旋式，如图 11.37 所示。本节主要介绍最基本的整体式板式楼梯和梁式楼梯的计算与构造。

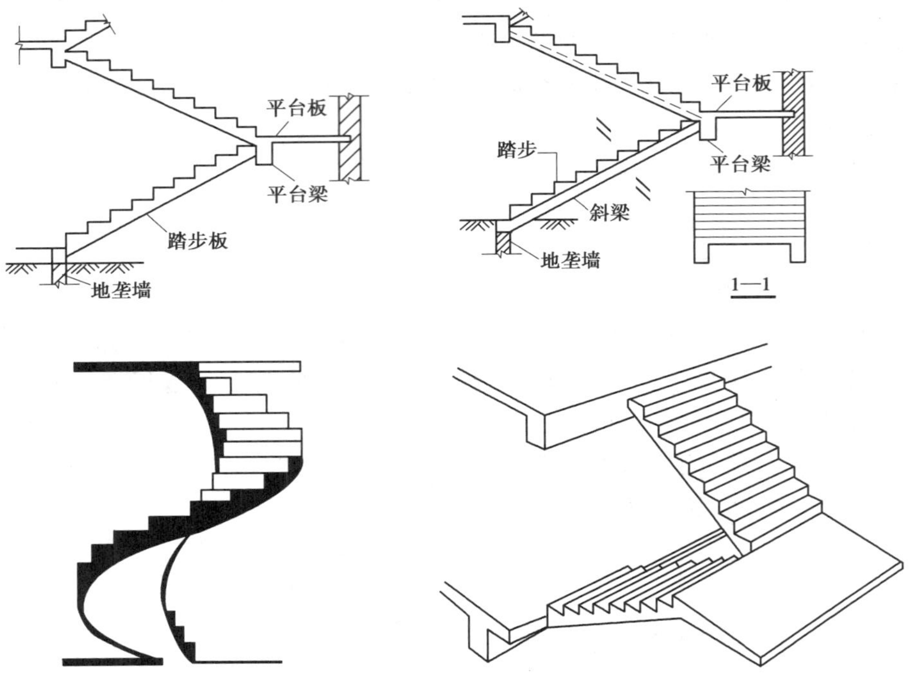

图 11.37 常见的楼梯类型

楼梯的结构设计步骤包括：

①根据建筑要求和施工条件，确定楼梯的结构形式和结构布置；

②根据建筑类别，确定楼梯的恒载、活载标准值；

③进行楼梯各部件（踏步板、平台梁等）的内力分析和截面设计；

④绘制施工图。

11.4.2 现浇板式楼梯的计算与构造

当楼梯的跨度不大、活荷载较小时，一般可采用板式楼梯。

板式楼梯由梯段板、平台板和平台梁组成。梯段板是一块带有踏步的斜板，分别支承于上、下平台梁之上。

1）梯段板

梯段板在计算时，首先需要假定其厚度。为了保证板具有一定的刚度，梯段板的厚度一般可取 $l_0/30 \sim l_0/25$。（l_0 为梯段板水平方向的跨度）。

梯段板的荷载计算，应考虑活荷载、踏步自重、斜板自重等荷载作用。活荷载是沿水平方向分布，而斜板自重却是沿板的倾斜方向分布，为了方便计算，一般将荷载均换算成沿水平方向分布再进行计算。

计算梯段板时，可取出 1 m 宽板带或以整个梯段板为计算单元。

两端支承在平台梁上的梯段板，内力计算时，可以简化为简支斜板，计算简图如图 11.38 所示。斜板又可化作水平板计算，计算跨度按斜板的水平投影长度取值，荷载亦可化作沿斜板的水平投影长度上的均布荷载。

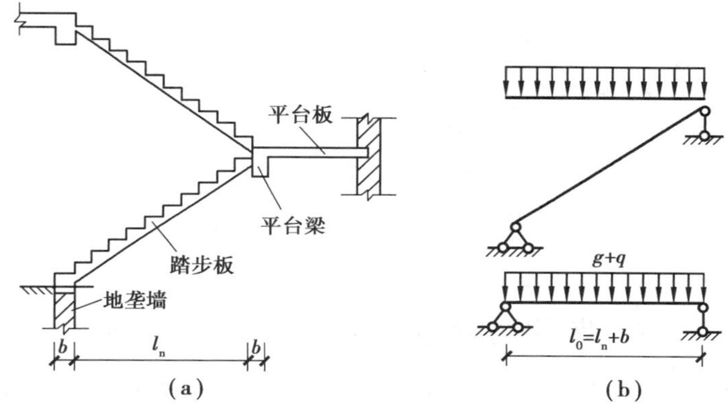

图 11.38　梯段板计算简图

由结构力学可知，简支斜梁、板在竖向均布荷载下的最大弯矩与相应的简支水平梁的最大弯矩是相等的，即

$$M_{max} = \frac{1}{8}(g + q)l_0^2 \tag{11.15}$$

而简支斜梁、板在竖向均布荷载下的最大剪力与相应的简支水平梁的最大剪力有如下关系：

$$V_{max} = \frac{1}{2}(g + q)l_n \cos \alpha \tag{11.16}$$

式中　g、q——作用于梯段板上沿水平投影方向的永久荷载和可变荷载的设计值；

l_0、l_n——梯段板的计算跨度及净跨的水平投影长度。

但考虑到梯段斜板与平台梁为整体连接，平台梁对梯段斜板有弹性约束作用这一有利因素，可以减小梯段板的跨中弯矩，计算时最大弯矩取：

$$M_{max} = \frac{1}{10}(g + q)l_0^2 \tag{11.17}$$

由于梯段斜板为斜向搁置受弯构件，竖向荷载除引起弯矩和剪力外，还将产生轴向力，但其实影响很小，设计时可不考虑。

梯段斜板中受力钢筋按跨中弯矩计算求得，配筋可采用弯起式或分离式。采用弯起式时，一半钢筋伸入支座，一半靠近支座处弯起，以承受支座处实际存在的负弯矩，支座截面负筋的用量一般可取与跨中截面相同，受力钢筋的弯起点位置见图 11.39 所示。在垂直受力钢筋方向仍应按构造配置分布钢筋，并要求每个踏步板内至少放置一根钢筋。

梯段斜板和一般板计算一样，可不必进行斜截面抗剪承载力验算。

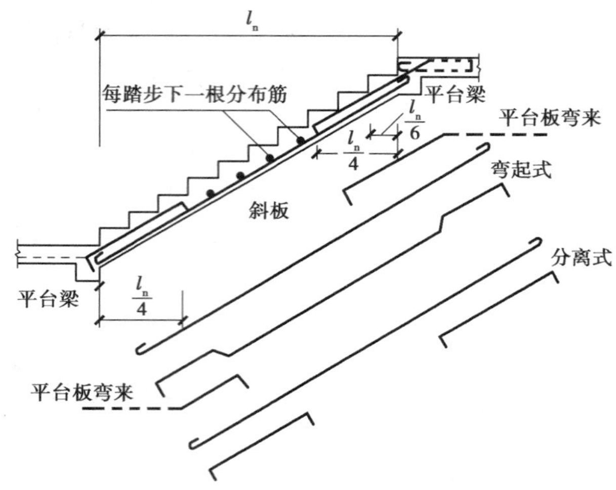

图 11.39　梯段板钢筋布置图

2）平台板

平台板一般设计成单向板，当板的两边均与梁整体连接时，考虑梁对板的弹性约束，板的跨中弯矩也可按 $M=\frac{1}{10}(g+q)l_0^2$ 计算。当板的一边与梁整体连接而另一边支承在墙上时，板的跨中弯矩则应按 $M=\frac{1}{8}(g+q)l_0^2$ 计算，式中 l_0 为平台板的计算跨度。

3）平台梁

平台梁两端一般支承在楼梯间承重墙上，承受梯段板、平台板传来的均布荷载和平台梁自重，可按简支的倒 L 形梁计算。平台梁截面高度一般取 $h \geq l_0/12$。其他构造要求与一般梁相同。

11.4.3　现浇梁式楼梯的计算与构造

1）踏步板

梁式楼梯的踏步板为两端支承在梯段斜梁上的单向板，为方便计算，可在竖向切出一个踏步作为计算单元，其截面为梯形，可按截面面积相等的原则简化为同宽度的矩形截面的简支梁来计算。

由于未考虑踏步板按全部梯形截面参与受弯，故其斜板部分可以薄一些，但厚度一般不小于 30 mm。踏步板配筋除按计算确定外，要求每个踏步一般不宜少于 2 Φ 6 受力钢筋，受力钢筋布置在踏步下面斜板中，并沿梯段布置间距不大于 250 mm 的分布钢筋。

2）梯段斜梁

梯段斜梁两端支承在平台梁上，承受踏步板传来的荷载，计算内力时，与板式楼梯中梯段

斜板的计算原理相同,可简化为简支斜梁,又将其简化为水平梁来计算,其内力按下式计算:

$$M_{\max} = \frac{1}{8}(g + q)l_0^2 \tag{11.18}$$

$$V_{\max} = \frac{1}{2}(g + q)l_n\cos\alpha \tag{11.19}$$

式中　$M_{\max}$、$V_{\max}$——简支斜梁在竖向均布荷载下的最大弯矩和剪力;

l_0、l_n——梯段斜梁的计算跨度及净跨的水平投影长度。

梯段斜梁按倒 L 形截面计算,踏步板下斜板为其受压翼缘。梯段梁的截面高度一般取 $h \geqslant l_0/20$。梯段梁的配筋与一般梁相同。

3)平台梁与平台板

梁式楼梯的平台梁、平台板与板式楼梯基本相同,其不同处仅在于,梁式楼梯中的平台梁除承受平台板传来的均布荷载和平台梁自重外,还承受梯段斜梁传来的集中荷载。

11.4.4　折线形楼梯计算与构造

为了满足建筑使用要求,在房屋中有时需要采用折线形楼梯。

折线形楼梯的计算与普通梁、板式楼梯一样,一般将斜梯段上的荷载化为沿水平长度方向分布的荷载[如图 11.40(a)],然后再按简支梁计算 $M_{\max}$ 及 $V_{\max}$ 的值。

由于折线形楼梯在梁板曲折处形成内折角,在配筋时,若钢筋沿内折角连续配置,则此处受拉钢筋将产生较大的向外的合力,可能使该处混凝土保护层剥落,钢筋被拉出而失去作用,因此,在内折角处,配筋时应采取将钢筋断开并分别予以锚固的措施,见图 11.38(b)所示。在梁的内折角处,箍筋应适当加密。

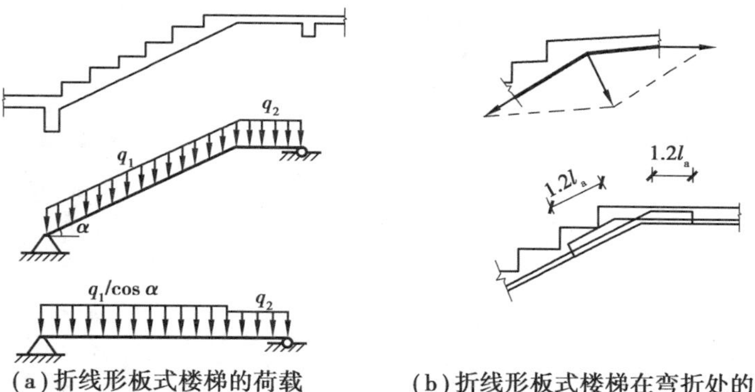

(a)折线形板式楼梯的荷载　　(b)折线形板式楼梯在弯折处的配筋

图 11.40　折线形板式楼梯

思考题

11.1　混凝土平面楼盖按结构形式可分为哪几类?各有何特点?

11.2　什么是单向板?什么是双向板?它们的受力特征有何不同?

11.3　现浇单向板肋梁楼盖中,当按弹性理论或塑性理论计算其结构内力时,分别应如何确定梁和板的计算跨度?

11.4　进行活荷载不利布置的目的是什么?以五跨连续梁为例,说明活荷载不利布置的原则有哪些?

11.5　什么叫“塑性铰”?钢筋混凝土塑性铰和理想铰相比,主要区别是什么?

11.6　什么叫“塑性内力重分布”?应力重分布与内力重分布有何区别?

11.7　什么叫“弯矩调幅法”?应用“弯矩调幅法”应遵循哪些原则?

11.8　连续单向板中有哪些构造钢筋?它们各自的作用如何?

11.9　为什么在计算主梁的支座截面配筋时,要取支座边缘处的弯矩?

11.10　常用楼梯有哪几种类型?各有何优缺点?各自的适用范围如何?

11.11　如何计算梁式楼梯和板式楼梯中各个构件的内力?

12

混凝土单层工业厂房设计

【学习目标】

(1)了解单层工业厂房的组成及受力特点,理解支撑的作用及其布置;

(2)了解单层工业厂房主要构件的常见类型;

(3)掌握等高铰接排架的荷载及内力计算方法;

(4)掌握排架柱的设计方法及相关构造;

(5)了解钢筋混凝土柱下基础的类型及选用;

(6)了解吊车梁的受力特点及构造要求;

(7)掌握牛腿的受力特点及设计要点。

【本章概述】

单层工业厂房是各类厂房中最普遍、最基本的一种形式。按其承重结构所用材料的不同,可分为混合结构、钢筋混凝土结构和钢结构。混合结构厂房的承重结构由砖柱和各类屋架组成,一般用于无吊车或吊车起质量不超过 5 t,跨度小于 15 m,柱顶标高不超过 8 m 的小型厂房;对于吊车起质量超过 250 t,跨度大于 36 m 的大型厂房或有特殊要求的厂房(如有高温车间或有较大设备的车间等),则应采用全钢结构或钢屋架与钢筋混凝土柱承重。除上述情况以外的大部分单层厂房均可采用钢筋混凝土结构。因此,钢筋混凝土结构的单层工业厂房是最为普遍的一种。

12.1 单层工业厂房的组成及受力特点

12.1.1 单层工业厂房的结构形式

钢筋混凝土单层工业厂房的结构形式有排架结构和刚架结构两种。其中,排架结构是目前单层工业厂房结构的基本形式,其应用比较普遍,跨度可达 30 m 以上,承载可达 150 t 以上。

排架结构是由屋架(或屋面梁)、柱和基础组成。其特点是柱顶与屋架(或屋面梁)铰接,柱底与基础固接。根据生产工艺和用途的不同,排架结构可以设计成等高、不等高和锯齿形等多种形式,如图 12.1 所示。

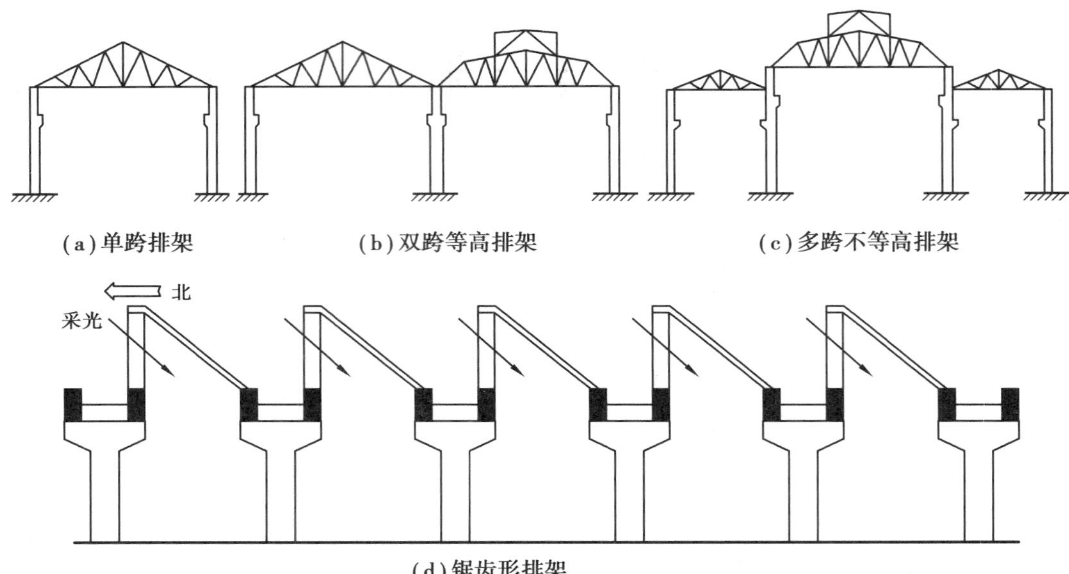

图 12.1 钢筋混凝土单层工业厂房

刚架结构的特点是屋架与柱刚接,而柱与基础一般为铰接。根据厂房跨度的不同可分为两铰门式刚架或三铰门式刚架,如图 12.2 所示。一般用于跨度较小的轻型厂房,目前已较少运用。

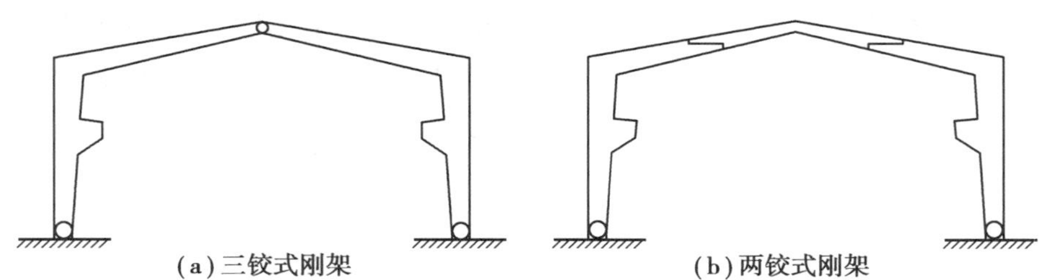

图 12.2 钢筋混凝土刚架结构单层工业厂房

本章主要介绍钢筋混凝土排架结构单层工业厂房。

12.1.2　单层工业厂房的组成及其主要结构构件选型

单层排架结构工业厂房通常由屋盖结构、吊车梁、柱、支撑、基础及围护结构等结构构件组成，如图 12.3 所示。

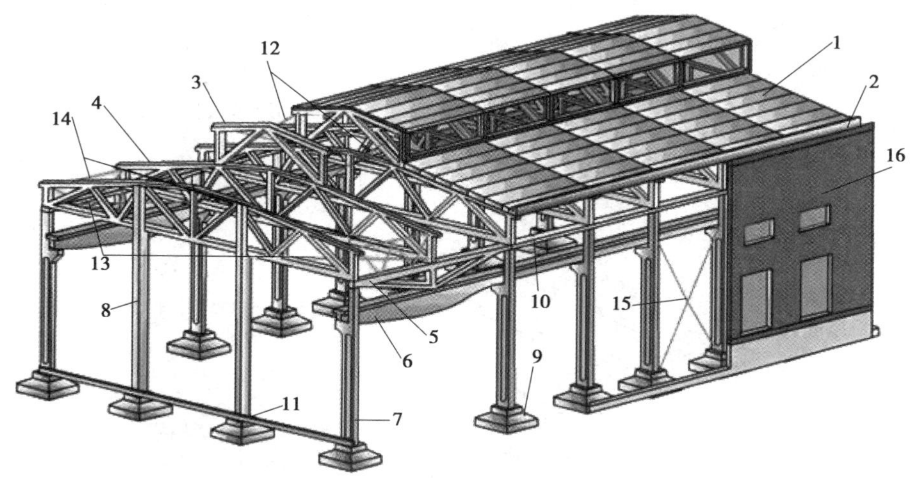

图 12.3　排架结构单层厂房的组成

1—屋面板；2—天沟板；3—天窗架；4—屋架；5—托架；6—吊车梁；7—排架柱；8—抗风柱；9—基础；10—连系梁；11—基础梁；12—天窗架垂直支撑；13—屋架下弦横向水平支撑；14—屋架端部垂直支撑；15—柱间支撑；16—墙体

1)屋盖结构

屋盖可分为有檩体系和无檩体系两种，目前普遍采用无檩体系。

无檩体系屋盖由屋面板、屋架(或屋面梁)、天窗架及托架等组成。

屋面板是屋盖结构中用量最多、造价较高的构件。因此，正确合理地选用屋面板是非常重要的。常用屋面板的形式、特点及适用条件见表 12.1。

表 12.1　常用屋面板类型

序　号	构件名称	形　式	特点及适用条件
1	预应力混凝土屋面板	200/300；5 970/8 970；1 490	1.屋面有卷材防水及非卷材防水两种； 2.屋面水平刚度好； 3.适用于中、重型和振动较大、对屋面要求较高的厂房； 4.屋面坡度：卷材防水最大 1/5，非卷材防水 1/4

续表

序　号	构件名称	形　式	特点及适用条件
2	预应力混凝土F型屋面板	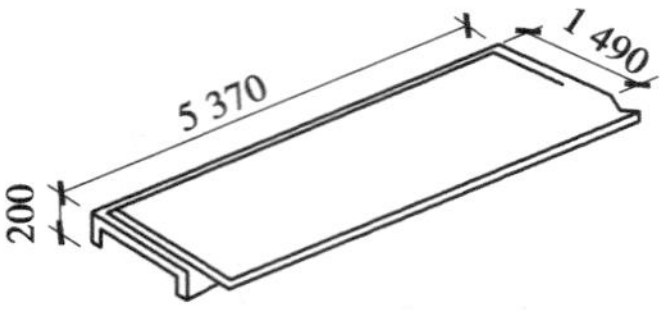 5 370；1 490；200	1.屋面自防水,板沿纵向互相搭接,横缝及脊缝加盖瓦和脊瓦; 2.屋面材料省,屋面水平刚度及防水效果较预应力混凝土屋面板差,如构造和施工不当,易飘雨、飘雪; 3.适用于中、轻型非保温厂房,不适用于对屋面刚度及防水要求高的厂房; 4.屋面坡度 1/4
3	预应力混凝土单肋板	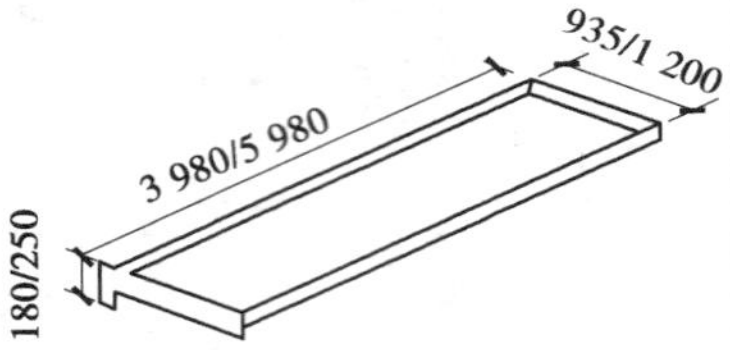 3 980/5 980；935/1 200；180/250	1.屋面自防水,板沿纵向互相搭接,横缝及脊缝加盖瓦和脊瓦,主肋只有一个; 2.屋面材料省,但屋面刚度大; 3.适用于中、轻型非保温厂房,不适用于对屋面刚度及防水要求高的厂房; 4.屋面坡度 1/3～1/4
4	钢丝网水泥波形瓦	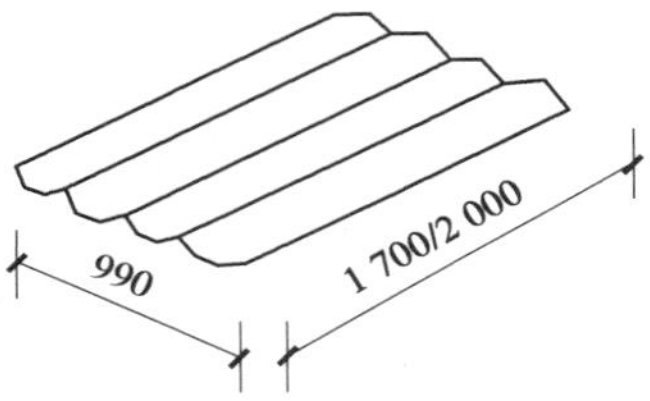 990；1 700/2 000	1.在纵、横向互相搭接,加脊瓦; 2.屋面材料省,施工方便,刚度较差,运输、安装不当,易损坏; 3.适用于轻型厂房,不适用于有腐蚀性气体、有较大震动、对屋面刚度及隔热要求高的厂房; 4.屋面坡度 1/3～1/5
5	石棉水泥瓦	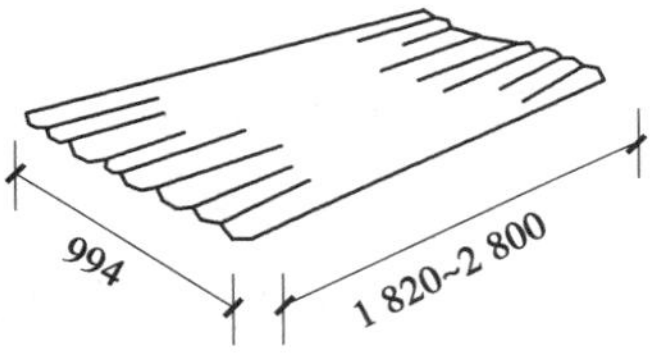 994；1 820~2 800	1.质量轻,耐火及防腐蚀性好,施工方便,刚度差,易损坏; 2.适用于轻型厂房、仓库; 3.屋面坡度 1/2.5～1/5

屋架与屋面梁是厂房屋盖结构的主要承重构件,类型较多。各种类型的混凝土屋架和屋面梁的形式、特点及适用条件见表 12.2。

表 12.2　混凝土屋架与屋面梁类型

序　号	构件名称	形　式	跨度/m	特点及适用条件
1	预应力混凝土单坡屋面梁	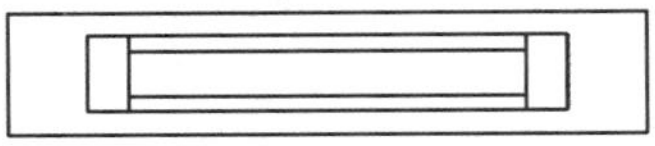	9 12	1.自重较大; 2.适用于跨度不大、有较大震动或有腐蚀性介质的厂房; 3.屋面坡度 1/8～1/12

续表

序　号	构件名称	形　式	跨度/m	特点及适用条件
2	预应力混凝土双坡屋面梁		12 15 18	1.自重较大； 2.适用于跨度不大、有较大振动的厂房； 3.屋面坡度 1/8～1/12
3	钢筋混凝土两铰拱屋架		9 12 15	1.上弦为钢筋混凝土构件，下弦为角钢，顶节点刚接，自重较轻，构造简单，应防止下弦受压； 2.适用于跨度不大的中、轻型厂房； 3.屋面坡度：卷材防水 1/5，非卷材防水 1/4
4	预应力混凝土三铰拱屋架		12 15 18	上弦为先张法预应力混凝土构件，下弦为角钢，其他同上
5	钢筋混凝土折线形屋架（卷材防水屋面）		15 18	1.外形较合理，屋面坡度合适； 2.适用于卷材防水屋面的中型厂房； 3.屋面坡度 1/2～1/3
6	预应力混凝土折线形屋架（卷材防水屋面）		18 21 24 27 30	1.外形较合理，屋面坡度合适，自重较轻； 2.适用于卷材防水屋面的中、重型厂房； 3.屋面坡度 1/5～1/15
7	预应力混凝土折线形屋架（非卷材防水屋面）		18 21 24	1.外形较合理，屋面坡度合适，自重较轻； 2.适用于非卷材防水屋面的中型厂房； 3.屋面坡度 1/4

2）吊车梁

吊车梁支撑在柱的牛腿上，直接承受吊车的动力荷载，并将其传递给柱。吊车梁对保证吊车的正常运行、传递纵向荷载、连接各横向排架及保证厂房结构的空间工作等起着非常重要的作用，应进行合理设计。吊车梁的形式、特点及适用条件见表 12.3。

表 12.3 吊车梁类型

构件名称	形　式	构件跨度/m	适用起重量/t
钢筋混凝土吊车梁		6	中级:1~32 重级:5~20
先张法预应力混凝土等截面吊车梁		6	轻级:5~125 中级:5~75 重级:5~50
后张法预应力混凝土等截面吊车梁		6	轻级:5~100 中级:5~100 重级:5~50
后张法预应力混凝土鱼腹式吊车梁		6	中级:15~125 重级:10~100
后张法预应力混凝土鱼腹式吊车梁		12	中级:5~200 重级:5~50

3) 柱

柱是厂房的主要承重结构构件,承受屋架、吊车梁、连系梁和支撑等传来的荷载以及地震作用等,并传给基础。

单层工业厂房常用柱的形式有单肢柱和双肢柱,如图 12.4 所示。其中,单肢柱常采用矩形截面、工字形截面,也可采用管柱;双肢柱的柱肢可采用矩形、圆形和管形等,采用平腹杆或斜腹杆连接各柱肢。

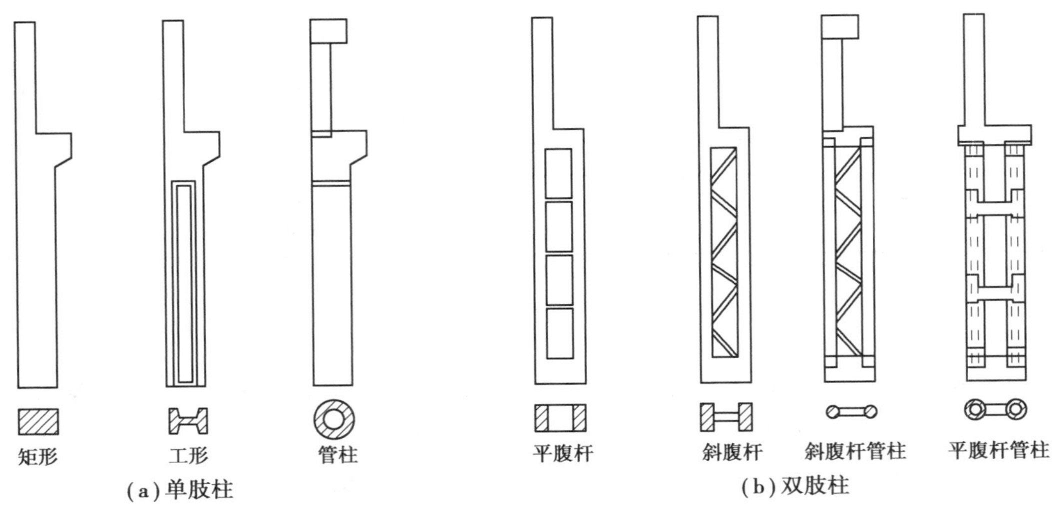

图 12.4 柱的形式

4）支撑

支撑包括屋盖支撑和柱间支撑两大类，其作用是加强厂房结构的整体性和空间刚度，传递山墙风荷载、吊车纵向水平荷载及地震作用等。

5）基础

基础承受柱和基础梁传来的荷载，并将其传递至地基。单层工业厂房的基础，主要采用柱下独立基础——钢筋混凝土杯形基础，如图12.5所示。杯形基础适用于地基土质较好、地基承载力较大、荷载不大的一般厂房。当上部荷载较大、地基土质较差时，可采用桩基础、筏形基础、十字交叉基础等，如图12.6所示。

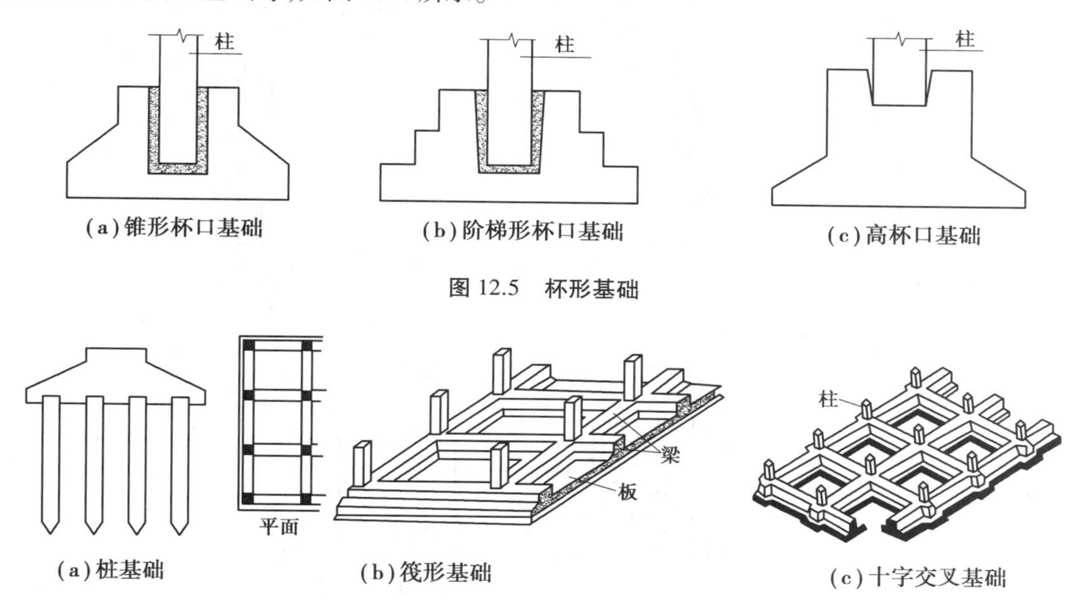

(a)锥形杯口基础　(b)阶梯形杯口基础　(c)高杯口基础

图12.5　杯形基础

(a)桩基础　(b)筏形基础　(c)十字交叉基础

图12.6　其他形式基础

6）围护结构

围护结构包括外纵墙、山墙、抗风柱、连系梁和基础梁等。其中，外纵墙和山墙承受风荷载，并传给柱子；抗风柱承受山墙风荷载并传给屋盖或基础；连系梁和基础梁承受外纵墙和山墙自重，并传给基础。

12.1.3　单层工业厂房的受力特点

单层厂房结构是由许多结构构件相互连接而形成的空间结构，为简化计算，一般可将厂房结构分成横向排架和纵向排架。

横向排架由屋架（或屋面梁）、柱和基础组成，承受厂房的主要荷载（包括屋盖荷载、吊车荷载、纵墙风荷载及纵墙自重），如图12.7所示。

纵向排架由吊车梁、纵向柱列、柱间支撑及基础组成，如图12.8所示。由于纵向排架所承受的荷载较小，构件数量较多，内力较小，通常不必计算，直接通过各种构造措施保证其受力。因此，一般情况下厂房结构仅需对横向排架进行计算。

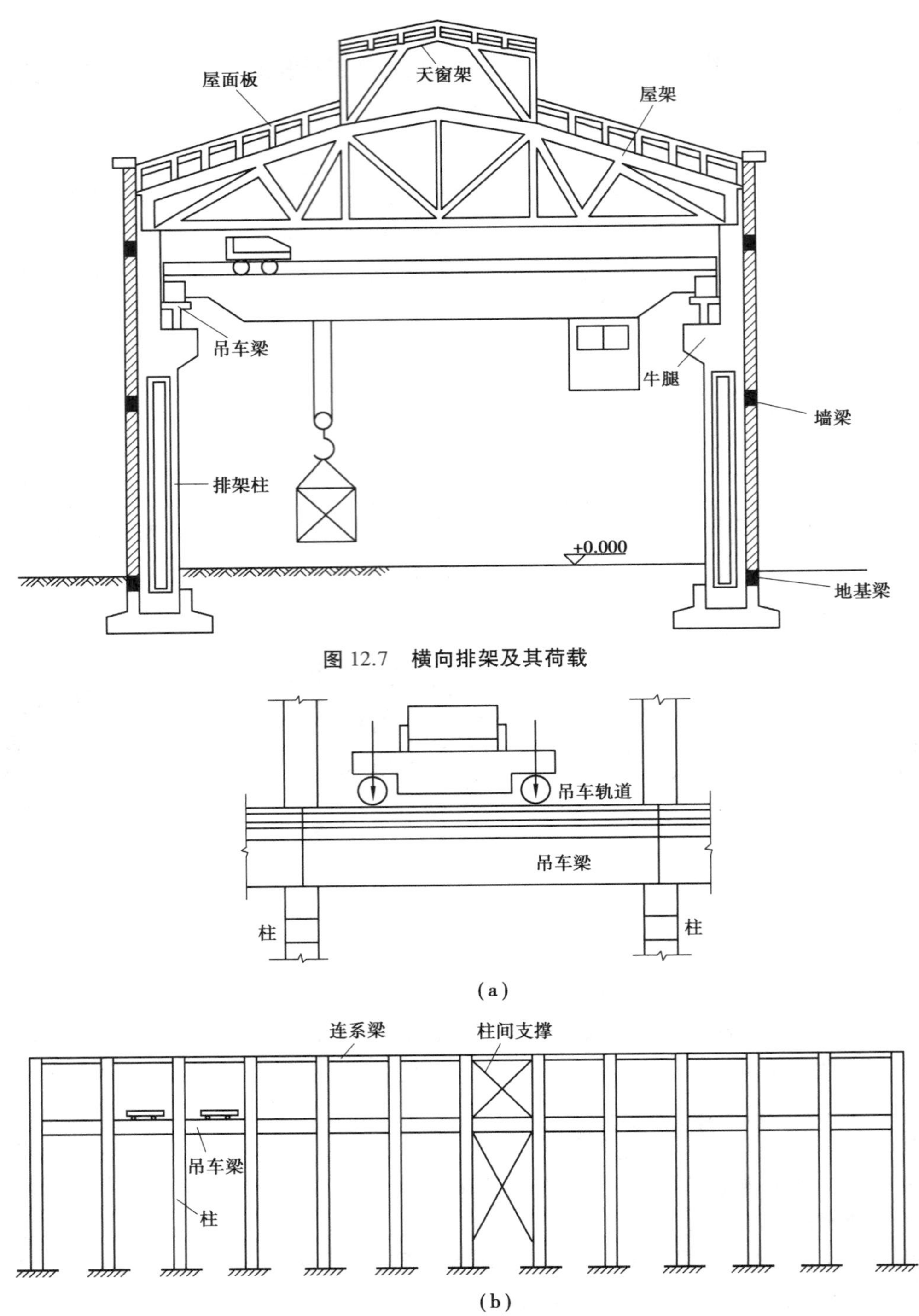

图 12.7　横向排架及其荷载

(a)

(b)

图 12.8　纵向排架及其布置

单层工业厂房荷载传递路线如图 12.9 所示。

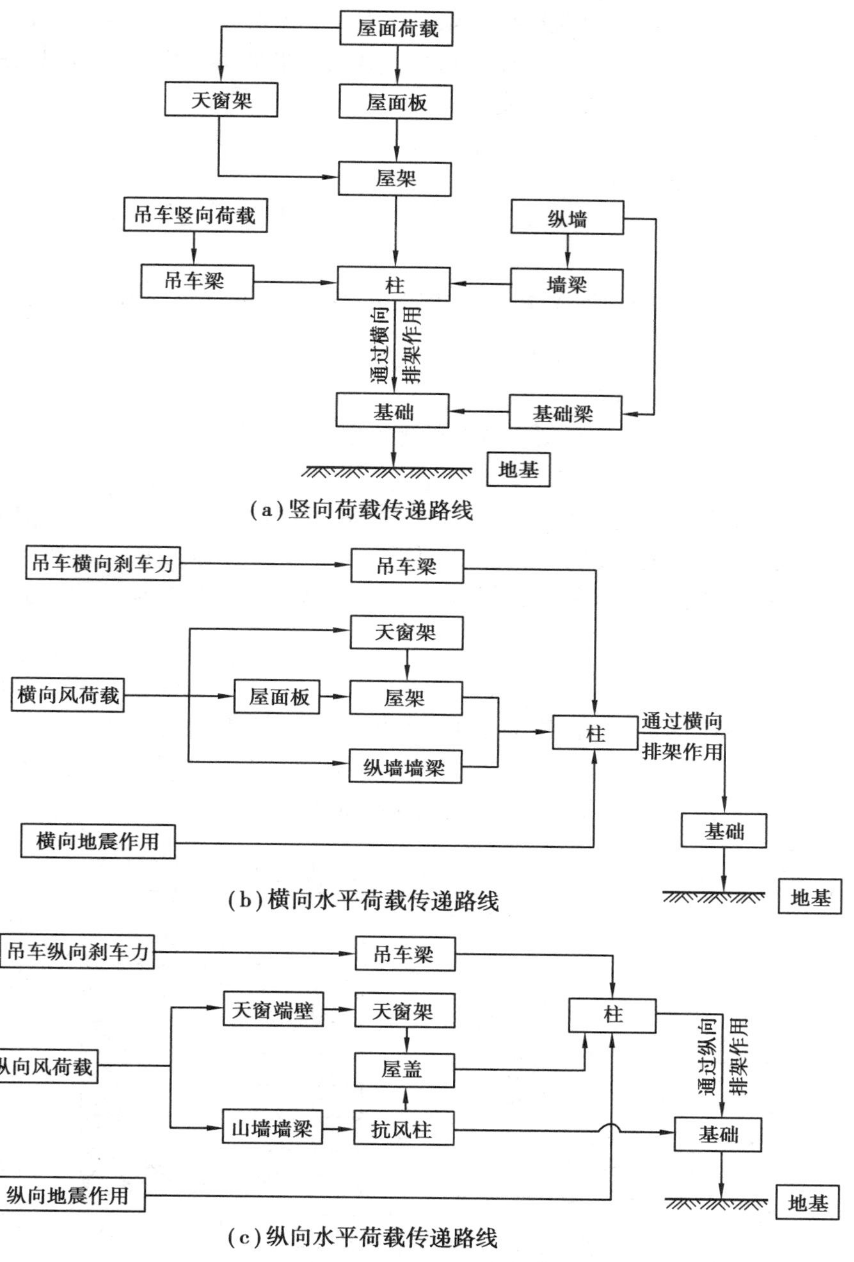

(a)竖向荷载传递路线

(b)横向水平荷载传递路线

(c)纵向水平荷载传递路线

图 12.9 单层工业厂房荷载传递路线

12.2 支撑的种类和布置

装配式厂房支撑系统分屋盖支撑和柱间支撑两类。在装配式混凝土单层厂房结构中,支撑虽然不是主要的承重构件,但却是联系各种主要结构构件并把它们构成整体的重要组成部分。设置支撑的主要作用有:①保证结构构件的稳定性和正常工作;②增强厂房的整体稳定性和空间刚度;③把纵向风荷载、吊车纵向水平荷载及水平地震作用等传递到主要承重构件;④保证在施工安装阶段结构构件的稳定。

下面讲述屋盖支撑和柱间支撑的作用和布置原则。限于篇幅,具体布置方法及构造细节可参阅有关标准图集或相关文献。

12.2.1 屋盖支撑

屋盖支撑包括上弦横向水平支撑、下弦横向水平支撑、下弦纵向水平支撑、天窗架支撑、垂直支撑和水平系杆。

1)上弦横向水平支撑

①作用:保证屋架上弦或屋面梁上翼缘的侧向稳定,增强屋盖刚度,将抗风柱传来的风荷载传至纵向柱列。

②布置原则:无檩体系屋盖当采用大型屋面板时,若屋架(或屋面梁)与屋面板的连接能保证足够的刚度要求(如屋架或屋面梁与屋面板之间至少三点焊接等),且无天窗时可不设上弦横向水平支撑。否则,应在伸缩缝区段两端(第一或第二柱间)各设一道上弦横向支撑,如图 12.10 所示。

2)下弦横向水平支撑

①作用:将作用在屋架下弦的纵向水平力传至纵向排架柱,减小屋架下弦震动。

②布置原则:当屋架下弦设有悬挂吊车,或山墙抗风柱与屋架下弦相连,或厂房吊车起重量大、振动荷载大时,均应设置下弦横向水平支撑,如图 12.11 所示。

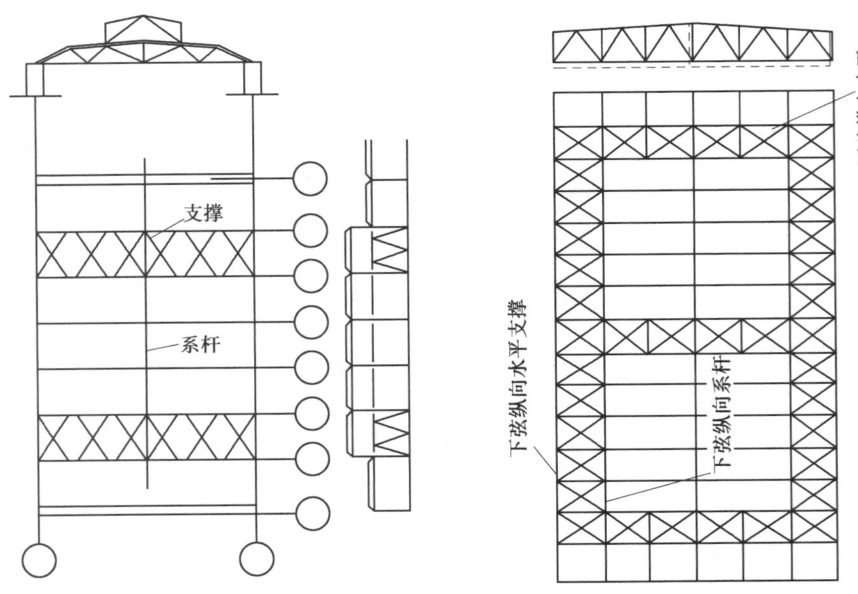

图 12.10 屋架上弦横向支撑　　图 12.11 屋架下弦横向水平支撑与下弦纵向水平支撑

3)下弦纵向水平支撑

①作用:增强屋盖的水平刚度,保证横向水平荷载的纵向分布,增强横向排架的空间

作用。

②布置原则:有托架时必须设置下弦纵向水平支撑;若同时设置屋架下弦横向及纵向水平支撑时,应尽量形成封闭的支撑系统,如图 12.11 所示。

4)天窗架支撑

天窗架支撑包括天窗上弦水平支撑和天窗架间垂直支撑。

①作用:增强天窗系统整体刚度,保证天窗架上弦的侧向稳定;将天窗端壁传来的水平风荷载传至屋架。

②布置原则:设有天窗的厂房均应设置天窗架支撑,并尽可能与屋架上弦支撑布置在同一柱间。

5)垂直支撑与水平系杆

①作用:垂直支撑可保证屋架的整体稳定,防止其发生倾覆;上弦水平系杆可保证屋架上弦的侧向稳定,防止其发生局部失稳;下弦水平系杆可防止由吊车或其他震动影响产生的下弦侧向颤动。

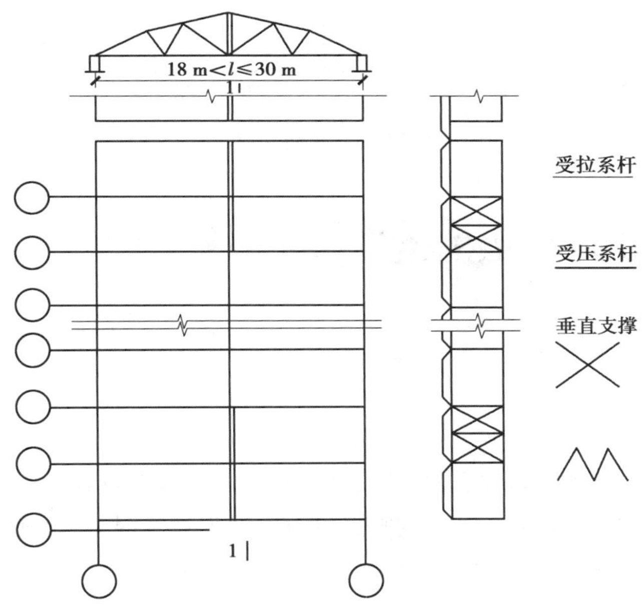

图 12.12 垂直支撑与水平系杆

②布置原则:

a.有天窗时,应沿屋脊设置一道通长的钢筋混凝土受压水平系杆。

b.厂房跨度 $l\geq18$ m 时,应在伸缩缝区段两端(第一或第二柱间)设一道跨中垂直支撑(如图 12.12 所示);当 $l\geq30$ m 时应设两道对称的垂直支撑,垂直支撑应与上弦横向水平支撑设于同一柱间,而且应在相应的下弦节点处设通长水平系杆。

c.对梯形屋架或端部竖杆较高的折线形屋架,除按上述要求布置外,还应在端部设置垂直支撑及水平系杆。

12.2.2 柱间支撑

①作用:增强厂房纵向刚度及稳定性,承受屋盖传来的山墙风荷载及吊车纵向水平荷载。

②布置原则:柱间支撑一般由上、下两组交叉的钢拉杆组成[如图 12.13(a)],常设于温度变化区段的中部。当因通行等原因不宜设交叉支撑时,可采用门式支撑[如图 12.13(b)]。单层工业厂房属下列情况之一时,应设置柱间支撑:

a.设有悬臂式吊车或起重量 $Q \geqslant 30$ kN 的悬挂吊车;

b.设有重级工作制吊车或吊车起重量 $Q>100$ kN 的中、轻级工作制吊车;

c.厂房跨度 $l \geqslant 18$ m 或柱高 $H>8$ m。

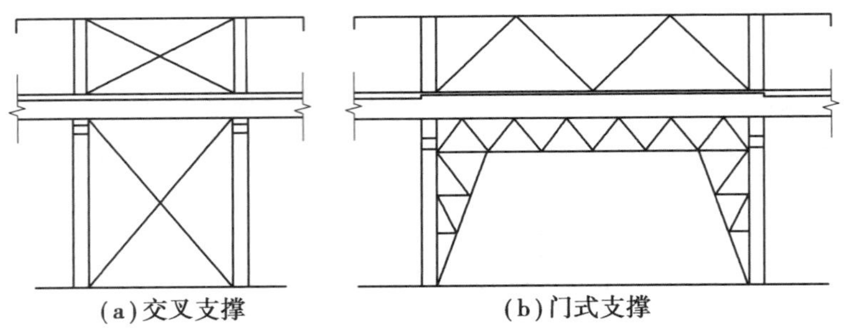

图 12.13 柱间支撑

12.3 单层工业厂房排架计算

12.3.1 计算简图

1)计算单元

单层工业厂房横向排架计算时,应选取有代表性的一个区段来代表整个厂房结构的受力状态,从而使空间结构的计算简化为平面排架。因此,排架计算时,可沿相邻柱距的中线截取一个典型的区段作为计算单元,如图 12.14 所示。

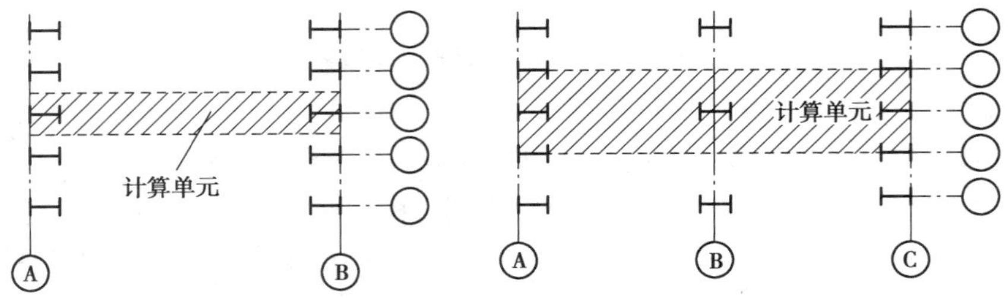

图 12.14 排架计算单元

2)计算简图

为了简化计算,根据构造和实际经验在确定计算简图时,应对平面排架作如下假定:

(1)横梁(屋架或屋面梁)与柱顶为铰接;

(2)柱下端与基础固接于基础顶面;

(3)横梁为轴向变形可忽略的刚杆。

在上述基本假定下,确定单层工业产房的计算简图时,横梁及柱均以轴线表示。当柱为变截面时,牛腿顶面以上为上柱,其高度为 H_u,全柱高度为 H。单跨排架的计算简图如图12.15所示。

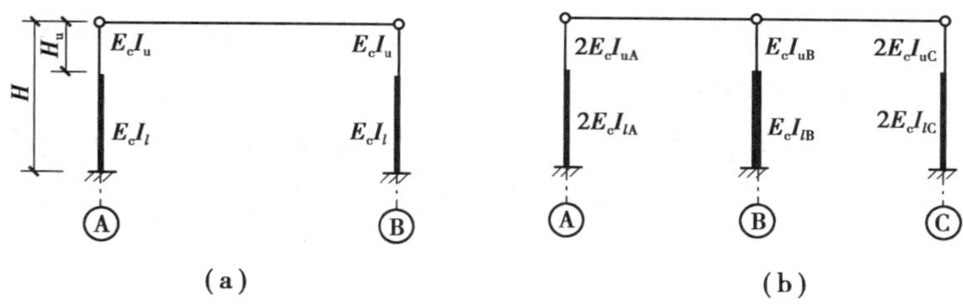

图 12.15 排架计算简图

12.3.2 排架荷载计算

作用在厂房排架上的荷载,有永久荷载和可变荷载两大类,有时还应考虑地震作用等偶然作用。

1)永久荷载

①屋盖荷载(G_1):包括屋面构造层、屋面板、天窗架、屋架及支撑等自重。屋盖荷载通过屋架或屋面梁以集中荷载的形式作用于柱顶,一般取厂房纵向定位轴线内侧 150 mm 处,如图 12.16 所示。

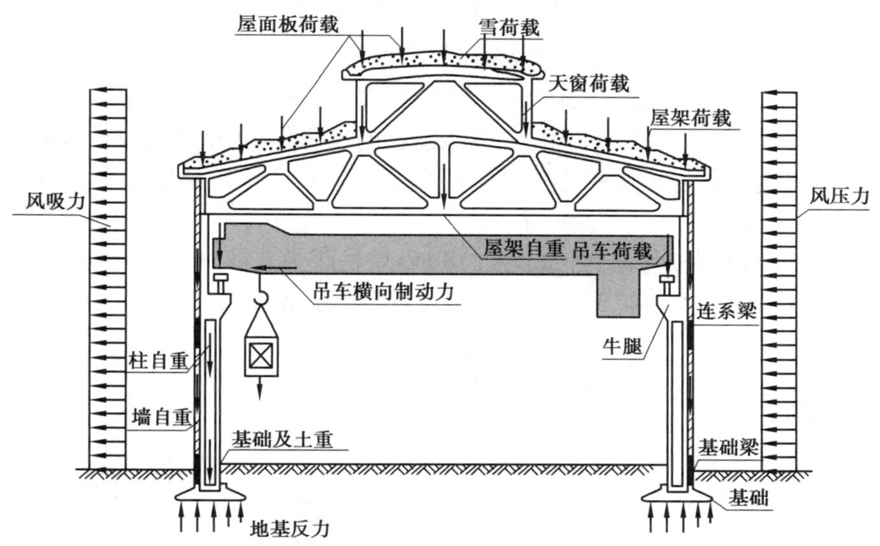

图 12.16 横向平面排架主要荷载示意图

②柱自重:分上柱自重(G_2)与下柱自重(G_3),分别沿上、下柱中心线作用,如图 12.16 所示,其数值可通过柱的截面尺寸及高度计算。

③吊车梁及轨道自重(G_4):沿吊车梁中心线作用于柱牛腿顶面如图 12.16 所示。

2)可变荷载

(1)屋面活荷载

屋面活荷载包括屋面均布活荷载、雪荷载以及积灰荷载,均应按屋面的水平投影面积计算。

①屋面均布活荷载:按照《建筑结构荷载规范》(GB 50009)的有关规定采用。

②雪荷载:按第3章计算。按照"荷载规范"规定,屋面均布活荷载不应与雪荷载同时参与组合,只取其中较大者参与组合。

③屋面积灰荷载:对生产中有大量排灰的厂房及其邻近建筑进行设计时,除尘设施和保证清灰制度的机械、冶金、水泥等工厂的屋面,其水平投影面上的屋面积灰荷载,应按荷载规范的规定取值。

(2)风荷载

作用在厂房外表面的风荷载,是通过四周围护墙体和屋面传递给排架柱的。风荷载的大小与建筑地点、厂房的体型、厂房高度及地面粗糙度等有关,风荷载标准值可按本教材第3章进行计算。

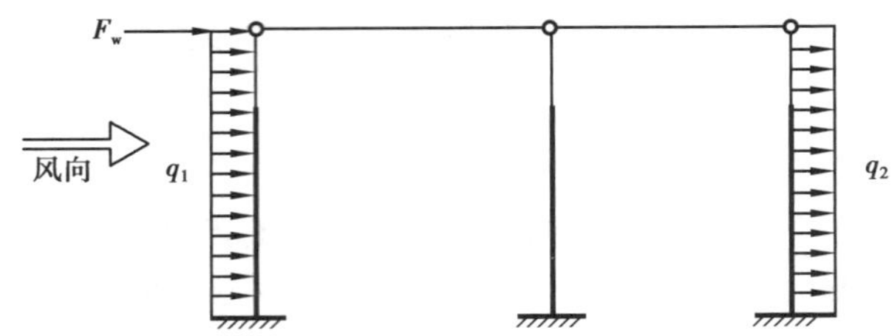

图 12.17　作用在排架上的风荷载

作用在厂房排架上的风荷载可简化为如图 12.17 所示的形式。其中,作用于柱顶以下计算单元范围内的墙面上的风荷载,按均布荷载考虑(按柱顶标高确定风压高度变化系数 μ_z),迎风面和背风面分别用 q_1,q_2 表示;作用于柱顶以上的风荷载(包括屋面风荷载的水平合力及屋架端部高度范围内墙体迎风面和背风面风荷载的合力),通过屋架以集中荷载的形式作用于柱顶,用 F_W 表示。

【例 12.1】某单层单跨厂房剖面如图 12.18 所示,柱距为 9 m,地面粗糙度为 B 类,基本风压 $\omega_0=0.45\ \text{kN/m}^2$,求作用在排架上的风荷载设计值 q_1、q_2 及 F_W。

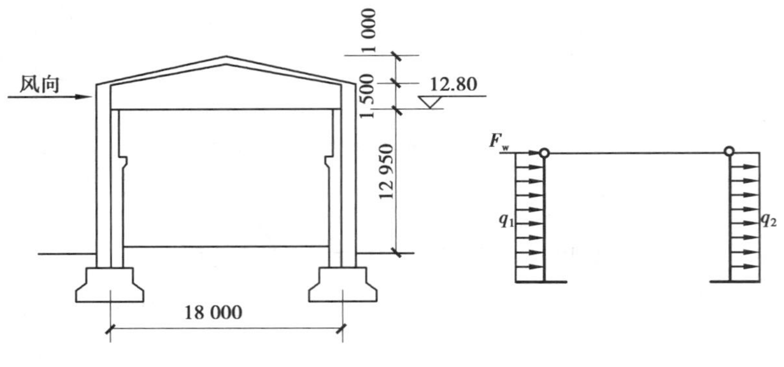

图 12.18　例 12.1 图

【解】(1)计算 F_W

①风荷载体型系数 μ_s 按"荷载规范"取值,标高 12.800—14.300 范围,迎风面取 0.8,背风面取 0.5;标高 14.300—15.300 范围,迎风面取-0.6,背风面取 0.5。

②风压高度变化系数 μ_z 取值如下:

对柱顶(标高 12.8 m)取 $\mu_z=1.08$;对檐口(标高 14.3)取 $\mu_z=1.12$;对屋脊(标高 15.3 m)取 $\mu_z=1.15$。

③$F_W=\gamma_Q(\mu_{s1}\mu_{z1}h_1+\mu_{s2}\mu_{z2}h_2+\mu_{s3}\mu_{z3}h_3+\mu_{s4}\mu_{z4}h_4)\omega_0 B$。因为 $\mu_{z1}=\mu_{z2}=1.12,\mu_{z3}=\mu_{z4}=1.15$,$h_1=h_2=1.5$ m,$h_3=h_4=1$ m,$B=9$ m 所以

$$F_W = 1.4\times[(0.8+0.5)\times1.12\times1.5+(-0.6+0.5)\times1.15\times1]\times0.45\times9$$
$$=11.73\text{ kN}$$

(2)计算 q_1 及 q_2(取 $\mu_z=1.08$)

$$q_1=\gamma_Q\mu_{s1}\mu_z\omega_0 B=1.4\times0.8\times1.08\times0.45\times9=4.9\text{ kN/m}$$
$$q_2=\gamma_Q\mu_{s1}\mu_z\omega_0 B=1.4\times0.5\times1.08\times0.45\times9=3.06\text{ kN/m}$$

(3)计算吊车荷载

吊车按其结构形式分为梁式吊车和桥式吊车两种,单层工业厂房一般采用桥式吊车。桥式吊车由大车和小车组成,大车沿厂房纵向行驶,小车带着吊钩在大车的轨道上沿厂房横向行驶。

作用在排架上的吊车荷载,包括吊车竖向荷载和吊车水平荷载两类。

①吊车竖向荷载。当小车所吊重物为最大额定起重量(即吊车满载),且运行到大车一侧的极限位置时,小车所在一侧的每个大车轮压为吊车的最大轮压,以 P_{max} 表示;同时,另一侧每个大车轮压为吊车的最小轮压,以 P_{min} 表示,如图 12.19 所示。

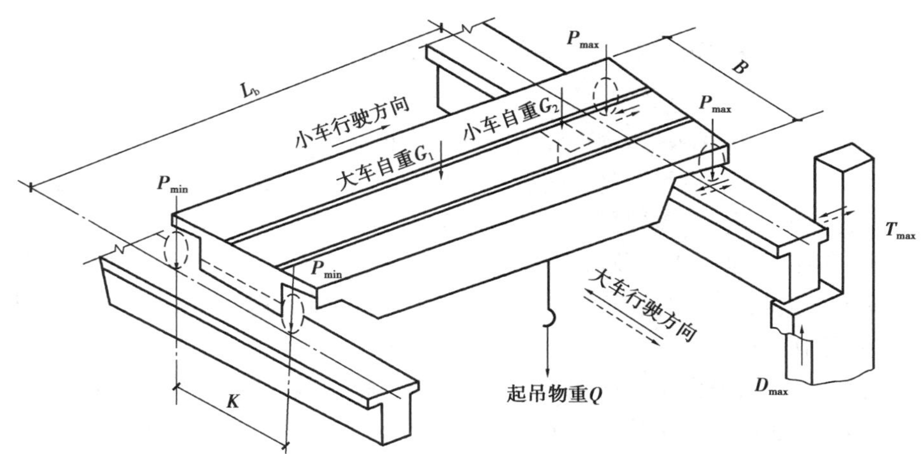

图 12.19 吊车轮压示意图

吊车的额定起重量(Q)、大车重量(G)、小车重量(g)以及最大轮压(P_{max})、轮距(K)等相关资料通常应由制造厂提供。对四轮吊车,其最小轮压(P_{min})可按下式计算:

$$P_{min}=\frac{1}{2}(G+g+Q)-P_{max}\tag{12.1}$$

吊车竖向荷载是指吊车在运行过程中,对排架柱牛腿顶面产生的最大或最小的竖向压

力，分别以 D_{max} 及 D_{min} 表示。由于吊车荷载为移动荷载，因此其 D_{max} 或 D_{min} 应根据吊车梁支座反力影响线求得。计算表明，当两台吊车靠紧并行且其中一台吊车的内轮正好运行至排架柱顶面位置时，作用于最大轮压一侧排架柱上的竖向荷载最大，即为 D_{max}，如图 12.20 所示。

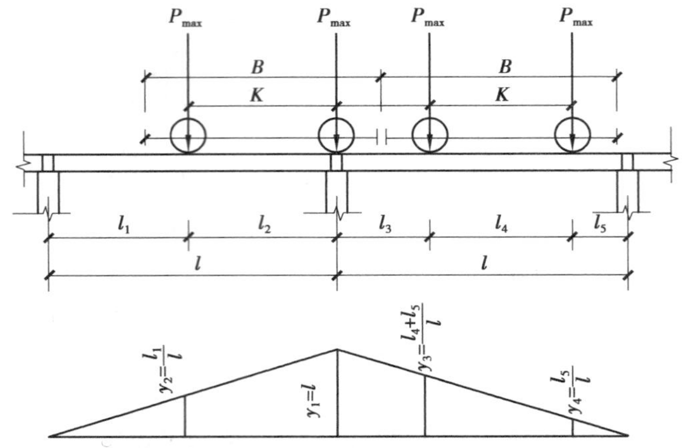

图 12.20 吊车运行到最不利位置时吊车梁反力影响线

同时，作用于最小轮压一侧的排架柱上的竖向荷载最小，即为 D_{min}。因此，当厂房有多台吊车工作时，其 $D_{max,k}$ 及 $D_{min,k}$ 可按下式求得：

$$D_{max,k} = P_{max,k} \sum y_i \tag{12.2}$$

$$D_{min,k} = P_{min,k} \sum y_i = D_{max,k} \frac{P_{min,k}}{P_{max,k}} \tag{12.3}$$

式中 $\sum y_i$——吊车各大轮子下反力影响线坐标之和；

$P_{max,k}$，$P_{min,k}$——吊车的最大、最小轮压标准值；

$D_{max,k}$，$D_{min,k}$——吊车最大、最小竖向荷载标准值。

荷载规范规定，考虑多台吊车竖向荷载时，对单层吊车的单跨厂房的每个排架，参与组合的吊车台数不宜多于 2 台；对单层吊车的多跨厂房的每个排架，不宜多于 4 台。

②吊车水平荷载。吊车水平荷载有纵向和横向两种。其中，吊车纵向水平荷载，是由大车在运行过程中突然刹车或启动时产生的纵向水平惯性力。吊车纵向水平荷载由纵向排架承担，其设计值可取 $0.1P_{max}$。

吊车横向水平荷载，是由小车在运行过程中突然刹车或启动时产生的横向水平惯性力。吊车横向水平荷载，通过大车车轮及轨道传至两侧吊车梁，并最终传至排架柱。

荷载规范规定，横向水平荷载应等分于大车桥架两端，分别由轨道上的车轮平均传至轨道，其方向与轨道垂直，并考虑正反两个方向的刹车情况。因此，对于四轮吊车，每个轮子传至吊车轨道上的横向水平荷载标准值（$F_{h1,k}$），可按下式计算：

$$F_{h1,k} = \frac{\alpha}{4}(Q + g) \tag{12.4}$$

式中 α——吊车横向水平荷载系数，按下列规定采用：

对软钩吊车：当 $Q \leqslant 10$ t 时，$\alpha = 0.12$；

当 $Q=15\sim50$ t 时，$\alpha=0.10$；

当 $Q\geqslant75$ t 时，$\alpha=0.08$；

对硬钩吊车：$\alpha=0.20$。

荷载规范规定，考虑多台吊车水平荷载时，对单跨或多跨厂房的每个排架，参与组合的吊车台数不应多于两台。因此，由每个轮子的 $F_{\mathrm{h1,k}}$ 对排架柱产生的最大横向水平荷载标准值（$F_{\mathrm{h,k}}$），应按反力影响线求得，其计算公式如下：

$$F_{\mathrm{h,k}}=F_{\mathrm{h1,k}}\sum y_i=F_{\mathrm{h1,k}}\frac{D_{\mathrm{max,k}}}{P_{\mathrm{max,k}}} \tag{12.5}$$

计算排架时，对于多台吊车的竖向荷载和水平荷载的标准值，应乘以表 12.4 规定的折减系数。

表 12.4 多台吊车荷载折减系数

参与组合的吊车台数	吊车工作级别	
	A1~A5	A6~A8
2	0.9	0.95
3	0.85	0.90
4	0.8	0.85

吊车荷载的组合值、频遇值及准永久值系数按荷载规范的规定采用。荷载规范规定，厂房排架设计时在荷载准永久组合中不考虑吊车荷载的作用。

【例 12.2】某单层厂房柱距为 6 m，跨度为 18 m，采用两台同型号的工作级别均为 A4 的桥式软钩吊车。已知吊车额定起质量 $Q=10$ t（约为 100 kN），小车重量 $g=39$ kN，吊车最大及最小轮压分别为 $P_{\mathrm{max,k}}=120$ kN，$P_{\mathrm{min,k}}=32$ kN，吊车桥架跨度为 16.5 m，桥架宽度为5 150 mm，轮距为 4 050 mm，求 $D_{\mathrm{max,k}}$，$D_{\mathrm{min,k}}$ 及 $F_{\mathrm{h,k}}$。

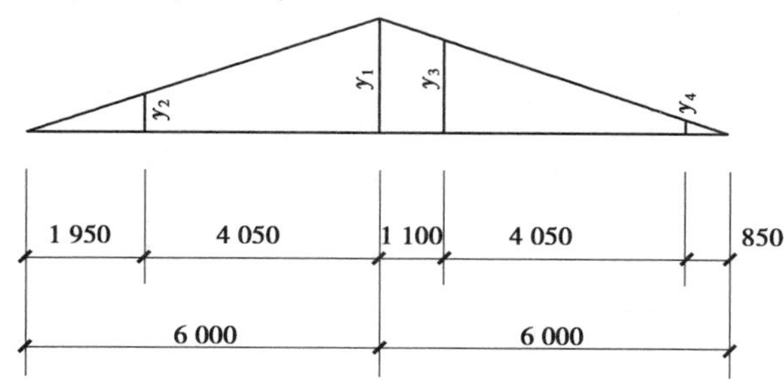

图 12.21 吊车梁支座反力影响线

【解】吊车梁支座反力影响线如图 12.21 所示，则

$$D_{\mathrm{max,k}}=P_{\mathrm{max,k}}\sum y_i=120\times\left(1+\frac{1.95}{6}+\frac{4.9}{6}+\frac{0.85}{6}\right)=274\ \mathrm{kN}$$

$$D_{\mathrm{min,k}}=P_{\mathrm{min,k}}\sum y_i=32\times\left(1+\frac{1.95}{6}+\frac{4.9}{6}+\frac{0.85}{6}\right)=73.06\ \mathrm{kN}$$

$$F_{\mathrm{h1,k}}=\frac{\alpha}{4}\cdot(Q+g)=\frac{0.12}{4}\times(100+39)=4.17\ \mathrm{kN}$$

$$F_{h,k} = F_{h1,k} \sum y_i = 4.17 \times \left(1 + \frac{1.95}{6} + \frac{4.9}{6} + \frac{0.85}{6}\right) = 9.52 \text{ kN}$$

注意:排架柱内力组合时,$D_{max,k}$、$D_{min,k}$及 $F_{h,k}$均应乘以考虑两台吊车时的荷载折减系数。查表 12.4,得荷载折减系数为 0.9。

12.3.3 排架内力计算

排架在竖向荷载作用下的内力可通过结构力学的相关方法进行计算。

从排架计算的观点来看,柱顶水平位移相等的排架,称为等高排架。等高排架有柱顶标高相同的,以及柱顶标高虽不同但柱顶由倾斜横梁贯通相连的两种,由于计算假定横梁的长度是不变的,因此这两种情况中,柱顶水平位移都相等,都可按等高排架来进行计算(如图12.22所示)。

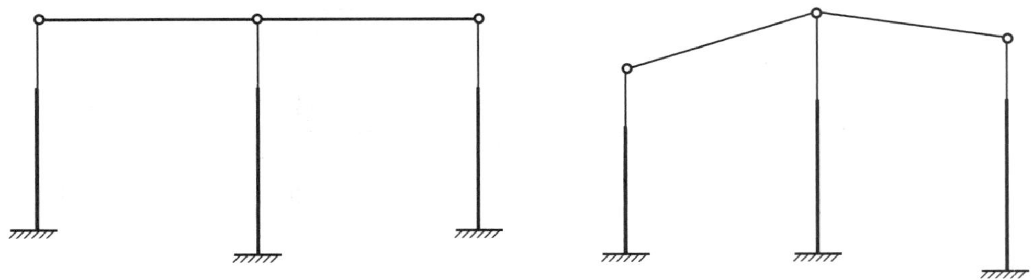

图 12.22 等高排架计算的两种情况

在水平荷载作用下,柱顶水平位移不相等的不等高排架,其内力计算按力法计算,可参阅有关文献;对于等高排架,这里只介绍一种简便方法——剪力分配法,用于确定柱顶集中水平力。

对于图 12.23(a)所示的单阶排架柱,H_u 和 H 分别为上部柱高和柱的总高,I_u 和 I_l 分别为上下部柱子的截面惯性矩。用 λ 表示上柱柱高与全柱柱高之比,即 $\lambda = H_u/H$;用 n 表示上、下柱截面惯性矩之比,即 $n = I_u/I_l$。当单位水平力作用在单阶悬臂柱顶时,由结构力学知其柱顶水平位移为:

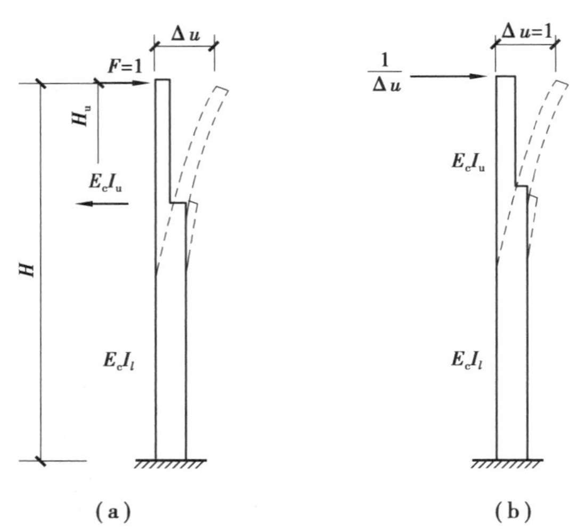

图 12.23 单阶悬臂柱的抗剪刚度

$$\Delta u = \frac{H^3}{3E_c I_l}\left[1 + \lambda^3\left(\frac{1}{n} - 1\right)\right] = \frac{H^3}{C_0 E_c I_l} \tag{12.6}$$

$$C_0 = \frac{3}{1 + \lambda^3\left(\frac{1}{n} - 1\right)} \tag{12.7}$$

如图 12.23(b)所示,要使柱顶产生单位水平位移,则需施加 $1/\Delta u$ 的水平力。

柱顶水平集中荷载下等高排架的内力一般可采用剪力分配法进行计算。剪力分配法的推导如下:

(1)柱顶集中水平荷载作用下

当柱顶作用水平集中力 F 时,如图 12.24 所示,设有 n 根柱,任一柱 i 的“抗剪刚度”或“侧向刚度”$D_{0i}=\frac{1}{\Delta u_i}$,则其分担的柱顶剪力 V_i 可由力的平衡条件和变形条件求得。

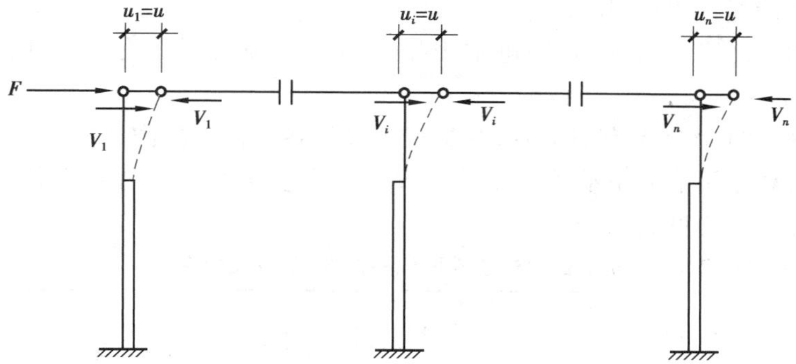

图 12.24 等高排架在柱顶集中荷载作用下内力分析

按结构力学中抗剪刚度的定义,可以得到:

$$V_i = D_{0i} u$$

由各柱顶水平位移 u_i 相等,令各柱顶位移均为 u,可以得到:

$$\sum_{i=1}^{n} V_i = u \sum_{i=1}^{n} D_{0i}$$

而各柱顶剪力之和即:$\sum_{i=1}^{n} V_i = F$,再由上式可知 $u = \frac{1}{\sum_{i=1}^{n} D_{0i}} F$

所以

$$V_i = \frac{D_{0i}}{\sum_{i=1}^{n} D_{0i}} F = \eta_i F \qquad \eta_i = \frac{D_{0i}}{\sum_{i=1}^{n} D_{0i}} \tag{12.8}$$

式中:η_i 称为柱 i 的剪力分配系数,它等于柱 i 自身的抗剪刚度与所有柱总的抗剪刚度的比值。

各柱的柱顶剪力求出后,各柱就可按独立悬臂柱那样计算内力。

(2)任意荷载作用下

下面以均布风荷载作用下的单跨排架为例,说明任意荷载作用下的等高排架内力计算方法。其他各种荷载作用下的等高排架,可采用同样的方法分析内力。

如图 12.25 所示,水平风荷载作用下的内力计算过程可分 4 步:

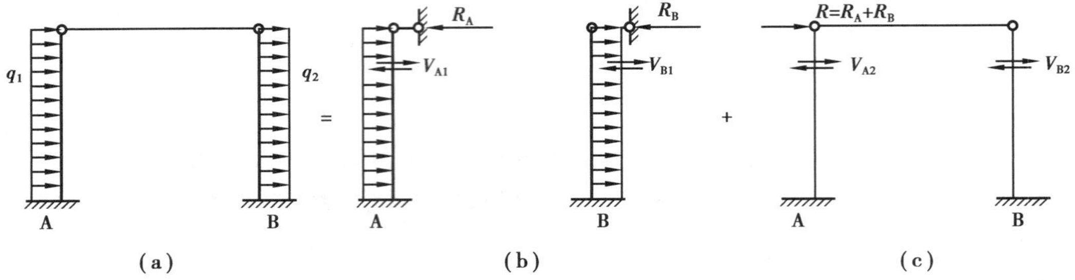

图 12.25 水平风荷载作用下排架柱内力分析

①先将作用有荷载的排架柱柱顶分别加不动铰,并分别求出其支座反力 R_A 和 R_B;

②将求出的支座反力 R_A 和 R_B 的合力 R 反向作用于排架柱顶,按柱顶集中荷载作用下等高排架柱的内力计算方法求 V_{A2} 及 V_{B2};

③将上述两步计算结果叠加,即可求出排架各柱柱顶实际剪力,$V_A = V_{A1}+V_{A2}$;$V_B = V_{B1}+V_{B2}$;即 $V_i = V_{i1}+V_{i2}$;

④由 V_i 和柱水平均布荷载,即可按悬臂梁计算柱各个截面的内力。

各种常见荷载作用下的不动铰支座反力 R 及单阶变截面柱在柱顶单位荷载作用下的柱顶位移的具体计算公式见表 12.5。

表 12.5 单阶变截面柱的柱顶位移系数 C_0 及反力系数($C_1 \sim C_{11}$)

序号	简图	R	C	序号	简图	R	C
0			$\delta=\frac{H^3}{C_0EI_l}$ $C_0=\frac{3}{1+\lambda^3\left(\frac{1}{n}-1\right)}$	3		$\frac{M}{H}C_3$	$C_3=\frac{3}{2}\frac{1-\lambda^2}{1+\lambda^3\left(\frac{1}{n}-1\right)}$
1		$\frac{M}{H}C_1$	$C_1=\frac{3}{2}\frac{1-\lambda^2\left(1-\frac{1}{n}\right)}{1+\lambda^3\left(\frac{1}{n-1}\right)}$	4		$\frac{M}{H}C_4$	$C_4=\frac{3}{2}\frac{2b(1-\lambda)-b^2(1-\lambda^2)}{1+\lambda^3\left(\frac{1}{n}-1\right)}$
2		$\frac{M}{H}C_2$	$C_2=\frac{3}{2}\frac{1+\lambda^2\left(\frac{1-a^2}{n}-1\right)}{1+\lambda^3\left(\frac{1}{n}-1\right)}$	5		TC_5	$C_5=\left\{2-3a\lambda+\lambda^3\left[\frac{(2+a)(1-a)^2}{n}-(2-3a)\right]\right\}\div\left[1+\lambda^3\left(\frac{1}{n}-1\right)\right]$

续表

序号	简图	R	C	序号	简图	R	C
6		TC_6	$C_6=\dfrac{1-0.5\lambda(3-\lambda^2)}{1+\lambda^3\left(\dfrac{1}{n}-1\right)}$	9		qHC_9	$C_9=\dfrac{8\lambda-6\lambda^2+\lambda^4\left(\dfrac{3}{n}-2\right)}{8\left[1+\lambda^3\left(\dfrac{1}{n}-1\right)\right]}$
7		TC_7	$C_7=\dfrac{b^2(1-\lambda)^2[3-b(1-\lambda)]}{2\left[1+\lambda^3\left(\dfrac{1}{n}-1\right)\right]}$	10		qHC_{10}	$C_{10}=\left\{3-b^3(1-\lambda)^3\times[4-b(1-\lambda)]+3\lambda^4\left(\dfrac{1}{n}-1\right)\right\}\div 8\left[1+\lambda^3\left(\dfrac{1}{n}-1\right)\right]$
8		qHC_8	$C_8=\left\{\dfrac{a^4}{n}\lambda^4-\left[\left(\dfrac{1}{n}-1\right)\times(6a-8)a\lambda^4\right]-a\lambda(6a\lambda-8)\right\}\div 8\left[1+\lambda^3\left(\dfrac{1}{n}-1\right)\right]$	11		qHC_{11}	$C_{11}=\dfrac{3\left[1+\lambda^4\left(\dfrac{1}{n}-1\right)\right]}{8\left[1+\lambda^3\left(\dfrac{1}{n}-1\right)\right]}$

注：表中 $n=I_u/I_l$，$\lambda=H_u/H$，$1-\lambda=H_l/H$。

【例 12.3】 如图 12.26 所示的单跨排架，在风荷载作用下，已知 $F_W=3$ kN，$q_1=2.5$ kN/m，$q_2=1.5$ kN/m，A 柱和 B 柱截面尺寸相同，且 $I_u=2.5\times10^9\text{mm}^4$，$I_l=12\times10^9\text{mm}^4$。在均布水平荷载作用下，计算排架各柱内力。

【解】（1）求各柱剪力分配系数

$$\lambda=\frac{H_u}{H}=\frac{3.3}{12.8}=0.258;n=\frac{I_u}{I_l}=\frac{2.5\times10^9}{12\times10^9}=0.21;\eta_A=\eta_B=0.5$$

（2）求各柱柱顶剪力 V_i

将图 12.26(a)所示风荷载分解成图 12.26(b)和图 12.26(c)两种情况。

①在图 12.26(b)所示荷载作用下计算 R_A，R_B[如图 12.26(d)]：

参考表 12.5 得

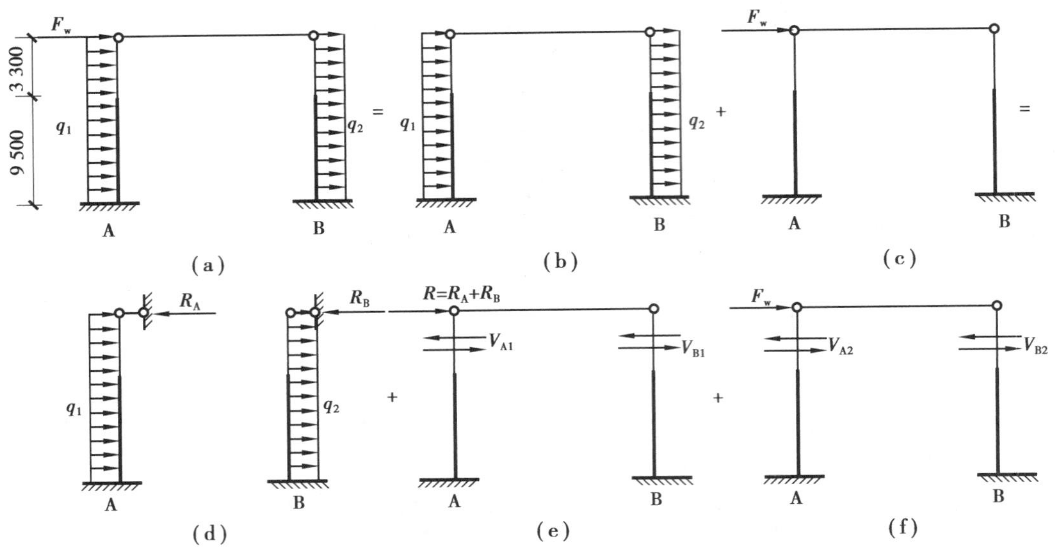

图 12.26　风荷载作用下排架内力计算

$$C_{11}=\frac{3\left[1+\lambda^4\left(\frac{1}{n}-1\right)\right]}{8\left[1+\lambda^3\left(\frac{1}{n}-1\right)\right]}=\frac{3\left[1+0.258^4\left(\frac{1}{0.21}-1\right)\right]}{8\left[1+0.258^3\left(\frac{1}{0.21}-1\right)\right]}=0.358$$

则　　$R_A=C_{11}q_1H=0.358\times2.5\times12.8\ \text{kN}=11.46\ \text{kN}(\leftarrow)$

$R_B=C_{11}q_2H=0.358\times1.5\times12.8\ \text{kN}=6.87\ \text{kN}(\leftarrow)$

②求图 12.26(e)中将 R 反向作用时 V_{A1}，V_{B1}：

$$R=R_A+R_B=11.46\ \text{kN}+6.87\ \text{kN}=18.33\ \text{kN}(\rightarrow)$$

$$V_{A1}=V_{B1}=\eta R=0.5\times18.33\ \text{kN}=9.17\ \text{kN}(\rightarrow)$$

③求图 12.26(f)所示 V_{A2}，V_{B2}：

$$V_{A2}=V_{B2}=\eta F_w=0.5\times3\ \text{kN}=1.5\ \text{kN}(\rightarrow)$$

④将上述计算结果相叠加：

$$V_A=V_{A1}+V_{A2}-R_A=9.17\ \text{kN}+1.5\ \text{kN}-11.46\ \text{kN}=-0.79\ \text{kN}(\leftarrow)$$

$$V_B=V_{B1}+V_{B2}-R_B=9.17\ \text{kN}+1.5\ \text{kN}-6.87\ \text{kN}=3.8\ \text{kN}(\rightarrow)$$

绘制柱的弯矩图、剪力图，如图 12.27 所示。

12.3.4　内力组合

前面已经介绍了各种荷载单独作用下排架内力的计算方法。实际上，厂房排架上一般都同时作用有多种荷载，这样就需要分析出哪些是可能同时出现的荷载，以及在什么情况下柱控制截面的内力最不利，并求出最不利内力值，以此作为柱和基础设计的依据。

1）控制截面

控制截面是指对柱的配筋计算起控制作用的截面。对于变截面柱，由于其上柱柱底

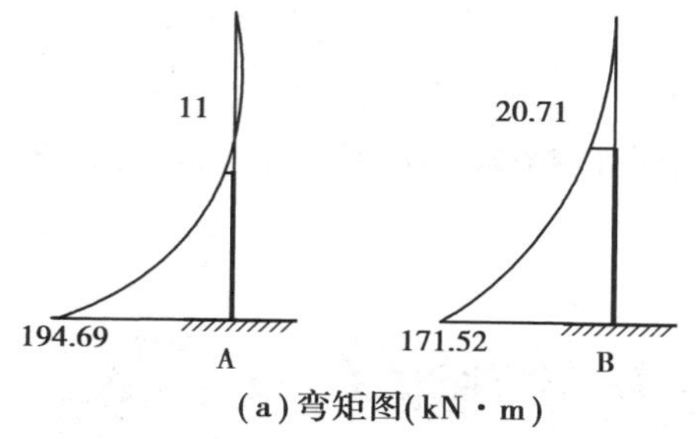

(a)弯矩图(kN·m)

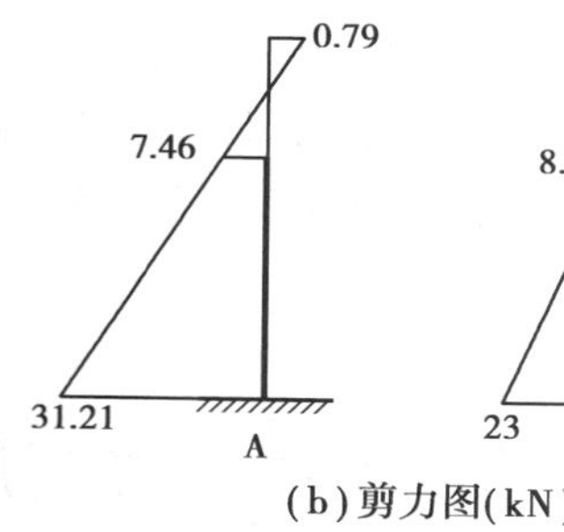

(b)剪力图(kN)

图 12.27 内力图

Ⅰ-Ⅰ截面内力较大,因此取该截面作为上柱控制截面;对于下柱,牛腿顶面Ⅱ-Ⅱ截面及下柱柱底Ⅲ-Ⅲ截面的内力通常较大,因此取这两个截面作为下柱的控制截面,如图 12.28 所示。

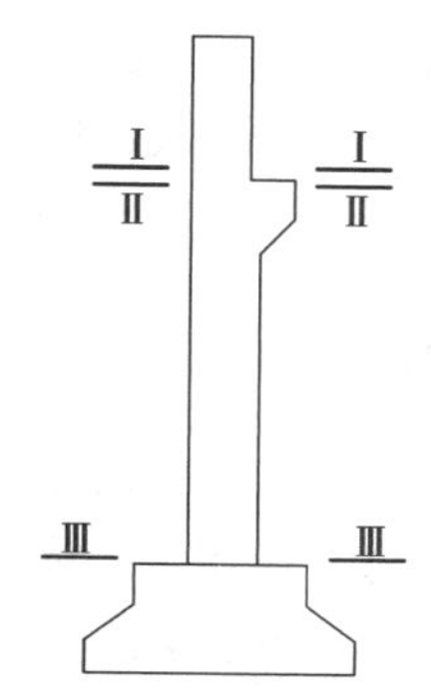

图 12.28 柱的控制截面

2)荷载组合

荷载组合就是分析各种荷载同时出现的可能性,对各控制截面所可能同时出现的不利荷载进行组合。

3)内力组合

内力组合是在荷载组合的基础上,组合出控制截面的最不利内力(由于截面的配筋是由截面上的各种内力共同决定的,内力组合就是找到同一截面,在那些同时出现的内力作用下,对截面配筋最不利的情况)。其中,按承载能力极限状态计算时,应采用荷载效应的基本组合或偶然组合;按正常使用极限状态验算时,应根据不同情况分别采用荷载效应的标准组合、频遇组合或准永久组合。

(1)内力组合的种类

排架柱是偏心受压构件,其纵向受力钢筋的计算主要取决于轴向压力 N 和弯矩 M,根据可能需要的最大的配筋量,一般可考虑以下四种内力的不利组合:

①$+M_{max}$及其相应的 N 和 V;

②$-M_{max}$及其相应的 N 和 V;

③N_{max}及其相应的 M 和 V;

④N_{min}及其相应的 M 和 V。

在以上四种内力组合中,第①、②、④组组合主要是以构件可能出现大偏心受压破坏情况进行组合的,而第③组组合是以构件可能出现小偏心受压破坏情况进行组合的。

在基础设计时,可在柱底部Ⅲ-Ⅲ截面的内力中,选择能使$\pm M$、N、V 均可能的较大者,且还应考虑基础梁传来的荷载对基底产生的内力,以便使其形成基础配筋的最不利内力。

(2)内力组合注意事项

①永久荷载必须参与每一种组合。

②组合目标应明确。例如,进行第①种组合时,应以得到$+M_{max}$为组合目标来分析荷载组合,然后计算出相应荷载组合下的 M(即$+M_{max}$),N 及 V 的值。

③当以 N_{max}或 N_{min}为组合目标时,应使相应的 M 尽可能的大。

④考虑吊车荷载时，若要组合 F_h（F_h 为横向吊车水平荷载），则必组合 D_{max} 或 D_{min}；反之，若要组合 D_{max}（或 D_{min}），则不一定要组合 F_h。

⑤风荷载及吊车横向水平荷载均有向左及向右两种情况，不能同时考虑左右两种情况。

12.4 单层工业厂房钢筋混凝土排架柱设计

单层工业厂房排架柱设计的内容包括：柱的形式及其截面尺寸的确定、柱的截面设计、牛腿设计、预埋件设计及绘制结构施工图。本教材主要讲述柱及牛腿的设计方法，限于篇幅，预埋件的设计及施工图的绘制，可参阅相关设计资料。

12.4.1 柱的形式及其截面尺寸

柱是单层厂房中主要的承重构件，常用的柱子形式如图 12.4 所示。单肢柱中最常用的是矩形截面柱和工字形截面柱。

(1)矩形截面柱

矩形截面柱一般用于吊车起重量 $Q \leqslant 30$ t，轨道顶标高在 7.5 m 以内，截面高度 $h \leqslant 700$ mm的厂房。其主要优点为外形简单、施工方便，主要缺点为自重大、费材料、经济指标较差。目前，排架柱中上柱由于截面较小，常使用矩形截面。

(2)工字形截面柱

工字形截面柱通常用于吊车起重量 $Q \leqslant 30$ t，轨道顶标高在 20 m 以下，截面高度 $h \geqslant 600$ mm的厂房。其主要优点为截面形式合理、适用范围比较广泛。但若截面尺寸较大（如$h>$ 1 600 mm），其吊装将比较困难。

(3)双肢柱

双肢柱一般用在吊车起重量较大（$Q \geqslant 50$ t）的厂房，与工字形柱相比，自重小、受力性能合理，但其整体刚度较差、构件钢筋布置复杂、用钢量稍多。

双肢柱可分为平腹杆和斜腹杆两种形式。平腹杆双肢柱构造简单、制造方便，吊车的竖向荷载通常沿其中一个肢的轴线传递，构件主要承受轴向压力，受力合理；此外，其腹部的矩形孔洞整齐，便于工艺管道布置。斜腹杆双肢柱的斜腹杆与肢杆斜交呈桁架式，主要承受轴向压力和拉力，其所产生的弯矩较小，因而能节约材料。同时，构件刚度比平腹杆双肢柱好，能承受较大的水平荷载，但节点构造复杂，施工较为不便。

柱的截面尺寸除应满足承载力的要求外，还应保证具有足够的刚度，以免厂房变形过大、裂缝过宽，影响厂房的正常使用。所以根据刚度要求，对于柱距为 6 m 的厂房，柱的截面尺寸可参考表 12.6 及表 12.7 来确定。

表 12.6　柱截面尺寸参数

项　次	柱的类型	截面尺寸			
		b	h		
			$Q \leqslant 100$ kN	100 kN$<Q<$300 kN	300 kN$\leqslant Q \leqslant$500 kN
1	有吊车厂房下柱	$\geqslant \frac{H_l}{25}$	$\geqslant \frac{H_l}{14}$	$\geqslant \frac{H_l}{12}$	$\geqslant \frac{H_l}{10}$
2	露天吊车柱	$\geqslant \frac{H_l}{25}$	$\geqslant \frac{H_l}{10}$	$\geqslant \frac{H_l}{8}$	$\geqslant \frac{H_l}{7}$
3	单跨及多跨无吊车厂房	$\geqslant \frac{H}{30}$	$\geqslant \frac{1.5H}{25}$(单跨)；$\geqslant \frac{1.25H}{25}$(多跨)		
4	山墙柱(仅受风荷载及自重)	$\geqslant \frac{H_b}{40}$	$\geqslant \frac{H_l}{25}$		
5	山墙柱(同时承受由连系梁传来的墙重)	$\geqslant \frac{H_b}{30}$	$\geqslant \frac{H_l}{25}$		

注：H_l 为从基础顶面至装配式吊车梁底面或现浇式吊车梁顶面的柱下部高度；H 为从基础顶面算起的柱全高；H_b 为山墙柱从基础顶面至柱平面外(柱宽度 b 方向)支撑点的距离。

表 12.7　吊车工作级别为 A4,A5 时柱截面形式及尺寸参考表　　单位：mm

吊车起重量(kN)	轨顶标高(m)	边　柱		中　柱	
		上柱	下柱	上柱	下柱
无吊车	4~6 6~8	□400×400(或是 350×400) 工 400×600×100		□400×500(或是 350×500) 工 400×600×100	
≤50	5~8	□400×400	工 400×600×100	□400×400	工 400×600×100
100	8	□400×400	工 400×700×100	□400×600	工 400×800×150
	10	□400×400	工 400×800×150	□400×600	工 400×800×150
150~200	8	□400×400	工 400×800×150	□400×600	工 400×800×150
	10	□400×400	工 400×900×150	□400×600	工 400×1 000×150
	12	□500×400	工 500×1 000×200	□400×600	工 500×1 200×200
300	8	□400×400	工 400×1 000×150	□400×600	工 400×1 000×150
	10	□400×500	工 400×1 000×150	□500×600	工 500×1 200×200
	12	□500×500	工 500×1 000×200	□500×600	工 500×1 200×200
	14	□600×500	工 600×1 200×200	□600×600	工 600×1 200×200
500	10	□500×500	工 500×1 200×200	□500×700	双 500×1 600×300
	12	□500×600	工 500×1 400×200	□500×700	双 500×1 600×300
	14	□600×600	工 600×1 400×200	□600×700	双 600×1 800×300

注：表中尺寸对于矩形截面(□)，为 $b \times h$；对于工字形截面(工)，为 $b_f \times h \times h_f$；对于双肢柱(双)，为 $b \times h \times h_f'$(h_f' 为肢杆截面高度)。本表按 6 m 柱距采用。

12.4.2 柱的截面设计

柱的截面设计步骤为:确定柱的计算长度(l_0)→柱的配筋计算→柱的吊装验算。

1)柱的计算长度

柱的计算长度与其两端支撑情况有关,应按表6.2的规定取值。

2)柱的配筋

由于柱的内力有M、V和N,因此应按偏心受压构件分别对上柱和下柱进行配筋计算。配筋计算时,应分别选取上、下柱控制截面的最不利内力。

3)柱的吊装验算

单层工业厂房预制柱吊装及运输时,在自重作用下的受力状态与使用荷载作用下完全不同,因此需要对吊装及运输阶段的柱进行验算。

柱在吊装时,可以采用平吊或翻身吊,为便于施工应尽量采用平吊。但当采用平吊需较多地增加柱的配筋时,应采用翻身吊。由于采用翻身吊时截面的受力方向与使用阶段相同,所以一般不必验算。当采用平吊时,其吊点一般设在牛腿下缘处,其荷载应考虑吊装时的动力效应,将自重乘以动力系数1.5,其内力应按外伸梁计算,如图12.29所示。

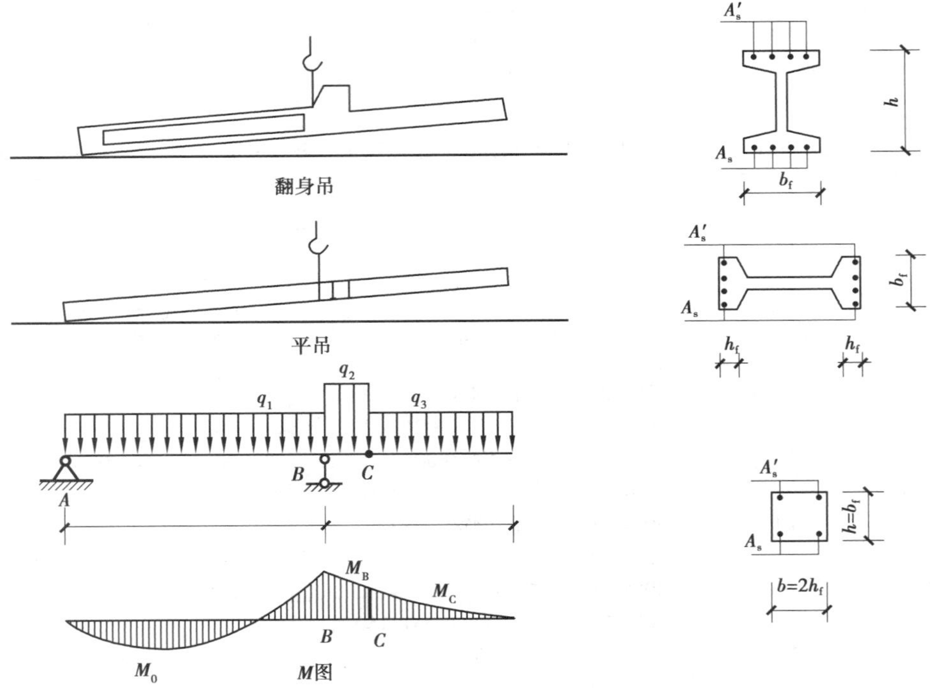

图12.29 柱吊装验算计算简图及弯矩图

柱的吊装阶段的验算包括承载力验算和裂缝宽度验算两部分内容。

(1)承载力验算

根据“规范”规定,吊装阶段承载力验算时,结构的重要性系数可降低一级使用。承载力验算应采用图12.29中的弯矩设计值M_0或M_B分别按双筋截面受弯构件进行验算。

（2）裂缝宽度验算

裂缝宽度一般采用本教材第 9 章最大裂缝宽度公式进行验算。

在验算时应注意以下几点问题：①柱承受的荷载主要为柱的自重，且考虑到起吊的动力作用，应乘以动力系数 1.5；②当柱变阶处配筋不足时，可在该区域局部增加配筋；③采用平吊时截面受力方向是柱子的平面外方向。此时对工字形截面柱的腹板作用可忽略不计，并可将其简化为宽度为 $2h_f$、高度为 b_f 的矩形截面梁进行验算；④在验算构件裂缝宽度时，一般可按允许出现裂缝的控制等级进行吊装验算。

12.4.3　牛腿设计

单层厂房中牛腿是支撑吊车梁、屋架、托架、连系梁等的重要承重部件。设置牛腿的目的是在不增加柱截面的情况下，加大构件的支撑面积，从而保证构件间的可靠连接。由于作用在牛腿上的荷载大多数值较大或为动力作用的荷载，所以其受力状态复杂，是排架柱极为重要的组成部分。牛腿根据其竖向荷载作用线到牛腿根部的水平距离 a（图 12.30 所示）的长短不同可分为短牛腿和长牛腿：当 $a \leqslant h_0$ 时称为短牛腿；$a>h_0$ 时称为长牛腿。

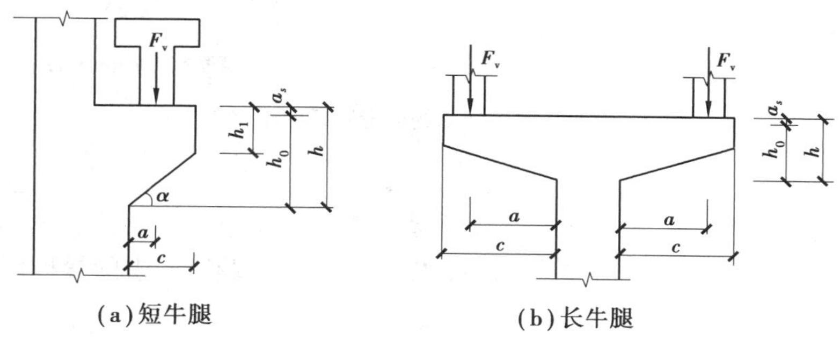

图 12.30　牛腿分类

长牛腿的受力特点与悬臂梁类似，故按悬臂梁设计计算。短牛腿可看作变截面悬臂深梁，由于大多数牛腿为短牛腿，所以本节仅讨论短牛腿的设计计算方法，其主要设计内容为：确定牛腿的尺寸、牛腿的配筋计算、验算局部受压承载力及相关构造要求。

1）牛腿尺寸的确定

牛腿的截面宽度通常与柱相同，其高度可先按以往设计经验或近似工程假设，然后以使牛腿在正常使用时不开裂为目的，按下式验算，以确定其截面高度：

$$F_{vk} \leqslant \beta\left(1 - 0.5\frac{F_{hk}}{F_{vk}}\right)\frac{f_{tk}bh_0}{0.5 + \dfrac{a}{h_0}} \tag{12.9}$$

式中　F_{vk}——作用于牛腿顶部按荷载效应标准组合计算的竖向力值；

F_{hk}——作用于牛腿顶部按荷载效应标准组合计算的水平拉力值；

β——裂缝控制系数：对支撑吊车梁的牛腿，取 0.65；对其他牛腿取 0.80；

a——竖向力的作用点至下柱边缘的水平距离，此时应考虑安装偏差 20 mm；当考虑安装偏差后的竖向力作用点仍位于下柱截面以内时，取 $a=0$；

b——牛腿宽度；

h_0——牛腿与下柱交接处的垂直截面有效高度：$h_0=h_1-a_s+C\cdot\tan\alpha$，当 $\alpha>45°$ 时，取 $\alpha=45°$，C 为下柱边缘到牛腿外边缘的水平长度。

牛腿的外边缘高度应符合图 12.31(a)的构造规定。

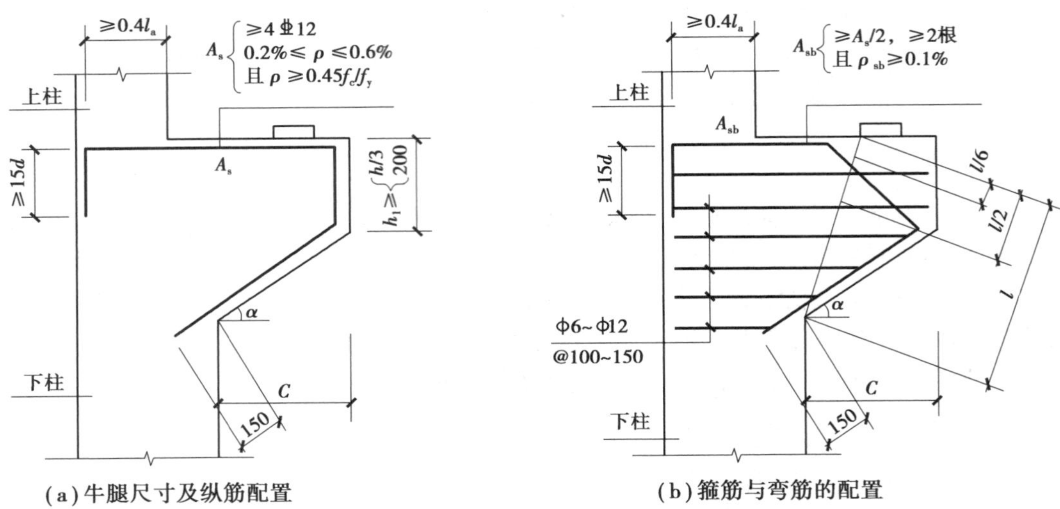

(a)牛腿尺寸及纵筋配置　　(b)箍筋与弯筋的配置

图 12.31　牛腿的外形及钢筋配置

2)牛腿的配筋

(1)纵向受力钢筋

牛腿中的纵向受力钢筋应沿牛腿顶部配置，由受水平力和竖向力的受拉钢筋组成。其所需的截面面积应按下式计算：

$$A_s \geqslant \frac{F_v a}{0.85 f_y h_0} + 1.2\frac{F_h}{f_y} \tag{12.10}$$

式中　F_v——作用在牛腿顶部的竖向力设计值；

F_h——作用在牛腿顶部的水平拉力设计值。

“规范”规定：当 $a<0.3h_0$ 时，取 $a=0.3h_0$。

(2)水平箍筋与弯筋

牛腿应按“规范”的构造规定设置水平箍筋，且当牛腿的剪跨比 $a/h\geqslant0.3$ 时，宜设置弯起钢筋，如图 12.31(b)所示。

3)牛腿的局部受压承载力验算

牛腿垫板下局部受压承载力按下式验算：

$$\frac{F_{vk}}{A} \leqslant 0.75 f_c \tag{12.11}$$

式中　A——牛腿支持面上的局部受压面积。

4)牛腿的构造规定

①纵向受力钢筋宜采用 HRB400 或 HRB500 级钢筋。全部纵向受力钢筋及弯起钢筋宜沿牛腿外边缘向下伸入柱内 150 mm 后截断，如图 12.31 所示。对于纵向受力钢筋及弯

起钢筋伸入上柱的锚固长度，当采用直线锚固不能满足受拉钢筋锚固长度 l_a 的规定时，可沿柱向下作 90°弯折。其弯折前水平投影长度不应小于 $0.4l_a$，弯起后垂直投影不应小于 $15d$。其构造如图 12.31 所示。

②承受竖向力所需要的纵向受力钢筋的配筋率，按牛腿的有效面积计算，且不应小于 0.2%及 $0.45f_t/f_y$，也不宜大于 0.6%，钢筋数量不宜少于 4 根，直径不宜小于 12 mm。

③水平箍筋一般选用同柱箍筋相同的钢材品种，其直径宜为 6~12 mm，间距宜为 100~150 mm。且在上部 $2h_0/3$ 范围内的水平箍筋纵截面面积不宜小于受竖向力的受拉钢筋截面面积的 1/2，如图 12.31(b)所示。

④弯起钢筋宜采用 HRB400 级或 HRB500 级钢筋，并宜使其与集中荷载作用点到牛腿斜边下端点连线的交点位于牛腿上部 $l/6$~$l/2$ 的范围内（l 为该连线的长度），如图 12.31(b)所示。其截面面积不宜小于承受竖向力的受拉钢筋截面面积的 1/2，根数不宜小于两根，直径不宜小于 12 mm，并不得采用纵向受力钢筋兼做弯起钢筋。

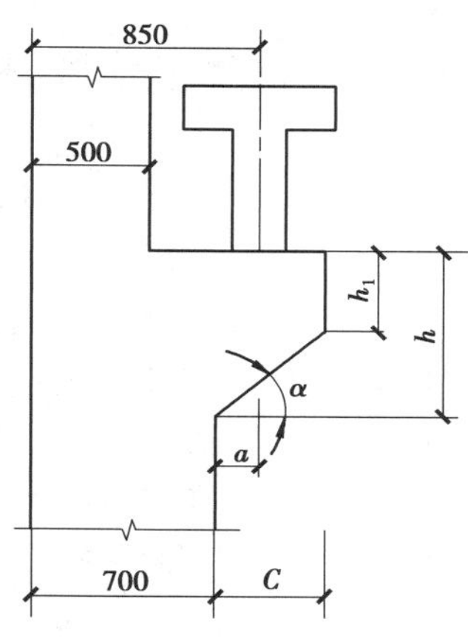

图 12.32　例 12.4 图

【例 12.4】 如图 12.32 所示，某单层厂房，宽度为 18 m，设有两台 $Q=100$ kN 的软钩、中级工作制吊车。上柱截面 500 mm×500 mm，下柱截面 500 mm×700 mm。牛腿上作用有吊车竖向荷载设计值 $D_{max}=322$ kN，水平荷载设计值 $F_h=12.52$ kN，吊车梁及轨道重设计值 $G_4=39.6$ kN，混凝土强度等级为 C30，纵向钢筋及弯起钢筋采用 HRB400 级，箍筋采用 HPB300 级钢筋。试确定其牛腿的尺寸及配筋。

【解】（1）验算牛腿截面尺寸

假设牛腿的外形尺寸为：$h_1=350$ mm，$C=450$ mm，$\alpha=45°$，$h=750$ mm，则有

$$h_0 = 750\text{ mm} - 40\text{ mm} = 710\text{ mm},\ a = 850\text{ mm} - 700\text{ mm} + 20\text{ mm} = 170\text{ mm}。$$

C30 混凝土，$f_{tk}=2.01$ N/mm^2；为承受吊车的牛腿，$\beta=0.65$

$$F_{vk} = D_{max}/1.4 + G_4/1.2 = 322/1.4 + 39.6/1.2 = 263\text{ kN}$$

$$F_{hk} = F_h/1.4 = 12.52/1.4 = 8.94\text{ kN}$$

$$\beta\left(1-0.5\times\frac{F_{h.k}}{F_{v.k}}\right)\frac{f_{tk}bh_0}{0.5+\dfrac{a}{h_0}} = 0.65\times\left(1-0.5\times\frac{8.94}{263}\right)\times\frac{2.01\times500\times710}{0.5+\dfrac{170}{710}} = 616\ 583.7\text{ N}$$

$= 616.6$ kN $> F_{vk} = 263$ kN，故牛腿尺寸满足要求。

（2）配筋计算

$$F_v = 322 + 39.6 = 361.6\text{ kN},\ F_h = 12.52\text{ kN}$$

$0.3h_0 = 0.3\times710$ mm $= 213$ mm $> a = 170$ mm，故取 $a = 0.3h_0 = 213$ mm。

$$A_s = \frac{F_v a}{0.85f_y h_0} + 1.2\frac{F_h}{f_y} = \frac{361.6\times10^3\times213}{0.85\times360\times710} + 1.2\times\frac{12.52\times10^3}{360} = 396.24\text{ mm}^2$$

$$\rho = \frac{A_s}{bh_0}\times100\% = \frac{396.24}{500\times710}\times100\% = 0.12\% < \begin{cases}0.2\%\\45f_t/f_y\% = 0.179\%\end{cases}$$

①纵向受力钢筋：取 $A_s = 0.2\% \times 500 \times 750 = 750\ \text{mm}^2$，选取 4 ⌀16（$A_s = 804\ \text{mm}^2$）。

②箍筋：按构造要求选用 ϕ 8@100，布置在上部 $2/3h_0$ 处，实际配筋面积为：

$$A_{sh} = \frac{2 \times 50.3}{100} \times \frac{2}{3} \times 710 = 476\ \text{mm}^2 > \frac{750}{2} = 375\ \text{mm}^2$$

满足要求。

③弯起钢筋：$\frac{a}{h_0} = \frac{170}{710} = 0.24 < 0.3$，牛腿中可不设弯起钢筋。

思考题

12.1 单层工业厂房的结构形式有哪几种？各自的特点是什么？

12.2 单层工业厂房排架结构中，哪些构件是主要承重构件？

12.3 支撑的作用是什么？支撑的种类有哪些？各类支撑应如何布置？

12.4 单层工业厂房的主要荷载有哪些？如何计算排架上的荷载？

12.5 $D_{max,k}$、$D_{max,k}$、T_{max}是怎么得到的？

12.6 如何求解各种荷载单独作用下的排架内力？

12.7 内力组合时，应注意哪些问题？

12.8 单层工业厂房排架柱的设计内容包括哪些方面？

12.9 如何进行牛腿设计？

习　题

12.1 已知单层单跨厂房，跨度为 24 m，柱距为 6 m。设计时考虑两台同型号、工作级别均为 A4 级的桥式软钩吊车，额定起重量均为 10 t，桥架跨度为 22.5 m，吊车总重为 180 kN，小车重 $g = 39.4$ kN，吊车最大宽度 $B = 5\ 550$ mm，大车轮距 $K = 4\ 400$ mm，$P_{max,k} = 115$ kN，$P_{min} = 44.7$ kN，求 $D_{max,k}$，$D_{min,k}$及 F_{hk}。

12.2 如图 12.33 所示，排架牛腿顶面承受弯矩 $M_1 = 200\ \text{kN·m}$，$M_2 = 150\ \text{kN·m}$。$I_1 = 2.13 \times 10^9 \text{mm}^4$，$I_2 = 9.23 \times 10^9 \text{mm}^4$，$H_1 = 3.3$ m，$H_2 = 13.2$ m，求排架柱内力。

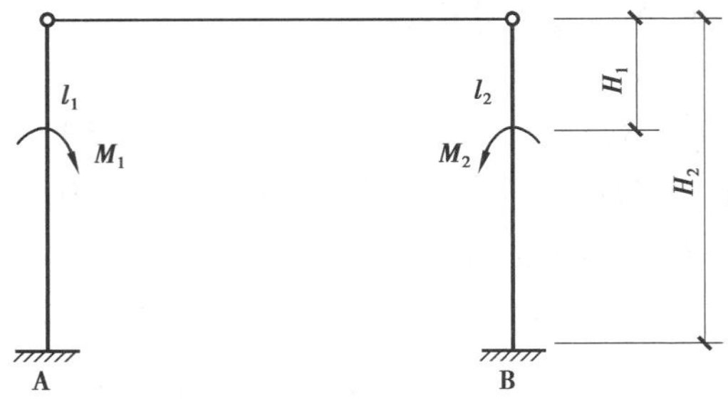

图 12.33　习题 12.2 图

12.3　图 12.34 所示柱牛腿,已知竖向力设计值 F_v = 400 kN,水平拉力设计值 F_h = 100 kN,采用 C30 混凝土和 HRB400 级钢筋。试计算牛腿的纵向受力钢筋。

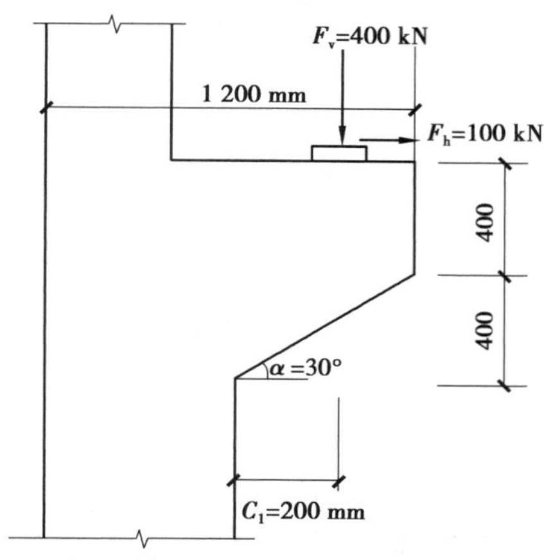

图 12.34　习题 12.3 图

13

混凝土多高层房屋结构设计

【学习目标】

(1)了解多层框架结构的体系及布置;

(2)掌握框架结构上的荷载及框架结构的计算简图;

(3)掌握框架结构内力近似计算方法(竖向荷载作用下分层法、水平荷载作用下反弯点法、D 值法计算)、水平位移的近似计算方法,多层框架内力组合与截面设计,无抗震设防要求的框架结构的节点构造;

(4)了解剪力墙与框架-剪力墙结构的受力特点。

【本章概述】

多层与高层建筑广泛运用于住宅、办公、厂房、商业等各类民用与工业建筑中。高层建筑具有节约土地、集中人口、提高工作效率和资源使用效率等诸多优点。随着经济的迅速发展,人们对住房和消费的要求越来越高,尤其是在城市中,要在有限的土地上尽可能满足更多大众的需要,高层建筑成为解决这一问题的主要途径。现代城市中的大型商场、酒店和住宅多数选择采用高层建筑的方式建造。高层建筑投资大,结构受力复杂,施工周期较长,社会影响大。只有具备了较为完整的高层建筑结构的基础知识,正确理解了各类高层建筑结构的受力性能和设计要求,才能在制定技术政策、理解设计意图、审议设计方案、确定施工工艺等方面做出正确的判断和决策。高层建筑结构的基本知识已经成为建筑工程技术人员必须掌握的工程技术基础。

13.1 多层与高层建筑的基本概念

现代高层建筑首先从美国兴起,历经百年发展,目前已经成为最主要的建筑形式。

对于高层建筑的层数和高度的界定,在国际上至今尚无统一的划分标准,对于不同国家、不同地区、不同的时期,均有不同规定。根据1972年联合国教科文组织所属的世界高层建筑委员会的建议,一般将9层及其以上的建筑定义为高层建筑,并根据建筑层数和高度划分为四类:第一类,9~16层,高度不超过50 m;第二类,17~25层,高度不超过75 m;第三类,26~40层,高度不超过100 m;第四类,40层以上,高度超过100 m以上。

美国规定22 m以上,或7层以上建筑物为高层建筑;英国规定24 m以上建筑物为高层建筑;法国规定居住建筑高度在50 m以上,其他建筑高度28 m以上为高层建筑;日本规定高度31 m以上或8层以上建筑物为高层建筑。世界上许多国家将高度超过100 m的建筑物定义为超高层建筑。

我国现行《民用建筑设计通则》(GB 50352)中规定:住宅建筑按层数分类:一层至三层为低层住宅,四层至六层为多层住宅,七层至九层为中高层住宅,十层及十层以上为高层住宅;除住宅建筑之外的民用建筑高度不大于24 m者为单层和多层建筑,大于24 m者为高层建筑(不包括建筑高度大于24 m的单层公共建筑);建筑高度大于100 m的民用建筑为超高层建筑。对于钢筋混凝土结构房屋,我国一般情况是按现行《高层建筑混凝土结构技术规程》(JGJ3)(以下简称"高规")的规定来划分。"高规"中规定:10层及10层以上或房屋高度大于28 m的住宅建筑以及房屋高度大于24 m的其他民用建筑为高层建筑。

13.2 多层与高层房屋的结构方案选择

结构方案选择就是要在满足建筑使用要求的前提下,给建筑选择一个切实可行的结构形式、结构体系和结构布置。结构方案的选择还必须立足于可靠的施工方法,否则结构方案的合理性和经济性均无从谈起。另外与建筑设计的密切配合无疑是结构方案选择的根本出发点,应尽可能满足建筑设计上的合理要求,但又必须对建筑设计提出要求和作出必要的限制,做到最大限度地协调、减小建筑与结构的矛盾。

13.2.1 多层与高层房屋的结构形式

确定房屋的结构方案,首先需要确定采用什么样的结构形式,比如砌体结构、钢筋混凝土结构或钢结构,这首先要取决于房屋的性质与高度,另外还要看物质与技术条件以及工期要求等。

1)砌体结构

砌体结构是由块材和砂浆砌筑而成的墙、柱作为建筑物主要受力构件的结构。砌体结构主要用于多层住宅、旅馆,开间不大的多层办公楼以及跨度不大的单层厂房和仓库等。该部分的具体内容见本书第14章。

2)钢结构

钢材的特点是强度高、变形能力强;材料有良好的匀质性和各向同性,属理想弹性体,最符合一般工程力学的基本假定;材料的塑性、韧性好,可有较大变形,能很好地承受动力荷载。因钢结构自重轻、整体刚性好,特别适宜用于建造大跨度、超高、超重型的建筑物;而且钢结构工业化程度高,可进行机械化程度高的专业化生产,建筑工期短;钢结构建筑拆除几乎不会产生建筑垃圾,其钢材可以回收再利用,符合低碳、节能、绿色环保的建筑设计理念。

3)钢筋混凝土结构

钢筋混凝土结构与砌体结构相比,具有强度高、结构自重轻、抗震性能好、工业化程度高等优点,与钢结构相比又具有造价低、材料来源广泛、耐火性好、结构刚度大等好处,因而目前在我国是建造多层与高层房屋运用最多的结构形式。

此外,木结构及组合结构在我国多高层建筑中也有一定的运用。特别是组合结构由于其性能优良,发展极为迅速。

13.2.2 多层与高层房屋的结构体系

1)荷载对结构的影响

结构必须与外部荷载相适应。作用在多层与高层房屋上的荷载,根据它们对结构的影响可以归纳为竖向荷载和水平荷载这两种主要荷载。竖向荷载主要要求整体结构应具有足够的抗压强度,而作用在房屋上的水平荷载则要求房屋还应具有足够的抗弯、抗剪强度和刚度,这就要求房屋具有强大的抗侧力构件。而在强度与刚度这两个结构都需要满足的条件中,刚度条件一般要比强度条件更难以满足。

一栋多层或高层房屋的结构设计(包括截面几何尺寸与材料的确定)往往都是为其刚度条件所决定。要使结构在水平荷载作用下不破坏是相对容易的,而要使它的水平侧移满足规定要求,则往往需要结构具有更大的截面尺寸。水平荷载与竖向荷载对结构的作用情况是不同的,房屋越高,水平荷载的影响相对就越大。这是因为:①竖向荷载一般沿房屋竖向是均匀分布,在结构中引起的内力随高度也基本是线性增长;而水平荷载沿竖向不均匀,随高度增加而提高(风载与地震作用均如此)。它们在结构中引起的弯矩与房屋高度的平方成正比,故水平荷载的影响要比竖向荷载增长更快。②任何材料都是以承受简单的单向拉、压作用时最能充分发挥其强度,而受弯、剪作用时则不可能全部发挥材料的潜力。混凝土具有抗压强度高、抗拉强度低的特性(因而难以承受较大的剪力),所以房屋越高,弯、剪内力越大,材料的强度越得不到充分发挥。综上所述,竖向荷载的影响只是在房屋高度不大时才能对结构设计起控制作用;随房屋高度的增加,水平荷载的影响迅速增长,以致逐渐发展成与竖向荷载共同控制其设计;在房屋更高时,水平荷载甚至会对结构设计起绝对的控制作用。

2)常用的多高层结构体系及适用范围

(1)框架结构

用框架结构来承受竖向荷载是很合理的。当房屋层数不多时,水平荷载的影响较小,采用框架结构可以有效地发挥结构的承载能力。因而,在非地震区框架结构一般可建至 15 层,最高可达 20 层。对于层数更多的房屋,若使用框架结构则会由于水平荷载的作用使得梁、柱截面尺寸过大,在技术经济上不太合理,而且会给建筑设计带来困难。

框架结构在水平荷载作用下表现出刚度小、水平位移大的特点,故一般称其为柔性结构体系,这就限制了框架结构在水平荷载作用下的结构高度。地震作用一般要比风载大得多,所以有抗震设防要求的框架结构房屋的高度要比非地震区房屋低,具体规定见现行《建筑抗震设计规范》(GB 50011)的规定。

框架结构能提供较大的室内空间，平面布置灵活，在民用建筑中，它非常适用于门厅、会议室、办公室、阅览室、餐厅、商场等地方，故常在多层和高层办公楼、旅馆、医院、学校、商店及住宅等建筑中广泛采用。在工业建筑中，框架结构适用于各种多层工业厂房和仓库。若采用各种轻型墙体材料和轻型墙板结构，则它们与框架的结合使框架结构房屋的层数、经济性都有显著提高。

(2)框架-剪力墙结构

随着房屋层数的增加，水平荷载的影响迅速增大，框架-剪力墙结构表现出比框架结构更明显的优势。在这种结构体系中，除了框架外还增设了一些抗侧力能力很大的墙体，它能使房屋抵抗水平剪力的能力大大提高，所以一般都称这些墙体为剪力墙。在这一结构体系中，剪力墙将承受绝大部分的水平荷载，而框架则以承受竖向荷载为主。对于有抗震设计要求的框架-剪力墙结构房屋在6、7、8(0.2g)、8(0.3g)、9烈度区的高度分别不超过130 m、120 m、100 m、80 m、50 m。

在这种结构体系的房屋中，剪力墙在一定程度上限制了建筑平面的灵活性，但只要布置合理，这一限制可以尽量减小。因此，框架-剪力墙结构可以用于办公楼、旅馆、公寓、住宅等建筑结构。

(3)剪力墙结构

当房屋层数更多，水平荷载的影响进一步增大时，如果采用框架-剪力墙结构体系，则剪力墙的数量与厚度都需要大幅度增加，同时框架柱子的截面也可能过大，全部采用剪力墙结构更合理。

剪力墙结构一般在25~30层以上的房屋中采用，有抗震设防要求的剪力墙结构房屋在6、7、8(0.2g)、8(0.3g)、9烈度区的高度分别不超过140 m、120 m、100 m、80 m、60 m。

剪力墙结构体系房屋由于其平面布置受墙体限制太大，平面布置极不灵活，对需要较大室内空间的建筑难以满足其要求，所以一般多用于住宅、公寓、旅馆较为合适。

对于底层或底部多层需要大空间的多层与高层建筑(如住宅下部为商场的“商住楼”)，为了满足这一需要，也可将底层或底部多层的若干剪力墙改为框架，构成框支-剪力墙结构体系。这种结构体系的抗侧力刚度显然会由于用框架取代部分剪力墙而有所削弱，而且由于在框架和剪力墙连接部位其结构刚度突变而导致应力集中，表现在这个部位的结构震害特别严重。但在无抗震设防要求的地区，这种结构体系房屋的总体刚度还是要比框架-剪力墙结构好。为使其不出现急剧的刚度突变，通常在下部需要加强墙体来提高其刚度。

(4)筒体结构

筒体结构集合和发展了框架-剪力墙与纯剪力墙结构的优点，它将剪力墙集中到房屋的内部并和外围形成空间封闭式筒体，使整个结构体系既具有极大的抗侧力刚度，又因为剪力墙的集中而获得较大的空间，使建筑平面设计重新获得良好的灵活性，所以特别适用于办公楼、商场及其他综合性服务建筑中。

筒体结构根据房屋的高度、水平荷载的大小可以采用四种不同的形式：框架核心筒、框架外框筒、筒中筒和成组筒。

内筒一般是由电梯间、楼梯间和设备管道井等组成，通常称之为中央服务竖井。在通常情况下，外筒一般为密排柱和截面高度很大的宽横梁组成，它的总体刚度虽不如筒壁上开圆孔的情况好,但比一般框架要好得多。也可以把这种框筒看成在实体筒壁上开了一些矩形孔,它的工作性能介于整个剪力墙与框架之间,而且更接近整体墙。

框架核心筒结构很接近框架-剪力墙结构,一般不宜过高。对于要求内部空间开敞的方形、圆形、多边形平面的塔式建筑,可以采用框架外框筒结构体系。当单筒结构不能满足其抗水平荷载的要求时,则可能需要采用抗侧力能力更高的筒中筒或成组筒结构体系,以适应更高建筑的需要。

除上述四种主要结构体系之外,还有悬挂结构和传力梁结构体系等运用成功的结构体系。上述各种结构体系的运用均需要根据房屋的性质、高度和所受荷载,尤其是水平荷载的大小等因素来选择。每种结构体系都具有其合理的适用高度。

13.2.3 多层与高层房屋的结构布置

在选择房屋的结构方案时,设计者可以首先根据房屋的性质、高度、荷载情况和所具备的物质与技术条件等因素,将应采用的结构形式、结构体系确定下来;然后确定一个合理的,既能满足建筑使用和造型要求,又能使所选的结构体系的结构性能得到尽可能好的发挥的结构布置。在进行结构布置时应认真考虑下述原则:

①应尽可能减少不同开间、进深的类型,尽可能统一柱网和层高,重复使用标准层以最大限度地减少构件种类、规格,达到简化设计和施工的目的,节约成本。

②应使房屋平面尽可能规整、均匀对称,体型力求简单,以尽可能减小房屋的扭转效应。

③为了使房屋具有必要的抗侧移刚度,房屋的高宽比不宜太大,否则房屋在水平荷载作用下的侧移可能过大,影响房屋的经济性。

④多层与高层房屋的总长宜控制在最大伸缩缝间距以内。当房屋长度超过规定限值时,可设伸缩缝将房屋划分为两段或若干段。高层建筑设置伸缩缝往往会给结构处理和建筑构造带来困难,所以对长度超过容许值不多的房屋常不设缝,而是通过温度与收缩应力计算适当增加结构配筋的办法来加强其结构,并可通过建筑、结构或施工的办法来减小结构中的温度与收缩应力。

⑤多层与高层房屋的基础应力求类型、埋深一致,且基础本身刚度宜尽可能大一些。当相邻部分基础类型、埋深不一致或土层变化很大,以及房屋层数、荷载相差悬殊时,应设沉降缝将相邻部分分开。

13.3 多层与高层房屋的荷载

作用在多层与高层房屋上的荷载有竖向荷载、水平荷载(作用)以及温度作用等。恒载、楼面均布活荷载、雪载以及施工检修荷载等都属于竖向荷载,这些荷载均可由现行《建筑结构荷载规范》(GB 50009,以下简称“荷载规范”)查得。对于多层与高层房屋,应特别注意该规范关于楼面活荷载折减的规定,在设计楼面梁、墙、柱及基础时,作用于楼面上的活荷载应乘以相应的折减系数,具体可参见本书第 3 章相关内容。

水平荷载(作用)和温度作用应按相关规范的要求进行计算,限于篇幅本处不再详述。

13.4　框架结构的布置

在建筑结构中，往往将房屋的短向称为横向，长向称为纵向。框架结构体系是由若干平面框架通过连系梁连接而形成的空间结构体系。这个体系中平面框架是其基本的承重结构，它布置方案有：沿房屋横向布置、沿房屋纵向布置和沿房屋两个方向都布置。三种结构布置方案的特点如下：

1）主要承重框架沿房屋横向布置

通常在房屋长度方向的柱数较多，因而无论是强度还是刚度都比宽度方向更易于保证。而房屋的横向刚度则相对较弱，所以一般多把主要的承重框架沿房屋的横向布置如图 13.1（a）所示，使房屋的横向刚度得到提高。

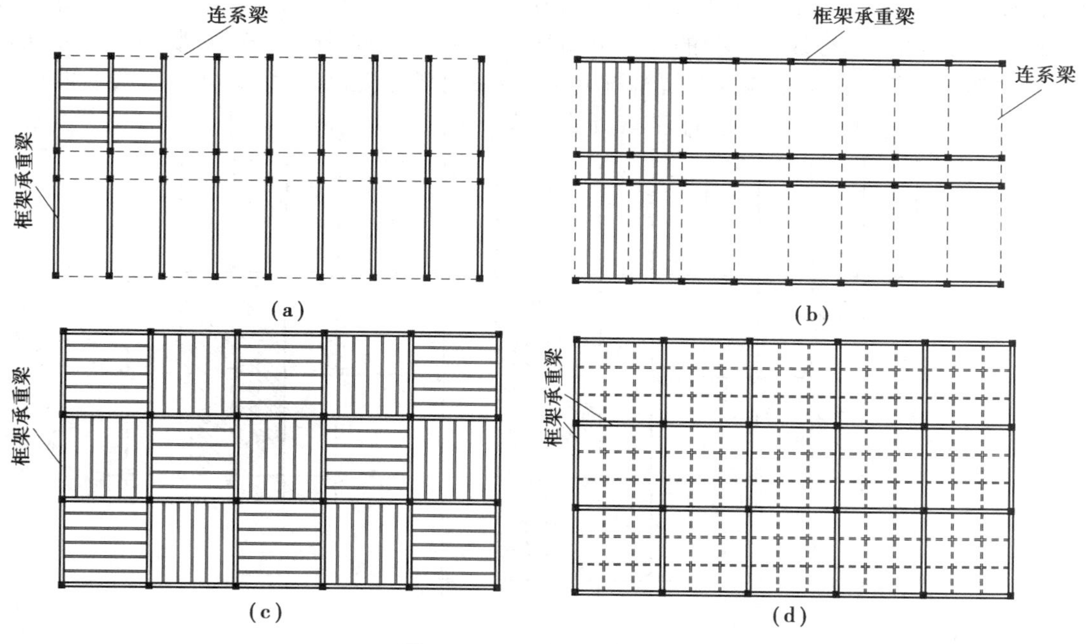

图 13.1　承重框架布置方案

这种布置方案由于纵向连系梁截面高度较小，也有利于建筑的采光。

2）主要承重框架沿房屋纵向布置

为了降低房屋层高，以降低房屋造价，常采用承重框架沿房屋纵向布置的方案如图 13.1（b）所示，承重框架间在房屋横向以连系梁连系。

这种布置方案有利于开间的灵活布置，但房屋横向刚度较差，故只适用于层数不多的房屋。

3）主要承重框架沿房屋双向布置

当房屋采用如图 13.1（c）、（d）所示的大柱网时，两个方向的梁均为承重梁，因而必须构成双向承重框架。另外，当房屋平面接近正方形，两方向柱列数接近时，或者当楼板如图 13.1

(d)布置时(适用于楼面荷载较大的情况)都应采用此种布置方案。对于有抗震设计要求的房屋,由于沿房屋两个方向的地震作用大体相同,要求房屋在两个方向都要具有很大的抗水平力的能力,所以必须采用此种布置方案。

13.5 框架结构的计算简图

13.5.1 计算单元的选取

为简化计算常忽略结构纵向和横向之间的空间联系,忽略各构件的抗扭作用,将横向框架和纵向框架分别按平面框架来进行分析计算,如图13.2所示。通常,横向框架的间距、荷载和构件尺寸都相同,因此取中间具有代表性的一榀横向框架作为计算单元。纵向框架上的荷载等往往各不相同,故有中列柱和边列柱的区别。中列柱纵向框架的计算单元宽度可各取为两侧跨距的一半;边列柱纵向框架的计算单元宽度可取为一侧跨距的一半。取出的平面框架所承受的竖向荷载与楼盖结构的布置情况有关,当采用现浇楼盖时,楼面分布荷载一般可按角平分线传到两侧相应的梁上,水平荷载则简化成节点集中力。

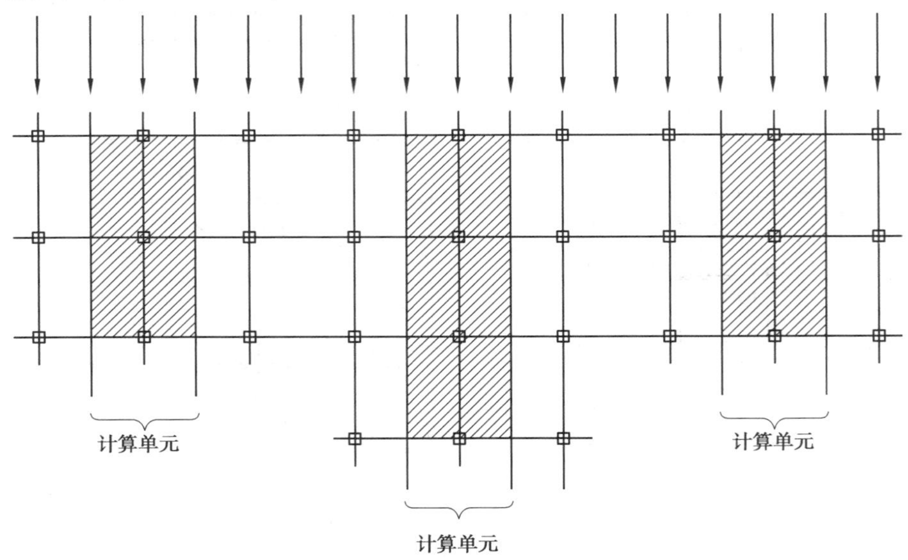

图13.2 框架结构体系计算单元的选取

13.5.2 计算模型的确定

一个具体结构被抽象为计算模型时,其受力体系对框架结构而言,是以梁、柱的截面几何轴线来确定的,对变截面杆件而言则应以该杆最小截面的几何轴线来确定。同时,认为框架柱在基础顶面处为嵌固,框架梁柱为刚接,如图13.3(a)所示。另外,不同阶段的结构计算模型是不同的,施工阶段的计算模型应按实际情况确定。图13.3(b)所示即为一装配整体式单层单跨框架施工阶段的计算模型,此时受力体系为一铰接框架,梁按简支梁计算,而在使用阶段由于节点浇筑后梁、柱连接成为整体,则将以框架结构受力模型来承受节点固结后所增加的荷载。

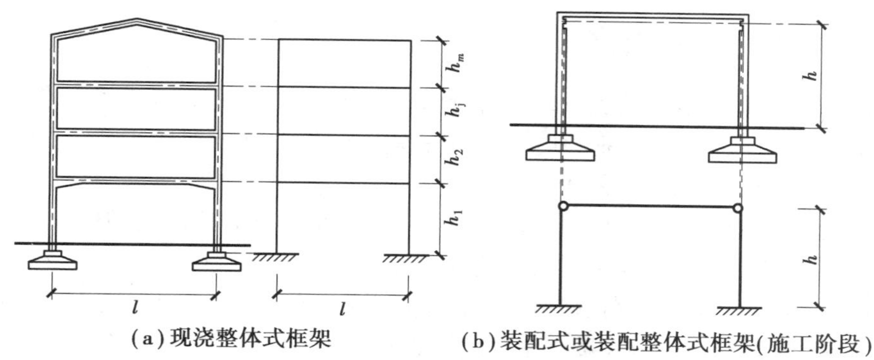

(a)现浇整体式框架　　(b)装配式或装配整体式框架(施工阶段)

图 13.3　框架结构的计算模型

在实际工程设计中,确定计算模型还要适当考虑内力分析方便,在尽量不改变结构受力状态,保证其必要计算精度的情况下,可以对计算模型作适当的修正和简化。下列是常被采纳的各项简化:

①当框架横梁为坡度 $i \leqslant \frac{1}{8}$ 的折梁时,可以简化为直杆。

②对于不等跨框架,当各跨跨度相差不大于 10%时,可以简化为等跨框架,跨度取为原框架各跨跨度的平均值。

③若框架横梁为有加腋的变截面梁,且若 $\frac{I_m}{I}<4$ 或 $\frac{h_m}{h}<1.6$,则可以不考虑加腋的影响,按等截面梁进行内力计算(I_m、h_m 分别是加腋端最高截面的惯性矩和梁高,I、h 为跨中等截面梁的截面惯性矩和梁高)。当不满足上述条件时,梁应按变截面杆分析。

在计算模型中各杆的刚度取值,柱按实际截面确定,即可取 $i_c=\frac{EI_c}{h}$。而横梁则应按楼板与梁的连接方式不同分为下述三种情况来考虑。

1)现浇整体式梁板结构

考虑到板与梁整体工作,梁的刚度将明显提高。然而,由于很难合理地给出这种 T 形截面梁的翼缘宽度,所以很难求得梁的真实刚度(实际上在梁支座截面,位于受拉区的翼板将退出工作,故按 T 形截面确定其 EI 也不完全合理)。大量设计经验表明,如果矩形截面梁的惯性矩为 I_0,对于现浇整体式梁板在计算时梁的刚度取为:中间框架梁 $I=2I_0$,边框架梁 $I=1.5I_0$,是合理的。

2)装配式梁板结构

由于梁板间非整体连接,故不应考虑板对梁刚度的影响,取 $I=I_0$。

3)装配整体式梁板结构

由于板与梁间通过后浇叠合层混凝土连成整体,板对梁的刚度将有一定提高作用,故在实际设计中适当地考虑这一提高作用也是必要和合理的。具体取值多少取决于梁板间连接的整体性,目前常用的处理方法是取中间框架横梁 $I=1.5I_0$,边框架横梁 $I=1.2I_0$,此值介于现浇整体式与装配式梁板式结构之间。

13.5.3 荷载形式的简化与计算

在保证其必要计算精度的前提下，为简化计算，允许将作用在框架上的荷载作如下简化：

①计算次梁传给框架主梁的荷载时允许不考虑次梁的连续性，即按各跨在支座处间断的简支次梁来计算传到主梁的集中荷载。

②作用在框架上的次要荷载可以简化为与主要荷载相同的荷载形式，但应对结构的主要受力部位维持内力等效。如框架主梁自重线荷载相对于次梁传来的集中荷载来说是次要荷载，故此线荷载可化为等效集中荷载然后叠加到次梁集中荷载中去。另外，也可将作用于框架梁上的三角形、梯形等荷载形式按支座弯矩等效的原则替换成为等效均布荷载。

作用在框架结构上的荷载有竖向荷载和水平荷载两种。竖向荷载包括结构自重及楼(屋)面活荷载，一般为分布荷载，有时也有集中荷载。多、高层建筑中的楼面活荷载，不可能以荷载规范所给的标准值同时满布在所有的楼面上，所以在结构设计时可考虑楼面活荷载折减，见表3.3。

风荷载的计算方法与单层厂房相同，风载体型系数 μ_s 可按"荷载规范"取用。当高度不超过40 m，且质量和刚度沿高度分布比较均匀时，可采用底部剪力法计算其水平地震作用。风荷载和水平地震作用一般均简化成为作用于框架节点的水平集中力。

13.6 框架结构的内力计算

目前，利用计算机进行结构的内力计算以及截面配筋，大大减少了设计人员的计算工作量。然而，平面手算分析方法对掌握结构在外载作用下的受力特点是极为重要的，其概念清晰，还可用此判断电算结果的合理性。常用的平面分析方法有分层法、反弯点法、D值法、弯矩分配法及迭代法等。弯矩分配法及迭代法等在《结构力学》课程中有详细讲解，在此不再赘述。

13.6.1 框架结构在竖向荷载作用下的简化计算法——分层法

首先分析一下竖向荷载作用下框架的受力特点。如在其某一层普通框架上施以外载，则由图13.4可见，在整个框架中只有直接受荷载的梁及与它相连的上、下层柱的弯矩较大，其他各层梁、柱弯矩均很小，当梁线刚度大于柱线刚度时，这一特点尤为明显。在框架内力计算中，如忽略这些对内力影响很小的非本层梁、柱的较小的弯矩，则可以设想把一各层满载的框架分解为若干个只有单层作用外载的框架之和，如图13.5(a)所示。而每一单层受荷框架的内力又都可忽略其非本层梁、柱的弯矩如图13.5(b)所示，进而可以设想把那些受力很小(弯矩可忽略为零)的框架杆件从结构计算模型中去掉，而以一弹性嵌固支座来代替非本层梁、柱对直接受荷层梁柱的约束作用如图13.5(c)所示。为方便计算，我们还是把这一弹性嵌固支座改为完全嵌固支座，当然必须设法使改造后的小开口框架在外载作用下的内力尽可能地接近原弹性嵌固支座各小开口框架的内力，这将通过调整框架柱的刚度和弯矩传递系数来实现。分别计算这些改造好的小开口框架，再叠加这些小开口框架内力，即可得整体框架的最终内力如图13.5(d)所示，这就是分层法的基本思路。

对称框架在对称荷载作用下没有侧移，但一般框架在非对称荷载作用下则存在侧移和侧移力矩。计算表明，只要结构与荷载不是严重不对称，侧移和侧移力矩一般是极小的，忽略其影响将会大大简化框架的受力分析。

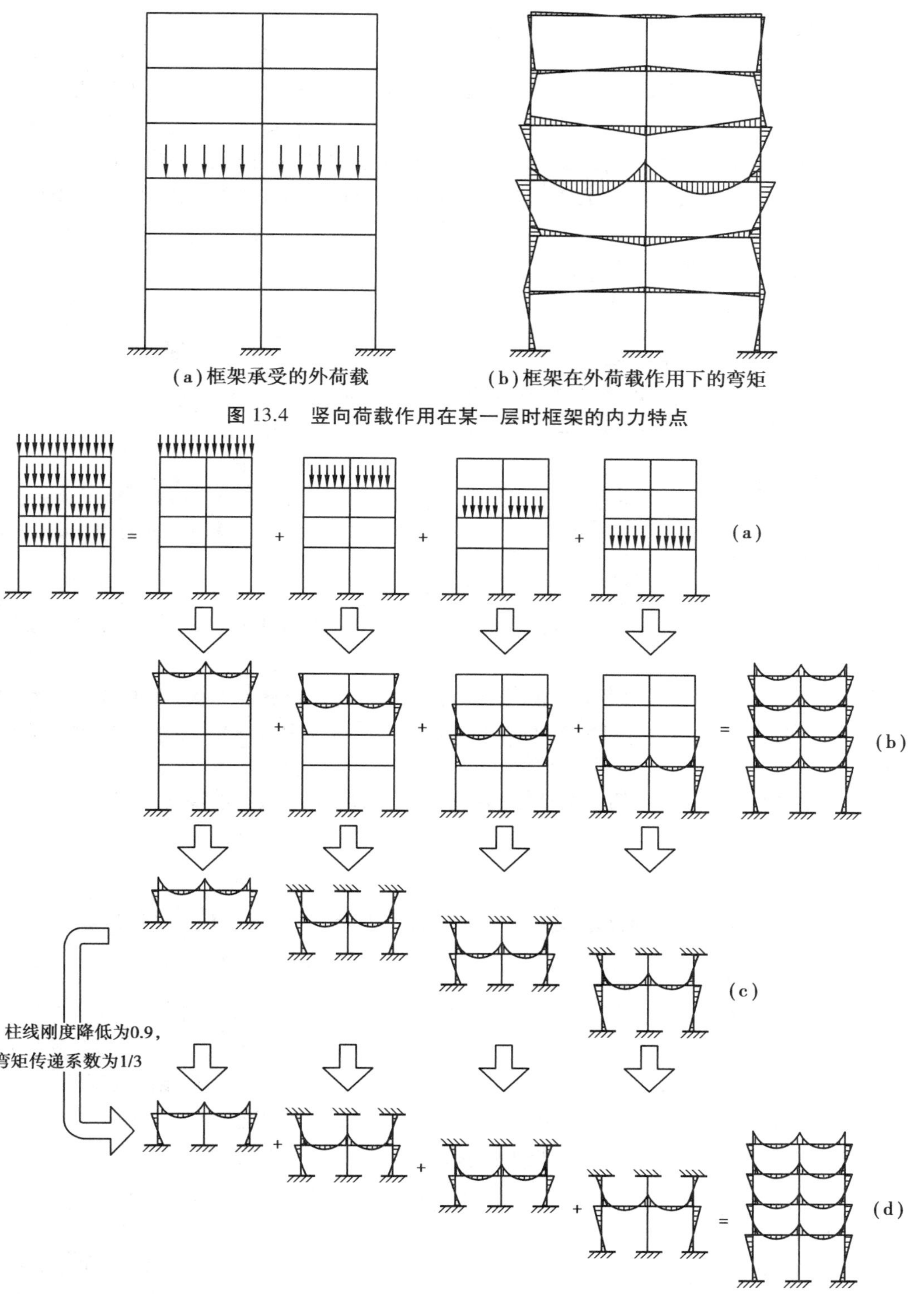

(a) 框架承受的外荷载　　(b) 框架在外荷载作用下的弯矩

图 13.4　竖向荷载作用在某一层时框架的内力特点

图 13.5　分层法计算的思路

根据上述分析，分层法作如下两点假定：

①忽略框架在竖向荷载作用下的侧移和由它引起的侧移力矩；

②忽略本层荷载对其他各层内力的影响。

根据上面两点假定，可以得出图 13.5(a)—(c)的各步是合理的，但图 13.5(d)与图 13.5(c)显然是不等效的，因图 13.5(c)各小开口框架柱的上、下端弹性嵌固支座在外载作用下一定会出现某一转角，而改为完全嵌固之后，柱端将无转角，因而梁、柱的变形将比支座有转动时的情况小(如图 13.6 所示)。也可以说，经过这样改造的结构刚度增大了，因此柱上、下端的弯矩将加大。为了使改后的图 13.5(d)的内力与改造前的框架内力接近，可通过下面两条途径来实现：

①将柱的刚度乘以折减系数 0.9；

②将弯矩传递系数取为 1/3。

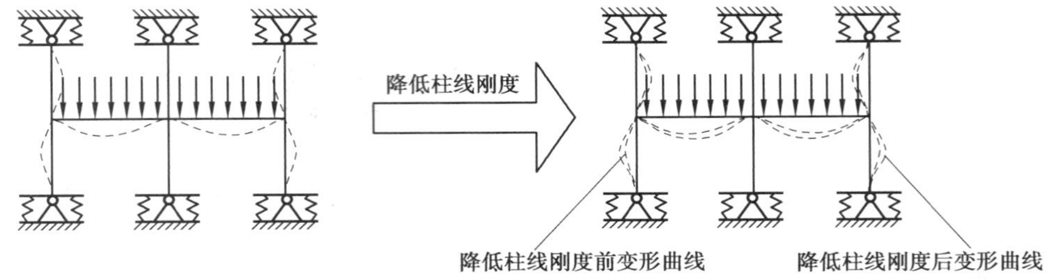

图 13.6　弹性嵌固支座框架的变形与受力

需要注意的是：底层柱下端本来就是嵌固支座，故底层柱刚度不应折减，传递系数也不折减，仍为 1/2。

这种方法计算出的框架内力是近似的，因而节点弯矩一般不会平衡，但通常不平衡弯矩也不会很大，如想提高精度，可对节点不平衡弯矩进行一次弯矩分配。该法工程上一般用于节点梁柱线刚度比 $\dfrac{\sum i_b}{\sum i_c} \geqslant 5$ 的情况和结构与荷载沿高度比较均匀的多层框架，否则基本假定难以成立，误差较大。

13.6.2　框架结构在水平荷载作用下的简化计算法之一——反弯点法

风荷载或水平地震作用对框架结构的作用，一般都可简化为作用于框架节点上的水平力。由精确法分析可知，框架结构在节点水平力作用下定性的弯矩图如图 13.7 所示，各杆件的弯矩图都呈直线形，且一般都有一个反弯点。变形图如图 13.8 所示。由于可以忽略梁的轴向变形，故同一层内的各节点具有相同的侧向位移，同一层内的各柱具有相同的层间位移。

在图 13.7 中，如能确定各柱内的剪力及反弯点的位置，便可求得各柱的柱端弯矩，进而由节点平衡条件求得梁端弯矩以及整个框架结构的其他内力。为此假定：

①求各个柱的剪力时，假定各柱上、下端都不发生角位移，即认为梁的线刚度与柱的线刚度之比为无限大。

②在确定柱的反弯点位置时，除底层柱以外，其余各层柱的上、下端节点转角均相同，即除底层柱外，其余各层框架柱的反弯点均位于层高的中点；对于底层柱，则假定其反弯点位于

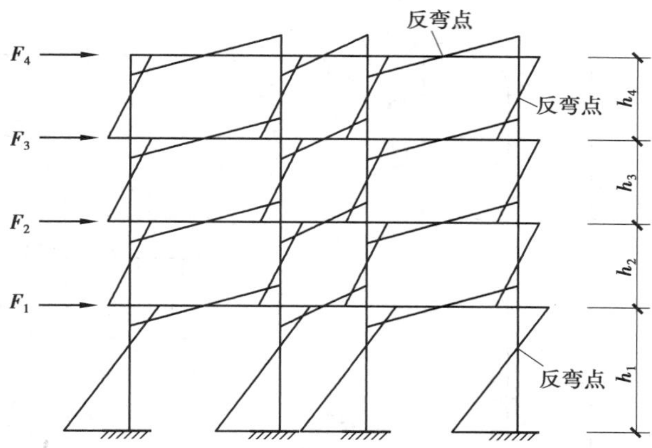

图 13.7　框架在水平力作用下的弯矩图

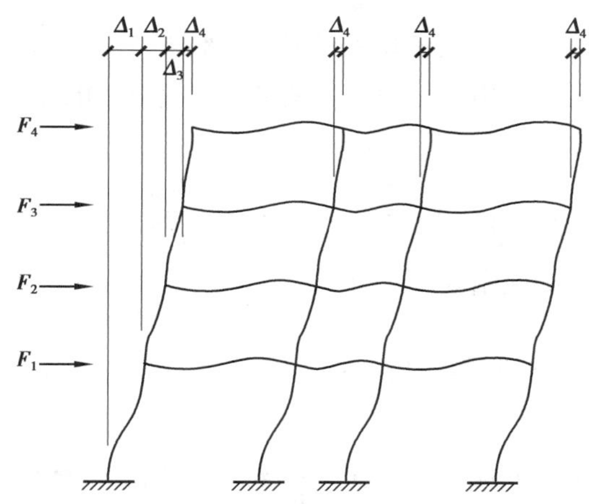

图 13.8　框架在水平力作用下的变形

距支座 2/3 层高处。

③梁端弯矩可先由节点弯矩平衡条件求出不平衡弯矩，再按节点左右梁的线刚度进行分配。

对于层数较少、楼面荷载较大的框架结构，柱的刚度较小，梁的刚度较大，假定①与实际情况较为符合，一般认为，当梁的线刚度与柱的线刚度之比超过 3 时，由上述假定所引起的误差能够满足工程设计的精度要求。

设框架结构共有 n 层，每层内有 m 根柱子如图 13.9(a)所示。将框架沿第 j 层各柱的反弯点处切开代以剪力和轴力，如图 13.9(b)所示，则按水平力的平衡条件有：

$$V_j = \sum_{i=j}^{n} F_i$$

$$V_j = V_{j1} + V_{j2} + V_{j3} + \cdots + V_{jm} = \sum_{k=1}^{m} V_{jk} \tag{13.1}$$

式中　F_i——作用在楼层 i 的水平力；

V_j——框架结构在第 j 层所承受的层间总剪力；

V_{jk}——第 j 层第 k 柱所承受的剪力；

m——第 j 层内的柱子数；

n——楼层数。

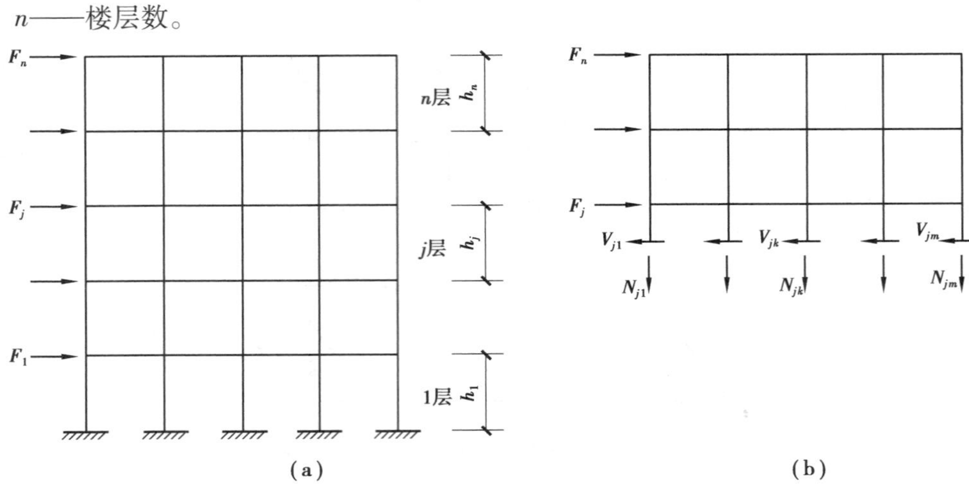

图 13.9　反弯点法推导

由假定①可知,在水平力作用下,j 楼层框架柱 k 的变形如图 13.10 所示。由结构力学可知,框架柱内的剪力为:

$$V_{jk} = D'_{jk}\Delta u_j, D'_{jk} = \frac{12i_{jk}}{h_j^2} \tag{13.2}$$

式中　i_{jk}——第 j 层第 k 柱的线刚度;

h_j——第 j 层柱子高度;

Δu_j——框架第 j 层的层间侧向位移;

D'_{jk}——第 j 层第 k 柱的侧向刚度。

对于图 13.10 所示的柱,其侧向刚度 $D' = \frac{12i}{h^2}$称为两端固定柱的侧向刚度,它表示要使两端固定的等截面柱在上、下端产生单位相对水平位移($\Delta u_j = 1$)时,需要在柱顶施加的水平力。将式(13.2)代入式(13.1),并注意到忽略梁的轴向变形,则第 j 层的各柱具有相同的层间侧向位移 Δu_j,因此有:

$$\Delta u_j = \frac{V_j}{\sum_{k=1}^{m} \frac{12i_{jk}}{h_j^2}} \tag{13.3}$$

将式(13.3)代入式(13.2),并考虑到同一楼层中,柱高相同,则得 j 楼层中任一柱 k 在层剪力 V_j 中分配到的剪力:

$$V_{jk} = \frac{i_{jk}}{\sum_{k=1}^{m} i_{jk}} V_j \tag{13.4}$$

求得各柱所承受的剪力 V_{jk} 以后,由假定②便可求得各柱的杆端弯矩,对于底层柱,有:

$$\left.\begin{aligned} M_{c1k}^{t} &= V_{1k} \cdot \frac{h_1}{3} \\ M_{c1k}^{b} &= V_{1k} \cdot \frac{2h_1}{3} \end{aligned}\right\} \tag{13.5a}$$

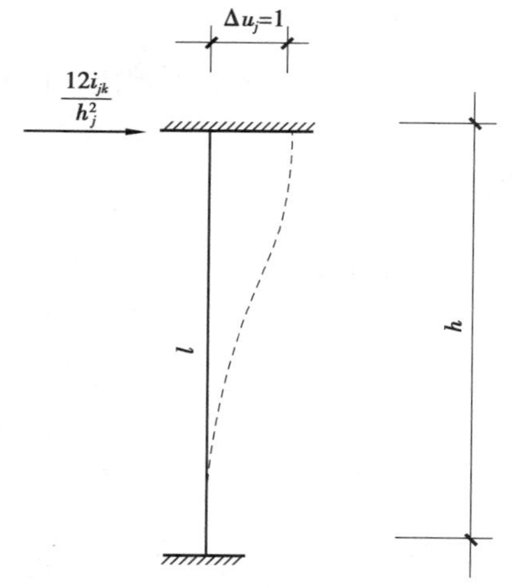

图 13.10　两端固定等截面柱的侧向刚度图

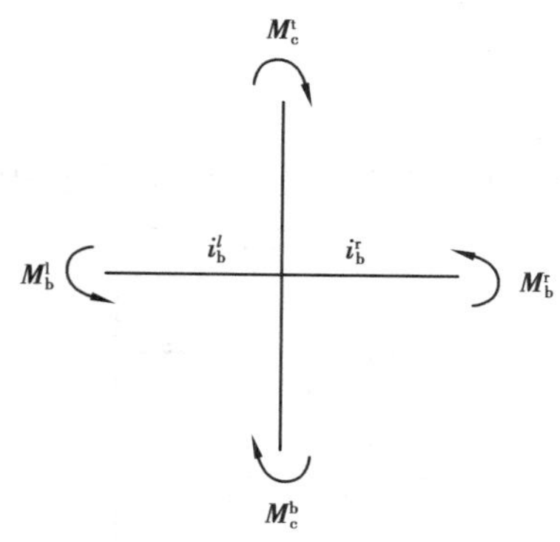

图 13.11　节点不平衡条件

对于上部各层柱，有：$M_{cjk}^{t} = M_{cjk}^{b} = V_{jk} \cdot \dfrac{h_j}{2}$　　(13.5b)

上式中的下标 cjk 表示第 j 层第 k 柱，上标 t、b 分别表示柱的顶端和底端。

在求得柱端弯矩以后，由图 13.11 所示的节点弯矩平衡条件并根据假定③，即可求得梁端弯矩：

$$\left.\begin{aligned} M_b^l &= \frac{i_b^l}{i_b^l + i_b^r}(M_c^t + M_c^b) \\ M_b^r &= \frac{i_b^r}{i_b^l + i_b^r}(M_c^t + M_c^b) \end{aligned}\right\} \tag{13.6}$$

式中　M_b^l、M_b^r——节点处左、右的梁端弯矩；

M_c^t、M_c^b——节点处柱上、下端弯矩；

i_b^l、i_b^r——节点左、右的梁的线刚度。

以各个梁为截离体，将梁的左、右端弯矩之和除以该梁的跨长，便得其梁端剪力。自上而下逐层叠加节点左右的梁端剪力，即可得到柱内轴向力。

13.6.3　框架结构在水平荷载作用下的简化计算法之二——修正反弯点法(D 值法)

反弯点法首先假定梁柱之间的线刚度之比为无穷大，其次又假定柱的反弯点高度为一定值，从而使框架结构在侧向荷载作用下的内力计算大为简化。但这样做同时也带来了一定的误差，首先是当梁柱线刚度较为接近时，特别是在高层框架结构或抗震设计时，梁的线刚度可能小于柱的线刚度，框架节点对柱的约束应为弹性支承，即框架柱的侧向刚度不能由图 13.10 求得，柱的侧向刚度不仅与柱的线刚度和层高有关，还与梁的线刚度等因素有关。另外，柱的反弯点高度也和梁柱线刚度比、上下层横梁的线刚度比、上下层层高等因素有关。日本武腾清教授在分析了上述影响因素的基础上，对反弯点法中柱的侧向刚度和反弯点高度的计算方法做了改进，称为改进的反弯点法。改进的反弯点法中，柱的侧向刚度用 D 表示，因此改进的反弯点法又称为“D 值法”。

1)改进后的柱侧向刚度 D

柱的侧向刚度是当柱上下端产生单位相对横向位移时，柱所承受的剪力，即对于框架结构中第 j 层第 k 柱：

$$D_{jk}=\frac{V_{jk}}{\Delta u_j} \tag{13.7}$$

下面以图 13.12 所示框架中间柱为例，导出 D_{jk} 的计算公式。

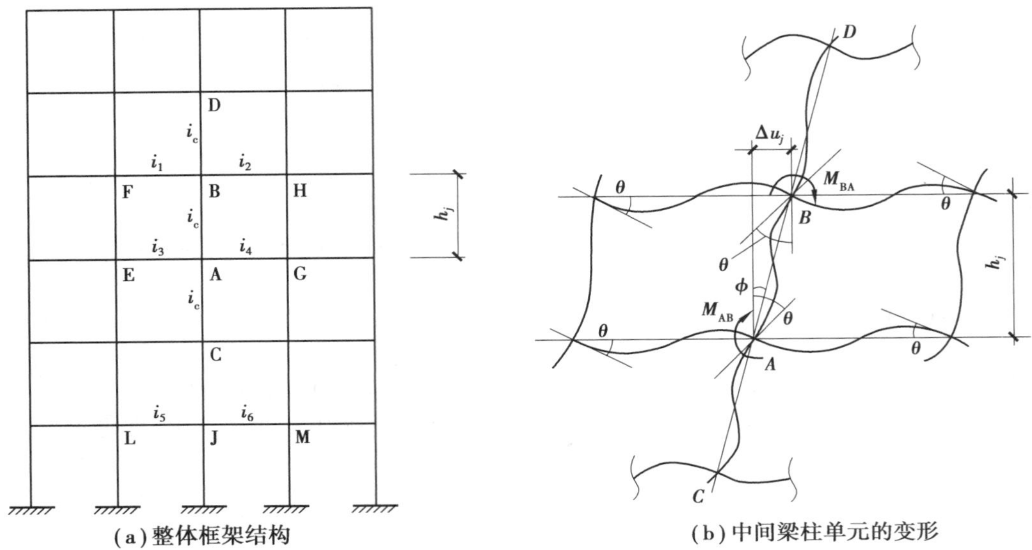

(a)整体框架结构 (b)中间梁柱单元的变形

图 13.12 D 值法的推导

假定：

①柱 AB 及与其上下相邻柱的线刚度均为 i_c。

②柱 AB 及与其上下相邻柱的层间水平位移均为 Δu_j。

③柱 AB 两端节点及与其上下左右相邻的各个节点的转角均为 θ。

④与柱 AB 相交的横梁的线刚度分别为 i_1、i_2、i_3、i_4。

这样，在框架受力后，柱 AB 及相邻各构件的变形如图 13.12(b)所示。它可以看成上下层的相对层间位移 Δu_j 和各节点的转角 θ 的叠加。

由节点 A 和节点 B 的力矩平衡条件，分别可得：

$$4(i_3+i_4+i_c+i_c)\theta+2(i_3+i_4+i_c+i_c)\theta-6(i_c\phi+i_c\phi)=0 \tag{13.8a}$$

$$4(i_1+i_2+i_c+i_c)\theta+2(i_1+i_2+i_c+i_c)\theta-6(i_c\phi+i_c\phi)=0 \tag{13.8b}$$

将以上两式相加，化简后得：

$$\theta=\frac{2}{2+\dfrac{\sum i}{2i_c}}\phi=\frac{2}{2+K}\phi \tag{13.9a}$$

式中 $\sum i=i_1+i_2+i_3+i_4$，$K=\dfrac{\sum i}{2i_c}$，$\phi=\dfrac{\Delta u_j}{h_j}$

柱 AB 在受到相对平移 Δu_j 和两端转角 θ 的约束变形时，柱内的剪力为 V_{jk} 为：

$$V_{jk} = \frac{12i_c}{h_j}\left(\frac{\Delta u_j}{h_j} - \theta\right) \tag{13.9b}$$

将式(13.9a)代入式(13.9b),得:

$$V_{jk} = \frac{K}{2+K}\frac{12i_c}{h_j^2}\Delta u_j \tag{13.10}$$

令 $\alpha_c = \dfrac{K}{2+K}$,则

$$V_{jk} = \alpha_c \frac{12i_c}{h_j^2}\Delta u_j \tag{13.11}$$

将式(13.11)代入式(13.7),得:

$$D_{jk} = \alpha_c \frac{12i_c}{h_j^2} \tag{13.12}$$

式(13.12)中 α_c 值反映了梁柱线刚度比值对柱侧向刚度的影响,称为框架柱侧向刚度降低系数。当框架梁的线刚度为无穷大时,$K=\infty$,$\alpha_c=1$,这时的 D 值即为两端固定柱的侧向刚度 D'。底层柱的侧向刚度降低系数 α_c 可同理求得。表 13.1 列出了各种情况下的 α_c 值及相应 K 值的计算公式。

表 13.1　α_c 值和 K 值的计算式

楼　层	简　图	K	α_c
一般层	i_2 / i_c / i_4;　i_1 i_2 / i_c / i_3 i_4	$K=\dfrac{i_1+i_2+i_3+i_4}{2i_c}$	$\alpha_c=\dfrac{K}{2+K}$
底层	i_2 / i_c;　i_1 i_2 / i_c	$K=\dfrac{i_1+i_2}{i_c}$	$\alpha_c=\dfrac{0.5+K}{2+K}$

注:边柱情况下,式中 i_1、i_3 取为 0 值。

求得框架柱侧向刚度 D 值后,与反弯点法相似,由同一层内各柱的层间位移相等的条件,可把层间剪力 V_j 按下式分配给该层的各柱:

$$V_{jk}=\frac{D_{jk}}{\sum_{k=1}^{m}D_{jk}}V_j \tag{13.13}$$

式中　V_{jk}——第 j 层第 k 柱所分配到的剪力；

D_{jk}——第 j 层第 k 柱的侧向刚度 D 值；

m——第 j 层框架柱数；

V_j——第 j 层框架柱所承受的层间总剪力。

2)修正后的柱反弯点高度

各个柱的反弯点位置取决于该柱上、下端转角的比值。如果柱上、下端转角相同，反弯点就在柱高的中央；如果柱上、下端转角不同，则反弯点偏向转角较大的一侧，亦即偏向约束刚度较小的一端。影响柱两端转角大小的因素有：水平荷载的形式、梁柱线刚度比、结构总层数及该柱所在的层数、柱上下横梁线刚度比、上层层高的变化和下层层高的变化等。为分析上述因素对反弯点高度的影响，可假定框架在节点水平力作用下，同层各节点的转角相等，即假定同层各横梁的反弯点均在各横梁跨度的中央而该点又无竖向位移。这样，一个多层多跨的框架可简化成图 13.13(a)所示的计算简图。当上述影响因素逐一发生变化时，可分别求出柱底端至柱反弯点的距离(反弯点高度)，并制成相应的表格，以供查用。

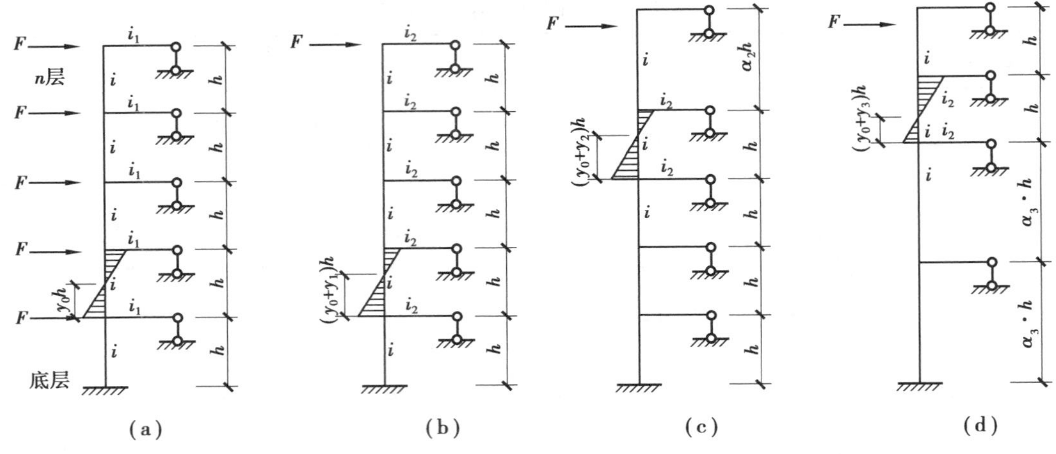

图 13.13　柱的反弯点高度

(1)梁柱线刚度之比及层数、层次对反弯点高度的影响

假定框架横梁的线刚度、框架柱的线刚度和层高沿框架高度保持不变，则如图 13.13(a)所示，可求出各层柱的反弯点高度 y_0h(y_0 称为标准反弯点高度比，其值与结构总层数 n、该柱所在的层数 j、框架梁柱线刚度比 K 及侧向荷载的形式等因素有关，可由附录 6 的附表 6.1、附表 6.2 查得，其中 K 值可按表 13.1 计算)。

(2)上下横梁线刚度比对反弯点高度的影响

若某层柱的上下横梁线刚度不同，则该层柱的反弯点位置将向横梁刚度较小的一侧偏移，所以必须对标准反弯点进行修正，这个修正值就是反弯点高度的上移增量 y_1h，如图 13.13(b)所示。y_1 可根据上下横梁的线刚度比 I 和 K 由附表 6.3 查得。当$(i_1+i_2)<(i_3+i_4)$时，反弯

点上移,由 $I=\frac{i_1+i_2}{i_3+i_4}$查附表 6.3 即得 y_1 值。当$(i_1+i_2)>(i_3+i_4)$时,反弯点下移,查表时应取 $I=\frac{i_3+i_4}{i_1+i_2}$,查得的 y_1 应冠以负号。对于底层柱,不考虑正值 y_1,即取 $y_1=0$。

(3)层高变化对反弯点高度的影响

若某柱所在层的层高与相邻上层或下层的层高不同,则该柱的反弯点位置就不同于标准反弯点位置而需要修正。当上层层高发生变化时,反弯点高度的上移增量为 y_2h,如图 13.13(c)所示;当下层层高发生变化时,反弯点上移增量为 y_3h,见图 13.13(d)所示。y_2 和 y_3 可由附录 6 的附表 6.4 查得。对于顶层柱,不考虑修正值 y_2,即取 $y_2=0$;对于底层柱,不考虑修正值 y_3,即取 $y_3=0$。

综上所述,经过各项修正后,柱底至反弯点的高度 yh 可由下式求出:

$$yh=(y_0+y_1+y_2+y_3)h \tag{13.14}$$

在按式(13.12)求得框架柱的侧向刚度 D、按式(13.13)求得各柱的剪力、按式(13.14)求得各柱的反弯点高度 yh 后,与反弯点法一样,就可求出各柱的杆端弯矩。然后,可根据节点平衡条件求得梁端弯矩,进而求出各梁端的剪力和各柱的轴力。

13.7 框架结构的侧移计算及限值

框架结构在水平荷载作用下的变形由两部分组成:总体剪切变形和总体弯曲变形,总体剪切变形是由梁、柱弯曲变形(梁、柱本身剪切变形较小,工程上可以忽略)所导致的框架变形,由于层间剪力一般越靠下层越大,所以梁、柱弯曲变形所导致的框架层间侧移具有越靠下层越大的特点,因而其侧移曲线与悬臂梁的剪切变形曲线相一致,故称这种变形为总体剪切变形[如图 13.14(b)]。而总体弯曲变形则由框架两侧边柱中轴力引起的柱伸长和缩短所导致的框架变形,则与悬臂梁的弯曲变形规律一致,故称其为总体弯曲变形[如图 13.14(c)]。

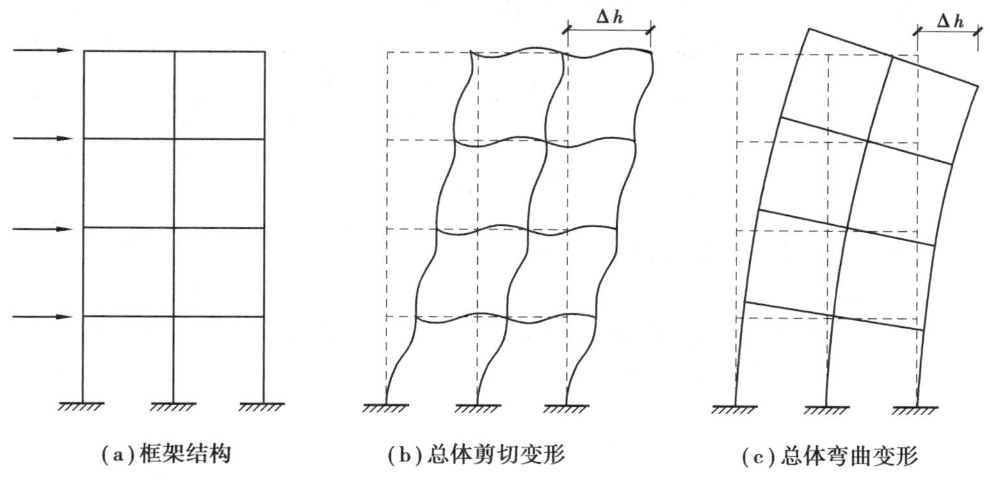

图 13.14 框架在水平荷载作用下的侧移

框架的总侧移(包括上述两种变形的和)根据结构力学的推导可按下式计算:

$$\Delta = \sum \int_0^l \frac{MM_1}{EI} \mathrm{d}l + \sum \int_0^l \frac{NN_1}{EA} \mathrm{d}l + \mu \sum \int_0^l \frac{VV_1}{GA} \mathrm{d}l \tag{13.15}$$

式中 M,N,V——外载在框架各杆中引起的内力;

M_1,N_1,V_1——框架顶点单位水平力在框架各杆中引起的内力。

对一般框架结构通常只考虑式中的第一项就已足够,但对于 $H>50$ m 或$\frac{H}{B}>4$ 的细高框架,公式(13.15)中第二项所占比例增长迅速,故此类框架结构应考虑由杆件轴力引起的总体弯曲变形。对于由细长杆件组成的框架结构,第三项剪切变形的影响可以忽略不计。

在工程设计中一般采用下述近似方法进行计算。

13.7.1 侧移的近似计算

由式(13.7)可得第 j 层框架层间水平位移 Δu_j 与层间剪力 V_j 之间的关系:

$$\Delta u_j = \frac{V_j}{\sum_{k=1}^{m} D_{jk}} \tag{13.16a}$$

式中 D_{jk}——第 j 层第 k 柱的侧向刚度;

m——框架第 j 层的总柱数。

这样便可逐层求得各层的层间水平位移。框架顶点的总水平位移 u 应为各层间位移之和,即:

$$u = \sum_{j=1}^{n} \Delta u_j \tag{13.16b}$$

式中 n——框架结构的总层数。

13.7.2 弹性层间位移角限值

按弹性方法计算得到的框架层间水平位移 Δu 除以层高 h,得到弹性层间位移角 θ_e 的正切。由于 θ_e 较小,故可近似地认为 $\theta_e = \Delta u / h$。框架的弹性层间位移角 θ_e 过大将导致框架中的隔墙等非承重的填充构件开裂,故规范规定了框架的最大弹性层间位移 Δu 与层高之比不能超过其限值,即要求:

$$\frac{\Delta u}{h} \leqslant [\theta_e] \tag{13.17}$$

式中 Δu——按弹性方法计算所得的楼层层间水平位移;

h——层高;

$[\theta_e]$——弹性层间位移角限值,我国现行《高层建筑混凝土结构技术规程》(JGJ 3)规定框架结构为 1/550。

13.8 框架结构的最不利内力组合与结构设计要点

13.8.1 框架结构的最不利内力组合方法

在框架结构中横梁的支座与跨中，柱的上、下端是受力最大的部位，应对它们分别对各自的最不利内力进行组合，组合方法目前有四种。

1）分跨计算组合法

如图 13.15 所示，该法将楼面活荷载逐跨单独作用于各跨上，分别计算出各种荷载情况的框架内力，然后再针对各计算截面来组合其可能出现的最大内力——最不利内力。因此，对于一个多层多跨框架，共有(跨数×层数)种不同的活荷载布置方式，亦即需要计算(跨数×层数)次结构的内力，其计算工作量是很大的。但求得了这些内力以后，即可求得任意截面上的最大内力，其过程较为简单。在运用计算机进行内力组合时，常采用这一方法。

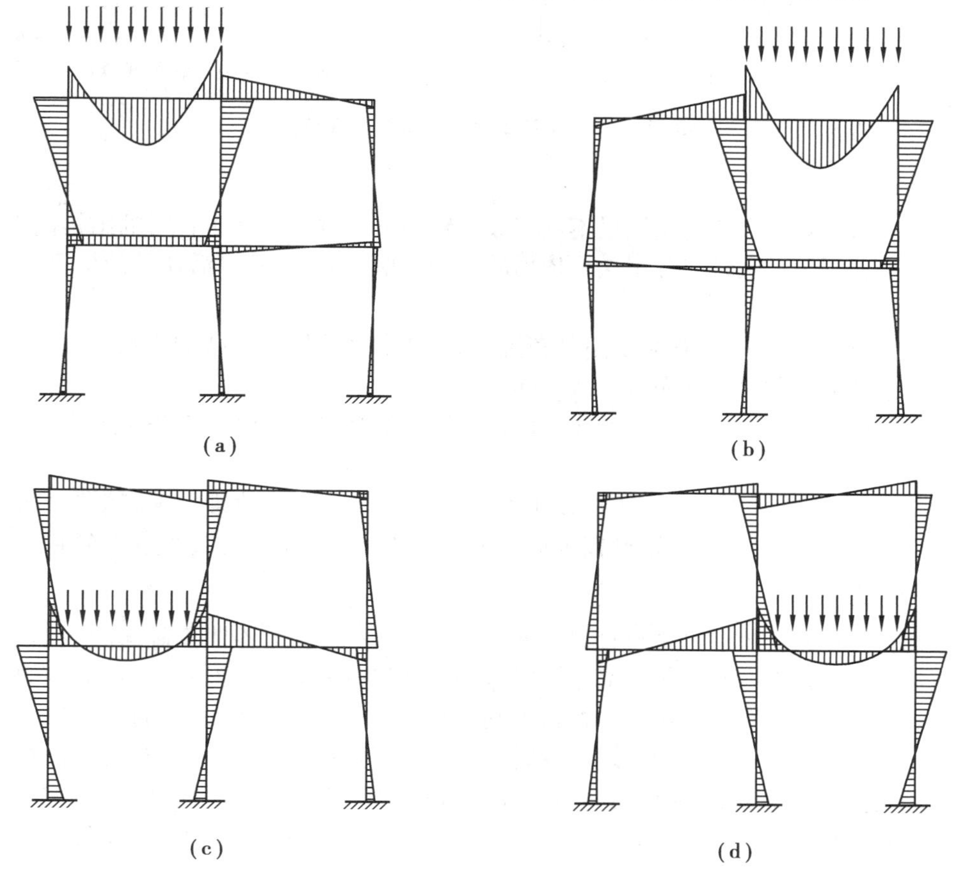

图 13.15 分跨计算组合法荷载布置情况

2)最不利荷载位置法

此法首先在结构体系中确定若干个计算截面,然后按对这些截面可能形成最不利内力去布置活荷载,最后再计算框架内力,则所求得的内力在其计算截面即为最大内力。这种确定结构中最不利内力的方法与楼盖设计中确定梁、板中最不利内力的方法完全一致。

图 13.16 即为某跨跨中和某跨支座取得最大弯矩时的最不利荷载布置。此法计算工作量较逐跨施荷法小,故常在用手算法计算框架内力时采用。

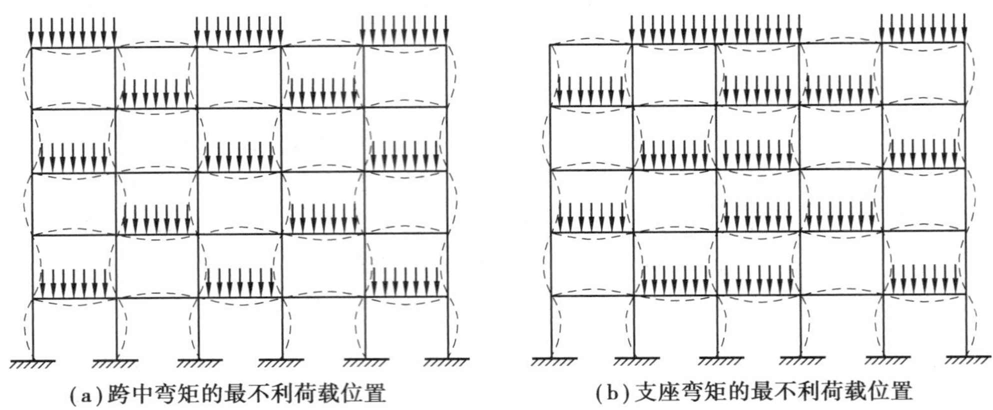

(a)跨中弯矩的最不利荷载位置　　(b)支座弯矩的最不利荷载位置

图 13.16　最不利荷载位置法的荷载布置

3)分层组合法

不论用分跨计算组合法还是用最不利荷载位置法求荷载最不利布置时的结构内力,都是非常繁冗的。分层组合法是以分层法为依据的比较简单的方法,其对活荷载的最不利布置作如下简化:

①对于梁,只考虑本层活荷载的不利布置,而不考虑其他层活荷载的影响。因此,其布置方法和连续梁的活荷载最不利布置方法相同。

②对于柱端弯矩,只考虑柱相邻上、下层的活荷载的影响,而不考虑其他层活荷载的影响。

③对于柱最大轴力,则考虑在该层以上所有层中与该柱相邻的梁上满布活荷载的情况,但对于与柱不相邻的上层活荷载,则仅考虑其轴向力的传递而不考虑其弯矩的作用。

4)满布荷载法

以上几种方法不论哪一种都要计算多种荷载情况,才能求出各计算截面的最不利内力,计算工作量很大。满布荷载法把活荷载同时作用于框架所有梁上,即不考虑活荷载的不利分布。这样求得的框架内力在支座处与按最不利荷载位置法求得的内力极为接近,故可认为该法求得的支座弯矩足够准确,可直接用于结构设计。但跨中弯矩却比最不利荷载位置法的计算结果明显偏低,因而此法对跨中弯矩乘以 1.1~1.2 的调整系数予以提高。经验表明,对楼面标准活荷载不超过 5.0 kN/m^2 的一般工业与民用多层框架结构,该法的计算精度可以满足工程设计需要。

13.8.2　梁、柱的最不利内力组合

对于框架结构梁一般只组合支座截面的$-M_{max}$、V_{max}以及跨中截面的$+M_{max}$这三项内力。

而对于框架柱则须进行下列四种内力组合：

①最大正弯矩$+M_{max}$及相应的 N 与 V；

②最大负弯矩$-M_{max}$及相应的 N 与 V；

③最大轴力 N_{max}及相应的 M 与 V；

④最小轴力 N_{min}及相应的 M 与 V。

13.8.3　梁端弯矩调幅

按照框架结构的合理破坏形式，在梁端出现塑性铰是允许的，为了便于浇捣混凝土，也往往希望节点处梁的负钢筋放得少些；而对于装配式或装配整体式框架，节点并非绝对刚性，梁端实际弯矩小于其弹性计算值。因此，在进行框架结构设计时，一般均对梁端弯矩进行调幅，即人为地减小梁端负弯矩，减少节点附近梁顶面的配筋量。

设某框架梁 AB 在竖向荷载作用下，梁端最大负弯矩分别为 M_{A0}、M_{B0}，梁跨中最大正弯矩为 M_{C0}，则调幅后梁端弯矩可取：

$$\left.\begin{aligned} M_A &= \beta M_{A0} \\ M_B &= \beta M_{B0} \end{aligned}\right\} \tag{13.18}$$

式中，β 为弯矩调幅系数。对于现浇框架，可取 $\beta=0.8\sim0.9$；对于装配整体式框架，由于接头焊接不牢或节点区混凝土灌注不密实等原因，节点容易产生变形而达不到绝对刚性，框架梁端的实际弯矩比弹性计算值要小，因此，弯矩调幅系数允许取得低一些，一般取 $\beta=0.7\sim0.8$。

梁端弯矩调幅后，在相应荷载作用下的跨中弯矩必将增加，如图 13.17 所示。这时应校核该梁的静力平衡条件，即调幅后梁端弯矩 M_A、M_B 的平均值与跨中最大正弯矩 M_{C0}之和应不小于按简支梁计算的跨中弯矩值 M_0。

$$\frac{|M_A + M_B|}{2} + M_{C0} \geqslant M_0 \tag{13.19}$$

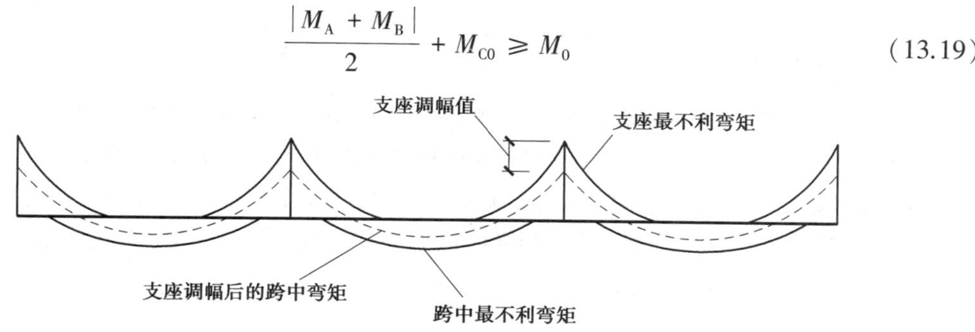

图 13.17　支座弯矩调幅

必须指出，我国有关规范规定，弯矩调幅只对竖向荷载作用下的内力进行，即水平荷载作用下产生的弯矩不参加调幅，因此，弯矩调幅应在内力组合之前进行。

13.8.4　柱的计算长度 l_0

梁与柱为刚接的钢筋混凝土框架结构，其柱的计算长度应根据框架不同的侧向约束条件及荷载情况，并考虑柱的二阶效应（由轴向力与柱的挠曲变形所引起的附加弯矩）对柱截面设计的影响程度来确定。

一般多层房屋中梁柱为刚接的框架结构，各层柱的计算长度 l_0 可按表 13.2 取用。

表 13.2 框架结构各层柱的计算长度表

楼盖类型	柱的类别	l_0
现浇楼盖	底层柱	$1.0H$
	其余各层柱	$1.25H$
装配式楼盖	底层柱	$1.25H$
	其余各层柱	$1.5H$

注:表中 H 为底层柱基础顶面到一层楼盖顶面的高度;对其余各层柱为上、下两层楼盖顶面之间的高度。

13.9 框架结构的节点构造

节点设计是框架结构设计中极重要的一环。节点设计应保证整个框架结构安全可靠、经济合理且便于施工。在非地震区,框架节点的承载能力一般通过采取适当的构造措施来保证。

13.9.1 材料强度

框架节点区的混凝土强度等级应不低于柱的混凝土强度等级。

13.9.2 截面尺寸

如节点截面过小,梁上部钢筋和柱外侧钢筋配置数量过多时,以承受静力荷载为主的顶层端节点将由于其核心区斜压杆机构中压力过大而发生核心区混凝土的斜向压碎。因此应对梁、柱负弯矩钢筋的配置数量加以限制,这也相当于限制节点的截面尺寸不能过小。“规范”规定,在框架顶层端节点处,梁上部纵向钢筋的截面面积 A_s 应满足下式要求:

$$A_s \leqslant \frac{0.35\beta_c f_c b_b h_0}{f_y} \tag{13.20}$$

式中 A_s——顶层端节点处梁上部纵向钢筋截面面积;

b_b——梁腹板宽度;

h_0——梁截面有效高度。

13.9.3 箍筋

在框架节点内应设置水平箍筋,箍筋应符合柱中箍筋的构造规定,但间距不宜大于 250 mm。对四边均有梁与之相连的中间节点,节点内可只设置沿周边的矩形箍筋。当顶层端节点内有梁上部纵向钢筋和柱外侧纵向钢筋的搭接接头时,节点内水平箍筋应依照纵筋搭接范围内箍筋的布置要求来确定。

13.9.4 梁柱纵筋在节点区的锚固

1)框架中间层端节点

梁纵向钢筋在框架中间层端节点的锚固应符合下列要求：

（1）梁上部纵向钢筋伸入端节点的锚固

①当采用直线锚固形式时，锚固长度不应小于 l_a，且应伸过柱中心线，伸过的长度不宜小于 $5d$，d 为梁上部纵向钢筋的直径。

②当柱截面尺寸不满足直线锚固要求时，梁上部纵向钢筋可采用钢筋端部加锚头的机械锚固方式。梁上部纵向钢筋宜伸至柱外侧纵向钢筋内边，包括机械锚头在内的水平投影锚固长度不应小于 $0.4l_{ab}$[如图 13.18(a)]。

③梁上部纵向钢筋也可采用 90°弯折锚固的方式，此时梁上部纵向钢筋应伸至柱外侧纵向钢筋内边并向节点内弯折，其包含弯弧在内的水平投影长度不应小于 $0.4l_{ab}$，弯折钢筋在弯折平面内包含弯弧段的投影长度不应小于 $15d$[如图 13.18(b)]。

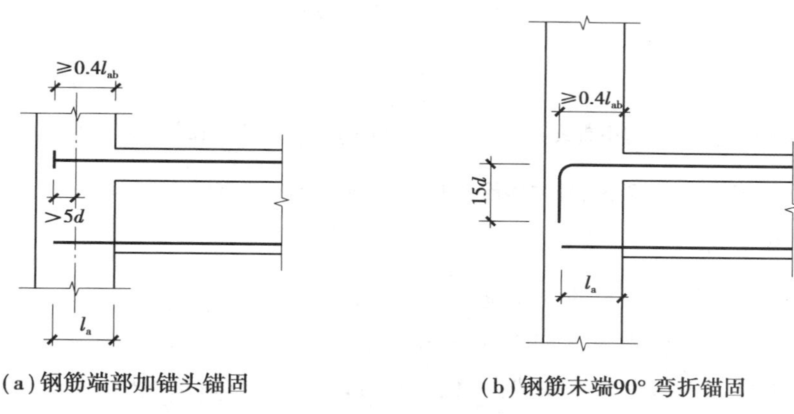

(a)钢筋端部加锚头锚固　　(b)钢筋末端90° 弯折锚固

图 13.18　梁上部纵向钢筋在中间层端节点内的锚固

（2）框架梁下部纵向钢筋伸入端节点的锚固

①当计算中充分利用该钢筋的抗拉强度时，钢筋的锚固方式及长度应与上部钢筋的规定相同。

②当计算中不利用该钢筋的抗拉强度或仅利用该钢筋的抗压强度时，伸入节点的锚固长度应分别符合中间节点梁下部纵向钢筋锚固的规定。

2)框架中间层中间节点

框架中间层中间节点或连续梁中间支座，梁的上部纵向钢筋应贯穿节点或支座。梁的下部纵向钢筋宜贯穿节点或支座。

当必须锚固时，应符合下列锚固要求：

①当计算中不利用该钢筋的强度发挥时，其伸入节点或支座的锚固长度对带肋钢筋不小于 $12d$，对光面钢筋不小于 $15d$，d 为钢筋的最大直径。

②当计算中充分利用钢筋的抗压强度时，钢筋应按受压钢筋锚固在中间节点或中间支座

内，其直线锚固长度不应小于 0.7 l_a。

③当计算中充分利用钢筋的抗拉强度时，钢筋可采用直线方式锚固在节点或支座内，锚固长度不应小于钢筋的受拉锚固长度 l_a[如图 13.19(a)]。

④当柱截面尺寸不足时，宜采用钢筋端部加锚头的机械锚固措施，也可采用 90°弯折锚固的方式。

⑤钢筋可在节点或支座外梁中弯矩较小处设置搭接接头，搭接长度的起始点至节点或支座边缘的距离不应小于 $1.5h_0$[如图 13.19(b)]。

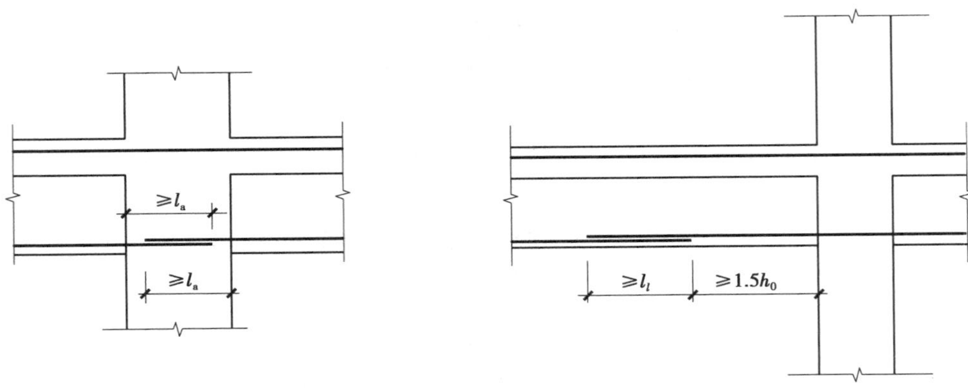

(a)下部纵向钢筋在节点中直线锚固　(b)下部纵向钢筋在节点或支座范围外的搭接

图 13.19　梁下部纵向钢筋在中间节点或中间支座范围的锚固与搭接

3)框架顶层中节点

柱纵向钢筋在顶层中节点的锚固应符合下列要求：

①柱纵向钢筋应伸至梁顶，且自梁底算起的锚固长度不应小于 l_a。

②当梁截面尺寸不满足柱直线锚固要求时，可采用 90°弯折锚固措施。此时，包括弯弧在内的钢筋垂直投影锚固长度不应小于 $0.5l_{ab}$，在弯折平面内包含弯弧段的水平投影长度不宜小于 $12d$[如图 13.20(a)]。柱纵向钢筋伸至梁顶后一般向节点内水平弯折；当为现浇楼盖且楼板厚度不小于 100 mm 时，也可向外弯折。

③当梁截面尺寸不满足柱直线锚固要求时，也可采用带锚头的机械锚固措施。此时，包含锚头在内的竖向锚固长度不应小于 $0.5l_{ab}$[如图 13.20(b)]。

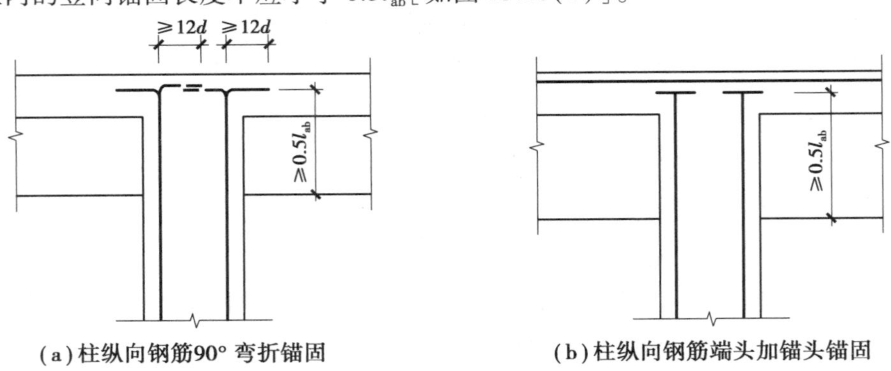

(a)柱纵向钢筋90° 弯折锚固　(b)柱纵向钢筋端头加锚头锚固

图 13.20　顶层中节点柱纵向钢筋在节点内的锚固

4) 顶层端节点

顶层端节点柱外侧纵向钢筋可弯入梁内作梁上部纵向钢筋；也可将梁上部纵向钢筋与柱外侧纵向钢筋在节点及附近部位进行搭接。搭接可采用下列方式：

①搭接接头可沿顶层端节点外侧及梁端顶部布置，搭接长度不应小于 $1.5l_{ab}$［如图 13.21(a)］。其中，伸入梁内的柱外侧钢筋截面面积不宜小于其全部面积的 65%。梁宽范围以外的柱外侧钢筋宜沿节点顶部伸至柱内边锚固，当柱外侧纵向钢筋位于柱顶第一层时，钢筋伸至柱内边后宜向下弯折不小于 $8d$ 后截断［如图 13.21(a)］，d 为柱纵向钢筋的直径；当柱外侧纵向钢筋位于柱顶第二层时，可不向下弯折。当现浇板厚度不小于 100 mm 时，梁宽范围以外的柱外侧纵向钢筋也可伸入现浇板内，其长度与伸入梁内的柱纵向钢筋相同。当柱外侧纵向钢筋配筋率大于 1.2%时，伸入梁内的柱纵向钢筋宜分两批截断，截断点之间的距离不宜小于 $20d$，d 为柱外侧纵向钢筋的直径。梁上部纵向钢筋应伸至节点外侧并向下弯至梁下边缘高度位置截断。

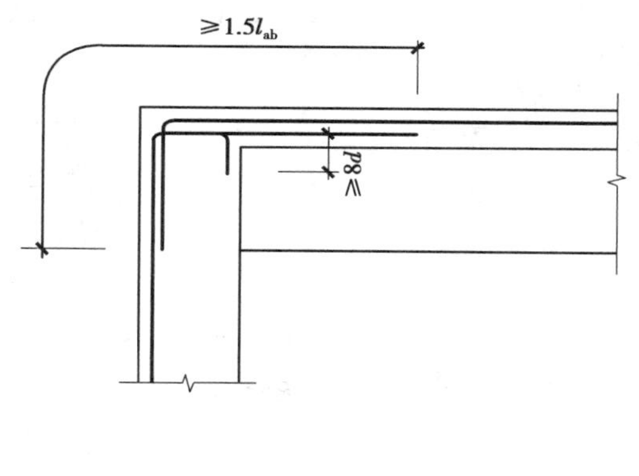

(a)搭接接头沿顶层端节点外侧及梁端顶部布置

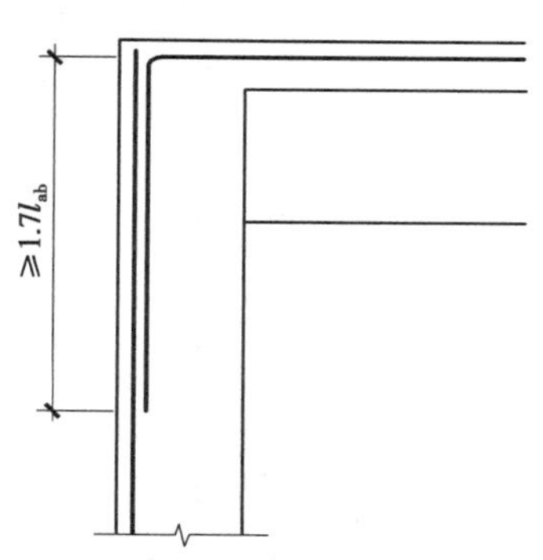

(b)搭接接头沿节点外侧直线布置

图 13.21　顶层端节点梁上部钢筋与柱外侧钢筋的搭接

②纵向钢筋搭接接头也可沿节点柱顶外侧直线布置［如图 13.21(b)］，此时，搭接长度自柱顶算起不应小于 $1.7l_{ab}$。当梁上部纵向钢筋的配筋率大于 1.2%时，弯入柱外侧的梁上部纵向钢筋宜分两批截断，其截断点之间的距离不宜小于 $20d$，d 为梁上部纵向钢筋的直径。

③当梁的截面高度较大，梁、柱纵向钢筋相对较小，从梁底算起的直线搭接长度未延伸至柱顶即已满足 $1.5l_{ab}$ 的要求时，应将搭接长度延伸至柱顶并满足搭接长度 $1.7l_{ab}$ 的要求；或者从梁底算起的弯折搭接长度未延伸至柱内侧边缘即已满足 $1.5l_{ab}$ 的要求时，其弯折后包括弯弧在内的水平段的长度不应小于 $15d$，d 为柱纵向钢筋的直径。

④柱内侧纵向钢筋的锚固应符合本章关于顶层中节点的规定。

13.10 剪力墙、框架-剪力墙、筒体结构体系的受力特点

13.10.1 剪力墙的分类和联肢墙的受力特点

1)剪力墙的分类

剪力墙在水平荷载作用下的工作特点主要取决于墙体上所开洞口的大小,按墙体工作特点不同,剪力墙可划分为如图 13.22 所示的五类。

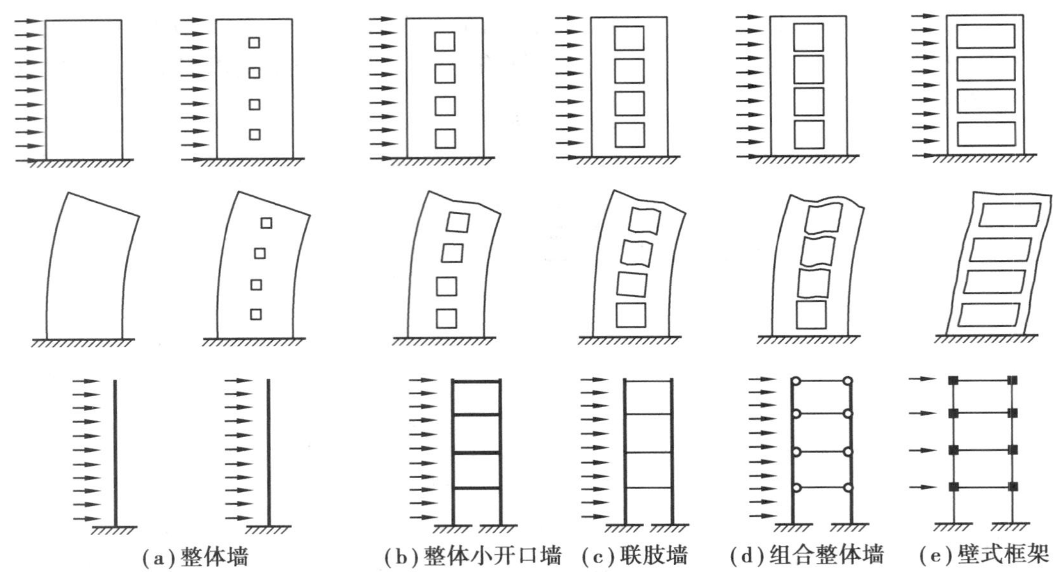

图 13.22 剪力墙的分类

整体墙为墙面上不开洞或洞口极小(洞口面积不超过墙面总表面积的 15%)的墙,它在水平外荷载作用下以悬臂梁(嵌固于基础顶面)的形式工作,与一般悬臂梁不同之处仅在于剪力墙为一典型的深梁,在变形计算中不能忽略它的剪切变形。

组合整体墙则属于洞口开得很大,上、下洞口间墙体(工程中称之为连梁,通过它把由洞口分开的左、右墙肢连系起来)高度很小,因而其抗弯刚度很小,由于墙肢变形出现的连梁端弯矩也很小。反过来连梁对左右墙肢变形的约束作用自然也很小,相对于比较强大的墙肢来说,它们的作用可以忽略不计。此类墙体可视为一两端铰接杆系(连梁)连系起来的两片整体墙,故其工作与整体墙很相似,所以称其为组合整体墙。它们也以悬臂梁的形式工作,只不过是由两片墙肢组成的悬臂梁。

整体小开口墙和联肢墙是整体墙和组合整体墙的过渡情况。整体小开口墙更接近于整体墙,在这种墙体中已不能认为上、下洞口间的墙体(即连梁)为无穷刚性,其弯、剪变形(以剪切变形为主)已不能忽略;而联肢墙的变形与受力相对来说更接近于组合整体墙,但此种墙

体连梁的刚度,无论是抗弯刚度还是抗剪刚度,都已不能认为接近于零,连梁两端的弯矩、剪力以及它们对墙肢变形与受力的影响不能被忽略。正是连梁端的这组约束内力帮助了两侧墙肢,从而使其变形与受力均比组合整体墙小。

当洞口很宽,以至墙肢与连梁宽度接近,使两者具有大致相近的线刚度时,这种墙体在水平荷载作用下的工作很接近于框架。只不过其梁、柱的截面高度都很高,故工程中称为壁式框架,它与一般框架的主要不同点在于对节点刚域(梁柱节点区既不会与梁有相同的变形,也不会与柱变形完全一样,可近似认为节点区是不变形的区域,即所谓刚域)处理不同,一般框架该刚域的几何尺寸很小,可予以忽略,即按等截面杆考虑。而对于壁式框架,刚域的几何尺寸很大,如忽略刚域仍按等截面杆简化为一般框架则误差太大,故取其计算模型为一带刚域的框架[如图 13.22(e)]。它与一般框架的不同点还在于此种壁式框架中梁、柱的剪切变形不能忽略。在分析壁式框架结构内力和变形时,梁柱均应按变截面杆考虑。

2)联肢墙的受力特点

联肢墙是工程中很常见,而且是变形与受力极有特点的一种剪力墙,如图 13.23(a)所示即为一规律地开单列洞口的联肢墙,两侧墙肢用连梁连系起来,连梁与两侧墙肢的连接为固接。这一组合结构在水平荷载作用下的变形如图 13.23(b)所示。可见由于两侧墙肢的弯、剪变形,连梁两端除各有一转角外(该转角与两侧墙肢在此截面的转角相同),还要产生一竖向位移差。因而其将在连梁左、右两部分引起相反的弯曲,故在连梁中存在一反弯点,且该反弯点在连梁的中点。在该点连梁弯矩为零,只有剪力和轴力。若在此点给连梁增加一铰,也不会改变结构的变形与受力特点。为了分析两端墙肢在水平外载作用下的内力,我们拿掉加在

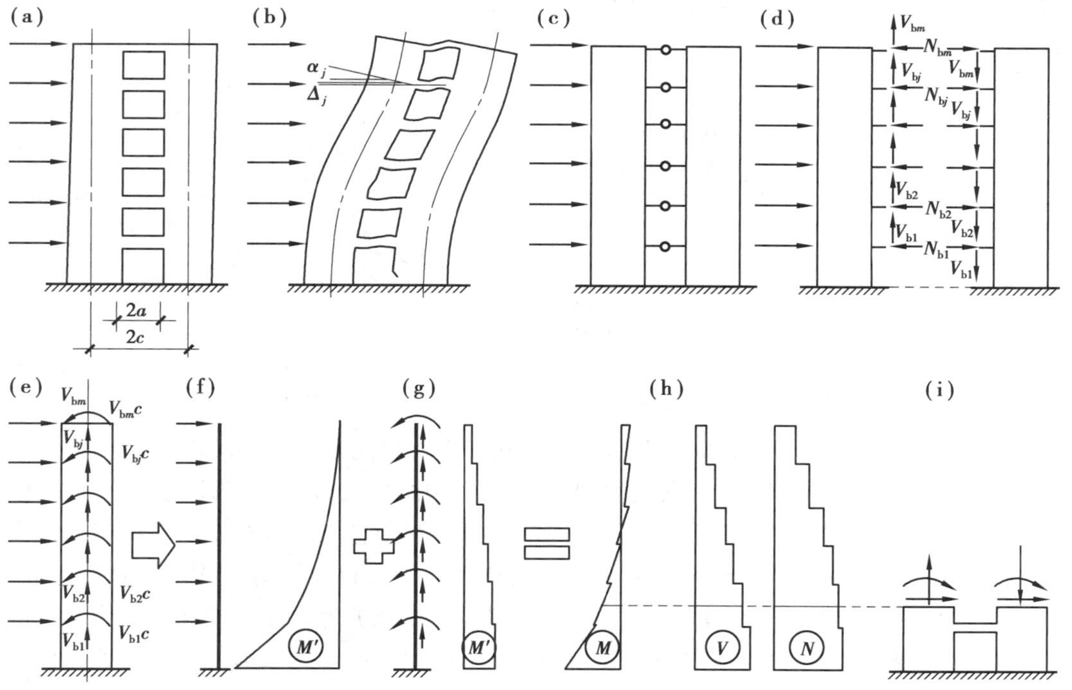

图 13.23　单列洞口联肢墙的受力分析

连梁上的铰,将连梁内的剪力 V_{bj}和轴力 N_{bj}暴露出来。由于两侧墙肢以弯曲变形为主,所以连梁端转角 α_j 与竖向位移差 Δ_j 越向上越大,因而连梁剪力 V_{bj}也越向上越大。连梁轴力 N_{bj}的大小则取决于两墙肢的刚度之比,各墙肢承受外载的大小可按其刚度比例来分配,如两墙肢刚度相等,则两墙肢平均承受外载,即连梁轴力为水平外载的一半。由上述分析可见,在这一体系中如果我们能知道连梁剪力 V_{bj}的大小,则各墙肢的内力便很容易求得。这显然是一个多次超静定问题,我们可在每连梁的拆开处建立内外力共同作用下的变形协调方程,由 M 个变形协调方程解得 m 个未知连梁剪力(结构为 m 层)。如果求得了这样一组连梁内力,便可将它们也视为外荷载,作用于各墙肢上,并将连梁剪力移到各自墙肢的几何重心轴上来,再辅以等效力矩,如图 13.23(e)所示。两墙肢在水平外荷载、轴力 N_{bj}和力矩 $V_{bj}\cdot c$ 共同作用下的结构内力将如图 13.23(h)所示。墙肢的总弯矩由水平外荷载和力矩 $V_{bj}\cdot c$ 所引起的弯矩叠加而得,墙肢上、下段弯矩异号,存在一反弯点。墙肢剪力由水平外荷载单独引起,而墙肢轴力对于左、右二墙肢其规律相同,但一为拉力,一为压力。所以每墙肢均将承受三种内力,一墙肢受拉、弯、剪,另一墙肢受压、弯、剪,如图 13.23(i)。这样的受力状态与一般整体墙完全不同。

13.10.2 框架-剪力墙结构的受力特点

现以图 13.24(a)所示,对称的框架-剪力墙结构为例,框架与剪力墙由楼盖连系起来,并保证两者能协同工作共同抵抗外载。为分析这一结构体系是怎样共同抵抗外载的,我们可将所有的剪力墙和所有各榀框架分别综合为总剪力墙和总框架,它们之间在各楼层处以一铰接连杆连系在一起,铰接连杆代表楼盖的作用。显然,只有当楼盖在平面内越趋近无穷刚性时,将其抽象为铰接连杆才更加合理[如图 13.24(b)]。

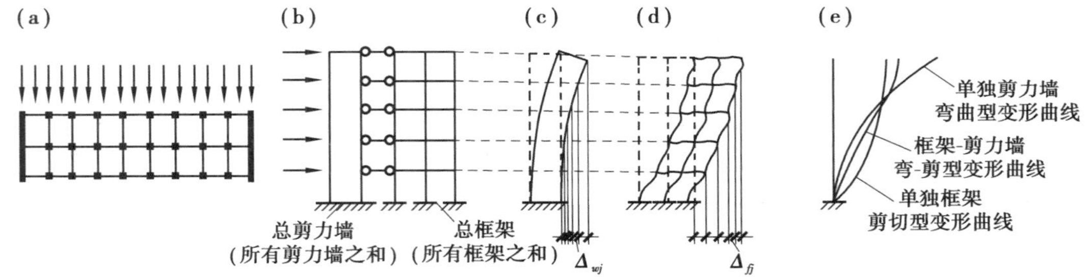

图 13.24 框架-剪力墙结构体系的协同工作原理

这样一个框架-剪力墙综合体系在水平外荷载作用下显然要比纯框架体系或纯剪力墙体系复杂得多,那种在纯框架结构和纯剪力墙结构体系中所用的,以抗侧移刚度大小来分配外荷载的方法,在总框架与总剪力墙间是行不通的。原因在于它们二者在水平外荷载作用下具有完全不同的变形规律(纯框架或纯剪力墙结构体系因为各榀抗侧力结构变形规律相同,所以能按它们抗侧移刚度的大小比例分配水平外荷载)。单独剪力墙在水平外荷载作用下的侧移具有以弯曲变形为主的特点,层间侧移越靠近顶层越大[如图 13.24(c)]。而单独框架在水平外荷载作用下的侧移具有典型的总体剪切变形的特点,其层间侧移越靠近底层越大,越向上越小[如图 13.24(d)]。两者变形规律完全不同。然而作为框架-剪力墙结构体系这一总体,在水平外荷载作用下,由于楼盖的联系,两者谁也不可能再完全按着自己的变形规律来独立变形,它们协调后的统一变形只能是两者的综合。这一综合变形既不可能是典型的弯曲型,也不可能是典型的剪切型,而应为一折中的弯-剪型变形曲线,侧移曲线的上、下两部分具有相反的曲率[如图 13.24(e)]。

当框架-剪力墙结构体系中剪力墙较多时,体系的综合弯-剪变形曲线将更接近于剪力墙的弯曲型变形曲线,曲线的反弯点靠近顶层(图 13.25),而当体系中框架较强而剪力墙很少时,体系的综合弯-剪变形将更接近于框架的剪切型变形曲线,曲线的反弯点靠近底层。

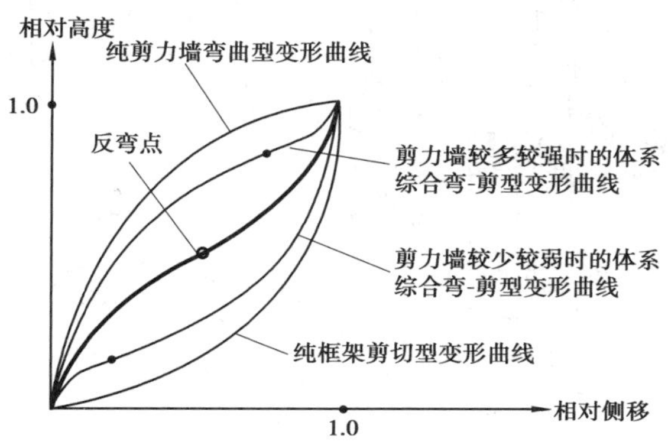

图 13.25　体系中结构组成对综合变形曲线的影响

13.10.3　筒体结构的受力特点

以整体墙组成的筒体多用于结构的内筒(常用作中央服务竖井),它的工作和整体剪力墙结构的工作一样,这里不予赘述,仅就一般框筒在水平外荷载作用下的受力特点做概要的分析。

框筒结构抵抗水平外荷载的能力同工字形截面悬臂梁一样可划分为两部分,一部分由平行于外荷载方向的筒壁提供,另一部分由垂直于外荷载方向的筒壁提供。但框筒结构在水平外荷载作用下截面内的应力分布却与普通工字形截面梁不完全相同。工字形截面悬臂梁在水平外荷载作用下截面将维持平面变形,截面内应力将服从直线规律,翼板内各点应力均等[如图 13.26(b)]。框筒体系在水平外荷载作用下截面内各点应变将不服从平面变形规律。首先分析一下框筒腹板(平行于外荷载方向的筒壁),如果组成框筒的墙裙梁(横梁)和竖向窗间墙(柱)尺寸都很大,而窗洞口极小时,框筒的受力则很接近于整体墙。当墙裙梁和竖向窗间墙尺寸都很小,而窗洞口很大时,框筒的受力则很接近于框架。显然一般框筒结构洞口既不可能过大,也不会过小(从结构受力的角度希望它越小越好,但在建筑上难以做到),其工作应介于整体墙与框架之间。所以它在水平荷载作用下的变形,既不会是典型的总体弯曲变形[如图 13.26(d)],也不会是典型的总体剪切变形[如图 13.26(e)],而应介于两者之间,所以框筒腹板截面内的应力,即各柱中的轴力亦必然介于图 13.26(d)与(e)的应力分布规律之间,如图 13.26(a)所示。

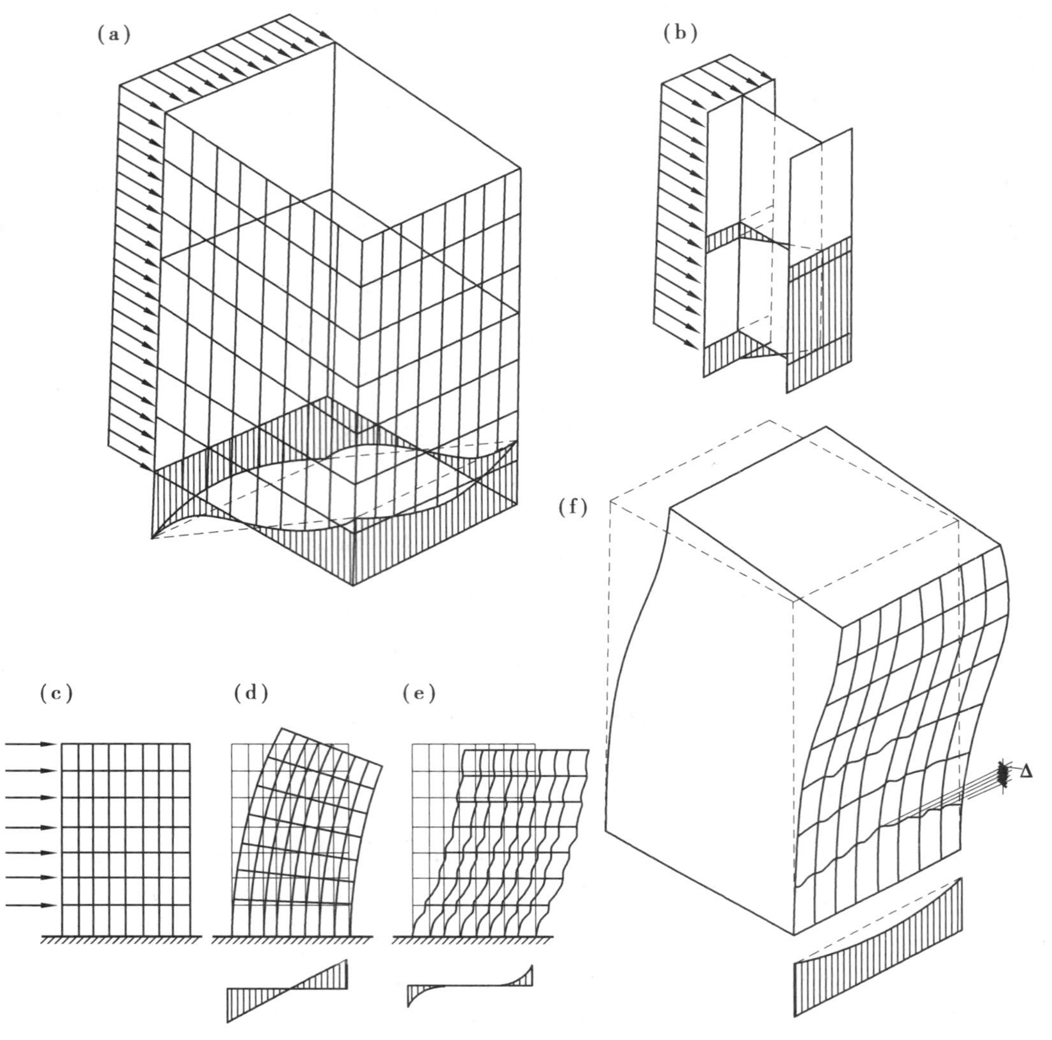

图 13.26　筒体结构在水平荷载作用下的受力特点

思考题

13.1　多层与高层房屋结构方案的选择与哪些因素有关?

13.2　多层框架房屋结构的计算简图应该如何确定?

13.3　试述分层法计算框架的基本步骤。

13.4　多层与高层房屋的结构几何尺寸主要取决于什么条件?

13.5　修正反弯点法与反弯点法的异同点是什么? *D* 值的意义是什么?

13.6　框架结构的变形是怎么形成的? 设计中应该如何对待侧移的各组成部分?

13.7　单片剪力墙有几种类型? 主要根据什么来分类?

习 题

13.1 用分层法计算如图 13.27 所示框架的内力(弯矩、剪力、轴力)。

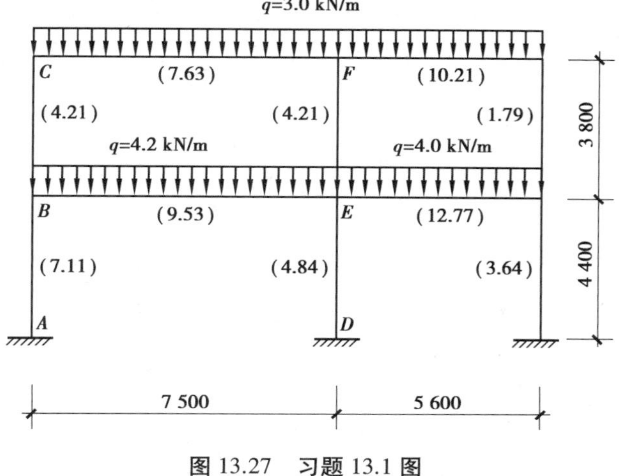

图 13.27 习题 13.1 图

13.2 试分析用反弯点法和 D 值法计算如图 13.28 所示框架结构的内力(弯矩、剪力、轴力)和水平位移。图中在各杆件旁标出了线刚度,其中 $i=3\ 000$ kN · m。

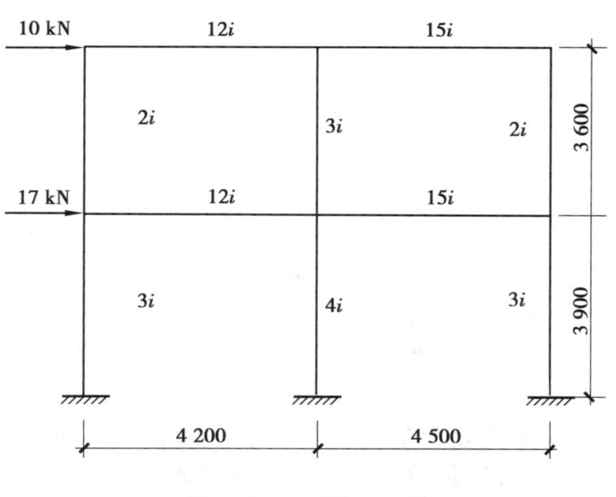

图 13.28 习题 13.2 图

14

砌体结构设计

【学习目标】

(1)了解砌体材料的种类、掌握砌体材料及砌体的强度指标;

(2)理解砌体结构房屋静力计算方案;

(3)掌握墙柱高厚比验算方法;

(4)掌握刚性方案房屋墙体计算方法;

(5)理解砌体结构构件的受力性能,掌握砌体结构构件的承载能力计算;

(6)掌握圈梁、过梁、挑梁和墙梁等几类构件的概念与构造;

(7)了解砌体结构的常用构造措施。

【本章概述】

砌体是指将块材(砖、石材、砌块)用砂浆通过砌筑方式粘接在一起的一种复合材料。以砌体建造的墙、柱为主要受力构件的结构称为砌体结构,由于块材常用砖、石,故习惯又称砖石结构。由于砌体的抗压强度较高而抗拉强度很低,因此,砌体结构构件主要承受轴心或小偏心压力,而很少受拉或受弯。建筑的承重墙、柱和基础可采用砌体结构;砌体结构也常用于其他材料作为承重结构的非承重围护墙和填充墙。

砌体结构设计是在建筑设计的基础上布置砌体结构墙、柱等构件,然后对其进行稳定性及承载力验算,并采取相应的构造措施。理解常见砌体结构布置方案及特点,并掌握砌体结构材料性能、构件内力确定方法和各类砌体构件承载力的计算方法,是进行砌体结构布置和验算的基础。同时,为保证砌体结构的受力性能和结构的整体性,确定合理的构造措施是砌体结构必不可少的设计内容。

14.1 砌体结构概述

砌体结构运用历史久远,是最古老的一种建筑结构形式,至今仍然有广泛运用。砌体结构工程杰作不胜枚举:中国举世闻名的万里长城、建于隋大业年间的河北赵县安济桥(赵州桥),古埃及金字塔,古希腊的帕特农神庙,伊斯坦布尔的圣索菲亚大教堂等,均具有极高的声誉,如图 14.1 所示。

(a)万里长城

(b)赵州桥

(c)帕特农神庙

(d)埃及金字塔

(e)圣索菲亚大教堂

图 14.1 砌体结构工程杰作

当今,由于砌体材料品种、性能和砌体结构施工工艺的不断发展和完善,砌体结构的应用更为广泛。目前砌体结构多用于建造多层房屋,经过合理的设计,可用于抗震设防烈度较高的地区;新型的砌体结构也可用于建造高层房屋,如配筋砌块砌体抗震墙结构已用于建造超过 20 层的高层建筑;在交通运输工程中,砌体结构广泛运用于桥梁、隧道、涵洞、挡墙等的建造;在水利工程中,也广泛应用于水坝、围堰和渡槽的建造。

砌体结构具有以下优点:

①材料来源广泛。砌体的原材料黏土、砂、石等为天然材料,分布极广,取材方便,且砌体块材的制造工艺简单,易于生产。

②性能优良。砌体承载能力尚可,其隔音、隔热、耐火性能较好,在用作承重结构的同时还可起到围护、保温、隔断等作用。

③施工简单。砌筑砌体结构很少需要支模、养护,且施工工具简单,工艺易于掌握。

④费用低廉。可大量节约模板、木材、钢材及水泥,造价较低。

砌体结构也具有如下缺点:

①强度较低,整体性较差。由于砌筑工艺和砂浆性能的影响,砌体的抗压强度比块材低;砌体的抗拉、弯、剪强度及其整体性决定于砂浆和砌体的黏结,由于这种黏结强度本身较低,故砌体抗拉、弯、剪强度较低,整体性较差,抗震性能也较差。

②自重较大。因强度较低,砌体结构墙、柱截面尺寸较大,材料用料较多,因而结构自重大。

③劳动强度大。因采用手工方式砌筑为主,劳动强度大,生产效率较低且受砌筑水平差异影响较大;松散材料运输、搬运材料时的损耗也大。

④占用农田。采用黏土制砖,要占用大量农田,不但严重影响农业生产,也会破坏生态平衡。

为克服砌体结构这些缺点,砌体结构需要不断地完善和发展,不断提高其生产工业化、施工机械化的水平。

砌体结构的发展,一方面是材料的改革。大力发展节能、节地、利废的保温隔热新型墙体材料,这样不仅可以改善建筑功能、提高住房建设质量和施工效率,满足住宅产业现代化的需要,还能达到节约能源、保护土地、有效利用资源、综合治理环境污染的目的,是促进我国经济、社会、环境、资源协调发展的大事,也是实施我国可持续发展战略的一项重大举措。当前,我国要加快发展高强、承重、具有保温隔热功能、带装饰面等多功能的混凝土空心砌块,生产孔洞率高、孔型和结构分布合理的承重空心砖,以及利用工业废料的砖和砌块。另一方面是重视对砌体结构的破坏机理和受力性能的研究,使砌体结构的计算方法和设计理论更趋完善。为了扩大砌体结构的应用范围,加强对配筋砌体结构的研究也是十分必要的。

14.2 砌体材料及砌体的力学性能

14.2.1 砌体材料

砌体是由块材和砂浆砌筑而成的复合材料。块材和砂浆的强度等级是根据其抗压强度划分的。块材强度等级以符号"MU"表示,砂浆强度等级以符号"M"表示,单位均为 MPa。对于混凝土小型空心砌块砌体,专用砌筑砂浆的强度等级以符号"Mb"表示;对于蒸压灰砂普通砖、蒸压粉煤灰普通砖砌体,专用砌筑砂浆的强度等级以符号"Ms"表示。混凝土砌块灌孔混凝土的强度等级以符号"Cb"表示。

1)砌体的块材

块材是砌体的主要部分,目前我国常用的块材可以分为砖、砌块和石材三大类。

(1)砖

目前,我国用作承重砌体结构的砖有:烧结普通砖、烧结多孔砖、非烧结硅酸盐砖和混凝土砖。我国标准砖的尺寸为 240 mm×115 mm×53 mm。由于保护环境和节约资源的要求,目前烧结普通砖运用已受到限制。下面介绍实际工程中常用的几种砖。

烧结多孔砖　烧结多孔砖是指以黏土、页岩、煤矸石为主要原料,经焙烧而成,其孔洞率大于或等于 15%,小于 35%的多孔砖。我国常见的烧结多孔砖的规格为 190 mm×190 mm×90 mm和 240 mm×115 mm×90 mm。采用多孔砖对减轻建筑自重,提高砌筑效率,改善保温隔热性能等有重要作用。现行《砌体结构设计规范》(GB 50003)(以下简称"砌体规范")将其强度等级分成五级,即 MU30、MU25、MU20、MU15、MU10。

混凝土砖　以水泥为胶结材料,以砂、石等为主要集料,加水搅拌、成型、养护制成的多孔砖或实心砖称为混凝土砖。根据现行《混凝土实心砖》(GB/T 21144),其主规格尺寸为 240 mm×150 mm×53 mm,根据抗压强度分为 MU40、MU35、MU30、MU25、MU20 和 MU15 六个强度等级。按现行《承重混凝土多孔砖》(GB 25779),砖的长度可分为 360 mm、290 mm、240 mm、190 mm、140 mm,宽度为 240 mm、190 mm、115 mm 和 90 mm,高度为 115 mm 和 90 mm,根据抗压强度分为 MU25、MU20 和 MU15 三个强度等级。

硅酸盐砖　以硅质材料和石灰为主要原料压制成坯并经高压釜蒸汽养护而成的实心砖统称硅酸盐砖。常用的有蒸压灰砂砖、蒸压粉煤灰砖、炉渣砖、矿渣砖等。其规格尺寸与实心黏土砖相同。根据抗压强度,"砌体规范"将蒸压灰砂砖和蒸压粉煤灰砖分成三级,即 MU25、MU20、MU15。

(2)混凝土砌块

混凝土小型空心砌块是由普通混凝土或轻集料混凝土制成,主要规格尺寸为 390 mm×190 mm×190 mm、空心率为 25%~50%,简称混凝土砌块或砌块。孔隙的排数有单排孔、双排孔和多排孔等，壁厚及肋厚采用 25～30 mm。孔洞的型式一般是贯通的，也可为铺浆方便，采用封底（盲孔）或半封底。

砌块是比标准砖尺寸大的块体，用其砌筑砌体可以减轻劳动量和加速施工进度。制作砌块的材料有许多品种：南方地区多用普通混凝土做成空心砌块以解决黏土砖与农田争地的矛盾；北方寒冷地区则多利用浮石、火山渣、陶粒等轻集料做成轻集料混凝土空心砌块，既能保温又能承重，是比较理想的节能墙体材料；此外，利用工业废料加工生产的各种砌块，如粉煤灰砌块、煤矸石砌块、炉渣混凝土砌块等也因地制宜地得到应用，既能代替黏土砖，又能减少环境污染。

砌块按尺寸大小和重量分成用手工砌筑的小型砌块和采用机械施工的中型和大型砌块。高度为 180～350 mm 的块体一般称为小型砌块；高度为 360～900 mm 的块体一般称为中型砌块；大型砌块尺寸更大，由于受起重设备的限制，中型和大型砌块已很少应用。

砌块强度划分为 MU20、MU15、MU10、MU7.5 和 MU5 五个强度等级。

常见的各种型式的烧结砖如图 14.2 所示；常见的各种型式的混凝土砖及砌块如图 14.3 所示。

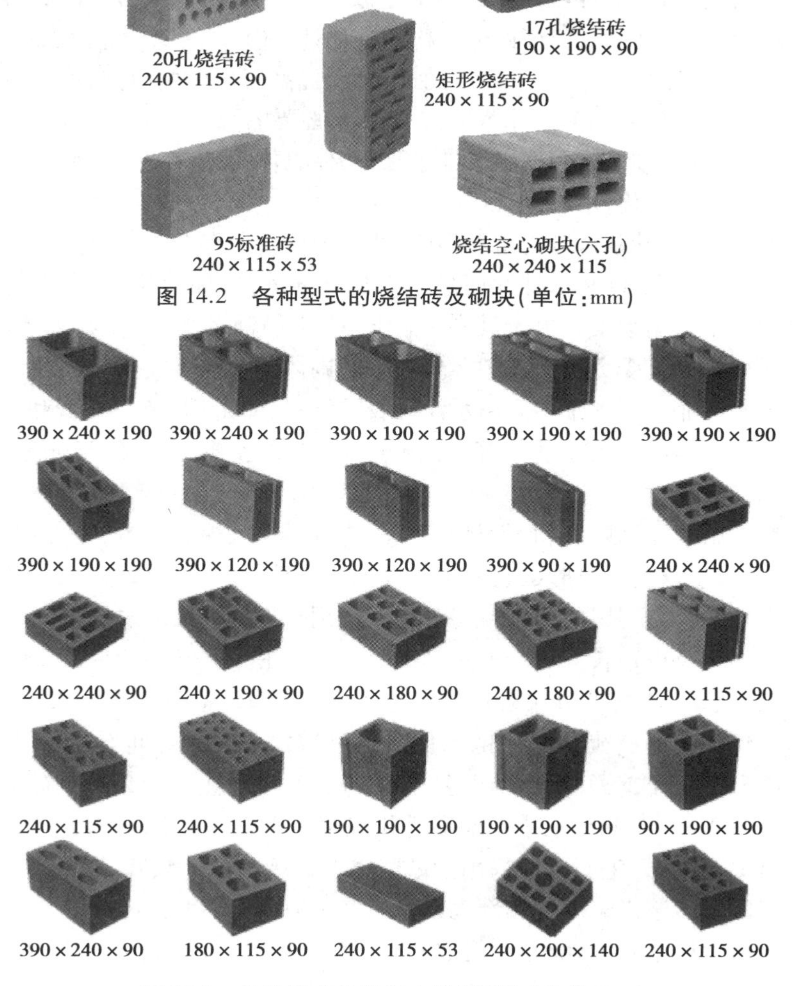

图 14.2　各种型式的烧结砖及砌块（单位：mm）

图 14.3　各种型式的混凝土砖及砌块（单位：mm）

(3)石材

用作承重砌体的石材主要来源于重质岩石和轻质岩石。重质岩石的抗压强度高,耐久性好,但导热系数大。轻质岩石的抗压强度低,耐久性差,但易开采和加工,导热系数小。石砌体中的石材,应选用无明显风化的石材。在产石地区充分利用这一天然资源比较经济。

石材按其外形的规则程度分为料石和毛石。毛石是不成形的石料,处于开采以后的自然状态。它是岩石经爆破或者人工开凿后所得形状不规则的石块,形状不规则的称为乱毛石,有两个大致平行面的称为平毛石。料石(也称条石)是由人工或机械开采出的较规则的六面体石块,是可用来砌筑建筑物的石料。料石中又分有细料石、半细料石、粗料石和毛料石。毛石的形状不规则,但要求毛石的中部厚度不小于 200 mm。

由于石材的大小和规格不一,石材的强度等级通常用边长为 70 mm 的立方体试块进行抗压试验,按其破坏强度的平均值确定。石材强度划分为 MU100、MU80、MU60、MU50、MU40、M30 和 MU20 七个等级。

2)砂浆

砂浆是由无机胶结料、细骨料和水组成的。胶结料一般有水泥、石灰和石膏等材料。砂浆的作用是将块材连接成整体,保证砌体结构的整体性,还可找平块体接触面,使块材受力均匀。此外,砂浆填满块体缝隙,减小了砌体的透气性,提高了砌体的隔热性。对砂浆的基本要求是:强度高、流动性(可塑性)和保水性强。砂浆有必要的强度是为了保证砌体的抗压和抗剪能力;其流动性主要是砌筑时方便工人铺砌平整,使砌体更均匀受力;保水性是保证有足够的水分使砂浆中的水泥水化,从而保证砂浆的最终强度。

按组成材料的不同,砂浆可分为水泥砂浆、非水泥砂浆及混合砂浆。

①水泥砂浆。由水泥、砂和水拌和而成。它具有强度高、硬化快、耐久性好的特点,但和易性差、保水性差,水泥用量大。由于其和易性较差,不易铺砌平整,用其砌筑的砌体质量稍差。水泥砂浆适用于砌筑受力较大或潮湿环境中的砌体。

②非水泥砂浆。非水泥砂浆不采用水泥做胶结材料,而采用石灰、石膏和黏土等材料,相应的有石灰砂浆、石膏砂浆、黏土砂浆等。其强度低、耐久性差,只适用于强度要求不高的低层建筑、简易临时建筑等。

③混合砂浆。由水泥、砂、水和石灰膏(石膏、黏土膏等)拌和而成,是应用最为广泛的一种砂浆。由于石灰膏等材料的加入,它的保水性能和流动性比水泥砂浆好,便于施工,有利于砌体密实度和工效的提高,其强度高于石灰砂浆,适用于砌筑一般墙、柱砌体。

砂浆的强度等级是以边长 70.7 mm 的立方体试块,在标准养护龄期为 28 天时的抗压强度确定的。“砌体规范”将普通砂浆强度等级分为 5 级:M15、M10、M7.5、M5、M2.5;蒸压灰砂普通砖和蒸压粉煤灰普通砖砌体采用的专用砌筑砂浆的强度等级也分为 5 级:Ms15、Ms10、Ms7.5、Ms5、Ms2.5;混凝土普通砖、混凝土多孔砖、单排孔混凝土砌块采用的砂浆强度等级为:Mb20、Mb15、Mb10、Mb7.5、Mb5;双排孔或多排孔轻集料混凝土砌体采用的砂浆强度等级为:Mb10、Mb7.5、Mb5;毛料石、毛石砌体采用的砂浆强度等级为:M7.5、M5、M2.5。

当验算施工阶段砂浆尚未硬化的新砌砌体承载力时,砂浆强度应取零。

砌体材料的选用应本着因地制宜、就地取材、充分利用工业废料的原则,并综合考虑建筑物的耐久性要求、工作环境、受力特点、施工技术力量等各方面的因素。

14.2.2 砌体的分类

根据砌体配筋与否,砌体结构可分为无筋砌体和配筋砌体两大类。

1)无筋砌体

仅由块材和砂浆组成的砌体称为无筋砌体,根据块材不同,又分为砖砌体、砌块砌体和石砌体。

(1)砖砌体

根据砖的种类,砖砌体可分为普通砖砌体、多孔砖砌体以及各种硅酸盐砖砌体。标准尺寸的普通砖砌体可以砌成厚度为 120 mm(半砖)、240 mm(一砖)、370 mm(一砖半)、490 mm(两砖)及 620 mm(两砖半)等的墙体,常采用一顺一丁、梅花丁、三顺一丁等方式砌筑,如图 14.4 所示。为了节约材料,墙厚也可以按 1/4 砖进位,此时,部分砖侧砌,以构成厚度为 180 mm、300 mm 和 420 mm 等的墙体,但此类墙体的整体性不如平砌砌体,其抗震性能较差,在有抗震要求的建筑中应限制使用。采用目前国内常用几种规格的多孔砖可以砌成厚度为 90 mm、190 mm、240 mm、290 mm 及 390 mm 等的墙体。

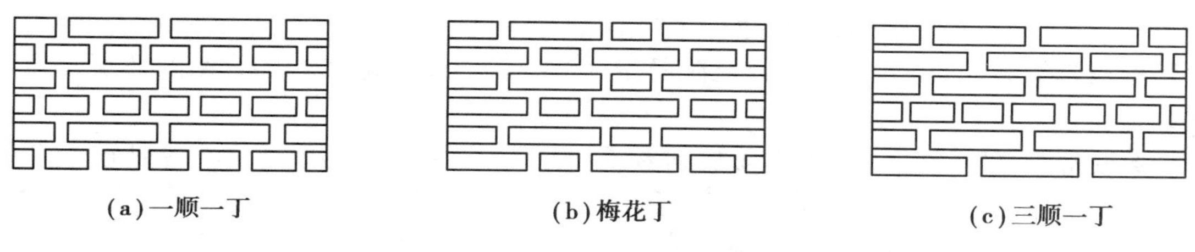

图 14.4 砖砌体的砌筑方法

(2)砌块砌体

砌块砌体近年来在我国发展较迅速。根据块材尺寸可分为小型砌块砌体、中型砌块砌体和大型砌块砌体;按砌块材料可分为混凝土砌块砌体、轻骨料混凝土砌块砌体、加气混凝土砌块砌体和粉煤灰砌块砌体等。

小型砌块使用灵活,采用不同的砌合方法可以在立面和平面上排列出不同的组合,使墙体符合使用要求,并能满足砌块的搭接要求。小型砌块较普通砖体积较大、质量大,工人的手工劳动强度大,中型和大型砌块则需要吊装机械来实现其安装。

由于砌块的尺寸比砖大,砌筑时能节约砂浆。但是,空心砌块的孔洞率较大,从而使砂浆和块体的结合较差,因而砌块砌体的整体性和抗剪性能不如普通砖砌体。当砌块使用不当时,也会因砌块干缩而产生裂缝。

(3)石砌体

石砌体分为料石砌体、毛石砌体和毛石混凝土砌体,在产石区采用石砌体比较经济。在工程中,石砌体主要用作受压构件,如一般民用建筑的承重墙、柱和基础。料石砌体和毛石砌体用砂浆砌筑,毛石混凝土砌体由混凝土和毛石交替铺砌而成,在基础工程中应用较多,也常用于建造挡土墙等。

石砌体中石材的强度利用率很低,这是由于石材加工困难,即使是料石其表面也难以平整。石砌体的抗剪强度也较低,抗震性能较差。

2）配筋砌体

配筋砌体是在砌体中配置钢筋或钢筋混凝土的砌体。配筋可以大大提高砌体的抗压、抗弯和抗剪承载力。配筋砌体形式多样，目前常用的配筋砌体有：横向配筋砌体、组合砌体、配筋砌块砌体等，具体情况参看本章配筋砌体相关内容。

14.2.3　砌体的受力性能

1）砌体受压性能

(1)砌体受压破坏机理

以砖砌体为例，根据试验，砌体轴心受压构件从加载开始直至破坏，根据裂缝的出现和发展等特点，可划分为三个受力阶段，如图14.5所示。

第一阶段(弹性阶段)：由开始加载，到个别块体上出现微细可见的裂缝[如图14.5(a)]。该阶段砌体的横向变形较小，应力-应变呈直线关系，故也称之为弹性阶段。出现微细可见裂缝时轴向荷载为砌体破坏时极限荷载的50%～70%。

第二阶段(裂缝稳定发展阶段)：继续加载，个别块体上的裂缝裂通，并沿竖向灰缝通过若干皮砖，形成平行于加载方向的纵向间断裂缝[如图14.5(b)]。此时轴向荷载为砌体破坏时极限荷载的80%～90%。在此阶段，若荷载不增加，裂缝发展可以稳定，不会出现新的裂缝。

第三阶段(破坏阶段)：当荷载增加不多，裂缝亦会发展很快，此后即使不增加荷载，裂缝仍能不断增加(裂缝不稳定发展)，形成上下贯通的裂缝将砌体分割成若干半砖小柱，这时砌体横向变形明显增大，向外鼓出，半砖小柱丧失稳定而破坏[如图14.5(c)]。

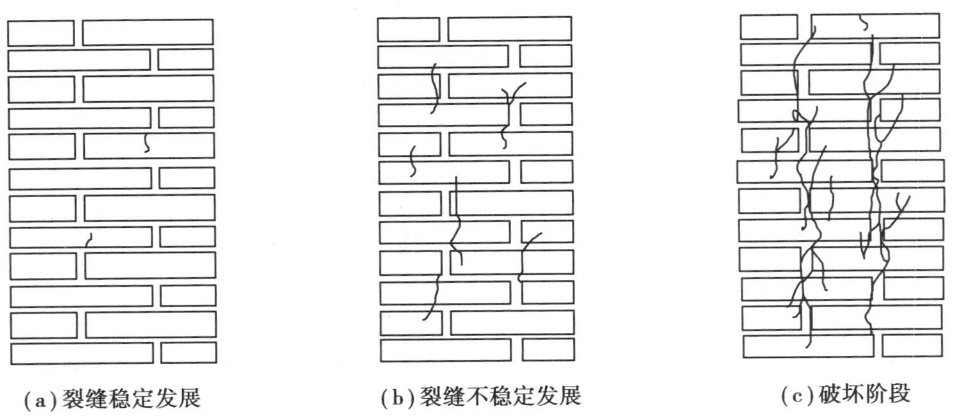

(a)裂缝稳定发展　　(b)裂缝不稳定发展　　(c)破坏阶段

图14.5　砖砌体的受压破坏

图14.5所示试验表明砌体的抗压强度总是远低于单块砖的抗压强度。砌体破坏，并不是由于砖本身抗压强度不足，而是竖向裂缝扩展连通将砌体分割成小柱体，最终砌体因小柱体失稳或被压碎而被破坏。产生这一现象的一个主要原因是单块砖并非处于单纯的受压状态，而是处于受弯、受拉、受剪和局部受压的复杂应力状态，如图14.6所示，这就导致单块砖开裂较早；另一个原因是砖与砂浆的受压变形不一致，当砌体在受压产生压缩变形的同时还要产生横向变形，但在一般情况下砖的横向变形小于砂浆的横向变形(因砖的弹性模量一般高于砂浆的弹性模量)，又由于两者之间存在着黏结力和摩擦力，故砖将阻止砂浆的横向变形，这

样砂浆受到横向压力，反过来砖受到横向拉力，如图 14.7 所示。砖内产生的附加横向拉应力将加快裂缝的出现和发展。另外，砌体的竖向灰缝往往不饱满、不密实，这将造成砌体于竖向灰缝处的应力集中，也加快了砖的开裂，致使砌体强度降低。由此可见，砌体的破坏是由于单块砖受弯、剪、拉复杂应力作用过早开裂，最后由于小柱体失稳或者小柱体被压碎而引起的，砖块的抗压强度并没有真正发挥出来，故砌体的抗压强度总是远低于单块砖的抗压强度。

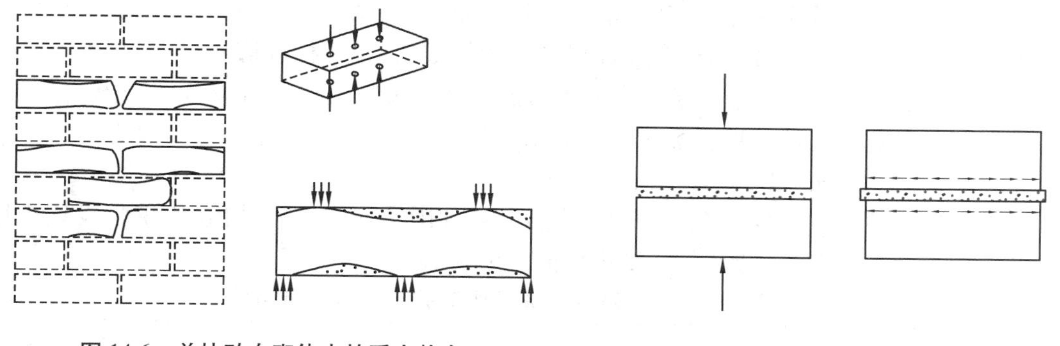

图 14.6 单块砖在砌体中的受力状态

图 14.7 砌体受压横向变形

(2)影响砌体抗压强度的因素

①材料的物理、力学性能的影响。

块体和砂浆的强度是影响砌体抗压强度的主要因素。块体和砂浆的强度高，砌体的抗压强度亦高。试验证明，提高块材的强度比提高砂浆强度对增大其抗压强度的效果好。对砖砌体而言，一般情况下当砖强度等级不变，砂浆强度等级提高一倍，砌体抗压强度只提高约 20%；而当砂浆强度等级不变，砖强度等级提高一倍，砌体抗压强度可提高约 50%。同时，由于砂浆强度等级提高需增加较多的水泥用量，成本增加较多，而块材强度等级提高需要付出的经济成本会小很多。基于此，实际工程中应首先采用提高块材的强度来提高砌体的强度，我国的“砌体规范”中也不允许砂浆的强度比块材的强度高。

砂浆具有较明显的弹塑性性质，若在砌体内采用变形率大的砂浆，单块砖内受到的弯、剪应力和横向拉应力将增大，从而对砌体抗压强度产生不利影响。和易性好的砂浆易铺砌平整，可以减小在砖内产生的复杂应力，提高砌体强度。试验表明，当采用水泥砂浆时，由于砂浆的保水性、和易性差，砌体抗压强度降低 5%~15%。

②块体的尺寸、几何形状及表面平整程度的影响。

高度大的砖，其抗弯、抗剪和抗拉的能力增大；长度大时，砖在砌体中引起的弯剪应力也大。此外，砖的表面越平整，灰缝的厚薄越均匀，块材越趋于均匀受压，也有利于砌体抗压强度的提高。

③砌筑质量的影响。

砌体砌筑时水平灰缝的饱满度、水平灰缝的厚度、砖的含水率以及砌筑方法等将影响砌体质量的优劣。试验表明，水平灰缝砂浆越饱满，块材越趋于均匀受压，砌体抗压强度越高。因此，现行《砌体结构工程施工质量验收规范》(GB 50203)中要求水平灰缝砂浆饱满度大于 80%。砌筑砌体时，应提前浇水湿润，以避免块材吸收砂浆中的水分，影响砂浆强度的发展。

砌体内水平灰缝越厚，砂浆横向变形越大，块材内横向拉应力也越大，砌体的抗压强度亦越低。通常要求砖砌体的水平灰缝厚度为 8~12 mm。砌体的砌合方法对砌体的强度和整体性的影响也很明显。通常使用一顺一丁、梅花丁和三顺一丁法砌筑的砌体整体性好，砌体抗压强度可得到保证。

砌筑质量对砌体强度的影响通过材料性能分项系数来体现。

此外，影响砌体抗压强度的因素还有龄期、竖向灰缝的饱满程度、试验方法等，在此不再详述。

(3)砌体的抗压强度

各类砌体强度的确定遵循一定的规则，一般首先通过试验数据得到砌体的强度平均值，在平均值的基础上，通过一定的概率保证得到强度标准值，再用标准值除以材料性能分项系数 γ_f 得到强度设计值。“砌体规范”将砌体的抗压强度标准值列于附录 B.0.2 中，可直接查用。砌体结构的材料性能分项系数 γ_f，一般情况下，宜按施工控制等级为 B 级考虑，取 $\gamma_f=1.60$；当为 C 级时，取 $\gamma_f=1.80$。

为了工程运用上的方便，“砌体规范”给出了各种砌体的强度设计值，供工程设计查用。当施工控制等级为 B 级时，砌体的强度设计值详见表 14.1—表 14.7。

表 14.1 烧结普通砖和烧结多孔砖砌体的抗压强度设计值 单位：MPa

砖强度等级	砂浆强度等级					砂浆强度
	M15	M10	M7.5	M5	M2.5	0
MU30	3.94	3.27	2.93	2.59	2.26	1.15
MU25	3.60	2.98	2.68	2.37	2.06	1.05
MU20	3.22	2.67	2.39	2.12	1.84	0.94
MU15	2.79	2.31	2.07	1.83	1.60	0.82
MU10	—	1.89	1.69	1.50	1.30	0.67

注：当烧结多孔砖的孔洞率大于 30%时，表中数值应乘以 0.9。

表 14.2 混凝土普通砖和混凝土多孔砖砌体的抗压强度设计值 单位：MPa

砖强度等级	砂浆强度等级					砂浆强度
	Mb20	Mb15	Mb10	Mb7.5	Mb5	0
MU30	4.61	3.94	3.27	2.93	2.59	1.15
MU25	4.21	3.60	2.98	2.68	2.37	1.05
MU20	3.77	3.22	2.67	2.39	2.12	0.94
MU15	—	2.79	2.31	2.07	1.83	0.82

表 14.3 蒸压灰砂普通砖和蒸压粉煤灰普通砖砌体的抗压强度设计值 单位：MPa

砖强度等级	砂浆强度等级				砂浆强度
	M15	M10	M7.5	M5	0
MU25	3.60	2.98	2.68	2.37	1.05
MU20	3.22	2.67	2.39	2.12	0.94
MU15	2.79	2.31	2.07	1.83	0.82

注：当采用专用砂浆砌筑时，其抗压强度设计值按表中数值采用。

表 14.4 单排孔混凝土砌块和轻集料混凝土砌块对孔砌筑砌体的抗压强度设计值 单位:MPa

砌块强度等级	砂浆强度等级					砂浆强度
	Mb20	Mb15	Mb10	Mb7.5	Mb5	0
MU20	6.30	5.68	4.95	4.44	3.94	2.33
MU15	—	4.61	4.02	3.61	3.20	1.89
MU10	—	—	2.79	2.50	2.22	1.31
MU7.5	—	—	—	1.93	1.71	1.01
MU5	—	—	—	—	1.19	0.70

注:①对独立柱或厚度为双排组砌的砌块砌体,应按表中数值乘以 0.7。

②对 T 形截面墙体、柱,应按表中数值乘以 0.85。

表 14.5 双排孔或多排孔轻集料混凝土砌块砌体的抗压强度设计值 单位:MPa

砌块强度等级	砂浆强度等级			砂浆强度
	Mb10	Mb7.5	Mb5	0
MU10	3.08	2.76	2.45	1.44
MU7.5	—	2.13	1.88	1.12
MU5	—	—	1.31	0.78
MU3.5	—	—	0.95	0.56

注:①表中的砌块为火山渣、浮石或陶粒轻集料混凝土砌块;

②对厚度方向为双排组砌的轻集料混凝土砌块砌体的抗压强度设计值,应按表中数值乘以 0.8。

表 14.6 毛料石砌体的抗压强度设计值 单位:MPa

毛料石强度等级	砂浆强度等级			砂浆强度
	M7.5	M5	M2.5	0
MU100	5.42	4.80	4.18	2.13
MU80	4.85	4.29	3.73	1.91
MU60	4.20	3.71	3.23	1.65
MU50	3.83	3.39	2.95	1.51
MU40	3.43	3.04	2.64	1.35
MU30	2.97	2.63	2.29	1.17
MU20	2.42	2.15	1.87	0.95

注:对细料石砌体、粗料石砌体和干砌勾缝石砌体,表中数值应分别乘以调整系数 1.4、1.2 和 0.8。

表 14.7　毛石砌体的抗压强度设计值　　单位:MPa

毛石强度等级	砂浆强度等级			砂浆强度
	M7.5	M5	M2.5	0
MU100	1.27	1.12	0.98	0.34
MU80	1.13	1.00	0.87	0.30
MU60	0.98	0.87	0.76	0.26
MU50	0.90	0.80	0.69	0.23
MU40	0.80	0.71	0.62	0.21
MU30	0.69	0.61	0.53	0.18
MU20	0.56	0.51	0.44	0.15

2)砌体抗拉、弯、剪性能

(1)砌体的抗拉性能

图 14.8 所示为砌体轴心受拉构件的三种破坏形式。拉力水平方向作用时,砌体可能沿齿缝(灰缝)破坏[如图 14.8(b)],也可能沿块体和竖向灰缝破坏[如图 14.8(a)];在拉力垂直于水平灰缝时,产生沿通缝截面的破坏[如图 14.8(c)]。

当切向黏结强度低于块体的抗拉强度时,则砌体将沿水平和竖向灰缝成齿形或阶梯形破坏。这时,砌体的抗拉能力主要是由水平灰缝的切向黏结力提供(由于施工质量不易保证,故不考虑其竖向灰缝受力)。这样,砌体的抗拉承载力实际上取决于破坏截面上的黏结强度和水平灰缝的面积,也即与砂浆强度和砌筑方式有关。一般是按块体的搭砌长度等于块体高度的情况来确定砌体的抗拉强度,如果搭砌长度大于块体高度(如按三顺一丁砌筑时),则实际抗拉承载力要大于计算值,但因设计时不规定砌筑方式,所以不考虑其提高。反之,如果有的砌体搭砌长度小于其块体高度,则其砌体抗拉强度应乘以两者的比值来予以折减。

当切向黏结力高于块体的抗拉能力时,则砌体可能沿块体和竖向灰缝破坏,如图 14.8(a)所示。此时,砌体的抗拉能力完全取决于块体本身的抗拉能力。由于我国"砌体规范"不允许块材的强度低于砂浆的强度,所以在实际工程中,这种情况基本不会发生。

由于块体和砂浆的法向黏结力低,以及在砌筑和使用过程中可能出现的偶然原因破坏会降低法向的黏结强度,因此不允许将砌体设计成沿通缝截面破坏的受拉构件[即不允许图 14.8(c)所示的情况]。

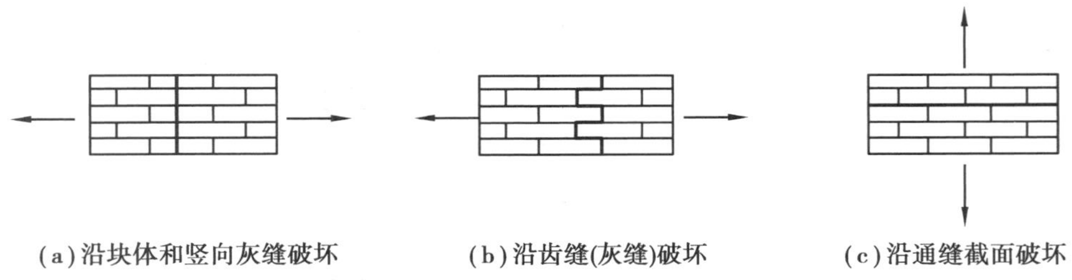

(a)沿块体和竖向灰缝破坏　(b)沿齿缝(灰缝)破坏　(c)沿通缝截面破坏

图 14.8　砌体受拉的破坏形式

(2)砌体的抗弯性能

当砌体受弯时,其破坏总是发生在受拉区。因此,砌体的抗弯能力将由砌体的弯曲抗拉强度确定。砌体弯曲受拉也有三种破坏形式。砌体在水平方向弯曲时,有两种破坏可能:沿齿缝截面破坏[如图 14.9(a)],以及沿块体和竖向灰缝破坏[如图 14.9(b)]。砌体在竖向弯曲时,应采用沿通缝截面的弯曲抗拉强度[如图 14.9(c)]。设计时,取这两种中破坏较小的强度值进行计算。

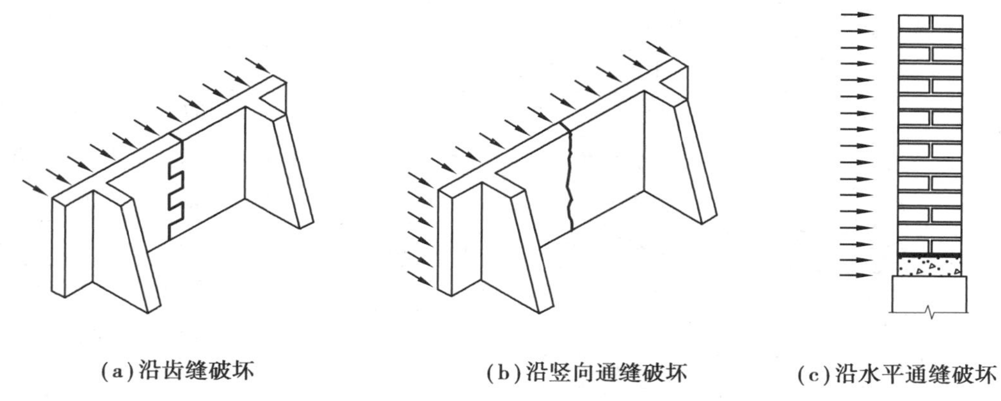

(a)沿齿缝破坏　(b)沿竖向通缝破坏　(c)沿水平通缝破坏

图 14.9　砌体弯曲受拉破坏形式

(3)砌体的抗剪性能

当砌体受剪时,根据构件的实际破坏情况可分为通缝抗剪[如图 14.10(a)]、齿缝抗剪[如图 14.10(b)]和阶梯形缝抗剪[如图 14.10(c)]。根据试验这三种抗剪强度基本一样,这是由于竖向灰缝质量往往难以保证,其抗剪承载力主要由水平灰缝的质量和面积决定,而在上述三种情况下,水平灰缝的面积基本一致。

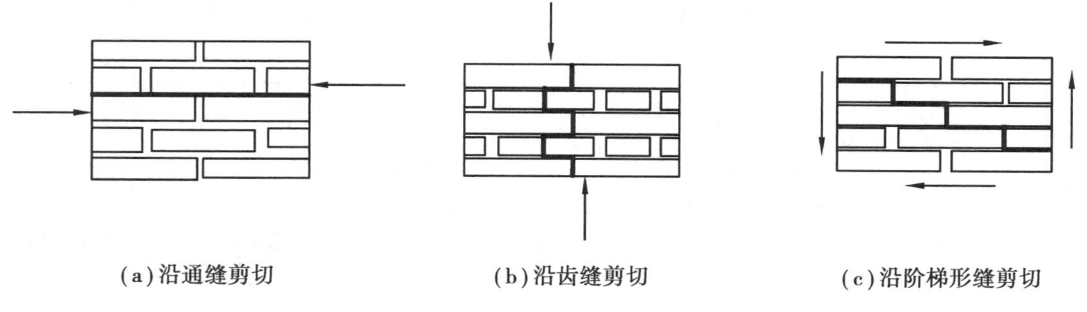

(a)沿通缝剪切　(b)沿齿缝剪切　(c)沿阶梯形缝剪切

图 14.10　砌体受剪破坏形式

(4)砌体抗拉、抗弯和抗剪强度

砌体抗拉、抗弯、抗剪强度与砂浆强度有关。实验研究表明,不同的块材测定出的砌体的轴心受拉、弯曲受拉和抗剪强度存在较大差别。混凝土砖、混凝土多孔砖测定的强度较烧结普通砖偏高,“砌体规范”在应用时偏保守,取值和烧结普通砖一致;而蒸压灰砂砖、蒸压粉煤灰砖砌体测定的强度较烧结普通砖偏低,“砌体规范”在应用时取烧结普通砖强度的 0.7 倍。

为了方便工程运用,“砌体规范”将各类砌体的轴心抗拉、弯曲抗拉和抗剪强度设计值统一给出。当施工控制等级为 B 级时,详见表 14.8。

表 14.8　沿砌体灰缝截面破坏时砌体的轴心抗拉强度设计值、弯曲抗拉强度设计值和抗剪强度设计值

单位:MPa

强度类别	破坏特征及砌体种类		砂浆强度等级			
			≥M10	M7.5	M5	M2.5
轴心抗拉	沿齿缝	烧结普通砖、烧结多孔砖	0.19	0.16	0.13	0.09
		混凝土普通砖、混凝土多孔砖	0.19	0.16	0.13	—
		蒸压灰砂普通砖、蒸压粉煤灰普通砖	0.12	0.10	0.08	—
		混凝土和轻集料混凝土砌块	0.09	0.08	0.07	—
		毛石	—	0.07	0.06	0.04
弯曲抗拉	沿齿缝	烧结普通砖、烧结多孔砖	0.33	0.29	0.23	0.17
		混凝土普通砖、混凝土多孔砖	0.33	0.29	0.23	—
		蒸压灰砂普通砖、蒸压粉煤灰普通砖	0.24	0.20	0.16	—
		混凝土和轻集料混凝土砌块	0.11	0.09	0.08	—
		毛石	—	0.11	0.09	0.07
	沿通缝	烧结普通砖、烧结多孔砖	0.17	0.14	0.11	0.08
		混凝土普通砖、混凝土多孔砖	0.17	0.14	0.11	—
		蒸压灰砂普通砖、蒸压粉煤灰普通砖	0.12	0.10	0.08	—
		混凝土和轻集料混凝土砌块	0.08	0.06	0.05	—
抗剪	烧结普通砖、烧结多孔砖		0.17	0.14	0.11	0.08
	混凝土普通砖、混凝土多孔砖		0.17	0.14	0.11	—
	蒸压灰砂普通砖、蒸压粉煤灰普通砖		0.12	0.10	0.08	—
	混凝土和轻集料混凝土砌块		0.09	0.08	0.06	—
	毛石		—	0.19	0.16	0.11

注:①对于用形状规则的块体砌筑的砌体,当搭接长度与块体的高度比值小于 1 时,其轴心抗拉强度设计值 f_t 和弯曲抗拉强度设计值 f_{tm} 应按表中数值乘以搭接长度和块体高度的比值后使用;

②表中数值是依据普通砂浆砌筑的砌体来确定。采用经研究性试验且通过技术鉴定的专用砂浆砌筑的蒸压灰砂普通砖、蒸压粉煤灰普通砖砌体,其抗剪强度设计值按相应普通砂浆强度等级砌筑的烧结普通砖砌体采用;

③对于混凝土普通砖、混凝土多孔砖、混凝土和轻集料混凝土砌块砌体,表中的砂浆强度等级分别为:大于等于 Mb10、Mb7.5及 Mb5。

对于灌孔砌体的强度计算方法,可参阅"砌体规范",限于篇幅,本处不再详述。

3)砌体强度设计值的调整

工程运用上,在一些特定的情况下,应对砌体强度设计值进行调整。如截面面积较小的砌体构件,由于其局部损坏或缺陷等偶然因素会导致砌体强度有较大降低;当采用强度较低的水泥砂浆砌筑时,其和易性、保水性较差,砌体强度降低;在施工阶段验算时,可考虑适当降低其可靠度。因此,"砌体规范"规定下列情况中的各类砌体,其强度设计值应乘以强度调整系数 γ_a:

①对无筋砌体构件,其截面面积小于 0.3 m^2 时,$\gamma_a = a+0.70$。对配筋砌体构件,当其中砌

体截面面积小于 0.2 m^2时，$\gamma_a=a+0.80$。其中 a 为构件截面面积，以 m^2计。

②当砌体用强度小于 M5.0 的水泥砂浆砌筑时，抗压强度设计值的调整系数 $\gamma_a=0.9$；对于抗拉、抗弯、抗剪强度设计值，$\gamma_a=0.8$。

③当验算施工中房屋的构件时，γ_a 为 1.1。

另外，由于上述列表中各强度设计值均按施工控制等级为 B 级控制。当施工质量控制等级为 C 级时，强度应相应降低，γ_a 为 0.89；当施工质量控制等级为 A 级时，强度应相应提高，γ_a 为 1.05。

【例 14.1】一轴心受压砖柱，截面尺寸为 370 mm×490 mm，采用材料为 MU10 烧结多孔砖，M7.5 混合砂浆，施工质量控制等级为 C 级。

求：该砖柱砌体的抗压强度设计值。

【解】①根据表 14.1 查得砌体的抗压强度设计值：$f=1.69\ \text{N/mm}^2$；

②$A=0.37\times0.49=0.181\ \text{m}^2<0.3\ \text{m}^2$，调整系数 $\gamma_a=0.7+0.181=0.881$；

③施工质量控制等级为 C 级，$\gamma_a=0.89$；

④砌体抗压强度设计值：$\gamma_a f=0.89\times0.881\times1.69=1.325\ \text{N/mm}^2$。

【例 14.2】一承重砖柱，截面尺寸为 490 mm×620 mm，采用烧结多孔砖 MU10，施工阶段砂浆尚未硬化，施工质量控制等级为 B 级。求：施工阶段砖柱的砌体抗压强度设计值。

【解】①施工阶段，砂浆尚未硬化，取砂浆强度为 0，由表 14.1 查得砌体的抗压强度设计值：$f=0.67\ \text{N/mm}^2$；

②$A=0.49\times0.62=0.303\ 8\ \text{m}^2>0.3\ \text{m}^2$；

③当验算施工房屋中的房屋构件时，γ_a 为 1.1；

④施工阶段的强度设计值为：$\gamma_a f=1.1\times0.67=0.737\ \text{MPa}$。

14.3 砌体结构房屋的结构体系及内力计算

14.3.1 房屋的结构布置和承重体系

混合结构房屋通常是指屋盖、楼盖等水平承重构件采用钢筋混凝土、木材或钢材等材料，而墙、柱等竖向承重构件与基础采用砌体材料的房屋。它具有施工简便、造价较低等优点，因此被广泛采用。墙体是混合结构房屋的主要承重构件，同时墙体对建筑物也起着围护和分隔的作用。主要起围护和分隔作用且只承受自重的墙体，称为“非承重墙”；在承受自重的同时，还承受屋盖和楼盖传来的荷载的墙体，称为“承重墙”。墙体、柱的自重约占混合结构房屋总重的 60%。

混合结构房屋设计的一个重要任务就是解决墙体的设计问题，其设计内容一般包括：承重墙体的布置、房屋的静力计算方案确定、墙柱高厚比验算、墙柱内力计算及其截面承载力验算。混合结构的房屋设计，应遵循先从整体再到构件的综合控制的原则。整体设计包括承重墙体的布置、房屋静力计算方案的确定等；构件的验算包括墙柱高厚比验算、墙柱内力的确定及构件承载力的验算。由于在结构方案阶段已经布置好墙和柱，故无筋砌体结构构件的设计往往是对这些结构构件的稳定性及承载力进行验算。

在混合结构房屋的结构布置中,承重墙体的布置不仅影响到房屋平面的划分,而且与房屋的荷载传递路线、承载的合理性、墙体的稳定以及整体刚度等受力性能有着直接的联系,对房屋的经济性也有一定的影响,因此合理的结构布置是极为重要的。

在房屋建筑中,平面的短边常称为横向、长边常称为纵向。

砌体结构房屋的承重体系按其结构布置方式的不同可分为:横墙承重体系;纵墙承重体系;纵横墙承重体系;底层框架承重体系和内框架承重体系。

1)横墙承重体系

由横墙主要承受屋盖、楼盖竖向荷载的结构布置方案称为横墙承重方案。如图 14.11 为某宿舍楼标准层结构平面布置图,为典型的横墙承重体系。其楼板沿房屋纵向搁置在横墙上,外纵墙主要起围护作用。

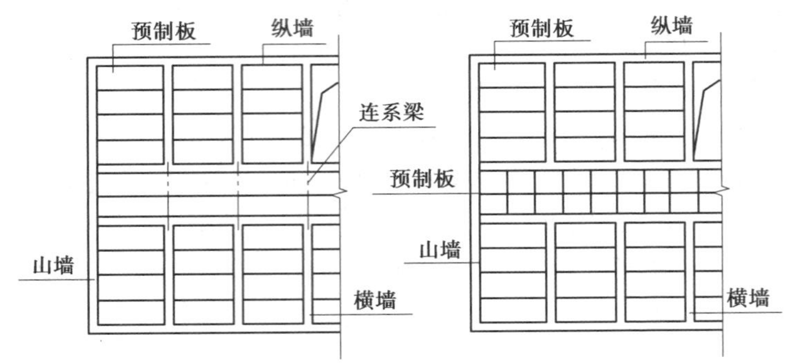

图 14.11　横墙承重体系

横墙承重体系的楼(屋)面荷载传力途径为:楼(屋)面荷载→楼(屋)面板→横墙→横墙基础→地基。

横墙承重体系与其他承重体系比较,具有如下特点:

①横墙是主要承重墙,纵墙主要起围护、隔断、承担墙体自重及与横墙连成整体的作用,纵墙受力较小。故在纵墙上可以灵活开设门窗洞口,有利于外墙面的装饰;

②由于横墙间距小(一般为 2.7~4.8 m)、数量多(往往每一开间设一道横墙),又有外纵墙拉接,故房屋的横向刚度较大,整体性好,对抵抗风力、地震作用和调整地基不均匀沉降都比纵墙承重方案更有利;

③横墙承重方案房屋的楼(屋)盖结构布置比较简单(一般不再设梁),施工方便。

但较纵墙承重方案房屋而言,横墙承重方案墙体材料用量多,结构自重较大;在横墙承重方案中房屋纵墙因保温等要求不能太薄,故纵墙的承载力不能充分利用;因横墙数量多,房间的空间布置受到一定限制。

横墙承重体系适用于房屋开间尺寸较规则、横墙间距小的住宅、宿舍、旅馆、招待所等民用房屋。

2)纵墙承重体系

纵墙承重方案是指由纵墙直接承受屋盖、楼盖竖向荷载的结构布置方案。跨度较小的房屋,楼板直接支承在纵墙上,如图 14.12(a)所示,全部楼面荷载由纵墙承受;跨度较大的房屋可采用将预制屋面梁(或屋架)搁置在纵墙上,其上铺大型屋面板,如图 14.12(b)所示,楼

(屋)面荷载绝大部分传给房屋纵墙。

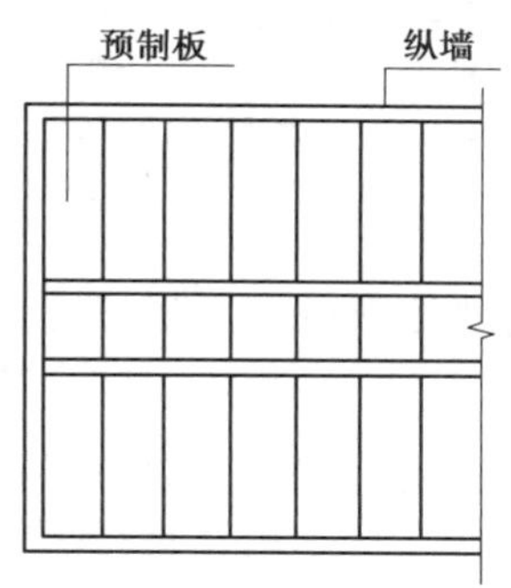

(a)荷载通过楼板直接传递给纵墙

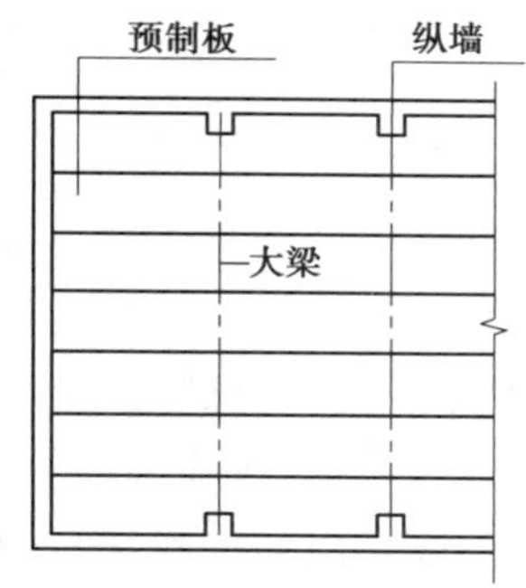

(b)荷载通过横向传递给纵墙

图 14.12　纵墙承重体系

纵墙承重体系的楼(屋)面荷载传力途径为:楼(屋)面荷载→楼(屋)面板→楼(屋)面梁(或屋架)→纵墙→基础→地基。

与横墙承重体系相比,纵墙承重体系具有如下特点:

①纵墙是主要的承重墙,而横墙是为了满足房屋使用功能及空间刚度和整体性要求而设置的,横墙间距可以增大,形成较大室内空间,有利于灵活布置使用空间;

②因纵墙承重,纵墙上作用有较大荷载,所以在纵墙上设置门窗洞口时,洞口大小、位置要受一定的限制;

③与横墙承重方案相比,纵墙承重方案房屋的屋盖、楼盖结构用材料较多,墙体材料较少;

④横墙数量少,房屋横向刚度较差。

纵墙承重体系适用于使用上要求较大空间的教学楼、图书馆,以及中小型工业厂房、仓库、食堂等单层房屋。

3)纵横墙承重体系

当屋、楼盖上的荷载一部分传给房屋的横墙,另一部分传给房屋的纵墙,即房屋的承重墙既有横墙又有纵墙,相应的承重体系称为纵横墙承重体系,如图 14.13 所示。

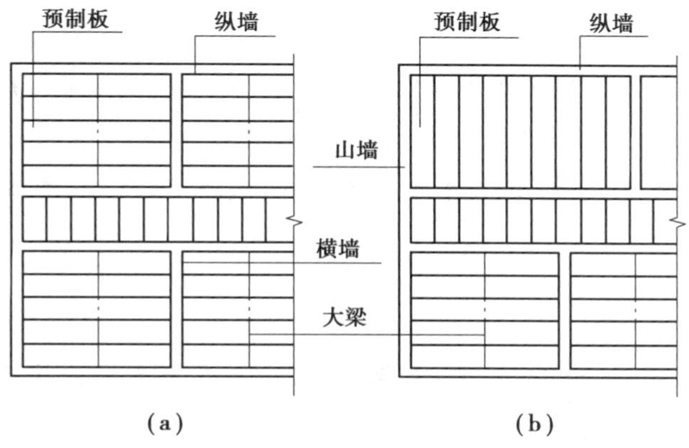

图 14.13　纵横墙承重体系

纵横墙承重体系的楼(屋)面荷载传力途径为:

楼(屋)面荷载 → 楼(屋)面板 → (梁→)纵墙 → 纵墙基础 → 地基
↘ 横墙 → 横墙基础 → 地基

纵横墙承重体系具有如下特点:

①房屋使用空间介于前两种体系之间;

②房屋纵横两向都有承重墙,当房屋纵横两向墙体数量及平面尺寸接近时,房屋两个方向的刚度接近,有利于房屋的抗震、抗风;

③与前述两种体系相比,纵横墙均承重,墙体材料利用率较高,墙体应力也比较均匀。

纵横墙承重体系既可以使房间拥有较大的使用空间,又能获得较好的空间刚度,适用于教学楼、办公楼、医院及点式住宅等建筑。

4) 底框架承重体系

在实用中往往存在这样的一种需求,希望在建筑物下部得到较大的使用空间,作为商业用途,而建筑物上部的楼层,往往作为住宅或其他使用功能,需要的空间较小,并且要求其具有较好的经济性。为顺应这种使用功能的需要,往往在结构的底部楼层(底部一层或两层)设置钢筋混凝土框架以形成较灵活的使用空间,而在框架上部采用砌体承重墙体,以达到经济的效果。这种结构体系称为底框架结构。

底框架结构体系的荷载传力途径为:楼(屋)面荷载→板→砌体墙→底部框架(含增强底部刚度的墙、柱)→基础→地基。上部砌体部分按各自的墙体体系传力,最终,上部的墙体将其承受的荷载传递给底部框架。

底框架结构体系具有如下特点:

①底部使用空间灵活,整体较经济;

②房屋上部墙体刚度较大,下部框架刚度较小,不利于抗震。在结构设计时,需要通过采取下部框架中增设墙体的方式来调整结构上下的刚度,使其刚度比值控制在一定的范围内。

5) 内框架承重体系

内框架结构房屋是指由设置在房屋内部的钢筋混凝土框架和外部的砌体墙柱共同承受楼(屋)盖荷载的结构布置方案,其目的是在获得较大的内部使用空间的同时,节约钢筋混凝土的使用量,以达到经济的目的。多用于内部有较大空间要求的工业厂房、仓库等。

但由于同一水平面上承重结构由钢筋混凝土和砌体两种性能不同的材料组成,在荷载作用下会产生不一致的变形,不利于整体受力和抗震,我国现在已经限制了该种结构体系的使用。

14.3.2 房屋的静力计算方案

混合结构房屋中,屋盖、楼盖、纵墙、横墙和基础等构件相互联系组成空间受力体系。在外荷载作用下,不仅直接承受荷载的构件在工作,而且与其相连的其他构件也都会不同程度地参与工作,这些构件参加共同工作的程度体现了房屋的空间刚度。房屋在竖向和水平荷载作用下的工作情况与其空间刚度密切相关。

在砌体结构房屋计算中，需要对实际结构进行力学模型的简化，确定荷载作用下的墙、柱计算简图，以便按力学方法计算墙、柱内力。不同的计算简图取决于不同的房屋静力计算方案。也就是说，房屋静力计算方案是确定房屋计算简图，进而确定墙、柱内力的依据。房屋计算简图既要符合结构的实际受力情况，又要尽可能使计算简单。因此必须研究结构的受力情况，忽略其次要因素，抓住影响结构受力的主要因素，这是确定计算简图的原则。以下介绍砌体房屋的静力计算方案及其计算简图。

1）房屋空间工作原理

先以图 14.14 和图 14.15 所示的单层房屋为例，说明房屋的空间工作性能。

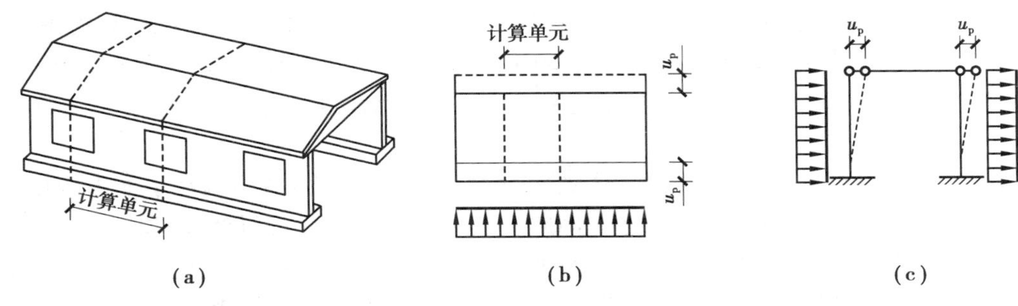

图 14.14　无山墙房屋受力状况

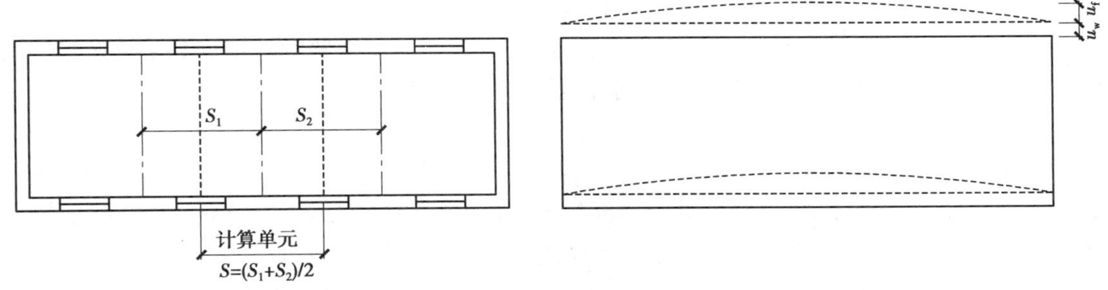

图 14.15　有山墙房屋受力状况

图 14.14 中的单层房屋两端没有山墙，中间也不设横墙。考察房屋在风荷载作用下其顶点横向水平位移，假定房屋承受横向均布荷载，且房屋的横向刚度沿纵向没有变化，这样得出，其顶点侧移沿房屋纵向处处相等。显然，这样的房屋，其纵墙计算可简化为平面问题来处理，一般取一个开间作为其计算单元。考虑到屋盖搁置在纵墙上，对纵墙转动无约束，因此梁与柱按铰接；基础对柱有较好的嵌固作用，故柱与基础按刚接，这样计算单元可按平面排架计算。横向荷载（如风荷载）荷载的传力途径是：荷载→纵墙→纵墙基础→地基。

如果在上例中房屋两端设有山墙，受力情况将发生变化，如图 14.15 所示。这时纵墙底部支承在基础上，顶部支承在屋盖上。屋盖可看作两端支承在山墙顶的一根水平放置的梁；山墙是支承在地基上的悬臂柱。此时横向荷载（如风荷载）的传力途径变为：

风荷载→纵墙→屋盖→横墙→横墙基础→地基
↘纵墙基础→地基

由于山墙往往具有较大的刚度，顶点侧移有限；屋盖在其平面内也具有较大的刚度，且受荷后将产生沿纵向变化的弯曲变形，这样在风荷载作用下，房屋的顶点侧移较不设山墙时更小且沿房屋纵向变化。由此，房屋的受力体系已不是平面受力体系，纵墙、屋盖和山墙组成了空间受力体系。

2）房屋静力计算方案

（1）刚性方案

当房屋的横墙间距较小，楼（屋）盖的水平刚度较大（如现浇钢筋混凝土屋盖）且横墙在平面内刚度很大时，房屋的空间刚度较大。这时，在水平荷载作用下，房屋纵墙顶端的水平位移很小，可以忽略不计。因此，可假定纵墙顶端的水平位移为零，在确定墙柱计算简图时，可认为楼（屋）盖为纵墙的不动铰支座，墙、柱的内力可按上端为不动铰支承，下端为嵌固于基础顶面的竖向构件计算［如图 14.16（a）］。这种计算方案称为刚性方案。

（2）弹性方案

当房屋横墙间距很大，屋盖在平面内的刚度很小（如瓦屋盖）或山墙在平面内刚度很小（或无横墙）时，房屋的空间刚度就很小。因此，在水平荷载作用下，房屋纵墙顶端水平位移较大，以至于由屋盖水平梁提供给外纵墙的水平反力小到可以忽略不计，可认为横墙及屋盖对外纵墙起不到任何帮助作用，此种房屋中部墙体计算单元的计算简图如图 14.16（b）所示。这种不考虑房屋空间工作的计算方案称为弹性方案。

弹性方案房屋在水平荷载作用下，墙顶水平位移较大，而且墙内会产生较大的弯矩。因此，如果增加房屋的高度，则房屋的刚度将难以保证；但如增加纵墙的截面面积势必耗费更多的材料。所以，对于多层砌体结构房屋，不宜采用弹性方案。

（3）刚弹性方案

当房屋横墙间距不太大，楼盖（屋盖）和横墙在各自平面内具有一定刚度时，房屋具有一定的空间刚度。这时，房屋中部外纵墙顶部的水平位移比弹性方案小，比刚性方案大，横墙与楼（屋）盖对外纵墙有一定的支承作用，不能忽略不计。屋盖作为纵墙支座，会给外纵墙提供一定的反力。房屋的受力介于刚性方案和弹性方案之间，墙、柱内力按楼（屋）盖处具有弹性支承的平面排架计算［如图 14.16（c）］。这种部分考虑房屋空间工作的计算方案，称为刚弹性方案。

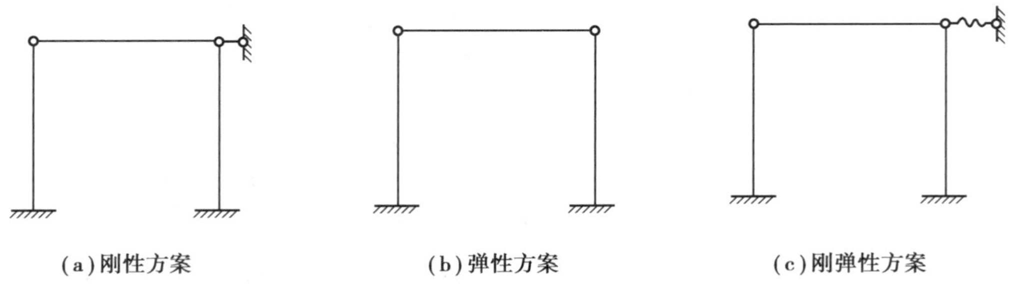

（a）刚性方案　　（b）弹性方案　　（c）刚弹性方案

图 14.16　混合结构房屋静力计算方案的计算简图

依据房屋空间工作的原理，“砌体规范”根据楼（屋）盖的类别和房屋的横墙间距来确定房屋的静力计算方案，见表 14.9，且对刚性和刚弹性方案房屋的横墙做出了相应要求。

表 14.9　房屋的静力计算方案

屋盖或楼盖类别		刚性方案	刚弹性方案	弹性方案
1	整体式、装配整体和装配式无檩体系钢筋混凝土屋盖或钢筋混凝土楼盖	$s<32$	$32 \leqslant s \leqslant 72$	$s>72$
2	装配式有檩体系钢筋混凝土屋盖、轻钢屋盖和有密铺望板的木屋盖或木楼盖	$s<20$	$20 \leqslant s \leqslant 48$	$s>48$
3	瓦材屋面的木屋盖和轻钢屋盖	$s<16$	$16 \leqslant s \leqslant 36$	$s>36$

注：①表中 s 为房屋横墙间距，其长度单位为 m；

②对无山墙或伸缩缝处无横墙的房屋，应按弹性方案考虑。

为保证横墙刚度，作为刚性和刚弹性方案房屋的横墙，应符合下列要求：

①横墙中开有洞口时，洞口的水平截面面积不应超过横墙截面面积的 50%；

②横墙的厚度不宜小于 180 mm；

③单层房屋的横墙长度不宜小于其高度，多层房屋的横墙长度不宜小于 $H/2$（H 为横墙总高度）。

当横墙不能同时符合上述要求时，应对横墙的刚度进行验算。如当其顶端最大水平位移值 $\mu_{\max} \leqslant H/4\,000$（$H$ 为横墙总高度）时，仍可将其视作刚性横墙。符合上述刚度要求的其他结构构件（如框架等），也可视作刚性或刚弹性方案房屋的横墙。

14.3.3　砌体房屋墙、柱内力计算

1）刚性方案房屋墙、柱内力计算

（1）单层刚性方案房屋承重纵墙内力计算

①计算单元及计算简图。计算单元应取荷载较大、截面削弱较多的有代表性的墙段。一般取一个开间作为计算单元，计算单元的宽度为 $s=(s_1+s_2)/2$，其中 s_1、s_2 为开间宽，如图14.15所示。计算单元一经确定，就承受其宽度范围内的全部荷载；考虑到在竖向集中荷载（屋面梁传来）作用下墙体应力的不均匀性（即离集中荷载越远，墙体应力越小，参与工作的程度越小），故计算简图中的墙体计算截面宽度应按下列规定采用：

a.对于带壁柱墙，可取壁柱宽加 2/3 墙高，但不大于窗间墙宽度和相邻壁柱间距离。

b.对于无壁柱墙，可取 2/3 墙高，但不大于窗间墙宽度和相邻壁柱间距离。

刚性方案房屋的每片纵墙可以按下端固接、上端支承在不动铰支座上的竖向构件单独进行计算，其计算简图如图 14.17 所示。墙体高度一般为基础顶面至梁底（或屋架底）之间的距离。

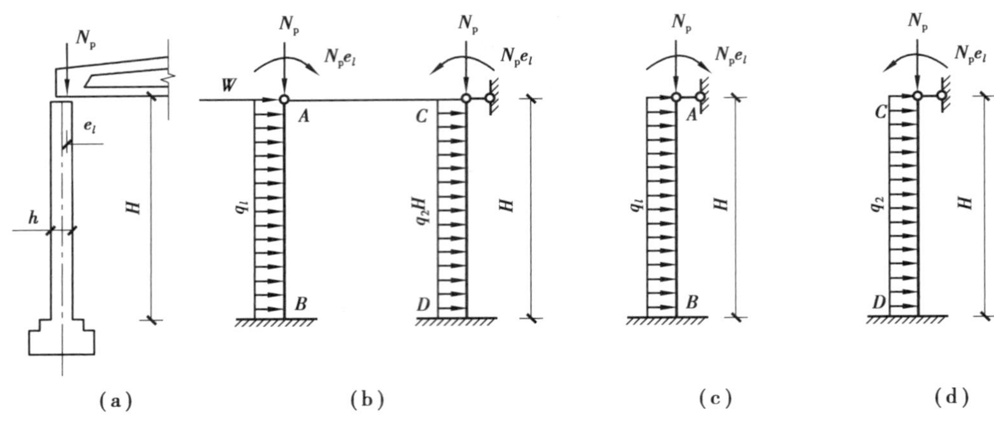

图 14.17 刚性方案计算简图

②竖向荷载作用下的墙体内力计算。竖向荷载包括屋盖构件自重、屋面活荷载(或雪荷载)和墙体自重。屋面荷载通过屋架或屋面梁作用于墙、柱顶端。由于屋架支承反力 N_p 作用点对于墙体截面形心线往往有一个偏心距 e_l(e_l 的取值见多层砌体刚性方案房屋承重纵墙计算),所以作用于墙体顶端的屋盖荷载可视为由轴心压力 N_p 和弯矩 $M=N_pe_l$ 组成,如图 14.18 所示。其支座反力和墙体弯矩按式(14.1)计算,其中轴力为 N_p 和墙、柱自重之和。

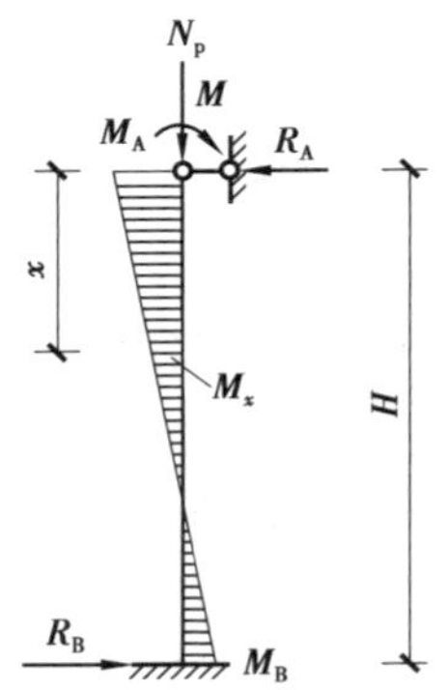

图 14.18 竖向荷载下墙柱内力

$$\begin{cases} R_A = R_B = \dfrac{3M}{2H} \\ M_A = M \\ M_B = -\dfrac{M}{2} \\ M_x = \dfrac{M}{2}\left(2 - 3\dfrac{x}{H}\right) \end{cases} \tag{14.1}$$

墙、柱自重按砌体的实际自重(包括墙面粉刷和门窗重)计算,作用于墙、柱截面形心线上。当墙、柱为等截面时,自重不会产生弯矩。但当墙、柱为变截面且上下截面形心线不重合时,上部墙、柱自重对下部墙、柱截面将产生弯矩。考虑到自重是在屋架就位之前就已经存在,故其在墙、柱产生的内力应按悬臂柱计算。

③风荷载作用下墙体的内力计算。房屋所受的风荷载作用于纵墙面、女儿墙面(屋盖端面)、屋盖顶面。考虑到研究对象是纵墙,纵墙顶以上的风荷载(屋面和女儿墙风荷载)以集中力的形式作用在屋盖上,并通过屋盖和横墙传至横墙基础,这部分荷载不由纵墙承受。纵墙墙面承受的风荷载 q 按竖向均匀分布考虑,迎风墙面承受正压,背风墙面承受负压。均布荷载 q 作用下,墙体的内力如图 14.19 所示,其内力按式(14.2)计算。$x=3/8H$,$M_{max}=-9qH^2/128$。

$$
\begin{cases}
R_A = \dfrac{3qH}{8} \\
R_B = \dfrac{5qH}{8} \\
M_x = -\dfrac{qHx}{8}\left(3 - 4\dfrac{x}{H}\right) \\
M_B = \dfrac{1}{8}qH^2
\end{cases}
\qquad (14.2)
$$

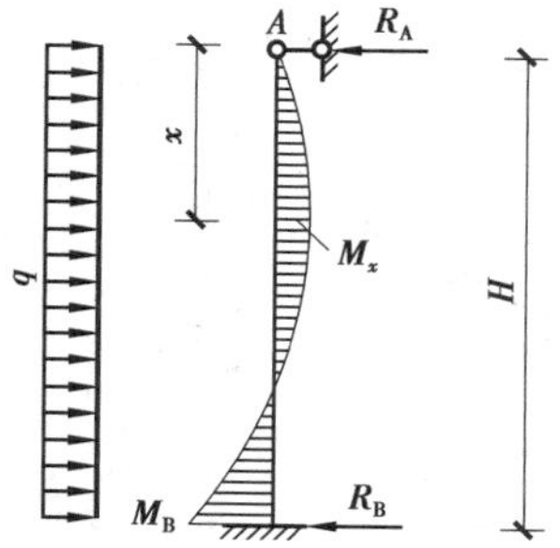

图 14.19　风荷载下墙柱内力

④纵墙承载力验算控制截面。截面承载力验算时,根据其使用过程中可能同时作用的荷载效应进行组合,并取控制截面的最不利内力进行验算。选取控制截面可基于承载力计算公式去考虑,原则上取轴力大、弯矩大、偏心距大、截面面积小的截面作为控制截面。单层房屋纵墙控制截面一般为基础顶面、墙顶和墙中部弯矩最大处。对于变截面墙、柱,还应视情况在变截面处增加两个控制截面,分别在其变截面的上、下位置。

(2)多层刚性方案房屋承重纵墙内力计算

①计算单元的选取。与单层房屋一样,计算单元应取荷载较大、截面削弱较多的墙段。一般取一个开间作为计算单元,其宽度 $s=(s_1+s_2)/2$,如图 14.20 所示。计算单元将承受其宽度范围内的全部荷载。

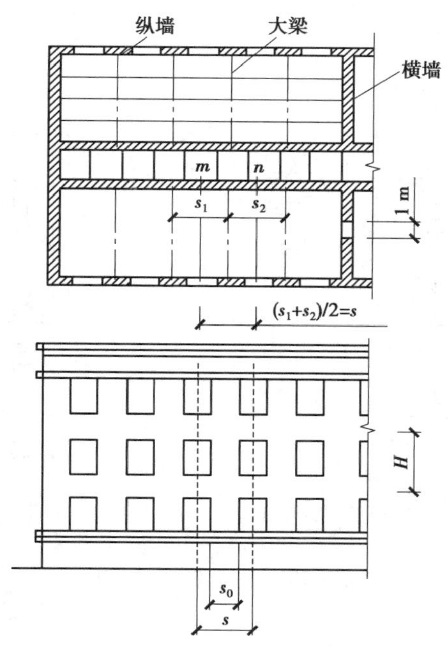

图 14.20　多层刚性方案房屋计算单元

②竖向荷载作用下墙体的内力计算。竖向荷载作用下,多层房屋的墙、柱如同一根竖向放置的连续梁,而各层楼盖及基础则是连续梁的支点。

考虑到楼盖的梁板嵌砌在承重墙内,墙、柱的截面因此而被削弱,被削弱的截面所能传递的弯矩相对有限。因此为简化计算,多层刚性方案房屋在竖向荷载作用下,墙、柱在每层高度

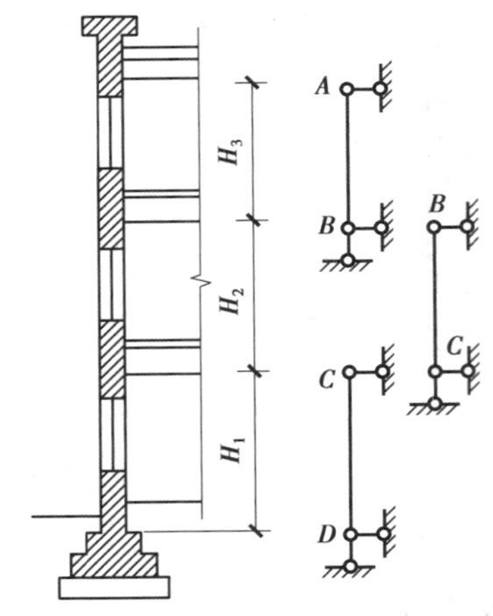

图 14.21　多层刚性方案房屋纵墙在竖向荷载作用下计算简图

范围内，可近似地视作两端铰支的竖向构件；在基础顶面处也按铰接考虑，这是因为多层房屋基础顶面处墙、柱轴力远比弯矩要大，偏心距相对较小，按铰接计算墙、柱承载力的误差较小。底层高度一般取二层楼板底面至基础顶面之间的距离（当基础埋置较深且有刚性地坪时，可取室外地面下 500 mm 处），其余各层高度取其层高（楼板底至上层楼板底）。多层房屋纵墙计算简图如图 14.21 所示。

墙、柱承受的竖向荷载包括：上面楼层传来的荷载 N_u；本层墙顶楼盖传来的荷载 N_l；本层墙、柱自重 G。N_u 作用于上一层的墙、柱的截面形心处；当梁支承于墙上时，梁端支承压力 N_l 到墙内边的距离取 $0.4a_0$，其中 a_0 为有效支承长度；G 作用于本层墙、柱的截面形心处。需要注意的是，当底层墙向一侧加厚时，上层墙的截面形心对底层墙的截面形心将有一个偏心距 e_0，所以计算底层墙、柱时应注意 N_u 的加载位置。

当上、下层墙厚度相同时，由图 14.22(a)可算得上部截面Ⅰ—Ⅰ的轴力和弯矩分别为

$$N_{\rm I} = N_u + N_l, M_{\rm I} = N_l e_l \tag{14.3}$$

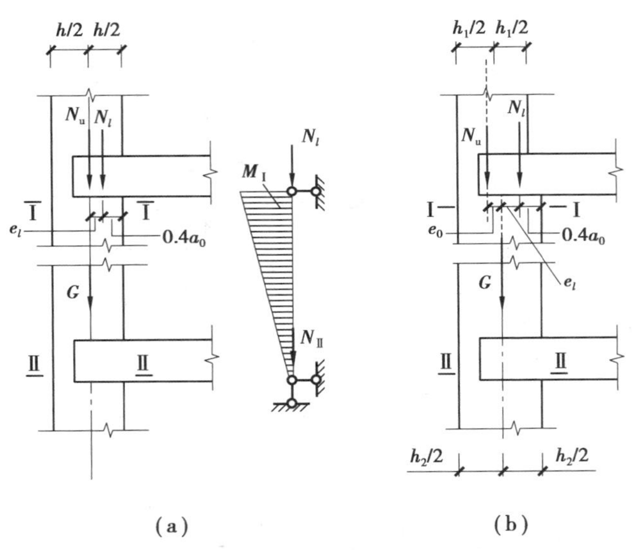

图 14.22　墙体荷载与内力

下部截面Ⅱ—Ⅱ的轴力为：

$$N_{\rm II} = N_{\rm I} + G = N_u + N_l + G \tag{14.4}$$

当上、下层墙厚度不同时，由图 14.22(b)得，N_u 对下层墙产生弯矩为：

$$M_{\rm I} = N_l e_l - N_u e_0 \tag{14.5}$$

③风荷载作用下墙体的内力计算。风荷载作用下，墙、柱可视作竖向连续梁，如图 14.23 所示。为简化计算，可近似取墙带跨中及支座处的弯矩均为：

$$M = \frac{1}{12}qH_i^2 \tag{14.6}$$

式中 q——计算单元每 1 m 墙高上的风荷载；

H_i——层高。

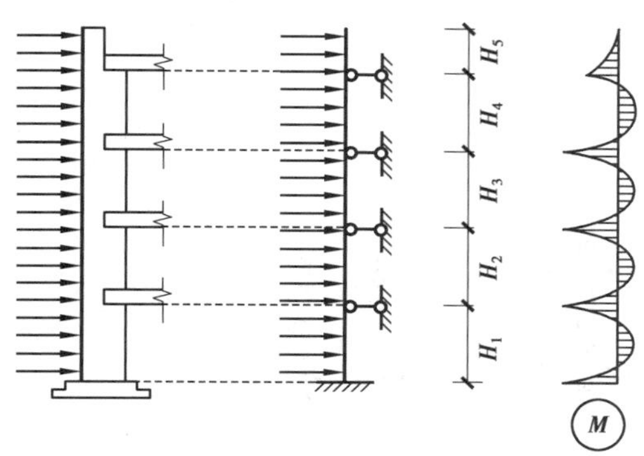

图 14.23 风荷载作用下的计算简图

由于砌体结构本身刚度较大，房屋的高度不大，经验算，当满足一定的条件时，风荷载引起的结构应力相对竖向荷载很小，可忽略。故“砌体规范”规定，刚性方案多层房屋的外墙符合下列条件时，静力计算可不考虑风荷载的影响，仅按竖向荷载进行计算：①洞口水平截面面积不超过全截面面积的 2/3；②层高和总高不超过表 14.10 的规定；③屋面自重不小于 0.8 kN/m^2。

表 14.10 外墙不考虑风荷载影响时的最大高度

基本风压值(kN/m^2)	层高(m)	总高(m)
0.4	4.0	28
0.5	4.0	24
0.6	4.0	18
0.7	3.5	18

注：对于多层混凝土砌块房屋，当外墙厚度不小于 190 mm、层高不大于 2.8 m，总高不大于 19.6 m，基本风压不大于 0.7 kN/m^2 时，可不考虑风荷载的影响。

④纵墙承载力验算的控制截面。如图 14.22 所示，考虑到Ⅰ—Ⅰ截面弯矩较大，Ⅱ—Ⅱ截面轴力较大，故每层取两个控制截面。Ⅰ—Ⅰ截面位于该层墙体顶部大梁(或板)底面，按偏心受压计算；Ⅱ—Ⅱ截面位于该层墙体下部大梁(或板)底面，按轴心受压计算；对于底层墙，Ⅱ—Ⅱ截面取基础顶面。

若多层砌体房屋中几层墙体的层高、计算截面和砌体的抗压强度都相同，一般计算只取其最下一层计算即可；但当顶层上端截面偏心距较大时也需计算。

(3)多层刚性方案房屋承重横墙内力计算

①计算单元和计算简图。由于刚性方案房屋横墙间距不大，在水平风荷载作用下，外纵墙传递给横墙的水平力对横墙的承载力影响很小。因此，横墙只需要验算竖向荷载作用下的承载力。

横墙一般承受屋盖和楼盖直接传来的均布线荷载，通常可取宽度为 1 m 的横墙作为计算单元(如图 14.24 所示)，每层横墙视为两端铰支的竖向构件，支承于屋盖或楼盖上。每层构件的高度 H 的取值与纵墙相同；但当顶层为坡屋顶时，其高度 H 取为层高加山墙尖高的 1/2。

当有楼(屋)盖大梁支承于横墙上时,和无洞口的纵墙一样,取横墙计算截面宽度为 $b+2H/3$(H 为层高,b 为壁柱宽),但不大于大梁间距离 $s=(s_1+s_2)/2$;其上承受 $s=(s_1+s_2)/2$ 范围内的全部荷载。

除山墙外,横墙承受其两边屋、楼盖传来的力 N_l、上层传来的轴力 N_u 和本层墙自重 G(如图 14.25 所示),据此即可以计算其内力。

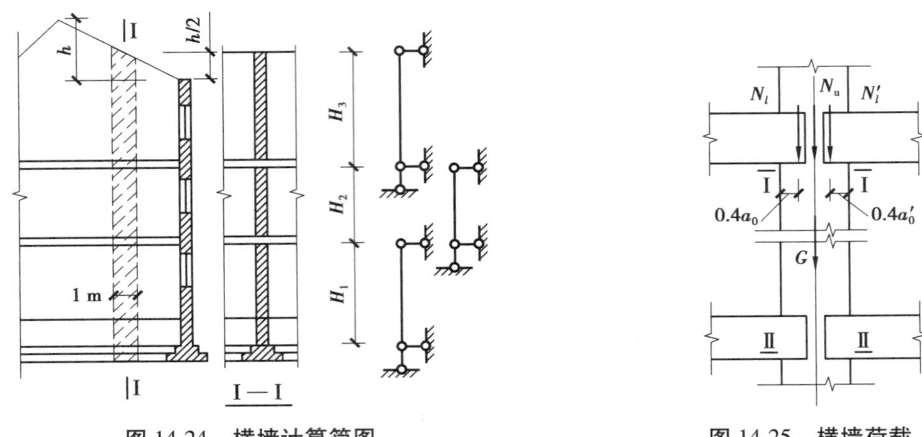

图 14.24　横墙计算简图　　图 14.25　横墙荷载

②控制截面选取

承重横墙的控制截面一般取本层墙体的底部截面,此处轴力最大。若左右开间不等或楼面荷载不相等时,顶部截面将产生弯矩,则须验算此截面的偏心受压承载力。

多层房屋中,当横墙的砌体材料及墙厚上下相同时,可只验算底层的下部截面(如材料或截面有改变,还要对其改变处进行验算)。

2)弹性方案房屋墙、柱内力计算

由于实际工程运用中,多层砌体房屋多为刚性方案,故本处仅对单层弹性方案房屋内力计算进行介绍。

(1)计算单元及计算简图

当单层房屋楼盖类型和横墙间距符合表 14.9 中的弹性方案时,承重纵墙的内力可按平面排架来计算,计算简图已示于图 14.16(b)中,计算单元的选取与单层刚性方案房屋相同。在结构简化为计算简图的过程中,考虑了下列两条假定:

①墙(柱)下端嵌固于基础顶面,屋架或屋面大梁与墙(柱)顶部的连接为铰接;

②屋架或屋面大梁的轴向变形可忽略。

(2)内力计算

墙、柱的内力按竖向荷载和水平荷载分别计算,然后进行内力组合,取最不利内力进行截面承载力计算。

①竖向荷载作用下的内力计算

竖向荷载作用下的墙、柱内力计算方法,取决于荷载和结构是否对称。当荷载和结构对称时,柱顶无侧移,可简化为顶端为不动铰时的情况,计算方法与刚性方案相同;当荷载或结构不对称时,可按下述水平风荷载作用下的方法计算。

②水平风荷载作用下的内力计算

水平风荷载作用下的墙、柱内力计算可来用叠加原理,如图 14.26 所示。第一步,先在顶部加一水平连杆约束，算出其约束反力 R 及相应的结构内力；第二步，解除约束并把反力反向加在顶部约束处，算出相应内力；第三步，叠加上述两步计算的内力，得到最终内力。第一步内力及约束反力的计算方法同刚性方案房屋。第二步的内力可按剪力分配法计算。当两柱的抗剪刚度相等时，每根柱的剪力分配系数 μ 相等，即 $\mu=0.5$，两柱的柱顶剪力均等于 $R/2$，柱底弯矩 $M_A=RH/2$，弯矩图为斜直线。

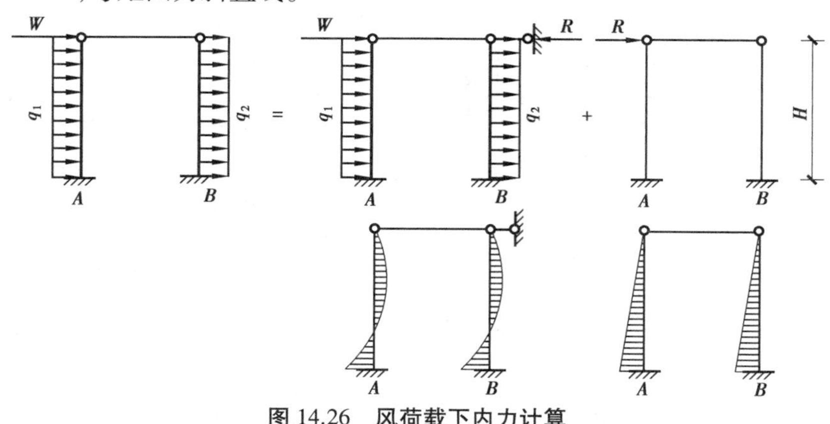

图 14.26　风荷载下内力计算

(3)控制截面

对弹性方案，其控制截面的选取与刚性方案一致。

3)刚弹性方案房屋墙、柱内力计算

由于实际工程运用中，多层房屋多为刚性方案，多层刚弹性方案已罕见，本节仅介绍单层刚弹性方案房屋的计算。

刚弹性方案房屋的顶点侧移介于刚性方案和弹性方案房屋之间，墙、柱顶端可视作支承在有限侧移的屋盖或楼盖上，即支承在水平弹簧上。

(1)计算简图

刚弹性方案单层房屋的空间刚度介于弹性方案与刚性方案之间。由于房屋的空间作用，墙(柱)顶在水平方向的侧移受到一定的约束作用。其计算简图与刚性方案的计算简图相类似，所不同的是在排架柱顶加上一个弹性支座，计算简图如图 14.16(c)所示。

(2)内力计算

①竖向荷载作用下的内力计算。刚弹性方案计算简图如图 14.27(a)所示，可将其分解为竖向荷载作用[如图 14.27(b)]和风荷载作用[如图 14.27(c)]两部分。在竖向荷载作用下，如房屋结构及荷载对称，则房屋无侧移，其内力计算结果与刚性方案相同；当荷载或结构不对称时，可按下述水平风荷载作用下的方法计算。

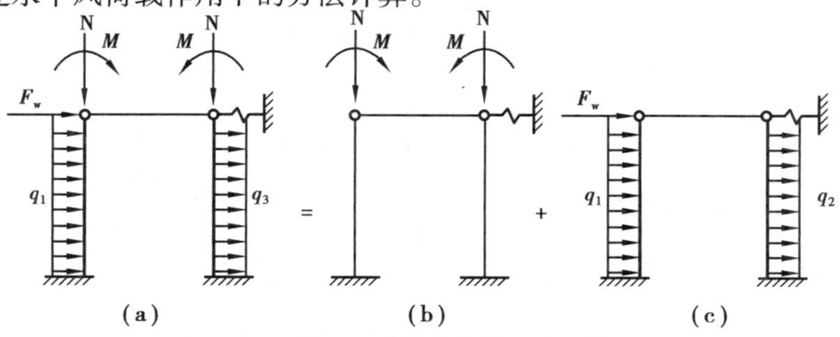

图 14.27　单层刚弹性方案房屋的计算简图

②风荷载作用下的内力计算。

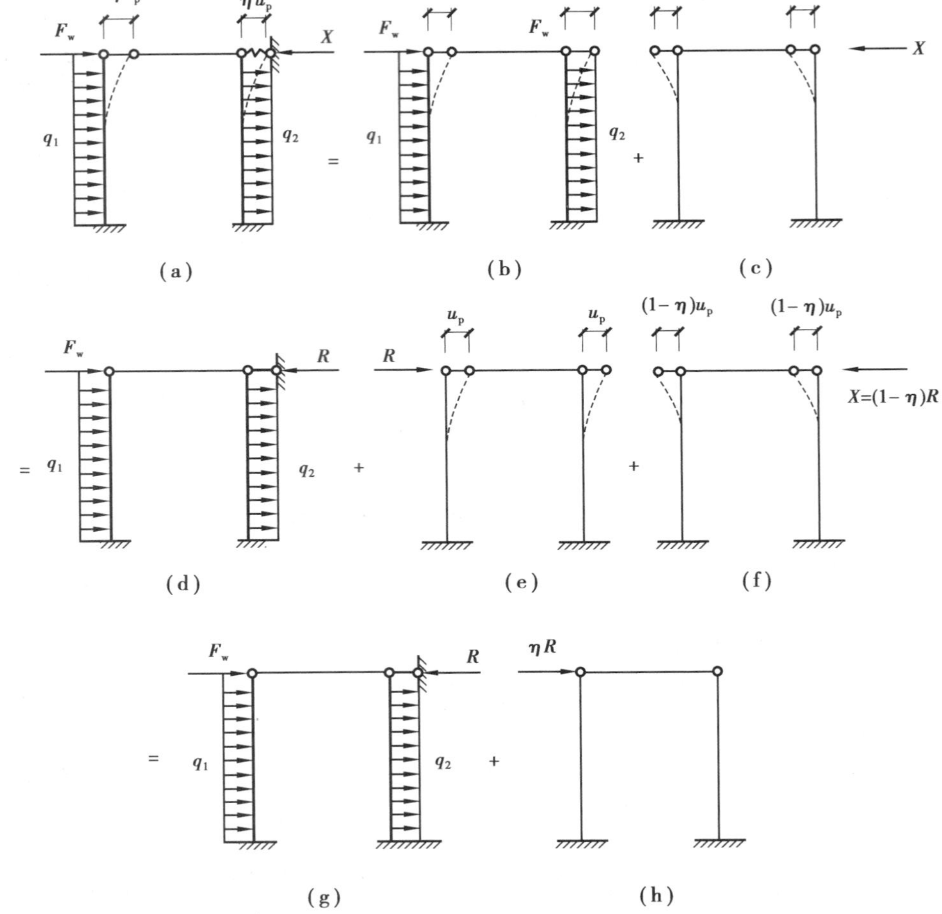

图 14.28 刚弹性方案房屋风荷载作用下的内力分析简图

由于刚弹性方案房屋的空间作用,屋盖在水平方向对柱顶起到一定程度的支承作用,所提供的柱顶侧向支承力(弹性支座反力)为 X,柱顶侧移值也由无空间作用时的 u_p 减小至 ηu_p,即柱顶侧移值减小了$(1-\eta)u_p$,这个减小的柱顶位移是由柱顶弹性反力 X 所引起。系数 η 反映了房屋空间工作的性能,称为空间性能影响系数,详见表 14.11。

表 14.11 房屋各层的空间性能影响系数 η_i

屋盖或楼盖类别	横墙间距 s(m)														
	16	20	24	28	32	36	40	44	48	52	56	60	64	68	72
1	—	—	—	—	0.33	0.39	0.45	0.50	0.55	0.60	0.64	0.68	0.71	0.74	0.77
2	—	0.35	0.45	0.54	0.61	0.68	0.73	0.78	0.82	—	—	—	—	—	—
3	0.37	0.49	0.60	0.68	0.75	0.81	—	—	—	—	—	—	—	—	—

注:i 取 1~n,n 为房屋的层数。

这样,图 14.28(a)可以分解为图 14.28(b)、(c)的叠加。图 14.28(b)与弹性方案承受风荷载作用的情况相同,可分解为图 14.28(d)、(e)的叠加。图 14.28(e)、(f)的结构计算简图类似,仅反力不一样。在弹性范围内,结构的位移和荷载成正比,在图 14.28(e)中,在柱顶荷载 R 的作用下产生位移 u_p;在图 14.28(f)中,在柱顶荷载 X 的作用下产生位移 $(1-\eta)u_p$,根据位移与力成正比的关系,可求得弹性支座的反力 X:

$$\frac{u_p}{(1-\eta)u_p}=\frac{R}{X}, X=(1-\eta)R$$

故,图 14.28(e)、(f)可叠加为图 14.28(h)。这样,图 14.28(a)就分解为图 14.28(g)和(h)的叠加。

总结上述推导,刚弹性方案的内力计算步骤如下:

第一步:先在排架柱顶端附加一水平不动铰支座,求得无侧移排架[如图 14.28(g)]在已知荷载作用下的支座反力 R,并求得相应的各柱内力;

第二步:将已求出的不动铰支座反力 R 乘以空间性能影响系数 η,变成 ηR,反向作用于排架柱顶[如图 14.28(h)],用剪力分配法进行剪力分配,求得各柱顶的剪力值及各柱内力;

第三步:叠加上述两步的计算结果,可求得各柱的内力。

(3)控制截面选取

对于刚弹性方案,其控制截面的选取和刚性方案一致。

14.4 混合结构房屋墙柱构造措施

14.4.1 砌体房屋墙、柱高厚比的验算

1)墙、柱高厚比的概念及受压构件的计算高度

受压构件的高厚比 β 是指构件的计算高度 H_0 与截面在偏心方向的高度 h 的比值,即

$$\beta=\frac{H_0}{h} \tag{14.7}$$

各类常用受压构件的计算高度可按表 14.12 采用。表 14.12 中 s 为相邻横墙间的距离;H 为构件高度,在房屋中即楼板或其他水平支点间的距离。在单层房屋或多层房屋的底层,构件下端的支点,一般可以取基础顶面,当基础埋置较深且设有刚性地坪时,可取室内地坪或室外地坪下 500 mm;山墙的 H 值,可取层高加山墙尖高度的 1/2;山墙壁柱的 H 值可取壁柱处的山墙高度。

表 14.12　受压构件的计算高度 H_0

房屋类别			柱		带壁柱墙或周边拉接的墙		
			排架方向	垂直排架方向	$s>2H$	$2H \geqslant s>H$	$s \leqslant H$
有吊车的单层房屋	变截面柱上段	弹性方案	$2.5H_u$	$1.25H_u$	$2.5H_u$		
		刚性、刚弹性方案	$2.0H_u$	$1.25H_u$	$2.0H_u$		
	变截面柱下段		$1.0H_l$	$0.8H_l$	$1.0H_l$		
无吊车的单层和多层房屋	单跨	弹性方案	$1.5H$	$1.0H$	$1.5H$		
		刚弹性方案	$1.2H$	$1.0H$	$1.2H$		
	多跨	弹性方案	$1.25H$	$1.0H$	$1.25H$		
		刚弹性方案	$1.10H$	$1.0H$	$1.1H$		
	刚性方案		$1.0H$	$1.0H$	$1.0H$	$0.4s+0.2H$	$0.6s$

注：①表中 H_u 为变截面柱的上段高度；H_l 为变截面柱的下段高度；

②对于上端为自由端的构件，$H_0=2H$；

③独立砖柱，当无柱间支撑时，柱在垂直排架方向的 H_0 应按表中数值乘以 1.25 后采用；

④自承重墙的计算高度应根据周边支承或拉接条件确定。

2）墙、柱的允许高厚比及验算

无论是承重墙还是自承重墙，在其使用或砌筑过程中，当其计算高度越大、墙厚越小（即高厚比越大）时，稳定性越差，越易造成房屋的倒塌。可见，墙、柱高厚比不仅是墙柱截面承载力计算的重要因素，也是影响墙、柱稳定性的重要因素。因此，“砌体规范”用验算墙、柱高厚比的方法来保证在施工和使用阶段墙、柱的稳定性，即要求墙、柱高厚比不超过其允许高厚比。

事实上，影响墙、柱计算稳定性的因素较为复杂。除墙、柱高度外，它还与墙、柱的周边约束、横墙间距、房屋刚度等有关。高厚比的验算应综合考虑这些因素。

（1）允许高厚比[β]

砂浆的强度等级直接影响砌体的弹性模量，进而影响墙、柱的稳定性；毛石砌体的稳定性稍差；柱的稳定性较墙要差。考虑这些因素后，“砌体规范”规定的允许高厚比[β]如表 14.13 所示。

表 14.13　墙、柱的允许高厚比[β]值

砌体类型	砂浆强度等级	墙	柱
无筋砌体	M2.5	22	15
	M5.0 或 Mb5.0、Ms5.0	24	16
	≥M7.5 或 Mb7.5、Ms7.5	26	17
配筋砌块砌体	—	30	21

注：①毛石墙、柱允许高厚比应按表中数值降低 20%；

②带有混凝土或砂浆面层的组合砖砌体构件的允许高厚比，可按表中数值提高 20%，但不得大于 28；

③验算施工阶段砂浆尚未硬化的新砌砌体高厚比时，允许高厚比对墙取 14，对柱取 11。

(2)墙、柱高厚比验算

①墙、柱的高厚比验算。理论分析和工程经验表明,与墙体可靠连接的横墙间距越小,墙体的稳定性越好;带壁柱墙和带构造柱墙的整体稳定性随壁柱间距、构造柱间距、圈梁间距的减小而提高;刚性方案房屋的墙、柱在屋、楼盖支承处侧移小,其稳定性好。计入这些因素,墙、柱高厚比应按下式验算:

$$\beta = \frac{H_0}{h} \leqslant \mu_1\mu_2[\beta] \tag{14.8}$$

式中　H_0——墙、柱的计算高度,按表 14.12 取用;

h——墙厚或矩形柱与 H_0 相对应的边长;

μ_1——自承重墙允许高厚比的修正系数;

μ_2——有门窗洞口墙允许高厚比的修正系数;

$[\beta]$——墙、柱允许高厚比,按表 14.13 取用。

当与墙连接的相邻两横墙间的距离 $s \leqslant \mu_1\mu_2[\beta]h$ 时,墙的高度不受其高厚比的限制。

厚度 $h \leqslant 240$ mm 的自承重墙,允许高厚比修正系数 μ_1 按下列规定采用:$h=240$ mm 时,$\mu_1=1.2$;$h=90$ mm 时,$\mu_1=1.5$;240 mm$>h>$90 mm 时,可按线性插入法取值。上端为自由端时,μ_1 还可提高 30%。

对有门窗洞口的墙,允许高厚比修正系数 μ_2 应按下式计算:

$$\mu_2 = 1 - 0.4\frac{b_s}{s} \tag{14.9}$$

式中　s——相邻横墙或壁柱之间的距离;

b_s——在宽度 s 范围内的门窗洞口总宽度,如图 14.29。

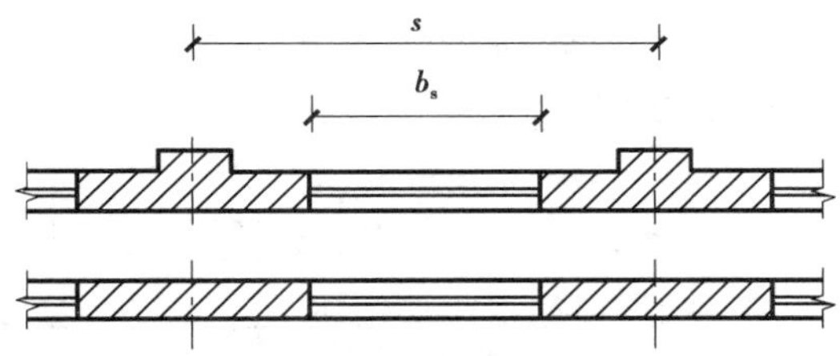

图 14.29　门窗洞口宽度及壁柱间距

当 μ_2 的计算值小于 0.7 时,应采用 0.7;当洞口高度等于或小于墙高的 1/5 时,可取 μ_2 等于 1.0;当洞口高度大于或等于墙高的 4/5 时,可按独立墙段验算其高厚比。

对于变截面柱,可按上下柱截面分别验算;验算上柱的高厚比时,其允许高厚比可按表 14.13 中的数值乘以 1.3 后采用。

②带壁柱墙或带构造柱墙的高厚比验算。带壁柱墙或带构造柱墙既要保证墙体和壁柱以及墙体和构造柱作为整体的稳定性,又要保证壁柱之间或构造柱之间的墙体本身的稳定性,因此带壁柱墙或带构造柱墙的高厚比验算应按两部分分别进行:a.横墙之间整片墙的高厚比验算;b.壁柱间墙或构造柱间墙的局部墙体高厚比验算。

带壁柱整片墙按公式(14.8)验算时,确定带壁柱墙计算高度 H_0 时,s 取为与之相交相邻墙(横墙)之间的距离。墙厚 h 应采用带壁柱墙截面的折算厚度 h_T,h_T 为 T 形截面与 H_0 相对应的折算厚度,可近似取 $h_T=3.5i$。i 为截面的回转半径,$i=\sqrt{I/A}$ (I、A 分别为截面的惯性矩和面积)。此时,T形截面计算宽度,可取壁柱宽加2/3墙高(对多层房屋取层高),但不大于窗间墙宽度和相邻壁柱间距离。

墙中设钢筋混凝土构造柱可以提高墙体在使用阶段的稳定性。当构造柱截面宽度不小于墙厚时,按公式(14.8)验算带构造柱墙的高厚比,此时公式中 h 取墙厚。墙的允许高厚比 $[\beta]$ 可乘以提高系数 μ_c:

$$\mu_c = 1 + \gamma \frac{b_c}{l} \tag{14.10}$$

式中 γ——系数。对细料石砌体,取 $\gamma=0$;对混凝土砌块、混凝土多孔砖、粗料石、毛料石及毛石砌体,取 $\gamma=1.0$;其他砌体取 $\gamma=1.5$。

b_c——构造柱沿墙长方向的宽度;

l——构造柱的间距。

当 $b_c/l>0.25$ 时取 $b_c/l=0.25$,当 $b_c/l<0.05$ 时取 $b_c/l=0$。

因构造柱的施工工艺为先砌墙后浇柱,故考虑构造柱有利作用的高厚比验算不适用于其施工阶段。

按公式(14.8)验算壁柱间墙或构造柱间墙的高厚比时,s 应取相邻壁柱间或相邻构造柱间的距离。设有钢筋混凝土圈梁的带壁柱墙或带构造柱墙,当 $b/s \geqslant 1/30$ 时,圈梁可视作壁柱间墙或构造柱间墙的不动铰支点(b 为圈梁宽度)。当不满足上述条件且不允许增加圈梁宽度时,可按墙体平面外等刚度原则增加圈梁高度,以满足壁柱间墙或构造柱间墙的不动铰支点的要求。

(3)高厚比验算例题

【例14.3】某混合结构办公楼底层的平面布置如图14.30所示。采用现浇钢筋混凝土楼盖,外墙、内纵墙与横墙厚度均为240 mm,底层墙高 $H=4.5$ mm(从基础顶面算起),采用M7.5混合砂浆砌筑。外墙上开有高度为1.8 m的窗洞,内墙开有高度为2.1 m的门洞。试验算底层纵墙的高厚比。

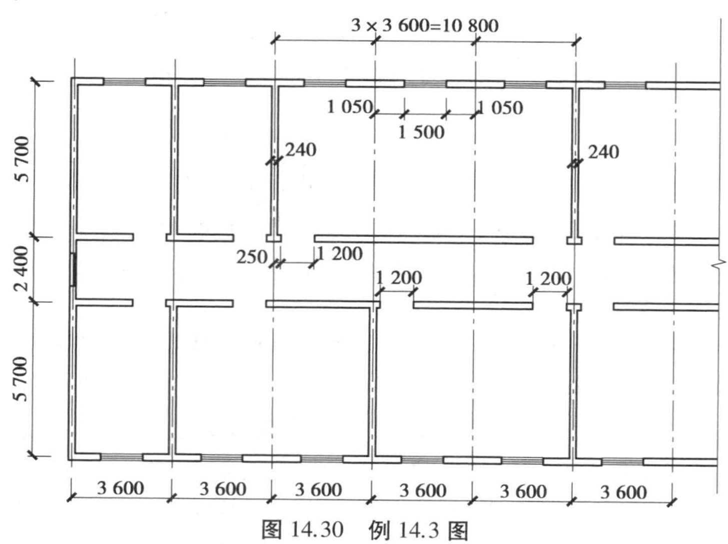

图14.30 例14.3图

【解】(1)该房屋采用现浇钢筋混凝土楼盖,横墙最大间距为:$s=3\times3.6=10.8$ m,根据表14.9,可以判断该房屋属于刚性方案房屋。

(2)外纵墙高厚比验算。

因 $s=3\times3.6\ \text{m}=10.8\ \text{m}>2H=2\times4.5\ \text{m}=9\ \text{m}$,由表 14.12 得,外纵墙的计算高度 $H_0=1.0H=4.5\ \text{m}$。因砂浆强度等级 M7.5,查表 14.13 得允许高厚比$[\beta]=26$。

外墙为承重墙,故 $\mu_1=1.0$;外墙开有窗洞,洞口高度与墙高比值为 $1.8/4.5=0.4>0.2$,门窗洞口的折减系数为:

$$\mu_2=1-0.4\frac{b_s}{s}=1-0.4\times\frac{3\times1.5}{3\times3.6}=0.833>0.7$$

$\beta=\dfrac{H_0}{h}=\dfrac{4.5}{0.24}=18.75<\mu_1\mu_2[\beta]=1\times0.833\times26=21.66$,满足要求。

(3)内纵墙高厚比验算。

①对于 10.8 m 开间内纵墙,$s=3\times3.6=10.8\ \text{m}>2H=2\times4.5=9\ \text{m}$,故其计算高度 $H_0=1.0H=4.5\ \text{m}$;门洞的宽度:$b_s=2\times1.2=2.4\ \text{m}$,洞口高度与墙高比值 $0.2<2.1/4.5<0.8$,故有:

$$\mu_1=1.0,\mu_2=1-0.4\frac{b_s}{s}=1-0.4\times\frac{2.4}{10.8}=0.911>0.7$$

$\beta=\dfrac{4.5}{0.24}=18.75<\mu_1\mu_2[\beta]=1\times0.911\times26=23.69$,满足要求。

②对 7.2 m 开间的内纵墙,$H<s=7.2\ \text{m}<2H$,故其计算高度 $H_0=0.4s+0.2H=0.4\times7.2+0.2\times4.5=3.78\ \text{m}$;门洞的宽度:$b_s=2\times1.2=2.4\ \text{m}$。

$$\mu_1=1.0,\mu_2=1-0.4\frac{b_s}{s}=1-0.4\times\frac{2.4}{7.2}=0.867>0.7$$

$\beta=\dfrac{3.78}{0.24}=15.75<\mu_1\mu_2[\beta]=1\times0.867\times26=22.54$,满足要求。

【例 14.4】如图 14.31 所示,某单层无吊车厂房采用装配式无檩体系屋盖,墙体采用 MU10 烧结多孔砖、M5 混合砂浆。砖柱间距 4.5 m,每开间设 2.0 m 宽的窗洞,车间长 27 m,两端设有山墙,每边山墙上设有 4 个 240 mm×240 mm 构造柱。自基础顶面算起墙高 4.8 m,壁柱为 370 mm×250 mm,墙厚 240 mm。试验算该厂房山墙的高厚比。

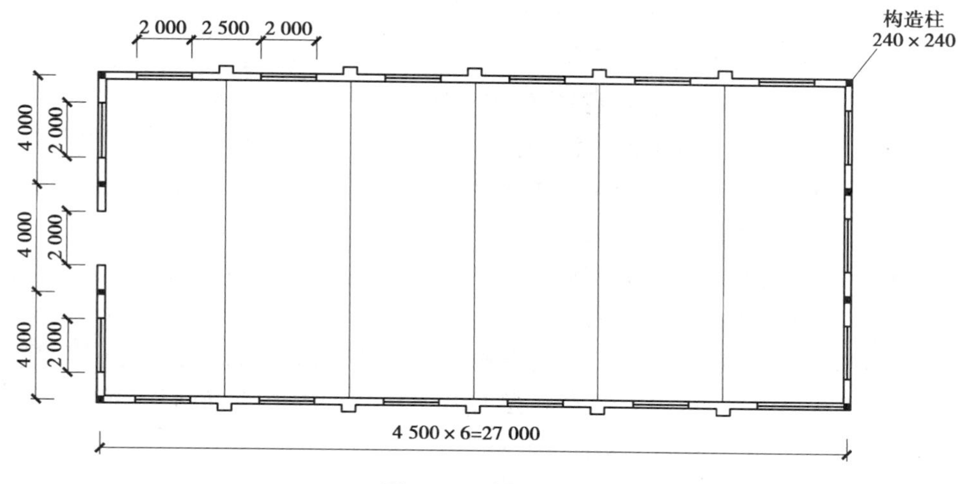

图 14.31 例 14.4 图

【解】(1)本房屋的屋盖为装配式无檩体系钢筋混凝土屋盖,为一类屋盖,纵墙间距 $s=12\ \text{m}<32\ \text{m}$,查表 14.9,属刚性方案。由表 14.13,M5 砂浆墙的允许高厚比 $[\beta]=24$。

(2)整片山墙高厚比验算。

山墙截面为厚 240 mm 的矩形截面,$s=12\ \text{m}>2H=9.6\ \text{m}$,查表 14.12 得 $H_0=1.0H=4.8\ \text{m}$。

由于需要搁置屋面板,山墙也为承重墙,故

$$\mu_1=1.0,\ \mu_2=1-0.4\frac{b_s}{s}=1-0.4\times\frac{2}{4}=0.8>0.7$$

$$\frac{b_c}{l}=240/4\ 000=0.06>0.05,\mu_c=1+\gamma\frac{b_c}{l}=1+1.5\times240/4\ 000=1.09$$

$$\beta=\frac{H_0}{h}=\frac{4\ 800}{240}=20.0<\mu_1\mu_2\mu_c[\beta]=1.0\times0.8\times1.09\times24=20.93,\text{满足要求。}$$

(3)构造柱间墙高厚比验算。

构造柱间距 $s=4\ \text{m}<H=5.4\ \text{m}$,查表 14.12 得:$H_0=0.6s=0.6\times4\ 000=2\ 400\ \text{mm}$

$$\mu_2=1-0.4\frac{b_s}{s}=1-0.4\times\frac{2}{4}=0.8>0.7$$

$$\beta=\frac{H_0}{h}=\frac{2\ 400}{240}=10<\mu_1\mu_2[\beta]=1.0\times0.8\times24=19.2,\text{满足要求。}$$

14.4.2　一般构造要求

为了保证房屋的可靠性,除了计算墙柱的截面承载力和验算墙柱高厚比之外,砌体房屋还应满足下列一般构造要求。这些构造措施通过保障墙体自身的整体性,保障砌体和钢筋混凝土构件连接的可靠性,保障砌体构件自身承载力的可靠性等多方面来保障砌体房屋的整体工作性能,设计中应给予充分重视。

框架填充墙应保证墙体材料的强度及后砌填充墙与主体结构有可靠的拉结,限于篇幅,对框架填充墙的构造措施,可参考“砌体规范”和相关图集,本处不再详述。

1)保障砌体整体性的构造措施

“砌体规范”规定了保障墙体自身稳定性的构造措施:

①墙体的转角处、交接处应同时砌筑,且宜沿竖向每隔 400~500 mm 设置拉结筋。拉结筋的数量为每 120 mm 墙厚不少于 1 Φ 6 或焊接钢筋网片,埋入长度从墙的转角或交接处算起,实心砖墙每边不少于 500 mm,多孔砖和砌块墙每边不少于 700 mm。

②填充墙、隔墙应分别采取措施与周边主体结构构件进行可靠连接,连接构造和嵌缝材料应能满足传力、变形、耐久性和防护的要求。

③砌块砌体应分皮错缝搭砌,上下皮搭砌长度不应小于 90 mm。当搭砌长度不满足上述要求时,应在水平灰缝内设置不小于 2 根直径不小于 4 mm 的焊接钢筋网片(横向钢筋的间距不应大于 200 mm,网片每端应伸出该垂直缝不小于 300 mm)。

④砌块墙与后砌隔墙交接处,应沿墙高每 400 mm 在水平灰缝内设置不小于 2 根直径不小于 4 mm、横向钢筋的间距不应大于 200 mm 的焊接钢筋网片(如图 14.32 所示)。

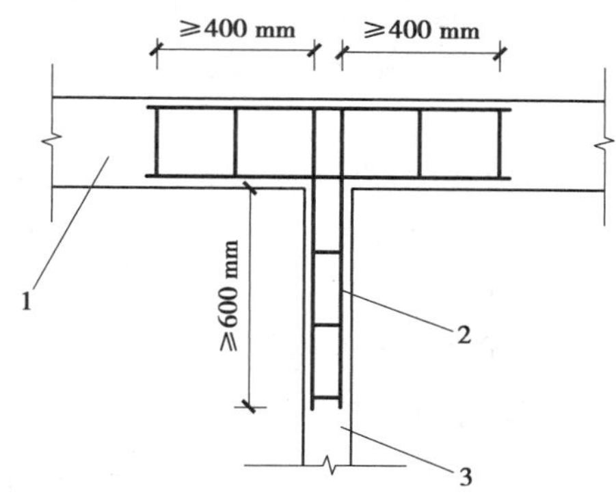

图 14.32 砌块墙与后砌隔墙交接处钢筋网片

1—砌块墙;2—焊接钢筋网片;3—后砌隔墙

2)保障混凝土构件与砌体整体连接的构造措施

①预制钢筋混凝土板在混凝土圈梁上的支承长度不应小于 80 mm,板端伸出的钢筋应与圈梁可靠连接,且同时浇筑;预制钢筋混凝土板在砌体墙上的支承长度不应小于 100 mm,并应按下列方法进行连接。

a.板支承于内墙时,板端钢筋伸出长度不应小于 70 mm,且与支座处沿墙配置的纵筋绑扎,用强度等级不低于 C25 的混凝土浇筑成板带;

b.板支承于外墙时,板端钢筋伸出长度不应小于 100 mm,且与支座处沿墙配置的纵筋绑扎,并用强度等级不低于 C25 的混凝土浇筑成板带;

c.预制钢筋混凝土板与现浇板对接时,预制板端钢筋应伸入现浇板中进行连接后,再浇筑现浇板。

②山墙处的壁柱或构造柱宜砌至山墙顶部,且屋面构件应与山墙可靠拉结。

3)保障大跨度构件可靠连接和传力的构造措施

①支撑在墙、柱上的吊车梁、屋架及跨度大于或等于下列数值的预制梁的端部,应采用锚固件与墙、柱上的垫块锚固。

a.对砖砌体为 9 m;

b.对砌块和料石砌体为 7.2 m。

②跨度大于 6 m 的屋架和跨度大于下列数值的梁,应在支承处砌体上设置混凝土或钢筋混凝土垫块;当墙中设有圈梁时,垫块与圈梁宜浇成整体。

a.对砖砌体为 4.8 m;

b.对砌块和料石砌体为 4.2 m;

c.毛石砌体为 3.9 m。

③当梁跨度大于或等于下列数值时,其支承处宜加设壁柱或采取其他加强措施。

a.对 240 mm 厚的砖墙为 6 m;对 180 mm 厚的砖墙为 4.8 m;

b.对砌块、料石墙为 4.8 m。

4)保障墙、柱竖向承载力的构造措施

在砌体中留槽洞及埋设管道时,应遵守下列规定:

①不应在截面长边小于 500 mm 的承重墙体、独立柱内埋设管线。

②不宜在墙体中穿行暗线或预留、开凿沟槽，当无法避免时应采用必要的措施或按削弱后的截面验算墙体的承载力。

注：对受力较小或未灌孔的砌块砌体，允许在墙体的竖向孔洞中设置管线。

③承重的独立砖柱截面尺寸不应小于 240 mm×370 mm。毛石墙的厚度不宜小于 350 mm，毛料石柱较小边长不宜小于 400 mm。

注：当有振动荷载时，墙、柱不宜采用毛石砌体。

5）保障混凝土砌块房屋受力性能的构造措施

①混凝土砌块房屋，宜将纵横墙交接处，距墙中心线每边不小于 300 mm 范围内的孔洞，采用不低于 C20 的混凝土沿全墙高灌实。

②混凝土砌块墙体的下列部位，如果未设圈梁或混凝土垫块，应采用不低于 C20 的混凝土将孔洞灌实：

a.搁栅、檩条和钢筋混凝土楼板的支承面下，高度不应小于 200 mm 的砌体；

b.屋架、梁等构件的支承面下，长度不应小于 600 mm，高度不应小于 600 mm 的砌体；

c.挑梁支承面下，距墙中心线每边不应小于 300 mm，高度不应小于 600 mm 的砌体。

14.4.3 防止或减轻墙体开裂的主要措施

1）伸缩缝的设置

在正常使用条件下，应在墙体中设置伸缩缝。伸缩缝应设在因温度和收缩变形引起应力集中、砌体产生裂缝的最大可能性处。伸缩缝的间距可按表 14.14 采用。

表 14.14 砌体房屋伸缩缝的最大间距 单位：m

屋盖或楼盖类别		间距
整体式或装配整体式钢筋混凝土结构	有保温层或隔热层的屋盖、楼盖	50
	无保温层或隔热层的屋盖	40
装配式无檩体系钢筋混凝土结构	有保温层或隔热层的屋盖、楼盖	60
	无保温层或隔热层的屋盖	50
装配式有檩体系钢筋混凝土结构	有保温层或隔热层的屋盖	75
	无保温层或隔热层的屋盖	60
瓦材屋盖、木屋盖或楼盖、轻钢屋盖		100

注：①对烧结普通砖、烧结多孔砖、配筋砌体房屋，取表中数值；对石砌体、蒸压灰砂普通砖、蒸压粉煤灰普通砖、混凝土砌块、混凝土普通砖和混凝土多孔砖房屋，取表中数值乘以 0.8 的系数，当墙体有可靠外保温措施时，其间距可取表中数值；

②在钢筋混凝土屋面上挂瓦的屋盖应按钢筋混凝土屋盖采用；

③层高大于 5 m 的烧结普通砖、烧结多孔砖、配筋砌块砌体结构单层房屋，其伸缩缝间距可按表中数值乘以 1.3；

④温差较大且温度变化频繁的地区和严寒地区不采暖的房屋及构筑物墙体的伸缩缝的最大间距，应按表中数值适当予以减小；

⑤墙体的伸缩缝应与结构的其他变形缝相重合，缝的宽度应满足各种变形缝的变形要求；在进行立面处理时，必须保证其缝隙的变形作用。

2)其他防裂措施

①房屋顶层墙体,宜根据情况采取下列措施:

a.屋面应设置保温、隔热层。

b.屋面保温(隔热)层或屋面刚性面层及砂浆找平层应设置分隔缝,分隔缝间距不宜大于6 m,其缝宽不小于30 mm,并应与女儿墙隔开。

c.采用装配式有檩体系钢筋混凝土屋盖和瓦材屋盖。

d.顶层屋面板下设置现浇钢筋混凝土圈梁,并沿内外墙拉通,房屋两端圈梁下的墙体内宜设置水平钢筋。

e.顶层墙体有门窗等洞口时,在过梁上的水平灰缝内设置2~3道焊接钢筋网片或2根直径6 mm的钢筋,焊接钢筋网片或钢筋伸入洞口两端墙内不小于600 mm。

f.顶层及女儿墙砂浆强度等级不低于M7.5(Mb7.5、Ms7.5)。

g.女儿墙应设置构造柱,构造柱间距不宜大于4 m,构造柱应伸至女儿墙墙顶并与现浇钢筋混凝土压顶整浇在一起。

h.对顶层墙体施加竖向预应力。

②房屋底层墙体,宜根据情况采取下列措施:

a.增大基础圈梁的刚度。

b.在底层的窗台下墙体灰缝内设置3道焊接钢筋网片或2根直径6 mm钢筋,并伸入两边窗间墙内不小于600 mm。

③在每层门、窗过梁上方的水平灰缝内及窗台下第一和第二道水平灰缝内,宜设置焊接钢筋网片或2根直径6 mm的钢筋,焊接钢筋网片或钢筋应伸入两边窗间墙内不小于600 mm。当墙长大于5 m时,宜在每层墙高度中部设置2~3道焊接钢筋网片或3根直径6 mm的通长水平钢筋,竖向间距为500 mm。

④房屋两端和底层第一、第二开间门窗洞口处,可采取下列措施:

a.在门窗洞口两边墙体的水平灰缝中,设置长度不小于900 mm、竖向间距为400 mm的2根直径4 mm的焊接钢筋网片。

b.在顶层和底层设置通长钢筋混凝土窗台梁,窗台梁高宜为块材高度的模数,梁内纵筋不少于4根,直径不小于10 mm,箍筋直径不小于6 mm,间距不大于200 mm,混凝土强度等级不低于C20。

c.在混凝土砌块房屋门窗洞口两侧不少于一个孔洞中设置直径不小于12 mm的竖向钢筋,竖向钢筋应在楼层圈梁或基础内锚固,孔洞用不低于Cb20混凝土灌实。

⑤填充墙砌体与梁、柱或混凝土墙体结合的界面处(包括内、外墙),宜在粉刷前设置钢丝网片,网片宽度可取400 mm,并沿界面缝两侧各延伸200 mm,或采取其他有效的防裂、盖缝措施。

⑥当房屋刚度较大时,可在窗台下或窗台角处墙体内、在墙体高度或厚度突然变化处设置竖向控制缝。竖向控制缝宽度不宜小于25 mm,缝内填以压缩性能好的填充材料,且外部用密封材料密封,并采用不吸水的、闭孔发泡聚乙烯实心圆棒(背衬)作为密封膏的隔离物(如图14.33所示)。

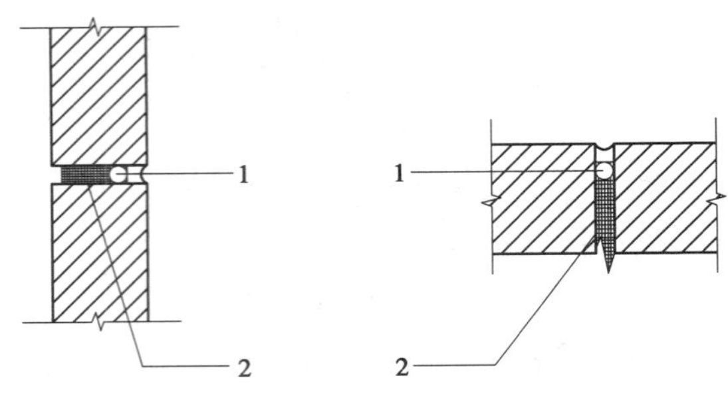

图 14.33　控制缝构造

1—不吸水的、闭孔发泡聚乙烯实心圆棒；2—柔软、可压缩的填充物

⑦夹心复合墙的外叶墙宜在建筑墙体适当部位设置控制缝，其间距宜为 6~8 m。

14.5　砌体结构构件的承载力计算

14.5.1　极限状态设计及承载力设计表达式

“砌体规范”采用了以概率理论为基础的极限状态设计方法。砌体结构极限状态设计表达式与混凝土结构类似，也是将砌体结构功能函数极限状态方程转化为以基本变量标准值和分项系数的形式来表达的极限状态设计表达式。

砌体结构除应按承载能力极限状态设计外，还应满足正常使用极限状态的要求。不过，在一般情况下，砌体结构正常使用极限状态的要求可以由相应的构造措施予以保证。

1）承载能力极限状态设计

按承载能力极限状态设计的表达式为：

$$\gamma_0 S \leqslant R \tag{14.11}$$

具体运用时，砌体构件按承载能力极限状态设计时，应按下列公式中的最不利组合进行计算：

$$\gamma_0\left(1.2S_{\mathrm{Gk}} + 1.4\gamma_{\mathrm{L}}S_{\mathrm{Q1k}} + \gamma_{\mathrm{L}}\sum_{i=2}^{n}\gamma_{\mathrm{Q}i}\psi_{\mathrm{c}i}S_{\mathrm{Q}i\mathrm{k}}\right) \leqslant R(f, a_{\mathrm{k}}, \cdots) \tag{14.12}$$

$$\gamma_0\left(1.35S_{\mathrm{Gk}} + 1.4\gamma_{\mathrm{L}}\sum_{i=1}^{n}\psi_{\mathrm{c}i}S_{\mathrm{Q}i\mathrm{k}}\right) \leqslant R(f, a_{\mathrm{k}}, \cdots) \tag{14.13}$$

式中　γ_0——结构重要性系数，对安全等级为一级或设计使用年限为 50 年以上的结构构件不应小于 1.1；对安全等级为二级或设计使用年限为 50 年的结构构件不应小于 1.0；对安全等级为三级或设计使用年限为 1~5 年的结构构件不应小于 0.9；

γ_{L}——结构构件的抗力模型不定性系数。对静力设计，为考虑结构使用年限的荷载调整系数，设计使用年限为 50 年取 1.0，设计使用年限为 100 年取 1.1；

S_{Gk}——永久荷载标准值的效应；

S_{Q1k}——在基本组合中起控制作用的第一个可变荷载标准值的效应；

$S_{\mathrm{Q}i\mathrm{k}}$——第 i 个可变荷载标准值的效应；

$R(\cdot)$——结构构件的抗力函数；

γ_{Qi}——第 i 个可变荷载的分项系数，一般情况下取 1.4，当工业建筑楼面活荷载标准值大于 4 kN/m^2 时取 1.3，当对结构设计有利时取 0；

ψ_{ci}——第 i 个可变荷载的组合值系数，一般情况下应取 0.7，对书库、档案库、储藏室或通风机房、电梯机房应取 0.9；

f——砌体的强度设计值；

a_k——几何参数标准值。

2）整体稳定验算

当砌体结构作为一个刚体，需验算其整体稳定性时，例如验算其倾覆、滑移、漂浮等时，应按下列公式中的最不利组合进行验算：

$$\gamma_0(1.2S_{G2k}+1.4\gamma_L S_{Q1k}+\gamma_L\sum_{i=2}^{n}S_{Qik})\leqslant 0.8S_{G1k} \tag{14.14}$$

$$\gamma_0(1.35S_{G2k}+1.4\gamma_L\sum_{i=1}^{n}\psi_{ci}S_{Qik})\leqslant 0.8S_{G1k} \tag{14.15}$$

式中 S_{G1k}——起有利作用的永久荷载标准值的效应；

S_{G2k}——起不利作用的永久荷载标准值的效应。

14.5.2 无筋砌体受压构件承载力

在实际工程中，无筋砌体大都被用作受压构件。试验表明，当构件的高厚比小于 3 时，构件在荷载作用下的侧向挠曲变形对承载力的影响可以不考虑，故将高厚比 $\beta\leqslant 3$ 的柱称为短柱，而将 $\beta>3$ 的受压构件称为长柱。

1）受压短柱的受力状态与计算表达式

受压砌体可以分为轴压和偏压两种情况。在轴心压力作用下，砌体截面上应力分布是均匀的[如图 14.34(a)]，当截面应力达到砌体轴心抗压强度时，截面达到其最大承载能力。在偏心距较小的情况下，截面虽仍然全部受压，但应力分布已不均匀，破坏将首先发生在压应力较大的一侧。破坏时该侧压应力比轴心抗压强度略大[如图 14.34(b)]。当偏心距逐渐增大时，离轴向力较远侧由压应力向拉应力过渡。此时，受拉一侧如没有达到砌体通缝抗拉强度，则破坏仍是压力大的一侧先压坏[如图 14.34(c)]。当偏心距再大时，受拉区已形成通缝开裂，但受压区压应力的合力仍与偏心压力保持平衡[如图 14.34(d)]。对比不同偏心受压短柱试验发现，随着偏心距的增大，构件所能承担的纵向压力明显下降。

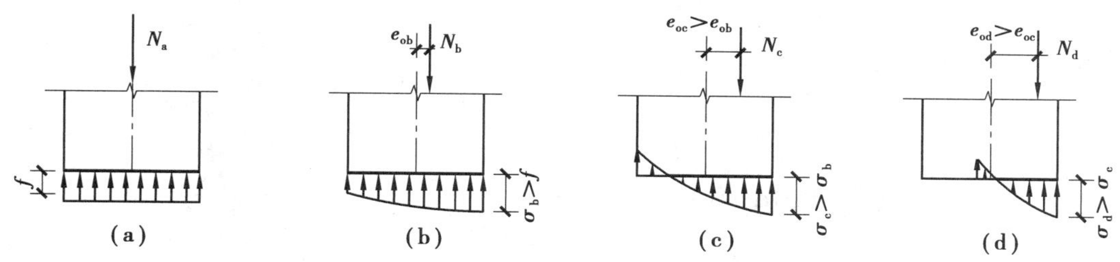

图 14.34 砌体受压短柱截面应力分布

试验研究表明，偏压短柱的承载力可用下式表达：

$$N_u = \varphi_1 A f \tag{14.16}$$

式中 φ_1——偏心受压构件与轴心受压构件承载能力的比值，称为偏心影响系数；

A——构件截面面积；

f——砌体抗压强度设计值。

偏心影响系数 φ_1 与 e/i 的关系式如下：

$$\varphi_1 = \frac{1}{1 + (e/i)^2} \tag{14.17}$$

式中 e——轴向力偏心矩；

i——截面的回转半径，$i=\sqrt{I/A}$，I 为截面沿偏心方向的惯性矩，A 为截面面积。对于矩形截面 $i=h/\sqrt{12}$，则矩形截面的 φ_1 可写成：

$$\varphi_1 = \frac{1}{1 + 12(e/h)^2} \tag{14.18}$$

式中 h——矩形截面在偏心方向的边长。

当截面为 T 形或其他形状时，可用折算厚度 $h_T \approx 3.5i$ 代替 h 进行计算。

2)受压长柱计算表达式

对于受压长柱而言，由于荷载作用位置的偏差、截面材料不均匀、施工误差等原因，其荷载作用点存在着一定的初始偏心；由于构件较为细长，在荷载作用下还会产生侧向挠曲变形，则将进一步增加构件的偏心。因此，长柱的承载能力较相同截面的短柱会进一步降低。“砌体规范”采用了附加偏心距法，即在偏压短柱的偏心影响系数中将偏心距增加由纵向弯曲产生的附加偏心距 e_i，即有

$$\varphi = \frac{1}{1 + \left(\frac{e + e_i}{i}\right)^2} \tag{14.19}$$

附加偏心距 e_i 可以根据下列边界条件确定，即 $e=0$ 时 $\varphi=\varphi_0$，φ_0 为轴心受压构件稳定系数，表示轴心受压长柱相对于轴心受压短柱承载力的比值。以 $e=0$ 代入式(14.19)，得：

$$\varphi_0 = \frac{1}{1 + \left(\frac{e_i}{i}\right)^2}$$

由此得：

$$e_i = i\sqrt{\frac{1}{\varphi_0} - 1}$$

对于矩形截面，有：

$$e_i = \frac{h}{\sqrt{12}}\sqrt{\frac{1}{\varphi_0} - 1} \tag{14.20}$$

将式(14.20)代入式(14.19)则得

$$\varphi = \frac{1}{1 + 12\left[\frac{e}{h} + \sqrt{\frac{1}{12}\left(\frac{1}{\varphi_0} - 1\right)}\ \right]^2} \tag{14.21}$$

这样,受压长柱的承载力可表达为:

$$N \leqslant \varphi f A \tag{14.22}$$

式中 N——荷载设计值产生的轴向力;

φ——高厚比 β 和轴向力的偏心距 e 对受压构件承载力的影响系数。

通过实验研究,轴心受压构件稳定系数 φ_0 可按下式计算:

$$\varphi_0 = \frac{1}{1 + \alpha\beta^2} \tag{14.23}$$

式中 α——与砂浆强度等级有关的系数,当砂浆强度等级大于等于 M5 时,$\alpha = 0.001\ 5$;砂浆强度等级为 M2.5 时,$\alpha = 0.002$;当砂浆强度为零时,$\alpha = 0.009$。

由于对于短柱而言 $\varphi_0 = 1$,因此公式(14.21)可将短柱的承载力统一考虑。因此,受压短柱和受压长柱均可按式(14.22)进行承载力计算。

为了反映不同砌体类型受压性能的差异,"砌体规范"在计算影响系数 φ 时,对构件高厚比 β 乘以修正系数 γ_β,即

$$\beta = \gamma_\beta \frac{H_0}{h} \tag{14.24}$$

γ_β的取值详见表 14.15。

表 14.15 高厚比修正系数 γ_β

砌体材料类别	γ_β
烧结普通砖、烧结多孔砖	1.0
混凝土普通砖、混凝土多孔砖、混凝土及轻集料混凝土砌块	1.1
蒸压灰砂普通砖、蒸压粉煤灰普通砖、细料石	1.2
粗料石、毛石	1.5

注:对灌孔混凝土砌块砌体,γ_β取 1.0。

将式(14.23)代入式(14.21)可得系数 φ 的最终计算公式:

$$\varphi = \frac{1}{1 + 12\left[\frac{e}{h} + \beta\sqrt{\frac{\alpha}{12}}\right]^2} \tag{14.25}$$

直接用公式(14.25)计算较为烦琐,"砌体规范"将计算结果列于表格以方便工程查用,如表 14.16—表 14.18 所示。

表 14.16 影响系数 φ(砂浆强度等级≥M5)

β	$\frac{e}{h}$或$\frac{e}{h_T}$												
	0	0.025	0.05	0.075	0.1	0.125	0.15	0.175	0.2	0.225	0.25	0.275	0.3
≤3	1	0.99	0.97	0.94	0.89	0.84	0.79	0.73	0.68	0.62	0.57	0.52	0.48
4	0.98	0.95	0.90	0.85	0.80	0.74	0.69	0.64	0.58	0.53	0.49	0.45	0.41
6	0.95	0.91	0.86	0.81	0.75	0.69	0.64	0.59	0.54	0.49	0.45	0.42	0.38
8	0.91	0.86	0.81	0.76	0.70	0.64	0.59	0.54	0.50	0.46	0.42	0.39	0.36

续表

β	$\frac{e}{h}$或$\frac{e}{h_T}$												
	0	0.025	0.05	0.075	0.1	0.125	0.15	0.175	0.2	0.225	0.25	0.275	0.3
10	0.87	0.82	0.76	0.71	0.65	0.60	0.55	0.50	0.46	0.42	0.39	0.36	0.33
12	0.82	0.77	0.71	0.66	0.60	0.55	0.51	0.47	0.43	0.39	0.36	0.33	0.31
14	0.77	0.72	0.66	0.61	0.56	0.51	0.47	0.43	0.40	0.36	0.34	0.31	0.29
16	0.72	0.67	0.61	0.56	0.52	0.47	0.44	0.40	0.37	0.34	0.31	0.29	0.27
18	0.67	0.62	0.57	0.52	0.48	0.44	0.40	0.37	0.34	0.31	0.29	0.27	0.25
20	0.62	0.57	0.53	0.48	0.44	0.40	0.37	0.34	0.32	0.29	0.27	0.25	0.23
22	0.58	0.53	0.49	0.45	0.41	0.38	0.35	0.32	0.30	0.27	0.25	0.24	0.22
24	0.54	0.49	0.45	0.41	0.38	0.35	0.32	0.30	0.28	0.26	0.24	0.22	0.21
26	0.50	0.46	0.42	0.38	0.35	0.33	0.30	0.28	0.26	0.24	0.22	0.21	0.19
28	0.46	0.42	0.39	0.36	0.33	0.30	0.28	0.26	0.24	0.22	0.21	0.19	0.18
30	0.42	0.39	0.36	0.33	0.31	0.28	0.26	0.24	0.22	0.21	0.20	0.18	0.17

表 14.17　影响系数 φ(砂浆强度等级 M2.5)

β	$\frac{e}{h}$或$\frac{e}{h_T}$												
	0	0.025	0.05	0.075	0.1	0.125	0.15	0.175	0.2	0.225	0.25	0.275	0.3
≤3	1	0.99	0.97	0.94	0.89	0.84	0.79	0.73	0.68	0.62	0.57	0.52	0.48
4	0.97	0.94	0.89	0.84	0.78	0.73	0.67	0.62	0.57	0.52	0.48	0.44	0.40
6	0.93	0.89	0.84	0.78	0.73	0.67	0.62	0.57	0.52	0.48	0.44	0.40	0.37
8	0.89	0.84	0.78	0.72	0.67	0.62	0.57	0.52	0.48	0.44	0.40	0.37	0.34
10	0.83	0.78	0.72	0.67	0.61	0.56	0.52	0.47	0.43	0.40	0.37	0.34	0.31
12	0.78	0.72	0.67	0.61	0.56	0.52	0.47	0.43	0.40	0.37	0.34	0.31	0.29
14	0.72	0.66	0.61	0.56	0.51	0.47	0.43	0.40	0.36	0.34	0.31	0.29	0.27
16	0.66	0.61	0.56	0.51	0.47	0.43	0.40	0.36	0.34	0.31	0.29	0.26	0.25
18	0.61	0.56	0.51	0.47	0.43	0.40	0.36	0.33	0.31	0.29	0.26	0.24	0.23
20	0.56	0.51	0.47	0.43	0.39	0.36	0.33	0.31	0.28	0.26	0.24	0.23	0.21
22	0.51	0.47	0.43	0.39	0.36	0.33	0.31	0.28	0.26	0.24	0.23	0.21	0.20
24	0.46	0.43	0.39	0.36	0.33	0.31	0.28	0.26	0.24	0.23	0.21	0.20	0.18
26	0.42	0.39	0.36	0.33	0.31	0.28	0.26	0.24	0.22	0.21	0.20	0.18	0.17
28	0.39	0.36	0.33	0.30	0.28	0.26	0.24	0.22	0.21	0.20	0.18	0.17	0.16
30	0.36	0.33	0.30	0.28	0.26	0.24	0.22	0.21	0.20	0.18	0.17	0.16	0.15

表 14.18　影响系数 φ(砂浆强度 0)

β	$\frac{e}{h}$或$\frac{e}{h_T}$												
	0	0.025	0.05	0.075	0.1	0.125	0.15	0.175	0.2	0.225	0.25	0.275	0.3
≤3	1	0.99	0.97	0.94	0.89	0.84	0.79	0.73	0.68	0.62	0.57	0.52	0.48
4	0.87	0.82	0.77	0.71	0.66	0.60	0.55	0.51	0.46	0.43	0.39	0.36	0.33
6	0.76	0.70	0.65	0.59	0.54	0.50	0.46	0.42	0.39	0.36	0.33	0.30	0.28
8	0.63	0.58	0.54	0.49	0.45	0.41	0.38	0.35	0.32	0.30	0.28	0.25	0.24
10	0.53	0.48	0.44	0.41	0.37	0.34	0.32	0.29	0.27	0.25	0.23	0.22	0.20
12	0.44	0.40	0.37	0.34	0.31	0.29	0.27	0.25	0.23	0.21	0.20	0.19	0.17
14	0.36	0.33	0.31	0.28	0.26	0.24	0.23	0.21	0.20	0.18	0.17	0.16	0.15
16	0.30	0.28	0.26	0.24	0.22	0.21	0.19	0.18	0.17	0.16	0.15	0.14	0.13
18	0.26	0.24	0.22	0.21	0.19	0.18	0.17	0.16	0.15	0.14	0.13	0.12	0.12
20	0.22	0.20	0.19	0.18	0.17	0.16	0.15	0.14	0.13	0.12	0.12	0.11	0.10
22	0.19	0.18	0.16	0.15	0.14	0.14	0.13	0.12	0.12	0.11	0.10	0.10	0.09
24	0.16	0.15	0.14	0.13	0.13	0.12	0.11	0.11	0.10	0.10	0.09	0.09	0.08
26	0.14	0.13	0.13	0.12	0.11	0.11	0.10	0.10	0.09	0.09	0.08	0.08	0.07
28	0.12	0.12	0.11	0.11	0.10	0.10	0.09	0.09	0.08	0.08	0.08	0.07	0.07
30	0.11	0.10	0.10	0.09	0.09	0.09	0.08	0.08	0.07	0.07	0.07	0.07	0.06

注:砂浆强度为 0 是指施工阶段砂浆尚未硬化的新砌砌体,可按砂浆强度为 0 确定其砌体强度;冬季施工冻结法砌墙,也按砂浆强度为 0 确定其砌体强度。

偏心受压构件的偏心距过大,砌体材料退出工作较多,构件的承载力明显下降,从经济性和合理性角度看都不宜采用;此外,偏心距过大可能使截面受拉边出现过大的水平裂缝。因此,“砌体规范”规定轴向偏心距 e 不应超过 $0.6y$,y 是指截面重心到受压边缘的距离。“砌体规范”规定,轴向力的偏心距 e 按内力设计值计算。

对矩形截面受压构件,当轴向力偏心方向的截面边长大于另外一方向的边长时,除按偏心受压计算外,还应对较小方向按轴心受压进行验算,取两者中的小值作为承载力。

【例 14.5】一截面尺寸为 1 000 mm×190 mm 的窗间墙,计算高度 $H_0=3.6$ m,采用 MU10 单排孔混凝土小型空心砌块对孔砌筑,Mb5 混合砂浆,承受轴向力设计值 $N=125$ kN,偏心距 $e=30$ mm,施工质量控制等级为 B 级,试验算该窗间墙的承载力。若施工质量控制等级降为 C 级,该窗间墙的承载力是否还能满足要求?

【解】(1)当施工质量控制等级为 B 级时

①偏心方向承载力验算。

$A=1.0\times0.19=0.19\ \text{m}^2<0.3\ \text{m}^2$,$\gamma_a=0.7+0.19=0.89$,查表 14.4 得

$f=0.89\times2.22=1.98\ \text{N/mm}^2$

$$\beta=\gamma_\beta\frac{H_0}{h}=1.1\times3\ 600/190=20.84$$

$$\frac{e}{h}=\frac{30}{190}=0.158$$

且 $e=30\ \text{mm}<0.6y=0.6\times\frac{190}{2}=57\ \text{mm}$,查表 14.16 得 $\varphi=0.352$。

$\varphi fA=0.352\times1.98\times0.19\times10^6=132.4\times10^3\ \text{N}=132.4\ \text{kN}>N=125\ \text{kN}$（满足要求）

②出平面按轴心受压验算

应按出平面轴心受压验算，此处略。

（2）当施工质量控制等级降为 C 级时

当施工质量控制等级降为 C 级时，砌体抗压强度设计值应予降低，此时

$$f=1.98\times\frac{1.6}{1.8}=1.76\ \text{N/mm}^2$$

$\varphi fA=0.352\times1.76\times0.19\times10^6\ \text{N}=117.7\ \text{kN}<N=125\ \text{kN}$（不满足要求）

出平面计算略。

【例 14.6】某单层单跨无吊车窗间墙的截面如图 14.35 所示，其计算高度 $H_0=6.5$ m，墙体采用 MU10 烧结多孔砖、M5 混合砂浆砌筑。承受轴向力设计值 $N=200$ kN，弯矩设计值 24 kN · m，荷载偏向翼缘。试验算该窗间墙的承载力。

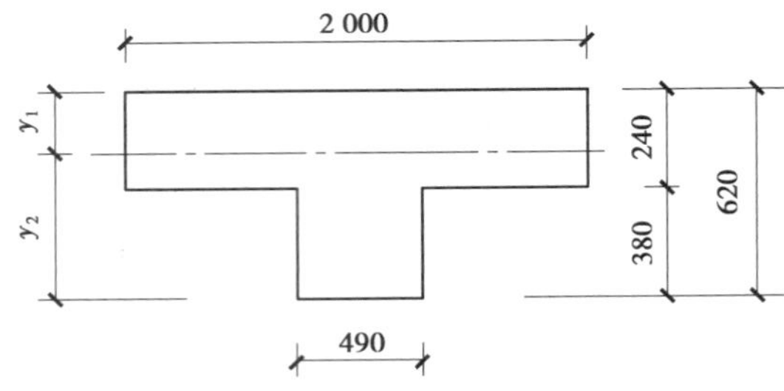

图 14.35 例 14.6 图

【解】（1）截面几何特征如下：

截面面积：$A=2\ 000\times240+490\times380=666\ 200\ \text{mm}^2$

截面重心位置：$y_1=\dfrac{2\ 000\times240\times120+490\times380\times(240+190)}{666\ 200}=207\ \text{mm}$

$y_2=620-207=413\ \text{mm}$

截面惯性矩：

$$I=\frac{2\ 000\times240^3}{12}+2\ 000\times240\times(207-120)^2+\frac{490\times380^3}{12}+490\times380\times(413-190)^2$$

$$=1.744\times10^{10}\ \text{mm}^4$$

回转半径：$i=\sqrt{\dfrac{I}{A}}=\sqrt{\dfrac{1.744\times10^{10}}{666\ 200}}=162\ \text{mm}$

截面折算厚度：$h_T=3.5i=3.5\times162=567\ \text{mm}$

（2）材料强度计算。由表 14.1 查得，$f=1.5\ \text{N/mm}^2$，由于 $A=666\ 200\ \text{mm}^2>0.3\ \text{m}^2$、砂浆采用 M5 混合砂浆砌筑，故取 $f=1.5\ \text{N/mm}^2$。

（3）承载力验算：

①偏心方向承载力验算：

$$e=\frac{M}{N}=\frac{24\times10^6}{200\times10^3}=120\ \text{mm},\frac{e}{h_T}=\frac{120}{567}=0.212,\beta=\frac{H_0}{h_T}=\frac{6\ 500}{567}=11.5$$

查表 14.16 得 $\varphi=0.416$，再有 $\dfrac{e}{y_1}=\dfrac{120}{207}=0.58<0.6$

$N_u = \varphi f A = 0.416 \times 0.666\ 2 \times 10^6 \times 1.5 = 0.415\ 7 \times 10^6$ N = 415.7 kN > N = 200 kN，故承载力满足。

②出平面按轴心受压构件验算。

出平面计算略。

14.5.3 无筋砌体局部受压承载力

1）砌体局部受压的特点

局部受压是砌体结构中常见的一种受力状态，其特点在于轴向力仅作用于砌体的部分截面上。当砌体截面上作用局部均匀压力时，称为局部均匀受压（如承受上部柱或墙传来压力的基础顶面）；当砌体截面上作用局部非均匀压力时，则称为局部不均匀受压（如支撑梁或屋架的墙柱在梁或屋架端部支撑处的砌体顶面）。局部受压有两个要点：①上部构件的强度比下部砌体构件强度高；②只是下部砌体局部受压，受压面积较小。

（1）局部受压破坏形态

试验研究结果表明，砌体局部受压大致有三种破坏形态。

①因纵向裂缝发展而引起的破坏。

这种破坏的特点是，在局部压力的作用下，第一批裂缝大多发生在距加载垫板 1～2 皮砖以下的砌体内，随着局部压力的增加，裂缝数量增多，裂缝呈纵向或斜向分布，其中部分裂缝逐渐向上、向下延伸连成一条主要裂缝而引起破坏［如图 14.36（a）］。在砌体的局部受压中，这是一种较常见也是较为基本的破坏形态。

②劈裂破坏。

当砌体面积与局部受压面积之比很大时，在局部压应力的作用下产生的纵向裂缝少且集中，砌体一旦出现纵向裂缝，很快就发生劈裂破坏，开裂荷载与破坏荷载很接近［如图 14.36（b）］。

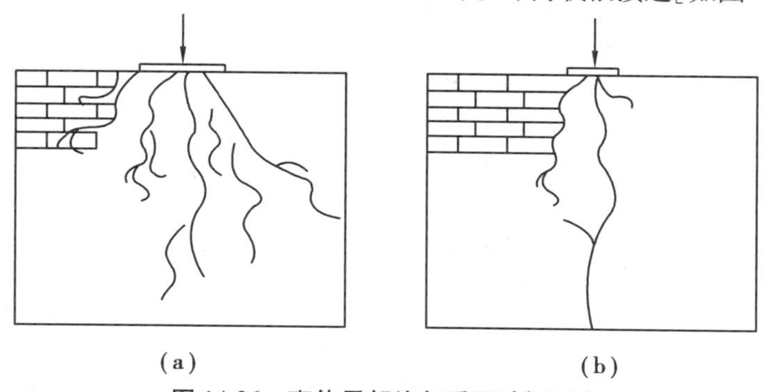

图 14.36　砌体局部均匀受压破坏形态

③与垫板直接接触的砌体局部破坏。

这种破坏在试验时很少出现，但在工程中当墙梁的梁高与跨度之比较大、砌体的强度较低时，则有可能产生梁支承附近砌体被压碎的现象。

（2）局部受压破坏特点

砌体局部受压时，直接受压的局部范围内的砌体抗压强度有较大程度的提高，一般认为这是由于存在“套箍强化”和“应力扩散”的作用。在局部压应力的作用下，局部受压的砌体在产生纵向变形的同时还产生横向变形，当局部受压部分的砌体四周或对边有砌体包围时，未直接受压的部分就像套箍一样约束其横向变形，使与加载板接触的砌体处于三向受压或双向受压的应力状态，其抗压能力大大提高。但“套箍强化”作用并不是在所有的局部受压情况下都有，当局部受压面积位于构件边缘或端部时，“套箍强化”作用则不明显甚至没有。但从“应力扩散”来看，只要在砌体内存在未直接承受压力的面积，就有应力扩散的现象，就可以在一定程度上对局部受压的砌体卸载，从而间接提高了砌体的抗压强度。

砌体的局部受压破坏比较突然，工程中曾经出现过因砌体局部抗压强度不足而发生房屋倒塌的事故，设计时应予以高度重视。

2）砌体局部均匀受压承载力

砌体局部均匀受压时的抗压强度可取为 γf，f 为砌体抗压强度设计值，γ 为砌体局部抗压强度提高系数。根据工程中常遇到的墙段中部、端部或角部局部受压情况所做的系统试验的结果，“砌体规范”规定砌体的局部抗压强度提高系数 γ 统一按式（14.26）计算。式（14.26）的第一项可视为局部受压面积本身的砌体强度，第二项可视为非局部受压面积（A_0-A_l）所提供侧向压力的“套箍强化”作用和“应力扩散”作用的综合影响。

$$\gamma = 1 + 0.35\sqrt{\frac{A_0}{A_l} - 1} \tag{14.26}$$

式中　A_0——影响砌体局部抗压强度的计算面积，可按图 14.37 确定；

A_l——局部受压面积。

为了避免$\frac{A_0}{A_l}$大于某一限值时会出现危险的劈裂破坏，“砌体规范”规定按式（14.26）计算所得的 γ 值尚应符合下列规定：

①在图 14.37 中（a）的情况下，$\gamma \leqslant 2.5$。

②在图 14.37 中（b）的情况下，$\gamma \leqslant 2.0$。

③在图 14.37 中（c）的情况下，$\gamma \leqslant 1.5$。

④在图 14.37 中（d）的情况下，$\gamma \leqslant 1.25$。

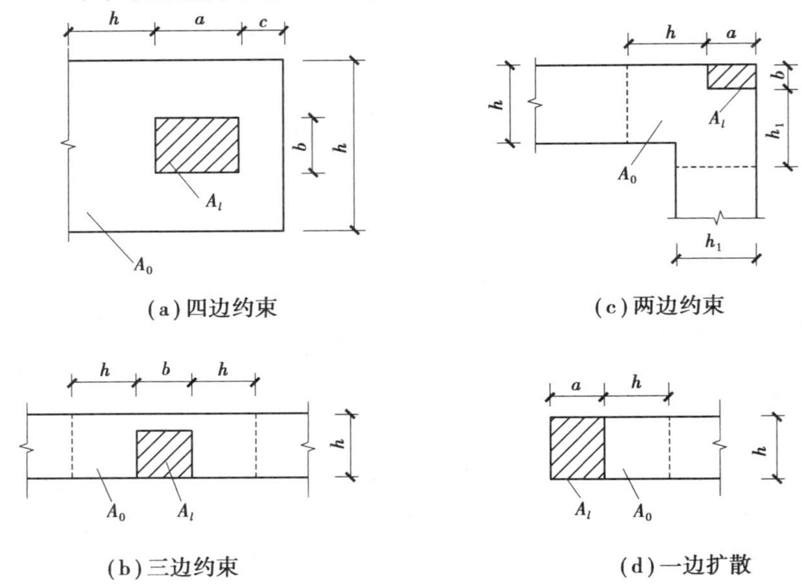

图 14.37　影响局部抗压强度的计算面积 A_0

⑤按“砌体规范”第 6.2.13 条的要求灌孔的混凝土砌块砌体，在①②两种情况下，尚应符合 $\gamma \leqslant 1.5$。未灌孔的混凝土砌块砌体，取 $\gamma = 1.0$。

⑥对多孔砖砌体的孔洞难以灌实时，应按 $\gamma = 1.0$ 取用；当设置混凝土垫块时，按垫块下砌体局部受压计算。

砌体截面受局部均匀压力时的承载力计算公式为：

$$N_l \leqslant \gamma f A_l \tag{14.27}$$

式中 N_l——局部受压面积上的轴向力设计值。

3）梁端局部受压

（1）梁端有效支承长度

当梁端直接支承在砌体上时，砌体在梁端压力下处于局压状态。当梁受荷载作用后，梁端将产生转角，使梁端支承面上的压应力因砌体的弹塑性性质呈不均匀分布（如图 14.38 所示）。由于梁的挠曲变形和支承处砌体压缩变形的缘故，这时梁端下面传递压力的实际长度 a_0（即梁端有效支承长度）并不一定等于梁在墙上的全部搁置长度，它取决于梁的刚度、局部承压力和砌体的弹性模量等因素。

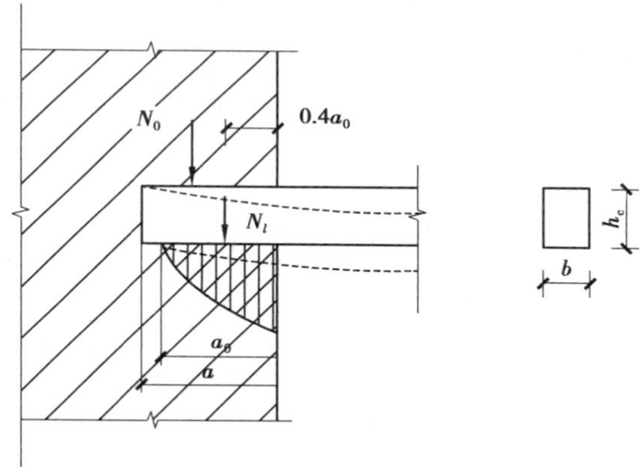

图 14.38 梁端支撑处砌体局部受压

据试验及理论推导，我国“砌体规范”给出梁端有效支承长度 a_0 可按下式计算，其计算值应不大于构件实际支承长度 a：

$$a_0 = 10\sqrt{\frac{h_c}{f}} \tag{14.28}$$

式中 h_c——梁的截面高度，mm；

f——砌体抗压强度设计值，N/mm^2。

（2）上部荷载对局部抗压的影响

作用在梁端砌体上的轴向压力除了有梁端支承压力 N_l 外，还有由上部荷载通过梁端传递给局部受压砌体的轴向力 N_0。对在梁上砌体作用有均匀压应力 σ_0 的试验结果表明，如果 σ_0/f 不大，当梁上荷载增加时，由于梁端底部砌体局部变形较大，原压在梁端顶面上的砌体与梁顶面将逐渐脱开，原作用于这部分砌体的上部荷载逐渐通过砌体内形成的卸载内拱卸至两边砌体（如图 14.39 所示），砌体内部产生内力重分布；当砌体临近破坏时可将原压在梁端上的上部荷载压力全部卸去，这时梁顶面与砌体完全脱开，试验时可以观察到有水平裂缝出现。

σ_0 的存在和扩散作用对梁下部砌体有横向约束作用,对砌体的局部受压是有利的。但如果 σ_0/f 较大,上部砌体向下变形则较大,梁端顶部与砌体的接触面也增大,这时梁顶面即不再与砌体脱开,内拱作用逐渐减小。

内拱的卸载作用还与 A_0/A_l 的大小有关,参考已有试验结果,当 $A_0/A_l>2$ 时,可不考虑上部荷载对砌体局部抗压强度的影响,为偏于安全,“砌体规范”规定:$A_0/A_l\geqslant 3$ 时,可不考虑上部荷载的影响。

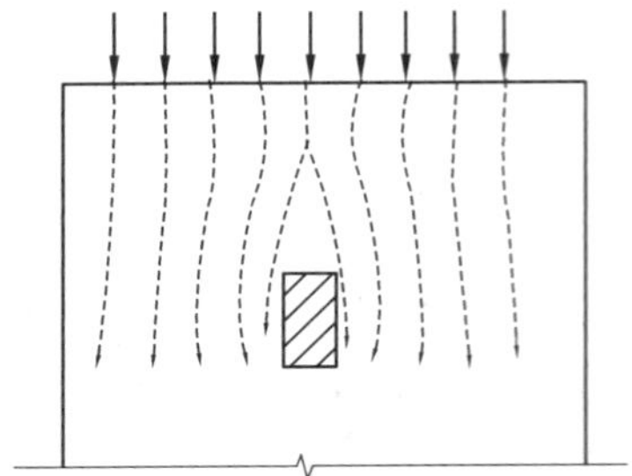
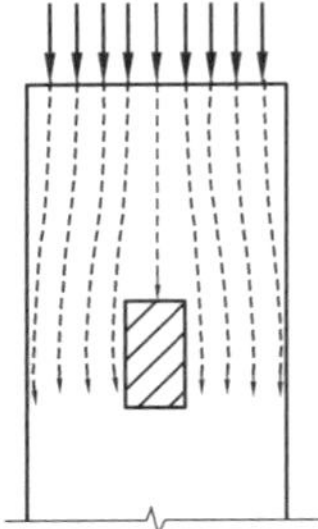
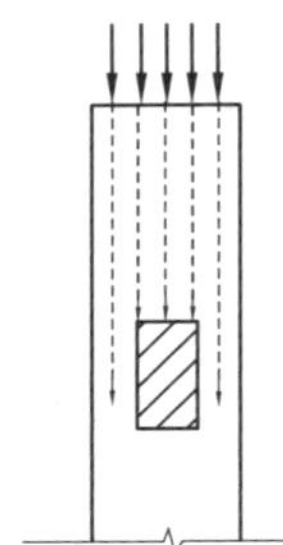

图 14.39　上部荷载对局部抗压的影响

(3)梁端支承处砌体局部受压承载力计算

根据试验结果,梁端支承处砌体的局部受压承载力应按下列公式计算:

$$\begin{cases}\psi N_0 + N_l \leqslant \eta\gamma f A_l \\ \psi = 1.5 - 0.5\dfrac{A_0}{A_l} \\ N_0 = \sigma_0 A_l \\ A_l = a_0 b\end{cases} \tag{14.29}$$

式中　ψ——上部荷载的折减系数,当$\dfrac{A_0}{A_l}$大于等于 3 时,取 ψ 等于 0;

N_0——局部受压面积内上部轴向力设计值;

N_l——梁端荷载设计值产生的支承压力;

σ_0——上部平均压应力设计值;

η——梁端底面应力图形的完整系数,一般可取 0.7,对于过梁和墙梁可取 1.0;

a_0——梁端有效支承长度,当 a_0 大于 a 时,应取 a_0 等于 a;

b——梁的截面宽度, mm;

f——砌体的抗压强度设计值,$\mathrm{N/mm^2}$。

4)梁端下设有刚性垫块的局部受压承载力计算

当梁端局部受压承载力不满足时,在梁端下设置预制或现浇混凝土垫块增大局部受压面积,是较有效的方法之一。当垫块的高度 $t_b>180$ mm,且垫块自梁边缘起挑出的长度不大于垫块的高度时,称为刚性垫块。刚性垫块不但可以增大局部受压面积,还可使梁端压力能较均匀地传至砌体表面。试验表明,垫块底面积以外的砌体对局部抗压强度仍能提供有利的影响,但考虑到垫块已对局部压应力有扩散作用,“砌体规范”出于对砌体设计偏于安全的考虑,取垫块外砌体面积对垫块下砌体局部受压的有利影响系数 $\gamma_1=0.8\gamma$(γ 为砌体的局部抗压强度提高系数)。

试验还表明，刚性垫块的存在会使梁端的有效支承长度减小，对垫块下砌体受力不利，综合考虑这个因素，刚性垫块下砌体的局部受压可按砌体偏心受压构件计算。

在梁端下设有预制或现浇刚性垫块的砌体局部受压承载力按下列公式计算：

$$\begin{cases} N_0 + N_l \leqslant \varphi\gamma_1 f A_b \\ N_0 = \sigma_0 A_b \\ A_b = a_b b_b \end{cases} \tag{14.30}$$

式中　N_0——垫块面积 A_b 内上部轴向力设计值；

φ——垫块上 N_0 及 N_l 合力的影响系数，应采用表 14.16 中当 $\beta \leqslant 3$ 时的值；

γ_1——垫块外砌体面积的有利影响系数，γ_1 应为 0.8γ，但不小于 1，γ 为砌体局部抗压强度提高系数，按式(14.26)以 A_b 代替 A_l 计算得出；

A_b——垫块面积；

a_b——垫块伸入墙内的长度；

b_b——垫块的宽度。

刚性垫块上表面梁端有效支承长度 a_0 按下式确定：

$$a_0 = \delta_1 \sqrt{\frac{h_c}{f}} \tag{14.31}$$

式中　δ_1——刚性垫块 a_0 计算公式的系数，按表 14.19 采用。垫块上 N_l 合力点到墙边缘的距离可取 $0.4a_0$ 处。

表 14.19　系数 δ_1 值

σ_0/f	0	0.2	0.4	0.6	0.8
δ_1	5.4	5.7	6.0	6.9	7.8

注：表中其间的数值可采用插入法求得。

刚性垫块设置方式如图 14.40 所示。刚性垫块的高度不应小于 180 mm，自梁边算起的垫块挑出长度不应大于垫块高度 t_b。在带壁柱墙的壁柱内设置刚性垫块时，其计算面积 A_0 应取壁柱范围内的面积，而不应计算翼缘部分。同时，壁柱上垫块伸入翼墙内的长度不应小于 120 mm。当现浇垫块与梁端整体浇注时，垫块可在梁高范围内设置。

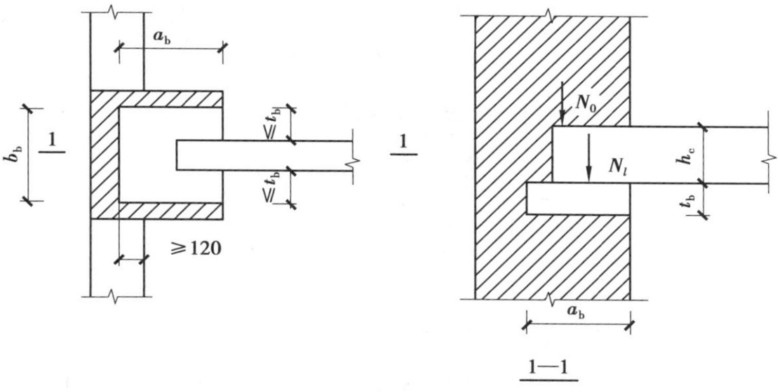

图 14.40　梁端下的刚性垫块

5)梁端下设有垫梁时,垫梁下砌体的局部受压承载力计算

当梁下设有长度大于 πh_0 的钢筋混凝土垫梁时,由于垫梁是柔性的,当垫梁置于墙上,在屋面梁或楼面梁的作用下,其受力相当于承受集中荷载的“弹性地基”上的无限长梁。此时,“弹性地基”的宽度即为墙厚 h。梁传来的力在砌体上的分布范围较大,“砌体规范”参照弹性地基梁理论,近似认为垫梁下砌体提供压应力的范围为 πh_0,并按三角形考虑,如图 14.41 所示,则有:

$$N_l = \frac{1}{2}\pi b_b h_0 \sigma_{y,\max} \tag{14.32}$$

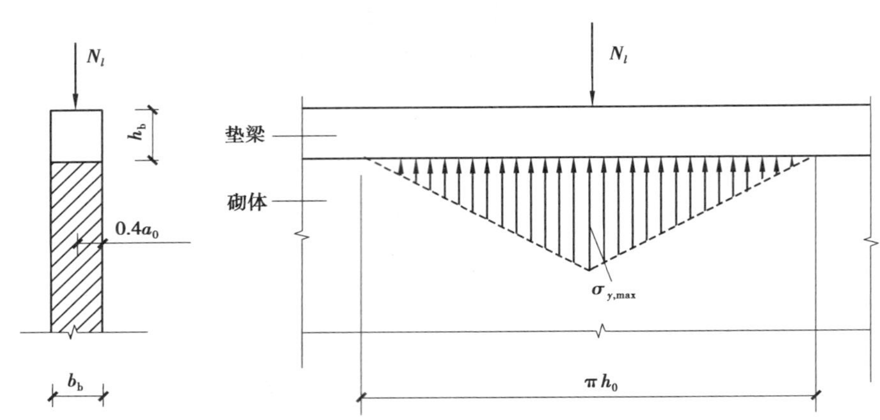

图 14.41　垫梁局部受压

由于垫梁下应力不均匀,最大应力发生在局部范围内。根据试验,当为钢筋混凝土垫梁时,最大压应力 $\sigma_{y,\max}$ 与砌体抗压强度 f 之比为 1.5~1.6,当梁出现裂缝时,刚度降低,应力更为集中。“砌体规范”建议按下式计算:

$$\sigma_{y,\max} \leqslant 1.5f \tag{14.33}$$

考虑垫梁 $\pi h_0 b_b$ 范围内上部荷载设计值产生的轴力 N_0,则有:

$$N_0 + N_l \leqslant 0.5\pi b_b h_0 \times 1.5f = 2.356 b_b h_0 f \approx 2.4 b_b h_0 f \tag{14.34}$$

“砌体规范”中考虑荷载沿墙方向分布不均匀的影响,在式(14.35)右边乘以系数 δ_2 后,规定梁下设有长度大于 πh_0 的垫梁下的砌体局部受压承载力应按下列公式计算:

$$\begin{cases} N_0 + N_l \leqslant 2.4\delta_2 f b_b h_0 \\ N_0 = \dfrac{\pi b_b h_0 \sigma_0}{2} \\ h_0 = 2\sqrt[3]{\dfrac{E_b I_b}{Eh}} \end{cases} \tag{14.35}$$

式中　N_0——垫梁上部轴向力设计值;

b_b,h_b——垫梁在墙厚方向的宽度和垫梁的高度, mm;

δ_2——当荷载沿墙厚方向均匀分布时 δ_2 取 1.0,不均匀时 δ_2 可取 0.8;

E_b,I_b——垫梁的混凝土弹性模量和截面惯性矩;

E——砌体的弹性模量；

h_0——垫梁折算高度，mm；

h——墙厚，mm。

【例 14.7】柱下端支承处墙体（水泥砂浆砌筑）的局部受压承载力验算。

条件：某钢筋混凝土柱 $b \times h = 200\ \text{mm} \times 200\ \text{mm}$，支承于砖砌带形基础转角处（如图 14.42 所示）。该基础由 MU25 烧结普通砖和 M15 水泥砂浆砌筑。柱底轴力设计值 $N_l = 260\ \text{kN}$。

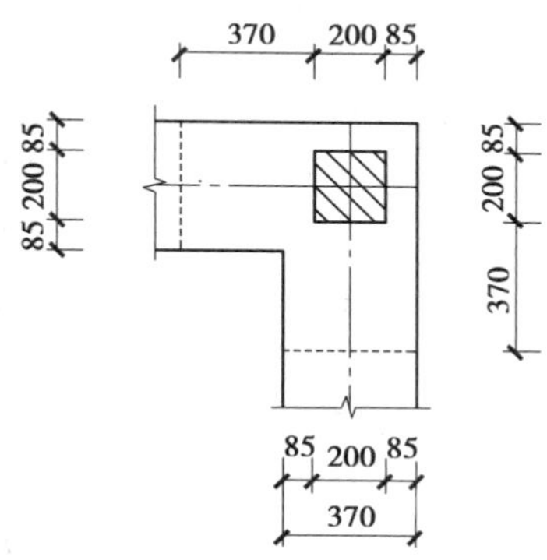

图 14.42　例 14.7 图

要求：验算基础顶面局部抗压承载力。

【解】（1）局部受压面积：$A_l = 200 \times 200 = 40\ 000\ \text{mm}^2$

（2）影响砌体局部抗压强度的计算面积：

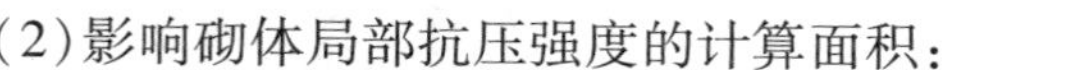

$A_0 = (370+200+85)^2 - (370+200+85-370)^2 = 347\ 800\ \text{mm}^2$

（3）砌体局部抗压强度提高系数：

$$\gamma = 1 + 0.35\sqrt{\frac{347\ 800}{40\ 000} - 1} = 1.971 < 2.5$$

（4）查表 14.1，得 $f = 3.60\ \text{MPa}$

（5）$\gamma f A_l = 1.971 \times 3.6 \times 40\ 000 = 283\ 824\ \text{N} = 283.824\ \text{kN} > 260\ \text{kN}$

所以，局部受压承载力满足要求。

【例 14.8】某房屋外纵墙的窗间墙截面尺寸为 1 200 mm×240 mm，如图 14.43 所示。采用 MU15 蒸压灰砂砖，Ms5.0 专用砌筑砂浆砌筑。墙上支承的钢筋混凝土大梁截面尺寸为 250 mm×600 mm，梁端在墙体上的支撑长度为 240 mm，梁端荷载设计值产生的支承压力为 120 kN，上部荷载设计值产生的轴向力为 80 kN。

要求：试验算梁端局部受压承载力。

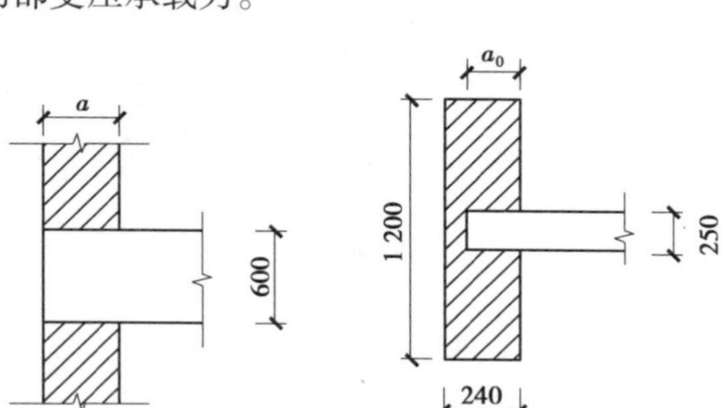

图 14.43　例 14.8 图

【解】①梁直接搁置在砖墙上，根据表 14.3 查得 $f = 1.83\ \text{N/mm}^2$

窗间墙面积：$A = 1.2 \times 0.24 = 0.288\ \text{m}^2 < 0.3\ \text{m}^2$，$\gamma_a = 0.7 + 0.288 = 0.988$

$$\gamma_a f = 0.988 \times 1.83\ \text{N/mm}^2 = 1.81\ \text{N/mm}^2$$

②梁端有效支承长度：$a_0=10\sqrt{\dfrac{h_c}{f}}=10\sqrt{\dfrac{600}{1.81}}=182.1\ \text{mm}<a=240\ \text{mm}$

③局部受压面积：$A_l=a_0b=182.1\times250=45\ 525\ \text{mm}^2$

④影响砌体局部抗压强度的计算面积：

$A_0=(b+2h)h=(250+2\times240)\times240=175\ 200\ \text{mm}^2$

⑤砌体局部抗压强度提高系数：

$\gamma=1+0.35\sqrt{\dfrac{A_0}{A_l}-1}=1+0.35\sqrt{\dfrac{175\ 200}{45\ 525}-1}=1.59<2.0$，故取 $\gamma=1.59$。

⑥因为$\dfrac{A_0}{A_l}=3.85>3.0$，取 $\psi=0$，不考虑上部荷载的影响。

⑦砌体局部抗压强度：$\eta\gamma fA_l=0.7\times1.59\times1.81\times45\ 525=91\ 771\ \text{N}=91.77\ \text{kN}$

⑧$\psi N_0+N_l=0+120=120\ \text{kN}>91.77\ \text{kN}$

所以，不满足局部受压承载力的要求。

【例 14.9】在例题 14.8 的条件下，在梁端下设置 650 mm×240 mm×240 mm 的预制垫块，如图 14.44 所示。

要求：验算垫块下砌体局部受压承载力。

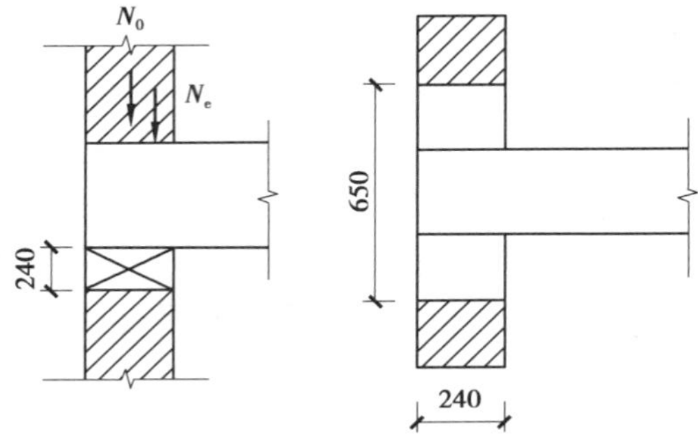

图 14.44　例 14.9 图

【解】①垫块高度 240 mm>180 mm，挑出长度$\dfrac{650-250}{2}=200(\text{mm})<240(\text{mm})$满足刚性垫块的要求。

②局部受压强度提高系数计算。

$b+2h=650+2\times240=1130\ \text{mm}<1\ 200\ \text{mm}$

$A_0=(b+2h)h=(650+2\times240)\times240=271\ 200\ \text{mm}^2$

$A_b=a_bb_b=240\times650=156\ 000\ \text{mm}^2$

$\dfrac{A_0}{A_b}=\dfrac{271\ 200}{156\ 000}=1.74$

$\gamma=1+0.35\sqrt{\dfrac{A_0}{A_b}-1}=1+0.35\sqrt{1.74-1}=1.3<1.5$，取 $\gamma=1.3$

$\gamma_1=0.8\gamma=0.8\times1.3=1.04>1.0$，故取 $\gamma_1=1.04$

③梁端有效支承长度计算。

上部平均压应力设计值$\sigma_0=\dfrac{80\times10^3}{1\ 200\times240}=0.278\ \text{N/mm}^2$

$$\frac{\sigma_0}{f}=\frac{0.278}{1.81}=0.153$$

查表 14.19,得刚性垫块的影响系数 $\delta_1=5.63$,

$a_0=\delta_1\sqrt{\dfrac{h_c}{f}}=5.63\times\sqrt{\dfrac{600}{1.81}}=102.5\ \text{mm}<a=240\ \text{mm}$

④计算梁端支承压力对垫块重心的偏心距 e_l。

梁端支承压力 N_l 到墙内边的距离为 $0.4a_0$,

$e_l=\dfrac{a_b}{2}-0.4a_0=\dfrac{240}{2}-0.4\times102.5=79.0\ \text{mm}$

⑤计算垫块面积上由上部荷载设计值产生的轴向力。

$N_0=\sigma_0A_b=0.278\times156\ 000=43\ 368\ \text{N}=43.368\ \text{kN}$

⑥计算 N_0 与 N_l 合力的偏心距。

$e=\dfrac{N_le_l}{N_l+N_0}=\dfrac{120\times79.0}{120+43.368}=58.0\ \text{mm}$

⑦计算垫块上 N_0 与 N_l 合力的影响系数 φ。

$\dfrac{e}{h}=\dfrac{58.0}{240}=0.24$　取 $\beta=3.0$,查表 14.16,得 $\varphi=0.59$。

⑧计算垫块下的局部受压承载力计算。

$\varphi\gamma_1fA_b=0.59\times1.04\times1.81\times156\ 000=173\ 256.1\ \text{N}=173.26\ \text{kN}$

$N_0+N_l=43.368+120=163.368\ \text{kN}<173.26\ \text{kN}$,故加垫块后局部承压满足要求。

14.5.4　砌体受拉、受弯和受剪承载力计算

1)轴心受拉构件

砌体的抗拉能力很低,因此工程上很少采用砌体轴心受拉构件。如容积较小的圆形水池或筒仓,在液体或松散物料的侧压力作用下,壁内只产生环向拉力时,则可采用砌体结构。

轴心受拉构件的承载力应按下式计算:

$$N_t\leqslant f_tA \tag{14.36}$$

式中　N_t——轴心拉力设计值;

f_t——砌体的轴心抗拉强度设计值,应按表 14.8 采用;

A——轴心受拉构件截面面积。

2)受弯构件

砖砌平拱过梁、砌体挡土墙等为受弯构件。受弯构件的受弯承载力应按下式计算:

$$M\leqslant f_{tm}W \tag{14.37}$$

式中　M——弯矩设计值;

f_{tm}——砌体的弯曲抗拉强度设计值,应按表 14.8 采用;

W——截面抵抗矩。

受弯构件的受剪承载力,应按下式计算:

$$\begin{cases} V \leqslant f_v bz \\ z = I/S \end{cases} \tag{14.38}$$

式中 V——剪力设计值;

f_v——砌体的抗剪强度设计值,按表 14.8 采用;

b——截面宽度;

z——内力臂,当截面为矩形时取 z 等于 $2h/3$;

I——截面惯性矩;

S——截面面积矩;

h——截面高度。

3)受剪构件

砌体结构单纯受剪的情况是很难遇到的,一般是在受弯构件中(如砖砌体过梁、挡土墙等)中存在受剪情况。墙体在水平地震力或风荷载的作用下,或无拉杆的拱支座处在水平截面砌体受剪,此时抵抗拱脚水平推力的是砌体和砂浆间的切向黏结强度及竖向压应力所产生的摩擦力。

对受剪构件的承载力,"砌体规范"按下式计算:

$$V \leqslant (f_v + \alpha\mu\sigma_0)A \tag{14.39}$$

当 $\gamma_G = 1.2$ 时,有

$$\mu = 0.26 - 0.082\frac{\sigma_0}{f} \tag{14.40}$$

当 $\gamma_G = 1.35$ 时,有

$$\mu = 0.23 - 0.065\frac{\sigma_0}{f} \tag{14.41}$$

式中 V——截面剪力设计值;

A——构件水平截面面积,当有孔洞时,取砌体净截面面积;

f_v——砌体的抗剪强度设计值,按表 14.8 采用。对灌孔的混凝土砌块砌体取 f_{vg};

α——修正系数,$\gamma_G = 1.2$ 时对砖砌体(含多孔砖)取 0.6,对混凝土砌块砌体取 0.64;当 $\gamma_G = 1.35$ 时砖砌体(含多孔砖)取 0.64,砌块砌体取 0.66;

μ——剪压复合受力影响系数;

f——砌体抗压强度设计值;

σ_0——永久荷载设计值在水平截面的平均压应力,其值不应大于 $0.8f$。

【例 14.10】单排孔对孔砌筑的混凝土小型空心砌块砌体墙长 1.6m,厚 190 mm,其上作用正压力标准值 $N_k = 50$ kN(其中永久荷载包括自重产生的压力 35 kN),承受水平推力标准值 $P_k = 20$ kN(其中可变荷载产生的推力 15 kN)作用。砌体墙采用 MU10 砌块、Mb5 砂浆砌筑。

要求:验算该段墙体的抗剪承载力。

【解】该墙段的截面面积:$A = 1\ 600 \times 190 = 304\ 000\ \text{mm}^2 = 0.304\ \text{m}^2 > 0.3\ \text{m}^2$

查表 14.4,MU10 砌块,Mb5 砂浆,得 $f = 2.22$ MPa,$f_v = 0.06$ MPa,

(1)当由可变荷载起控制时，取 $\gamma_G=1.2$，$\gamma_Q=1.4$。

该墙段的正应力$\sigma_0=\dfrac{N}{A}=\dfrac{1.2\times35\ 000}{1\ 600\times190}=0.138\ \text{N/mm}^2<0.8f$

$$\mu=0.26-0.082\frac{\sigma_0}{f}=0.26-0.082\times\frac{0.138}{2.22}=0.255$$

$V_u=(f_v+\alpha\mu\sigma_0)A=(0.06+0.64\times0.255\times0.138)\times1\ 600\times190=25\ 086\ \text{N}=25.086\ \text{kN}$

$V=1.2\times5+1.4\times15=27\ \text{kN}>25.086\ \text{kN}$，受剪承载力不满足要求。

(2)当由永久荷载起控制时，即取 $\gamma_G=1.35$，$\gamma_Q=1.4$，组合值系数取 0.7。

$\sigma_0=\dfrac{N}{A}=\dfrac{1.35\times35\ 000}{1\ 600\times190}=0.155\ \text{N/mm}^2<0.8f$

$\alpha=0.66$，$\mu=0.23-0.065\dfrac{\sigma_0}{f}=0.23-0.065\times\dfrac{0.155}{2.22}=0.225$

$V_u=(f_v+\alpha\mu\sigma_0)A=(0.06+0.66\times0.225\times0.155)\times1\ 600\times190=25\ 237.32\ \text{N}=25.24\ \text{kN}$

$V=1.35\times5+0.7\times1.4\times15=21.45\ \text{kN}<25.24\ \text{kN}$，受剪承载力满足要求。

综上，本题由可变荷载作用控制，受剪承载力不足。

14.5.5 配筋砌体构件简介

当砌体受压构件承载力不足时，除了可以采取提高块材和砂浆的强度等级、增大截面尺寸等措施外，还可以采用配筋砌体来提高砌体结构的承载力。用作受压构件的配筋砌体主要有网状配筋砖砌体、组合砖砌体和配筋砌块砌体。

1）网状配筋砖砌体受压构件

当在砖砌体上作用有轴向压力时，砖砌体在发生纵向压缩的同时也产生横向膨胀变形。如果能用某种方式阻止砌体横向变形的发展，则构件承受轴向压力的能力将大大提高。网状配筋砌体是在砌筑时，将事先制作好的钢筋网片按照一定的间距设置在砖砌体的水平灰缝内，砂浆硬结后，钢筋网片被完全嵌固在灰缝内与砌体共同工作。这时，砖砌体纵向受压，钢筋横向受拉，因钢筋的弹性模量很大，变形很小，可以阻止砌体在受压时横向变形的发展，防止砌体因纵向裂缝的延伸过早而发生失稳破坏，从而间接地提高了砌体构件的受压承载力，故这种配筋又称为间接配筋，砌体和这种横向间接钢筋的共同工作可一直维持到砌体完全破坏为止。其钢筋网片的配筋方式有直接在灰缝内放置钢筋网片[如图 14.45(b)]和放置连弯钢筋[如图 14.45(c)]两种形式。

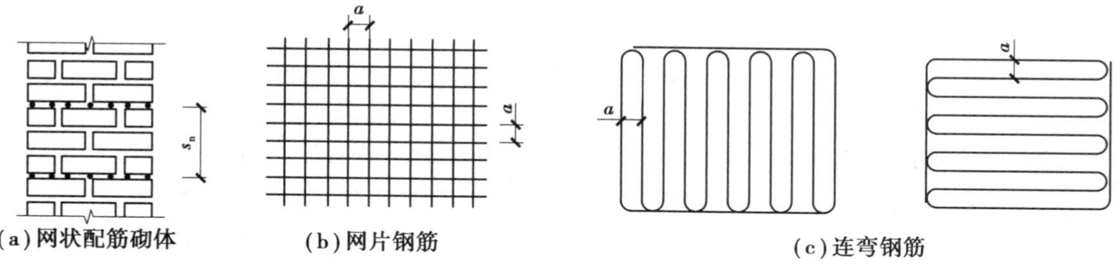

(a)网状配筋砌体　(b)网片钢筋　(c)连弯钢筋

图 14.45　网状配筋砌体

(1)网状配筋砖砌体构件的受压性能

试验表明,网状配筋砖砌体的破坏特征与无筋砖砌体有所不同。网状配筋砖砌体受压时,由于摩擦力和砂浆的黏结力,钢筋被嵌固在灰缝内与砖砌体共同工作,从而约束了砖砌体的横向变形,相当于对砌体施加了横向压力,使砌体处于三向受压状态。

根据试验结果,网状配筋砖砌体轴心受压时,同无筋砌体一样,从加载到破坏可分为三个阶段,但其受力性能与无筋砌体有较大差别。

第一阶段:从加载初期到压力约为破坏压力的60%~75%时,随着压力的增加,单砖块内出现第一批裂缝,此阶段所表现的受力特点与无筋砌体相同,但开裂荷载比无筋砌体高。

第二阶段:随着压力的增大,裂缝数量增多,但裂缝发展缓慢。纵向裂缝受横向钢筋网的约束,不能很快沿砌体高度方向形成贯通裂缝。此阶段所表现的破坏特征与无筋砌体的破坏特征有较大不同。

第三阶段:当压力达到极限承载力时,砌体内部分砖严重开裂甚至被压碎,导致砌体完全破坏。在此阶段,竖向小柱和砖的强度利用程度均比无筋砌体高。故网状配筋砌体的抗压承载力比相同砌体材料的无筋砌体的抗压承载力大。

通过试验结果可以看出:在加荷初期,由于钢筋网的作用尚未充分发挥,出现第一批裂缝的荷载只较无筋砌体略高一些。随着荷载继续增加,由于钢筋网充分发挥了其约束作用,因而裂缝开展缓慢,并推迟了因裂缝贯通把砌体分割成独立小柱的进程。且由于钢筋网的拉结,小柱体也不会失稳,故其破坏是由于钢筋网之间的砖块被压碎而造成的。由于砖的抗压强度得到了充分发挥,故网状配筋砖砌体的承载能力要比无筋砌体高。

(2)适用范围及构造要求

网状配筋砌体的适用范围为:

①对轴心受压构件而言,使用网状配筋砌体效果较好,其在偏心受压时的受压性能受偏心距的影响较大,偏心距越大,网状钢筋的作用越小,砌体承载能力提高有限。当偏心距超过截面核心范围(对于矩形截面,即 $e/h>0.17$)时则不宜采用网状配筋砌体。

②试验结果表明,网状配筋砌体的承载力影响系数随着网状钢筋的配筋率增加而降低。另外,随着高厚比的增大,网状钢筋的作用减小,因此在高厚比很大的砌体中不宜采用网状配筋。偏心距虽未超过截面核心范围,但当构件高厚比 $\beta>16$ 时,也不宜采用网状配筋砌体。

为了使网状配筋砖砌体受压构件能安全可靠的工作,除需保证其承载力外,还应符合下列构造要求:

①网状配筋砌体中的配筋率,不应小于0.1%,并不应大于1%;

②采用钢筋网时,钢筋的直径宜采用3~4 mm;当采用连弯钢筋网时,钢筋的直径不应大于8 mm;

③钢筋网的竖向间距不应大于五匹砖的厚度,并不应大于400 mm;

④钢筋网中钢筋的间距不应大于120 mm,且不应小于30 mm;

⑤网状配筋砖砌体中所选用的砌体材料强度等级不宜过低,砂浆不应低于M7.5;钢筋网应设置在砌体的水平灰缝中,灰缝厚度应保证钢筋上下至少各有2 mm厚的砂浆层。

2)组合砖砌体构件

在砖砌体内配置部分钢筋混凝土或钢筋砂浆面层而组成的构件,称为组合砖砌体,如图14.46所示。

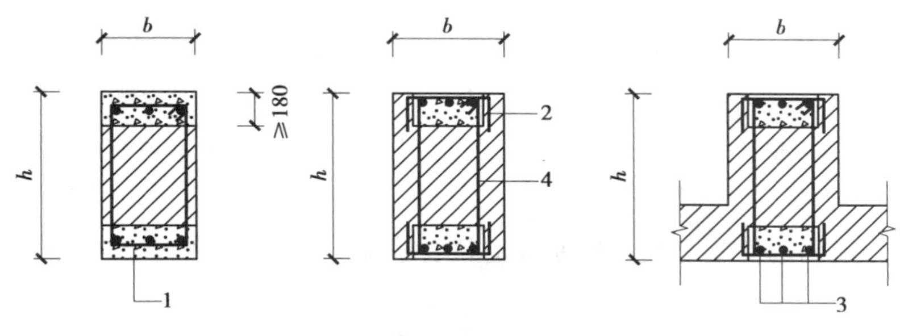

(a)组合砖砌体

1—混凝土或砂浆；2—拉结钢筋；3—纵向钢筋；4—箍筋

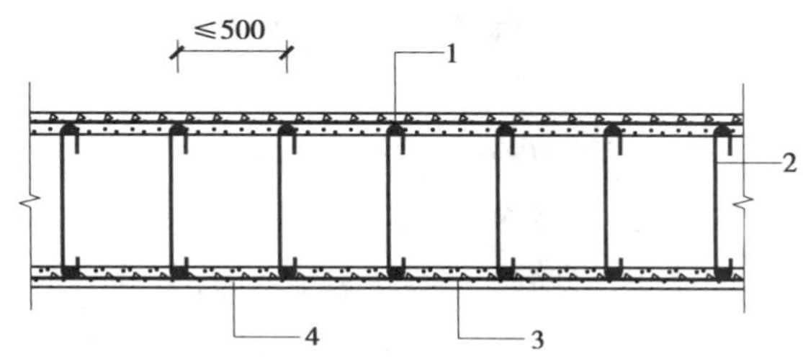

(b)混凝土或砂浆面层组合墙

1—竖向受力钢筋；2—拉结钢筋；3—水平分布钢筋

图 14.46 组合砖砌体构件

当荷载偏心距较大且超过截面核心范围,无筋砖砌体的承载力不足而截面尺寸又受到限制时,可采用砖砌体和钢筋混凝土面层或钢筋砂浆面层组成的组合砖砌体。近年来,我国在对砌体结构房屋进行增层或改造的过程中,当原有的墙、柱承载力不足时,常在砖砌体构件表面做钢筋混凝土面层或钢筋砂浆面层从而形成组合砖砌体构件,以提高原有构件的承载力。

试验研究表明,组合砖砌体中的砖砌体和钢筋混凝土面层(或砂浆面层)有较好的协同工作性能。组合砖砌体在轴心压力作用下,常在砌体和面层混凝土(或面层砂浆)的结合处产生第一批裂缝。随着压力增大,砖砌体内逐渐产生竖向裂缝。由于钢筋混凝土(或钢筋砂浆)面层对砖砌体的横向变形有约束作用,砌体内裂缝的发展较为缓慢。最后,直至砌体内的砖和面层混凝土(或面层砂浆)严重脱落甚至被压碎,或竖向钢筋在箍筋范围内被压屈,组合砖砌体才完全破坏。

(1)适用范围

当无筋砌体受压构件的截面尺寸受到限制或设计不经济时,或轴向力偏心距 $e>0.6y$ 时,以及单层砖柱厂房在设防烈度为 8 度、9 度时,应采用砖砌体和钢筋混凝土面层或钢筋砂浆面层组成的组合砖柱。

对于砖墙与组合砌体一同砌筑的 T 形截面构件,可按矩形截面组合砌体构件计算,但构件的高厚比仍按 T 形截面考虑,其截面的翼缘宽度应符合有关构造规定。

(2)构造要求

组合砖砌体由砌体和面层混凝土(或面层砂浆)两种材料组成,应采取措施保证它们之间有良好的整体性和共同工作能力。

①面层混凝土强度等级宜采用 C20,面层水泥砂浆强度等级不宜低于 M10,砌筑砂浆强度等级不宜低于 M7.5。

②竖向受力钢筋的混凝土保护层厚度应符合表 14.23(耐久性有要求)的规定,竖向受力钢筋到砖砌体表面的距离不应小于 5 mm。

③砂浆面层的厚度可采用 30~45 mm,当面层厚度大于 45 mm 时,其面层宜采用混凝土。

④竖向受力钢筋宜采用 HPB300 级钢筋,对于混凝土面层,也可采用 HRB335 级钢筋;受压钢筋一侧的配筋率,对砂浆面层,不宜小于 0.1%;对混凝土面层,不宜小于 0.2%。受拉钢筋的配筋率,不应小于 0.1%。竖向受力钢筋的直径,不应小于 8 mm,钢筋的净间距,不应小于 30 mm。

⑤箍筋的直径,不宜小于 4 mm 及 0.2 倍的受压钢筋直径,并不宜大于 6 mm;箍筋的间距,不应大于 20 倍受压钢筋的直径或 500 mm,并不应小于 120 mm。

⑥当组合砖砌体构件一侧的竖向受力钢筋多于 4 根时,应设置附加箍筋或拉结钢筋。

⑦对于截面长短边相差较大的构件(如墙体等),应采用穿通墙体的拉结钢筋作为箍筋,同时设置水平分布钢筋;水平分布钢筋的竖向间距及拉结钢筋的水平间距,均不应大于 500 mm;组合砖砌体构件的顶部、底部以及牛腿部位,必须设置钢筋混凝土垫块;竖向受力钢筋伸入垫块的长度,必须满足其锚固要求。

3)砖砌体和钢筋混凝土构造柱组合墙

砖砌体和钢筋混凝土构造柱组合墙是在砌体墙砌筑过程中,在墙中设置间距较小的构造柱,使构造柱同墙体共同受力的组合砌体构件。由于构造柱的强度和变形能力均比砌体好,构造柱的加入可提高构件的承载力和延性,其截面如图 14.47 所示。

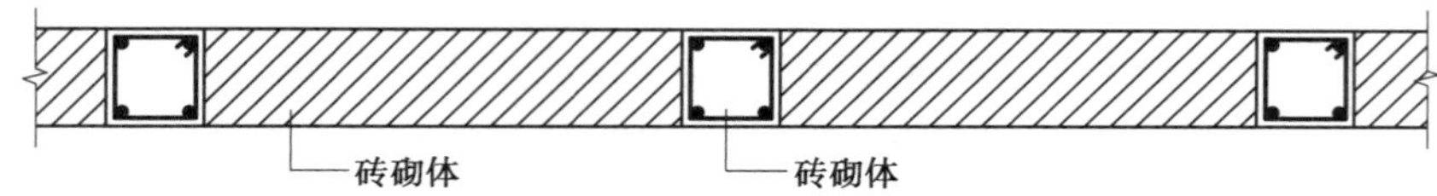

图 14.47　砖砌体和钢筋混凝土构造柱组合墙

组合砖墙的材料和构造要求应符合下列规定:

①砂浆的强度等级不应低于 M5,构造柱的混凝土强度等级不宜低于 C20。

②构造柱的截面尺寸不宜小于 240 mm×240 mm,其厚度不应小于墙厚,边柱、角柱的截面宽度宜适当加大。柱内竖向受力钢筋,对于中柱,钢筋数量不宜小于 4 根、直径不宜小于 12 mm;对于边柱、角柱,钢筋数量不宜少于 4 根、直径不宜小于 14 mm。构造柱的竖向受力钢筋的直径也不宜大于 16 mm。构造柱的箍筋,一般部位宜采用直径 6 mm、间距 200 mm,楼层上下 500 mm 范围内宜采用直径 6 mm、间距 100 mm。构造柱的竖向受力钢筋应在基础梁和楼层圈梁中予以锚固,并应符合受拉钢筋的锚固要求。

③组合砖墙砌体结构房屋,应在纵横墙交接处、墙端部和较大洞口的洞边设置构造柱,其

间距不宜大于 4 m。各层洞口宜设置在相应位置,并宜上下对齐。

④组合砖墙砌体结构房屋应在基础顶面、有组合墙的楼层处设置现浇钢筋混凝土圈梁。圈梁的截面高度不宜小于 240 mm;纵向钢筋数量不宜少于 4 根、直径不宜小于 12 mm,纵向钢筋应伸入构造柱内,并应符合受拉钢筋的锚固要求;圈梁的箍筋直径宜采用 6 mm、间距 200 mm。

⑤砖砌体与构造柱的连接处应砌成马牙槎,并应沿墙高每隔 500 mm 设 2 根直径 6 mm 的拉结钢筋,且每边伸入墙内不宜小于 600 mm。

⑥构造柱可不单独设置基础,但应深入室外地坪下 500 mm,或与埋深小于 500 mm 的基础梁相连。

⑦组合砖墙的施工顺序应为先砌墙后浇混凝土构造柱。

4)配筋砌块砌体

采用混凝土空心砌块砌筑,在砌体的灰缝中布置水平分布钢筋,在对孔砌筑的砌体孔洞中布置竖向钢筋,并采用混凝土填充,形成配筋砌块砌体,如图 14.48 所示。该种砌体形成的墙体不需要模板,但整体性较好,可用于高层建筑。目前我国已经采用该类砌体修建了高度为 18 层的建筑。

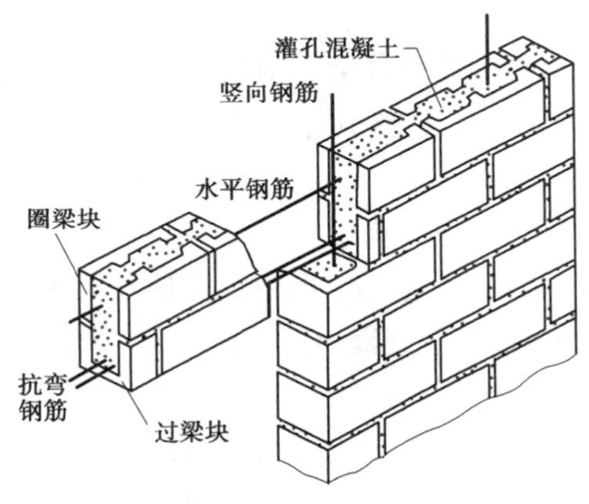

图 14.48　配筋砌块砌体墙

14.6　过梁、墙梁及挑梁

14.6.1　过梁

过梁是门窗洞口上常用的构件,其作用是承受洞口上部墙体自重及楼盖传来的荷载。

1)过梁的类型及其适用范围

常用的过梁有砖砌过梁和钢筋混凝土过梁。砖砌过梁又可分为砖砌平拱过梁、砖砌弧拱过梁和钢筋砖过梁等几种形式(如图 14.49 所示)。

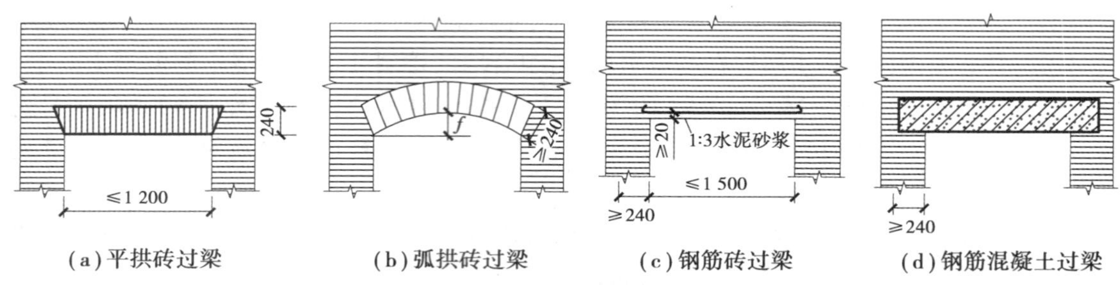

(a) 平拱砖过梁　(b) 弧拱砖过梁　(c) 钢筋砖过梁　(d) 钢筋混凝土过梁

图 14.49　过梁的常用类型

(1) 砖砌平拱过梁

用砖竖立砌筑下表面水平的过梁称砖砌平拱过梁。竖砖砌筑部分高度不应小于 240 mm，过梁截面计算高度内的砂浆不宜低于 M5，其净跨度不宜超过 1.2 m。

(2) 砖砌弧拱过梁

砖砌弧拱过梁是用砖竖立和侧立砌筑而成。用砖竖砌部分的高度不宜小于 240 mm。弧拱最大跨度与矢高 f 有关。当矢高 $f=(1/12\sim1/8)l_n$ 时，最大跨度为 2.5～3.0 m；当矢高 $f=(1/6\sim1/5)l_n$ 时，最大跨度为 3.0～4.0 m。弧拱砌筑时需用胎模，施工较为复杂。

(3) 钢筋砖过梁

在过梁底部水平灰缝内配置钢筋的过梁称钢筋砖过梁。钢筋的直径不应小于 5 mm，水平间距不宜大于 120 mm。钢筋伸入支座砌体内的长度不宜小于 240 mm，砂浆层的厚度不宜小于 30 mm，一般采用 1∶3的水泥砂浆。净跨度不宜超过 1.5 m。过梁截面计算高度内的砂浆不宜低于 M5(Mb5、Ms5)。

上述砖砌过梁的跨度受到限制且对变形很敏感，跨度较大或受有较大振动以及可能产生不均匀沉降的房屋，须采用钢筋混凝土过梁。目前，这三种过梁现在已经较少使用。

(4) 钢筋混凝土过梁

钢筋混凝土过梁具有施工方便、节省模板、抗震性好等优点，应用最为广泛。截面形式有矩形、L 形等。钢筋混凝土过梁端部在墙中的支承长度不宜小于 240 mm。当过梁所受荷载过大时，该支承长度应按局部受压承载力计算确定，其配筋构造要求同一般钢筋混凝土梁。

2) 过梁的破坏特点

平拱砖过梁和钢筋砖过梁在上部荷载作用下，和一般受弯构件类似，下部受拉，上部受压。随着荷载的增大，一般先在跨中受拉区出现垂直裂缝，然后在支座处出现大约为 45°方向的阶梯形裂缝，这时过梁犹如拱一样工作，如图 14.50 所示。对于平拱过梁，过梁下部的拉力由两端砌体提供的水平推力平衡；对于钢筋砖过梁，下部拉力由钢筋承受。过梁的破坏形态主要有两种：过梁跨中正截面因受弯承载力不足而破坏；过梁支座截面因受剪承载力不足而沿大约 45°方向阶梯形裂缝破坏。对弧拱过梁，当洞口距墙外边缘太小时，有可能发生沿水平灰缝的滑移破坏。钢筋混凝土过梁的受力和破坏特点与一般简支受弯构件相同。

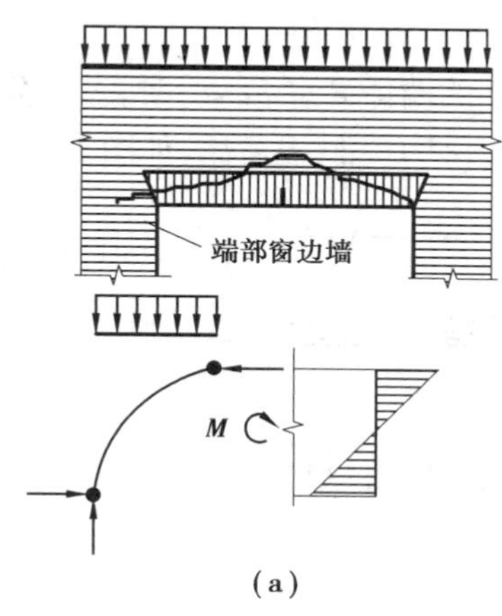

(a)

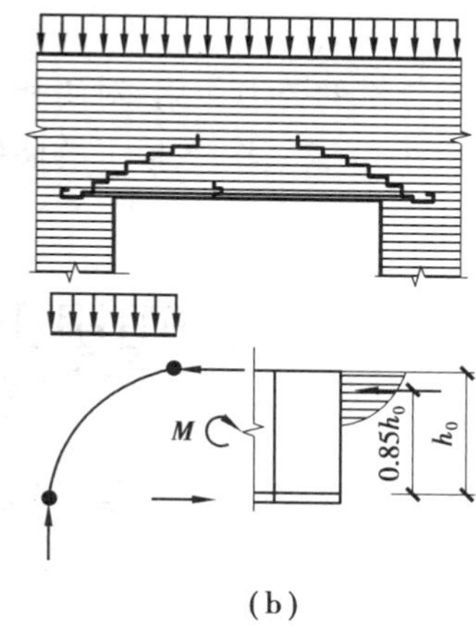

(b)

图 14.50　过梁的破坏特征

3)过梁上的荷载

作用在过梁上的荷载有两类:一类是墙体自重,另一类是过梁上部的梁、板荷载。

(1)墙体的自重荷载

随着过梁上部墙体高度的增加,其荷载并不完全传递给过梁,而是通过拱的方式将力向两端的砌体传递。当墙体的高度增加到一定程度时,拱的作用形成较好,增加的荷载直接通过拱传递到两端砌体,不再传递给过梁。砌体整体性越好,形成拱需要的砌体高度就越小。"砌体规范"规定了过梁墙体的自重荷载如图 14.51 所示:

①对砖砌体,当过梁上的墙体高度 $h_w<l_n/3$ 时,应按墙体的均布自重计算;当墙体高度 $h_w\geqslant l_n/3$时,应按高度为 $l_n/3$ 墙体的均布自重计算。

②对混凝土砌块砌体,由于其整体性不如砖砌体好,当过梁上的墙体高度 $h_w<l_n/2$ 时,应按墙体的均布自重计算;当墙体高度 $h_w\geqslant l_n/2$ 时,应按高度为 $l_n/2$ 墙体的均布自重计算。

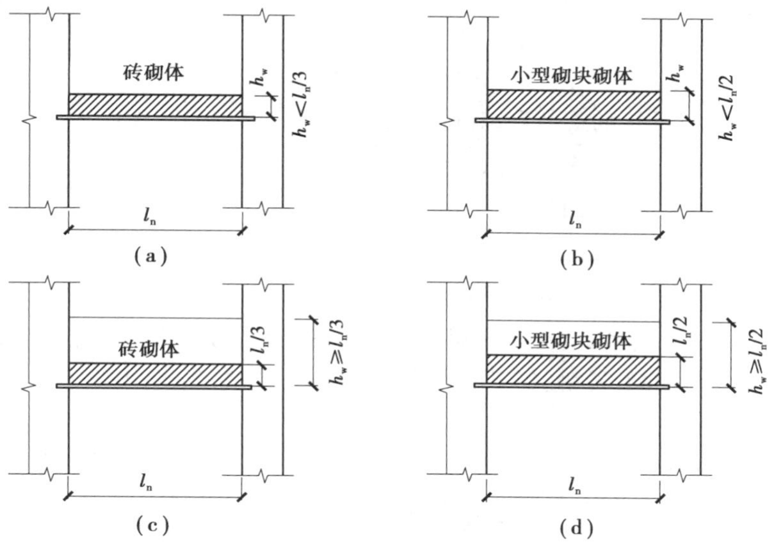

图 14.51　过梁上的墙体荷载

(2)梁、板荷载

同样由于拱的传力作用,对砖和砌块砌体,当梁、板下的墙体高度 $h_w<l_n$ 时,过梁荷载应计入梁、板传来的荷载;当梁、板下的墙体高度 $h_w \geqslant l_n$ 时,可不考虑梁、板荷载,如图 14.52 所示。

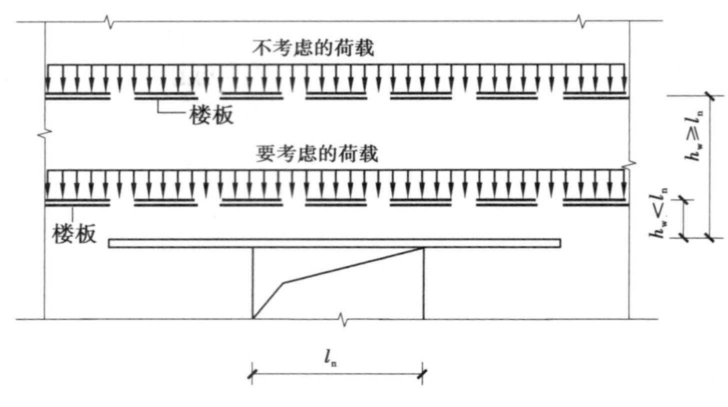

图 14.52　过梁上的梁板荷载

4)过梁的承载力计算

根据过梁的破坏特征,过梁必须进行正截面受弯承载力和斜截面受剪承载力计算。

(1)砖砌平拱过梁

正截面受弯承载力按式(14.37)计算。过梁的计算高度取过梁底面以上的墙体高度,但不大于 $l_n/3$。

由于过梁两端墙体的抗推力作用,提高了过梁沿通缝的弯曲抗拉强度,计算时,砌体的弯曲抗拉强度应取沿齿缝截面的数值。

斜截面受剪承载力按式(14.38)计算。

(2)钢筋砖过梁

正截面受弯承载力按下式计算:

$$M \leqslant 0.85 h_0 f_y A_s \tag{14.42}$$

式中　M——按简支梁计算的跨中弯矩设计值;

f_y——钢筋的抗拉强度设计值;

A_s——受拉钢筋的截面面积;

h_0——过梁截面的有效高度,$h_0=h-a_s$;

a_s——受拉钢筋的重心至截面下边缘的距离;

h——过梁的截面计算高度,取过梁底面以上的墙体高度,但不大于 $l_n/3$;当考虑梁、板传来的荷载时,按梁、板下的高度采用。

支座截面的受剪承载力,也按式(14.38)计算。

(3)钢筋混凝土过梁

钢筋混凝土过梁的正截面受弯承载力和斜截面受剪承载力应按钢筋混凝土受弯构件计算。

对于过梁下砌体局部受压承载力,由于梁与上部墙体的共同工作,梁端的变形很小,因此，局部受压承载力计算时可不考虑上层荷载的影响。当钢筋混凝土过梁上有一定高度的墙体，并且需要考虑梁、板荷载时，如不考虑钢筋混凝土过梁与上部墙体的组合作用，可能使过梁钢筋用量过多，在这种情况下，宜按下节介绍的墙梁计算其内力和配筋。

【例 14.11】已知砖砌平拱净跨 $l_n=1.2$ m，用竖砖砌筑部分高度为 240 mm，墙厚为 240 mm，采用 MU10 烧结普通砖，M7.5 混合砂浆砌筑。梁板位于窗口顶上方 1.25 m 高度处。墙体自重为 19 kN/m^3。

要求：验算该过梁的承载力。

【解】(1)过梁的内力计算

由于 $h_w \geqslant l_n$，所以可不考虑梁板荷载。墙体自重可按高度为 $l_n/3$ 的墙体均布荷载采用，墙体两面抹灰可计入墙厚，每侧考虑抹灰 20 mm。组合内力由永久荷载控制，则有：

$$q=1.35\times0.28\times\frac{1.2}{3}\times19=2.87\ \text{kN/m}$$

$$M=\frac{1}{8}\times2.87\times1.2^2=0.517\ \text{kN}\cdot\text{m}$$

$$V=\frac{1}{2}\times2.87\times1.2=1.72\ \text{kN}$$

(2)承载力验算

MU10 砖，M7.5 砂浆查表得砌体强度设计值 $f_v=0.14$ MPa，$f_{tm}=0.29$ MPa

①受弯承载力验算：

$$W=\frac{1}{6}\times240\times400^2=6\ 400\ 000\ \text{mm}^3$$

$$M_u=W\cdot f_m=6\ 400\ 000\times0.29=1\ 856\ 000\ \text{N}\cdot\text{mm}=1.856\ \text{kN}\cdot\text{m}>0.517\ \text{kN}\cdot\text{m}$$

受弯承载力足够。

②受剪承载力验算：

$$V_u=f_v bz=240\times\frac{2}{3}\times400\times0.14=8\ 960\ \text{N}=8.96\ \text{kN}>1.72\ \text{kN}$$

受剪承载力足够。

14.6.2 挑梁

1)挑梁的分类

在砌体结构房屋中，为了支承挑廊、阳台、雨篷等，常设有埋入砌体墙内的钢筋混凝土悬臂构件，即挑梁。当埋入墙内的长度较大且梁相对于砌体的刚度较小时，在荷载作用下梁将发生明显的挠曲变形，将这种挑梁称为弹性挑梁，例如阳台挑梁、挑廊挑梁等；当埋入墙内的长度较短时，埋入墙的梁相对于砌体刚度较大，挠曲变形很小，挑梁主要发生刚体转动变形，将这种挑梁称为刚性挑梁。例如嵌入砖墙内的悬臂雨篷就属于刚性挑梁。

挑梁埋入砌体墙中的长度常用 l_1 表示。“砌体规范”规定：当 $l_1<2.2h_b$ 时，为刚性挑梁；当 $l_1\geqslant2.2h_b$ 时，为弹性挑梁，其中 h_b 为挑梁高度。

2)挑梁的设计

挑梁可能发生下述三种破坏形态:挑梁的抗倾覆力矩小于其倾覆力矩,而使挑梁围绕倾覆点发生倾覆破坏;挑梁的下部砌体局部受压破坏;挑梁在倾覆点附近发生正截面受弯破坏或斜截面受剪破坏。

(1)挑梁的抗倾覆验算

砌体墙中钢筋混凝土挑梁的抗倾覆应按下列公式计算:

$$M_{0v} \leqslant M_r \tag{14.43}$$

式中 M_{0v}——挑梁的荷载设计值对计算倾覆点产生的倾覆力矩;

M_r——挑梁的抗倾覆力矩设计值,其计算公式为

$$M_r = 0.8G_r(l_2 - x_0) \tag{14.44}$$

G_r——挑梁的抗倾覆荷载,如图 14.53 所示,为其阴影范围的砌体自重和本层楼面恒荷载标准值之和,图中 l_3 为 45°扩展角边线到上层楼板距离的水平投影长度;

l_2——G_r 作用点至墙外边缘的距离;

x_0——计算倾覆点至墙外边缘的距离,按下列规定采用:

当 $l_1 \geqslant 2.2h_b$ 时,$x_0 = 0.3h_b$,且不大于 $0.13l_1$;当 $l_1 < 2.2h_b$时,$x_0 = 0.13l_1$。

其中 l_1——挑梁埋入砌体墙中的长度;

h_b——挑梁的截面高度。

当挑梁下设有钢筋混凝土构造柱时,计算倾覆点至墙边缘的距离可取 $0.5x_0$。

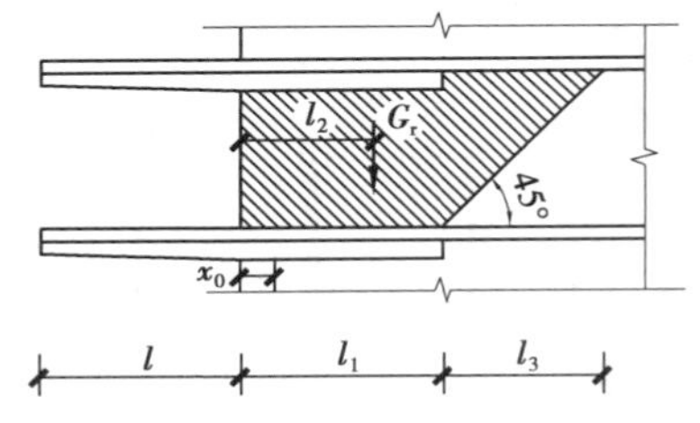

(a)不开洞墙体,$l_3 \leqslant l_1$

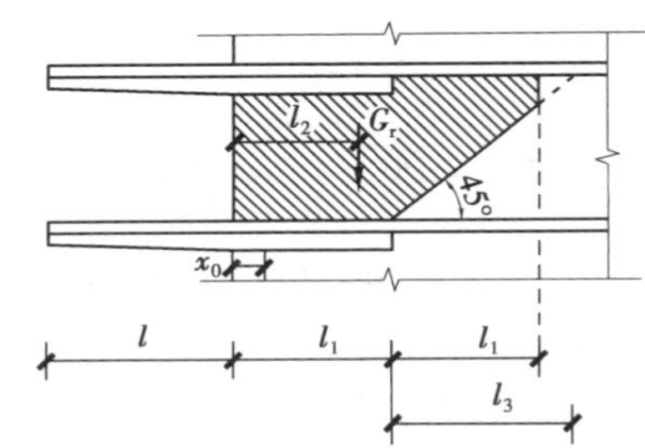

(b)不开洞墙体,$l_3 > l_1$

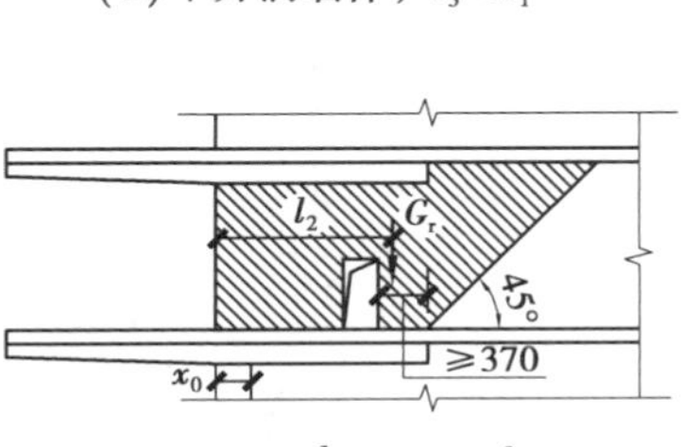

(c)开洞墙体,洞边距挑梁尾端≥370 mm

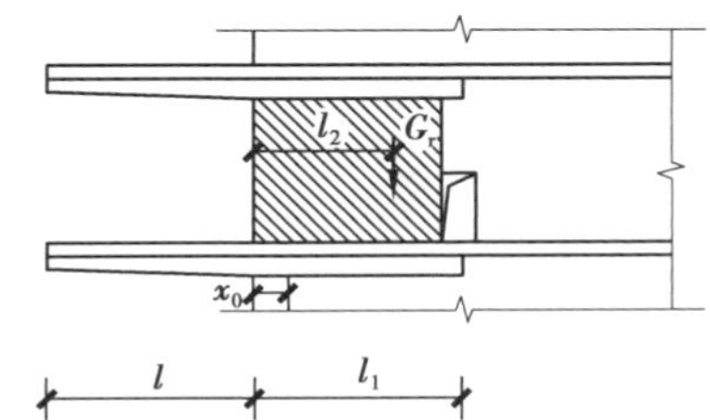

(d)开洞墙体,洞边距挑梁尾端<370 mm

图 14.53 挑梁抗倾覆荷载 G_r 的取值范围

(2)挑梁下砌体的局部受压验算

挑梁下砌体的局部受压承载力按下式验算:

$$N_l \leqslant \eta\gamma A_l f \tag{14.45}$$

式中 N_l——挑梁下的支承压力，根据试验结果，由倾覆荷载和抗倾覆荷载所产生的挑梁下部砌体的支承压力与倾覆荷载的平均值之比为 2.184，故“砌体规范”取 $N_l=2R$，R 为挑梁的倾覆荷载设计值；

η——梁端底面压应力图形完整系数，可取 0.7；

γ——砌体局部抗压强度提高系数，对图 14.54(a)可取 1.25，图 14.54(b)可取 1.5；

A_l——挑梁下砌体局部受压面积，可取 $A_l=1.2bh_b$，b 为挑梁的截面宽度，h_b 为挑梁截面高度。

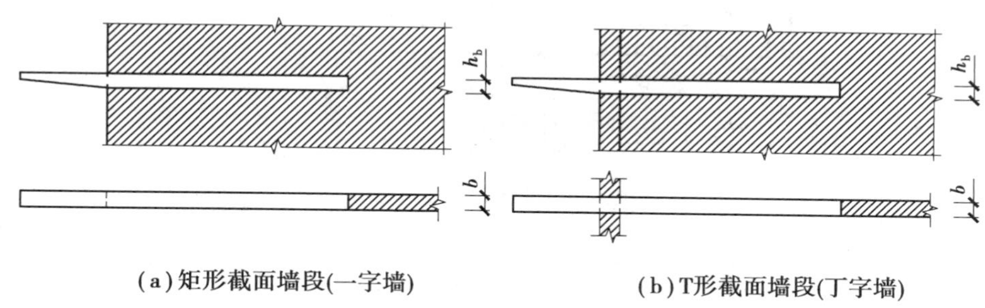

(a)矩形截面墙段(一字墙)　　(b)T形截面墙段(丁字墙)

图 14.54　挑梁下砌体局部受压

3)挑梁的承载力计算

挑梁应按钢筋混凝土受弯构件进行正截面受弯承载力和斜截面受剪承载力计算。

计算正截面受弯承载力时最大弯矩设计值取

$$M_{max}=M_{0v} \tag{14.46}$$

计算斜截面受剪承载力时，最大剪力设计值取

$$V_{max}=V_0 \tag{14.47}$$

式中 V_0——挑梁的荷载设计值在挑梁墙外边缘处截面产生的剪力。

4)挑梁的构造

挑梁设计除应符合现行国家标准《混凝土结构设计规范》(GB 50010)的有关规定外，尚应满足下列要求：

①纵向受力钢筋至少应有 1/2 的钢筋面积伸入梁尾端，且不少于 2 Φ 12。其余钢筋伸入支座的长度不应小于 $2l_1/3$。

②挑梁埋入砌体的长度 l_1 与挑出长度 l 之比宜大于 1.2；当挑梁上无砌体时，l_1 与挑出长度 l 之比宜大于 2。

【例 14.12】某住宅阳台采用钢筋混凝土挑梁如图 14.55 所示。其中，挑梁的截面尺寸为 $b\times h_b=240\ \text{mm}\times 350\ \text{mm}$，挑梁挑出长度 $l=1.5$ m，埋入丁字墙横墙内的长度 $l_1=2$ m；挑梁自重标准值 1.5 kN/m，埋入部分自重标准值 2.4 kN/m。挑梁上部的墙体净高为 3 m，墙厚240 mm，墙体重力标准值 5.24 N/m^2，采用 MU10 烧结普通砖及 M5 混合砂浆砌筑。墙体及楼屋盖传给挑梁的荷载值标准值：$q_1=4$ kN/m，$g_1=4.25$ kN/m；$q_2=4.55$ kN/m，$g_2=9.1$ kN/m；$q_3=1.65$ kN/m，$g_3=15$ kN/m。集中荷载标准值 $F=5.0$ kN。

要求：试设计该挑梁。(q_i 表示恒载，g_i 表示活载)

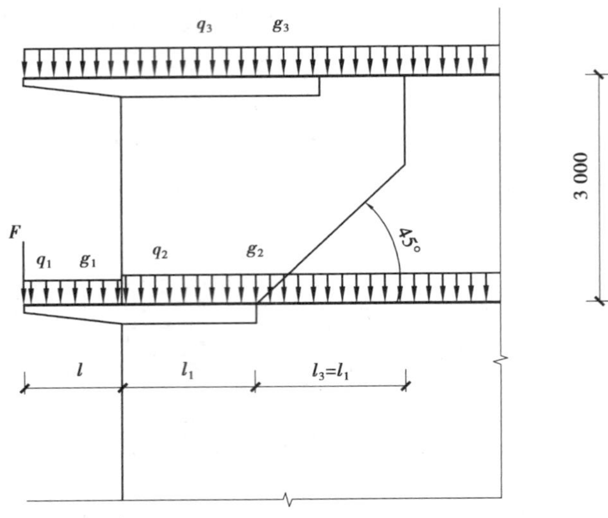

图 14.55　例 14.12 图

【解】(1)抗倾覆验算。

由题,$l_1=2\ \text{m}>2.2h_b=2.2\times350=770\ \text{mm}=0.77\ \text{m}$

$x_0=0.3h_b=0.3\times0.35=0.105\ \text{m}<0.13l_1=0.26\ \text{m}$

$$M_r=0.8\times\left[\frac{1}{2}\times(9.1+2.4)\times(2-0.105)^2+2\times3\times5.24\times\left(\frac{2}{2}-0.105\right)+\frac{1}{2}\times2^2\times5.24\times\left(\frac{1}{3}\times2+2-0.105\right)+2\times(3-2)\times5.24\times\left(\frac{1}{2}\times2+2-0.105\right)\right]$$

$$=84.78\ \text{kN}\cdot\text{m}$$

$$M_{0V}=1.2\times5\times(1.5+0.105)+\frac{1}{2}\times[1.4\times4+1.2\times(1.5+4.25)]\times(1.5+0.105)^2$$

$$=25.73\ \text{kN}\cdot\text{m}$$

$M_r>M_{0V}$,满足要求。

(2)挑梁下砌体局部受压承载力验算。

$\eta=0.7,\gamma=1.5$,由题目条件查表得 $f=1.50\ \text{N/mm}^2$

$A_l=1.2bh_b=1.2\times240\times350=100\ 800\ \text{mm}^2$

$$N_l=2\times\{1.2\times5+(1.5+0.105)\times[1.4\times4+1.2\times(1.5+4.25)]\}$$

$$=52.125\ \text{kN}<\eta\gamma fA_l=0.7\times1.5\times1.5\times100\ 800\ \text{N}\approx158.76\ \text{kN}$$

满足要求。

(3)挑梁承载力计算。

$M_{max}=M_{0V}=25.73\ \text{kN}\cdot\text{m};h_{b0}=350-40=310\ \text{mm}$

选用 C30 混凝土,则有 $f_c=14.3\ \text{N/mm}^2$,$f_t=1.43\ \text{N/mm}^2$;HRB400 级钢筋,则有 $f_y=360\ \text{kN/mm}^2$

$$x=h_{b0}-\sqrt{h_{b0}^2-\frac{2M}{\alpha_1 f_c\text{b}}}=310-\sqrt{310^2-\frac{2\times25.73\times10^6}{1\times14.3\times240}}=25.2\ \text{mm}$$

$x<\xi_b h_{b0}=0.518\times310=160.58$ mm

$A_s=\dfrac{\alpha_1 f_c bx}{f_y}=\dfrac{1\times14.3\times240\times25.2}{360}=240.2\ \text{mm}^2$

选用钢筋:2 ⏀ 14,$A_s=308\ \text{mm}^2$,满足要求

$V_{max}=V_0=1.2\times5+1.5\times[1.4\times4+1.2\times(1.5+4.25)]=24.75$ kN

$0.25\beta_c f_c bh_{b0}=0.25\times1.0\times14.3\times240\times310=265\ 980\ \text{N}=265.98\ \text{kN}>V_{max}=24.75$ kN

截面尺寸符合要求:

$0.7f_t bh_{b0}=0.7\times1.43\times240\times310=74\ 474\ \text{N}=74.47\ \text{kN}>V_{max}=24.75$ kN

故可按构造配筋,选配双肢箍Φ6@200。

14.6.3 圈梁

混合结构房屋中,沿建筑物外墙四周及纵、横内墙设置的连续封闭梁,称为圈梁。设置圈梁可起到如下作用:加强墙体间及墙体和楼板之间的连接,增强房屋的整体性和刚度;减小墙体的计算高度,增强墙体的稳定性;减小基础不均匀沉降对建筑的影响,抑制墙体裂缝的开展;缓解动力效应对墙体的不利影响。

圈梁一般按以下原则设置:

①车间、仓库、食堂等空旷的单层砌体房屋,檐口标高为5~8 m时,应在檐口标高处设置圈梁一道;高度大于8 m时,宜增加圈梁的设置数量。

②砌块及料石砌体房屋檐口标高为4~5 m时,应在檐口标高处设置圈梁一道,檐口标高大于5 m时,应增加圈梁的设置数量。

③宿舍、办公楼等多层砌体民用房屋,且层数为3~4层时,应在底层和檐口标高处各设置圈梁一道。当层数超过4层时,应在所有纵横墙上隔层设置圈梁。

④多层砌体工业房屋,应每层设置现浇钢筋混凝土圈梁。

⑤设计墙梁的多层砌体房屋应在其托梁、墙梁顶面和檐口标高处设置现浇钢筋混凝土圈梁,其他楼层处应在所有纵横墙上每层设置圈梁。

对抗震设防有要求的砌体结构,因按现行《建筑抗震设计规范》(GB 50011)的相关要求设置圈梁。

14.6.4 墙梁

混合结构房屋中,有的在使用上要求底层有较大的空间,如上层为住宅、旅馆,底层为商店,这样上部有的墙体不能直接落到基础上,此时可采用钢筋混凝土梁(托梁)承托上部墙体,该钢筋混凝土梁和其上部分墙体共同承受墙体自重及由屋盖、楼盖传来的荷载。这种由钢筋混凝土托梁和托梁以上计算高度范围内的砌体墙所组成的组合构件,称为墙梁。与钢筋混凝土框架结构相比,墙梁具有节省钢材和混凝土,造价低和施工快等优点。

根据墙梁是否承受由屋盖、楼盖传来的荷载,墙梁可分为自承重墙梁和承重墙梁,前者仅仅承受托梁自重和托梁顶面以上墙体自重,如基础梁;后者还承受由屋盖、楼盖传来的荷载,如上层为住宅或旅馆,底层为较大空间的商店,通常需设置承重墙梁。

根据支承情况不同,墙梁可分为简支墙梁、框支墙梁和连续墙梁,如图14.56所示。

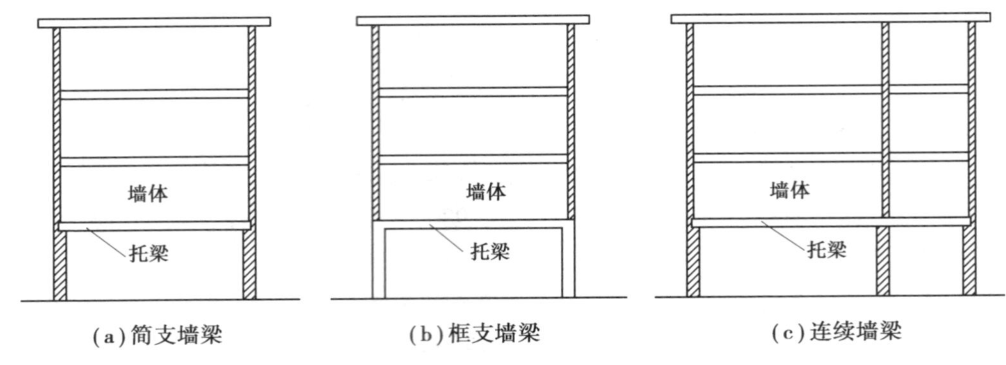

图 14.56　墙梁

墙梁是由钢筋混凝土托梁和上部墙体组成的组合构件,因此墙梁的受力性能与托梁和墙体的材料、托梁的高跨比、墙体的高跨比以及是否开洞、洞口的大小与位置等因素有关。

试验研究及有限元分析结果表明,墙梁的受力性能与钢筋混凝土深梁类似。墙梁在竖向均匀荷载作用下的弯曲与托梁、墙体的刚度有关,托梁的刚度越大,作用于托梁跨中的竖向力也越大;当托梁的刚度无限大时,作用在托梁上的竖向应力则为均匀分布。当托梁刚度不大时,由于托梁的弯曲变形,使墙体内存在拱的作用,如图 14.57 所示。

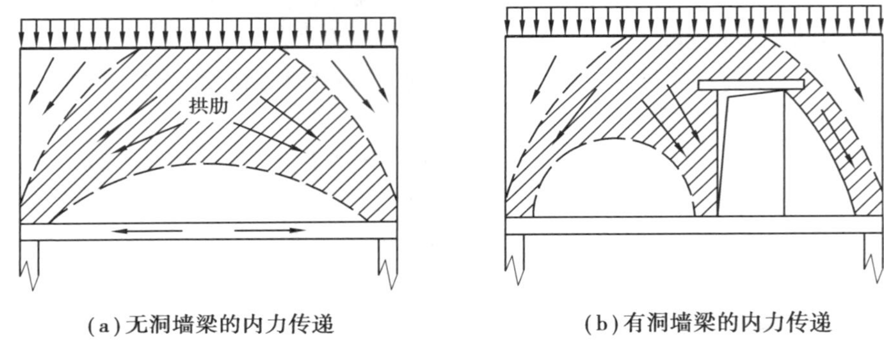

图 14.57　墙梁受力示意图

墙梁顶面的均布荷载主要沿主压应力轨迹线逐渐向支座传递,水平截面上的竖向应力由均匀分布变成向两端集中的非均匀分布,托梁承受的弯矩将减小。墙梁竖向截面内作用的水平应力分布规律为:墙梁上部墙体大部分受压,托梁的全部或大部分截面受拉,托梁处于小偏心受拉状态。墙梁顶部荷载由墙体的内拱和托梁的拉杆作用共同承受,整体为一拉杆拱的受力模式。

墙梁具体的设计方法和构造措施可参看"砌体规范"及相关设计资料,限于篇幅,此处不再详述。

14.7　砌体结构的耐久性

结构的耐久性是指在设计确定的环境作用和维修、使用条件下,结构构件在设计使用年限内保持其适应性和安全性的能力。砌体结构的耐久性不足主要表现为砌体产生可见的裂缝、酥裂、风化、粉化;配筋砌体中的钢筋锈蚀、胀裂。它们将导致结构功能降低,达不到设计预期的使用年限,甚至产生严重的工程事故。

砌体结构的耐久性包括两个方面,一是对配筋砌体结构构件的钢筋的保护,二是对砌体材料的保护。对于结构耐久性设计,主要是依据结构的使用年限、环境类别,选择性能可靠的材料和采取防止材料劣化的措施。

1)结构设计使用年限和环境类别

结构的设计使用年限,应按建筑物的合理使用年限确定,不低于现行《工程结构可靠性设计统一标准》(GB 50153)规定的设计使用年限。

砌体结构的环境类别见表14.20规定,与混凝土结构耐久性设计的环境类别有所差异,但大体上接近。

表14.20 砌体结构环境类别

环境类别	条 件
1	正常居住及办公建筑的内部干燥环境
2	潮湿的室内或室外环境,包括与无侵蚀性土和水接触的环境
3	严寒和使用化冰盐的潮湿环境(室内或室外)
4	与海水直接接触的环境,或处于滨海地区的盐饱和的气体环境
5	有化学侵蚀的气体、液体或固态形式的环境,包括有侵蚀性土壤的环境

2)砌体材料的耐久性

历经数百年和上千年的考验,无筋高强度等级砖石结构的耐久性是能够得到可靠保证的,因此,烧结块材和质地坚硬的石材其耐久性是有保证的。对非烧结块材、多孔块材的砌体,以及处于冻胀循环或某些侵蚀环境条件下的砌体,其耐久性易于受损,提高其砌体材料的强度等级是提高其耐久性最有效和普遍采用的方法。

设计使用年限为50年时,砌体材料的耐久性应符合下列规定。

①地面以下或防潮层以下的砌体、潮湿房间的墙或环境类别为2类的砌体,所用材料的最低强度等级应符合表14.21的规定。对安全等级为一级或设计使用年限大于50年的房屋,表中材料强度等级应至少提高一级。

表14.21 地面以下或防潮层以下的砌体、潮湿房间的墙所用材料的最低强度等级

潮湿程度	烧结普通砖	混凝土普通砖、蒸压普通砖	混凝土砌块	石材	水泥砂浆
稍潮湿	MU15	MU20	MU7.5	MU30	M5
很潮湿	MU20	MU20	MU10	MU30	M7.5
含水饱和	MU20	MU25	MU15	MU40	M10

②在冻胀循环地区,地面以下或防潮层以下的砌体,不宜采用多孔砖,如必须采用时,其孔洞应采用不低于M10的水泥砂浆预先灌实;当采用混凝土空心砌块砌体时,其孔洞应采用强度等级不低于C20的混凝土预先灌实。为保证灌孔混凝土的密实度和质量,不应随砌随灌。

③处于环境类别 3~5 类等有侵蚀性介质的砌体材料,砌体的耐久性应符合下列要求:

a.不应采用蒸压灰砂普通砖、蒸压粉煤灰普通砖;

b.应采用实心砖,砖的强度等级不应低于 MU20,水泥砂浆的强度等级不应低于 M10;

c.混凝土砌块的强度等级不应低于 MU15,灌孔混凝土的强度等级不应低于 Cb30,砂浆的强度等级不应低于 Mb10;

d.应根据环境类别对砌体材料的抗冻指标、耐酸、耐碱性能提出要求,或符合有关规范的规定。

3)配筋砌体中钢筋耐久性的保障

(1)钢筋材料的选择

设计使用年限为 50 年时,砌体中钢筋的耐久性选择,应符合表 14.22 的规定。夹心墙的钢筋连接件或钢筋网片、连接钢板、锚固螺栓或钢筋,应采用重镀锌或等效的防护涂层,镀锌层的厚度不应小于 290 g/m^2;当采用环氧涂层时,灰缝钢筋涂层厚度不应小于 290 μm,其余部件涂层厚度不应小于 450 μm。

表 14.22 砌体中钢筋耐久性选择

环境类别	钢筋种类和最低保护要求	
	位于砂浆中的钢筋	位于灌孔混凝土中的钢筋
1	普通钢筋	普通钢筋
2	重镀锌或有等效保护的钢筋	当采用混凝土灌孔时,可为普通钢筋;当采用砂浆灌孔时应为重镀锌或有等效保护的钢筋
3	不锈钢或有等效保护的钢筋	重镀锌或有等效保护的钢筋
4 和 5	不锈钢或有等效保护的钢筋	不锈钢或有等效保护的钢筋

注:①对夹心墙的外叶墙,应采用重镀锌或有等效保护的钢筋;

②表中的钢筋即为国家现行标准《混凝土结构设计规范》(GB 50010)和《冷轧带肋钢筋混凝土结构技术规程》(JGJ95)等标准规定的普通钢筋或非预应力钢筋。

(2)钢筋保护层厚度

设计使用年限为 50 年时,砌体结构中钢筋的保护层厚度,应符合下列规定:

①配筋砌体中钢筋的最小混凝土保护层厚度,应符合表 14.23 的规定。

②灰缝中钢筋外露砂浆保护层厚度不应小于 15 mm。

③所有钢筋端部均应有与对应钢筋的环境类别条件相同的保护层厚度。

④对填实的夹心墙或特别的墙体构造,钢筋的最小保护层厚度,应符合下列要求:

a.用于环境类别 1 时,应取 20 mm 厚砂浆或灌孔混凝土与钢筋直径较大者;

b.用于环境类别 2 时,应取 20 mm 厚灌孔混凝土与钢筋直径较大者;

c.采用重镀锌钢筋时,应取 20 mm 厚砂浆或灌孔混凝土与钢筋直径较大者;

d.采用不锈钢钢筋时,应取钢筋直径。

表 14.23 钢筋的最小保护层厚度

单位:mm

环境类别	混凝土强度等级			
	C20	C25	C30	C35
	最低水泥含量(kg/m³)			
	260	280	300	320
1	20	20	20	20
2	—	25	25	25
3	—	40	40	30
4	—	—	40	40
5	—	—	—	40

注:①材料中最大氯离子含量和最大碱含量应符合《混凝土结构设计规范》(GB 50010)的规定;

②当采用防渗砌体块体和防渗砂浆砌筑时,可考虑部分砌体(含抹灰层)的厚度作为保护层,但对环境类别 1、2、3,其混凝土保护层厚度分别不应小于 10 mm、15 mm 和 20 mm;

③钢筋砂浆面层的组合砌体构件的钢筋保护层厚度,按表中规定的混凝土保护层厚度数值再增加 5~10 mm;

④对安全等级为一级或设计使用年限为 50 年以上的砌体结构,钢筋的保护层厚度应至少增加 10 mm。

砂浆的防腐性能通常较相同厚度的密实混凝土的防腐性能差,因此在相同暴露的情况下,要求的保护层厚度通常比混凝土的保护层大。砌体中钢筋的混凝土保护层厚度要求基本上与《混凝土结构设计规范》(GB 50010)的要求一致,但适用的环境范围也要根据砌体结构保护层的特点而有所扩大。

思考题

14.1 什么是砌体?什么是砌体结构?砌体结构块材和砂浆有哪些种类?

14.2 砌体结构中块材和砂浆的强度等级是如何确定的?

14.3 影响砌体抗压强度的主要因素是哪些?从影响砌体抗压强度的因素来分析,应该如何提高砌体的施工质量?

14.4 为什么砌体的抗压强度远小于单块块体的抗压强度?

14.5 砌体轴心受拉和弯曲受拉有哪几种破坏形态?

14.6 什么是施工质量控制等级,在设计时如何体现?

14.7 砌体结构有哪几种承重体系?各有何优缺点?

14.8 砌体房屋的静力计算方案是根据哪些因素来确定的?有哪几种静力计算方案?

14.9 单层、多层砌体结构房屋中,在竖向、水平荷载作用下,各种静力计算方案的计算简图是怎样的?

14.10 一般选择哪些控制截面进行墙、柱受压承载力验算,既能保证安全,又能减少计算工作量?

14.11 为什么要验算墙、柱高厚比?高厚比验算需要考虑哪些因素?高厚比不足时,可采取哪些工程措施?

14.12　砌体构件受压承载力计算中,系数 φ 是什么含义? 如何确定该系数?

14.13　砌体局部受压有哪些特点? 为什么砌体局部受压时抗压强度有明显提高?

14.14　什么是砌体局部抗压强度提高系数? 如何计算?

14.15　什么是梁端有效支承长度? 如何计算?

14.16　为什么在砖砌体的水平灰缝中设置水平钢筋网片可以提高砌体构件的受压承载力?

14.17　常用砌体过梁的种类及适用范围是怎样的?

14.18　挑梁有几种破坏形态? 各种破坏形态是怎样产生的?

习　题

14.1　截面为 $b\times h=490\ \text{mm}\times620\ \text{mm}$ 的砖柱,采用 MU10 砖及 M7.5 的水泥砂浆砌筑,施工质量控制等级为 B 级,计算高度 $H_0=5.4\ \text{m}$,承受轴向力设计值 $N=300\ \text{kN}$,沿长边方向弯矩设计值 $M=12.6\ \text{kN}\cdot\text{m}$,试验算该砖柱的受压承载力是否满足要求。

14.2　某仓库带壁柱的窗间墙,截面尺寸如图 14.58 所示,壁柱计算高度 5.6 m,窗间墙厚 240 mm,用 MU10 及 M5.0 混合砂浆砌筑,施工质量控制等级为 B 级。竖向力设计值 $N=320\ \text{kN}$,弯矩设计值 $M=45\ \text{kN}\cdot\text{m}$(弯矩方向墙体外侧受压,壁柱受拉),验算该墙体承载力。

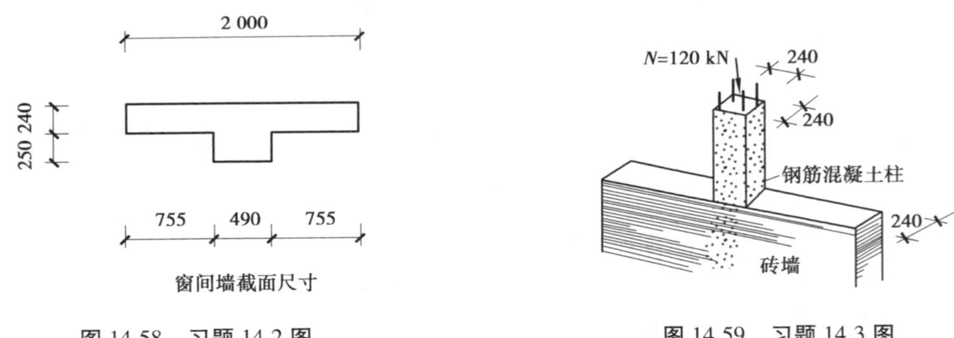

图 14.58　习题 14.2 图　　图 14.59　习题 14.3 图

14.3　如图 14.59 所示,截面为 240 mm×240 mm 的钢筋混凝土柱支承在砖墙上,砖墙用 MU10 烧结多孔砖和 M5 混合砂浆砌筑,墙厚为 240 mm,柱底轴向力设计值 $N=120\ \text{kN}$,试进行局部受压承载力验算。

14.4　某窗间墙截面尺寸为 1 200 mm×240 mm,采用 MU10 混凝土砌块、Mb5 混合砂浆砌筑,施工质量控制等级为 C 级,墙上支承钢筋混凝土梁,支承长度 240 mm,梁截面尺寸 $b\times h=200\ \text{mm}\times500\ \text{mm}$,梁端支承压力的设计值为 60 kN,上部荷载传来的轴向力设计值为 110 kN,试验算梁端局部受压承载力。

14.5　某单层单跨无吊车的仓库,壁柱间距 4 m,中开宽度 1.8 m 的窗口,如图 14.60 所示。车间长 40 m,基础顶面至屋架下弦标高 5 m,壁柱截面尺寸为 370 mm×490 mm,墙厚 240 mm,采用 M5.0 混合砂浆砌筑,为刚弹性方案,试验算带壁柱墙的高厚比。

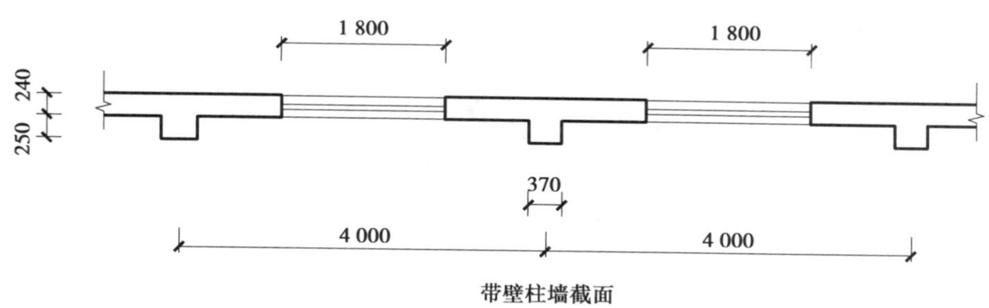

图 14.60 习题 14.5 图

14.6 某单层无吊车厂房，长 30 m，宽 12 m，屋面采用钢筋混凝土大型屋面板，基础顶面至檐口高 5.7 m，中间无横墙。用 MU10 烧结普通砖和 M5 混合砂浆砌筑，墙厚 240 mm，壁柱截面 370 mm×490 mm，壁柱间距 6 m，两端山墙上的门洞高宽为4 m×3 m，纵墙上窗洞高宽为 3 m×2.7 m，柱顶受集中荷载 F_W = 11.5 kN，迎风面均布风荷载为2.1 kN/m，背风面均布风荷载为 1.3 kN/m，试求墙柱在风荷载作用下的内力。

14.7 已知过梁净跨 l_n = 2.7 m，过梁上墙体高 1.0 m，厚 240 mm，承受梁板荷载标准值 12 kN/m（其中活荷载 5 kN/m），墙体采用 MU10 混凝土砌块、M5 混合砂浆砌筑，过梁混凝土强度等级 C25，纵筋为 HRB400 级钢筋，箍筋为 HPB300 级钢筋。试设计该混凝土过梁。

附　录

附录1　《建筑结构荷载规范》(GB 50009—2012)民用建筑楼面活荷载相关规定

附表1.1　民用建筑楼面均布活荷载的标准值及组合值、频遇值和准永久值系数

项次	类　别	标准值(kN/m^2)	组合值系数ψ_c	频遇值系数ψ_f	准永久值系数ψ_q
1	(1)住宅、宿舍、旅馆、办公楼、医院病房、托儿所、幼儿园	2.0	0.7	0.5	0.4
	(2)试验室、阅览室、会议室、医院门诊室	2.0	0.7	0.6	0.5
2	教室、食堂、餐厅、一般资料档案室	2.5	0.7	0.6	0.5
3	(1)礼堂、剧场、影院、有固定座位的看台	3.0	0.7	0.5	0.3
	(2)公共洗衣房	3.0	0.7	0.6	0.5
4	(1)商店、展览厅、车站、港口、机场大厅及其旅客等候室	3.5	0.7	0.6	0.5
	(2)无固定座位的看台	3.5	0.7	0.5	0.3
5	(1)健身房、演出舞台	4.0	0.7	0.6	0.5
	(2)运动场、舞厅	4.0	0.7	0.6	0.3

续表

<table>
<tr><th>项次</th><th colspan="3">类 别</th><th>标准值（kN/m²）</th><th>组合值系数 ψ_c</th><th>频遇值系数 ψ_f</th><th>准永久值系数 ψ_q</th></tr>
<tr><td rowspan="2">6</td><td colspan="3">（1）书库、档案室、贮藏室</td><td>5.0</td><td>0.9</td><td>0.9</td><td>0.8</td></tr>
<tr><td colspan="3">（2）密集柜书库</td><td>12.0</td><td>0.9</td><td>0.9</td><td>0.8</td></tr>
<tr><td>7</td><td colspan="3">通风机房、电梯机房</td><td>7.0</td><td>0.9</td><td>0.9</td><td>0.8</td></tr>
<tr><td rowspan="4">8</td><td rowspan="4">汽车通道及客车停车库</td><td rowspan="2">（1）单向板楼盖（板跨不小于 2 m）和双向板楼盖（板跨不小于 3 m×3 m）</td><td>客车</td><td>4.0</td><td>0.7</td><td>0.7</td><td>0.6</td></tr>
<tr><td>消防车</td><td>35.0</td><td>0.7</td><td>0.5</td><td>0.0</td></tr>
<tr><td rowspan="2">（2）双向板楼盖（板跨不小于 6 m×6 m）和无梁楼盖（柱网不小于 6 m×6 m）</td><td>客车</td><td>2.5</td><td>0.7</td><td>0.7</td><td>0.6</td></tr>
<tr><td>消防车</td><td>20.0</td><td>0.7</td><td>0.5</td><td>0.0</td></tr>
<tr><td rowspan="2">9</td><td rowspan="2">厨房</td><td colspan="2">（1）餐厅</td><td>4.0</td><td>0.7</td><td>0.7</td><td>0.7</td></tr>
<tr><td colspan="2">（2）其他</td><td>2.0</td><td>0.7</td><td>0.6</td><td>0.5</td></tr>
<tr><td>10</td><td colspan="3">浴室、卫生间、盥洗室</td><td>2.5</td><td>0.7</td><td>0.6</td><td>0.5</td></tr>
<tr><td rowspan="3">11</td><td rowspan="3">走廊、门厅</td><td colspan="2">（1）宿舍、旅馆、医院病房、托儿所、幼儿园、住宅</td><td>2.0</td><td>0.7</td><td>0.5</td><td>0.4</td></tr>
<tr><td colspan="2">（2）办公楼、餐厅、医院门诊部</td><td>2.5</td><td>0.7</td><td>0.6</td><td>0.5</td></tr>
<tr><td colspan="2">（3）教学楼及其他可能出现人员密集的情况</td><td>3.5</td><td>0.7</td><td>0.5</td><td>0.3</td></tr>
<tr><td rowspan="2">12</td><td rowspan="2">楼梯</td><td colspan="2">（1）多层住宅</td><td>2.0</td><td>0.7</td><td>0.5</td><td>0.4</td></tr>
<tr><td colspan="2">（2）其他</td><td>3.5</td><td>0.7</td><td>0.5</td><td>0.3</td></tr>
<tr><td rowspan="2">13</td><td rowspan="2">阳台</td><td colspan="2">（1）可能出现人员密集的情况</td><td>3.5</td><td>0.7</td><td>0.6</td><td>0.5</td></tr>
<tr><td colspan="2">（2）其他</td><td>2.5</td><td>0.7</td><td>0.6</td><td>0.5</td></tr>
</table>

附录 2 材料力学性能指标

附表 2.1 混凝土强度标准值

单位:N/mm²

强度	符号	混凝土强度等级													
		C15	C20	C25	C30	C35	C40	C45	C50	C55	C60	C65	C70	C75	C80
轴心抗压	f_{ck}	10.0	13.4	16.7	20.1	23.4	26.8	29.6	32.4	35.5	38.5	41.5	44.5	47.4	50.2
轴心抗拉	f_{tk}	1.27	1.54	1.78	2.01	2.20	2.39	2.51	2.64	2.74	2.85	2.93	2.99	3.05	3.11

附表 2.2 混凝土强度设计值

单位:N/mm²

强度	符号	混凝土强度等级													
		C15	C20	C25	C30	C35	C40	C45	C50	C55	C60	C65	C70	C75	C80
轴心抗压	f_c	7.2	9.6	11.9	14.3	16.7	19.1	21.1	23.1	25.3	27.5	29.7	31.8	33.8	35.9
轴心抗拉	f_t	0.91	1.10	1.27	1.43	1.57	1.71	1.80	1.89	1.96	2.04	2.09	2.14	2.18	2.22

注:①计算现浇钢筋混凝土轴心受压及偏心受压构件时如截面的长边或直径小于 300 mm,则表中混凝土的强度设计值应乘以系数 0.8;当构件质量(如混凝土成型、截面和轴线尺寸等)确有保证时,可不受此限制;

②离心混凝土的强度设计值应按专门标准取用。

附表 2.3 混凝土弹性模量

单位:$\times 10^4$ N/mm²

混凝土强度等级	C15	C20	C25	C30	C35	C40	C45	C50	C55	C60	C65	C70	C75	C80
E_c	2.20	2.55	2.80	3.00	3.15	3.25	3.35	3.45	3.55	3.60	3.65	3.70	3.75	3.80

注:①当有可靠试验依据时,弹性模量可根据实测数据确定;

②当混凝土中掺有大量矿物掺合料时,弹性模量可按规定龄期根据实测数据确定。

附表 2.4 普通钢筋强度标准值

单位:N/mm²

牌号	符号	公称直径 d(mm)	屈服强度标准值 f_{yk}	极限强度标准值 f_{stk}
HPB300	Φ	6~14	300	420
HRB335	Φ	6~14	335	455
HRB400 HRBF400 RRB400	Φ $Φ^F$ $Φ^R$	6~50	400	540
HRB500 HRBF500	Φ $Φ^F$	6~50	500	630

附表 2.5　普通钢筋强度设计值

单位:N/mm²

牌　号	抗拉强度设计值 f_y	抗压强度设计值 f'_y
HPB300	270	270
HRB335	300	300
HRB400、HRBF400、RRB400	360	360
HRB500、HRBF500	435	435

注:当用作受剪、受扭、受冲切承载力计算时,抗拉强度设计值 f_{yv} 按表中 f_y 的数值采用,其数值大于 360 N/mm² 时应取 360 N/mm²。

附表 2.6　预应力筋强度标准值

单位:N/mm²

种　类		符号	公称直径 d(mm)	屈服强度标准值 f_{pyk}	极限强度标准值 f_{ptk}
中强度预应力钢丝	光面 螺旋肋	ϕ^{PM} ϕ^{HM}	5、7、9	620	800
				780	970
				980	1 270
预应力螺纹钢筋	螺纹	ϕ^{T}	18、25、32、40、50	785	980
				930	1 080
				1 080	1 230
消除应力钢丝	光面 螺旋肋	ϕ^{P} ϕ^{H}	5	—	1 570
				—	1 860
			7	—	1 570
			9	—	1 470
				—	1 570
钢绞线	1×3 (三股)	ϕ^{S}	8.6、10.8、12.9	—	1 570
				—	1 860
				—	1 960
	1×7 (七股)		9.5、12.7、15.2、17.8	—	1 720
				—	1 860
				—	1 960
			21.6	—	1 860

注:极限强度标准值为 1 960 N/mm² 的钢绞线作后张预应力配筋时,应有可靠的工程经验。

附表 2.7　预应力筋强度设计值　　单位：N/mm²

种　类	极限强度标准值 f_{ptk}	抗拉强度设计值 f_{py}	抗压强度设计值 f'_{py}
中强度预应力钢丝	800	510	410
	970	650	
	1 270	810	
消除应力钢丝	1 470	1 040	410
	1 570	1 110	
	1 860	1 320	
钢绞线	1 570	1 110	390
	1 720	1 220	
	1 860	1 320	
	1 960	1 390	
预应力螺纹钢筋	980	650	400
	1 080	770	
	1 230	900	

注：当预应力筋的强度标准值不符合附表 2.7 的规定时，其强度设计值应进行相应的比例换算。

附表 2.8　钢筋的弹性模量　　单位：N/mm²

牌号或种类	弹性模量 E_s
HPB300 钢筋	2.10×10^5
HRB335、HRB400、HRB500 钢筋 HRBF400、HRBF500 钢筋 RRB400 钢筋 预应力螺纹钢筋	2.00×10^5
消除应力钢丝、中强度预应力钢丝	2.05×10^5
钢绞线	1.95×10^5

注：必要时可采用实测的弹性模量。

附表 2.9　普通钢筋及预应力筋在最大力下的总伸长率限值

钢筋品种	普通钢筋			预应力钢筋
	HPB300	HRB335、HRB400、HRBF400、HRB500、HRBF500	RRB400	
δ_{gt}(%)	10.0	7.5	5.0	3.5

附录 3　钢筋的公称直径、公称截面面积及理论质量

附表 3.1　钢筋的计算截面面积及理论质量

公称直径（mm）	不同根数钢筋的公称截面面积（mm^2）									单根钢筋理论质量（kg/m）
	1	2	3	4	5	6	7	8	9	
6	28.3	57	85	113	142	170	198	226	255	0.222
8	50.3	101	151	201	252	302	352	402	453	0.395
10	78.5	157	236	314	393	471	550	628	707	0.617
12	113.1	226	339	452	565	678	791	904	1 017	0.888
14	153.9	308	461	615	769	923	1 077	1 231	1 385	1.21
16	201.1	402	603	804	1 005	1 206	1 407	1 608	1 809	1.58
18	254.5	509	763	1 017	1 272	1 527	1 781	2 036	2 290	2.00(2.11)
20	314.2	628	942	1 256	1 570	1 884	2 199	2 513	2 827	2.47
22	380.1	760	1 140	1 520	1 900	2 281	2 661	3 041	3 421	2.98
25	490.9	982	1 473	1 964	2 454	2 945	3 436	3 927	4 418	3.85(4.10)
28	615.8	1 232	1 847	2 463	3 079	3 695	4 310	4 926	5 542	4.83
32	804.2	1 609	2 413	3 217	4 021	4 826	5 630	6 434	7 238	6.31(6.65)
36	1 017.9	2 036	3 054	4 072	5 089	6 107	7 125	8 143	9 161	7.99
40	1 256.6	2 513	3 770	5 027	6 283	7 540	8 796	10 053	11 310	9.87(10.34)
50	1 963.5	3 928	5 892	7 856	9 820	11 784	13 748	15 712	17 676	15.42(16.28)

注：括号内为预应力螺纹钢筋的数值。

附表 3.2　钢筋混凝土板每米宽的钢筋截面面积表　　单位：mm^2

钢筋间距（mm）	钢筋直径（mm）											
	3	4	5	6	6/8	8	8/10	10	10/12	12	12/14	14
70	101.0	180.0	280.0	404.0	561.0	719	920.0	1 121.0	1 369.0	1 616.0	1 907.0	2 199.0
75	94.2	168.0	262.0	377.0	524.0	671.0	859.0	1 047.0	1 277.0	1 508.0	1 780.0	2 052.0
80	88.4	157.0	245.0	354.0	491.0	629.0	805.0	981.0	1 198.0	1 414.0	1 669.0	1 924.0
85	83.2	148.0	231.0	333.0	462.0	592.0	758.0	924.0	1 127.0	1 331.0	1 571.0	1 811.0
90	78.5	140.0	218.0	314.0	437.0	559.0	716.0	872.0	1 064.0	1 257.0	1 483.0	1 710.0
95	74.5	132.0	207.0	298.0	414.0	529.0	678.0	826.0	1 008.0	1 190.0	1 405.0	1 620.0
100	70.6	126.0	196.0	283.0	393.0	503.0	644.0	785.0	958.0	1 131.0	1 335.0	1 539.0
110	64.2	114.0	178.0	257.0	357.0	457.0	585.0	714.0	871.0	1 028.0	1 214.0	1 399.0
120	58.9	105.0	163.0	236.0	327.0	419.0	537.0	654.0	798.0	942.0	1 113.0	1 283.0

续表

钢筋间距(mm)	钢筋直径(mm)											
	3	4	5	6	6/8	8	8/10	10	10/12	12	12/14	14
125	56.5	101.0	157.0	226.0	314.0	402.0	515.0	628.0	766.0	905.0	1 068.0	1 231.0
130	54.4	96.6	151.0	218.0	302.0	387.0	495.0	604.0	737.0	870.0	1 027.0	1 184.0
140	50.5	89.8	140.0	202.0	281.0	359.0	460.0	561.0	684.0	808.0	954.0	1 099.0
150	47.1	83.8	131.0	189.0	262.0	335.0	429.0	523.0	639.0	754.0	890.0	1 026.0
160	44.1	78.5	123.0	177.0	246.0	314.0	403.0	491.0	599.0	707.0	834.0	962.0
170	41.5	73.9	115.0	166.0	231.0	296.0	379.0	462.0	564.0	665.0	785.0	905.0
180	39.2	69.8	109.0	157.0	218.0	279.0	358.0	436.0	532.0	628.0	742.0	855.0
190	37.2	66.1	103.0	149.0	207.0	265.0	339.0	413.0	504.0	595.0	703.0	810.0
200	35.3	62.8	98.2	141.0	196.0	251.0	322.0	393.0	479.0	505.0	668.0	770.0
220	32.1	57.1	89.2	129.0	179.0	229.0	293.0	357.0	436.0	514.0	607.0	700.0
240	29.4	52.4	81.8	118.0	164.0	210.0	268.0	327.0	399.0	471.0	556.0	641.0
250	28.3	50.3	78.5	113.0	157.0	201.0	258.0	314.0	383.0	452.0	534.0	616.0
260	27.2	48.3	75.5	109.0	151.0	193.0	248.0	302.0	369.0	435.0	513.0	592.0
280	25.2	44.9	70.1	101.0	140.0	180.0	230.0	280.0	342.0	404.0	477.0	550.0
300	23.6	41.9	65.5	94.2	131.0	168.0	215.0	262.0	319.0	377.0	445.0	513.0
320	22.1	39.3	61.4	88.4	123.0	157.0	201.0	245.0	299.0	353.0	417.0	481.0

附表 3.3　钢绞线的公称直径、公称截面面积及理论质量

种　类	公称直径(mm)	公称截面面积(mm^2)	理论质量(kg/m)
1×3	8.6	37.7	0.295
	10.8	58.9	0.462
	12.9	84.8	0.666
1×7 标准型	9.5	54.8	0.430
	12.7	98.7	0.775
	15.2	140	1.101
	17.8	191	1.500
	21.6	285	2.237

附表 3.4　钢丝的公称直径、公称截面面积及理论质量

公称直径(mm)	公称截面面积(mm^2)	理论质量(kg/m)
5.0	19.63	0.154
7.0	38.48	0.302
9.0	63.62	0.499

附录4 《混凝土结构设计规范》GB 50010—2010(2015版)的有关规定

附表4.1 混凝土结构的环境类别

环境类别	条　件
一	室内干燥环境； 无侵蚀性静水浸没环境
二a	室内潮湿环境； 非严寒和非寒冷地区的露天环境； 非严寒和非寒冷地区与无侵蚀性的水或土壤直接接触的环境； 严寒和寒冷地区的冰冻线以下与无侵蚀性的水或土壤直接接触的环境
二b	干湿交替环境； 水位频繁变动环境； 严寒和寒冷地区的露天环境； 严寒和寒冷地区冰冻线以上与无侵蚀性的水或土壤直接接触的环境
三a	严寒和寒冷地区冬季水位变动区环境； 受除冰盐影响环境； 海风环境
三b	盐渍土环境； 受除冰盐作用环境； 海岸环境
四	海水环境
五	受人为或自然的侵蚀性物质影响的环境

注:①室内潮湿环境是指构件表面经常处于结露或湿润状态的环境；
②严寒和寒冷地区的划分应符合现行国家标准《民用建筑热工设计规范》(GB50176)的有关规定；
③海岸环境和海风环境宜根据当地情况,考虑主导风向及结构所处迎风、背风部位等因素的影响,由调查研究和工程经验确定；
④受除冰盐影响环境是指受到除冰盐盐雾影响的环境,受除冰盐作用环境是指被除冰盐溶液溅射的环境以及使用除冰盐地区的洗车房、停车楼等建筑；
⑤暴露的环境是指混凝土结构表面所处的环境。

附表 4.2 混凝土保护层的最小厚度 c

单位:mm

环境类别	板、墙、壳	梁、柱、杆
一	15	20
二 a	20	25
二 b	25	35
三 a	30	40
三 b	40	50

注:①混凝土强度等级不大于 C25 时,表中保护层厚度数值应增加 5 mm;

②钢筋混凝土基础宜设置混凝土垫层,基础中钢筋的混凝土保护层厚度应从垫层顶面算起,且不应小于 40 mm。

附表 4.3 纵向受力钢筋的最小配筋百分率 ρ_{min}

单位:%

受力类型			最小配筋百分率
受压构件	全部纵向钢筋	强度等级 500 MPa	0.50
		强度等级 400 MPa	0.55
		强度等级 300 MPa、335 MPa	0.60
	一侧纵向钢筋		0.20
受弯构件、偏心受拉、轴心受拉构件一侧的受拉钢筋			0.20 和 $45f_t/f_y$ 中的较大值

注:①受压构件全部纵向钢筋最小配筋百分率,当采用 C60 以上强度等级的混凝土时,应按表中规定增加 0.10;

②板类受弯构件(不包括悬臂板)的受拉钢筋,当采用强度等级 400 MPa、500 MPa 的钢筋时,其最小配筋百分率应允许采用 0.15 和 $45f_t/f_y$ 中的较大值;

③偏心受拉构件中的受压钢筋,应按受压构件一侧纵向钢筋考虑;

④受压构件的全部纵向钢筋和一侧纵向钢筋的配筋率以及轴心受拉构件和小偏心受拉构件一侧受拉钢筋的配筋率均应按构件的全截面面积计算;

⑤受弯构件、大偏心受拉构件一侧受拉钢筋的配筋率应按全截面面积扣除受压翼缘面积$(b_f'-b)h_f'$后的截面面积计算;

⑥当钢筋沿构件截面周边布置时,“一侧纵向钢筋”系指沿受力方向两个对边中一边布置的纵向钢筋。

附录 5　等跨连续梁在常用荷载作用下的内力系数表

1.在均布及三角形荷载作用下

$$M = \text{表中系数} \times ql^2(\text{或} \times gl^2)$$

$$V = \text{表中系数} \times ql(\text{或} \times gl)$$

2.在集中荷载作用下

$$M = \text{表中系数} \times Ql(\text{或} \times Gl)$$

$$V = \text{表中系数} \times Q(\text{或} \times G)$$

3.内力正负号规定

M—使截面上部受压、下部受拉为正；

V—对邻近截面所产生的力矩沿顺时针方向者为正。

附表 5.1　两跨梁

荷载图	跨内最大弯矩		支座弯矩	剪力		
	M_1	M_2	M_B	V_B	V_{Bl} V_{Br}	V_c
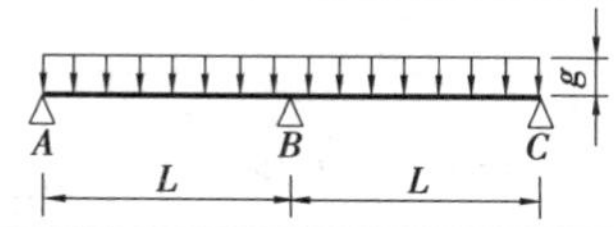	0.070	0.070	−0.125	0.375	−0.625 0.625	−0.375
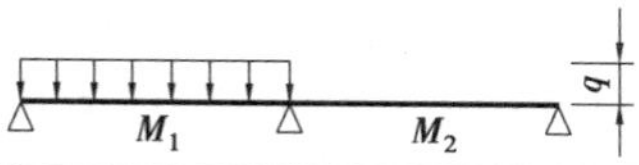	0.096	—	−0.063	0.437	−0.563 0.063	0.063
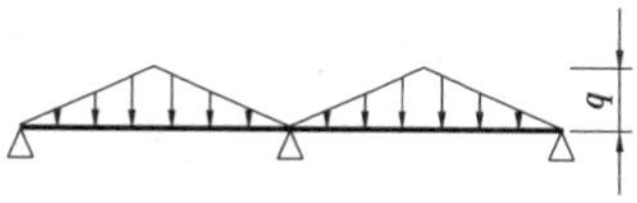	0.048	0.048	−0.078	0.172	−0.328 0.328	−0.172
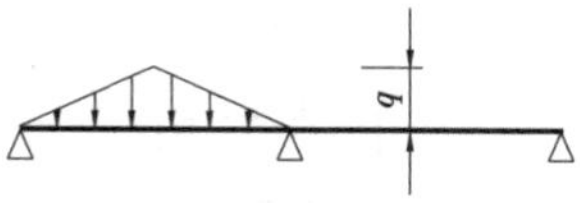	0.064	—	−0.039	0.211	−0.289 0.039	0.039
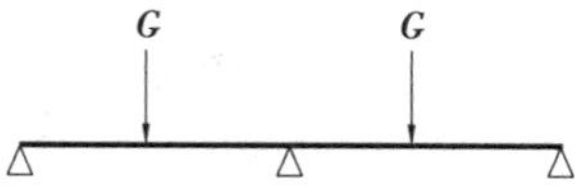	0.156	0.156	−0.188	0.312	−0.688 0.688	−0.312
	0.203	—	−0.094	0.406	−0.594 0.094	0.094
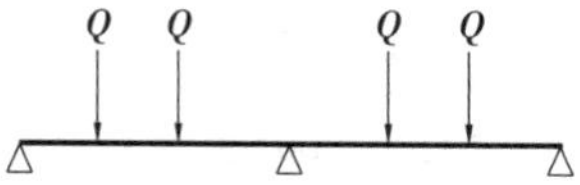	0.222	0.222	−0.333	0.667	−1.333 1.333	−0.667
	0.278	—	−0.167	0.833	−1.167 0.167	0.167

附表 5.2　三跨梁

荷载图	跨内最大弯矩		支座弯矩		剪　力			
	M_1	M_2	M_B	M_c	V_A	V_{Bl} V_{Br}	V_{cl} V_{cr}	V_D
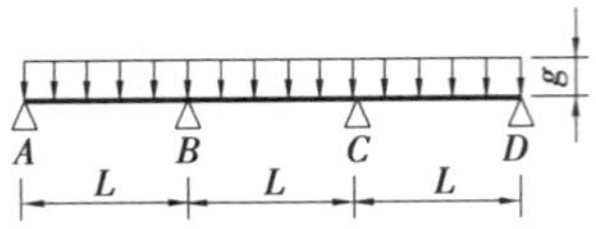 g; A B C D; L L L	0.080	0.025	−0.100	−0.100	0.400	−0.600 0.500	−0.500 0.600	−0.400
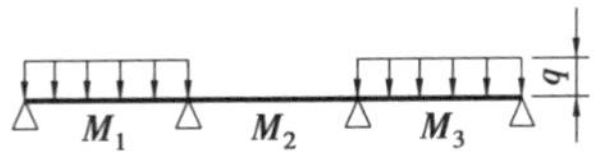 q; M_1 M_2 M_3	0.101	—	−0.050	−0.050	0.450	−0.550 0	0 0.550	−0.450
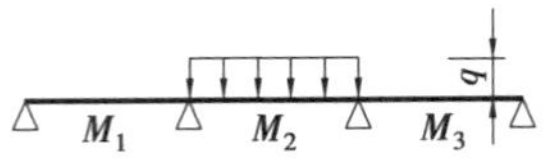 q; M_1 M_2 M_3	—	0.075	−0.050	−0.050	−0.050	−0.050 0.500	−0.500 0.050	0.050
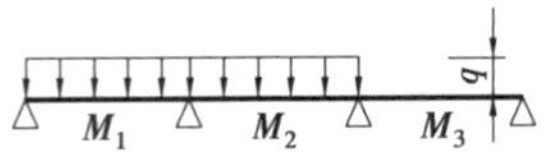 q; M_1 M_2 M_3	0.073	0.054	−0.117	−0.033	0.383	−0.617 0.583	−0.417 0.033	0.033
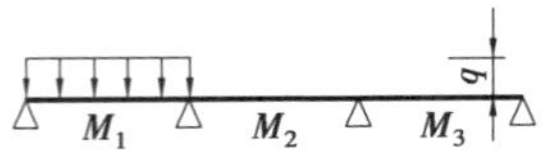 q; M_1 M_2 M_3	0.094	—	−0.067	0.017	0.433	−0.567 0.083	0.083 −0.017	−0.017
 q	0.054	0.021	−0.063	−0.063	0.188	−0.313 0.250	−0.250 0.313	−0.188
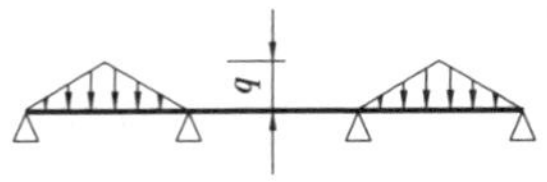 q	0.068	—	−0.031	−0.031	0.219	−0.281 0	0 0.281	−0.219
 q	—	0.052	−0.031	−0.031	−0.031	−0.031 0.250	−0.250 0.031	0.031
 q	0.050	0.038	−0.073	−0.021	0.177	−0.323 0.302	−0.198 0.021	0.021
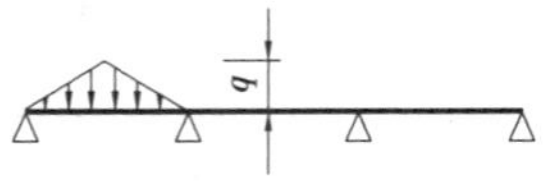 q	0.063	—	−0.042	0.010	0.208	−0.292 0.052	0.052 −0.010	−0.010

续表

荷载图	跨内最大弯矩		支座弯矩		剪　力			
	M_1	M_2	M_B	M_c	V_A	V_{Bl} V_{Br}	V_{cl} V_{cr}	V_D
G G G	0.175	0.100	−0.150	−0.150	0.350	−0.650 0.500	−0.500 0.650	−0.350
Q Q	0.213	—	−0.075	−0.075	0.425	−0.575 0	0 0.575	−0.425
Q	—	0.175	−0.075	−0.075	−0.075	−0.075 0.500	−0.500 0.075	0.075
Q Q	0.162	0.137	−0.175	−0.050	0.325	−0.675 0.625	−0.375 0.050	0.050
Q	0.200	—	−0.100	0.025	0.400	−0.600 0.125	0.125 −0.025	−0.025
G G G G G G	0.244	0.067	−0.267	−0.267	0.733	−1.267 1.000	−1.000 1.267	−0.733
Q Q Q Q	0.289	—	−0.133	−0.133	0.866	−1.134 0	0 1.134	−0.866
Q Q	—	0.200	−0.133	−0.133	−0.133	−0.133 1.000	−1.000 0.133	0.133
Q Q Q Q	0.229	0.170	−0.311	−0.089	0.689	−1.311 1.222	−0.778 0.089	0.089
Q Q	0.274	—	−0.178	0.044	0.822	−1.178 0.222	0.222 −0.044	−0.044

附表 5.3　四跨梁

荷载图	跨内最大弯矩				支座弯矩			剪　力				
	M_1	M_2	M_3	M_4	M_B	M_c	M_D	V_A	V_{Bl} V_{Br}	V_{cl} V_{cr}	V_{Dl} V_{Dr}	V_E
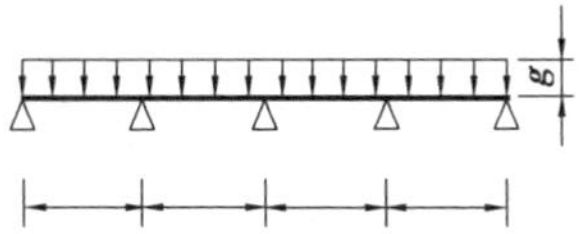	0.077	0.036	0.036	0.077	−0.107	−0.071	−0.107	0.393	−0.607 0.536	−0.464 0.464	−0.536 0.607	−0.393
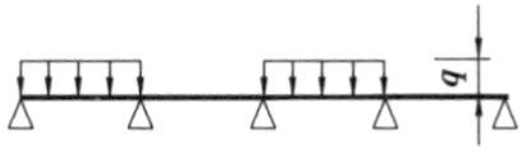	0.100	—	0.081	—	−0.054	−0.036	−0.054	0.446	−0.554 0.018	0.018 0.482	−0.518 0.054	0.054
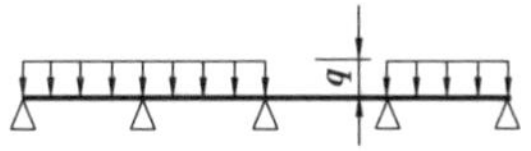	0.072	0.061	—	0.098	−0.121	−0.018	−0.058	0.380	−0.620 0.603	−0.397 −0.040	−0.040 0.558	−0.442
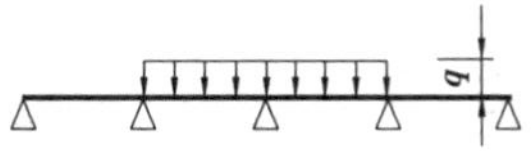	—	0.056	0.056	—	−0.036	−0.107	−0.036	−0.036	−0.036 0.429	−0.571 0.571	−0.429 0.036	0.036
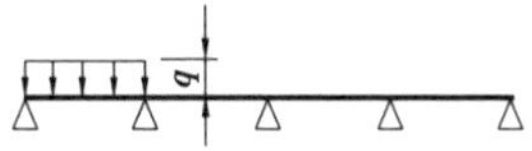	0.094	—	—	—	−0.067	0.018	−0.004	0.433	−0.567 0.085	0.085 −0.022	−0.022 0.004	0.004
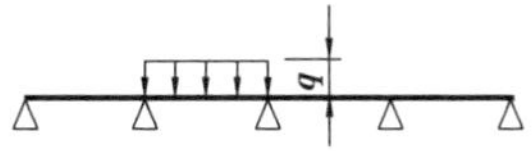	—	0.074	—	—	−0.049	−0.054	0.013	−0.049	−0.049 0.496	−0.504 0.067	0.067 −0.013	−0.013
	0.052	0.028	0.028	0.052	−0.067	−0.045	−0.067	0.183	−0.317 0.272	−0.228 0.228	−0.272 0.317	−0.183

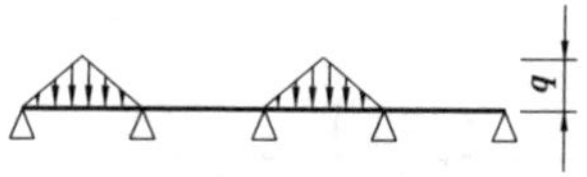	0.067	—	0.055	—	−0.034	−0.022	−0.034	0.217	−0.284 0.011	0.011 0.239	−0.261 0.034	0.034
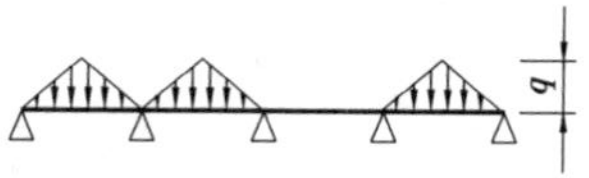	0.049	0.042	—	0.066	−0.075	−0.011	−0.036	0.175	−0.325 0.314	−0.186 −0.025	−0.025 0.286	−0.214
	—	0.040	0.040	—	−0.022	−0.067	−0.022	−0.022	−0.022 0.205	−0.295 0.295	−0.205 0.022	0.022
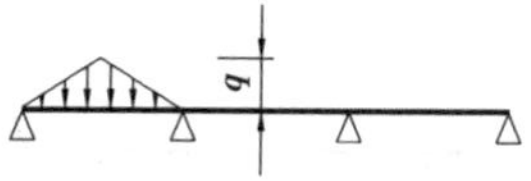	0.063	—	—	—	−0.042	0.011	−0.003	0.208	−0.292 0.053	0.053 −0.014	−0.014 0.003	0.003
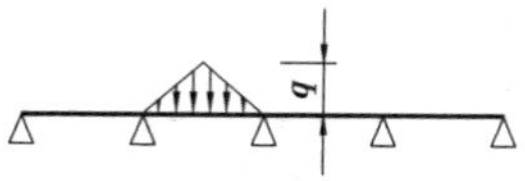	—	0.051	—	—	−0.031	−0.034	0.008	−0.031	−0.031 0.247	−0.253 0.042	0.042 −0.008	−0.008
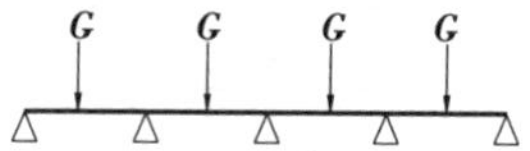	0.169	0.116	0.116	0.169	−0.161	−0.107	−0.161	0.339	−0.661 0.554	−0.446 0.446	−0.554 0.661	−0.339
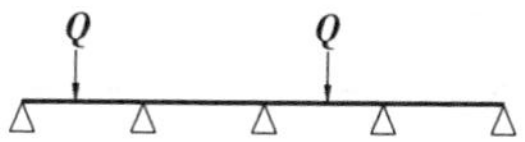	0.210	—	0.183	—	−0.080	−0.054	−0.080	0.420	−0.580 0.027	0.027 0.473	−0.527 0.080	0.080
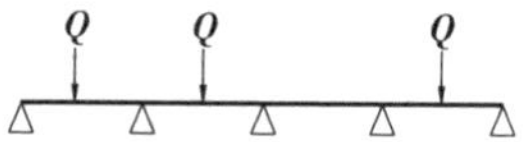	0.159	0.146	—	0.206	−0.181	−0.027	−0.087	0.319	−0.681 0.654	−0.346 −0.060	−0.060 0.587	−0.413
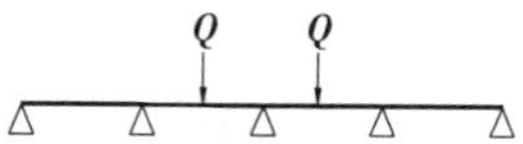	—	0.142	0.142	—	−0.054	−0.161	−0.054	−0.054	−0.054 0.393	−0.607 0.607	−0.393 0.054	0.054

续表

荷载图	跨内最大弯矩				支座弯矩			剪力				
	M_1	M_2	M_3	M_4	M_B	M_c	M_D	V_A	$V_{Bl}V_{Br}$	$V_{cl}V_{cr}$	$V_{Dl}V_{Dr}$	V_E
Q	0.200	—	—	—	−0.100	0.027	−0.007	0.400	−0.600 0.127	0.127 −0.033	−0.033 0.007	0.007
Q	—	0.173	—	—	−0.074	−0.080	0.020	−0.074	−0.074 0.493	−0.507 0.100	0.100 −0.020	−0.020
GG GG GG GG	0.238	0.111	0.111	0.238	−0.286	−0.191	−0.286	0.714	−1.286 1.095	−0.905 0.905	−1.095 1.286	−0.714
QQ QQ	0.286	—	0.222	—	−0.143	−0.095	−0.143	0.857	−1.143 0.048	0.048 0.952	−1.048 0.143	0.143
QQ QQ QQ	0.226	0.194	—	0.282	−0.321	−0.048	−0.155	0.679	−1.321 1.274	−0.726 −0.107	−0.107 1.155	−0.845
QQ QQ	—	0.175	0.175	—	−0.095	−0.286	−0.095	−0.095	−0.095 0.810	−1.190 1.190	−0.810 0.095	0.095
QQ	0.274	—	—	—	−0.178	0.048	−0.012	0.822	−1.178 0.226	0.226 −0.060	−0.060 0.012	0.012
QQ	—	0.198	—	—	−0.131	−0.143	0.036	−0.131	−0.131 0.988	−1.012 0.178	0.178 −0.036	−0.036

附表 5.4 五跨梁

荷载图	跨内最大弯矩			支座弯矩				剪力					
	M_1	M_2	M_3	M_B	M_C	M_D	M_E	V_A	V_{Bl} V_{Br}	V_{cl} V_{cr}	V_{Dl} V_{Dr}	V_{El} V_{Er}	V_F
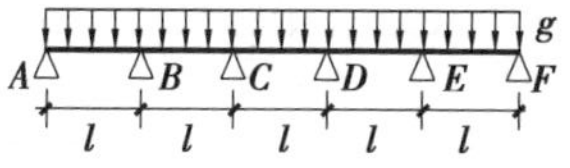	0.078	0.033	0.046	−0.105	−0.079	−0.079	−0.105	0.394	−0.606 0.526	−0.474 0.500	−0.500 0.474	−0.526 0.606	−0.394
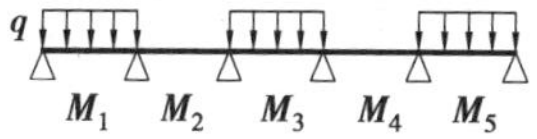	0.100	—	0.085	−0.053	−0.040	−0.040	−0.053	0.447	−0.553 0.013	0.013 0.500	−0.500 −0.013	−0.013 0.533	−0.447
	—	0.079	—	−0.053	−0.040	−0.040	−0.053	−0.053	−0.053 0.513	−0.487 0	0 0.487	−0.513 0.053	0.053
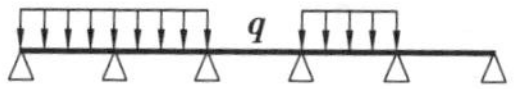	0.073	(2)0.059 0.078	—	−0.119	−0.022	−0.044	−0.051	0.380	−0.620 0.598	−0.402 −0.023	−0.023 0.493	−0.507 0.052	0.052
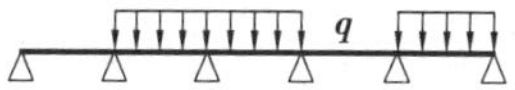	(1)− 0.098	0.055	0.064	−0.035	−0.111	−0.020	−0.057	−0.035	−0.035 0.424	−0.576 0.591	−0.409 −0.037	−0.037 0.557	−0.443
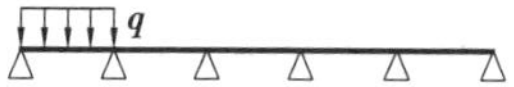	0.094	—	—	−0.067	0.018	−0.005	0.001	0.433	−0.567 0.085	0.086 −0.023	−0.023 0.006	0.006 −0.001	−0.001
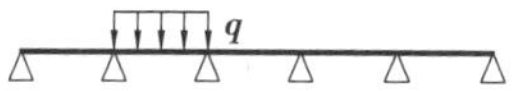	—	0.074	—	−0.049	−0.054	0.014	−0.004	−0.049	−0.049 0.495	−0.505 0.068	0.068 −0.018	−0.018 0.004	0.004
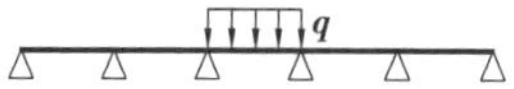	—	—	0.072	0.013	−0.053	−0.053	0.013	0.013	0.013 −0.066	−0.066 0.500	−0.500 0.066	0.066 −0.013	−0.013

续表

荷载图	跨内最大弯矩			支座弯矩				剪力					
	M_1	M_2	M_3	M_B	M_C	M_D	M_E	V_A	V_{Bl} V_{Br}	V_{cl} V_{cr}	V_{Dl} V_{Dr}	V_{El} V_{Er}	V_F
	0.053	0.026	0.034	−0.066	−0.049	−0.049	−0.066	0.184	−0.316 0.266	−0.234 0.250	−0.250 0.234	−0.266 0.316	−0.184
	0.067	—	0.059	−0.033	−0.025	−0.025	−0.033	0.217	−0.283 0.008	0.008 0.250	−0.250 −0.008	−0.008 0.283	−0.217
	—	0.055	—	−0.033	−0.025	−0.025	−0.033	−0.033	−0.033 0.258	−0.242 0	0 0.242	−0.258 0.033	0.033
	0.049	(2)0.041 0.053	—	−0.075	−0.014	−0.028	−0.032	0.175	−0.325 0.311	−0.189 −0.014	−0.014 0.246	−0.255 0.032	0.032
	(1)− 0.066	0.039	0.044	−0.022	−0.070	−0.013	−0.036	−0.022	−0.022 0.202	−0.298 0.307	−0.193 −0.023	−0.023 0.286	−0.214
	0.063	—	—	−0.042	0.011	−0.003	0.001	0.208	−0.292 0.053	0.053 −0.014	−0.014 0.004	0.004 −0.001	−0.001
	—	0.051	—	−0.031	−0.034	0.009	−0.002	−0.031	−0.031 0.247	−0.253 0.043	0.043 −0.011	−0.011 0.002	0.002
	—	—	0.050	0.008	−0.033	−0.033	0.008	0.008	0.008 −0.041	−0.041 0.250	−0.250 0.041	0.041 −0.008	−0.008
	0.171	0.112	0.132	−0.158	−0.118	−0.118	−0.158	0.342	−0.658 0.540	−0.460 0.500	−0.500 0.460	−0.540 0.658	−0.342

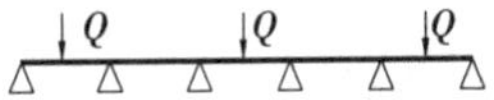 —	0.211	—	0.191	−0.079	−0.059	−0.059	−0.079	0.421	−0.579 0.020	0.200 0.500	−0.500 −0.020	−0.020 0.579	−0.421
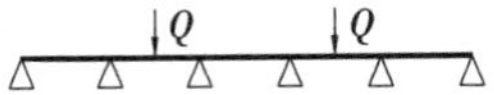 —	—	0.181	—	−0.079	−0.059	−0.059	−0.079	−0.079	−0.079 0.520	−0.480 0	0 0.480	−0.520 0.079	0.079
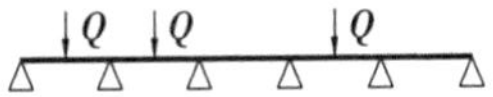 —	0.160	(2)0.144 0.178	—	−0.179	−0.032	−0.066	−0.077	0.321	−0.679 0.647	−0.353 −0.034	−0.034 0.489	−0.511 0.077	0.077
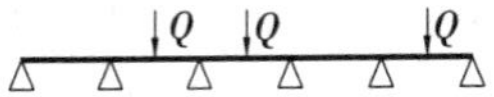 —	(1)− 0.207	0.140	0.151	−0.052	−0.167	−0.031	−0.086	−0.052	−0.052 0.385	−0.615 0.637	−0.363 −0.056	−0.056 0.586	−0.414
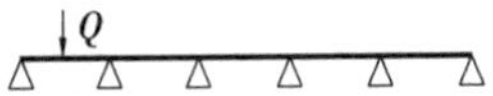 —	0.200	—	—	−0.100	0.027	−0.007	0.002	0.400	−0.600 0.127	0.127 −0.034	−0.034 0.009	0.009 −0.002	−0.002
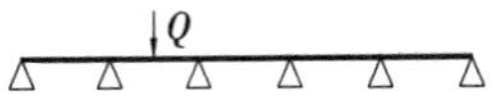 —	—	0.173	—	−0.073	−0.081	0.022	−0.005	−0.073	−0.073 0.493	−0.507 0.102	0.102 −0.027	−0.027 0.005	0.005
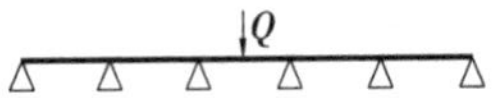 —	—	—	0.171	0.020	−0.079	−0.079	0.020	0.020	0.020 −0.099	−0.099 0.500	−0.500 −0.020	0.099 −0.020	−0.020
 —	0.240	0.100	0.122	−0.281	−0.211	0.211	−0.281	0.719	−1.281 1.070	−0.930 1.000	−1.000 0.930	−1.070 1.281	−0.719
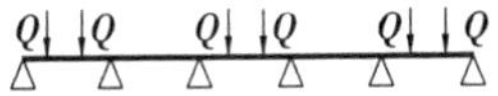 —	0.287	—	0.228	−0.140	−0.105	−0.105	−0.140	0.860	−1.140 0.035	0.035 1.000	−1.000 −0.035	−0.035 1.140	−0.860
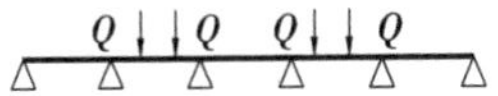 —	—	0.216	—	−0.140	−0.105	−0.105	−0.140	−0.140	−0.140 1.035	−0.965 0	0.000 0.965	−1.035 0.140	0.140

续表

荷载图	跨内最大弯矩			支座弯矩				剪力					
	M_1	M_2	M_3	M_B	M_C	M_D	M_E	V_A	V_{Bl} V_{Br}	V_{cl} V_{cr}	V_{Dl} V_{Dr}	V_{El} V_{Er}	V_F
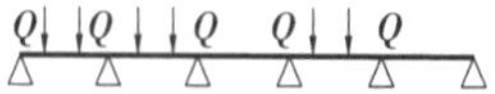	0.227	(2)0.189 / 0.209	—	-0.319	-0.057	-0.118	-0.137	0.681	-1.319 1.262	-0.738 -0.061	-0.061 0.981	-1.019 0.137	0.137
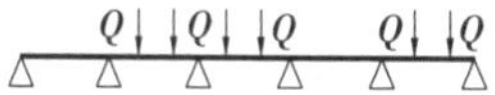	(1)- / 0.282	0.172	0.198	-0.093	-0.297	-0.054	-0.153	-0.093	-0.093 0.796	-1.204 1.243	-0.757 -0.099	-0.099 1.153	-0.847
	0.274	—	—	-0.179	0.048	-0.013	0.003	0.821	-1.179 0.227	0.227 -0.061	-0.061 0.016	0.016 -0.003	-0.003
	—	0.198	—	-0.131	-0.144	0.038	-0.010	-0.131	-0.131 0.987	-1.013 0.182	0.182 -0.048	-0.048 0.010	0.010
	—	—	0.193	0.035	-0.140	-0.140	0.035	0.035	0.035 -0.175	-0.175 1.000	-1.000 0.175	0.175 -0.035	-0.035

注:(1)分子及分母分别为 M_1 及 M_5的弯矩系数;(2)分子及分母分别为 M_2 及 M_4 的弯矩系数。

附录 6　规则框架承受均布及倒三角形分布水平力作用时反弯点的高度比

附表 6.1　规则框架承受均布水平力作用时标准反弯点的高度比 y_0 值

n	j \ K	0.1	0.2	0.3	0.4	0.5	0.6	0.7	0.8	0.9	1.0	2.0	3.0	4.0	5.0
1	1	0.80	0.75	0.70	0.65	0.65	0.60	0.60	0.60	0.60	0.55	0.55	0.55	0.55	0.55
2	2	0.45	0.40	0.35	0.35	0.35	0.35	0.40	0.40	0.40	0.40	0.45	0.45	0.45	0.45
	1	0.95	0.80	0.75	0.70	0.65	0.65	0.65	0.60	0.60	0.60	0.55	0.55	0.55	0.50
3	3	0.15	0.20	0.20	0.25	0.30	0.30	0.30	0.35	0.35	0.35	0.40	0.45	0.45	0.45
	2	0.55	0.50	0.45	0.45	0.45	0.45	0.45	0.45	0.45	0.45	0.45	0.50	0.50	0.50
	1	1.00	0.85	0.80	0.75	0.70	0.70	0.65	0.65	0.65	0.60	0.55	0.55	0.55	0.55
4	4	−0.05	0.05	0.15	0.20	0.25	0.30	0.30	0.35	0.35	0.35	0.40	0.45	0.45	0.45
	3	0.25	0.30	0.30	0.35	0.35	0.40	0.40	0.40	0.40	0.45	0.45	0.50	0.50	0.50
	2	0.65	0.55	0.50	0.50	0.45	0.45	0.45	0.45	0.45	0.45	0.50	0.50	0.50	0.50
	1	1.10	0.90	0.80	0.75	0.70	0.70	0.65	0.65	0.65	0.60	0.55	0.55	0.55	0.55
5	5	−0.20	0.00	0.15	0.20	0.25	0.30	0.30	0.30	0.35	0.35	0.40	0.45	0.45	0.45
	4	0.10	0.20	0.25	0.30	0.35	0.35	0.40	0.40	0.40	0.40	0.45	0.45	0.50	0.50
	3	0.40	0.40	0.40	0.40	0.40	0.45	0.45	0.45	0.45	0.45	0.50	0.50	0.50	0.50
	2	0.65	0.55	0.50	0.50	0.50	0.50	0.50	0.50	0.50	0.50	0.50	0.50	0.50	0.50
	1	1.20	0.95	0.80	0.75	0.75	0.70	0.70	0.65	0.65	0.65	0.55	0.55	0.55	0.55
6	6	−0.30	0.00	0.10	0.20	0.25	0.25	0.30	0.30	0.35	0.35	0.40	0.45	0.45	0.45
	5	0.00	0.20	0.25	0.30	0.35	0.35	0.40	0.40	0.40	0.40	0.45	0.45	0.50	0.50
	4	0.20	0.30	0.35	0.35	0.40	0.40	0.40	0.45	0.45	0.45	0.45	0.50	0.50	0.50
	3	0.40	0.40	0.40	0.45	0.45	0.45	0.45	0.45	0.45	0.45	0.50	0.50	0.50	0.50
	2	0.70	0.60	0.55	0.50	0.50	0.50	0.50	0.50	0.50	0.50	0.50	0.50	0.50	0.50
	1	1.20	0.95	0.85	0.80	0.75	0.70	0.70	0.65	0.65	0.65	0.55	0.55	0.55	0.55
7	7	−0.35	−0.05	0.10	0.20	0.20	0.25	0.30	0.30	0.35	0.35	0.40	0.45	0.45	0.45
	6	−0.10	0.15	0.25	0.30	0.35	0.35	0.35	0.40	0.40	0.40	0.45	0.45	0.50	0.50
	5	0.10	0.25	0.30	0.35	0.40	0.40	0.40	0.45	0.45	0.45	0.45	0.50	0.50	0.50
	4	0.30	0.35	0.40	0.40	0.40	0.45	0.45	0.45	0.45	0.45	0.50	0.50	0.50	0.50
	3	0.50	0.45	0.45	0.45	0.45	0.45	0.45	0.45	0.45	0.45	0.50	0.50	0.50	0.50
	2	0.75	0.60	0.55	0.50	0.50	0.50	0.50	0.50	0.50	0.50	0.50	0.50	0.50	0.50
	1	1.20	0.95	0.85	0.80	0.75	0.70	0.70	0.65	0.65	0.65	0.55	0.55	0.55	0.55

续表

n	K / j	0.1	0.2	0.3	0.4	0.5	0.6	0.7	0.8	0.9	1.0	2.0	3.0	4.0	5.0
8	8	−0.35	−0.15	0.10	0.15	0.25	0.25	0.30	0.30	0.35	0.35	0.40	0.45	0.45	0.45
	7	−0.10	0.15	0.25	0.30	0.35	0.35	0.40	0.40	0.40	0.40	0.45	0.50	0.50	0.50
	6	0.05	0.25	0.30	0.35	0.40	0.40	0.40	0.45	0.45	0.45	0.45	0.50	0.50	0.50
	5	0.20	0.30	0.35	0.40	0.40	0.45	0.45	0.45	0.45	0.45	0.50	0.50	0.50	0.50
	4	0.35	0.40	0.40	0.45	0.45	0.45	0.45	0.45	0.45	0.45	0.50	0.50	0.50	0.50
	3	0.50	0.45	0.45	0.45	0.45	0.45	0.45	0.45	0.50	0.50	0.50	0.50	0.50	0.50
	2	0.75	0.60	0.55	0.55	0.50	0.50	0.50	0.50	0.50	0.50	0.50	0.50	0.50	0.50
	1	1.20	1.00	0.85	0.80	0.75	0.70	0.70	0.65	0.65	0.65	0.55	0.55	0.55	0.55
9	9	−0.40	−0.05	0.10	0.20	0.25	0.25	0.30	0.30	0.35	0.35	0.45	0.45	0.45	0.45
	8	−0.15	0.15	0.25	0.30	0.35	0.35	0.35	0.40	0.40	0.40	0.45	0.45	0.50	0.50
	7	0.05	−0.25	0.30	0.35	0.40	0.40	0.40	0.45	0.45	0.45	0.45	0.50	0.50	0.50
	6	0.15	0.30	0.35	0.40	0.40	0.45	0.45	0.45	0.45	0.45	0.50	0.50	0.50	0.50
	5	0.25	0.35	0.40	0.40	0.45	0.45	0.45	0.45	0.45	0.45	0.50	0.50	0.50	0.50
	4	0.40	0.40	0.40	0.45	0.45	0.45	0.45	0.45	0.45	0.45	0.50	0.50	0.50	0.50
	3	0.55	0.45	0.45	0.45	0.45	0.45	0.45	0.45	0.50	0.50	0.50	0.50	0.50	0.50
	2	0.80	0.65	0.55	0.55	0.50	0.50	0.50	0.50	0.50	0.50	0.50	0.50	0.50	0.50
	1	1.20	1.00	0.85	0.80	0.75	0.70	0.70	0.65	0.65	0.65	0.55	0.55	0.55	0.55
10	10	−0.40	−0.05	0.10	0.20	0.25	0.30	0.30	0.30	0.35	0.35	0.40	0.45	0.45	0.45
	9	−0.15	0.15	0.25	0.30	0.35	0.35	0.40	0.40	0.40	0.40	0.45	0.45	0.50	0.50
	8	0.00	0.25	0.30	0.35	0.40	0.40	0.40	0.45	0.45	0.45	0.45	0.50	0.50	0.50
	7	0.10	0.30	0.35	0.40	0.40	0.45	0.45	0.45	0.45	0.45	0.50	0.50	0.50	0.50
	6	0.20	0.35	0.40	0.40	0.45	0.45	0.45	0.45	0.45	0.45	0.50	0.50	0.50	0.50
	5	0.30	0.40	0.40	0.45	0.45	0.45	0.45	0.45	0.45	0.50	0.50	0.50	0.50	0.50
	4	0.40	0.40	0.45	0.45	0.45	0.45	0.45	0.45	0.45	0.50	0.50	0.50	0.50	0.50
	3	0.55	0.50	0.45	0.45	0.45	0.50	0.50	0.50	0.50	0.50	0.50	0.50	0.50	0.50
	2	0.80	0.65	0.55	0.55	0.55	0.50	0.50	0.50	0.50	0.50	0.50	0.50	0.50	0.50
	1	1.30	1.00	0.85	0.80	0.75	0.70	0.70	0.65	0.65	0.65	0.60	0.55	0.55	0.55

续表

n	j \ K	0.1	0.2	0.3	0.4	0.5	0.6	0.7	0.8	0.9	1.0	2.0	3.0	4.0	5.0
11	11	−0.40	−0.05	0.10	0.20	0.25	0.30	0.30	0.30	0.35	0.35	0.40	0.45	0.45	0.45
	10	−0.15	0.15	0.25	0.30	0.35	0.35	0.40	0.40	0.40	0.40	0.45	0.45	0.50	0.50
	9	0.00	0.25	0.30	0.35	0.40	0.40	0.40	0.45	0.45	0.45	0.45	0.50	0.50	0.50
	8	0.10	0.30	0.35	0.40	0.40	0.45	0.45	0.45	0.45	0.45	0.50	0.50	0.50	0.50
	7	0.20	0.35	0.40	0.45	0.45	0.45	0.45	0.45	0.45	0.45	0.50	0.50	0.50	0.50
	6	0.25	0.35	0.40	0.45	0.45	0.45	0.45	0.45	0.45	0.45	0.50	0.50	0.50	0.50
	5	0.35	0.40	0.40	0.45	0.45	0.45	0.45	0.45	0.45	0.50	0.50	0.50	0.50	0.50
	4	0.40	0.45	0.45	0.45	0.45	0.45	0.45	0.50	0.50	0.50	0.50	0.50	0.50	0.50
	3	0.55	0.50	0.50	0.50	0.50	0.50	0.50	0.50	0.50	0.50	0.50	0.50	0.50	0.50
	2	0.80	0.65	0.60	0.55	0.55	0.50	0.50	0.50	0.50	0.50	0.50	0.50	0.50	0.50
	1	1.30	1.00	0.85	0.80	0.75	0.70	0.70	0.65	0.65	0.65	0.60	0.55	0.55	0.55
12以上	↓1	−0.40	−0.05	0.10	0.20	0.25	0.30	0.30	0.30	0.35	0.35	0.40	0.45	0.45	0.45
	2	−0.15	0.15	0.25	0.30	0.35	0.35	0.40	0.40	0.40	0.40	0.45	0.45	0.50	0.50
	3	0.00	0.25	0.30	0.35	0.40	0.40	0.40	0.45	0.45	0.45	0.50	0.50	0.50	0.50
	4	0.10	0.30	0.35	0.40	0.40	0.45	0.45	0.45	0.45	0.45	0.50	0.50	0.50	0.50
	5	0.20	0.35	0.40	0.40	0.45	0.45	0.45	0.45	0.45	0.45	0.50	0.50	0.50	0.50
	6	0.25	0.35	0.40	0.45	0.45	0.45	0.45	0.45	0.45	0.45	0.50	0.50	0.50	0.50
	7	0.40	0.40	0.45	0.45	0.45	0.45	0.45	0.45	0.50	0.50	0.50	0.50	0.50	0.50
	8	0.35	0.40	0.45	0.45	0.45	0.45	0.45	0.50	0.50	0.50	0.50	0.50	0.50	0.50
	中间	0.40	0.40	0.45	0.45	0.45	0.45	0.50	0.50	0.50	0.50	0.50	0.50	0.50	0.50
	4	0.45	0.45	0.45	0.45	0.50	0.50	0.50	0.50	0.50	0.50	0.50	0.50	0.50	0.50
	3	0.60	0.50	0.50	0.50	0.50	0.50	0.50	0.50	0.50	0.50	0.50	0.50	0.50	0.50
	2	0.80	0.65	0.60	0.55	0.55	0.50	0.50	0.50	0.50	0.50	0.50	0.50	0.50	0.50
	↑1	1.30	1.00	0.85	0.80	0.75	0.70	0.70	0.65	0.65	0.65	0.55	0.55	0.55	0.55

注：(1)n 表示框架总层数；

(2)j 表示柱处于框架的层次；

(3)$K=\frac{i_1+i_2+i_3+i_4}{2i}$

i_1　i_2

i

i_3　i_4

附表 6.2　规则框架承受倒三角形分布水平力作用时标准反弯点的高度比 y_0 值

n	j \ K	0.1	0.2	0.3	0.4	0.5	0.6	0.7	0.8	0.9	1.0	2.0	3.0	4.0	5.0
1	1	0.80	0.75	0.70	0.65	0.65	0.60	0.60	0.60	0.60	0.55	0.55	0.55	0.55	0.55
2	2	0.50	0.45	0.40	0.40	0.40	0.40	0.40	0.40	0.40	0.45	0.45	0.45	0.45	0.50
	1	1.00	0.85	0.75	0.70	0.70	0.65	0.65	0.65	0.60	0.60	0.55	0.55	0.55	0.55
3	3	0.25	0.25	0.25	0.30	0.30	0.35	0.35	0.35	0.40	0.40	0.45	0.45	0.45	0.50
	2	0.60	0.50	0.50	0.50	0.50	0.45	0.45	0.45	0.45	0.45	0.50	0.50	0.50	0.50
	1	1.15	0.90	0.80	0.75	0.75	0.70	0.70	0.65	0.65	0.65	0.60	0.55	0.55	0.55
4	4	0.10	0.15	0.20	0.25	0.30	0.30	0.35	0.35	0.35	0.40	0.45	0.45	0.45	0.45
	3	0.35	0.35	0.35	0.40	0.40	0.40	0.40	0.45	0.45	0.45	0.45	0.50	0.50	0.50
	2	0.70	0.60	0.55	0.50	0.50	0.50	0.50	0.50	0.50	0.50	0.50	0.50	0.50	0.50
	1	1.20	0.95	0.85	0.80	0.75	0.70	0.70	0.70	0.65	0.65	0.55	0.55	0.55	0.55
5	5	−0.05	0.10	0.20	0.25	0.30	0.30	0.35	0.35	0.35	0.35	0.40	0.45	0.45	0.45
	4	0.20	0.25	0.35	0.35	0.40	0.40	0.40	0.40	0.40	0.45	0.45	0.50	0.50	0.50
	3	0.45	0.40	0.45	0.45	0.45	0.45	0.45	0.45	0.45	0.45	0.50	0.50	0.50	0.50
	2	0.75	0.60	0.55	0.55	0.50	0.50	0.50	0.50	0.50	0.50	0.50	0.50	0.50	0.50
	1	1.30	1.00	0.85	0.80	0.75	0.70	0.70	0.65	0.65	0.65	0.65	0.55	0.55	0.55
6	6	−0.15	0.05	0.15	0.20	0.25	0.30	0.30	0.35	0.35	0.35	0.40	0.45	0.45	0.45
	5	0.10	0.25	0.30	0.35	0.35	0.40	0.40	0.40	0.45	0.45	0.45	0.50	0.50	0.50
	4	0.30	0.35	0.40	0.40	0.45	0.45	0.45	0.45	0.45	0.45	0.50	0.50	0.50	0.50
	3	0.50	0.45	0.45	0.45	0.45	0.45	0.45	0.45	0.45	0.50	0.50	0.50	0.50	0.50
	2	0.80	0.65	0.55	0.55	0.55	0.55	0.50	0.50	0.50	0.50	0.50	0.50	0.50	0.50
	1	1.30	1.00	0.85	0.80	0.75	0.70	0.70	0.65	0.65	0.65	0.60	0.55	0.55	0.55
7	7	−0.20	0.05	0.15	0.20	0.25	0.30	0.30	0.35	0.35	0.35	0.45	0.45	0.45	0.45
	6	0.05	0.20	0.30	0.35	0.35	0.40	0.40	0.40	0.40	0.45	0.45	0.50	0.50	0.50
	5	0.20	0.30	0.35	0.40	0.40	0.45	0.45	0.45	0.45	0.45	0.50	0.50	0.50	0.50
	4	0.35	0.40	0.40	0.45	0.45	0.45	0.45	0.45	0.45	0.45	0.50	0.50	0.50	0.50
	3	0.55	0.50	0.50	0.50	0.50	0.50	0.50	0.50	0.50	0.50	0.50	0.50	0.50	0.50
	2	0.80	0.65	0.60	0.55	0.55	0.55	0.50	0.50	0.50	0.50	0.50	0.50	0.50	0.50
	1	1.30	1.00	0.90	0.80	0.75	0.70	0.70	0.70	0.65	0.65	0.60	0.55	0.55	0.55

续表

n	K / j	0.1	0.2	0.3	0.4	0.5	0.6	0.7	0.8	0.9	1.0	2.0	3.0	4.0	5.0
8	8	−0.20	0.05	0.15	0.20	0.25	0.30	0.30	0.35	0.35	0.35	0.45	0.45	0.45	0.45
	7	0.00	0.20	0.30	0.35	0.35	0.40	0.40	0.40	0.40	0.45	0.45	0.50	0.50	0.50
	6	0.15	0.30	0.35	0.40	0.40	0.45	0.45	0.45	0.45	0.45	0.50	0.50	0.50	0.50
	5	0.30	0.45	0.40	0.45	0.45	0.45	0.45	0.45	0.45	0.45	0.50	0.50	0.50	0.50
	4	0.40	0.45	0.45	0.45	0.45	0.45	0.45	0.50	0.50	0.50	0.50	0.50	0.50	0.50
	3	0.60	0.50	0.50	0.50	0.50	0.50	0.50	0.50	0.50	0.50	0.50	0.50	0.50	0.50
	2	0.85	0.65	0.60	0.55	0.55	0.55	0.50	0.50	0.50	0.50	0.50	0.50	0.50	0.50
	1	1.30	1.00	0.90	0.80	0.75	0.70	0.70	0.70	0.65	0.65	0.60	0.55	0.55	0.55
9	9	−0.25	0.00	0.15	0.20	0.25	0.30	0.30	0.35	0.35	0.40	0.45	0.45	0.45	0.45
	8	0.00	0.20	0.30	0.35	0.35	0.40	0.40	0.40	0.40	0.45	0.45	0.50	0.50	0.50
	7	0.15	0.30	0.35	0.40	0.40	0.45	0.45	0.45	0.45	0.45	0.50	0.50	0.50	0.50
	6	0.25	0.35	0.40	0.40	0.45	0.45	0.45	0.45	0.45	0.50	0.50	0.50	0.50	0.50
	5	0.35	0.40	0.45	0.45	0.45	0.45	0.45	0.45	0.50	0.50	0.50	0.50	0.50	0.50
	4	0.45	0.45	0.45	0.45	0.45	0.50	0.50	0.50	0.50	0.50	0.50	0.50	0.50	0.50
	3	0.60	0.50	0.50	0.50	0.50	0.50	0.50	0.50	0.50	0.50	0.50	0.50	0.50	0.50
	2	0.85	0.65	0.60	0.55	0.55	0.55	0.55	0.55	0.50	0.50	0.50	0.50	0.50	0.50
	1	1.35	1.00	0.90	0.80	0.75	0.75	0.70	0.70	0.65	0.65	0.60	0.55	0.55	0.55
10	10	−0.25	0.00	0.15	0.20	0.25	0.30	0.30	0.35	0.35	0.40	0.45	0.45	0.45	0.45
	9	−0.05	0.20	0.30	0.35	0.35	0.40	0.40	0.40	0.40	0.45	0.45	0.50	0.50	0.50
	8	0.10	0.30	0.35	0.40	0.40	0.40	0.45	0.45	0.45	0.50	0.50	0.50	0.50	0.50
	7	0.20	0.35	0.40	0.40	0.45	0.45	0.45	0.45	0.45	0.50	0.50	0.50	0.50	0.50
	6	0.30	0.40	0.40	0.45	0.45	0.45	0.45	0.45	0.45	0.50	0.50	0.50	0.50	0.50
	5	0.40	0.45	0.45	0.45	0.45	0.45	0.45	0.50	0.50	0.50	0.50	0.50	0.50	0.50
	4	0.50	0.45	0.45	0.45	0.50	0.50	0.50	0.50	0.50	0.50	0.50	0.50	0.50	0.50
	3	0.60	0.55	0.50	0.50	0.50	0.50	0.50	0.50	0.50	0.50	0.50	0.50	0.50	0.50
	2	0.85	0.65	0.60	0.55	0.55	0.55	0.55	0.50	0.50	0.50	0.50	0.50	0.50	0.50
	1	1.35	1.00	0.90	0.80	0.75	0.75	0.70	0.70	0.65	0.65	0.60	0.55	0.55	0.55

续表

n	K / j	0.1	0.2	0.3	0.4	0.5	0.6	0.7	0.8	0.9	1.0	2.0	3.0	4.0	5.0
11	11	−0.25	0.00	0.15	0.20	0.25	0.30	0.30	0.30	0.35	0.35	0.45	0.45	0.45	0.45
	10	−0.05	0.20	0.25	0.30	0.35	0.40	0.40	0.40	0.40	0.45	0.45	0.50	0.50	0.50
	9	0.10	0.30	0.35	0.40	0.40	0.40	0.45	0.45	0.45	0.45	0.50	0.50	0.50	0.50
	8	0.20	0.35	0.40	0.40	0.45	0.45	0.45	0.45	0.45	0.45	0.50	0.50	0.50	0.50
	7	0.25	0.40	0.40	0.45	0.45	0.45	0.45	0.45	0.45	0.50	0.50	0.50	0.50	0.50
	6	0.35	0.40	0.45	0.45	0.45	0.45	0.45	0.50	0.50	0.50	0.50	0.50	0.50	0.50
	5	0.40	0.45	0.45	0.45	0.45	0.50	0.50	0.50	0.50	0.50	0.50	0.50	0.50	0.50
	4	0.50	0.50	0.50	0.50	0.50	0.50	0.50	0.50	0.50	0.50	0.50	0.50	0.50	0.50
	3	0.65	0.55	0.50	0.50	0.50	0.50	0.50	0.50	0.50	0.50	0.50	0.50	0.50	0.50
	2	0.85	0.65	0.60	0.55	0.55	0.55	0.55	0.50	0.50	0.50	0.50	0.50	0.50	0.50
	1	1.35	1.05	0.90	0.80	0.75	0.75	0.70	0.70	0.65	0.65	0.60	0.55	0.55	0.55
12以上	↓1	−0.30	0.00	0.15	0.20	0.25	0.30	0.30	0.30	0.35	0.35	0.40	0.45	0.45	0.45
	2	−0.10	0.20	0.25	0.30	0.35	0.40	0.40	0.40	0.40	0.40	0.45	0.45	0.45	0.50
	3	0.05	0.25	0.35	0.40	0.40	0.40	0.45	0.45	0.45	0.45	0.45	0.50	0.50	0.50
	4	0.15	0.30	0.40	0.40	0.45	0.45	0.45	0.45	0.45	0.45	0.45	0.50	0.50	0.50
	5	0.25	0.35	0.50	0.45	0.45	0.45	0.45	0.45	0.45	0.45	0.50	0.50	0.50	0.50
	6	0.30	0.40	0.50	0.45	0.45	0.45	0.45	0.50	0.50	0.50	0.50	0.50	0.50	0.50
	7	0.35	0.40	0.55	0.45	0.45	0.45	0.50	0.50	0.50	0.50	0.50	0.50	0.50	0.50
	8	0.35	0.45	0.55	0.45	0.50	0.50	0.50	0.50	0.50	0.50	0.50	0.50	0.50	0.50
	中间	0.45	0.45	0.55	0.45	0.50	0.50	0.50	0.50	0.50	0.50	0.50	0.50	0.50	0.50
	4	0.55	0.50	0.50	0.50	0.50	0.50	0.50	0.50	0.50	0.50	0.50	0.50	0.50	0.50
	3	0.65	0.55	0.50	0.50	0.50	0.50	0.50	0.50	0.50	0.50	0.50	0.50	0.50	0.50
	2	0.70	0.70	0.60	0.55	0.55	0.55	0.55	0.50	0.50	0.50	0.50	0.50	0.50	0.50
	↑1	1.35	1.05	0.90	0.80	0.75	0.7	0.70	0.70	0.65	0.65	0.60	0.55	0.55	0.55

注：n、j、k 的含义同附表 6.1。

附表 6.3　上下层横梁线刚度比对 y_0 的修正值 y_1

I \ K	0.1	0.2	0.3	0.4	0.5	0.6	0.7	0.8	0.9	1.0	2.0	3.0	4.0	5.0
0.4	0.55	0.40	0.30	0.25	0.20	0.20	0.20	0.15	0.15	0.15	0.05	0.05	0.05	0.05
0.5	0.45	0.30	0.20	0.20	0.15	0.15	0.15	0.10	0.10	0.10	0.05	0.05	0.05	0.05
0.6	0.30	0.20	0.15	0.15	0.10	0.10	0.10	0.10	0.05	0.05	0.05	0.05	0.00	0.00
0.7	0.20	0.15	0.10	0.10	0.10	0.10	0.05	0.05	0.05	0.05	0.05	0.00	0.00	0.00
0.8	0.15	0.10	0.05	0.05	0.05	0.05	0.05	0.05	0.05	0.00	0.00	0.00	0.00	0.00
0.9	0.05	0.05	0.05	0.05	0.00	0.00	0.00	0.00	0.00	0.00	0.00	0.00	0.00	0.00

注：$I=\dfrac{i_1+i_2}{i_3+i_4}$，当 $i_1+i_2>i_3+4$ 时，取 $I=\dfrac{i_3+i_4}{i_1+i_2}$，同时在查得的 y_1 值前加负号“-”。

$K=\dfrac{i_1+i_2+i_3+i_4}{2i}$

i_1　i_2

i

i_3　i_4

附表 6.4　上下层高变化对 y_0 的修正值 y_2 和 y_3

α_2	α_3 \ K	0.1	0.2	0.3	0.4	0.5	0.6	0.7	0.8	0.9	1.0	2.0	3.0	4.0	5.0
2		0.25	0.15	0.15	0.10	0.10	0.10	0.10	0.10	0.05	0.05	0.05	0.05	0.00	0.00
1.8		0.20	0.15	0.10	0.10	0.10	0.05	0.05	0.05	0.05	0.05	0.05	0.00	0.00	0.00
1.6	0.4	0.15	0.10	0.10	0.05	0.05	0.05	0.05	0.05	0.00	0.00	0.00	0.00	0.00	0.00
1.4	0.6	0.10	0.05	0.05	0.05	0.05	0.05	0.05	0.05	0.00	0.00	0.00	0.00	0.00	0.00
1.2	0.8	0.05	0.05	0.05	0.00	0.00	0.00	0.00	0.00	0.00	0.00	0.00	0.00	0.00	0.00
1	1	0.00	0.00	0.00	0.00	0.00	0.00	0.00	0.00	0.00	0.00	0.00	0.00	0.00	0.00
0.8	1.2	−0.05	−0.05	−0.05	0.00	0.00	0.00	0.00	0.00	0.00	0.00	0.00	0.00	0.00	0.00
0.6	1.4	−0.10	−0.05	−0.05	−0.05	−0.05	−0.05	−0.05	−0.05	0.05	0.00	0.00	0.00	0.00	0.00
0.4	1.6	−0.15	−0.10	−0.10	−0.05	−0.05	−0.05	−0.05	−0.05	−0.05	−0.05	0.00	0.00	0.00	0.00
	1.8	−0.20	−0.15	−0.10	−0.10	−0.10	−0.05	−0.05	−0.05	−0.05	−0.05	−0.05	0.00	0.00	0.00
	2	−0.25	−0.15	−0.15	−0.10	−0.10	−0.10	−0.10	−0.10	−0.05	−0.05	−0.05	−0.05	0.00	0.00

注：y_2—按照 K 及 α_2 求得，上层较高时为正值；

y_3—按照 K 及 α_3 求得。

α_2、α_3 的含义见图 3.13(c)、(d)。

参考文献

[1] 中国建筑科学研究院.混凝土结构设计规范:GB 50010—2010[S].2015 年版.北京:中国建筑工业出版社,2016.

[2] 中国建筑科学研究院.工程结构可靠性设计统一标准:GB 50153—2008[S].北京:建筑工业出版社,2009.

[3] 中国建筑科学研究院.普通混凝土力学性能试验方法标准:GB/T 50081—2002[S].北京:中国建筑工业出版社,2018.

[4] 国家建筑钢材质量监督检测中心,昆明钢铁股份有限公司.钢筋混凝土用钢:GB/T 1499.1—2017[S].北京:中国标准出版社,2017.

[5] 中冶建筑研究总院有限公司,冶金工业信息标准研究院.钢筋混凝土用钢:GB/T 1499.2—2018[S].北京:中国标准出版社,2018.

[6] 中冶建筑研究总院有限公司,天津市银龙预应力材料股份有限公司.预应力混凝土用钢丝:GB/T 5223—2014[S].北京:中国标准出版社,2014.

[7] 中国建材西安墙体材料研究设计院,中国建筑砌块协会.混凝土实心砖:GB/T 21144—2007[S].北京:中国质检出版社,2014.

[8] 河南建筑材料研究设计院有限公司,中国建筑砌块协会.承重混凝土多孔砖:GB 25779—2010[S].北京:中国标准出版社,2014.

[9] 中国建筑科学研究院.建筑结构荷载规范:GB 50009—2012[S].北京:中国建筑工业出版社,2012.

[10] 中国建筑设计研究院,中国建筑标准设计研究院.民用建筑设计通则:GB 50352—2005[S].北京:中国建筑工业出版社,2005.

[11] 中国建筑科学研究院.建筑抗震设计规范:GB 50011—2010[S].2016 年版.北京:中国建筑工业出版社,2016.

[12] 中国建筑东北设计研究院有限公司.砌体结构设计规范:GB 50003—2011[S].北京:中国建筑工业出版社,2012.

[13] 陕西省建筑科学研究院,陕西建工集团总公司.砌体结构工程施工质量验收规范:GB 50203—2011[S].北京:中国建筑工业出版社,2011.

[14] 中国建筑科学研究院.高层建筑混凝土结构技术规程:JGJ3—2010[S].北京:中国建筑工业出版社,2011.

[15] 东南大学,天津大学,同济大学. 混凝土结构基本原理(上册、中册)[M].6 版.北京:中国建筑工业出版社,2016.

[16] 白绍良.钢筋混凝土结构及砖石结构[M].北京:中国广播电视大学出版社,1986.

[17] 沈蒲生,罗国强,廖莎,等.混凝土结构[M].5 版.北京:中国建筑工业出版社,2011.

[18] 张誉.混凝土结构基本原理[M].2 版.北京:中国建筑工业出版社,2012.

[19] 梁兴文,史庆轩.混凝土结构设计原理[M].2 版.北京:中国建筑工业出版社,2011.

[20] 梁兴文.混凝土结构设计[M].重庆:重庆大学出版社,2014.

[21] 杨伟军,司马玉洲,陈晓霞.砌体结构[M].3 版.北京:高等教育出版社,2015.

[22] 沈凡.混凝土结构及砌体结构[M].重庆:重庆大学出版社,2005.

[23] 丁大钧,蓝宗建.砌体结构[M].2 版.北京:中国建筑工业出版社,2011.

[24] 朱彦鹏. 混凝土结构设计原理[M].2 版.重庆:重庆大学出版社,2002.

[25] 罗福午,方鄂华,叶知满.混凝土结构及砌体结构[M].2 版.北京:中国建筑工业出版社,2003.

[26] 程文瀼,李爱群,王铁成.钢筋混凝土结构[M].6 版.北京:中国建筑工业出版社,2016.

[27] 顾祥林.混凝土结构基本原理[M].3 版.上海:同济大学出版社,2015.

[28] 李章政,郝献华.混凝土结构基本原理[M].2 版.武汉:武汉工业大学出版社,2017.

[29] 侯治国.混凝土结构[M].3 版.武汉:武汉工业大学出版社,2006.

[30] 徐有邻,刘刚.混凝土结构设计规范理解与应用[M].北京:中国建筑工业出版社,2013.

[31] 杨伟军.砌体结构[M].北京:中国建筑工业出版社,2014.

[32] 熊仲明.砌体结构[M].北京:科学出版社,2018.

[33] 苏小卒.砌体结构设计[M].2 版.上海:同济大学出版社,2013.

[34] 郭靳时,金菊顺,庄新玲.钢筋混凝土结构设计[M].武汉:武汉工业大学出版社,2013.

[35] 唐岱新,龚绍熙,周炳章.砌体结构设计规范理解与应用[M].北京:中国建筑工业出版社,2012.

[36] 袁锦根.工程结构[M].3 版.上海:同济大学出版社,2012.

[37] 邵军义.工程结构[M].北京:化学工业出版社,2012.

[38] 兰定筠,黄音,孙继德.建筑结构[M].2 版.北京:中国建筑工业出版社,2010.

[39] 柳炳康.荷载与结构计方法[M].2 版.武汉:武汉工业大学出版社,2013.

[40] 季静.工程荷载与结构设计方法[M].北京:中国建筑工业出版社,2013.

[41] 中国建筑科学研究院有限公司.建筑结构可靠性设计统一标准:GB 50068—2018[S].北京:中国建筑工业出版社,2019.

[42] 罗向荣.混凝土土结构[M].第 2 版.北京:高等教育出版社,2017.

[43] 罗向荣.混凝土设计与施工[M].北京:科学出版社,2011.